U0271850

中国主要农作物有害生物名录

CATALOGUE OF PESTS ON MAJOR CROPS IN CHINA

◎ 雷仲仁　郭予元　李世访　主编

中国农业科学技术出版社

图书在版编目（CIP）数据

中国主要农作物有害生物名录／雷仲仁，郭予元，李世访主编．—北京：中国农业科学技术出版社，2014.5

ISBN 978－7－5116－1417－9

Ⅰ．①中… Ⅱ．①雷… ②郭… ③李… Ⅲ．①作物－病虫害防治－中国－名录 Ⅳ．①S435－62

中国版本图书馆CIP数据核字（2013）第256656号

责任编辑 姚 欢
责任校对 贾晓红

出 版 者 中国农业科学技术出版社
北京市中关村南大街12号 邮编：100081
电 话 (010)82109708(编辑室)(010)82109704(发行部)
(010)82109709(读者服务部)
传 真 (010)82106650
网 址 http://www.castp.cn
经 销 者 各地新华书店
印 刷 者 北京富泰印刷有限责任公司
开 本 889 mm×1 194 mm 1/16
印 张 35.5
字 数 1150千字
版 次 2014年5月第1版 2014年5月第1次印刷
定 价 198.00元

Catalogue of Pests on Major Crops in China

Edited by

Lei Zhongren, Guo Yuyuan and Li Shifang

China Agricultural Science and Technology Press

公益性行业（农业）科研专项（200909003004）
——主要农作物有害生物种类与发生为害特点研究项目成果丛书

《中国主要农作物有害生物名录》

总编辑委员会

《中国主要农作物有害生物名录》

编辑委员会

总　　序

近年来，受全球气候变暖、耕作制度变化和病虫抗药性上升等因素影响，我国主要农作物有害生物的发生情况出现了重大变化。对此，迫切需要摸清有害生物发生种类、分布区域和发生为害等基础信息。否则，将严重影响我国有害生物监测防控、决策管理的有效性和植保科学研究的针对性。

在农业部科技教育司、财务司和种植业管理司的大力支持下，2009 年农业部启动了公益性行业（农业）科研专项“主要农作物有害生物种类与发生为害特点研究”项目（项目编号：200903004）。该项目由全国农业技术推广服务中心牵头主持，全国科研、教育、推广系统 43 家单位共同参与，旨在对我国粮、棉、油、糖、果、茶、麻七大类 15 种主要农作物有害生物种类进行调查，通过对主要有害生物发生分布情况进行研究，对重要有害生物为害损失进行评估分析，明确我国主要农作物有害生物种类及其发生为害特点，提出重大病虫害的发生趋势和防控对策，以增强我国农业有害生物监测防控工作的针对性，提高植保防灾减灾水平。

项目启动以来，体系专家和各级植保技术人员通过大量的田间实地调查和试验研究，获得了丰富的第一手数据资料，基本查实了我国主要农作物有害生物种类，明确了主要有害生物发生分布、重要有害生物产量损失及重大有害生物发生趋势与防控对策，项目取得了重要成果。

按照项目工作计划，我们在编辑出版《主要农作物病虫草鼠害简明识别手册》系列图书的基础上，通过对调查和研究工作中获得的第一手数据资料进行分析整理，又陆续组织编写了《中国主要农作物有害生物名录》《中国主要农作物主要有害生物分布区划》《中国主要农作物重要有害生物为害损失评估》《中国主要农作物重大有害生物发生趋势报告》《主要农作物有害生物检测技术与方法》及《中国水稻病虫害调查研究》等系列丛书，以便于该项目的研究成果尽快在生产、教学与科研领域推广应用。

这套丛书全面汇集了该项目实施 5 年来各课题的研究成果，系统记录了 15 种主要农作物的有害生物发生种类，详细介绍了主要种类发生分区和为害损失评估研究结果，科学阐述了主要种类发生为害现状、演变规律、发生趋势和治理对策等内容，科学性、实用性强。这套丛书对于指导全国植保工作开展，提高重大病虫害监测预警和防控能力具有重要作用。同时将为深入开展病虫害治理技术研究提供重要依据。

希望这套系列图书的出版对于推动我国植保事业的科学发展发挥积极作用。

陈生斗

2012 年 10 月

前　言

随着我国农业结构调整、耕作制度变化、保护地面积迅速增加和全球气候变暖及外来生物入侵等影响，对我国农作物有害生物种类、分布区域和发生为害特点等产生了很大的影响，并且随着生物分类和系统进化研究的飞速发展，许多农作物有害生物的分类地位也发生了变化，有的有了新名，有的已经划在了新的分类系统中。因此，开展我国主要农作物有害生物种类调查与名录整理十分迫切，这对于摸清我国主要农作物有害生物种类和分布的家底，记录我国主要农作物有害生物种类，提高我国主要农作物生物灾害监测预警的针对性、管理的科学性和科学研究的前瞻性等具有重要的意义。

本书是在公益性行业（农业）科研专项“主要农作物有害生物种类与发生为害特点研究”项目的资助下，由全国43个单位参加，通过认真调查与鉴定，在摸清我国主要农作物有害生物种类的基础上，历经5年时间，编写完成了《中国主要农作物有害生物名录》（以下称《名录》）。该名录的编写是按粮、棉、油、糖、果、茶、麻七大类15种主要农作病虫害和杂草、害鼠及检疫性农作物有害生物等分为18个课题，这18个课题均由国家农业产业技术体系岗位专家或相关行业专家承担，每个课题分别进行有害生物种类调查、鉴定和初步的名录编写，然后把各课题负责的《名录》初稿送鉴定委员会（雷仲仁，郭予元，问锦曾，王海鸿等负责虫、螨、鼠等有害生物部分，李世访负责病害、杂草和检疫性有害生物部分）进行增补、校对和审核，特别是对一些作物的害虫部分进行了大量的增补和修改，并与出版社联合邀请了北京市农林科学院植保环保研究所吴钜文研究员审核害虫部分，中国农业大学张国珍教授审核真菌病害部分，施大钊教授审核害鼠部分，中国科学院植物研究所杨宝珍研究员审核杂草部分，中国农业科学院植物保护研究所孙福在研究员审核细菌病害部分，最后由雷仲仁统稿并编写各种索引。此外，张林雅、吴冰、益浩及李世访课题组和雷仲仁课题组的许多同志参与了该书的校对和编排工作；中国科学院微生物研究所刘杏忠研究员和蔡磊研究员对真菌病害分类方面提供了咨询和指导；各省植保站也有许多同志参与了该项工作；《中国农作物病虫害》（第三版）编委会也慷慨地让我们参考其初稿对该名录进行了审核。在此，对于上述同志们的帮助表示深深的感谢。

对于该名录的编写有以下几点需要说明。

1. 病害部分没有按病原分类系统进行编排，这似乎与该《名录》不太符合，但考虑到一种病害往往由多种病原引起，而且在实际鉴别与防治中常常按病害来处理，所以，为了方便应用，没有按病原排列名录。

2. 害虫部分是参考袁锋教授主编的《昆虫分类学》（第二版）分类系统编排的。虽然国际上许多学者主张将同翅目和半翅目合并为一个目，但考虑到本名录中原同翅目和半翅目的害虫种类较多，为便于检索和应用，本书还沿用过去的同翅目和半翅目分类系统。对于植物病原真菌的分类也尽可能应用新的分类系统，如鞭毛菌亚门真菌已归入卵菌；现已取消了半知菌亚门，将其中已知的归入相应类群，暂时未知的归入无性型真菌等。

3. 本名录尽可能收录了近年来新发生的病虫害或者有的有害生物已经订正了的学名。如刚刚确定了种名的白眉野草螟 *Agriphila aeneociliella*（Eversmann），这两年在山东麦田发生为害严重；我国大部分地区常见的麦长管蚜过去被误定为 *Macrosiphum avenae*（Fabricius），其实是荻草谷网蚜 *Sitobion*

miscanthi（Takahashi），而麦长管蚜 *M. avenae* 现在更名为 *Sitobion avenae*，该种仅分布在我国新疆地区。

4. 本名录没有把涉及的15种作物上所有有害生物全部录入，在分布区方面也可能统计不全。主要是根据本项目近年来的调查鉴定结果并参考相关农作物病虫害书籍与文献，将在全国或某地区有发生为害记载的有害生物录入其中。

5. 为了检索使用方便，书后按病、虫、草、鼠等有害生物分别附有学名和中文名索引。

鉴于我们的水平和掌握的资料有限，错误、遗漏、不准确等在所难免，敬请读者批评指正，以使该名录不断完善。

编者

2013年12月

目　录

第一章　水稻有害生物名录

第一节　水稻病害

一、真菌病害

1. 稻苗疫霉病

【病原】草莓疫霉稻疫霉变种 *Phytophthora fragariae* Hickm. var. *oryzo-bladis* Wang *et* Lu，属卵菌。

【为害部位】叶片。

【分布】主要分布在长江流域。

2. 水稻霜霉病

【病原】大孢指疫霉水稻变种 *Sclerophthora macrospora*（Sacc.）Thirumalachar, Shaw & Narasimhan var. *oryzae* Zhang & Liu，属卵菌。

【别名】黄化萎缩病。

【为害部位】叶片、叶鞘。

【分布】全国各稻区均有发生。

3. 稻叶黑肿病

【病原】稻叶黑粉菌 *Entyloma oryzae*（H. *et* P.）Sydow，属担子菌。

【别名】稻叶黑粉病。

【为害部位】叶片。

【分布】主要分布在我国中部和南部稻区。

4. 稻粒黑粉病

【病原】狼尾草腥黑粉菌 *Tilletia barclayana*（Bref.）Sacc. *et* Syd，属担子菌。

【别名】黑穗病、稻墨黑穗病、乌米谷。

【为害部位】谷粒。

【分布】浙江、江苏、安徽、江西、湖南、四川、云南、河南、辽宁、台湾。

5. 水稻烂秧病

【病原】包括水稻立枯病烂秧和水稻绵腐病。病原分为2类，一类为禾谷镰孢 *Fusarium graminearum* Schwabe，尖孢镰孢 *Fusarium oxysporum* Schlecht.，茄丝核菌 *Rhizoctonia solani* Kühn，稻德氏霉 *Drechslera oryzae*（Breda de Haan）Subram. *et* Jain.，均属无性型真菌，引起水稻立枯病。另一类是层出绵霉 *Achlya prolifera*（Nees）De Bary.，稻腐霉，*Pythium oryzae* Ito *et* Tokum.，属卵菌，引起水稻绵腐病。

【为害部位】叶片、谷粒。

【分布】我国各水稻产区均有不同程度的发生。

6. 水稻立枯病

【病原】包括链状腐霉 *Pythium catenulatum* Matth.，瓜果腐霉 *Pythium aphanidermatum*（Eds.）Fitz，畸雌腐霉 *Pythium spinosum* Saw.，禾生腐霉 *Pythium graminicola* Subramaniam 等，属于卵菌；以及禾谷镰孢 *Fusarium graminearum* Schwabe，木贼镰孢 *Fusarium equiseti*（Corda）Sacc.，尖孢镰孢 *Fusarium oxysporum* Schlecht.，茄丝核菌 *Rhizoctonia solani* Kühn 等，属于无性型真菌。

【为害部位】种子、稻芽、秧苗叶片。

【分布】全国各稻区均有发生。

7. 稻瘟病

【病原】灰梨孢或稻梨孢 *Pyricularia oryzae* Cav.，属无性型真菌；有性型为 *Magnaporthe grisea*（Hebert）Barr.，属子囊菌。

【别名】稻热病、火烧瘟、叩头瘟、吊颈瘟。

【为害部位】叶片、茎秆、穗部、谷粒。

【分布】全国各稻区均有发生。

8. 水稻恶苗病

【病原】串珠镰孢 *Fusarium moniliforme* Sheld.，属无性型真菌。有性型为藤仓赤霉 *Gibberella fujikuroi*（Sawada）Wollenw，属子囊菌。

【别名】徒长病，俗称标茅、禾公。

【为害部位】茎秆、谷粒。

【分布】全国各稻区均有发生。

9. 水稻胡麻斑病

【病原】稻平脐蠕孢 *Bipolaris oryzae*（Breda de Haan）Shoem. = *Helminthosporium oryzae*，属无性型真菌；有性型为宫部旋孢腔菌 *Cochliobolus miyabea-*

nus Drechsler，属子囊菌。

【别名】水稻胡麻叶枯病。

【为害部位】叶片、叶鞘、穗颈、枝梗、谷粒。

【分布】全国各稻区均有发生。

10. 稻曲病

【病原】稻绿核菌 *Ustilaginoidea oryzae*（Patou.）Bref = *Ustilaginoidea virens*（Cooke）Takahashi，属无性型真菌；有性型为稻麦角 *Claviceps virens* Sakurai，属子囊菌。

【别名】伪黑穗病、绿黑穗病、谷花病、青粉病，俗称丰产果。

【为害部位】谷粒。

【分布】主要分布在河北、长江流域及南方稻区。

11. 水稻云形病

【病原】稻格氏霉 *Gerlachia oryzae*（Hashioka & Yokogi）W. Gams，属无性型真菌；有性型 *Monographella albescens*（Thüm.）Pakinson，Sivanesan *et* Booth，属子囊菌。

【别名】褐色叶枯病、叶灼病。

【为害部位】叶片、叶鞘、谷粒。

【分布】主要分布在长江流域和南方稻区。

12. 水稻窄条斑病

【病原】稻尾孢 *Cercospora oryzae* Miyake = *Cercospora janseana*（Racib.）Const.，属无性型真菌；有性型为稻亚球壳 *Sphaerulina oryzina* Hara，属子囊菌。

【别名】稻条叶枯病、褐条斑病、窄斑病。

【为害部位】叶片、叶鞘、穗颈、枝梗、谷粒。

【分布】全国各稻区均有发生。

13. 水稻叶尖枯病

【病原】稻生叶点霉 *Phyllosticta oryzicola* Hara，属无性型真菌；有性型为稻小陷壳 *Trematosphaerella oryzae*（Miyake）Padwick，属子囊菌。

【别名】水稻叶尖白枯病、水稻叶切病。

【为害部位】叶片、谷粒。

【分布】主要分布在长江中下游和华南稻区。

14. 水稻纹枯病

【病原】茄丝核菌 *Rhizoctonia solani* Kühn，属无性型真菌；瓜亡革菌 *Thanatephorus cucumeris*（Frank）Donk，属担子菌。

【别名】云纹病。

【为害部位】叶鞘、叶片、穗颈部。

【分布】全国主要稻区均有发生。

15. 稻叶鞘网斑病

【病原】柱枝双孢霉 *Cylindrocladium scoparium* Morgan *et* Aoyaqi，属无性型真菌。

【为害部位】叶片、叶鞘。

【分布】主要分布在南方稻区。

16. 水稻一柱香病

【病原】稻柱香菌 *Ephelis oryzae* Syd.，属无性型真菌。

【为害部位】穗部。

【分布】云南、四川。

17. 水稻白绢病

【病原】齐整小核菌 *Sclerotium rolfsii* Sacc.，属无性型真菌。

【为害部位】茎基部。

【分布】全国双季稻区时有发生。

18. 水稻菌核病

【病原】包括稻小黑菌核病菌 *Helminthosporium sigmoideum* Cav. var. *irregulare* Crall. *et* Tullis、稻小球菌核病菌 *Helminthosporium sigmoideum* Hara.、稻褐色菌核病菌 *Sclerotium oryzea-sativae* Saw.、稻球状菌核病菌 *Sclerotium hydrophilum* Sacc.、稻灰色菌核病菌 *Sclerotium fumigatum* Nakata ex Hara、稻黑粒菌核病菌 *Helicoceras oryzea* Linder *et* Tullis、稻赤色菌核病菌 *Rhizoctonia oryzea* Ryk. *et* Gooch、稻褐色小粒菌核病菌 *Sclerotium orizicola* Nakata *et* Kawam 8 种菌核病菌，均属无性型真菌。

【别名】水稻菌核秆腐病。

【为害部位】叶鞘、茎秆。

【分布】主要分布在南方稻区，东北稻区也有发生。

19. 水稻谷枯病

【病原】包括谷枯叶点霉 *Phyllosticta glumarum*（Ell. *et* Fr.）Miyake 和高粱茎点霉 *Phoma sorghina*（Sacc.）Boerema，Dorenb. *et* Kest，属无性型真菌。

【别名】水稻颖枯病。

【为害部位】谷粒。

【分布】长江流域各稻区均有发生。

20. 稻黑点病

【病原】稻棘壳孢 *Pyrenochaeta oryzae* Shira，属无性型真菌。

【别名】稻叶鞘黑点病。

【为害部位】叶鞘、叶片、颖壳。

【分布】广西壮族自治区（全书称广西）、江西、江苏。

21. 谷颖及米粒变色

【病原】包括新月弯孢 *Curvularia lunata*（Wakker）Boedijn，膝状弯孢 *Curvularia geniculata*，两者均属于无性型真菌。

【为害部位】谷颖、米粒、叶片、叶鞘。

【分布】全国各水稻产区均有不同程度的发生。

22. 水稻穗果病

【病原】稻珊瑚孢 *Corallocytostroa oryzae*，属无性型真菌。

【为害部位】穗部。

【分布】云南、广西。

23. 水稻叶鞘腐败病

【病原】稻帚枝霉 *Sarocladium oryzae*（Sawada）Gams *et* Hawksw，异名 *Acrocylindrium oryzae*（Sawada），属无性型真菌。

【为害部位】叶鞘。

【分布】我国最早在台湾发现，主要分布在长江流域及其以南稻区。

24. 水稻紫鞘病

【病原】中华帚枝杆孢 *Sarocladium sinense* Chen，Zhang *et* Fu.，属无性型真菌。

【别名】褐鞘病、紫秆病、锈秆黄叶病，俗称黑谷、不稳症。

【为害部位】叶鞘、谷粒。

【分布】广东、广西、台湾、福建、江苏、湖南、浙江、湖北、江西。

二、细菌病害

1. 水稻白叶枯病

【病原】水稻黄单胞菌 *Xanthomonas oryzae*，包括白叶枯病菌和条斑病菌两个致病变种：即稻黄单胞菌白叶枯变种 *Xanthomonas oryzae* pv. *oryzae*（Ishiyama）Swings *et al.*，稻黄单胞菌条斑变种，*Xanthomonas oryzae* pv. *oryzicola*（Fang *et al.*）Swings *et al.*，均属细菌。

【别名】白叶瘟、地火烧、茅草瘟。

【为害部位】叶片。

【分布】我国各稻区均有发生。

2. 水稻细菌性基腐病

【病原】菊欧文氏菌玉米致病变种 *Erwinia chrysanthemi* pv. *zeae*（Sabet）Victoria，Arboleda *et* Munoz，属欧文氏菌属细菌。

【为害部位】根节部、茎基部。

【分布】江苏、上海、浙江、福建、湖南、湖北、广西等稻区。

3. 水稻细菌性褐斑病

【病原】丁香假单胞菌丁香致病变种 *Pseudomonas syringae* pv. *syringae* van Hall，属假单胞杆菌属细菌。

【别名】细菌性鞘腐病。

【为害部位】叶片、叶鞘、茎、节、穗、枝梗、谷粒。

【分布】吉林、黑龙江、浙江等。

4. 水稻细菌性褐条病

【病原】丁香假单胞菌黍致病变种 *Pseudomonas syringae pv. panici*（Elliott）Stapp.，属假单胞杆菌属细菌。该病原菌 1978 年前为燕麦（晕疫）假单胞菌 *Pseudomonas avenae* Manns。

【别名】细菌性心腐病。

【为害部位】叶片、叶鞘、穗梗、谷粒。

【分布】河北、江苏、浙江、四川、湖南、广西、台湾等省区。

5. 水稻细菌性条斑病

【病原】稻生黄单胞菌条斑变种 *Xanthomonas oryzae* pv. *oryzicola*（Fang *et al.*）Swings *et al.*，属黄单胞杆菌属细菌。

【别名】细条病、条斑病。

【为害部位】叶片。

【分布】主要发生于南部稻区，华中、华东也有发生。

6. 水稻细菌性谷枯病

【病原】颖壳假单胞菌或水稻细菌颖枯病假单胞菌 *Pseudomonas glumae* kurita *et* Tabei，属假单胞菌属细菌。

【别名】水稻细菌性颖枯病、穗枯病。

【为害部位】谷粒、秧苗、穗。

【分布】贵州、台湾。

三、病毒病害

1. 水稻黄叶病

【病原】水稻黄叶病毒或暂黄病毒 *Rice transitory yellowing virus*，简称 RTYV，属病毒。

【别名】黄矮病、暂黄病。

【为害部位】叶片。

【分布】主要分布于华南、西南、长江中下游稻区。

2. 水稻矮缩病

【病原】水稻矮缩病毒 *Rice dwarf virus*，简称RDV，属植物呼肠孤病毒组病毒。

【别名】水稻普通矮缩病、普矮、青矮等。

【为害部位】叶片、叶鞘、穗颈。

【分布】主要分布在长江流域以及南方各主产稻区。

3. 水稻黑条矮缩病

【病原】水稻黑条矮缩病毒 *Rice black-streaked dwarf virus*，简称RBSDV，属植物呼肠孤病毒组病毒。近年的研究表明，在我国广东、福建等地还有一种新发现的病毒——南方水稻黑条矮缩病毒 *Southern rice black-streaked dwarf virus*，SRBSDV 或水稻黑条矮缩病毒2号 RBSDV－2。

【别名】矮稻。

【为害部位】叶片、茎秆。

【分布】江苏、浙江。

4. 南方水稻黑条矮缩病

【病原】南方水稻黑条矮缩病毒 *Southern rice black-streaked dwarf virus*，简称 SRBSDV，属斐济病毒属。

【为害部位】叶片、茎秆。

【分布】华南、江南和西南的大部稻区。

5. 水稻齿叶矮缩病

【病原】水稻齿叶矮缩病毒 *Rice ragged stunt virus*，简称 RRSV，属于呼肠孤病毒科 Reoviridae 水稻病毒属 *Oryzavirus*。

【为害部位】叶片、叶鞘。

【分布】福建、广东、台湾、江西、湖南、浙江、云南、贵州。

6. 水稻东格鲁病毒病

【病原】东格鲁球状病毒 *Rice tungro spherical virus*，简称 RTSV，属玉米褪绿矮缩病毒组。

【为害部位】叶片。

【分布】我国南方稻区。

7. 水稻条纹叶枯病

【病原】水稻条纹叶枯病毒 *Rice stripe virus*，简称RSV，属水稻条纹病毒组（或称柔线病毒组）病毒。

【为害部位】叶片。

【分布】全国各稻区均有发生。

8. 水稻簇矮病

【病原】水稻簇矮病毒 *Rice bunchy stwt virus*，简称 RBSV，属植物呼肠孤病毒组病毒。

【为害部位】叶片、茎秆。

【分布】在我国南方稻区有发生。

9. 水稻瘤矮病

【病原】水稻瘤矮病毒 *Rice gall dwarf virus*，简称 RGDV，属植物呼肠孤病毒组病毒。

【为害部位】叶片、叶鞘。

【分布】海南、广东、广西、福建。

10. 水稻草状矮化病

【病原】水稻草状丛矮病毒 *Rice grassy stunt virus*，简称 RGSV，属柔丝病毒组。

【为害部位】叶片、茎秆。

【分布】福建、广东、广西、海南、台湾。

11. 水稻黄矮病

【病原】水稻黄矮病毒 *Rice yellow stunt virus*，简称 RYSV，为植物核弹状病毒。

【别名】黄叶病、暂黄病。

【为害部位】叶片。

【分布】华南、西南、长江中下游稻区。

四、线虫病害

1. 水稻根结线虫病

【病原】稻根结线虫 *Meloidogyne oryzae* Maas, Sanders & Dede，属根结线虫属。

【为害部位】根尖。

【分布】华南稻区，海南、广东、广西均有分布。

2. 水稻干尖线虫病

【病原】稻干尖线虫 *Aphelenchoides besseyi* Christie，属滑刃线虫属。

【别名】白尖病、线虫枯死病。

【为害部位】叶片、穗。

【分布】全国各稻区都有分布。

3. 水稻潜根线虫病

【病原】包括水稻潜根线虫 *Hirshmanniella oryzae*；水稻齿痕潜根线虫 *Hirshmanniella caudacrena*；水稻门格劳林潜根线虫 *Hirshmanniella mangaloriensis*；水稻短尖潜根线虫 *Hirshmanniella mucronata*，以上均属于潜根线虫属。

【为害部位】根部。

【分布】我国大部分水稻产区均有分布，特别是双季稻产区发生普遍。

五、植原体病害

1. 水稻黄萎病

【病原】*Phytoplasma*，属植原体。

【为害部位】叶片。

【分布】广东、广西、湖南、湖北、云南、浙江、江苏、安徽、江西、福建、台湾、上海。

2. 水稻橙叶病

【病原】*Phytoplasma*，属植原体。

【为害部位】叶片。

【分布】云南、福建、海南、广东、广西。

第二节　水稻害虫

一、节肢动物门 Arthropoda

昆虫纲 Insecta

（一）直翅目 Orthoptera

螽蟖科 Tettigoniidae

1. 长剑草螽

【学名】*Conocephalus gladiatus*（Redtenbacher）

【危害作物】水稻、棉、大豆、甘蔗。

【分布】江苏、浙江、江西、福建、陕西。

2. 黑斑草螽

【学名】*Conocephalus maculatus*（Le Guillou）

【别名】斑翅草螽。

【危害作物】水稻、玉米、高粱、谷子、甘蔗、大豆、花生、竹、棉、梨、柿。

【分布】江苏、江西、福建、湖北、广东、四川、云南。

3. 圆锥头螽

【学名】*Euconocephalus varius*（Walker）

【别名】变角真草螽。

【危害作物】小麦、水稻、甘蔗、茶。

【分布】江苏、江西、福建、台湾、四川、华南。

4. 褐足螽蟖

【学名】*Homorocoryphus fuscipes* Redtenbacher

【危害作物】水稻、玉米。

【分布】四川。

5. 短翅草螽

【学名】*Xyphidion japonicus* Redtenbacher

【危害作物】水稻、玉米、小麦、高粱、大豆、花生、甘蔗。

【分布】江西。

蟋蟀科 Gryllidae

6. 双斑蟋

【学名】*Gryllus bimaculatus*（De Geer）

【危害作物】水稻、甘薯、棉、亚麻、茶、甘蔗、绿肥作物、菠菜、柑橘、梨、桃。

【分布】江西、福建、台湾、广东。

7. 黄扁头蟋

【学名】*Loxoblemmus arietulus* Saussure

【危害作物】粟、荞麦、水稻、豆类、棉、甘蔗、烟草。

【分布】河北、台湾。

8. 尾异针蟋

【学名】*Pteronemobius caudatus*（Shiraki）

【别名】黑褐针蟋。

【危害作物】水稻、陆稻、甘蔗及其他禾本科作物。

【分布】河北、江苏、台湾、陕西、宁夏回族自治区（以下简称宁夏）。

9. 花生大蟋

【学名】*Tarbinskiellus portentosus*（Lichtenstein）

【危害作物】水稻、木薯、甘薯、棉、桑、苎麻、花生、芝麻、豆类、茶、咖啡、甘蔗、甘蓝、瓜类、辣椒、番茄、茄子、烟草、果树、松、橡胶、樟等。

【分布】浙江、江西、福建、台湾、广东、广西、湖南、四川。

10. 北京油葫芦

【学名】*Teleogryllus emma*（Ohmachi *et* Matsumura）

【别名】油葫芦。

【危害作物】粟、黍、稻、高粱、荞麦、甘薯、大豆、绿豆、棉花、芝麻、花生、甘蔗、烟草、白菜、葱、番茄、苹果、梨。

【分布】辽宁、河北、河南、陕西、山西、山东、江苏、安徽、浙江、江西、福建、台湾、湖南、湖北、广东。

蝼蛄科 Gryllotalpidae

11. 东方蝼蛄

【学名】*Gryllotalpa orientalis* Burmeister

【危害作物】水稻、粟、麦类、玉米、高粱、甘薯、马铃薯、花生、麻类、棉花、桑、烟草、甜菜、咖啡、茶、蔬菜、果树及林木幼苗。

【分布】全国都有，南方较多。

12. 普通蝼蛄

【学名】*Gryllotalpa gryllotalpa*（Linnaeus）

【危害作物】食性杂，为害多种作物。

【分布】在新疆局部地区为害严重。

13. 台湾蝼蛄

【学名】*Gryllotalpa formosana* Shiraki

【危害作物】食性杂，为害多种作物。

【分布】台湾、广东、广西。

14. 华北蝼蛄

【学名】*Gryllotalpa unispina* Saussure

【别名】单刺蝼蛄、大蝼蛄、土狗、蝼蝈、啦啦蛄。

【危害作物】小麦、水稻、谷子、高粱、玉米、棉花、大麻、甜菜、白菜、马铃薯、瓜类、葱、韭、蒜。

【分布】东北、内蒙古、宁夏、甘肃、新疆、河北、山东、山西、陕西、江苏。

瘤锥蝗科 Chrotogonidae

15. 黄星蝗

【学名】*Aularches miliaris scabiosus*（Fabricius）

【危害作物】在广西主要为害水稻，在贵州主要为害玉米。

【分布】广西、贵州。

锥头蝗科 Pyrgomorphidae

16. 拟短额负蝗

【学名】*Atractomorpha ambigua* Bolivar

【危害作物】水稻、谷子、高粱、玉米、大麦、豆类、马铃薯、甘薯、亚麻、麻类、甘蔗、桑、茶、甜菜、烟草、蔬菜、苹果、柑橘等树。

【分布】辽宁、华北、华东、台湾、湖北、湖南、陕西、甘肃。

17. 长额负蝗

【学名】*Atractomorpha lata*（Motschulsky）

【危害作物】水稻、小麦、玉米、高粱、大豆、棉、甘蔗、茶、烟草、桑、甜菜、白菜、甘蓝、茄、草莓、柑橘、樟、杨。

【分布】河北、山西、山东、江苏、浙江、台湾、江西、湖南、陕西、四川。

18. 短额负蝗

【学名】*Atractomorpha sinensis* Bolivar

【危害作物】水稻、玉米、高粱、谷子、小麦、棉、大豆、芝麻、花生、黄麻、蓖麻、甘蔗、甘薯、马铃薯、烟草、蔬菜、茶。

【分布】华南、华北、辽宁、湖北、陕西。

斑腿蝗科 Catantopidae

19. 意大利蝗

【学名】*Calliptamus italicus*（Linnaeus）

【危害作物】棉、玉米、谷子、水稻、小麦、油菜、苜蓿等农牧作物

【分布】甘肃、新疆。

20. 红褐斑腿蝗

【学名】*Catantops pinguis*（Stål）

【危害作物】水稻、禾本科作物、甘薯、棉、桑、茶、油棕、甘蔗、小麦。

【分布】河北、河南、江苏、浙江、江西、福建、台湾、湖北、广东、广西、四川、香港。

21. 棉蝗

【学名】*Chondracris rosea*（De Geer）

【危害作物】水稻、高粱、谷子、棉、苎麻、甘蔗、柑橘、刺槐、茶。

【分布】河北、山西、山东、台湾、江苏、浙江、江西、福建、湖南、广西、海南、陕西、四川。

22. 塔达刺胸蝗

【学名】*Cyrtacanthacris tatarica*（Linnaues）

【危害作物】水稻、甘蔗。

【分布】广东、云南。

23. 短翅黑背蝗

【学名】*Eyprepocnemis hokutensis* Shiraki

【危害作物】水稻、竹、芦苇。

【分布】江苏、浙江、江西、福建、台湾、湖北、广西、广东。

24. 峨眉腹露蝗

【学名】*Fruhstorferiola omei*（Rehn *et* Rehn）

【危害作物】水稻。

【分布】四川。

25. 芋蝗

【学名】*Gesonula punctifrons*（Stål）

【危害作物】水稻、玉米、粟、高粱、甘蔗、柑橘、水芋、里芋。

【分布】江苏、浙江、江西、福建、台湾、广西、广东、四川。

26. 斑角蔗蝗

【学名】*Hieroglyphus annulicornis*（Shiraki）

【危害作物】水稻、玉米、谷子、高粱、黍、

甘蔗、棉。

【分布】江苏、安徽、浙江、江西、福建、台湾、湖北、湖南、广西、广东、香港、四川。

27. 等岐蔗蝗

【学名】*Hieroglyphus banian*（Fabricius）

【危害作物】水稻、玉米、甘蔗、竹。

【分布】广西、广东。

28. 无齿稻蝗

【学名】*Oxya adentata* Willemse

【危害作物】水稻、大豆、棉花。

【分布】东北、内蒙古自治区（以下称内蒙古）、青海、陕西省汉江北岸。

29. 山稻蝗

【学名】*Oxya agavisa* Tsai

【危害作物】水稻。

【分布】浙江、江西、福建、湖北、广西、四川、贵州。

30. 中华稻蝗

【学名】*Oxya chinensis*（Thunberg）

【危害作物】水稻、玉米、高粱、麦类、甘蔗、马铃薯、豆类、棉花、亚麻等。

【分布】中国南、北方各稻区。

31. 小稻蝗

【学名】*Oxya intricata*（Stål）

【危害作物】水稻。

【分布】陕西省及南方稻区。

32. 日本稻蝗

【学名】*Oxya japonica*（Thunberg）

【别名】短翅稻蝗。

【危害作物】水稻。

【分布】陕西省及南方稻区。

33. 宁波稻蝗

【学名】*Oxya ningpoensis* Chang

【别名】大稻蝗。

【危害作物】水稻。

【分布】浙江省宁波地区。

34. 二齿籼蝗

【学名】*Oxyina sinobidentata*（Hollis）

【危害作物】水稻。

【分布】江苏、浙江、广西、贵州、四川。

35. 长翅稻蝗

【学名】*Oxya velox*（Fabricius）

【危害作物】水稻、麦类、玉米、甘薯、甘蔗、棉、菜豆、柑橘、苹果、菠萝。

【分布】华北、华东、华南、湖南、湖北、西南、西藏自治区（以下称西藏）。

36. 日本黄脊蝗

【学名】*Patanga japonica*（I. Bolivar）

【危害作物】水稻、麦类、大豆、棉花。

【分布】黄河以南各地较多。

37. 印度黄脊蝗

【学名】*Patanga succincta*（Johansson）

【危害作物】水稻、谷子、甘薯、花生等。

【分布】华南。

38. 短翅稞蝗

【学名】*Quilta mitrata*（Stål）

【危害作物】水稻。

【分布】江西、广东。

39. 稻稞蝗

【学名】*Quilta oryzae* Uvarov

【危害作物】水稻。

【分布】福建、广东。

40. 长角直斑腿蝗

【学名】*Stenocatantops splendens*（Thunberg）

【危害作物】水稻、小麦、玉米、谷子、高粱、大豆、棉、茶、甘蔗、油棕。

【分布】江苏、浙江、江西、福建、台湾、广西、广东、河南、湖南、陕西、四川、云南。

41. 短角外斑腿蝗

【学名】*Xenocatantops brachycerus*（C. Willemse）

【危害作物】水稻、麦类、玉米、棉、花生、茶。

【分布】河北、山西、山东、江苏、浙江、江西、福建、湖北、广东、广西、陕西、甘肃、四川。

42. 大斑外斑腿蝗

【学名】*Xenocatantops humilis*（Audinet-Serville）

【危害作物】水稻、玉米、禾本科作物、甘薯、桑。

【分布】浙江、江西、福建、台湾、湖南、广西、云南、四川。

斑翅蝗科 Oedipodidae

43. 云斑车蝗

【学名】*Gastrimargus marmoratus* Thunberg

【危害作物】水稻、玉米、高粱、麦、棉、甘蔗、柑橘等。

【分布】河北、陕西、山西、山东、安徽、浙江、江西、福建、台湾、湖北、广东、四川。

44. 方异距蝗

【学名】*Heteropternis respondens* (Walker)

【危害作物】水稻、茶。

【分布】江苏、浙江、江西、福建、台湾、湖北、广西、广东、四川。

45. 赤胫异距蝗

【学名】*Heteropternis rufipes* (Shiraki)

【危害作物】水稻。

【分布】河北、江苏、台湾。

46. 东亚飞蝗

【学名】*Locusta migratoria manilensis* (Meyen)

【危害作物】水稻、小麦、玉米、高粱等禾本科作物及豆类、烟草、棉花、麻、甘蔗、甘薯等。

【分布】主要分布在黄淮海地区及海南岛。

47. 亚洲飞蝗

【学名】*Locusta migratoria migratoria* (Linnaeus)

【危害作物】水稻、麦、玉米、高粱等禾本科作物。

【分布】东北地区及内蒙古、新疆维吾尔自治区（以下简称新疆）。

48. 黄胫小车蝗

【学名】*Oedaleus infernalis infernalis* Saussure

【危害作物】水稻、谷子、玉米、莜麦、小麦、高粱、大豆、小豆、马铃薯、黄麻等。

【分布】河北、山西、内蒙古、山东、江苏、安徽、江西、台湾、陕西、甘肃、宁夏、青海、黑龙江。

49. 红胫小车蝗

【学名】*Oedaleus manjius* Chang

【危害作物】水稻、小麦、玉米、高粱。

【分布】浙江、江西、陕西、四川、贵州、云南。

网翅蝗科 Arcypteridae

50. 台湾雏蝗

【学名】*Chorthippus formosana* Matsumura

【危害作物】水稻、甘蔗。

【分布】台湾省及东北地区。

51. 永宁异爪蝗

【学名】*Euchorthippus yungningensis* Cheng *et* Chiu

【危害作物】水稻。

【分布】宁夏。

52. 黄脊阮蝗

【学名】*Rammeacris kiangsu* (Tsai)

【别名】黄脊竹蝗。

【危害作物】水稻、玉米、甘薯、豆类、甘蔗、瓜类、竹、棕榈。

【分布】江苏、浙江、江西、福建、湖北、湖南、广西、广东、陕西、四川。

剑角蝗科 Acrididae

53. 中华剑角蝗

【学名】*Acrida cinerea* (Thunberg)

【别名】中华蚱蜢。

【危害作物】水稻、甘蔗、棉花、甘薯、大豆、玉米、花生、亚麻、柑橘、桃、梨、烟草等。

【分布】华北、华东、四川、广东等地。

54. 圆翅蜈蚚蝗

【学名】*Gelastorhinus rotundatus* Shiraki

【危害作物】水稻、甘蔗、柑橘。

【分布】山东、江苏、台湾、广东、香港。

55. 二色戛蝗

【学名】*Gonista bicolor* (De Haan)

【危害作物】水稻。

【分布】甘肃、河北、陕西、山东、江苏、浙江、湖南、福建、台湾、四川、云南、贵州、西藏。

（二）缨翅目 Thysanoptera

管蓟马科 Phlaeothripidae

1. 稻简管蓟马

【学名】*Haplothrips aculeatus* (Fabricius)

【别名】稻单管蓟马。

【危害作物】水稻、麦类、玉米、高粱、甘蔗、葱和烟草等。

【分布】我国大部分稻区都有发生。

2. 中华简管蓟马

【学名】*Haplothrips chinensis* Priesner

【危害作物】稻、麦等禾本科作物及果树。

【分布】江南各省区。

蓟马科 Thripidae

3. 玉米黄呆蓟马

【学名】*Anaphothrips obscurus* (Müller)

【别名】玉米蓟马、玉米黄蓟马、草蓟马。

【危害作物】玉米、麦类、高粱、谷子、水稻。

【分布】北京、河北、新疆、甘肃、台湾。

4. 丽花蓟马

【学名】*Frankliniella intonsa* Trybom

【别名】台湾蓟马。

【危害作物】在水稻、小麦等禾本科作物及棉花、豆类、苜蓿、瓜类、茄科等其他多种作物花内为害。

【分布】全国都有分布。

5. 禾花蓟马

【学名】*Frankliniella tenuicornis*（Uzel）

【别名】玉米蓟马、瘦角蓟马、禾花蓟马。

【危害作物】水稻、小麦、玉米及多种禾本科作物。

【分布】我国各稻区均有发生。

6. 端大蓟马

【学名】*Megalurothrips distalis*（Karny）

【别名】花生蓟马、豆蓟马、紫云英蓟马、端带蓟马。

【危害作物】油菜、花生、大豆、苜蓿、水稻、小麦等。

【分布】国内广泛分布。

7. 稻蓟马

【学名】*Stenchaetothrips biformis*（Bagnall）

【危害作物】水稻、小麦、玉米、谷子。

【分布】内蒙古、黑龙江、台湾、江苏、福建、广东、广西、湖北、河南、贵州、云南、四川。

8. 色蓟马

【学名】*Thrips coloratus* Schmutz

【危害作物】水稻、枇杷、苦瓜、茶、桂、竹。

【分布】江南一些省区。

（三）半翅目 Hemiptera

盲蝽科 Miridae

1. 绿盲蝽

【学名】*Apolygus lucorum*（Meyer-Dür）

【危害作物】麦类、高粱、玉米、水稻、豆类、马铃薯、麻类、棉、向日葵、苜蓿、番茄、苹果、桃、木槿、紫穗槐等。

【分布】河北、山西、辽宁、山东、江苏、安徽、浙江、江西、福建、河南、湖南、四川、陕西、新疆。

2. 牧草盲蝽

【学名】*Lygus pratensis*（Linnaeus）

【危害作物】水稻、玉米、豆类、马铃薯、洋麻、棉、苜蓿、甜菜、蔬菜、果树等。

【分布】内蒙古、安徽、福建、湖北、新疆、宁夏、四川。

3. 红角盲蝽

【学名】*Megaloceraea ruficornis* Geoffrog

【危害作物】水稻、麦类、粟、亚麻、茶、甜菜。

【分布】河北、湖北、甘肃。

4. 奥盲蝽

【学名】*Orthops kalmi*（Linnaeus）

【危害作物】水稻、麦、大豆、马铃薯、甘蔗、桑、甜菜、葡萄、柑橘、苹果。

【分布】辽宁。

5. 蔗盲蝽

【学名】*Orthops udonis*（Matsumura）

【危害作物】水稻、甘蔗。

【分布】台湾。

6. 稻盲蝽

【学名】*Tinginotopsis oryzae*（Matsumura）

【危害作物】水稻、甘蔗。

【分布】台湾。

长蝽科 Lygaeidae

7. 豆突眼长蝽

【学名】*Chauliops fallax* Scott

【危害作物】水稻、玉米、豆类。

【分布】河北、江西、四川。

8. 大头隆胸长蝽

【学名】*Eucosmetus incisus*（Walker）

【危害作物】水稻。

【分布】台湾。

缘蝽科 Coreidae

9. 茄瘤缘蝽

【学名】*Acanthocoris sordidus* Thunberg

【危害作物】水稻、桑、马铃薯、甘薯、茄子、辣椒、番茄等。

【分布】全国，台湾、广西、河南、四川。

10. 四刺棒缘蝽

【学名】*Clavigralla acantharis*（Fabricius）

【危害作物】水稻、豇豆。

【分布】福建、广东、广西、云南。

11. 小棒缘蝽

【学名】*Clavigralla horrens* Dohrn

【危害作物】水稻、花生。

【分布】福建、广东、云南。

12. 刺额棘缘蝽

【学名】*Cletus bipunctatus*（Herrich-Schäffer）

【危害作物】水稻、麦类、棉、甘蔗、桑、真菰。

【分布】浙江、广东、贵州、云南。

13. 禾棘缘蝽

【学名】*Cletus graminis* Hsiao *et* Cheng

【危害作物】水稻、豆科。

【分布】福建、广东、云南。

14. 稻棘缘蝽

【学名】*Cletus punctiger*（Dallas）

【别名】针缘椿象。

【危害作物】主要危害水稻，其次是玉米、高粱、谷子、小麦、大豆、棉花等、

【分布】华南发生较普遍。

15. 宽棘缘蝽

【学名】*Cletus rusticus* Stål

【危害作物】水稻、小麦、玉米、谷子、高粱。

【分布】江西、安徽、浙江、陕西。

16. 平肩棘缘蝽

【学名】*Cletus tenuis* Kiritshenko

【危害作物】水稻。

【分布】河北、北京、山东、江西、陕西、四川。

17. 褐奇缘蝽

【学名】*Derepteryx fuliginosa*（Uhler）

【危害作物】水稻。

【分布】四川、黑龙江、江苏、浙江、江西、福建、甘肃。

18. 广腹同缘蝽

【学名】*Homoeocerus dilatatus* Horvath

【危害作物】水稻、玉米、豆类、柑橘。

【分布】北京、河北、吉林、浙江、江西、河南、湖北、广东、四川、贵州。

19. 光纹同缘蝽

【学名】*Homoeocerus laevilineus* Stål

【危害作物】水稻。

【分布】广东。

20. 小点同缘蝽

【学名】*Homoeocerus marginellus* Herrich-Schäffer

【危害作物】水稻、大豆。

【分布】江西、广东、四川、云南。

21. 斑腹同缘蝽

【学名】*Homoeocerus marginiventris* Dohrn

【危害作物】水稻。

【分布】江西、福建、四川、云南。

22. 一点同缘蝽

【学名】*Homoeocerus unipunctatus*（Thunberg）

【危害作物】水稻、玉米、高粱、梧桐、豆类。

【分布】江苏、浙江、江西、福建、台湾、湖北、广东、四川、云南、西藏。

23. 大稻缘蝽

【学名】*Leptocorisa acuta*（Thunberg）

【别名】稻蛛缘蝽、稻穗缘蝽、异稻缘蝽。

【危害作物】水稻、小麦、玉米等。

【分布】广东、广西、海南、云南、台湾等。

24. 中稻缘蝽

【学名】*Leptocorisa chinensis*（Dullas）

【危害作物】水稻。

【分布】天津、江苏、安徽、浙江、江西、福建、湖北、广西、广东、云南。

25. 异稻缘蝽

【学名】*Leptocorisa varicornis*（Fabricius）

【别名】稻蛛缘蝽。

【危害作物】稻、麦、谷子、甘蔗、桑、柑橘等

【分布】广西、广东、台湾、福建、浙江、贵州等省（区）。

26. 粟缘蝽

【学名】*Liorhyssus hyalinus*（Fabricius）

【危害作物】谷子、高粱、水稻、玉米、青麻、大麻、向日葵、烟草、柑橘、橡胶草。

【分布】华北、内蒙古、黑龙江、甘肃、宁夏、山东、江苏、安徽、江西、四川、云南、贵州、西藏。

27. 条蜂缘蝽

【学名】*Riptortus linearis*（Fabricius）

【危害作物】水稻、大豆、豆类、棉、甘薯、甘蔗、柑橘、桑。

【分布】江苏、浙江、江西、福建、台湾、广西、广东、四川、云南。

28. 点蜂缘蝽

【学名】*Riptortus pedestris*（Fabricius）

【别名】白条蜂缘蝽、豆缘椿象、豆椿象。

【危害作物】水稻、高粱、粟、豆类、棉、麻、甘薯、甘蔗、南瓜、柑橘、苹果、桃。

【分布】北京、山东、江苏、安徽、浙江、江西、福建、台湾、河南、湖北、四川、云南、西藏。

同蝽科 Acanthosomatidae

29. 大翘同蝽

【学名】*Anaxandra giganteum*（Matsumura）

【危害作物】水稻。

【分布】江西、广西、云南、西藏。

龟蝽科 Plataspidae

30. 浙江圆龟蝽

【学名】*Coptosoma chekiana* Yang

【危害作物】水稻、大豆、桑。

【分布】浙江、福建、四川。

31. 筛豆龟蝽

【学名】*Megacopta cribraria*（Fabricius）

【危害作物】水稻、马铃薯、甘薯、大豆、豆类、桑、甘蔗。

【分布】河北、山东、江苏、浙江、江西、福建、河南、广西、广东、陕西、四川、云南。

蝽科 Pentatomidae

32. 华麦蝽

【学名】*Aelia fieberi* Scott

【危害作物】水稻、麦、梨。

【分布】北京、山西、东北、江苏、浙江、江西、山东、湖北、陕西、甘肃。

33. 伊蝽

【学名】*Aenaria lewisi*（Scott）

【危害作物】水稻、小麦、果树、甘蔗。

【分布】江苏、浙江、广西、四川。

34. 宽缘伊蝽

【学名】*Aenaria pinchii* Yang

【危害作物】水稻、毛竹。

【分布】浙江、江西、福建。

35. 丹蝽

【学名】*Amyotea malabarica*（Fabricius）

【危害作物】水稻、锦葵。

【分布】江西、福建、云南。

36. 侧刺蝽

【学名】*Andrallus spinidens*（Fabricius）

【危害作物】水稻。

【分布】江西、湖北、湖南、广西、广东。

37. 丽蝽

【学名】*Antestia anchora*（Thunberg）

【危害作物】水稻。

【分布】广西、广东、云南。

38. 花丽蝽

【学名】*Antestia purchra* Dallas

【危害作物】水稻、咖啡。

【分布】青海、云南。

39. 薄蝽

【学名】*Brachymna tenuis* Stål

【危害作物】水稻、竹。

【分布】上海、江苏、安徽、浙江、江西、广东、四川。

40. 红角辉蝽

【学名】*Carbula crassiventris*（Dallas）

【危害作物】水稻、胡枝子。

【分布】华东、台湾、华南、西南、西藏、黑龙江。

41. 甜菜蝽

【学名】*Carpocoris lunulatus*（Goetze）

【危害作物】水稻、向日葵、甜菜。

【分布】北京、河北、山西、内蒙古、黑龙江、吉林、河南、新疆。

42. 棕蝽

【学名】*Caystrus obscurus*（Distant）

【危害作物】水稻。

【分布】广东、西藏。

43. 剪蝽

【学名】*Diplorhinus furcatus*（Westwood）

【危害作物】水稻。

【分布】浙江、江西、广西、广东、贵州。

44. 斑须蝽

【学名】*Dolycoris baccarum*（Linnaeus）

【别名】细毛蝽。

【危害作物】稻、麦、玉米、高粱、谷子、棉花、烟草、亚麻、芝麻、豆类、蔬菜、果树及林木等。

【分布】全国各地。

45. 平蝽

【学名】*Drinostia fissiceps* Stål

【危害作物】水稻。

【分布】浙江、江西、湖南。

46. 稻黄蝽

【学名】*Euryaspis flavescens* Distant

【危害作物】水稻、玉米、谷子、大豆、绿豆、芝麻。

【分布】河北、江苏、安徽、浙江、江西、福建、贵州。

47. 谷蝽

【学名】*Gonopsis affinis*（Uhler）

【危害作物】水稻、茶。

【分布】江苏、浙江、江西、山东、湖北、湖南、广西、广东、陕西、贵州。

48. 红谷蝽

【学名】*Gonopsis coccinea*（Walker）

【危害作物】水稻。

【分布】广西、四川、云南、西藏。

49. 稻褐蝽

【学名】*Lagynotomus elongata*（Dallas）

【别名】白边蝽。

【危害作物】主要危害水稻，也危害玉米、小麦、棉花、甘蔗。

【分布】湖南、湖北、江西、浙江、江苏、台湾、广东、广西、四川等省区。

50. 梭蝽

【学名】*Megarrhamphus hastatus*（Fabricius）

【别名】尖头椿象。

【危害作物】稻、甘蔗。

【分布】广东、广西、福建、浙江、江西、江苏、安徽等省区。

51. 平尾梭蝽

【学名】*Megarrhamphus truncatus*（Westwood）

【危害作物】水稻、玉米、甘蔗。

【分布】河北、江苏、江西、福建、广东、广西、云南。

52. 黑斑曼蝽

【学名】*Menida formosa*（Westwood）

【危害作物】水稻、麦。

【分布】上海、江苏、台湾、广西、广东、云南。

53. 稻赤曼蝽

【学名】*Menida histrio*（Fabricius）

【危害作物】水稻、玉米、小麦、甘蔗、亚麻、桑、柑橘等。

【分布】广东、广西、江西、福建、台湾等省（区）。

54. 宽曼蝽

【学名】*Menida lata* Yang

【危害作物】水稻、菜豆。

【分布】江苏、浙江、江西、福建、河南、湖南、广西、广东、四川。

55. 紫蓝曼蝽

【学名】*Menida violacea* Motschulsky

【危害作物】高粱、水稻、玉米、小麦、梨、榆。

【分布】河北、辽宁、内蒙古、陕西、四川、山东、江苏、浙江、江西、福建、广东。

56. 稻绿蝽

【学名】*Nezara viridula*（Linnaeus）

【别名】稻青蝽。

【危害作物】水稻、玉米、小麦、大豆、马铃薯、棉花、苎麻、芝麻、花生、甘蔗、烟草、苹果、梨、柑橘等，寄主种类多达70多种。

【分布】我国东北吉林以南地区。

57. 绿点益蝽

【学名】*Picromerus viridipunctatus* Yang

【危害作物】水稻、大豆、苎麻、甘蔗。

【分布】浙江、江西、四川、贵州。

58. 璧蝽

【学名】*Piezodorus rubrofasciatus*（Fabricius）

【危害作物】水稻、小麦、谷子、玉米、高粱、大豆、豆类、棉花。

【分布】山东、江苏、浙江、江西、福建、湖北、广西、广东、四川。

59. 珀蝽

【学名】*Plautia fimbriata*（Fabricius）

【危害作物】水稻、柑橘、梨、桃、核桃、葡萄等。

【分布】山东、江苏、浙江、江西、福建、台湾、广西、广东、陕西、云南、四川、西藏。

60. 比蝽

【学名】*Pycanum ochraceum* Distant

【危害作物】水稻、其他禾本科作物。

【分布】福建、广西、云南、贵州、西藏。

61. 珠蝽

【学名】*Rubiconia intermedia*（Walff）

【危害作物】水稻、苹果、枣、水芹。

【分布】北京、河北、吉林、黑龙江、辽宁、山东、江苏、江西、浙江、安徽、福建、湖北、四川。

62. 稻黑蝽

【学名】*Scotinophara lurida*（Burmeister）

【危害作物】水稻、小麦、玉米、马铃薯、豆、甘蔗、柑橘等。

【分布】河北南部、山东和江苏北部、长江以南各省（区）。

63. 二星蝽

【学名】*Stollia guttiger*（Thunberg）

【别名】背双星。

【危害作物】麦类、水稻、棉花、大豆、胡麻、高粱、玉米、甘薯、茄子、桑、茶树、无花果及榕树等。

【分布】河北、山西、山东、江苏、浙江、河南、广东、广西、台湾、云南、陕西、甘肃、西藏。

64. 锚纹二星蝽

【学名】*Stollia montivagus*（Distant）

【危害作物】小麦、粟、高粱、水稻、大豆、甘薯、棉、甘蔗、苹果。

【分布】北京、河北、山西、山东、浙江、江西、福建、河南、湖北、广西、广东、陕西、四川、贵州。

65. 广二星蝽

【学名】*Stollia ventralis*（Westwood）

【别名】黑腹蝽。

【危害作物】水稻、小麦、高粱、谷子、玉米、大豆、甘薯、苹果、棉花等。

【分布】广东、广西、福建、江西、浙江、河北、山东和山西等省区。

66. 四剑蝽

【学名】*Tetroda histeroides*（Fabricius）

【别名】角胸蝽、角肩蝽。

【危害作物】主要危害水稻，也危害小麦、玉米、茭白、稗等。

【分布】南方各省区及河南省。

67. 蓝蝽

【学名】*Zicrona caerulea*（Linnaeus）

【危害作物】水稻、玉米、高粱、花生、大豆、豆类、甘草、白桦等。

【分布】东北、华北、华东、台湾、西南、甘肃、四川、新疆。

（四）同翅目 Homoptera

粉虱科 Aleyrodidae

1. 稻粉虱

【学名】*Aleurocybotus indicus* David *et* Subramaniam

【危害作物】水稻。

【分布】福建、浙江、江西、湖南。

蚜科 Aphididae

2. 山梯管蚜

【学名】*Brachysiphoniella montana*（Van der Goot）

【危害作物】水稻。

【分布】江西、四川、台湾。

3. 玉米蚜

【学名】*Rhopalosiphum maidis*（Fitch）

【危害作物】粟、玉米、大麦、小麦、高粱、黍、水稻、甘蔗。

【分布】东北、河北、山东、江苏、浙江、台湾、宁夏。

4. 禾谷缢管蚜

【学名】*Rhopalosiphum padi*（Linnaeus）

【危害作物】玉米、高粱、大麦、小麦、黍、稻、洋葱、苹果、梨、山楂等。

【分布】内蒙古，东北、华北、华东、华南地区。

5. 红腹缢管蚜

【学名】*Rhopalosiphum rufiabdominale*（Sasaki）

【危害作物】第一寄主，桃、梅等；第二寄主，大、小麦、陆稻等。

【分布】北京、陕西、新疆、山东、江苏、浙江、湖南、台湾等。

6. 荻草谷网蚜

【学名】*Sitobion miscanthi*（Takahashi）

【危害作物】水稻、麦、茭白、玉米、高粱。

【分布】全国各麦区及部分稻区。

7. 榆四脉棉蚜

【学名】*Tetraneura ulmi* Linnaeus

【别名】高粱根蚜。

【危害作物】高粱、黍、稻、榆、甘蔗。

【分布】东北、河北、江苏、全国。

粉蚧科 Pseudococcidae

8. 鞘粉蚧

【学名】*Coleococcus scotophilus* Borchsenius

【别名】景东鞘粉蚧、稻粉蚧、英粉蚧。

【危害作物】水稻。

【分布】福建、云南。

9. 橘臀纹粉蚧

【学名】*Planococcus citri*（Risso）

【别名】柑橘刺粉蚧。

【危害作物】水稻、豆、棉、茶、桑、烟草、咖啡、柑橘、苹果、梨、松杉、梧桐、茄子等。

【分布】江苏、浙江、江西、台湾、福建、广西、广东、湖北、湖南、贵州、四川、云南。

沫蝉科 Cercopidae

10. 稻赤斑黑沫蝉

【学名】*Callitettix versicolor*（Fabricius）

【别名】稻赤斑沫蝉。

【危害作物】水稻、高粱、玉米、甘蔗等。

【分布】淮河以南各省。

11. 小蟾形沫蝉

【学名】*Lepyronia bifascial* Liu

【危害作物】水稻、甘蔗。

【分布】江西。

12. 禾圆沫蝉

【学名】*Lepyronia coleoptrata*（Linnaeus）

【危害作物】水稻。

【分布】东北。

13. 大禾圆沫蝉

【学名】*Lepyronia coleoptrata grossa* Uhler

【危害作物】水稻。

【分布】东北。

叶蝉科 Cicadellidae

14. 斑翅二室叶蝉

【学名】*Balclutha punctata*（Fabricius）

【危害作物】水稻、大麦、小麦。

【分布】东北、北京、浙江、福建、台湾。

15. 大青叶蝉

【学名】*Cicadella viridis*（Linnaeus），异名：*Tettigoniella viridis*（Linnaeus）

【别名】青叶跳蝉、青叶蝉、大绿浮尘子等。

【危害作物】棉花、豆类、花生、玉米、高粱、谷子、稻、麦、麻、甘蔗、甜菜、蔬菜、苹果、梨、柑橘等果树、桑、榆等。

【分布】湖北、湖南、河南、江西、山东、江苏、安徽、浙江、福建、上海、北京、天津、河北、山西、内蒙古、辽宁、吉林、黑龙江、新疆、陕西、甘肃、四川、云南、贵州、重庆、广东、广西、海南。

16. 大白叶蝉

【学名】*Cofana spectra*（Distant）

【危害作物】水稻、高粱、玉米、麦类、桑、甘蔗。

【分布】福建、台湾、广东、四川。

17. 宽额角顶叶蝉

【学名】*Deltocephalus latifrons* Matsumura

【危害作物】水稻。

【分布】浙江、湖北。

18. 小麦角顶叶蝉

【学名】*Deltocephalus tritici* Matsumura

【别名】麦叶蝉。

【危害作物】小麦、水稻。

【分布】浙江、台湾。

19. 小绿叶蝉

【学名】*Empoasca flavescens*（Fabricius）

【别名】茶叶蝉、桃小浮尘子、桃小叶蝉、桃小绿叶蝉。

【危害作物】稻、麦、高粱、玉米、大豆、蚕豆、紫云英、马铃薯、甘蔗、向日葵、花生、棉花、蓖麻、茶、桑、果树等。

【分布】湖北、湖南、河南、江西、山东、江苏、安徽、浙江、福建、上海、北京、天津、河北、山西、内蒙古、辽宁、吉林、黑龙江、新疆、陕西、甘肃、四川、云南、贵州、重庆、广东、广西、海南。

20. 小字纹小绿叶蝉

【学名】*Empoasca notata* Melichar

【别名】浮尘子。

【危害作物】花生、豆类、麻、水稻、蓖麻、葡萄等。

【分布】安徽、湖北、广东、广西、贵州、甘肃等省（区）。

21. 猩红小绿叶蝉

【学名】*Empoasca rufa* Melichar

【危害作物】水稻。

【分布】安徽、湖南。

22. 双纹顶斑叶蝉

【学名】*Empoascanara limbata*（Matsumura）

【危害作物】水稻、麦、甘蔗。

【分布】安徽、台湾。

23. 黑唇顶斑叶蝉

【学名】*Empoascanara maculifrons*（Motschulsky）

【危害作物】水稻、甘蔗。

【分布】浙江、台湾、江西、福建、海南。

24. 电光叶蝉

【学名】*Recilia dorsalis*（Motschulsky）

【危害作物】水稻、玉米、高粱、麦类、粟、甘蔗等。

【分布】黄河以南各稻区。

25. 稻叶蝉

【学名】*Inemadara oryzae*（Matsumura）

【危害作物】水稻、麦、谷子。

【分布】东北、河北、浙江、江西、福建、湖北、四川。

26. 白边拟大叶蝉

【学名】*Ishidaella albomarginata*（Signoret）

【危害作物】水稻、棉、桑、甘蔗、柑橘、葡萄、樱桃。

【分布】东北、北京、江苏、浙江、福建、台湾、广东、四川。

27. 一字纹叶蝉

【学名】*Limotettix striolus*（Fallén）

【危害作物】水稻、甘薯。

【分布】福建、广东、四川。

28. 横带额二叉叶蝉

【学名】*Macrosteles fascifrons*（Stål），异名：*Cicadulina bipunctella*（Mots）

【危害作物】水稻、麦类、高粱、玉米、甘蔗、棉花、葡萄。

【分布】我国南、北方都有分布。

29. 黑脉二叉叶蝉

【学名】*Macrostelus fuscinervis*（Matsumura）

【危害作物】水稻。

【分布】江苏、浙江、江西、福建。

30. 四点叶蝉

【学名】*Macrosteles quadrimaculatus*（Matsumura）

【危害作物】水稻、麦类、茶。

【分布】新疆、河北、浙江、江西、福建、四川、黑龙江。

31. 六点叶蝉

【学名】*Macrosteles sexnotatus*（Fallén）

【危害作物】水稻、麦类、甘蔗。

【分布】新疆、黑龙江、安徽、台湾。

32. 黑尾叶蝉

【学名】*Nephotettix bipunctatus*（Fabricius）

【别名】二小点叶蝉。

【危害作物】水稻、茭白、小麦、大麦、豆类、茶、甜菜、甘蔗、白菜等。

【分布】中国各稻区均有发生，以长江中上游和西南各省发生较多。

33. 马来亚黑尾叶蝉

【学名】*Nephotettix malayanus* Ishihara *et* Kawase

【危害作物】水稻。

【分布】海南岛。

34. 二条黑尾叶蝉

【学名】*Nephotettix nigropictus*（Stål）

【别名】二大点叶蝉。

【危害作物】水稻、麦、谷子、棉、甘蔗。

【分布】台湾、广东、广西、云南。

35. 二点黑尾叶蝉

【学名】*Nephotettix virescens*（Distant）

【危害作物】水稻、甘蔗、麦类、柑橘。

【分布】福建、台湾、湖南、广西、广东、云南。

36. 狭匕隐脉叶蝉

【学名】*Nirvana pallida* Melichar

【危害作物】水稻、甘蔗、柑橘等。

【分布】台湾、华南。

37. 宽带隐脉叶蝉

【学名】*Nirvana suturalis* Melichar

【危害作物】柑橘、桑、甘蔗、水稻。

【分布】云南、广东、台湾。

38. 一点木叶蝉

【学名】*Phlogotettix cyclops*（Mulsant *et* Rey）

【危害作物】水稻及其他禾本科作物。

【分布】湖北、浙江、福建。

39. 条沙叶蝉

【学名】*Psammotettix striatus*（Linnaeus）

【危害作物】水稻、麦类、马铃薯、甘蔗、甜菜、茄子等。

【分布】东北、华北、安徽、浙江、福建、台湾、甘肃、宁夏、新疆。

40. 白条叶蝉

【学名】*Scaphoideus albovittatus* Matsumura

【危害作物】水稻。

【分布】东北地区、广东。

41. 横带叶蝉

【学名】*Scaphoideus festivus* Matsumura

【危害作物】水稻、茶。

【分布】浙江、福建、台湾。

42. 白翅叶蝉

【学名】*Thaia rubiginosa* Kuoh，异名：*Erythroneura subrufa*（Matschulsky）

【危害作物】水稻、高粱、玉米、麦、粟、大豆、甘蔗、茭白、紫云英。

【分布】浙江、江西、福建、台湾、湖北、湖南、广西、广东、四川。

43. 白大叶蝉

【学名】*Tettigella alba* Metcalf

【危害作物】谷子、水稻、甘蔗。

【分布】华南地区。

广翅蜡蝉科 Ricaniidae

44. 带纹疏广蜡蝉

【学名】*Euricania fascialis*（Walker）

【危害作物】水稻、向日葵、核桃、柑橘、茶、桑、洋槐。

【分布】江西、四川、福建。

45. 褐带广翅蜡蝉

【学名】*Ricania taeniata* Stål

【危害作物】水稻、玉米、甘蔗、柑橘。

【分布】江苏、浙江、江西、台湾、广东。

蛾蜡蝉科 Flatidae

46. 晨星蛾蜡蝉

【学名】*Cryptoflata guttularis*（Walker）

【危害作物】水稻。

【分布】四川。

47. 褐缘蛾蜡蝉

【学名】*Salurnis marginella*（Guèrin）

【别名】青蛾蜡蝉。

【危害作物】玉米、水稻、茶、柑橘、柚子、咖啡。

【分布】江西、浙江、江苏、福建、广东、四川。

飞虱科 Delphacidae

48. 大褐飞虱

【学名】*Changeondelpax velitchkovskyi*（Melichar）

【危害作物】水稻。

【分布】辽宁、陕西。

49. 黑颊飞虱

【学名】*Delphacodes graminicola*（Matsumura）

【危害作物】水稻、甘蔗。

【分布】台湾。

50. 浅脊长口飞虱

【学名】*Euidellana celadon* Fennah

【危害作物】水稻。

【分布】福建、广西、广东。

51. 白颈淡肩飞虱

【学名】*Harmalia sirokata*（Matsumura *et* Ishihara）

【危害作物】水稻。

【分布】江苏、安徽、福建、云南。

52. 灰飞虱

【学名】*Laodelphax striatellus*（Fallén）

【危害作物】水稻、小麦、谷子、玉米等。

【分布】南自海南岛，北至黑龙江，东自台湾和东部沿海各地，西至新疆均有发生。

53. 黑边梅塔飞虱

【学名】*Metadelphax propinqua*（Fieber）

【危害作物】水稻、甘蔗。

【分布】山东、安徽、浙江、福建、台湾、河南、湖北、广西、陕西、四川、贵州、云南。

54. 褐飞虱

【学名】*Nilaparvata lugens*（Stål）

【别名】褐稻虱。

【危害作物】水稻、小麦、玉米等。

【分布】北起吉林，沿辽宁、河北、山西、陕西、宁夏至甘肃，西向由甘肃折入四川、云南、西藏。

55. 沼泽派罗飞虱

【学名】*Paradelphacodes paludosa*（Flor）

【危害作物】水稻。

【分布】安徽。

56. 中华扁角飞虱

【学名】*Perkinsiella sinensis* Kirkaldy

【危害作物】水稻、粟、玉米、甘蔗、芦苇。

【分布】福建、台湾、华东、华南。

57. 长绿飞虱

【学名】*Saccharosydne procerus*（Matsumura）

【危害作物】水稻、茭白。

【分布】南、北方茭白、水稻种植区。

58. 白背飞虱

【学名】*Sogatella furcifera*（Horváth）

【危害作物】水稻、麦类、玉米、高粱、甘蔗、紫云英等。

【分布】在我国除新疆南部外，全国均有发生。

59. 稗飞虱

【学名】*Sogatella vibix*（Haupt）

【危害作物】水稻、稗。

【分布】南、北方都有发生。

60. 莎草长突飞虱

【学名】*Stenocranus cyperi* Ding

【危害作物】水稻。

【分布】福建、安徽。

61. 白条飞虱

【学名】*Terthron albovittatum*（Matsumura）

【危害作物】水稻、柑橘、桃。

【分布】江苏、浙江、安徽、台湾、广东、四川、云南。

62. 黑面托亚飞虱

【学名】*Toya terryi*（Muir）

【危害作物】水稻。

【分布】福建、台湾、广西、广东、云南。

63. 二刺匙顶飞虱

【学名】*Tropidocephala brunnipennis* Signoret

【危害作物】水稻、粟、高粱、甘蔗及其他禾本科作物。

【分布】安徽、台湾、广东、云南。

菱蜡蝉科 Cixiidae

64. 端斑脊菱蜡蝉

【学名】*Oliarus apicalis*（Uhler）

【危害作物】水稻、玉米、粟、高粱、桑。

【分布】江苏、浙江、福建、江西、四川。

65. 稻脊菱蜡蝉

【学名】*Oliarus oryzae* Matsumura

【危害作物】水稻、甘蔗。

【分布】台湾。

粒脉蜡蝉科 Meenoplidae

66. 粉白粒脉蜡蝉

【学名】*Nisia atrovenosa*（Lethierry）

【别名】花稻虱、粉白飞虱。

【危害作物】水稻、甘蔗、棉、柑橘、茭白。

【分布】江苏、浙江、福建、台湾、湖南、广东、四川、贵州等黄河以南稻区。

象蜡蝉科 Dictyopharidae

67. 中野象蜡蝉

【学名】*Dictyophara nakanonis* Mtsumura

【危害作物】水稻。

【分布】东北。

68. 黑脊象蜡蝉

【学名】*Dictyophara pallida*（Don）

【危害作物】水稻、玉米、高粱。

【分布】陕西、四川。

69. 伯瑞象蜡蝉

【学名】*Dictyophara patruelis*（Stål）

【别名】苹果象蜡蝉、长头象蜡蝉。

【危害作物】水稻、甘薯、桑、甘蔗、苹果、茶树。

【分布】山东、江西、福建、台湾、广西、海南。

70. 中华象蜡蝉

【学名】*Dictyophara sinica* Walker

【危害作物】水稻、甘蔗。

【分布】浙江、福建、台湾、广东。

71. 丽象蜡蝉

【学名】*Orthopagus splendens*（Germar）

【危害作物】水稻、桑、甘蔗、柑橘。

【分布】东北、江苏、江西、浙江、台湾、广东。

袖蜡蝉科 Derbidae

72. 红袖蜡蝉

【学名】*Diostrombus politus* Uhler

【危害作物】粟、麦、水稻、高粱、玉米、甘蔗、柑橘。

【分布】东北、浙江、台湾、湖南、四川。

（五）鞘翅目 Coleoptera

丽金龟科 Rutelidae

1. 斑喙丽金龟

【学名】*Adoretus tenuimaculatus* Waterhouse

【危害作物】葡萄、梨、苹果、桃、枣、大豆、玉米、向日葵、棉、水稻、菜豆、芝麻、茶、油桐。

【分布】山东、江苏、安徽、浙江、江西、福建、台湾、河南、湖南、广西、四川。

绢金龟科 Sericidae

2. 东方绢金龟

【学名】*Serica orientalis*（Motschulsky）

【别名】东玛绢金龟、东方金龟子、黑绒金龟子。

【危害作物】水稻、麦、玉米、高粱、甘薯、向日葵、豆类、棉、甜菜、马铃薯、烟草、番茄、茄子、葱、西瓜、白菜、苎麻、梨、苹果、葡萄、桃。

【分布】河北、山西、内蒙古、东北、山东、华东、河南、陕西、宁夏、青海、四川。

瓢甲科 Coccinellidae

3. 稻红瓢虫

【学名】*Micraspis discolor*（Fabricius）

【别名】亚麻红瓢虫。

【危害作物】水稻、玉米、油菜、茶树、亚麻等作物的花药。

【分布】福建、湖北、湖南、广西、广东、四川、云南。

拟叩甲科 Languriidae

4. 稻拟叩甲

【学名】*Anadastus cambodiae* Grotch

【危害作物】水稻。

【分布】广东、云南、江西、福建等省。

负泥虫科 Crioceridae

5. 印度水叶甲

【学名】*Donacia delesserti* Guerin

【危害作物】水稻。

【分布】湖南、四川。

6. 短腿水叶甲

【学名】*Donacia frontalis* Jacoby

【危害作物】水稻。

【分布】黑龙江、北京、河北、山西、江苏、江西、福建、广西。

7. 多齿水叶甲

【学名】*Donacia lenzi* Schönfeldt

【危害作物】水稻、莲、矮慈姑、莼菜。

【分布】江苏、安徽、江西、湖北、湖南、台湾。

8. 长腿水叶甲

【学名】*Donacia provosti* Fairmaire

【别名】长腿食根叶甲。

【危害作物】水稻、莲、莼菜。

【分布】黑龙江、辽宁、河北、北京、陕西、山东、河南、江苏、安徽、浙江、湖北、江西、福建、台湾、广东、四川、贵州。

9. 云南水叶甲

【学名】*Donacia tuberfrons* Goecke

【危害作物】水稻。

【分布】云南。

10. 莲根水叶甲

【学名】*Donania simplex* Fabricius

【危害作物】水稻、莲。

【分布】山西南部、湖北。

11. 毛顶负泥虫

【学名】*Lema paagai* Chûjô

【危害作物】水稻。

【分布】广东、云南、台湾。

12. 黑角负泥虫

【学名】*Oulema melanopa*（Linnaeus）

【危害作物】水稻。

【分布】浙江、江西、福建、湖北、湖南、广西、四川、贵州。

13. 稻负泥虫

【学名】*Oulema oryzae*（Kuwayama）

【别名】背屎虫。

【危害作物】水稻、粟、黍、小麦、大麦、玉米。

【分布】黑龙江、辽宁、吉林、陕西、浙江、湖北、湖南、福建、台湾、广东、广西、四川、贵州、云南。山区或丘陵区稻田发生较多。

14. 谷子负泥虫

【学名】*Oulema tristis*（Herbst）

【危害作物】粟、黍、小麦、大麦、玉米、水稻。

【分布】黑龙江、辽宁、甘肃、北京、山东、陕西。

叶甲科 Chrysomelidae

15. 蓝跳甲

【学名】*Haltica cyanea*（Weber）

【危害作物】水稻、荞麦、甘蔗。

【分布】浙江、福建、台湾、广东、四川。

16. 黑条麦萤叶甲

【学名】*Medythia nigrobilineata*（Motschulsky）

【别名】二黑条萤叶甲、大豆异萤叶甲、二条黄叶甲、二条金花虫，俗称地蹦子。

【危害作物】大豆，偶尔亦危害水稻、高粱、棉、大麻、甘蔗、甜菜、甜瓜、柑橘等。

【分布】东北、河北、内蒙古、山东、河南、浙江、江西、福建、台湾、湖北。

17. 蓝九节跳甲

【学名】*Nonarthra cyaneum* Baly

【危害作物】甜菜、南瓜、水稻、玉米。

【分布】湖北、安徽、浙江、台湾、福建、广东、广西、贵州、四川。

铁甲科 Hispidae

18. 北锯龟甲

【学名】*Basiprionota bisignata*（Boheman）

【危害作物】水稻、玉米、大豆。

【分布】四川。

19. 水稻铁甲

【学名】*Dicladispa armigera*（Olivier）

【危害作物】水稻、玉米、麦类、甘蔗、茭白、油菜、棕榈、苎麻。

【分布】辽宁以南各稻区。

象甲科 Curculionidae

20. 稻象甲

【学名】*Echinocnemus squameus*（Billberg）

【别名】稻根象甲。

【危害作物】水稻、麦田、玉米、油菜、瓜类、番茄等。

【分布】北起黑龙江，南至广东、海南，西抵陕西、四川和云南，东达沿海各地和台湾。

21. 大绿象甲

【学名】*Hypomeces squamosus*（Fabricius）

【危害作物】柑橘、苹果、梨、桃、棉、桑、茶、咖啡、玉米、甘蔗、水稻、果树、大豆。

【分布】浙江、江西、福建、台湾、河北、广东、广西、四川。

22. 稻水象甲

【学名】*Lissorhoptrus oryzophilus*（Kuschel）

【别名】稻水象、美洲稻象甲、伪稻水象、稻根象。

【危害作物】水稻。

【分布】吉林、辽宁、天津、北京、河北、山东、浙江、福建、陕西、湖北、安徽、湖南、四川、贵州、台湾等地，主要分布在沿海稻区。

（六）毛翅目 Trichoptera

沼石蛾科 Limnephilidae

1. 切翅石蛾

【学名】*Limnephilus correptus*（Maclachlan）

【别名】稻泥苞虫，俗称烟筒虫。

【危害作物】水稻。

【分布】黑龙江、吉林、辽宁、河北等省。

长角石蛾科 Leptoceridae

2. 胡麻斑须石蛾

【学名】*Oecetis nigropunctata* Ulmer

【别名】稻泥苞虫，俗称烟筒虫。

【危害作物】水稻。

【分布】黑龙江、吉林、辽宁、河北等省。

3. 银星筒石蛾

【学名】*Setodes orgentata* Matsumura

【别名】稻泥苞虫，俗称烟筒虫。

【危害作物】水稻。

【分布】黑龙江、吉林、辽宁、河北等省。

（七）鳞翅目 Lepidoptera

斑蛾科 Zygaenidae

1. 稻八点斑蛾

【学名】*Artona octomaculata* Bremer

【危害作物】水稻。

【分布】华北、浙江、江西、福建、陕西。

螟蛾科 Pyralidae

2. 稻巢草螟

【学名】*Ancylolomia japonica* Zeller

【别名】稻巢螟、日本稻巢螟、稻筒巢螟。

【危害作物】水稻。

【分布】全国各稻区。

3. 稻卷叶螟

【学名】*Bradina admixtalis* Walker

【危害作物】水稻。

【分布】江苏、浙江、台湾、湖南、广东、云南。

4. 褐边螟

【学名】*Catagela adjurella* Walker

【危害作物】水稻、茭白、稗等。

【分布】北限黄河以南，南至广东、广西、云南，东临滨海，西至四川。

5. 台湾稻螟

【学名】*Chilo auricilius* (Dudgeon)

【危害作物】水稻、甘蔗、玉米、高粱、谷子等。

【分布】中国南方稻区，台湾、福建、海南、广东、广西、云南、四川均较常见，江苏、浙江也有发生。

6. 二化螟

【学名】*Chilo suppressalis* (Walker)

【别名】钻心虫、蛀心虫、蛀秆虫。

【危害作物】水稻、玉米、谷子、甘蔗、茭白、麦类、蚕豆、油菜等。

【分布】我国各稻区均有分布。

7. 圆斑黄缘禾螟

【学名】*Cirrhochrista brizoalis* Walker

【危害作物】水稻。

【分布】河南、四川。

8. 稻纵卷叶螟

【学名】*Cnaphalocrocis medinalis* (Guenée)

【别名】纵卷螟、稻纵卷叶虫、刮青虫。

【危害作物】水稻、小麦、玉米、谷子、甘蔗等。

【分布】全国各稻区，长江流域以南稻区发生较重。

9. 三条蛀野螟

【学名】*Dichocrocis chlorophanta* Butler

【危害作物】粟、水稻、玉米、甘薯、豆类。

【分布】北京、江苏、浙江、安徽、福建、台湾、河南、四川。

10. 灯草雪禾螟

【学名】*Niphadoses dengcaolites* Wang, Song *et* Li

【危害作物】水稻、灯芯草。

【分布】江苏、湖北、湖南、江西。

11. 稻三点螟

【学名】*Nymphula depunctalis* (Guenée)

【危害作物】水稻。

【分布】广东、广西、贵州、云南、江西、福建、台湾。

12. 稻水螟

【学名】*Nymphula vittalis* (Bremer)

【别名】稻水野螟、稻筒卷叶螟、稻筒螟。

【危害作物】水稻。

【分布】北起黑龙江、内蒙古，南至台湾、广东、广西、云南，东起国境线，西至宁夏、甘肃折至四川、云南均有分布。

13. 纯白禾螟

【学名】*Scirpophaga fusciflua* (Hampson)

【危害作物】水稻。

【分布】西南、华中、华南。

14. 稻雪禾螟

【学名】*Scirpophaga gilviberis* (Zeller)

【危害作物】水稻。

【分布】西南、华中、华南。

15. 三化螟

【学名】*Scirpophaga incertulas* (Walker)

【危害作物】水稻。

【分布】长江流域以南稻区，特别是沿江、沿海平原地区发生严重。

16. 红尾白禾螟

【学名】*Scirpophaga intacta* (Snellen)

【危害作物】水稻、甘蔗。

【分布】华中、华南。

17. 黄尾白禾螟

【学名】*Scirpophaga nivella* (Fabricius)

【危害作物】水稻。

【分布】华北、华南。

18. 稻显纹纵卷水螟

【学名】*Susumia exigua* (Butler)

【别名】显纹刷须野螟。

【危害作物】水稻。

【分布】北起辽宁、南至广东、广西、云南、海南。

19. 稻切叶螟

【学名】*Psara licarsisalis*（Walker）

【别名】水稻切叶野螟。

【危害作物】水稻、甘蔗等。

【分布】全国各稻区。

20. 稻白苞螟

【学名】*Pseudocatharylla inclaralis*（Walker）

【别名】稻黄缘白草螟。

【危害作物】水稻。

【分布】浙江、江苏、上海、江西、湖北等省（直辖市）均有发生。

夜蛾科 Noctuidae

21. 稻金翅夜蛾

【学名】*Chrysaspidia festata*（Graeser）

【别名】金翅蛾、金斑夜蛾、青虫、弓腰虫等。

【危害作物】水稻、麦。

【分布】黑龙江、宁夏、湖北、江苏。

22. 稻白斑小夜蛾

【学名】*Jaspidia distinguenda*（Staudinger）

【别名】稻条纹螟蛉。

【危害作物】水稻。

【分布】浙江、江苏、湖北、湖南、福建等省。

23. 劳氏黏虫

【学名】*Leucania loreyi*（Duponchel）

【别名】粟夜盗虫、剃枝虫、五彩虫、麦蚕等。

【危害作物】稻、麦、粟、玉米等禾谷类粮食作物及棉花、豆类、蔬菜等多种植物。

【分布】江淮以南地区。

24. 谷黏虫

【学名】*Leucania zeae*（Duponchel）

【危害作物】玉米、高粱、谷子、水稻、甜菜、胡萝卜。

【分布】新疆。

25. 毛跗夜蛾

【学名】*Mocis frugalis*（Fabricius）

【别名】实毛胫夜蛾，选毛胫夜蛾。

【危害作物】水稻、甘蔗等。

【分布】广东、广西、台湾、云南、福建、湖南、湖北等省（区）。

26. 白脉黏虫

【学名】*Mythimna compta*（Moore）

【别名】粟夜盗虫、剃枝虫、五彩虫、麦蚕等。

【危害作物】稻、麦、粟、玉米等禾谷类粮食作物及棉花、豆类、蔬菜等多种植物。

【分布】江淮以南地区。

27. 稻螟蛉夜蛾

【学名】*Naranga aenescens*（Moore）

【别名】双带夜蛾、稻青虫、粽子虫、量尺虫。

【危害作物】水稻、高粱、玉米、甘蔗、茭白等。

【分布】各主要稻区。

28. 黏虫

【学名】*Pseudaletia separata*（Walker）

【别名】粟夜盗虫、剃枝虫、五彩虫、麦蚕等。

【危害作物】稻、麦、粟、玉米等禾谷类粮食作物及棉花、豆类、蔬菜等多种植物。

【分布】除新疆未见报道外，遍布全国各地。

29. 稻蛀茎夜蛾

【学名】*Sesamia inferens*（Walker）

【别名】大螟、紫螟。

【危害作物】水稻、玉米、高粱、茭白、甘蔗、向日葵等。

【分布】辽宁以南稻区均有发生。

30. 列星蛀茎夜蛾

【学名】*Sesamia vuteria*（Stoll）

【危害作物】稻、玉米、甘蔗、芦苇等。

【分布】江苏、浙江、台湾、广西、云南。

31. 淡剑夜蛾

【学名】*Spodoptera depravata*（Butler）

【别名】淡剑袭夜蛾、稻小灰夜蛾、淡剑灰翅夜蛾、结缕草夜蛾。

【危害作物】水稻。

【分布】浙江、江苏、上海、福建、江西、广东、广西、湖北、四川、陕西、河北、吉林等省（区）。

32. 灰翅夜蛾

【学名】*Spodoptera mauritia*（Boisduval）

【别名】水稻叶夜蛾、眉纹夜蛾。

【危害作物】水稻、玉米、小麦、棉花、甘蔗。

【分布】主要发生在南方各地，河南也有

分布。

毒蛾科 Lymantriidae

33. 肾毒蛾

【学名】*Cifuna locuples* Walker

【别名】豆毒蛾。

【危害作物】豆类、苜蓿、紫藤、榆、柳、茶、稻、小麦、玉米。

【分布】东北、华北、华中、西南、华南。

34. 钩茸毒蛾

【学名】*Dasychira pennatula*（Fabricius）

【别名】甘蔗毒蛾。

【危害作物】甘蔗、水稻、玉米、湿地松。

【分布】台湾、广西、四川、云南。

35. 素毒蛾

【学名】*Laelia coenosa*（Hübner）

【危害作物】水稻、牧草、杨、榆。

【分布】东北、山西、山东、江苏、浙江、台湾、广东、湖南、湖北。

36. 舞毒蛾

【学名】*Lymantria dispar*（Linnaeus）

【危害作物】栎、柞、槭、椴、核桃、柳、桦、榆、苹果、梨、柑橘、桑、水稻、甘蔗、麦类等。

【分布】东北、华北、甘肃、宁夏、青海、新疆、贵州。

瘤蛾科 Nolidae

37. 稻穗瘤蛾

【学名】*Celama taeniata*（Snellen）

【危害作物】水稻、棉、桑等。

【分布】江苏、浙江、福建、江西、湖北、云南。

弄蝶科 Hesperiidae

38. 幺纹稻弄蝶

【学名】*Parnara bada*（Moore）

【危害作物】水稻、茭白、芦苇。

【分布】福建、四川、广西。

39. 曲纹稻弄蝶

【学名】*Parnara ganga* Evans

【别名】稻苞虫、苞叶虫。

【危害作物】水稻、茭白等。

【分布】全国各稻区均有分布。

40. 直纹稻弄蝶

【学名】*Parnara guttata*（Bremer *et* Grey）

【别名】稻苞虫、苞叶虫。

【危害作物】水稻、茭白等。

【分布】全国各稻区均有分布。

41. 南亚谷弄蝶

【学名】*Pelopidas agna*（Moore）

【危害作物】水稻。

【分布】四川、广西。

42. 隐纹谷弄蝶

【学名】*Pelopidas mathias*（Fabricius）

【别名】稻苞虫、苞叶虫、隐纹稻弄蝶。

【危害作物】水稻、茭白等。

【分布】全国各稻区均有分布。

43. 中华谷弄蝶

【学名】*Pelopidas sinensis*（Mabille）

【危害作物】水稻。

【分布】江西、福建、湖北、陕西、四川。

44. 曲纹多孔弄蝶

【学名】*Polytremis pellucida*（Murray）

【危害作物】水稻、竹、芦苇。

【分布】东北、河北、浙江、台湾、湖北、陕西、四川。

45. 曲纹黄室弄蝶

【学名】*Potanthus flavus*（Murray）

【危害作物】水稻、甘蔗、竹。

【分布】四川。

46. 孔子黄室弄蝶

【学名】*Potanthus confucius*（Felder *et* Felder）

【危害作物】水稻。

【分布】华北、湖北、海南。

47. 拟籼弄蝶

【学名】*Pseudoborbo bevani*（Moore）

【危害作物】水稻。

【分布】四川、广西。

眼蝶科 Satyridae

48. 稻暮眼蝶

【学名】*Melanitis leda*（Linnaeus）

【别名】稻褐眼蝶、稻叶暗褐蛇目蝶、树荫蝶、淡色树间蝶、水稻蛇目蝶。

【危害作物】水稻、茭白等。

【分布】河南以南各省，长江以南较常见。

49. 稻白眼蝶

【学名】*Melanargia halimede*（Ménétriès）

【危害作物】水稻及其他禾本科作物。

【分布】华北。

50. 睇暮眼蝶

【学名】*Melanitis phedima* Cramer

【危害作物】水稻、麦、竹。

【分布】四川。

51. 蛇眼蝶（二点亚种）

【学名】*Minois dryas bipunctatus*（Motschulsky）

【危害作物】水稻、竹。

【分布】四川、陕西。

52. 稻眉眼蝶

【学名】*Mycalesis gotama* Moore

【别名】黄褐蛇目蝶、日月蝶、蛇目蝶、短角眼蝶。

【危害作物】水稻、甘蔗、茭白等。

【分布】河南、陕西以南，四川、云南以东各省。

53. 蒙链荫眼蝶

【学名】*Neope muirheadii*（Felder）

【危害作物】水稻。

【分布】四川、陕西。

（八）双翅目 Diptera

瘿蚊科 Cecidomyiidae

1. 稻瘿蚊

【学名】*Orseolia oryzae*（Wood-Mason），异名：*Pachydiplosis oryzae* Wood-Mason

【别名】亚洲稻瘿蚊。

【危害作物】水稻。

【分布】广东、广西、福建、云南、贵州、海南、江西、湖南、台湾。

摇蚊科 Chironomidae

2. 背摇蚊

【学名】*Chironomus dorsalis* Meigen

【危害作物】水稻。

【分布】辽宁、内蒙古、湖北。

3. 中华摇蚊

【学名】*Chironomus sinicus* Kiknadze *et* Wang

【危害作物】水稻。

【分布】黑龙江、辽宁、吉林、天津、宁夏、浙江、河南。

4. 稻环足摇蚊

【学名】*Cricotopus sylvestris*（Fabricius）

【危害作物】水稻。

【分布】吉林、辽宁、内蒙古、河北、山东、山西、河南、宁夏、江苏、浙江、福建、台湾、广西、西藏。

5. 二带环足摇蚊

【学名】*Cricotopus bicinctus*（Panzer）

【危害作物】水稻。

【分布】辽宁、内蒙古、河北、陕西、甘肃、宁夏、青海、山东、江苏、浙江、福建、台湾、广东、海南、广西、贵州、四川、云南。

6. 密集多足摇蚊

【学名】*Polypedilum nubifer*（Scuse）

【危害作物】水稻。

【分布】辽宁、内蒙古、河北、宁夏、安徽、浙江、福建、台湾、广西、四川、云南。

虻科 Tabanidae

7. 华虻

【学名】*Tabanus mandarinus* Schiner

【危害作物】水稻、棉。

【分布】江西。

秆蝇科 Chloropidae

8. 稻秆蝇

【学名】*Chlorops oryzae* Matsumura

【别名】稻秆潜蝇、稻钻心蝇、双尾虫等。

【危害作物】水稻、小麦等。

【分布】黑龙江、浙江、江西、湖南、湖北、广东、广西、云南、贵州等省（区）。

水蝇科 Ephydridae

9. 稻水蝇

【学名】*Ephydra macellaria* Egger

【别名】水稻蝇蛆、稻水蝇蛆等。

【危害作物】水稻。

【分布】内蒙古、宁夏、辽宁、甘肃、陕西、山东等省（区）及渤海地区新开垦的稻区。

10. 东方毛眼水蝇

【学名】*Hydrellia orientalis* Miyagi

【危害作物】水稻。

【分布】安徽、湖南、福建、广西等南方稻区。

11. 菲岛毛眼水蝇

【学名】*Hydrellia philippina* Ferino

【危害作物】水稻、李氏禾（游草）、茭白等。

【分布】广西、海南、贵州、湖南、福建、台湾等。

12. 稻茎毛眼水蝇

【学名】*Hydrellia sasakii* Yuasa *et* Isitani

【危害作物】水稻、李氏禾（游草）等。

【分布】安徽、江苏、湖北、福建、湖南、云南。

13. 稻叶毛眼水蝇

【学名】*Hydrellia sinica* Fan *et* Xia

【危害作物】水稻、麦类等。

【分布】北方稻区和长江中下游流域。

蝇科 Muscidae

14. 稻芒蝇

【学名】*Atherigona oryzae* Malloch

【危害作物】水稻、麦。

【分布】辽宁、内蒙古、河北、河南、江苏、浙江、福建、广东、广西、云南。

蛛形纲 Arachnida

蜱螨目 Acarina

跗线螨科 Tarsonemidae

1. 福州跗线螨

【学名】*Tarsonemus fuzhouensis* Lin *et* Zhang

【危害作物】水稻。

【分布】福建。

2. 鼹鼠跗线螨

【学名】*Tarsonemus talpae* Schaarschmidt

【危害作物】水稻。

【分布】四川。

3. 叉毛狭跗线螨

【学名】*Steneotarsonemus furcatus* De Lean

【危害作物】水稻。

【分布】浙江、湖南、福建、广东、广西等省（区）。

4. 稻跗线螨

【学名】*Steneotarsonemus spinki* Smiley

【别名】斯氏狭跗线螨。

【危害作物】水稻。

【分布】浙江、湖北、湖南、四川、台湾、福建、广东、广西等省（区）。

5. 燕麦狭跗线螨

【学名】*Steneotarsonemus spirifex* (Marchal)

【危害作物】水稻。

【分布】浙江、湖南、广东、广西等。

6. 浙江狭跗线螨

【学名】*Steneotarsonemus zhejiangensis* Ding *et* Yang

【危害作物】水稻。

【分布】浙江。

叶螨科 Tetranychidae

7. 新开小爪螨

【学名】*Oligonychus shinkajii* Ehara

【别名】胭红小爪螨。

【危害作物】水稻、甘蔗、高粱、野古草等。

【分布】江西、湖南、福建、台湾、广西及山东等省（区）。

8. 悬钩子全爪螨

【学名】*Panonychus caglei* Mellott

【危害作物】水稻。

【分布】江西。

9. 稻裂爪螨

【学名】*Schizotetranychus yoshimekii* Ehara *et* Wongsiri

【危害作物】水稻。

【分布】广东湛江、佛山地区和广西西南部稻区常有发生，局部地区受害较重。

二、环形动物门 Annelida

寡毛纲 Oligochaeta

原寡毛目 Archioligochaeta

颤蚓科 Tubificidae

鳃蚯蚓

【学名】*Branchiura sowerbyi* Beddard

【别名】红砂虫、鼓泥虫。

【危害作物】水稻。

【分布】全国各稻区。

三、软体动物门 Mollusca

腹足纲 Gastropoda

中腹足目 Mesogastropoda

瓶螺科 Pilidae

福寿螺

【学名】*Pomacea canaliculata*（Lamarck）

【别名】大瓶螺、苹果螺。

【危害作物】水稻。

【分布】江南、华南及东南沿海地区。

第二章　小麦有害生物名录

第一节　小麦病害

一、真菌病害

1. 小麦霜霉病

【病原】大孢指疫霉小麦变种 *Sclerophthora macrospora* var. *triticina* Wang *et* Zhang，属卵菌。

【别名】小麦黄花萎缩病。

【为害部位】叶片、穗。

【分布】河北、山西、内蒙古、江苏、浙江、安徽、山东、河南、湖北、重庆、四川、云南、陕西、甘肃、新疆。

2. 小麦赤霉病

【病原】禾谷镰孢 *Fusarium graminearum* Schwabe 是引起赤霉病的重要的病原菌之一，其有性型为玉蜀黍赤霉 *Gibberella zeae*（Schweinitz）Petch.，属子囊菌。此外多种镰孢菌，如：亚洲镰孢 *Fusarium asiaticum*、燕麦镰孢 *Fusarium avenaceum*（Corde ex Fr.）Sacc.、黄色镰孢 *Fusarium culmorum*、早熟禾镰孢 *Fusarium poae*（Peck）Wollenw 和串珠镰孢 *Fusarium moniliforme* Sheld. 等均可以引起赤霉病。

【别名】麦穗枯、烂麦头、红麦头。

【为害部位】苗、穗、茎基部、秆。

【分布】北京、天津、河北、山西、内蒙古、黑龙江、上海、江苏、浙江、安徽、山东、河南、湖北、重庆、四川、贵州、云南、西藏、陕西、甘肃、青海、宁夏、新疆。

3. 小麦秆枯病

【病原】禾谷绒座壳 *Gibellina cerealis* Pass.，属子囊菌。

【为害部位】茎秆、叶鞘。

【分布】安徽、山东、河南、湖北、云南、陕西、甘肃、青海、宁夏。

4. 小麦全蚀病

【病原】禾顶囊壳禾谷变种 *Gaeumannomyces graminis* var. *graminis*（Sacc.）Walker，禾顶囊壳小麦变种 *Gaeumannomyces graminis*（Sacc.）Arx *et* Oliver var. *tritici*（Sacc.）Walker，均属子囊菌。

【别名】小麦立枯病、黑脚病。

【为害部位】根部、茎基部。

【分布】天津、河北、山西、江苏、安徽、山东、河南、湖北、四川、贵州、云南、西藏、陕西、甘肃、青海、宁夏、新疆。

5. 小麦条锈病

【病原】条形柄锈菌小麦专化型 *Puccinia striiformis* West. f. sp. *tritici* Eriks. *et* Henn，属担子菌。

【别名】黄疸。

【为害部位】主要发生在叶片上，其次是叶鞘和茎秆，穗部、颖壳及芒上也有发生。

【分布】北京、河北、山西、内蒙古、江苏、浙江、安徽、山东、河南、湖北、重庆、四川、贵州、云南、西藏、陕西、青海、宁夏、新疆。

6. 小麦叶锈病

【病原】隐匿柄锈菌小麦专化型 *Puccinia recondita* Rob. ex Desm. f. sp. *tritici* Eriks. *et* Henn，属担子菌。

【为害部位】主要为害小麦叶片，产生疱疹状病斑，很少发生在叶鞘及茎秆上。

【分布】北京、天津、河北、陕西、内蒙古、江苏、浙江、安徽、山东、河南、湖北、重庆、四川、贵州、云南、西藏、陕西、青海、宁夏、新疆。

7. 小麦秆锈病

【病原】禾柄锈菌小麦专化型 *Puccinia graminis* Pers. f. sp. *tritici* Eriks. *et* Henn，属担子菌。

【为害部位】主要发生在叶鞘和茎秆上，也可为害叶片和穗部。

【分布】河北、山西、内蒙古、江苏、浙江、安徽、山东、河南、湖北、四川、贵州、云南、陕西、甘肃、宁夏、新疆。

8. 小麦雪腐病

【病原】淡红或肉孢核瑚菌 *Typhula incarnata* Lasch ex Fr.，属担子菌。

【别名】小麦灰色雪腐病。

【为害部位】根、叶鞘、叶片。

【分布】河南、重庆、四川、陕西、新疆。

9. 小麦散黑穗病

【病原】裸黑粉菌 *Ustilago nuda*（Jens.）Rostr.，异名 *Ustilago tritici*（Pers.）Rostr.，属担子菌。

【为害部位】穗、叶片、茎秆。

【分布】北京、天津、河北、山西、内蒙古、黑龙江、江苏、浙江、安徽、山东、河南、湖北、重庆、四川、贵州、云南、西藏、陕西、甘肃、青海、宁夏、新疆。

10. 小麦网腥黑穗病

【病原】小麦网腥黑粉菌 *Tilletia caries*（DC.）Tul.，属担子菌。

【别名】腥乌麦、黑麦、黑疸。

【为害部位】穗。

【分布】河北、黑龙江、江苏、安徽、河南、湖北、四川、贵州、云南、甘肃、青海、新疆。

11. 小麦光腥黑穗病

【病原】小麦光腥黑粉菌 *Tilletia foetida*（Wallr.）Liro，属担子菌。

【别名】腥乌麦、黑麦、黑疸。

【为害部位】穗。

【分布】山西、黑龙江、江苏、安徽、河南、湖北、四川、贵州、云南、陕西、甘肃、青海、宁夏、新疆。

12. 小麦秆黑粉病

【病原】小麦条黑粉菌 *Urocystis tritici* Korn，异名 *Urocystis agropyri*（Preuss）Schrot.，属担子菌。

【为害部位】茎、叶片、穗。

【分布】北京、河北、山西、上海、安徽、山东、河南、贵州、云南、陕西、宁夏。

13. 小麦白粉病

【病原】串珠状粉孢 *Oidium monilioides* Nees.，属无性型真菌；有性型为禾布氏小麦白粉菌小麦专化型 *Blumeria graminis* f. sp. *tritici*。

【为害部位】以叶片、叶鞘为主，发病重时颖壳和芒也可受害。

【分布】北京、天津、河北、山西、上海、江苏、浙江、安徽、山东、河南、湖北、重庆、四川、贵州、云南、西藏、陕西、青海、宁夏、新疆。

14. 小麦煤污病

【病原】病原种类较多，多为腐生菌，常见的有性型为小煤炱菌 *Meliola* sp. 和煤炱菌 *Capnodium* sp.，无性型有烟霉菌 *Fumago* sp. 和枝孢霉 *Cladosporium* sp.。

【别名】煤烟病。

【为害部位】穗、茎、叶。

【分布】天津、河北、湖北、云南、陕西。

15. 小麦颖枯病

【病原】颖枯壳针孢 *Septoria nodorum* Berk.，属无性型真菌。有性型是颖枯球腔菌 *Leptosphaeria nodorum* Müler，属子囊菌。

【为害部位】穗、茎、叶片、叶鞘。

【分布】北京、河北、山西、上海、江苏、浙江、安徽、山东、河南、湖北、重庆、四川、贵州、云南、陕西、甘肃、青海、新疆。

16. 小麦链格孢叶枯病

【病原】小麦链格孢叶枯病菌 *Alternaria triticina* Prasada *et* Prabhu，属无性型真菌。

【为害部位】叶片。

【分布】河北、山西、浙江、安徽、山东、河南、湖北、四川、陕西、甘肃。

17. 小麦蠕孢叶斑根腐病

【病原】麦根腐平脐蠕孢 *Bipolaris sorokiniana*（Sacc.）Shoemaker，属无性型真菌。有性型为禾旋孢腔菌 *Cochliobolus sativus*（Ito *et* Kuri.）Drechsl.，属子囊菌。

【为害部位】胚芽鞘、根、茎、叶片、穗。

【分布】北京、河北、山西、浙江、山东、河南、湖北、四川、陕西、甘肃。

18. 小麦炭疽病

【病原】禾生炭疽菌 *Colletotrichum graminicola*（Ces.）Wils.，属无性型真菌。

【为害部位】叶鞘、叶片。

【分布】河北、山西、浙江、湖北、四川、甘肃。

19. 小麦白秆病

【病原】小麦壳月孢 *Selenophoma tritici* Liu，Guo *et* H. G. Liu，属无性型真菌。

【为害部位】叶片、茎秆。

【分布】北京、浙江、陕西、青海。

20. 小麦雪霉叶枯病

【病原】雪腐捷氏霉 *Gerlachia nivalis* Ces. ex (Sacc.) Gams and Mull.，属无性型真菌。有性型为 *Monographella nivalis* (Schaffnit.) E. Mull.，属子囊菌。

【为害部位】胚芽鞘、叶鞘、叶片、穗。

【分布】安徽、山东、河南、西藏、陕西、甘肃、青海、新疆。

21. 小麦灰霉病

【病原】灰葡萄孢 *Botrytis cinerea* Pers. ex Fr.，属无性型真菌。

【为害部位】叶片、穗。

【分布】河北、山西、湖北、重庆、四川、贵州、云南、陕西、甘肃。

22. 小麦卷曲病

【病原】看麦娘双极毛孢 *Dilophospora alopecuri* (Fr.) Fr.，异名 *Dilophospora graminis*，属无性型真菌。

【别名】扭叶病、双冠子叶斑病。

【为害部位】叶片、叶鞘、穗。

【分布】山西、安徽、河南、重庆、四川、贵州、云南、陕西、甘肃。

23. 小麦壳针孢叶枯病

【病原】小麦壳针孢 *Septoria tritici* Rob. *et* Desm.，属无性型真菌。

【别名】小麦斑枯病。

【为害部位】叶片、叶鞘、茎、穗。

【分布】北京、河北、浙江、山东、河南、湖北、四川、陕西、甘肃、宁夏。

24. 小麦黄斑叶枯病

【病原】小麦德氏霉 *Drechslera tritici-repentis* (Died) Shoem，异名 *Helminthosporium tritici-vulgaris* Nisikado，属无性型真菌。

【别名】小麦黄斑病。

【为害部位】叶片。

【分布】北京、河北、山西、江苏、安徽、河南、湖北、四川、陕西、甘肃、青海。

25. 小麦纹枯病

【病原】禾谷丝核菌 *Rhizoctonia cerealis* Vander Hoeven，属无性型真菌；有性型为禾谷角担菌 *Ceratobasidium graminearum* (Bourd.) Rogers，属担子菌。

【为害部位】胚芽鞘、叶鞘、茎、穗。

【分布】北京、天津、河北、山西、上海、江苏、浙江、安徽、山东、河南、湖北、重庆、四川、贵州、云南、陕西、甘肃、青海。

26. 小麦根腐病

【病原】平脐蠕孢 *Bipolaris sorokiniana* (Sacc.) Shoemaker = *Helminthosporium sativum* Pammel. *et al.*，属无性型真菌；有性型为禾旋孢腔菌 *Cochliobolus sativus* (Ito *et* Kuri.) Drechsl，属子囊菌。

【别名】小麦根腐叶斑病、黑胚病、青死病。

【为害部位】根、胚芽鞘、叶片、穗。

【分布】北京、天津、河北、山西、内蒙古、黑龙江、上海、江苏、浙江、安徽、山东、河南、湖北、重庆、四川、贵州、云南、陕西、甘肃、青海、宁夏、新疆。

27. 小麦茎基腐病

【病原】禾谷镰孢 *Fusarium graminearum* Schwabe，属无性型真菌。

【为害部位】茎基部。

【分布】河北、江苏、安徽、山东、贵州、云南、陕西、甘肃。

二、细菌病害

1. 小麦蜜穗病

【病原】小麦棒杆菌 *Clavibacter tritici* Hutch. Burkh，属棒杆菌属细菌。

【为害部位】穗。

【分布】山西、陕西、新疆。

2. 小麦黑颖病

【病原】透明黄单胞菌透明变种 *Xanthomonas campestris* pv. *translucens* (Jones *et al.*) Dye，属细菌。

【为害部位】叶片、叶鞘、穗部、颖片及麦芒。

【分布】北京、山东、河南、湖北、贵州、云南、陕西、甘肃、新疆。

3. 小麦细菌性条斑病

【病原】小麦黑颖病黄单胞菌（透明黄单胞菌波形变种）*Xanthomonas campestris* pv. *undulosa* (Smith, Jones *et* Raddy) Dye，属细菌。

【为害部位】叶片、叶鞘、茎秆、颖片、籽粒。

【分布】河北、山西、山东、河南、陕西、甘肃、新疆。

4. 小麦黑节病

【病原】丁香假单胞菌条纹致病变种，*Pseudo-*

monas syringae pv. *striafaciens*（Elliott）Young *et al.*，异名 *Pseudomonas striafaciens*（Elliott）Starr *et* Burkholder 属细菌。

【为害部位】叶片、叶鞘、茎秆节、节间。

【分布】江苏、湖北、云南、甘肃。

三、病毒病害

1. 小麦丛矮病

【病原】北方禾谷花叶病毒 *Wheat rosette virus*，属弹状病毒组。

【为害部位】染病植株上部叶片有黄绿相间条纹，分蘖增多，植株矮缩，呈丛矮状。一般不能拔节和抽穗。

【分布】河北、山西、江苏、浙江、安徽、山东、河南、湖北、贵州、云南、陕西、甘肃、青海、宁夏。

2. 小麦黄矮病毒病

【病原】大麦黄矮病毒 *Barley yellow dwarf virus* 简称 BYDV。

【为害部位】主要表现叶片黄化，植株矮化。

【分布】北京、河北、山西、内蒙古、江苏、浙江、安徽、山东、河南、四川、云南、西藏、陕西、甘肃、青海、宁夏、新疆。

3. 小麦红矮病毒病

【病原】小麦红矮病毒 *Wheat red dwarf virus* 简称 WRDV，属病毒。

【为害部位】病株矮化严重，分蘖少或减少，严重时病株在拔节前即死亡，轻病是能拔节，多不抽穗，有的虽抽穗，但籽粒不实。

【分布】河南、陕西、甘肃、宁夏、新疆。

4. 小麦条纹叶枯病

【病原】水稻条纹叶枯病毒 *Rice stripe virus* 简称 RSV，属水稻条纹病毒组（或称柔线病毒组）病毒。

【为害部位】病株叶片出现褪绿黄白斑，后扩展成与叶脉平行的黄色条纹，条纹间仍保持绿色。病株常出现心叶枯死，不能抽穗或穗小畸形不实。主茎与分蘖同时发病，病株矮化不明显，分蘖减少；心叶伸长不展开，淡黄白色，有时卷曲干枯，叶片沿叶脉处出现黄白色条纹。病株呈黄绿色似缺肥状，重病株不能抽穗，形成枯孕穗，发病早的一般在 5 月下旬提早枯死；轻病株能抽穗，但穗子畸形、扭曲，结实率、千粒重下降，后期提早成熟，单穗产量只有正常穗的 30%。

【分布】河北、江苏、浙江、河南、贵州、陕西、甘肃。

5. 小麦土传花叶病毒病

【病原】小麦土传花叶病毒 *Wheat soil-borne mosaic virus* 简称 WSBMV，属病毒。

【为害部位】主要为害冬小麦，多发生在生长前期。冬前小麦土传花叶病毒侵染麦苗，表现斑驳不明显。翌春，新生小麦叶片症状逐渐明显，现长短和宽窄不一的深绿和浅绿相间的条状斑块或条状斑纹，表现为黄色花叶，有的条纹延伸到叶鞘或颖壳上。病株穗小粒少，但多不矮化。

【分布】河北、山西、江苏、浙江、安徽、山东、河南、湖北、四川、陕西、甘肃。

6. 小麦梭条斑花叶病毒病

【病原】小麦梭条斑花叶病毒 *Wheat spindle streak mosaic virus* 简称 WSSMV，别名小麦黄花叶病毒 *Wheat yellow mosaic virus*，WYMV，属马铃薯 Y 病毒组。

【别名】小麦黄花叶病。

【为害部位】染病株在小麦 4 ~ 6 叶后的新叶上产生褪绿条纹，少数心叶扭曲畸形，以后褪绿条纹增加并扩散。病斑联合成长短不等、宽窄不一的不规则条斑，形似梭状，老病叶渐变黄、枯死。病株分蘖少、萎缩、根系发育不良，重病株明显矮化。

【分布】河北、山西、江苏、安徽、山东、河南、湖北、陕西、新疆。

四、线虫病害

1. 小麦粒瘿线虫病

【病原】小麦粒线虫 *Anguina tritici*（Steinbuch）Chitwood，该线虫属垫刃目、粒线虫科。

【为害部位】穗、苗。

【分布】河北、湖北、陕西、甘肃、新疆。

2. 小麦禾谷胞囊线虫病

【病原】燕麦胞囊线虫 *Heterodera avenae* Wollenweber，属胞囊线虫属。

【为害部位】根。

【分布】北京、河北、山西、江苏、安徽、河南、陕西、甘肃、青海、宁夏。

五、植原体病害

小麦蓝矮病

【病原】小麦蓝矮植原体 Wheat blue dwarf phytoplasma，WBD。

【为害部位】病株明显矮缩、畸形、节间越往上越矮缩，呈套叠状，造成叶片呈轮生状，基部叶片增生、变厚、呈暗绿色至绿蓝色，叶片挺直光滑，心叶多卷曲变黄后坏死。

【分布】四川、陕西。

第二节　小麦害虫

一、节肢动物门 Arthropoda

昆虫纲 Insecta

（一）直翅目 Orthoptera

螽蟖科 Tettigoniidae

1. 圆锥头螽

【学名】*Euconocephalus varius*（Walker）

【别名】变角真草螽。

【危害作物】小麦、水稻、甘蔗、茶。

【分布】江苏、江西、福建、台湾、四川、华南。

2. 棉长角螽

【学名】*Orchelimum gossypii* Seudder

【危害作物】小麦、稻、棉、瓜类。

【分布】湖北。

3. 短翅草螽

【学名】*Xyphidion japonicus* Redtenbacher

【危害作物】小麦、水稻、玉米、高粱、大豆、花生、甘蔗。

【分布】江西。

蛉蟋科 Trigonidiidae

4. 虎甲蛉蟋

【学名】*Trigonidium cicindeloides* Rambur

【危害作物】水稻、麦、豆类、甘薯、棉、甘蔗。

【分布】江苏、台湾、华南。

蛣蟋科 Eneopteridae

5. 梨片蟋

【学名】*Truljalia hibinonis*（Matsumura）

【别名】梨蛣蛉、绿蛣蛉。

【危害作物】稻、粟、小麦、大麦、玉米、豆类、花生、苹果、梨、枣、山楂、洋槐。

【分布】山东、华北、华中、西南。

蟋蟀科 Gryllidae

6. 黄扁头蟋

【学名】*Loxoblemmus arietulus* Saussure

【危害作物】粟、荞麦、小麦、稻、豆类、棉、甘蔗、烟草。

【分布】河北、台湾。

7. 台湾树蟋

【学名】*Oecanthus indicus* de Saussure

【危害作物】麦、棉、甘蔗、茶。

【分布】福建、台湾、海南、华南。

8. 北京油葫芦

【学名】*Teleogryllus emma*（Ohmachi *et* Matsumura）

【别名】油葫芦。

【危害作物】粟、黍、稻、玉米、高粱、荞麦、甘薯、大豆、绿豆、棉花、芝麻、花生、甘蔗、烟草、白菜、葱、番茄、苹果、梨。

【分布】辽宁、河北、河南、陕西、山西、山东、江苏、安徽、浙江、江西、福建、台湾、湖南、湖北、广东。

蝼蛄科 Gryllotalpidae

9. 台湾蝼蛄

【学名】*Gryllotalpa formosana* Shiraki

【危害作物】食性杂，危害多种作物。

【分布】台湾、广东、广西。

10. 普通蝼蛄

【学名】*Gryllotalpa gryllotalpa*（Linnaeus）

【危害作物】食性杂，危害多种作物。

【分布】在新疆局部地区为害严重。

11. 东方蝼蛄

【学名】*Gryllotalpa orientalis* Burmeister

【危害作物】麦、稻、粟、玉米等禾谷类粮食作物及棉花、豆类、马铃薯、花生、大麻、黄麻、甜菜、烟草、蔬菜、苹果、梨、柑橘等。

【分布】北京、天津、河北、内蒙古、黑龙江、江苏、浙江、安徽、山东、河南、湖北、重庆、四川、贵州、云南、陕西、甘肃、青海、宁夏、新疆。

12. 华北蝼蛄

【学名】*Gryllotalpa unispina* Saussure

【别名】单刺蝼蛄、大蝼蛄、土狗、蝼蝈、啦啦蛄。

【危害作物】麦类、玉米、高粱、谷子、水稻、薯类、棉花、花生、甜菜、烟草、大麻、黄麻、蔬菜、苹果、梨等。

【分布】新疆、甘肃、西藏、陕西、河北、山东、河南、内蒙古、辽宁、吉林、黑龙江、江苏、安徽、湖北。

癞蝗科 Pamphagidae

13. 笨蝗

【学名】*Haplotropis brunneriana* Saussure

【危害作物】甘薯、马铃薯、芋头、豆类、麦类、玉米、高粱、谷子、棉花、油菜、果树幼苗和蔬菜等。

【分布】鲁中南低山丘陵区，太行山和伏牛山的部分低山区。

14. 贺兰山疙蝗

【学名】*Pseudotmethis alashanicus* B. Bienko

【危害作物】蔬菜、瓜类、小麦、谷子。

【分布】宁夏。

锥头蝗科 Pyrgomorphidae

15. 拟短额负蝗

【学名】*Atractomorpha ambigua* Bolivar

【危害作物】水稻、谷子、高粱、玉米、大麦、豆类、马铃薯、甘薯、麻类、甘蔗、桑、茶、甜菜、烟草、蔬菜、果树等。

【分布】辽宁、华北、华东、台湾、湖北、湖南、陕西、甘肃。

16. 长额负蝗

【学名】*Atractomorpha lata*（Motschulsky）

【危害作物】水稻、小麦、玉米、高粱、大豆、棉、甘蔗、茶、烟草、桑、甜菜、白菜、甘蓝、茄、草莓、柑橘、樟、杨。

【分布】北京、河北、上海、山东、湖北、江西、广东、广西、陕西。

17. 短额负蝗

【学名】*Atractomorpha sinensis* Bolivar

【危害作物】水稻、玉米、高粱、谷子、小麦、棉、大豆、芝麻、花生、黄麻、蓖麻、甘蔗、甘薯、马铃薯、烟草、油菜、蔬菜、茶。

【分布】华南、华北地区及辽宁、湖北、陕西。

斑腿蝗科 Catantopidae

18. 短星翅蝗

【学名】*Calliptamus abbreviatus*（Ikonnikov）

【危害作物】小麦、棉花、胡麻、荞麦、油菜、牧草。

【分布】东北、河北、山西、内蒙古、山东、江苏、安徽、浙江、江西、湖北、广东、甘肃、青海、四川。

19. 意大利蝗

【学名】*Calliptamus italicus*（Linnaeus）

【危害作物】棉、玉米、谷子、水稻、小麦、油菜、苜蓿等农牧作物。

【分布】甘肃、新疆。

20. 褐斑腿蝗

【学名】*Catantops humilis*（Serville）

【危害作物】水稻、麦类、玉米、禾本科作物、甘薯、桑。

【分布】浙江、江西、福建、台湾、湖南、广西、云南、四川。

21. 红褐斑腿蝗

【学名】*Catantops pinguis*（Stål）

【危害作物】水稻、禾本科作物、甘薯、棉、桑、茶、油棕、甘蔗、小麦。

【分布】河北、河南、江苏、浙江、江西、福建、台湾、湖北、广东、广西、四川、香港。

22. 中华稻蝗

【学名】*Oxya chinensis*（Thunberg）

【危害作物】水稻、玉米、高粱、麦类、大豆、甘蔗、甘薯、马铃薯等。

【分布】除青海、西藏、新疆、内蒙古等未见报道外，其他地区均有分布。

23. 长翅稻蝗

【学名】*Oxya velox*（Fabricius）

【危害作物】水稻、麦、玉米、甘薯、甘蔗、棉、菜豆、柑橘、苹果、菠萝。

【分布】华北、华东、华南地区及湖南、湖北、西南、西藏。

24. 日本黄脊蝗

【学名】*Patanga japonica* (I. Bolivar)

【危害作物】水稻、麦类、大豆、棉花、油菜。

【分布】黄河以南各地较多。

25. 印度黄脊蝗

【学名】*Patanga succincta* (Johansson)

【危害作物】水稻、小麦、谷子、甘薯、花生等。

【分布】华南。

26. 长角直斑腿蝗

【学名】*Stenocatantops splendens* (Thunberg)

【危害作物】水稻、小麦、玉米、谷子、高粱、大豆、棉、茶、甘蔗、油棕。

【分布】江苏、浙江、江西、福建、台湾、广西、广东、河南、湖南、陕西、四川、云南。

27. 短角外斑腿蝗

【学名】*Xenocatantops brachycerus* (C. Willemse)

【危害作物】水稻、麦类、玉米、棉、花生、茶。

【分布】河北、山西、山东、江苏、浙江、江西、福建、湖北、广东、广西、陕西、甘肃、四川。

斑翅蝗科 Oedipodidae

28. 花胫绿纹蝗

【学名】*Aiolopus tamulus* (Fabricius)

【别名】花尖翅蝗。

【危害作物】柑橘、小麦、玉米、甘蔗、高粱、稻、棉、甘蔗、大豆、茶。

【分布】北京、河北、内蒙古、辽宁、山东、安徽、江苏、浙江、江西、湖北、福建、台湾、广西、广东、陕西、宁夏、四川。

29. 大垫尖翅蝗

【学名】*Epacromius coerulipes* (Ivanov)

【危害作物】小麦、玉米、高粱、谷子、莜麦等禾本科作物及苜蓿、大豆等。

【分布】华北、华东、西北等地。

30. 小垫尖翅蝗

【学名】*Epacromius tergestinus tergestinus* (Charp.)

【危害作物】小麦、牧草、芦苇。

【分布】新疆。

31. 云斑车蝗

【学名】*Gastrimargus marmoratus* Thunberg

【危害作物】水稻、玉米、高粱、麦、棉、甘蔗、柑橘等。

【分布】河北、陕西、山西、山东、安徽、浙江、江西、福建、台湾、湖北、广东、四川。

32. 东亚飞蝗

【学名】*Locusta migratoria manilensis* (Meyen)

【别名】蚂蚱、蝗虫。

【危害作物】小麦、玉米、高粱、粟、水稻、稷等多种禾本科植物。也可为害棉花、麻类、大豆、蔬菜等。

【分布】河北、浙江、安徽、山东、河南、贵州、陕西、甘肃、青海。

33. 亚洲飞蝗

【学名】*Locusta migratoria migratoria* (Linnaeus)

【危害作物】水稻、麦、玉米、高粱等禾本科作物。

【分布】东北地区及内蒙古、新疆。

34. 隆叉小车蝗

【学名】*Oedaleus abruptus* (Thunberg)

【危害作物】水稻、小麦。

【分布】江西、福建、广西、广东。

35. 亚洲小车蝗

【学名】*Oedaleus decorus asiaticus* B. -Bienko

【危害作物】玉米、高粱、谷子、麦类、亚麻、马铃薯、油菜、其他十字花科蔬菜及禾本科牧草。

【分布】内蒙古、宁夏、甘肃、青海、河北、陕西、山西、山东等地。

36. 黄胫小车蝗

【学名】*Oedaleus infernalis infernalis* Saussure

【危害作物】麦类、谷子、玉米、高粱、豆类、马铃薯、黄麻、麻类、油菜等

【分布】华北、华东及陕西关中等地。

网翅蝗科 Arcypteridae

37. 褐色雏蝗

【学名】*Chorthippus brunneus* (Thunberg)

【危害作物】小麦、糜子、莜麦、蔬菜、苜蓿。

【分布】河北、内蒙古、陕西、新疆和东北地区。

38. 中华雏蝗

【学名】*Chothippus chinensis* Tarbinsky

【危害作物】小麦、玉米、禾本科植物及牧草。

【分布】陕西、甘肃、四川、贵州。

39. 狭翅雏蝗

【学名】*Chorthippus dubius*（Zubovsky）

【危害作物】胡麻、小麦、荞麦、青稞、禾本科及莎草科牧草。

【分布】内蒙古、陕西、甘肃、青海、东北。

40. 小翅雏蝗

【学名】*Chorthippus fallax*（Zubovsky）

【危害作物】小麦、甘蔗、莜麦、大豆、其他禾本科作物、蔬菜。

【分布】河北、陕西、山西、内蒙古、甘肃、青海、新疆。

（二）等翅目 Isoptera

白蚁科 Termitidae

黑翅土白蚁

【学名】*Odontotermes formosanus*（Shiraki）

【危害作物】小麦、茶、甘蔗、柑橘、梨、桃、芒果、蓖麻、松、刺槐。

【分布】江苏、安徽、浙江、江西、福建、台湾、广东、广西、湖南、四川、云南、贵州。

（三）缨翅目 Thysanoptera

管蓟马科 Phlaeothripidae

1. 稻简管蓟马

【学名】*Haplothrips aculeatus*（Fabricius）

【危害作物】小麦、水稻、大麦、谷子、甘蔗、玉米、高粱、大豆、蚕豆、苜蓿等。

【分布】南、北方都有分布。

2. 中华简管蓟马

【学名】*Haplothrips chinensis* Priesner

【别名】华简管蓟马。

【危害作物】扁豆、胡萝卜、柑橘、马铃薯、蓖麻、小麦、荞麦、水稻、谷子、玉米、洋葱、棉花、蔬菜等。

【分布】北京、河北、吉林、江苏、安徽、福建、台湾、河南、湖北、湖南、广东、海南、广西、贵州、云南、西藏、陕西、宁夏、新疆。

3. 麦简管蓟马

【学名】*Haplothrips tritici* Kurdjumov

【别名】小麦皮蓟马、麦简管蓟马、麦单蓟马。

【危害作物】小麦、大麦、黑麦、燕麦、向日葵、蒲公英、狗尾草等。

【分布】北京、天津、河北、山西、上海、江苏、浙江、安徽、山东、河南、湖北、重庆、四川、贵州、云南、西藏、陕西、甘肃、宁夏、新疆。

蓟马科 Thripidae

4. 玉米黄呆蓟马

【学名】*Anaphothrips obscurus*（Müller）

【别名】玉米蓟马、玉米黄蓟马、草蓟马。

【危害作物】玉米、麦类、高粱、谷子、水稻。

【分布】北京、河北、新疆、甘肃、台湾。

5. 芒缺翅蓟马

【学名】*Aptinothrips stylifera* Trybom

【危害作物】青稞、小麦等禾本科作物。

【分布】西藏、宁夏。

6. 丽花蓟马

【学名】*Frankliniella intonsa* Trybom

【别名】台湾蓟马。

【危害作物】在水稻、小麦等禾本科作物及棉花、豆类、苜蓿、瓜类、茄科等其他多种作物花内为害。

【分布】全国都有分布。

7. 禾花蓟马

【学名】*Frankliniella tenuicornis*（Uzel）

【别名】玉米蓟马、瘦角蓟马。

【危害作物】水稻、小麦、玉米及多种禾本科作物。

【分布】我国各稻区均有发生。

8. 端大蓟马

【学名】*Megalurothrips distalis*（Karny）

【别名】花生蓟马、豆蓟马、紫云英蓟马、端带蓟马。

【危害作物】油菜、花生、大豆、苜蓿、水稻、小麦等。

【分布】国内广泛分布。

9. 稻蓟马

【学名】*Stenchaetothrips biformis*（Bagnall）

【危害作物】水稻、小麦、玉米、谷子。

【分布】内蒙古、黑龙江、台湾、江苏、福建、广东、广西、湖北、河南、贵州、云南、四川。

10. 黄蓟马

【学名】*Thrips flavus* Schrank

【危害作物】油菜、甘蓝、麦类、水稻、棉花、瓜类、烟草、大豆、枣、柑橘、刺槐等。

【分布】河北、江苏、浙江、福建、台湾、湖南、海南、河南、广东、广西、贵州、云南。

11. 烟蓟马

【学名】*Thrips tabaci* Lindeman

【危害作物】水稻、小麦、玉米、大豆、苜蓿、苹果、瓜类、甘蓝、葱、棉花、茄科作物、蓖麻、麻类、茶、柑橘等。

【分布】全国都有分布。

（四）半翅目 Hemiptera

盲蝽科 Miridae

1. 苜蓿盲蝽

【学名】*Adelphocoris lineolatus*（Goeze）

【危害作物】小麦、苜蓿、草木樨、马铃薯、棉花、豆类等。

【分布】全国都有发生。

2. 带纹苜蓿盲蝽

【学名】*Adelphocoris taeniophorus* Reuter

【危害作物】玉米、高粱、小麦、荞麦、马铃薯、豆类、棉花、大麻、洋麻、蓖麻、向日葵、芝麻、胡萝卜、番茄、苹果、梨、葡萄、枣。

【分布】河北、山西、辽宁、山东、新疆、江苏、安徽、浙江、江西、湖南、湖北、陕西、甘肃。

3. 绿盲蝽

【学名】*Apolygus lucorum*（Meyer-Dür）

【危害作物】棉花、苜蓿、大麻、蓖麻、小麦、荞麦、马铃薯、豆类、石榴、苹果等。

【分布】湖北、湖南、河南、江西、山东、江苏、安徽、浙江、福建、上海、北京、天津、河北、山西、内蒙古、辽宁、吉林、黑龙江、新疆、陕西、甘肃、四川、云南、贵州、重庆、广东、广西、海南。

4. 牧草盲蝽

【学名】*Lygus pratensis*（Linnaeus）

【危害作物】小麦、荞麦、豆类、马铃薯、棉花、苜蓿、蔬菜、果树、麻类等。

【分布】河北、湖北、贵州、陕西、新疆。

5. 红角盲蝽

【学名】*Megaloceraea ruficornis* Geoffrog

【危害作物】水稻、麦类、粟、亚麻、茶、甜菜。

【分布】河北、湖北、甘肃。

6. 奥盲蝽

【学名】*Orthops kalmi*（Linnaeus）

【危害作物】水稻、麦、大豆、马铃薯、甘蔗、桑、甜菜、葡萄、柑橘、苹果。

【分布】辽宁。

7. 赤须盲蝽

【学名】*Trigonotylus ruficornis*（Geoffroy）

【别名】赤须蝽、赤角盲蝽。

【危害作物】小麦、谷子、高粱、玉米、棉花、豆类、甜菜和禾本科牧草。

【分布】北京、天津、河北、内蒙古、黑龙江、辽宁、山东、江苏、安徽、河南、湖北、贵州、陕西、甘肃、青海、宁夏、新疆。

缘蝽科 Coreidae

8. 刺额棘缘蝽

【学名】*Cletus bipunctatus*（Herrich-Schäffer）

【危害作物】水稻、麦类、棉、甘蔗、桑、真菰。

【分布】浙江、广东、贵州、云南。

9. 稻棘缘蝽

【学名】*Cletus punctiger*（Dallas）

【别名】针缘椿象。

【危害作物】主要为害水稻，其次是玉米、高粱、谷子、小麦、大豆、棉花等。

【分布】华南发生较普遍。

10. 宽棘缘蝽

【学名】*Cletus rusticus* Stål

【危害作物】水稻、小麦、玉米、谷子、高粱。

【分布】江西、安徽、浙江、陕西。

11. 大稻缘蝽

【学名】*Leptocorisa acuta*（Thunberg）

【别名】稻蛛缘蝽、稻穗缘蝽、异稻缘蝽。

【危害作物】水稻、小麦、玉米等。

【分布】广东、广西、海南、云南、台湾等。

12. 异稻缘蝽

【学名】*Leptocorisa varicornis*（Fabricius）

【别名】稻蛛缘蝽。

【危害作物】稻、麦、玉米、谷子、大豆、甘蔗、桑、柑橘等。

【分布】广西、广东、台湾、福建、浙江、贵州等省（区）。

土蝽科 Cydnidae

13. 麦根椿象

【学名】*Stibaropus formosanus*（Takado *et* Yamagihara）

【别名】根土蝽、根椿象、地熔、地臭虫等。

【危害作物】小麦、玉米、谷子、高粱及禾本科杂草。

【分布】河北、山西、山东、陕西、甘肃。

蝽科 Pentatomidae

14. 尖头麦蝽

【学名】*Aelia acuminata*（Linnaeus）

【危害作物】麦类。

【分布】河北、山西、吉林、上海、江苏、浙江、江西、甘肃、宁夏、新疆。

15. 叉头麦蝽

【学名】*Aelia bifida* Hsiao *et* Cheng

【危害作物】麦类。

【分布】内蒙古、山西、四川。

16. 华麦蝽

【学名】*Aelia fieberi Scott*

【危害作物】水稻、麦类、梨。

【分布】北京、山西、黑龙江、辽宁、吉林、江苏、浙江、江西、山东、湖北、陕西、甘肃。

17. 伊蝽

【学名】*Aenaria lewisi*（Scott）

【危害作物】水稻、小麦、果树、甘蔗。

【分布】江苏、浙江、广西、四川。

18. 西北麦蝽

【学名】*Aelia sibirica* Reuter

【危害作物】麦类、水稻等禾本科植物。

【分布】河北、山西、浙江、陕西、甘肃、宁夏、新疆。

19. 红云蝽

【学名】*Agonoscelis femoralis* Walker

【危害作物】玉米、麦类。

【分布】云南。

20. 云蝽

【学名】*Agonoscelis nubilis*（Fabricius）

【危害作物】麦、玉米、豆、柑橘等。

【分布】江西、浙江、福建、广西、广东。

21. 实蝽

【学名】*Antheminia pusio*（Kolenati）

【危害作物】小麦等谷类作物、蔷薇科作物、马铃薯、向日葵、甜菜。

【分布】北京、河北、山西、内蒙古、辽宁、吉林、陕西、新疆。

22. 多毛实蝽

【学名】*Antheminia varicornis*（Jakovlev）

【危害作物】小麦、大豆。

【分布】北京、天津、山西、内蒙古、黑龙江、陕西、新疆。

23. 异色蝽

【学名】*Carpocoris pudicus* Poda

【别名】紫翅果蝽。

【危害作物】小麦等谷类、马铃薯、萝卜、胡萝卜、朴树、木绣球等。

【分布】河北、内蒙古、辽宁、吉林、山东、宁夏、甘肃、新疆。

24. 斑须蝽

【学名】*Dolycoris baccarum*（Linnaeus）

【别名】细毛蝽、臭大姐。

【危害作物】小麦、大麦、粟（谷子）、玉米、大豆、白菜、油菜、甘蓝、萝卜、豌豆、胡萝卜、葱及其他农作物。

【分布】北京、河北、山西、内蒙古、黑龙江、江苏、浙江、安徽、山东、河南、湖北、重庆、四川、贵州、云南、陕西、甘肃、新疆。

25. 云南斑须蝽

【学名】*Dolycoris indicus* Stål

【危害作物】麦、向日葵。

【分布】河北、河南、江苏、江西、云南、湖南。

26. 稻褐蝽

【学名】*Lagynotomus elongata*（Dallas）

【别名】白边椿象。

【危害作物】主要危害水稻，也危害玉米、小麦。

【分布】湖南、湖北、江西、浙江、江苏、台湾、广东、广西、四川等省区。

27. 黑斑曼蝽

【学名】*Menida formosa*（Westwood）

【危害作物】水稻、麦。

【分布】上海、江苏、台湾、广西、广东、云南。

28. 稻赤曼蝽

【学名】*Menida histrio*（Fabricius）

【危害作物】水稻、玉米、小麦、甘蔗、亚麻、桑、柑橘等。

【分布】广东、广西、江西、福建、台湾等省（区）。

29. 紫蓝曼蝽

【学名】*Menida violacea* Motschulsky

【危害作物】高粱、水稻、玉米、小麦、梨、榆。

【分布】河北、辽宁、内蒙古、陕西、四川、山东、江苏、浙江、江西、福建、广东。

30. 稻绿蝽

【学名】*Nezara viridula*（Linnaeus）

【别名】稻青蝽。

【危害作物】寄主种类多达70多种，其中，以危害水稻、玉米、大豆、小麦、菜豆等为重。

【分布】我国东北吉林以南地区。

31. 璧蝽

【学名】*Piezodorus rubrofasciatus*（Fabricius）

【危害作物】水稻、小麦、谷子、玉米、高粱、大豆、豆类、棉花。

【分布】山东、江苏、浙江、江西、福建、湖北、广西、广东、四川。

32. 稻黑蝽

【学名】*Scotinophara lurida*（Burmeister）

【危害作物】水稻、小麦、玉米、马铃薯、豆、甘蔗、柑橘等。

【分布】河北南部、山东和江苏北部、长江以南各省。

33. 二星蝽

【学名】*Stollia guttiger*（Thunberg）

【危害作物】麦类、水稻、棉花、大豆、胡麻、高粱、玉米、甘薯、茄子、桑、茶树、无花果及榕树等。

【分布】河北、山西、山东、江苏、浙江、河南、广东、广西、台湾、云南、陕西、甘肃、西藏。

34. 锚纹二星蝽

【学名】*Stollia montivagus*（Distant）

【危害作物】水稻、小麦、高粱、玉米、大豆、甘薯、茄子、桑、榕树。

【分布】江苏、浙江、福建、广西、广东、云南、四川。

35. 广二星蝽

【学名】*Stollia ventralis*（Westwood）

【别名】黑腹蝽。

【危害作物】水稻、小麦、高粱、谷子、玉米、大豆、甘薯、苹果、棉花等。

【分布】广东、广西、福建、江西、浙江、河北、山东和山西等省区。

36. 四剑蝽

【学名】*Tetroda histeroides*（Fabricius）

【别名】角胸蝽、角肩蝽。

【危害作物】主要为害水稻，也为害小麦、茭白、稗等。

【分布】南方各省区及河南省。

（五）同翅目 Homoptera

瘿绵蚜科 Pemphigidae

1. 麦拟根蚜

【学名】*Paracletus cimiciformis* Heyden

【危害作物】小麦、玉米、高粱。

【分布】新疆。

2. 菜豆根蚜

【学名】*Smynthurodes betae* Westwood

【危害作物】小麦、棉花、蚕豆、甜菜等多种作物根部。

【分布】华东、华中、华北地区及内蒙古、新疆。

3. 榆四脉棉蚜

【学名】*Tetraneura ulmi* Linnaeus

【危害作物】榆树、麦类、高粱、玉米、甘蔗等。

【分布】东北地区及河北、山东、江苏、新疆。

蚜科 Aphididae

4. 瑞木短痣蚜

【学名】*Anoecia corni*（Fabricius）

【别名】桤木短痣蚜。

【危害作物】玉米、高粱、黍、稗、陆稻、其他禾本科作物、瑞木。

【分布】河北、山东、全国。

5. 柯短痣蚜

【学名】*Anoecia krizusi*（Börner）

【危害作物】小麦、黑麦。

【分布】新疆。

6. 禾草五节毛蚜

【学名】*Atheroides hirtellus* Haliday

【危害作物】小麦。

【分布】吉林、新疆。

7. 冰草麦蚜

【学名】*Diuraphis*（*Holcaphis*）*agropyonophaga* Zhang

【危害作物】小麦、冰草。

【分布】新疆。

8. 麦双尾蚜

【学名】*Diuraphis noxia*（Mordvilko）

【别名】俄罗斯麦蚜。

【危害作物】小麦、大麦、黑麦、燕麦、乌麦、雀麦等70余种禾本科作物及杂草。有时危害水稻。

【分布】湖北、重庆、贵州、陕西、甘肃、新疆。

9. 麦无网蚜

【学名】*Metopolophium dirhodum*（Walker）

【危害作物】麦类。

【分布】宁夏、新疆（昌吉、石河子、哈密、伊犁河流域常发生）。

10. 玉米蚜

【学名】*Rhopalosiphum maidis*（Fitch）

【别名】麦蚰、腻虫、蚁虫。

【危害作物】玉米、高粱、谷子、麦类、禾本科杂草。

【分布】河北、山西、上海、江苏、浙江、安徽、河南、湖北、重庆、四川、贵州、云南、陕西、甘肃、宁夏、新疆。

11. 禾谷缢管蚜

【学名】*Rhopalosiphum padi*（Linnaeus）

【别名】粟缢管蚜、小米蚜、麦缢管蚜、黍蚜。

【危害作物】桃、李、榆叶梅、小麦、大麦、水稻、高粱、玉米及禾本科杂草。

【分布】北京、河北、山西、江苏、浙江、安徽、山东、河南、重庆、四川、贵州、云南、陕西、甘肃。

12. 红腹缢管蚜

【学名】*Rhopalosiphum rufiabdominale*（Sasaki）

【危害作物】小麦、大麦、禾本科植物、榆叶梅、桃等蔷薇科植物。

【分布】新疆。

13. 麦二叉蚜

【学名】*Schizaphis graminum*（Rondani）

【危害作物】小麦、大麦、燕麦、高粱、水稻、狗尾草、莎草等禾本科植物。

【分布】北京、天津、河北、山西、内蒙古、上海、江苏、浙江、安徽、山东、河南、湖北、重庆、四川、贵州、云南、西藏、陕西、甘肃、青海、宁夏、新疆。

14. 麦长管蚜

【学名】*Sitobion avenae*（Fabricius）

【危害作物】小麦、大麦、燕麦、玉米等。

【分布】新疆。

15. 荻草谷网蚜

【学名】*Sitobion miscanthi*（Takahashi）

【危害作物】小麦、大麦、燕麦，南方偶害水稻、玉米、甘蔗、荻草等。

【分布】北京、天津、河北、山西、内蒙古、上海、江苏、浙江、安徽、山东、河南、湖北、重庆、四川、贵州、云南、西藏、陕西、甘肃、青海、宁夏、新疆。

粉蚧科 Pseudococcidae

16. 玉米耕葵粉蚧

【学名】*Trionymus agrostis*（Wang *et* Zhang）

【危害作物】小麦、谷子、玉米、高粱等禾本科作物和杂草。

【分布】北京、天津、河北、山东、贵州。

叶蝉科 Cicadellidae

17. 斑翅二室叶蝉

【学名】*Balclutha punctata*（Fabricius）

【危害作物】水稻、大麦、小麦。

【分布】东北、北京、浙江、福建、台湾。

18. 大青叶蝉

【学名】*Cicadella viridis*（Linnaeus）

【别名】青叶跳蝉、大绿浮尘子。

【危害作物】小麦、谷子、玉米、水稻、大豆、马铃薯、蔬菜、果树等。

【分布】北京、河北、黑龙江、江苏、浙江、山东、湖北、贵州、陕西、甘肃、青海、宁夏、新疆。

19. 大白叶蝉

【学名】*Cofana spectra* (Distant)

【危害作物】水稻、高粱、玉米、麦类、桑、甘蔗。

【分布】福建、台湾、广东、四川。

20. 黄褐角顶叶蝉

【学名】*Deltocephalus brunnescens* Distant

【危害作物】小麦、茶。

【分布】安徽。

21. 小绿叶蝉

【学名】*Empoasca flavescens* (Fabricius)

【别名】茶叶蝉、桃小浮尘子、桃小叶蝉、桃小绿叶蝉。

【危害作物】稻、麦、高粱、玉米、大豆、蚕豆、紫云英、马铃薯、甘蔗、向日葵、花生、棉花、蓖麻、茶、桑、果树等。

【分布】湖北、湖南、河南、江西、山东、江苏、安徽、浙江、福建、上海、北京、天津、河北、山西、内蒙古、辽宁、吉林、黑龙江、新疆、陕西、甘肃、四川、云南、贵州、重庆、广东、广西、海南。

22. 双纹顶斑叶蝉

【学名】*Empoascanara limbata* (Matsumura)

【危害作物】水稻、麦、甘蔗。

【分布】安徽、台湾。

23. 稻叶蝉

【学名】*Inemadara oryzae* (Matsumura)

【危害作物】水稻、麦、谷子。

【分布】东北、河北、浙江、江西、福建、湖北、四川。

24. 四点叶蝉

【学名】*Macrosteles quadrimaculatus* (Matsumura)

【危害作物】水稻、麦类、茶。

【分布】新疆、河北、浙江、江西、福建、四川、黑龙江。

25. 六点叶蝉

【学名】*Macrosteles sexnotatus* (Fallén)

【危害作物】水稻、麦类、甘蔗。

【分布】新疆、黑龙江、安徽、台湾。

26. 黑脉二叉叶蝉

【学名】*Macrostelus fuscinervis* (Matsumura)

【危害作物】小麦、水稻。

【分布】江苏、浙江、江西、福建。

27. 黑尾叶蝉

【学名】*Nephotettix bipunctatus* (Fabricius)

【别名】二小点叶蝉。

【危害作物】水稻、茭白、小麦、大麦、豆类、茶、甜菜、甘蔗、白菜等。

【分布】中国各稻区均有发生，以长江中上游和西南各省发生较多。

28. 二条黑尾叶蝉

【学名】*Nephotettix nigropictus* (Stål)

【别名】二大点叶蝉。

【危害作物】水稻、麦、谷子、棉、甘蔗。

【分布】台湾、广东、广西、云南。

29. 二点黑尾叶蝉

【学名】*Nephotettix virescens* (Distant)

【危害作物】水稻、甘蔗、麦类、柑橘。

【分布】福建、台湾、湖南、广西、广东、云南。

30. 条沙叶蝉

【学名】*Psammotettix striatus* (Linnaeus)

【别名】条斑叶蝉。

【危害作物】麦类、谷子、糜子。

【分布】北方麦区。

31. 电光叶蝉

【学名】*Recilia dorsalis* (Motschulsky)

【危害作物】水稻、玉米、高粱、麦类、粟、甘蔗等。

【分布】黄河以南各稻区。

32. 白翅叶蝉

【学名】*Thaia rubiginosa* Kuoh

【危害作物】水稻、麦、玉米、甘蔗、荞麦、茭白及油菜等。

【分布】云南、贵州、四川、陕西、浙江、江西、福建、台湾、湖北、湖南、广西、广东。

飞虱科 Delphacidae

33. 灰飞虱

【学名】*Laodelphax striatellus* (Fallén)

【危害作物】水稻、小麦、谷子、玉米等。

【分布】南自海南岛，北至黑龙江，东自台湾和东部沿海各地，西至新疆均有发生。

34. 褐飞虱

【学名】*Nilaparvata lugens* (Stål)

【别名】褐稻虱。

【危害作物】水稻、小麦、玉米等。

【分布】北起吉林，沿辽宁、河北、山西、陕西、宁夏至甘肃，西向由甘肃折入四川、云南、西藏。

35. 白背飞虱

【学名】*Sogatella furcifera*（Horváth）

【危害作物】水稻、麦类、玉米、高粱、甘蔗、紫云英等。

【分布】在我国除新疆南部外，全国均有发生。

36. 稗飞虱

【学名】*Sogatella vibix*（Haupt）

【危害作物】水稻、稗、小麦。

【分布】南、北方都有发生。

37. 白脊飞虱

【学名】*Unkanodes sapporona*（Matsumura）

【危害作物】玉米、高粱、甘蔗、小麦。

【分布】河北、辽宁、吉林、山东、江苏、安徽、浙江、江西、福建、湖北、广东、陕西、甘肃、云南。

袖蜡蝉科 Derbidae

38. 红袖蜡蝉

【学名】*Diostrombus politus* Uhler

【危害作物】粟、麦、水稻、高粱、玉米、甘蔗、柑橘。

【分布】东北地区及浙江、台湾、湖南、四川。

（六）鞘翅目 Coleoptera

步甲科 Carabidae

1. 麦穗步甲

【学名】*Anisodactylus signatus*（Panzer）

【危害作物】麦。

【分布】河北、内蒙古。

2. 大头婪步甲

【学名】*Harpalus capito*（Morawits）

【危害作物】麦类。

【分布】华北地区及江苏。

3. 三齿婪步甲

【学名】*Harpalus tridens* Morawitz

【危害作物】麦。

【分布】华北地区及江苏。

4. 锹形黑步甲

【学名】*Scarites terricola* Bonelli

【危害作物】小麦。

【分布】河北、内蒙古。

水龟甲科 Hydrophilidae

5. 小麦沟背牙甲

【学名】*Helophorus auriculatus* Sharp

【别名】耳垂五沟甲。

【危害作物】小麦。

【分布】河南省鲁山、南台、内乡、嵩县等地。

鳃金龟科 Melolonthidae

6. 东北大黑鳃金龟

【学名】*Holotrichia diomphalia* Bates

【危害作物】大麦、小麦、高粱、玉米、粟、棉、麻、大豆、花生、马铃薯、甜菜、苜蓿、甘薯、苹果、梨等。

【分布】东北地区及河北、内蒙古、甘肃。

7. 华北大黑鳃金龟

【学名】*Holotrichia oblita*（Faldermann）

【危害作物】大麦、小麦、高粱、玉米、粟、棉、麻、大豆、花生、马铃薯、甜菜、苜蓿、甘薯、苹果、梨等。

【分布】北京、河北、内蒙古、山西、山东、江苏、安徽、浙江、江西、河南、甘肃。

8. 蒙古大栗鳃金龟

【学名】*Melolontha hippocastani mongolica* Ménétriès

【危害作物】青稞、小麦、豌豆、马铃薯、玉米、甜菜等。

【分布】内蒙古、甘肃、山西、河北、陕西、四川。

9. 短角云鳃金龟

【学名】*Polyphylla brevicornis* Petrovitz

【危害作物】青稞、小麦、马铃薯、玉米等。

【分布】西藏。

10. 小云鳃金龟

【学名】*Polyphylla gracilicornis* Blanchard

【危害作物】麦类、豆类、油菜、胡麻、蔬菜、果树等。

【分布】内蒙古、陕西、山西、河北、宁夏、甘肃、青海、河南、四川。

11. 黑皱鳃金龟

【学名】*Trematodes tenebrioides* (Pallas)

【别名】无翅黑金龟、无后翅金龟子。

【危害作物】玉米、高粱、大豆、灰菜、刺儿菜、苋菜、小麦等。

【分布】东北、华北、宁夏、青海、安徽、江西、湖南、台湾、贵州。

丽金龟科 Rutelidae

12. 锚纹塞丽金龟

【学名】*Anisoplia agricola* (Poda)

【别名】麦穗金龟。

【危害作物】小麦。

【分布】新疆。

13. 多色异丽金龟

【学名】*Anomala chaemeleon* Fairmaire

【别名】绿腿金龟。

【危害作物】麦、大豆、梨、桃、葡萄、桑、橡胶草。

【分布】河北、辽宁、内蒙古、山东、四川、云南。

14. 苹毛丽金龟

【学名】*Proagopertha lucidula* (Faldermann)

【别名】苹毛金龟甲。

【危害作物】小麦、油菜、苹果、梨、桃、樱桃、李、杏、海棠、葡萄、豆类、葱及杨、柳、桑等。

【分布】东北、华北地区及甘肃、陕西、江苏、安徽。

绢金龟科 Sericidae

15. 东方绢金龟

【学名】*Serica orientalis* (Motschulsky)

【别名】东玛绢金龟、黑绒金龟子、天鹅绒金龟子、东方金龟子。

【危害作物】大豆、花生、向日葵、甜菜、亚麻、棉花、禾谷类作物、果树、苗木、桑、杨、柳、榆等。

【分布】东北地区及河北、内蒙古、浙江、山东、湖北、四川、贵州、陕西、青海、新疆。

叩甲科 Elateridae

16. 中黑叩头虫

【学名】*Adrastus limbatus* (Fabricius)

【危害作物】麦类。

【分布】四川。

17. 直条锥尾叩甲

【学名】*Agriotes lineatus* (Linnaeus)

【别名】条纹金针虫。

【危害作物】小麦、玉米、棉、甜菜、牧草。

【分布】甘肃、新疆。

18. 暗锥尾叩甲

【学名】*Agriotes obscurus* (Linnaeus)

【别名】黯金针虫。

【危害作物】小麦、玉米、高粱、马铃薯、花生、向日葵、亚麻、甜菜、烟草、瓜类、蔬菜。

【分布】山西、甘肃、新疆。

19. 农田锥尾叩甲

【学名】*Agriotes sputator* (Linnaeus)

【别名】大田金针虫。

【危害作物】小麦、玉米、瓜类、马铃薯、花生、向日葵、亚麻、甜菜、烟草、瓜类、蔬菜。

【分布】华北地区及新疆。

20. 细胸锥尾叩甲

【学名】*Agriotes subvittatus* Motschulsky

【危害作物】麦类、玉米、高粱、谷子、棉花、甘薯、甜菜、马铃薯、麻、蔬菜等。

【分布】黑龙江、吉林、内蒙古、河北、陕西、宁夏、甘肃、陕西、河南、山东等。

21. 棘胸筒叩甲

【学名】*Ectinus sericeus* (Candeze)

【危害作物】小麦、大麦、玉米、瓜类、粟、甘肃、马铃薯、烟草、甜菜、向日葵、豆类、苜蓿、茄子、胡萝卜、柑橘、牧草。

【分布】北京、河北、山东、湖南。

22. 兴安直缝叩甲

【学名】*Hemicrepidius dauricus* (Mannerh)

【危害作物】小麦、大豆。

【分布】黑龙江、吉林、内蒙古。

23. 灰鳞叩甲

【学名】*Lacon murinus* Linnaeus

【危害作物】小麦、玉米、棉、牧草。

【分布】新疆。

24. 褐足梳爪叩甲

【学名】*Melanotus brunnipes* Germar

【危害作物】小麦、玉米、棉、牧草、高粱、马铃薯、花生、向日葵、玉米、亚麻、甜菜、烟草、瓜类、各种蔬菜。

【分布】新疆。

25. 褐纹梳爪叩甲

【学名】*Melanotus caudex* Lewis

【别名】褐纹金针虫、铁丝虫、姜虫、金齿耙、叩头虫。

【危害作物】麦类、玉米、高粱、谷子、棉花、甘薯、甜菜、麻、马铃薯、蔬菜等。

【分布】河南、江西、山东、江苏、安徽、北京、天津、河北、山西、内蒙古、辽宁、吉林、黑龙江、新疆、陕西、甘肃。

26. 褐梳爪叩甲

【学名】*Melanotus fusciceps* Gyllenhal

【危害作物】小麦、马铃薯、花生、向日葵、亚麻、玉米、甜菜、烟草、高粱、蔬菜。

【分布】新疆。

27. 沟叩头甲

【学名】*Pleonomus canaliculatus*（Faldermann）

【别名】铁丝虫、姜虫、金齿耙、叩头虫。

【危害作物】麦类、玉米、高粱、谷子、甘薯、甜菜、马铃薯、麻、蔬菜、果树等作物。

【分布】北京、天津、河北、山西、内蒙古、黑龙江、江苏、浙江、安徽、山东、河南、湖北、重庆、四川、贵州、云南、西藏、陕西、甘肃、青海、宁夏、新疆。

28. 毛金针虫

【学名】*Prosternon tessellatum* Linnaeus

【危害作物】小麦、玉米、棉、牧草。

【分布】新疆。

29. 铜光叩甲

【学名】*Selatosomus aeneus*（Linnaeus）

【危害作物】大豆、小麦、树苗。

【分布】黑龙江。

30. 宽背亮叩甲

【学名】*Selatosomus latus*（Fabricius）

【危害作物】小麦、大豆、树苗。

【分布】新疆、内蒙古、黑龙江。

拟步甲科 Tenebrionidae

31. 沙潜

【学名】*Opatrum subaratum* Faldermann

【别名】拟步甲、类沙土甲。

【危害作物】小麦、大麦、高粱、玉米、粟、苜蓿、大豆、花生、甜菜、瓜类、麻类、苹果、梨。

【分布】东北、华北、内蒙古、山东、安徽、江西、台湾、甘肃、宁夏、青海、新疆。

负泥虫科 Crioceridae

32. 十四点负泥甲

【学名】*Crioceris quatuordecimpunctata*（Scopoli）

【危害作物】小麦、石刁柏、文竹、龙须菜、态门冬属植物等。

【分布】东北、山西、江苏、浙江、福建、广西、山东、贵州、甘肃。

33. 小麦负泥虫

【学名】*Oulema erichsoni*（Suffrian）

【别名】负泥甲。

【危害作物】麦类作物。

【分布】东北、华北地区及陕西、甘肃、新疆。

34. 稻负泥虫

【学名】*Oulema oryzae*（Kuwayama）

【别名】背屎虫。

【危害作物】水稻、粟、黍、小麦、大麦、玉米。

【分布】黑龙江、辽宁、吉林、陕西、浙江、湖北、湖南、福建、台湾、广东、广西、四川、贵州、云南。山区或丘陵区稻田发生较多。

35. 谷子负泥虫

【学名】*Oulema tristis*（Herbst）

【危害作物】粟、黍、小麦、大麦、玉米、水稻。

【分布】黑龙江、辽宁、甘肃、北京、山东、陕西。

肖叶甲科 Eumolpidae

36. 甘薯肖叶甲

【学名】*Colasposoma dauricum dauricum* Mannerheim

【危害作物】小麦、甘薯等。

【分布】东北、华北、西北地区及江苏、安徽、四川。

37. 粟鳞斑肖叶甲

【学名】*Pachnephorus lewisii* Baly

【别名】粟灰褐叶甲、谷子鳞斑肖叶甲。

【危害作物】粟、玉米、高粱、小麦、棉、麻、豆类、瓜类、蔬菜。

【分布】河北、山西、华北、西北、吉林、黑龙江、辽宁。

叶甲科 Chrysomelidae

38. 麦茎异跗萤叶甲

【学名】*Apophylia thalassina*（Faldermann）

【别名】麦茎叶甲、小麦金花虫。

【危害作物】麦类、玉米、枸杞、刺蓟、柳等。

【分布】辽宁、吉林、河北、内蒙古、陕西、山西、浙江、贵州、甘肃。

39. 麦凹胫跳甲

【学名】*Chaetocnema hortensis*（Geoffroy ap. Fourcroy）

【危害作物】粟、糜子、小麦、高粱、水稻等。

【分布】山西、内蒙古、山东、湖北、甘肃、新疆。

40. 粟茎跳甲

【学名】*Chaetocnema ingenua*（Baly）

【别名】糜子钻心虫、粟卵形圆虫、粟跳甲、麦跳甲、粟凹胫跳甲。

【危害作物】粟、麦、玉米、高粱等。

【分布】东北地区及河北、内蒙古、陕西、山东、河南、陕西。

41. 绿翅脊萤叶甲

【学名】*Geinulla jacobsoni* Ogloblin

【别名】绿翅短鞘萤叶甲。

【危害作物】麦类及禾本科杂草。

【分布】山西、甘肃、西藏、青海、四川。

42. 黑条麦萤叶甲

【学名】*Medythia nigrobilineata*（Motschulsky）

【别名】二黑条萤叶甲、大豆异萤叶甲、二条黄叶甲、二条金花虫，俗称地蹦子。

【危害作物】玉米、黍、稻、麦、高粱、豆类、棉、麻、甘蔗、甜菜、柑橘。

【分布】东北地区及河北、内蒙古、山东、浙江、江西、福建、台湾、河南、湖北、湖南。

43. 黄狭条跳甲

【学名】*Phyllotreta vittula*（Redtenbacher）

【危害作物】粟、小麦、大麦、黍、玉米、大麻、瓜类、甜菜、油菜及其他十字花科作物。

【分布】山西、内蒙古、东北地区及青海。

（七）鳞翅目 Lepidoptera

谷蛾科 Tineidae

1. 麦茎谷蛾

【学名】*Ochsencheimeria taurella* Schrank

【危害作物】小麦、大麦等。

【分布】河北、山西、安徽、江苏、辽宁、山东、湖北、陕西、甘肃。

螟蛾科 Pyralidae

2. 白眉野草螟

【学名】*Agriphila aeneociliella*（Eversmann）

【危害作物】小麦。

【分布】山东、山西。

3. 稻纵卷叶螟

【学名】*Cnaphalocrocis medinalis*（Guenée）

【别名】纵卷螟、稻纵卷叶虫、刮青虫。

【危害作物】水稻、小麦、玉米、谷子、甘蔗等。

【分布】全国各稻区，长江流域以南稻区发生较重。

4. 二化螟

【学名】*Chilo suppressalis*（Walker）

【别名】钻心虫、蛀心虫、蛀秆虫。

【危害作物】水稻、小麦、玉米、谷子、甘蔗、茭白、麦类、蚕豆、油菜等。

【分布】我国各稻区均有分布。

5. 三条蛀野螟

【学名】*Dichocrocis chlorophanta* Butler

【危害作物】粟、水稻、小麦、玉米、甘薯、豆类。

【分布】北京、江苏、浙江、安徽、福建、台湾、河南、四川。

6. 草地螟

【学名】*Loxostege sticticalis*（Linnaeus）

【别名】黄绿条螟、甜菜网野螟。

【危害作物】禾谷类作物、甜菜、大豆、向日葵、马铃薯、麻类、蔬菜、药材等多种作物。

【分布】东北、华北、西北、江苏。

7. 亚洲玉米螟

【学名】*Ostrinia furnacalis*（Guenée）

【危害作物】玉米、瓜类、谷子、水稻、小麦、棉、麻、豆类、向日葵、甘蔗等。

【分布】除西藏、新疆、宁夏外，全国各省都有分布。

8. 麦牧野螟

【学名】*Nomophila noctuella*（Denis *et* Schiffermüller）

【危害作物】麦、苜蓿。

【分布】北京、河北、山东、江苏、河南。

夜蛾科 Noctuidae

9. 警纹地老虎

【学名】*Agrotis exclamationis*（Linnaeus）

【别名】纹夜蛾。

【危害作物】油菜、萝卜、马铃薯、大葱、甜菜、苜蓿、胡麻、小麦。

【分布】河北、贵州、西藏、陕西、甘肃、新疆。

10. 小地老虎

【学名】*Agrotis ipsilon*（Rottemberg）

【别名】土蚕、地蚕、黑土蚕、切根虫、黑地蚕。

【危害作物】小麦、玉米、高粱、棉花、烟草、马铃薯和蔬菜。

【分布】北京、天津、河北、内蒙古、黑龙江、江苏、浙江、安徽、山东、河南、湖北、重庆、四川、贵州、西藏、陕西、甘肃、青海、宁夏、新疆。

11. 黄地老虎

【学名】*Agrotis segetum*（Denis & Schiffermüller）

【别名】土蚕、地蚕、切根虫、截虫。

【危害作物】麦类、农作物、果树苗木、蔬菜。

【分布】天津、河北、安徽、山东、河南、贵州、西藏、陕西、甘肃、新疆。

12. 大地老虎

【学名】*Agrotis tokionis* Butler

【危害作物】高粱、玉米、谷子、麦类、豆类、棉花、烟草、茄子、辣椒、蔬菜、苹果等。

【分布】全国。

13. 麦奂夜蛾

【学名】*Amphipoea fucosa*（Freyer）

【危害作物】小麦、大麦、被麦、黍、糜等禾本科作物及野燕麦等。

【分布】河北、河南、湖北、西藏、甘肃、青海、宁夏及华东各地。

14. 麦穗夜蛾

【学名】*Apamea sordens*（Hüfnagel）

【危害作物】小麦、大麦、青稞、冰草、马莲草等。

【分布】山西、云南、西藏、陕西、甘肃、青海。

15. 稻金翅夜蛾

【学名】*Chrysaspidia festata*（Graeser）

【别名】金翅蛾、金斑夜蛾、青虫、弓腰虫等。

【危害作物】水稻、麦。

【分布】黑龙江、宁夏、湖北、江苏。

16. 显纹地老虎

【学名】*Euxoa conspicua* Hübner

【危害作物】春麦、胡麻、玉米、棉花、瓜类等。

【分布】新疆。

17. 棉铃虫

【学名】*Helicoverpa armigera*（Hübner）

【别名】棉桃虫、钻心虫、青虫和棉铃实夜蛾。

【危害作物】水稻、小麦、棉花、苘麻、豌豆、苜蓿、玉米芝麻、番茄、烟草等。

【分布】北京、天津、河北、山西、浙江、安徽、山东、河南、湖北、贵州、陕西、甘肃、新疆。

18. 劳氏黏虫

【学名】*Leucania loreyi*（Duponchel）

【别名】粟夜盗虫、剃枝虫、五彩虫、麦蚕等。

【危害作物】稻、麦、粟、玉米等禾谷类粮食作物及棉花、豆类、蔬菜等多种植物。

【分布】江淮以南地区。

19. 谷黏虫

【学名】*Leucania zeae*（Duponchel）

【危害作物】小麦、玉米、高粱、贵州、水稻、甜菜、胡萝卜。

【分布】新疆。

20. 甘蓝夜蛾

【学名】*Mamestra brassicae*（Linnaeus）

【别名】甘蓝夜盗虫、菜夜蛾。

【危害作物】甘蓝等十字花科作物、甜菜、马铃薯、甘薯、高粱、玉米、麦类、棉、麻类、瓜类、烟草、甘蔗、柑橘。

【分布】全国大部分地区都有分布。

21. 白脉黏虫

【学名】*Mythimna compta* (Moore)

【别名】粟夜盗虫、剃枝虫、五彩虫、麦蚕等。

【危害作物】稻、麦、粟、玉米等禾谷类粮食作物及棉花、豆类、蔬菜等多种植物。

【分布】江淮以南地区。

22. 弓形朽翅夜蛾

【学名】*Pelamia electaria* Bremer

【危害作物】小麦。

【分布】黑龙江。

23. 黏虫

【学名】*Pseudaletia separata* (Walker)

【别名】粟夜盗虫、剃枝虫、五彩虫、麦蚕等。

【危害作物】麦、稻、粟、玉米等禾谷类粮食作物及棉花、豆类、蔬菜等。

【分布】北京、天津、河北、山西、内蒙古、上海、江苏、浙江、安徽、山东、河南、湖北、四川、贵州、云南、西藏、陕西、甘肃、宁夏。

24. 冬麦沁夜蛾

【学名】*Rhyacia auguridis* (Rothschild), 异名: *Rhyacia auguroides* (Rothschild)

【危害作物】冬麦。

【分布】新疆、西藏。

25. 冬麦地老虎

【学名】*Rhyacia simulans* (Hüfnagel)

【别名】肖沁夜蛾。

【危害作物】冬麦。

【分布】新疆、西藏、黑龙江。

26. 稻蛀茎夜蛾

【学名】*Sesamia inferens* (Walker)

【别名】大螟、紫螟。

【危害作物】水稻、玉米、高粱、小麦、茭白、甘蔗、向日葵等。

【分布】辽宁以南稻区均有发生。

27. 甜菜夜蛾

【学名】*Spodoptera exigua* (Hübner)

【别名】贪夜蛾、白菜褐夜蛾、玉米叶夜蛾。

【危害作物】甜菜、马铃薯、茄科作物、豆类、麻类、麦类、玉米、高粱、苜蓿、烟草、甘薯、芝麻等。

【分布】沿海各省、台湾、湖南、湖北、陕西、云南、东北。

28. 灰翅夜蛾

【学名】*Spodoptera mauritia* (Boisduval)

【危害作物】稻、麦、高粱、玉米、棉、胡麻、甘蔗、花生、绿豆、杨、柳等。

【分布】江苏、浙江、福建、台湾、河南、广西、广东、宁夏、云南。

29. 八字地老虎

【学名】*Xestia c-nigrum* (Linnaeus), 异名: *Agrotis c-nigrum* Linnaeus

【别名】八字切根虫。

【危害作物】冬麦、荞麦、青稞、豌豆、油菜、棉花、麻类、白菜、萝卜等及雏菊、百日草、菊花等多种花卉。

【分布】河北、山东、湖北、重庆、四川、贵州、西藏、陕西、甘肃、新疆。

毒蛾科 Lymantriidae

30. 肾毒蛾

【学名】*Cifuna locuples* Walker

【别名】豆毒蛾、肾纹毒蛾。

【危害作物】豆类、苜蓿、紫藤、榆、柳、茶、稻、小麦、玉米。

【分布】东北、华北、华中、西南、华南。

31. 舞毒蛾

【学名】*Lymantria dispar* (Linnaeus)

【危害作物】栎、柞、槭、椴、核桃、柳、桦、榆、苹果、梨、柑橘、桑、水稻、甘蔗、麦类等。

【分布】东北、华北地区及甘肃、宁夏、青海、新疆、贵州。

灯蛾科 Arctiidae

32. 豹灯蛾

【学名】*Arctia caja* (Linnaeus)

【危害作物】大麻、苎麻、桑、小麦、甜菜、十字花科蔬菜。

【分布】陕西及华北地区。

33. 白雪灯蛾

【学名】*Chionarctia nivea* (Ménétriès)

【危害作物】高粱、大豆、小麦、粟。

【分布】东北地区及湖北、陕西、四川。

弄蝶科 Hesperiidae

34. 籼弄蝶

【学名】*Borbo cinnara*（Wallace）

【危害作物】麦、稻。

【分布】江西、福建、台湾、广西。

眼蝶科 Satyridae

35. 稻白眼蝶

【学名】*Melanargia halimede*（Ménétriès）

【危害作物】水稻及其他禾本科作物。

【分布】华北。

36. 稻暮眼蝶

【学名】*Melanitis leda*（Linnaeus）

【别名】稻褐眼蝶、稻叶暗褐蛇目蝶、树荫蝶、淡色树间蝶、水稻蛇目蝶。

【危害作物】水稻、麦、甘蔗、茭白等。

【分布】河南以南各省，长江以南较常见。

37. 睇暮眼蝶

【学名】*Melanitis phedima* Cramer

【危害作物】水稻、麦、竹。

【分布】四川。

38. 稻眉眼蝶

【学名】*Mycalesis gotama* Moore

【别名】黄褐蛇目蝶、日月蝶、蛇目蝶、短角眼蝶。

【危害作物】水稻、竹类、小麦、甘蔗、茭白等。

【分布】河南、陕西以南，四川、云南以东各省。

（八）双翅目 Diptera

瘿蚊科 Cecidomyiidae

1. 麦黄吸浆虫

【学名】*Contarinia tritici*（Kirby）

【危害作物】小麦。

【分布】北京、河北、山西、浙江、安徽、河南、湖北、重庆、云南、西藏、陕西、甘肃、青海、宁夏。后三省为主要发生区。

2. 麦红吸浆虫

【学名】*Sitodiplosis mosellana*（Gehin）

【危害作物】小麦、青稞。

【分布】北京、天津、河北、山西、内蒙古、安徽、山东、河南、湖北、重庆、云南、陕西、甘肃、青海、宁夏。

潜蝇科 Agromyzidae

3. 白翅麦潜蝇

【学名】*Agromyza albipennis* Meigen

【别名】麦黑潜叶蝇。

【危害作物】大麦、黑麦、稻、小麦等。

【分布】黑龙江、新疆、青海、宁夏等。

4. 西方麦潜蝇

【学名】*Agromyza ambigua* Fallen

【危害作物】燕麦、大麦、黑麦、小麦。

【分布】新疆、青海、上海。

5. 麦叶灰潜蝇

【学名】*Agromyza cinerascens* Macquart

【别名】小麦黑潜蝇、细茎潜蝇、日本麦叶潜蝇。

【危害作物】小麦、大麦、燕麦及黑麦属禾本科杂草。

【分布】河北、山东、江苏、湖北、陕西、甘肃、宁夏。

6. 麦黑斑潜叶蝇

【学名】*Cerodontha denticornis*（Panzer）

【别名】齿角潜蝇。

【危害作物】小麦、燕麦、大麦等。

【分布】北京、河北、山西、上海、江苏、浙江、安徽、山东、河南、湖北、重庆、四川、贵州、云南、西藏、陕西、甘肃、宁夏、新疆。

7. 南美斑潜蝇

【学名】*Liriomyza huidobrensis*（Blanchard）

【别名】拉美斑潜蝇。

【危害作物】苋菜、甜菜、菠菜、莴苣、蒜、甜瓜、菜豆、豌豆、蚕豆、洋葱、亚麻、番茄、马铃薯、辣椒、旱芹、莴苣、生菜、烟草、小麦、大丽花、石竹花、菊花、报春花等。

【分布】云南、贵州、四川、青海、山东、河北、北京、湖北、广东。

8. 美洲斑潜蝇

【学名】*Liriomyza sativae* Blanchard

【危害作物】瓜类、豆类、苜蓿、辣椒、茄子、番茄、马铃薯、油菜、棉花、小麦、蓖麻及花卉等。

【分布】湖北、湖南、河南、江西、山东、江苏、安徽、浙江、福建、上海、北京、天津、河

北、山西、内蒙古、辽宁、吉林、新疆、陕西、甘肃、四川、云南、贵州、重庆、广东、广西、海南。

秆蝇科 Chloropidae

9. 麦叶秆蝇

【学名】*Chlorops circumdata* Meigen

【危害作物】小麦等禾本科作物。

【分布】台湾。

10. 绿眼秆蝇

【学名】*Chlorops pumitionis* Bjerk

【危害作物】大麦、小麦、燕麦、青稞。

【分布】宁夏、青海。

11. 淡色瘤秆蝇

【学名】*Elachiptera insignis*（Thomson）

【危害作物】春小麦。

【分布】河北、山西、台湾。

12. 麦秆蝇

【学名】*Meromyza saltatrix* Linnaeus

【危害作物】小麦、大麦、黑麦、禾本科和莎草科杂草。

【分布】河北、山西、内蒙古、浙江、安徽、山东、河南、湖北、四川、贵州、陕西、甘肃、青海、宁夏、新疆。

13. 瑞典麦秆蝇

【学名】*Oscinella frit*（L.）

【别名】黑麦秆蝇。

【危害作物】小麦、大麦、黑麦、燕麦及玉米等。

【分布】北京、河北、山西、内蒙古、云南、陕西、甘肃。

水蝇科 Ephydridae

14. 麦鞘毛眼水蝇

【学名】*Hydrellia chinensis* Qi *et* Li

【别名】大麦水蝇。

【危害作物】小麦、大麦、黑麦、燕麦、青稞、水稻等。

【分布】北京、江苏、安徽、重庆、四川、陕西、甘肃、青海。

花蝇科 Anthomyiidae

15. 麦地种蝇

【学名】*Delia coarctata*（Fallén）

【别名】麦地种蝇、麦瘦种蝇。

【危害作物】小麦、大麦、燕麦等。

【分布】黑龙江、河北、山西、浙江、安徽、山东、河南、四川、陕西、甘肃、宁夏、新疆。

粪蝇科 Scathophagidae

16. 青稞穗蝇

【学名】*Nanna truncata* Fan

【别名】往尼（藏语）。

【危害作物】青稞、大麦、小麦、燕麦、黑麦。

【分布】西藏、青海。

（九）膜翅目 Hymenoptera

叶蜂科 Tenthredinidae

1. 大红胸麦叶蜂

【学名】*Dolerus ephiphiatus* Smith

【危害作物】小麦、大麦。

【分布】浙江。

2. 大麦叶蜂

【学名】*Dolerus hordei* Rohwer

【危害作物】小麦、大麦。

【分布】长江以北麦区。

3. 小麦叶蜂

【学名】*Dolerus tritici* Chu

【别名】齐头虫、小黏虫等。

【危害作物】小麦、大麦及看麦娘等禾本科杂草。

【分布】北京、河北、山西、内蒙古、上海、江苏、浙江、安徽、山东、河南、湖北、重庆、四川、贵州、云南、陕西、甘肃、青海、宁夏、新疆。

茎蜂科 Cephidae

4. 灰翅麦茎蜂

【学名】*Cephus fumipennis* Eversmann

【危害作物】小麦等。

【分布】青海、甘肃。

5. 矮麦茎蜂

【学名】*Cephus pygmaeus*（Linnaeus）

【危害作物】小麦、大麦等麦类。

【分布】河北、山西、浙江、安徽、山东、湖北、重庆、云南、陕西、甘肃、青海。

蛛形纲 Arachnida

蜱螨目 Acarina

叶螨科 Tetranychidae

1. 麦岩螨

【学名】*Petrobia latenss*（Müller）

【别名】潜岩螨。

【危害作物】小麦、大麦、豌豆、苜蓿、杂草。

【分布】北京、天津、河北、山西、上海、江苏、浙江、安徽、山东、河南、湖北、四川、云南、西藏、陕西、甘肃、青海、宁夏、新疆。

真足螨科 Eupodidae

2. 麦叶爪螨

【学名】*Penthaleus major*（Duges）

【别名】麦圆红蜘蛛。

【危害作物】麦类、红花草、油菜、芥菜、马铃薯、豌豆、蚕豆。

【分布】北京、天津、河北、山西、江苏、浙江、安徽、山东、河南、湖北、重庆、四川、贵州、云南、西藏、陕西、甘肃、青海、宁夏。

二、软体动物门 Mollusca

腹足纲 Gastropoda

柄眼目 Stylommatophora

蛞蝓科 Limacidae

野蛞蝓

【学名】*Agriolimax agrestis*（Linnaeus）

【别名】水蜒蚰、鼻涕虫。

【危害作物】麦类、红花草、油菜、芥菜、马铃薯、豌豆、蚕豆、棉花。

【分布】江苏、浙江、安徽、福建。

第三章　玉米有害生物名录

第一节　玉米病害

一、真菌病害

1. 玉米腐霉茎腐病

【病原】多种腐霉，包括肿囊腐霉 *Pythium inflatum* Matthews、禾生腐霉 *Pythium graminicola* Subramaniam、瓜果腐霉 *Pythium aphanidermatum*（Eds.）Fitz.、棘腐霉 *Pythium acanthicum* Drechsler、强雄腐霉 *Pythium arrhenomanes* Drechsler、链状腐霉 *Pythium catenulatum* Matthews、德巴利腐霉 *Pythium debarianum* R. Hesse、盐腐霉 *Pythium salinum* Hohnk、群结腐霉 *Pythium myriotylum* Drechsler 等，均属卵菌。

【为害部位】茎。

【分布】我国各玉米产区都有发生。

2. 玉米腐霉根腐病

【病原】致病菌有 10 余种，较常见的是：肿囊腐霉 *Pythium inflatum* Matthews、瓜果腐霉 *Pythium aphanidermatum*（Eds.）Fitz.、禾生腐霉 *Pythium graminicola* Subramaniam。其他腐霉菌有：棘腐霉 *Pythium acanthicum* Drechs.、黏腐霉 *Pythium adhaerens* Sparrow、狭囊腐霉 *Pythium angustatum* Sparrow、强雄腐霉 *Pythium arrhenomanes* Drechs.、畸雌腐霉 *Pythium irregular* Buisman、侧雄腐霉 *Pythium paroecandrum* Drechs.、绚丽腐霉 *Pythium pulchrum* Minden、喙腐霉 *Pythium rostratum* Butler、缓生腐霉 *Pythium tardicrescens* Vanterpool、终极腐霉 *Pythium ultimum* Trow、钟器腐霉 *Pythium vexans* de Bary，属卵菌。

【为害部位】根。

【分布】我国各玉米产区都有发生。

3. 玉米褐斑病

【病原】玉蜀黍节壶菌 *Physoderma maydis*（Miyabe）Miyabe，属壶菌。

【为害部位】叶片、叶鞘、茎秆。

【分布】全国各玉米产区均有发生，其中，在河北、山东、河南、安徽、江苏等省为害较重。

4. 玉米疯顶病

【病原】大孢指疫霉 *Sclerophthora macrospora*（Sacc.）Thirum., C. G. Shaw *et* Naras.，属卵菌。

【别名】霜霉病。

【为害部位】雄穗和雌穗。

【分布】宁夏、甘肃、新疆、四川、河北、北京、江西、山西、山东、台湾。

5. 玉米毛霉穗腐病

【病原】毛霉 *Mucor* spp.，属接合菌。

【为害部位】果穗及籽粒。

【分布】在我国各玉米产区均有发生。

6. 玉米南方锈病

【病原】多堆柄锈菌 *Puccinia polysora* Underw.，属担子菌。

【为害部位】叶片、叶鞘、苞叶。

【分布】北京、河北、山东、河南、安徽、江苏、浙江、广东、云南、海南、广西。

7. 玉米普通锈病

【病原】高粱柄锈菌 *Puccinia sorghi* Schw.，属担子菌。

【为害部位】叶片、叶鞘、苞叶。

【分布】辽宁、吉林、黑龙江、河北、贵州、云南、甘肃。

8. 玉米丝黑穗病

【病原】丝孢堆黑粉菌玉米专化型 *Sporisorium reilianum* f. sp. *zeae*（Kühn）Langdon *et* Fullerton，担子菌。

【别名】乌米、哑玉米。

【为害部位】雌穗和雄穗。

【分布】东北、华北北部、西北东部和西南丘陵地区普遍发生。

9. 玉米瘤黑粉病

【病原】玉蜀黍黑粉病 *Ustilago maydis*（DC.）（Corda），属担子菌。

【别名】黑粉病。

【为害部位】叶片、茎秆、叶鞘、雄穗和果穗。

【分布】在我国发生普遍，北至黑龙江、南到广东均有发生。

10. 玉米黑束病

【病原】直枝顶孢 *Acremonium strictum* W. Gams，无性型真菌。

【为害部位】茎秆。

【分布】主要在甘肃发生，其他玉米种植区偶有发现。

11. 玉米链格孢叶斑病

【病原】细极链格孢 *Alternaria tenuissima*（Fr.）Wiltshire.，无性型真菌。

【别名】玉米交链孢叶斑病。

【为害部位】叶片。

【分布】在我国各玉米种植区偶有发生。

12. 玉米黄曲霉穗腐病

【病原】黄曲霉 *Aspergillus flavus* Link ex Fries，无性型真菌。

【为害部位】果穗及籽粒。

【分布】在我国各玉米产区普遍发生。

13. 玉米黑曲霉穗腐病

【病原】黑曲霉 *Aspergillus niger* v. Tiegh，无性型真菌。

【为害部位】果穗及籽粒。

【分布】在我国各玉米产区普遍发生。

14. 玉米镰孢茎腐病

【病原】由多种镰孢菌引起，致病菌属于无性型真菌。国内外报道的主要种类有轮枝镰孢 *Fusarium verticillioides*（Sacc.）Nirenberg，胶孢镰孢 *Fusarium subglutinens*、禾谷镰孢 *Fusarium graminearum* Schwabe、层出镰孢 *Fusarium proliferatum*（Mats.）Nirenberg、茄镰孢 *Fusarium solani*（Mart.）Sacc.、粉红镰孢 *Fusarium roseum* Link 等。在我国主要以轮枝镰孢、禾谷镰孢为主。轮枝镰孢异名串珠镰孢 *Fusrarium moniliforme*，有性型为藤仓赤霉 *Gibberella fujikuroi*（Sawada）Wollenw，主要以分生孢子侵染为主；而玉蜀黍赤霉菌 *Gibberella zeae*（Schweinitz）Petch.，无性阶段：禾谷镰孢菌 *Fusrarium graminearum* Schwabe，我国以禾谷镰孢分生孢子为主要侵染源。

【为害部位】茎。

【分布】广西、云南、四川、陕西、山东、山西、浙江、江苏、湖北、河北、黑龙江、吉林、辽宁。

15. 玉米小斑病

【病原】玉蜀黍平脐蠕孢 *Bipolaris maydis*（Nisikado *et* Miyake）Shoemaker，属无性型真菌；有性型为异旋孢腔菌 *Cochliobolus heterostrophus*（Drechsler）Drechsler，属子囊菌。

【别名】玉米斑点病。

【为害部位】叶片、苞叶。

【分布】分布广泛，我国玉米产区重要病害之一。主要发生在气候温暖湿润的夏玉米种植地区，河北中南地区及河南、山东、辽宁、山西南部、陕西、安徽和江苏等地为常发区。在广东、浙江夏玉米（甜糯玉米）发生亦较重。

16. 玉米平脐蠕孢叶斑病

【病原】麦根腐平脐蠕孢 *Bipolaris sorokiniana*（Sacc.）Shoemaker，属无性型真菌；有性型为禾旋孢腔菌 *Cochliobolus sativus*（Ito *et* Kuri.）Drechsl.。

【别名】离蠕孢叶斑病。

【为害部位】叶片。

【分布】在我国一些小麦－玉米间套作地区偶有发生。

17. 玉米圆斑病

【病原】玉米平脐蠕孢菌 *Bipolaris zeicola*（G. L. Stout）Shoemaker，属无性型真菌；有性型为炭色旋孢腔菌 *Cochliobolus carbonum* Nelson。

【为害部位】果穗、苞叶、叶片和叶鞘。

【分布】吉林、辽宁、云南、四川、广西。

18. 玉米灰斑病

【病原】玉蜀黍尾孢 *Cerospora zeae-maydis* Tehon *et* E. Y. Daniels，属无性型真菌；有性型为球腔菌属 *Mycosphaerella* sp.，属子囊菌。

【别名】尾孢叶斑病、玉米霉斑病。

【为害部位】叶片、苞叶。

【分布】黑龙江、辽宁、吉林、山东、云南、贵州、四川、重庆、湖北。

19. 玉米枝孢穗腐病

【病原】枝孢菌 *Cladosporium* spp.，属无性型真菌。

【为害部位】果穗及籽粒。

【分布】在我国各玉米产区均有发生。

20. 玉米弯孢霉叶斑病

【病原】新月弯孢 *Curvularia lunata*（Wakker）Boedijn，属无性型真菌；有性型为新月旋孢腔菌 *Cochliobolus lunatus* RR. Nelson *et* Haasis，属子囊菌。

【别名】拟眼斑病、黑霉病。

【为害部位】叶片、叶鞘、苞叶。

【分布】辽宁、河北、山东、河南、安徽、江苏、四川、山西、陕西。

21. 玉米色二孢穗腐病

【病原】玉米色二孢 *Diplodia zeae*（Schw.）Lev.，属无性型真菌。

【别名】玉米干腐病。

【为害部位】果穗及籽粒。

【分布】在我国各玉米产区均有发生。

22. 玉米附球菌叶斑病

【病原】黑附球菌 *Epicoccum nigrum* Link，属无性型真菌。

【为害部位】叶片。

【分布】在一些玉米田中少数植株叶片上偶有发生。

23. 玉米大斑病

【病原】大斑突脐蠕孢 *Exserohilum turcicum*（Pass.）Leonard *et* Suggs；有性型为大斑刚毛球腔菌 *Setosphaeria turcica*（Luttrell）Leonard *et* Suggs。

【别名】条斑病、煤纹病、枯叶病、叶斑病等。

【为害部位】叶片、苞叶、叶鞘。

【分布】为春玉米区主要病害，我国除青海和西藏没有明确报道外，其他地区均有发生记载。

24. 玉米禾谷镰孢穗腐病

【病原】禾谷镰孢 *Fusarium graminearum* Schwabe，属无性型真菌；有性型为玉蜀黍赤霉 *Gibberella zeae*（Schweinitz）Petch.，属子囊菌。

【为害部位】果穗及籽粒。

【分布】在我国各玉米产区普遍发生。

25. 玉米烂籽病

【病原】轮枝镰孢 *Fusarium verticillioides*（Sacc.）Nirenberg、禾谷镰孢 *Fusarium graminearum* Schwabe、腐霉 *Pythium* spp.、丝核菌 *Rhizoctonia* spp.，属无性型真菌。

【为害部位】籽粒

【分布】各玉米产区均有发生。

26. 玉米鞘腐病

【病原】主要为层出镰孢 *Fusarium proliferatum*（Mats.）Nirenberg。有少量禾谷镰孢 *Fusarium graminearum* Schwabe 和轮枝镰孢 *Fusarium verticillioides*（Sacc.）Nirenberg，属无性型真菌。

【为害部位】叶鞘。

【分布】黑龙江、吉林、辽宁、河北、河南、山东、山西、江苏、安徽、浙江、广东、甘肃。

27. 玉米轮枝镰孢穗腐病

【病原】轮枝镰孢 *Fusarium verticillioides*（Sacc.）Nirenberg，属无性型真菌；有性型为藤仓赤霉 *Gibberella fujikuroi*（Sawada）Wollenw，属子囊菌。

【为害部位】果穗及籽粒。

【分布】在我国各玉米产区普遍发生。

28. 玉米苗枯病

【病原】轮枝镰孢 *Fusaritum verticillioides*（Sacc.）Nirenberg；有性型为藤仓赤霉 *Gibberella fujikuroi*（Sawada）Wollenw。

【为害部位】苗期病害，茎基部、主根。

【分布】我国各玉米种植区均有发生。

29. 玉米北方炭疽病

【病原】玉蜀黍球梗孢 *Kabatiella zeae*，异名为 *Aureobasidium zeae*（Narita *et* Hiratsuka）Dingley，属无性型真菌。

【别名】眼斑病。

【为害部位】叶片、叶鞘、苞叶。

【分布】辽宁、吉林、黑龙江、云南。

30. 玉米顶腐病

【病原】胶孢镰孢 *Fusarium subglutinans* Wr. & Reink，属无性型真菌。

【为害部位】心叶。

【分布】我国玉米种植区均有不同程度发生。

31. 玉米纹枯病

【病原】茄丝核菌 *Rhizoctonia solani* Kühn；有性型为瓜亡革菌 *Thanatephorus cucumeris*（Frank）Donk。禾谷丝核菌 *Rhizoctonia cerealis* Vander Hoeven；有性型为禾谷角担菌 *Ceratobasidium cereale* Murray *et* Burpee。玉蜀黍丝核菌 *Rhizoctonia zeae* Voorhees；有性型为 *Waitea circinata* Warcup *et* Talbot。

【为害部位】叶鞘、叶片、苞叶、雌穗。

【分布】在我国各玉米种植区普遍发生，尤其在华北、华南和西南地区。

32. 玉米丝核菌穗腐病

【病原】茄丝核菌 *Rhizoctonia solani* Kühn，属无性型真菌。

【为害部位】果穗及籽粒。

【分布】在我国各玉米产均有发生。

33. 玉米镰孢穗腐病

【病原】轮枝镰孢 *Fusarium verticillioides*（Sacc.）Nirenberg、禾谷镰孢 *Fusarium graminearum* Schwabe、燕麦镰孢 *Fusarium avenaceum*（Corde ex Fr.）Sacc.、胶孢镰孢 *Fusarium subglutinans* Wr. & Reink、黄色镰孢 *Fusarium culmorum*、层出镰孢 *Fusarium proliferatum*、尖孢镰孢 *Fusarium oxysporum*、半裸镰孢 *Fusarium semitectum* Berk. *et* Rav.、茄镰孢 *Fusarium solani*（Mart.）Sacc、木贼镰孢 *Fusarium eqciseti*（Corda）Sacc.、锐顶镰孢 *Fusarium acuminatum* Ellis & Everh 和克地镰孢 *Fusarium crookwellense*、厚垣镰孢 *Fusarium chlamydosporum*、芜菁镰孢 *Fusarium napiforme*、早熟禾镰孢 *Fusarium poae*（Peck）Wollenw 和 *Fusarium pseudonygamai*。无性型：轮枝镰孢 *Fusarium verticillioides*（Sacc.）Nirenberg，属无性型真菌。

【为害部位】果穗。

【分布】北京、天津、河北、山西、内蒙古、辽宁、吉林、黑龙江、江苏、安徽、山东、河南、湖北、海南、重庆、四川、贵州、云南、陕西、甘肃。

34. 玉米绿色木霉穗腐病

【病原】绿色木霉 *Trichoderma viride* Pers. ex Fr.，属无性型真菌。

【为害部位】果穗及籽粒。

【分布】在我国各玉米产区普遍发生。

35. 玉米黑孢穗腐病

【病原】稻黑球孢 *Nigrospora oryzae*（Berkeley *et* Broome）Petch，属无性型真菌。

【为害部位】果穗及籽粒。

【分布】我国玉米产区均有发生。

36. 玉米青霉穗腐病

【病原】草酸青霉 *Penicillium oxalicum* Currie & Thom、产黄青霉 *Penicillium chrysogenum* Thom、灰绿青霉 *Penicillium glaucum* Link.、绳状青霉 *Penicillium funiculosum* Thom，属无性型真菌。

【为害部位】果穗及籽粒。

【分布】在我国各玉米产区普遍发生。

37. 玉米苗期根腐病

【病原】腐霉 *Pythium* spp.；茄丝核菌 *Rhizoctonia solani* Kühn。轮枝镰孢 *Fusarium verticillioides*（Sacc.）Nirenberg；有性型为藤仓赤霉 *Gibberella fujikuroi*（Sawada）Wollenw。禾谷镰孢 *Fusarium graminearum* Schwabe；有性型为玉蜀黍赤霉 *Gibberella zeae*（Schweinitz）Petch.。麦根腐平脐蠕孢 *Bipolaris sorokiniana*（Sacc.）Shoemaker；有性型为禾旋孢腔菌 *Cochliobolus sativus*（Ito *et* Kuri.）Drechsl.。

【为害部位】根部和茎基部。

【分布】我国玉米产区均有发生。

38. 玉米单端孢穗腐病

【病原】单端孢 *Trichothecium* spp.。

【为害部位】果穗及籽粒。

【分布】在我国各玉米产区均有发生。

二、细菌病害

1. 玉米细菌性茎基腐病

【病原】短小芽孢杆菌 *Bacillus pumilus* Meyer and Gottheil。

【为害部位】苗期病害，全株。

【分布】在北方玉米种植区偶有发生。

2. 玉米细菌性茎腐病

【病原】胡萝卜欧文氏菌玉米专化型 *Erwinia carotovora* f. sp. *zeae* Sabet；玉米假单胞杆菌 *Pseudomonas zeae* Hsia *et* Fang；克雷伯氏菌 *Klebsiella* spp.。

【为害部位】茎秆。

【分布】河南、海南。

3. 玉米芽孢杆菌叶斑病

【病原】巨大芽孢杆菌 *Bacillus megaterium* de Bary。

【为害部位】叶片。

【分布】新疆。

4. 玉米泛菌叶斑病

【病原】菠萝泛菌 *Pantoea ananatis*（Serrano）Mergaert *et al.*。

【为害部位】叶片。

【分布】我国各玉米种植区均有发生。

5. 玉米细菌干茎腐病

【病原】成团泛菌 *Pantoea agglomerans*（Ewing

and Fife) Gavini *et al.* 。

【为害部位】茎、干。

【分布】甘肃、新疆。

6. 玉米细菌性褐斑病

【病原】稻叶假单胞菌 *Pseudomonas oryzihabitans* Kodama *et al.*；丁香假单胞菌丁香致病变种 *Pseudomonas syringae* pv. *syringae* van Hall。

【为害部位】叶片。

【分布】在我国局部偶有发生。

7. 玉米细菌性叶斑病

【病原】丁香假单胞菌丁香致病变种 *Pseudomonas syringae* pv. *syringae* van Hall。高粱假单胞菌 *Pseudomonas andropogonis*（Smith）Stapp。凤梨泛菌 *Pantoea ananatis*（Serrano）Mergaert *et al.* 。

【为害部位】叶片。

【分布】我国各玉米种植区均有分布。

8. 玉米细菌性穗腐病

【病原】嗜麦芽寡养单胞菌 *Stenotrophomonas maltophilia*（Hugh）Palleroniet Bradbury。

【为害部位】果穗及籽粒。

【分布】南方甜糯玉米种植区发生重，其他地区偶有发生。

9. 玉米细菌性顶腐病

【病原】不详。初步鉴定为铜绿假单胞杆菌 *Pseudomonas aeruginosa*。它属于非发酵革兰氏阴性杆菌。

【为害部位】心叶。

【分布】河北、河南、山东、安徽。

三、病毒病害

1. 玉米红叶病

【病原】大麦黄矮病毒 *Barley yellow dwarf virus*，BYDV。

【为害部位】叶片。

【分布】甘肃、陕西、河南、河北。

2. 玉米粗缩病

【病原】玉米粗缩病毒 *Maize rough dwarf virus*，MRDV、水稻黑条矮缩病毒 *Rice black-streaked dwarf virus*，RBSDV、里奥夸尔托病毒 *Mal de Rio Cuarto virus*，MRCV，均属于双链 RNA 病毒群呼肠孤病毒科斐济病毒属第二组。在我国引起玉米粗缩病的病毒为水稻黑条矮缩病毒 RBSDV 和南方水稻黑条矮缩病毒 SRBSDV。

【为害部位】全株。

【分布】我国各玉米种植区均有发生，山东、江苏、安徽为玉米生产主要病害。

3. 玉米矮花叶病

【病原】玉米矮花叶病毒 *Maize dwarf mosaic virus*，简称 MDMV，约翰逊草花叶病毒 *Johnson grass mosaic virus*，简称 JGMV，甘蔗花叶病毒 *Sugarcane mosaic virus*，简称 SCMV，高粱花叶病毒 *Sorghum mosaic virus*，简称 SrMV，玉米花叶病毒 *Zea mosaic virus*，简称 ZeMV，白草花叶病毒 *Penniserum mosaic virus*，简称 PenMV。这些病毒均属于单链正义 RNA（+ssRNA）病毒类群中的马铃薯 Y 病毒科 *Potyviridae* 马铃薯 Y 病毒属 *Potyvirus* 甘蔗花叶病毒亚组的成员。6 种引起玉米矮花叶症状的病毒分布区域不同。

【别名】花叶条纹病。

【为害部位】叶片。

【分布】除东北北部地区发生较轻外，其他各玉米种植区普遍发生。

四、线虫病害

玉米根结线虫病

【病原】南方根结线虫 *Meloidogyne incognita*（Kofoid *et* White）Chitwood，属根结线虫属。

【为害部位】根部。

【分布】河北。

五、其他病害

玉米矮化病

【病原】不详，可能与病原线虫有关。

【为害部位】苗期病害，茎基部。

【分布】以黑龙江、吉林、辽宁发生重，内蒙古、北京、河北、山西局部发生。

第二节　玉米害虫

一、节肢动物门 Arthropoda

昆虫纲 Insecta

（一）直翅目 Orthoptera

螽蟖科 Tettigoniidae

1. 黑斑草螽

【学名】*Conocephalus maculatus*（Le Guillou）

【别名】斑翅草螽。

【危害作物】水稻、玉米、高粱、谷子、甘蔗、大豆、花生、竹、棉、梨、柿。

【分布】江苏、江西、福建、湖北、广东、四川、云南。

2. 黄脊懒螽

【学名】*Deracantha* sp.

【危害作物】棉花、玉米、粟、麦、豆、烟草以及各种蔬菜。

【分布】北京、山西等地。

3. 褐足螽蟖

【学名】*Homorocoryphus fuscipes* Redtenbacher

【危害作物】水稻、玉米。

【分布】四川。

4. 短翅草螽

【学名】*Xyphidion japonicus* Redtenbacher

【危害作物】水稻、玉米、小麦、高粱、大豆、花生、甘蔗。

【分布】江西。

蟋蟀科 Gryllidae

5. 绿树蟋

【学名】*Calyptotrypus hibinocis* Matsumura

【别名】绿蛣蛉。

【危害作物】稻、粟、小麦、大麦、玉米、豆类、花生、苹果、梨、枣、山楂、洋槐。

【分布】山东省及华北、华中、西南地区。

6. 玉米蟋

【学名】*Lendreva clara* Walker

【危害作物】玉米、粟。

【分布】河北。

7. 花生大蟋

【学名】*Tarbinskiellus portentosus* (Lichtenstein)

【别名】巨蟋、蟋蟀之王。

【危害作物】花生、玉米、豆类等。

【分布】广东、广西、湖南，福建、海南、贵州、云南、台湾。

8. 北京油葫芦

【学名】*Teleogryllus emma* (Ohmachi *et* Matsumura)

【危害作物】花生、大豆、芝麻、玉米、油菜等。

【分布】安徽、江苏、浙江、江西、福建、河北、山东、山西、陕西、广东、广西、贵州、云南、西藏、海南等地。

蝼蛄科 Gryllotalpidae

9. 台湾蝼蛄

【学名】*Gryllotalpa formosana* Shiraki

【危害作物】食性杂，危害多种作物。

【分布】台湾、广东、广西。

10. 普通蝼蛄

【学名】*Gryllotalpa gryllotalpa* (Linnaeus)

【危害作物】食性杂，危害多种作物。

【分布】在新疆局部地区危害严重。

11. 东方蝼蛄

【学名】*Gryllotalpa orientalis* Burmeister

【别名】拉拉蛄、土狗子、地狗子。

【危害作物】水稻、小麦、冬小麦、玉米等。

【分布】全国各地均有分布。

12. 华北蝼蛄

【学名】*Gryllotalpa unispina* Saussure

【别名】单刺蝼蛄、大蝼蛄、土狗、蝼蝈、拉啦蛄。

【危害作物】小麦、水稻、大麦、燕麦、玉米、高粱等。

【分布】新疆、甘肃、西藏、陕西、河北、山东、河南、内蒙古、辽宁、吉林、黑龙江、江苏、安徽、湖北。

癞蝗科 Pamphagidae

13. 笨蝗

【学名】*Haplotropis brunneriana* Saussure

【危害作物】甘薯、马铃薯、芋头、豆类、麦类、玉米、高粱、谷子、棉花、果树幼苗和蔬菜等。

【分布】鲁中南低山丘陵区，太行山和伏牛山的部分低山区。

瘤锥蝗科 Chrotogonidae

14. 黄星蝗

【学名】*Aularches miliaris scabiosus* (Fabricius)

【危害作物】在广西主要危害水稻，在贵州主要危害玉米。

【分布】广西、贵州。

锥头蝗科 Pyrgomorphidae

15. 拟短额负蝗

【学名】*Atractomorpha ambigua* Bolivar

【危害作物】水稻、谷子、高粱、玉米、大麦、豆类、马铃薯、甘薯、麻类、甘蔗、桑、茶、甜菜、烟草、蔬菜、果树等。

【分布】华北、华东地区及辽宁、台湾、湖北、湖南、陕西、甘肃。

16. 短翅负蝗

【学名】*Atractomorpha crenulata* (Fabricius)

【危害作物】谷子、玉米、棉、大豆。

【分布】广西、陕西、四川。

17. 长额负蝗

【学名】*Atractomorpha lata* (Motschulsky)

【危害作物】水稻、小麦、玉米、竹。

【分布】北京、河北、上海、山东、湖北、江西、广东、广西、陕西。

18. 短额负蝗

【学名】*Atractomorpha sinensis* Bolivar

【危害作物】水稻、玉米、高粱、谷子、小麦、棉、大豆、芝麻、花生、黄麻、蓖麻、甘蔗、甘薯、马铃薯、烟草、蔬菜、茶。

【分布】华南、华北地区及辽宁、湖北、陕西。

斑腿蝗科 Catantopidae

19. 短星翅蝗

【学名】*Calliptamus abbreviatus* (Ikonnikov)

【危害作物】小麦、玉米、棉花、油菜、胡麻、荞麦、牧草。

【分布】东北、河北、山西、内蒙古、山东、江苏、安徽、浙江、江西、湖北、广东、甘肃、青海、四川。

20. 意大利蝗

【学名】*Calliptamus italicus* (Linnaeus)

【危害作物】小麦、玉米、棉、油菜等以及各种蒿类。

【分布】新疆、内蒙古、青海、甘肃。

21. 褐斑腿蝗

【学名】*Catantops humilis* (Serville)

【危害作物】水稻、玉米、禾本科作物、甘薯、桑。

【分布】浙江、江西、福建、台湾、湖南、广西、云南、四川。

22. 红褐斑腿蝗

【学名】*Catantops pinguis* (Stål)

【危害作物】水稻、禾本科作物、玉米、甘薯、棉、桑、茶、油棕、甘蔗、小麦。

【分布】河北、河南、江苏、浙江、江西、福建、台湾、湖北、广东、广西、四川、香港。

23. 芋蝗

【学名】*Gesonula punctifrons* (Stål)

【危害作物】水稻、甘蔗、玉米等。

【分布】江苏、浙江、江西、福建、广东、广西、台湾、四川、云南等地。

24. 斑角蔗蝗

【学名】*Hieroglyphus annulicornis* (Shiraki)

【危害作物】水稻、玉米、谷子、高粱、黍、甘蔗、棉。

【分布】江苏、安徽、浙江、江西、福建、台湾、湖北、湖南、广西、广东、四川、香港。

25. 等岐蔗蝗

【学名】*Hieroglyphus banian* (Fabricius)

【危害作物】水稻、玉米、甘蔗、竹。

【分布】广西、广东。

26. 中华稻蝗

【学名】*Oxya chinensis* (Thunberg)

【危害作物】水稻、玉米、高粱、麦类、甘蔗、豆类、甘薯、马铃薯等。

【分布】除青海、西藏、新疆、内蒙古等未见报道外，其他地区均有分布。

27. 长翅稻蝗

【学名】*Oxya velox* (Fabricius)

【危害作物】水稻、麦、玉米、甘薯、甘蔗、棉、菜豆、柑橘、苹果、菠萝。

【分布】华北、华东、华南地区及湖南、湖北、西南、西藏。

28. 日本黄脊蝗

【学名】*Patanga japonica* (I. Bolivar)

【危害作物】甘蔗、玉米、高粱、水稻、小麦、甘薯、大豆、棉花、油菜、柑橘等。

【分布】河北、山西、山东、江苏、浙江、安徽、江西、福建、广东、广西、台湾、四川、云南、甘肃。

29. 印度黄脊蝗

【学名】*Patanga succincta* (Johansson)

【危害作物】水稻、小麦、玉米、谷子、甘薯、花生等。

【分布】华南。

30. 长角直斑腿蝗

【学名】*Stenocatantops splendens* (Thunberg)

【危害作物】水稻、小麦、玉米、谷子、高粱、大豆、棉、茶、甘蔗、油棕。

【分布】江苏、浙江、江西、福建、台湾、广西、广东、河南、湖南、陕西、四川、云南。

31. 短角外斑腿蝗

【学名】*Xenocatantops brachycerus*（C. Willemse）

【危害作物】水稻、麦类、玉米、棉、花生、茶。

【分布】河北、山西、山东、江苏、浙江、江西、福建、湖北、广东、广西、陕西、甘肃、四川。

斑翅蝗科 Oedipodidae

32. 花胫绿纹蝗

【学名】*Aiolopus tamulus*（Fabricius）

【别名】花尖翅蝗。

【危害作物】柑橘、小麦、玉米、甘蔗、高粱、稻、棉、甘蔗、大豆、茶。

【分布】北京、河北、内蒙古、辽宁、山东、安徽、江苏、浙江、江西、湖北、福建、台湾、广西、广东、陕西、宁夏、四川。

33. 赤翅蝗

【学名】*Celes skalozubovi*（Adelung）

【别名】小赤翅蝗。

【危害作物】小麦、玉米、高粱、大豆、粟、荞麦等。

【分布】黑龙江、吉林、辽宁、宁夏、青海、陕西、山西、四川、甘肃。

34. 大垫尖翅蝗

【学名】*Epacromius coerulipes*（Ivanov）

【别名】小斑尖翅。

【危害作物】玉米、高粱、谷子、小麦等。

【分布】陕西、宁夏、甘肃、青海、河北、山西、黑龙江、吉林、辽宁、内蒙古、江苏等地。

35. 云斑车蝗

【学名】*Gastrimargus marmoratus* Thunberg

【危害作物】水稻、麦、玉米、高粱、棉、甘蔗以及各种果木。

【分布】河北、陕西、山东、浙江、江苏、安徽、江西、福建、台湾、四川、重庆、贵州、广东、广西、山东、海南等地。

36. 东亚飞蝗

【学名】*Locusta migratoria manilensis*（Meyen）

【危害作物】小麦、玉米、高粱、粟、水稻、稷等。

【分布】北起河北、山西、陕西，南至福建、广东、海南、广西、云南，东达沿海各省，西至四川、甘肃南部，黄淮海地区常发生。

37. 亚洲飞蝗

【学名】*Locusta migratoria migratoria*（Linnaeus）

【危害作物】玉米、大麦、小麦等以及各种牧草。

【分布】新疆、青海、甘肃、内蒙古、黑龙江、吉林、辽宁等地。

38. 亚洲小车蝗

【学名】*Oedaleus decorus asiaticus* B. -Bienko

【危害作物】玉米以及各种禾草。

【分布】内蒙古、新疆、河北、甘肃、黑龙江、吉林、辽宁等地。

39. 黄胫小车蝗

【学名】*Oedaleus infernalis infernalis* Saussure

【别名】黄胫车蝗。

【危害作物】玉米、高粱、谷子、小麦、大豆、花生、马铃薯等。

【分布】河北、陕西、山东、江苏、安徽、福建、台湾。

40. 红胫小车蝗

【学名】*Oedaleus manjius* Chang

【危害作物】玉米等。

【分布】黑龙江、吉林、辽宁、陕西、江苏、浙江、江西、湖北、福建、海南、广西、四川等地。

网翅蝗科 Arcypteridae

41. 宽翅曲背蝗

【学名】*Pararcyptera microptera*（Fischer-Waldheim）

【危害作物】谷子、黍、玉米、高粱。

【分布】河北、山西、山东、湖北、西北、东北。

42. 黄脊阮蝗

【学名】*Rammeacris kiangsu*（Tsai）

【危害作物】水稻、玉米、甘薯、豆类、甘蔗、瓜类、竹、棕榈。

【分布】江苏、浙江、江西、福建、湖北、湖南、广西、广东、陕西、四川。

剑角蝗科 Acrididae

43. 中华剑角蝗

【学名】*Acrida cinerea*（Thunberg）

【别名】中华蚱蜢。

【危害作物】高粱、小麦、水稻、棉花、玉米等以及各种蔬菜。

【分布】全国各地均有分布。

（二）缨翅目 Thysanoptera

管蓟马科 Phlaeothripidae

1. 稻简管蓟马

【学名】*Haplothrips aculeatus*（Fabricius）

【别名】禾谷蓟马。

【危害作物】水稻、玉米、粟、小麦、燕麦、大麦、高粱、蚕豆、甘蔗、葱、烟草。

【分布】辽宁、吉林、黑龙江、内蒙古、河北、陕西、甘肃、宁夏、青海、广东、广西、海南、湖北、湖南、江西、安徽、江苏等地。

2. 中华简管蓟马

【学名】*Haplothrips chinensis* Priesner

【别名】中华管蓟马、华简管蓟马。

【危害作物】小麦、高粱、谷子、水稻、玉米、葱类、白菜、菠菜、扁豆、茄子等。

【分布】吉林、辽宁、内蒙古、宁夏、新疆、陕西、北京、河北、河南、山东、安徽、湖北、湖南、江苏、上海、浙江、福建、台湾、广东、海南、江西、贵州、云南、四川、西藏。

蓟马科 Thripidae

3. 粟呆蓟马

【学名】*Anaphothrips flavicinctus* Karny

【危害作物】粟、玉米。

【分布】台湾。

4. 玉米黄呆蓟马

【学名】*Anaphothrips obscurus*（Müller）

【别名】玉米蓟马、玉米黄蓟马、草蓟马。

【危害作物】玉米、蚕豆、苦荬菜等。

【分布】河北、新疆、甘肃、宁夏、江苏、四川、西藏、台湾等。

5. 豆带巢蓟马

【学名】*Caliothrips fasciatus*（Pergande）

【危害作物】玉米、甘薯、马铃薯、豆类、棉、甘蓝、萝卜、柑橘、苹果、梨、葡萄等。

【分布】福建、湖北、四川。

6. 禾花蓟马

【学名】*Frankliniella tenuicornis*（Uzel）

【别名】瘦角蓟马。

【危害作物】水稻、玉米等禾本科作物。

【分布】全国各地均有分布。

7. 稻蓟马

【学名】*Stenchaetothrips biformis*（Bagnall）

【危害作物】水稻、小麦、玉米、粟、高粱、蚕豆、葱、烟草、甘蔗等。

【分布】黑龙江、内蒙古、广东、广西、云南、台湾、四川、贵州等。

8. 黄胸蓟马

【学名】*Thrips hawaiiensis*（Morgan）

【危害作物】玉米、甘薯、菜豆、棉、葱、百合、桑、柑橘、荔枝等。

【分布】华南地区及台湾、广东。

（三）半翅目 Hemiptera

盲蝽科 Miridae

1. 三点苜蓿盲蝽

【学名】*Adelphocoris fasciaticollis* Reuter

【危害作物】棉花、芝麻、大豆、玉米、高粱、小麦、马铃薯、大麻、洋麻、蓖麻、苹果、梨等。

【分布】黑龙江、内蒙古、新疆、江苏、安徽、江西、湖北、四川等。

2. 苜蓿盲蝽

【学名】*Adelphocoris lineolatus*（Goeze）

【危害作物】棉花、苜蓿、草木樨、马铃薯、豌豆、菜豆、玉米、南瓜、大麻等。

【分布】黑龙江、吉林、辽宁、新疆、甘肃、河北、山东、江苏、浙江、江西、湖南。

3. 绿盲蝽

【学名】*Apolygus lucorum*（Meyer-Dür）

【别名】花叶虫、小臭虫。

【危害作物】棉花、麻类、豆类、麦类、高粱、玉米、马铃薯、茄子、胡萝卜、苜蓿、苹果等。

【分布】江苏、浙江、安徽、江西、福建、湖南、湖北、贵州、河南、山东等地。

4. 牧草盲蝽

【学名】*Lygus pratensis*（Linnaeus）

【危害作物】玉米、小麦、棉花、豆类等。

【分布】黑龙江、吉林、辽宁、内蒙古、宁夏、安徽、湖北、四川、河北、新疆等地。

5. 赤须盲蝽

【学名】*Trigonotylus ruficornis*（Geoffroy）

【别名】赤须蝽。

【危害作物】谷子、糜子、高粱、玉米、麦类、水稻等。

【分布】青海、甘肃、宁夏、内蒙古、吉林、黑龙江、辽宁、河北等地。

长蝽科 Lygaeidae

6. 豆突眼长蝽

【学名】*Chauliops fallax* Scott

【危害作物】水稻、玉米、豆类。

【分布】河北、江西、四川。

7. 高粱狭长蝽

【学名】*Dimorphopterus spinolae*（Signoret）

【别名】高粱长椿象、高粱长蝽。

【危害作物】高粱、小麦、水稻、玉米等。

【分布】河北、山东、湖北、江西、湖南、福建、广东等地。

束蝽科 Colobathristidae

8. 二色突束蝽

【学名】*Phaenacantha bicolor* Distant

【危害作物】玉米。

【分布】广西、广东、云南。

缘蝽科 Coreidae

9. 稻棘缘蝽

【学名】*Cletus punctiger*（Dallas）

【别名】针缘椿象。

【危害作物】主要危害水稻，其次是玉米、高粱、谷子、小麦、大豆、棉花等。

【分布】华南发生较普遍。

10. 宽棘缘蝽

【学名】*Cletus rusticus* Stål

【危害作物】水稻、小麦、玉米、谷子、高粱。

【分布】江西、安徽、浙江、陕西。

11. 广腹同缘蝽

【学名】*Homoeocerus dilatatus* Horvath

【危害作物】水稻、玉米、豆类、柑橘。

【分布】北京、河北、吉林、浙江、江西、河南、湖北、广东、四川、贵州。

12. 一点同缘蝽

【学名】*Homoeocerus unipunctatus*（Thunberg）

【危害作物】梧桐、豆类、玉米。

【分布】浙江、福建、江苏、湖北、江西、台湾、广东、云南、西藏。

13. 大稻缘蝽

【学名】*Leptocorisa acuta*（Thunberg）

【别名】稻蛛缘蝽、稻穗缘蝽、异稻缘蝽。

【危害作物】水稻、小麦、玉米等。

【分布】广东、广西、海南、云南、台湾等。

14. 异稻缘蝽

【学名】*Leptocorisa varicornis*（Fabricius）

【别名】稻蛛缘蝽。

【危害作物】稻、麦、玉米、谷子、甘蔗、大豆、桑、柑橘等。

【分布】广西、广东、台湾、福建、浙江、贵州等省（区）。

15. 粟缘蝽

【学名】*Liorhyssus hyalinus*（Fabricius）

【危害作物】高粱、粟、玉米、水稻、烟草、向日葵、红麻、青麻、大麻等。

【分布】全国各地均有分布。

同蝽科 Acanthosomatidae

16. 宽铗同蝽

【学名】*Acanthosoma labiduroides* Jakovlev

【危害作物】玉米、松柏。

【分布】北京、黑龙江、浙江、湖北、四川。

土蝽科 Cydnidae

17. 麦根蝽

【学名】*Stibaropus formosanus*（Takado *et* Yamagihara）

【别名】根土蝽、根椿象、地熔、地臭虫。

【危害作物】小麦、玉米、谷子、高粱等。

【分布】黑龙江、吉林、辽宁、内蒙古、宁夏、山西、河北、台湾等地。

蝽科 Pentatomidae

18. 红云蝽

【学名】*Agonoscelis femoralis* Walker

【危害作物】玉米、麦类。

【分布】云南。

19. 云蝽

【学名】*Agonoscelis nubilis*（Fabricius）

【危害作物】麦、玉米、豆、柑橘等。

【分布】江西、浙江、福建、广西、广东。

20. 斑须蝽

【学名】*Dolycoris baccarum*（Linnaeus）

【别名】细毛蝽、斑角蝽、臭大姐。

【危害作物】麦类、稻作、大豆、玉米、谷子、麻类、甜菜、苜蓿等。

【分布】全国各地均有分布。

21. 稻黄蝽

【学名】*Euryaspis flavescens* Distant

【危害作物】水稻、玉米、大豆、绿豆、芝麻。

【分布】河北、江苏、安徽、江西、福建、贵州。

22. 平尾梭蝽

【学名】*Megarrhamphus truncatus*（Westwood）

【危害作物】水稻、玉米、甘蔗。

【分布】河北、江苏、江西、福建、广东、广西、云南。

23. 稻赤曼蝽

【学名】*Menida histrio*（Fabricius）

【危害作物】水稻、玉米、小麦、甘蔗、亚麻、桑、柑橘等。

【分布】广东、广西、江西、福建、台湾等省区。

24. 北曼蝽

【学名】*Menida scotti*（Puton）

【危害作物】玉米、高粱等。

【分布】湖南（湘西）、北京、黑龙江、辽宁、内蒙古、甘肃、青海、河北、山西、陕西、江西、湖北、四川、广西、贵州、云南、西藏。

25. 紫蓝曼蝽

【学名】*Menida violacea* Motschulsky

【危害作物】高粱、水稻、玉米、小麦、梨、榆。

【分布】河北、辽宁、内蒙古、陕西、四川、山东、江苏、浙江、江西、福建、广东。

26. 稻绿蝽

【学名】*Nezara viridula*（Linnaeus）

【别名】稻青蝽。

【危害作物】水稻、玉米、花生、棉花、豆类等。

【分布】吉林、辽宁、内蒙古、宁夏、甘肃、青海、陕西、山西、河北、河南、山东、安徽、江苏、上海、江西、浙江、湖北、湖南、福建、台湾、广东、广西、重庆、四川、云南等地。

27. 璧蝽

【学名】*Piezodorus rubrofasciatus*（Fabricius）

【危害作物】水稻、小麦、谷子、玉米、高粱、豆类、棉花。

【分布】山东、江苏、浙江、江西、福建、湖北、广西、广东、四川。

28. 弯刺黑蝽

【学名】*Scotinophara horvathi* Distant

【别名】打屁虫、枇杷虫。

【危害作物】玉米、小麦、旱稻。

【分布】四川、陕西、湖北、湖南、贵州等地。

29. 稻黑蝽

【学名】*Scotinophara lurida*（Burmeister）

【危害作物】水稻、小麦、玉米、马铃薯、豆、甘蔗、柑橘等。

【分布】河北南部、山东和江苏北部、长江以南各省（自治区）。

30. 锚纹二星蝽

【学名】*Stollia montivagus*（Distant）

【危害作物】水稻、小麦、高粱、玉米、大豆、甘薯、茄子、桑、榕树。

【分布】江苏、浙江、福建、广西、广东、云南、四川。

31. 二星蝽

【学名】*Stollia guttiger*（Thunberg）

【别名】豇豆野螟、豇豆钻心虫、豆荚螟、豆螟蛾、大豆螟蛾。

【危害作物】麦类、水稻、棉花、大豆、胡麻、高粱、玉米、甘薯、茄子、桑、茶树、无花果及榕树等。

【分布】河北、山西、山东、江苏、浙江、河南、广东、广西、台湾、云南、陕西、甘肃、西藏。

32. 广二星蝽

【学名】*Stollia ventralis* (Westwood)

【别名】黑腹蝽。

【危害作物】水稻、小麦、高粱、谷子、玉米、大豆、甘薯、苹果、棉花等。

【分布】广东、广西、福建、江西、浙江、河北、山东和山西等省区。

33. 四剑蝽

【学名】*Tetroda histeroides* (Fabricius)

【别名】角胸蝽、角肩蝽。

【危害作物】主要危害水稻，也危害小麦、玉米、茭白、稗等。

【分布】南方各省区及河南省。

34. 蓝蝽

【学名】*Zicrona caerulea* (Linnaeus)

【危害作物】水稻、玉米、高粱、花生、豆类、甘草、白桦等。

【分布】东北、华北、华东、台湾、西南、甘肃、四川、新疆。

（四）同翅目 Homoptera

瘿绵蚜科 Pemphigidae

1. 麦拟根蚜

【学名】*Paracletus cimiciformis* Heyden

【危害作物】小麦、玉米、高粱、大豆。

【分布】山东、江苏、陕西、甘肃、云南。

2. 榆四脉棉蚜

【学名】*Tetraneura ulmi* Linnaeus

【别名】高粱根蚜。

【危害作物】高粱、谷子、糜子、玉米等禾本科植物等。

【分布】河南、内蒙古、宁夏、甘肃、陕西、辽宁、山东等。

蚜科 Aphididae

3. 瑞木短痣蚜

【学名】*Anoecia corni* (Fabricius)

【别名】桤木短痣蚜。

【危害作物】玉米、高粱、黍、稗、陆稻等其他禾本科作物、瑞木。

【分布】全国。

4. 棉蚜

【学名】*Aphis gossypii* Glover

【别名】腻虫。

【危害作物】玉米、棉花、洋麻、豆类、茄子、甜菜、油菜、马铃薯、葱、柑橘、杏、梨等，越冬寄主为花椒、石榴、木槿、夏至草、鼠李等。

【分布】全国各棉区均有分布。

5. 高粱蚜

【学名】*Longiunguis sacchari* (Zehntner)

【别名】甘蔗黄蚜。

【危害作物】高粱、玉米、黍、麦、甘蔗、荻草（越冬寄主）。

【分布】东北、内蒙古、山西、河北、山东、江苏、安徽、福建、台湾、河南、湖北、甘肃。

6. 玉米蚜

【学名】*Rhopalosiphum maidis* (Fitch)

【别名】麦蚰、腻虫、蚁虫、玉米缢管蚜。

【危害作物】玉米、高粱、小麦、大麦、水稻等。

【分布】全国各地均有分布，在东北春玉米区的辽宁省和吉林省及黄淮海夏玉米区危害日趋严重。

7. 禾谷缢管蚜

【学名】*Rhopalosiphum padi* (Linnaeus)

【危害作物】小麦、玉米等。

【分布】上海、江苏、浙江、山东、福建、四川、贵州、云南、辽宁、吉林、黑龙江、陕西、山西、河北、河南、广东、广西、新疆、内蒙古。

8. 红腹缢管蚜

【学名】*Rhopalosiphum rufiabdominale* (Sasaki)

【危害作物】小麦、玉米、大豆、水稻、谷子等。

【分布】辽宁、河北、山东、陕西、四川、江苏、浙江、安徽、云南等地。

9. 麦二叉蚜

【学名】*Schizaphis graminum* (Rondani)

【危害作物】小麦、大麦、燕麦、高粱、水稻、玉米等。

【分布】全国各地均有分布。

10. 荻草谷网蚜

【学名】*Sitobion miscanthi* (Takahashi)

【危害作物】小麦、大麦、燕麦，南方偶害水稻、玉米、甘蔗、荻草等。

【分布】北京、天津、河北、山西、内蒙古、上海、江苏、浙江、安徽、山东、河南、湖北、重庆、四川、贵州、云南、西藏、陕西、甘肃、青海、宁夏、新疆。

珠蚧科 Margarodidae

11. 棉新珠蚧

【学名】*Neomargarodes gossipii* Yang

【别名】棉根新珠硕蚧、乌黑新珠蚧、钢子虫、新珠蚧、珠绵蚧。

【危害作物】谷子、玉米、豆类、棉、甜瓜、甘薯、蓖麻等。

【分布】山东、山西、陕西、河北、河南等地。

粉蚧科 Pseudococcidae

12. 康氏粉蚧

【学名】*Pseudococcus comstocki*（Kuwana）

【别名】桑粉蚧、梨粉蚧、李粉蚧。

【危害作物】玉米、棉、桑、胡萝卜、瓜类、甜菜、苹果、梨、桃、柳、枫、洋槐等果树林木。

【分布】黑龙江、吉林，辽宁、内蒙古、宁夏、甘肃、青海、新疆、山西、河北、山东、安徽、浙江、上海、福建、台湾、广东、云南、四川等地。

13. 耕葵粉蚧

【学名】*Trionymus agrostis*（Wang et Zhang）

【危害作物】玉米、小麦、高粱、谷子等。

【分布】辽宁、河北、山东、河南等地。

叶蝉科 Cicadellidae

14. 大青叶蝉

【学名】*Cicadella viridis*（Linnaeus）

【别名】青叶跳蝉、青叶蝉、大绿浮尘子。

【危害作物】粟（谷子）、玉米、水稻、大豆、马铃薯等。

【分布】黑龙江、吉林、辽宁、内蒙古、河北、河南、山东、江苏、浙江、安徽、江西、台湾、福建、湖北、湖南、广东、海南、贵州、四川、陕西、甘肃、宁夏、青海、新疆。

15. 大白叶蝉

【学名】*Cofana spectra*（Distant）

【危害作物】水稻、高粱、玉米、麦类、桑、甘蔗。

【分布】福建、台湾、广东、四川。

16. 小绿叶蝉

【学名】*Empoasca flavescens*（Fabricius）

【别名】茶叶蝉、桃小浮尘子、桃小叶蝉、桃小绿叶蝉。

【危害作物】稻、麦、高粱、玉米、大豆、蚕豆、紫云英、马铃薯、甘蔗、向日葵、花生、棉花、蓖麻、茶、桑、果树等。

【分布】湖北、湖南、河南、江西、山东、江苏、安徽、浙江、福建、上海、北京、天津、河北、山西、内蒙古、辽宁、吉林、黑龙江、新疆、陕西、甘肃、四川、云南、贵州、重庆、广东、广西、海南。

17. 横带额二叉叶蝉

【学名】*Macrosteles fascifrons*（Stål），异名：*Cicadulina bipunctella*（Mots）

【危害作物】玉米、棉花、高粱、麦类、水稻、大豆等。

【分布】江西、湖南、湖北、广东、广西、四川、云南、贵州等地。

18. 电光叶蝉

【学名】*Recilia dorsalis*（Motschulsky）

【危害作物】水稻、玉米、高粱、麦类、粟、甘蔗等。

【分布】黄河以南各稻区。

19. 白翅叶蝉

【学名】*Thaia rubiginosa* Kuoh

【危害作物】水稻、小麦、大麦、甘蔗、茭白、玉米、油菜等。

【分布】云南、贵州、四川、陕西、新疆等。

20. 玉米三点斑叶蝉

【学名】*Zygina salina* Mit

【危害作物】玉米、麦类。

【分布】新疆。

沫蝉科 Cercopidae

21. 稻赤斑黑沫蝉

【学名】*Callitettix versicolor*（Fabricius）

【别名】稻沫蝉。

【危害作物】水稻、玉米等。

【分布】陕西、四川、湖南、湖北、江西、贵州、云南、广东、河南等地稻区。

22. 条纹花斑沫蝉

【学名】*Clovia conifer* Walker

【危害作物】水稻、玉米。

【分布】四川。

23. 两点隐条沫蝉

【学名】*Clovia punctata* Walker

【危害作物】玉米。

【分布】四川。

24. 黑胸丽沫蝉

【学名】*Cosmosecarta exultans* Walker

【危害作物】核桃、玉米、向日葵。

【分布】江苏、四川、江西、福建、贵州。

广翅蜡蝉科 Ricaniidae

25. 褐带广翅蜡蝉

【学名】*Ricania taeniata* Stål

【危害作物】水稻、玉米、甘蔗、柑橘。

【分布】江苏、浙江、江西、台湾、广东。

蛾蜡蝉科 Flatidae

26. 碧蛾蜡蝉

【学名】*Geisha distinctissima*（Walker）

【别名】碧蜡蝉、黄翅羽衣、茶蛾蜡蝉。

【危害作物】粟、甘蔗、花生、玉米、向日葵、茶、桑、柑橘、苹果、梨、栗、龙眼等。

【分布】吉林、辽宁、山东、江苏、上海、浙江、江西、湖南、福建、广东、广西、海南、四川、贵州、云南等地。

27. 褐缘蛾蜡蝉

【学名】*Salurnis marginella*（Guèrin）

【别名】青蛾蜡蝉。

【危害作物】玉米、水稻、茶、柑橘、柚子、咖啡。

【分布】江西、浙江、江苏、福建、广东、四川。

飞虱科 Delphacidae

28. 灰飞虱

【学名】*Laodelphax striatellus*（Fallén）

【危害作物】水稻、麦类、玉米等。

【分布】全国各地均有分布发生。

29. 甘蔗扁角飞虱

【学名】*Perkinsiella saccharicida* Kirkaldy

【危害作物】甘蔗、玉米。

【分布】台湾、广东、云南。

30. 中华扁角飞虱

【学名】*Perkinsiella sinensis* Kirkaldy

【危害作物】水稻、粟、玉米、甘蔗、芦苇。

【分布】福建、台湾及华东、华南地区。

31. 白背飞虱

【学名】*Sogatella furcifera*（Horváth）

【别名】火蠓子、火旋。

【危害作物】水稻、麦类、玉米、高粱。

【分布】我国各稻区均有发生。

32. 白脊飞虱

【学名】*Unkanodes sapporona*（Matsumura）

【危害作物】麦类、玉米、高粱、谷子、水稻。

【分布】黑龙江、辽宁、吉林、河北、陕西、山东、江苏、安徽、湖北、浙江、江西、台湾、广东、海南、云南、贵州、四川、西藏、甘肃。

菱蜡蝉科 Cixiidae

33. 端斑脊菱蜡蝉

【学名】*Oliarus apicalis*（Uhler）

【危害作物】水稻、小麦、玉米、高粱、桑。

【分布】江苏、浙江、江西、福建、四川。

象蜡蝉科 Dictyopharidae

34. 黑脊象蜡蝉

【学名】*Dictyophara pallida*（Don）

【危害作物】水稻、玉米、高粱。

【分布】陕西、四川。

（五）鞘翅目 Coleoptera

步甲科 Carabidae

1. 谷婪步甲

【学名】*Harpalus calceatus*（Duftschmid）

【危害作物】玉米、高粱、粟、黍、花生。

【分布】黑龙江、内蒙古、上海、浙江、福建、江西、四川、新疆等地。

2. 毛婪步甲

【学名】*Harpalus griseus*（Panzer）

【别名】黍步甲，黄毛谷步甲。

【危害作物】主要危害谷子、玉米。

【分布】黑龙江、吉林、辽宁、内蒙古、甘肃、新疆、河北、山西、陕西、山东、河南、江苏、安徽、浙江、湖北、江西、湖南、福建、广西、贵州、四川、云南、台湾。

3. 单齿婪步甲

【学名】*Harpalus simplicidens* Schauberger

【危害作物】谷子、玉米、花生。

【分布】辽宁、黑龙江、河南、河北、山西、甘肃、四川、湖北、湖南、贵州、江苏。

4. 锹形黑步甲

【学名】*Scarites terricola* Bonelli

【危害作物】玉米、谷子、花生。

【分布】东北、华北地区及甘肃、宁夏、新疆、江苏、台湾。

鳃金龟科 Melolonthidae

5. 华阿鳃金龟

【学名】*Apogonia chinensis* Moser

【危害作物】高粱、玉米、大豆。

【分布】东北。

6. 黑阿鳃金龟

【学名】*Apogonia cupreoviridis* Koble

【别名】朝鲜甘蔗金龟。

【危害作物】大麦、小麦、玉米、大豆、杨、柳、高粱、棉、红麻、小灌木等。

【分布】辽宁、河北、山西、山东、河南、安徽、江苏。

7. 东北大黑鳃金龟

【学名】*Holotrichia diomphalia* Bates

【危害作物】高粱、玉米、麦类、粟、黍、棉、麻类、大豆、花生、马铃薯、甜菜、梨、桑、榆等。

【分布】黑龙江、吉林、辽宁、内蒙古、河北、甘肃等地。

8. 尼胸突鳃金龟

【学名】*Hoplosternus nepalensis* (Hope)

【危害作物】油菜、蚕豆、苜蓿、玉米、豌豆、柳、洋槐、大麻、苹果、甘蓝等。

【分布】西藏。

9. 华北大黑鳃金龟

【学名】*Holotrichia oblita* (Faldermann)

【危害作物】高粱、玉米、麦类、粟、黍、棉、麻类、大豆、花生、马铃薯、甜菜、梨、桑、榆等。

【分布】黑龙江、吉林、辽宁、河北、山东、江苏、安徽、浙江、江西、河南、内蒙古、山西、陕西、甘肃、宁夏等地。

10. 暗黑鳃金龟

【学名】*Holotrichia parallela* Motschulsky

【危害作物】花生、玉米、大豆、甘薯、小麦、杨、柳、槐、桑、梨、苹果等。

【分布】东北、华北地区及江苏、安徽、浙江、湖北、湖南、四川。

11. 毛黄鳃金龟

【学名】*Holotrichia trichophora* (Fairmaire)

【危害作物】玉米、高粱、谷子、大豆、花生、芝麻、果树幼苗。

【分布】北京、天津、河北、河南、山西、山东。

12. 蒙古大栗鳃金龟

【学名】*Melolontha hippocastani mongolica* Ménétriès

【别名】东方五月鳃角金龟。

【危害作物】玉米、小麦、青稞、油菜、豌豆、甜菜、马铃薯及苹果等。

【分布】内蒙古、甘肃、河北、陕西、山西、四川等地。

13. 白斑云鳃金龟

【学名】*Polyphylla alba* Pallas

【危害作物】玉米、小麦。

【分布】宁夏、新疆。

14. 短角云鳃金龟

【学名】*Polyphylla brevicornis* Petrovitz

【危害作物】青稞、小麦、马铃薯、玉米等。

【分布】西藏。

15. 大头霉鳃金龟

【学名】*Sophrops cephalotes* (Burmeister)

【危害作物】甘蔗、水稻、玉米、高粱。

【分布】台湾、广东、广西、云南。

16. 黑皱鳃金龟

【学名】*Trematodes tenebrioides* (Pallas)

【别名】无翅黑金龟、无后翅金龟子。

【危害作物】高粱、玉米、大豆、花生、小麦、棉花等。

【分布】吉林、辽宁、青海、宁夏、内蒙古、河北、天津、北京、山西、陕西、河南、山东、江苏、安徽、江西、湖南、台湾等地。

丽金龟科 Rutelidae

17. 铜绿异丽金龟

【学名】*Anomala corpulenta* Motschulsky

【别名】铜绿金龟子、青金龟子、淡绿金龟子。

【危害作物】玉米、高粱、麻类、豆类、麦类、甜菜、花生、棉、茶、及苹果、沙果、榆、柏、槐、核桃、山楂等果木。

【分布】黑龙江、吉林、辽宁、内蒙古、宁夏、甘肃、河北、河南、山西、山东、陕西、江苏、江西、安徽、浙江、湖北、湖南、四川等地。

18. 黄褐异丽金龟

【学名】*Anomala exoleta* Faldermann

【危害作物】玉米、高粱、谷子、甘薯、大豆等及林木根部。

【分布】除新疆、西藏无报道外，其他各地均有发生。

19. 中华喙丽金龟

【学名】*Adoretus sinicus* Burmeister

【危害作物】玉米、花生、大豆、甘蔗、苎麻、蓖麻、黄麻、棉、柑橘、苹果、桃、橄榄、可可、油桐、茶等以及各种林木。

【分布】山东、江苏、浙江、安徽、江西、湖北、湖南、广东、广西、福建、台湾。

20. 斑喙丽金龟

【学名】*Adoretus tenuimaculatus* Waterhouse

【别名】茶色金龟子、葡萄丽金龟。

【危害作物】玉米、棉花、高粱、黄麻、芝麻、大豆、水稻、菜豆、芝麻、向日葵、苹果、梨等以及其他蔬菜果木。

【分布】陕西、河北、山东、安徽、江苏、上海、浙江、江西、福建、广东、广西、湖南、湖北、贵州、四川等地。

21. 樱桃喙丽金龟

【学名】*Adoretus umbrosus* Fabricius

【危害作物】樱桃、葡萄、柑橘、玉米、甘蔗、大麻、棉、芋、香蕉等。

【分布】华东地区及台湾。

22. 四纹弧丽金龟

【学名】*Popillia quadriguttata* Fabricius

【别名】中华弧丽金龟、豆金龟子、四斑丽金龟。

【危害作物】主要为害苹果、梨、葡萄、荔枝、桃等果树，也可为害玉米、大豆、棉花。

【分布】辽宁、内蒙古、宁夏、甘肃、青海、陕西、山西、北京、河北、山东、江苏、浙江、福建、台湾、湖南、广西、四川等地。

花金龟科 Cetoniidae

23. 白星滑花金龟

【学名】*Liocola brevitarsis* (Lewis)

【别名】白纹铜花金龟、白星花潜。

【危害作物】玉米、小麦以及各种蔬菜和果树。

【分布】辽宁、吉林、黑龙江、河北、内蒙古、山西、江苏、安徽、上东、河南等地。

24. 小青花金龟

【学名】*Oxycetonia jucunda* (Faldermann)

【危害作物】苹果、梨、桃等果树，也可为害玉米。

【分布】河北、山东、河南、山西、陕西等地。

25. 橘星花金龟

【学名】*Potosia speculifera* Swartz

【危害作物】柑橘、苹果、梨、玉米、水稻、甘蔗。

【分布】河北、辽宁、江苏、福建、湖北、湖南、广东、四川。

绢金龟科 Sericidae

26. 东方绢金龟

【学名】*Serica orientalis* (Motschulsky)

【别名】东方金龟子、天鹅绒金龟子、黑绒金龟、姬天鹅绒金龟子。

【危害作物】水稻、棉、麻类、豆类、花生、麦类、玉米、高粱、甘薯、烟草、马铃薯、番茄、柳、桑以及苹果、梨等各种果木。

【分布】黑龙江、吉林、辽宁、河北、内蒙古、山西、甘肃、青海、陕西、四川等地。

犀金龟科 Dynastidae

27. 阔胸禾犀金龟

【学名】*Pentodon mongolica* Motschulsky

【别名】阔胸金龟子。

【危害作物】麦类、玉米、高粱、大豆、甘薯、花生、胡萝卜、白菜、葱、韭等。

【分布】黑龙江、吉林、辽宁、河北、内蒙古、宁夏、山西、陕西、青海、甘肃、山东、河南、江苏和浙江。

叩甲科 Elateridae

28. 直条锥尾叩甲

【学名】*Agriotes lineatus* (Linnaeus)

【别名】条纹金针虫。

【危害作物】小麦、玉米、棉、甜菜、牧草。

【分布】甘肃、新疆。

29. 暗锥尾叩甲

【学名】*Agriotes obscurus* (Linnaeus)

【别名】黯金针虫。

【危害作物】小麦、玉米、高粱、马铃薯、花生、向日葵、亚麻、甜菜、烟草、瓜类、蔬菜。

【分布】山西、甘肃、新疆。

30. 农田锥尾叩甲

【学名】*Agriotes sputator* (Linnaeus)

【别名】大田金针虫。

【危害作物】小麦、玉米、瓜类、马铃薯、花生、向日葵、亚麻、甜菜、烟草、蔬菜。

【分布】华北地区及新疆。

31. 细胸锥尾叩甲

【学名】*Agriotes subvittatus* Motschulsky

【别名】细胸叩头虫、细胸叩头甲、土蚰蜒、细胸金针虫。

【危害作物】玉米、棉花以及辣椒、茄子、马铃薯、番茄、豆类等蔬菜。

【分布】黑龙江、吉林、内蒙古、河北、陕西、山西、宁夏、甘肃、河南、山东等地。

32. 棘胸筒叩甲

【学名】*Ectinus sericeus* (Candeze)

【危害作物】小麦、大麦、玉米、瓜类、粟、马铃薯、烟草、甜菜、向日葵、豆类、苜蓿、茄子、胡萝卜、柑橘、牧草。

【分布】北京、河北、山东、湖南。

33. 褐足梳爪叩甲

【学名】*Melanotus brunnipes* Germar

【危害作物】小麦、玉米、棉、牧草、高粱、马铃薯、花生、向日葵、玉米、甜菜、烟草、高粱、蔬菜。

【分布】新疆。

34. 褐纹梳爪叩甲

【学名】*Melanotus caudex* Lewis

【别名】铁丝虫、姜虫、金齿耙、叩头虫。

【危害作物】麦类、玉米、高粱、谷子、薯类、豆类、棉、麻、瓜等。

【分布】辽宁、河北、河南、内蒙古、陕西、甘肃、青海等地。

35. 褐梳爪叩甲

【学名】*Melanotus fusciceps* Gyllenhal

【危害作物】小麦、玉米、高粱、马铃薯、花生、向日葵、玉米、甜菜、烟草、蔬菜。

【分布】新疆。

36. 沟叩头甲

【学名】*Pleonomus canaliculatus* (Faldermann)

【别名】铁丝虫、姜虫、金齿耙。

【危害作物】小麦、水稻、大麦、玉米、高粱、大豆等以及各种蔬菜和林木。

【分布】辽宁、河北、内蒙古、山西、河南、山东、江苏、安徽、湖北、陕西、甘肃、青海等地。

37. 毛金针虫

【学名】*Prosternon tessellatum* Linnaeus

【危害作物】小麦、玉米、棉、牧草。

【分布】新疆。

瓢甲科 Coccinellidae

38. 二十八星瓢虫

【学名】*Henosepilachna vigintioctomaculata* (Motschulsky)

【别名】马铃薯瓢虫。

【危害作物】主要危害茄子、马铃薯、番茄等蔬菜，也可危害玉米。

【分布】北起黑龙江、内蒙古，南抵台湾、海南及广东、广西、云南，东起国境线，西至陕西、甘肃，折入四川、云南、西藏。长江以南密度较大。

39. 稻红瓢虫

【学名】*Micraspis discolor* (Fabricius)

【危害作物】主要危害水稻，也可危害玉米。

【分布】浙江、江西、湖北、湖南、四川、福建、广东、广西、云南等。

拟步甲科 Tenebrionidae

40. 蒙古沙潜

【学名】*Gonocephalum reticulatum* Motschulsky

【危害作物】高粱、玉米、大豆、小豆、洋麻、亚麻、棉、胡麻、甜菜、甜瓜、花生、梨、苹果、橡胶草。

【分布】河北、山西、内蒙古、辽宁、黑龙江、山东、江苏、宁夏、甘肃、青海等地。

41. 欧洲沙潜

【学名】*Opatrum sabulosum* (Linnaeus)

【别名】网目拟步甲。

【危害作物】棉、甜菜、果树幼苗、玉米、烟草、向日葵、瓜类、豆类、葡萄。

【分布】甘肃、新疆。

42. 沙潜

【学名】*Opatrum subaratum* Faldermann

【别名】拟步甲、类沙土甲。

【危害作物】小麦、大麦、高粱、玉米、粟、苜蓿、大豆、花生、甜菜、瓜类、麻类、苹果、梨。

【分布】东北、华北、内蒙古、山东、安徽、江西、台湾、甘肃、宁夏、青海、新疆。

芫菁科 Meloidae

43. 锯角豆芫菁

【学名】*Epicauta fabricii*（Le Conte）

【别名】白条芫菁、豆芫菁。

【危害作物】豆类、花生、高粱、玉米、棉、桑、马铃薯、茄等。

【分布】河北、山西、山东、江苏、浙江、江西、福建、湖南、湖北、广西、广东、陕西、四川。

44. 红头豆芫菁

【学名】*Epicauta ruficeps* Illiger

【危害作物】泡桐、豆类。

【分布】湖北、安徽、江西、福建、湖南、广西、四川、云南。

45. 红头黑芫菁

【学名】*Epicauta sibirica* Pallas

【危害作物】大豆、油菜、马铃薯、蔬菜、苜蓿、玉米、南瓜、向日葵、糜子。

【分布】甘肃、宁夏及华北、东北地区。

46. 凹胸豆芫菁

【学名】*Epicauta xanthusi* Kaszab

【危害作物】甜菜、马铃薯、蔬菜、苜蓿、玉米、南瓜、向日葵、糜子。

【分布】江苏、宁夏、四川及华北地区。

天牛科 Cerambycidae

47. 大牙土天牛

【学名】*Dorysthenes paradoxus* Faldermann

【危害作物】玉米、高粱。

【分布】东北、河北、山西、内蒙古、山东、甘肃、宁夏、四川。

48. 玉米坡天牛

【学名】*Pterolophia cervina* Gressitt

【危害作物】玉米和竹类。

【分布】云南、贵州、广西、广东、海南等地。

负泥虫科 Crioceridae

49. 稻负泥虫

【学名】*Oulema oryzae*（Kuwayama）

【别名】背屎虫。

【危害作物】水稻、粟、黍、小麦、大麦、玉米、芦苇。

【分布】东北、陕西、浙江、湖北、湖南、福建、台湾、广东、广西、四川、贵州、云南。

50. 谷子负泥虫

【学名】*Oulema tristis*（Herbst）

【别名】粟叶甲、谷子负泥甲、粟负泥虫、谷子钻心虫。

【危害作物】粟、糜子、小麦、大麦、高粱、玉米、陆稻等。

【分布】黑龙江、吉林、辽宁、内蒙古、宁夏、山西、陕西、山东、河北、北京、江苏、安徽、江西、湖北、湖南、四川等地。

肖叶甲科 Eumolpidae

51. 褐足角胸肖叶甲

【学名】*Basilepta fulvipes*（Motschulsky）

【危害作物】玉米、大豆、谷子、高粱、花生、棉花、大麻等以及梨、苹果、香蕉等多种果树。

【分布】黑龙江、辽宁、宁夏、内蒙古、河北、北京、山西、陕西、山东、江苏、浙江、湖北、湖南、江西、福建、台湾、广西、四川、贵州、云南。

52. 玉米鳞斑肖叶甲

【学名】*Pachnephorus brettinghami* Baly

【危害作物】玉米、高粱、小麦。

【分布】江苏、浙江、湖北、江西、福建、广东、广西、四川。

53. 粟鳞斑肖叶甲

【学名】*Pachnephorus lewisii* Baly

【别名】粟灰褐叶甲、粟灰褐叶甲、谷鳞斑肖叶甲。

【危害作物】谷子、玉米、小蓟等。

【分布】辽宁、河北、河南、山西、宁夏、甘肃、山东等地。

叶甲科 Chrysomelidae

54. 旋心异跗萤叶甲

【学名】*Apophylia flavovirens*（Fairmaire）

【别名】玉米旋心虫、玉米蛀虫、玉米枯心叶甲。

【危害作物】玉米、高粱、谷子等。

【分布】辽宁、吉林、内蒙古、黑龙江、河北、山东、山西、陕西、安徽、浙江、湖北、江西、湖南、福建、台湾、广东、海南、广西、四川、贵州、西藏、宁夏、甘肃、青海等地。

55. 麦茎异跗萤叶甲

【学名】*Apophylia thalassina*（Faldermann）

【危害作物】小麦、大麦、玉米。

【分布】辽宁、吉林、河北、内蒙古、山西、陕西。

56. 粟茎跳甲

【学名】*Chaetocnema ingenua*（Baly）

【别名】糜子钻心虫、粟卵形圆虫、粟跳甲、麦跳甲、粟凹胫跳甲。

【危害作物】谷子、糜子、玉米、高粱、小麦等禾本科作物。

【分布】东北、内蒙古、华北、西北、华东等地。

57. 波毛丝跳甲

【学名】*Hespera lomasa* Maulik

【危害作物】玉米、花生、蔷薇、大豆。

【分布】河北、山西、陕西、山东、贵州、四川、台湾、广东、广西、云南。

58. 双斑长跗萤叶甲

【学名】*Monolepta hieroglyphica*（Motschulsky）

【别名】双斑萤叶甲、四目叶甲。

【危害作物】粟（谷子）、高粱、大豆、花生、玉米、马铃薯、甘蔗、柳等。

【分布】广布东北、华北、江苏、浙江、湖北、江西、福建、广东、广西、宁夏、甘肃、陕西、四川、云南、贵州、台湾等地。

59. 黄斑长跗萤叶甲

【学名】*Monolepta signata*（Olivier）

【危害作物】棉花、豆类、玉米、花生。

【分布】福建、广东、广西、云南、西藏。

60. 蓝九节跳甲

【学名】*Nonarthra cyaneum* Baly

【危害作物】甜菜、南瓜、水稻、玉米。

【分布】河北、湖北、安徽、浙江、福建、广东、广西、贵州、四川。

铁甲科 Hispidae

61. 大锯龟甲

【学名】*Basiprionota chinensis*（Fabricius）

【危害作物】水稻、玉米、大豆等。

【分布】福建、江西、湖南、广东、陕西、江苏、重庆、四川、贵州等。

62. 束腰扁趾铁甲

【学名】*Dactylispa excisa*（Kraatz）

【危害作物】玉米、大豆、梨、苹果、柑橘、柞树。

【分布】四川、广东、广西、云南、江西、福建、湖北、浙江、安徽、山东、陕西、黑龙江。

63. 玉米铁甲虫

【学名】*Dactylispa setifera*（Chapuis）

【别名】玉米趾铁甲。

【危害作物】玉米、甘蔗、小麦、水稻、高粱。

【分布】广东、广西、贵州、云南等省区。

64. 水稻铁甲

【学名】*Dicladispa armigera*（Olivier）

【别名】稻铁甲虫、水稻铁甲虫。

【危害作物】水稻、茭白、甘蔗、小麦、玉米等。

【分布】在辽宁以南各稻区均有分布，北到沈阳，南达云南、广东、海南岛等地。

65. 直刺细铁甲

【学名】*Rhadinosa fleutiauxi*（Baly）

【别名】铁甲虫、细角准铁甲。

【危害作物】水稻、玉米。

【分布】贵州、云南等省区。

象甲科 Curculionidae

66. 长吻白条象甲

【学名】*Cryptoderma fortunei*（Waterhouse）

【危害作物】大豆、玉米、向日葵、马铃薯。

【分布】四川。

67. 大绿象甲

【学名】*Hypomeces squamosus*（Fabricius）

【危害作物】柑橘、苹果、梨、桃、棉、桑、茶、玉米、甘蔗、果树、大豆。

【分布】山东、浙江、江西、福建、台湾、湖北、广东、广西、四川。

68. 稻水象甲

【学名】*Lissorhoptrus oryzophilus*（Kuschel）

【别名】稻水象、美洲稻象甲、伪稻水象、稻根象。

【危害作物】水稻、玉米等。

【分布】河北、辽宁、吉林、天津、北京、山东、浙江、福建、湖南、贵州、安徽、台湾等地。

69. 棉尖象

【学名】*Phytoscaphus gossypii* Chao

【别名】棉象鼻虫、棉小灰象。

【危害作物】棉花、玉米、甘薯、谷子、大麻、高粱、小麦、水稻、花生等以及各种蔬菜果木。

【分布】黑龙江、辽宁、吉林、宁夏、北京、河北、内蒙古、甘肃、青海、河南、江苏、安徽、湖北、湖南等省（区）。

70. 大灰象甲

【学名】*Sympiezomias velatus*（Chevrolat）

【别名】象鼻虫、土拉驴。

【危害作物】棉花、烟草、玉米、高粱、粟、黍、花生、马铃薯、辣椒、甜菜、油菜、瓜类、豆类、苹果、梨、柑橘、核桃、板栗等。

【分布】全国各地均有分布。

71. 蒙古土象

【学名】*Xylinophorus mongolicus* Faust

【危害作物】棉、麻、谷子、玉米、花生、大豆、向日葵、高粱、烟草、苹果、梨、核桃、桑、槐以及各种蔬菜。

【分布】黑龙江、吉林、辽宁、河北、山西、山东、江苏、内蒙古、甘肃等地。

（六）鳞翅目 Lepidoptera

蓑蛾科 Psychidae

1. 大蓑蛾

【学名】*Cryptothelea variegata* Snellen

【别名】大袋蛾、避债蛾、大皮虫。

【危害作物】玉米、棉花、花生、茶、苹果、山楂等。

【分布】江苏、浙江、山东、安徽、福建、河南、湖南、湖北、四川、云南、广东、台湾等地。

刺蛾科 Limacodidae

2. 黄刺蛾

【学名】*Cnidocampa flavescens*（Walker）

【别名】茶树黄刺蛾、洋辣子、八角虫、麻贴、枣蠕蛹。

【危害作物】枣、核桃、柿、苹果等果树，也可危害玉米。

【分布】除宁夏、新疆、贵州、西藏目前尚无记录外，几乎遍布其他省区。

3. 黄缘绿刺蛾

【学名】*Parasa consocia*（Walker），异名：*Latoia consocia* Walker

【别名】绿刺蛾、青刺蛾、褐边绿刺蛾、四点刺蛾、曲纹绿刺蛾、洋辣子。

【危害作物】苹果、梨、桃、李等果树，也可危害玉米。

【分布】黑龙江、辽宁、内蒙古、陕西、山西、北京、河北、河南、山东、安徽、江苏、上海、浙江、江西、广东、广西、湖南、湖北、贵州、重庆、四川、云南等地。

螟蛾科 Pyralidae

4. 台湾稻螟

【学名】*Chilo auricilius*（Dudgeon）

【危害作物】主要危害水稻，也危害甘蔗、玉米、高粱、粟等。

【分布】台湾、福建、海南、广东、广西、云南、四川、江苏、浙江等地。

5. 二点螟

【学名】*Chilo infuscatellus* Snellen

【别名】谷子钻心虫、粟灰螟、甘蔗二点螟。

【危害作物】谷子、玉米、高粱、粟、薏米等。

【分布】黑龙江、吉林、辽宁、内蒙古、甘肃、陕西、宁夏、河南、山东、安徽、广东、广西、福建、台湾等地。

6. 高粱条螟

【学名】*Chilo sacchariphagus stramineellus*（Caradja）

【别名】高粱钻心虫、甘蔗条螟。

【危害作物】主要危害甘蔗、高粱和玉米，还危害粟、薏米、麻等作物。

【分布】分布于我国大多数省份，常与玉米螟混合发生。

7. 二化螟

【学名】*Chilo suppressalis*（Walker）

【别名】钻心虫。

【危害作物】水稻、玉米、高粱、甘蔗等。

【分布】从黑龙江到海南各水稻区均有分布。

8. 稻纵卷叶螟

【学名】*Cnaphalocrocis medinalis*（Guenée）

【别名】稻纵卷叶虫、刮青虫。

【危害作物】水稻、玉米、小麦、粟、甘蔗等。

【分布】北起黑龙江、内蒙古，南至台湾、海南的全国各稻区。

9. 桃蛀螟

【学名】*Conogethes punctiferalis*（Guenée）

【别名】桃斑螟、桃蛀心虫、桃蛀野螟。

【危害作物】玉米、高粱、向日葵、蓖麻、板栗、桃、李子等。

【分布】除新疆、青海、内蒙古、黑龙江外，其他省区均有分布。

10. 甜菜青野螟

【学名】*Spoladea recurvalis*（Fabricius）

【别名】甜菜叶螟、甜菜青虫、白带螟、甜菜白带野螟。

【危害作物】甜菜、大豆、玉米、甘薯、甘蔗、茶、向日葵等。

【分布】黑龙江、吉林、辽宁、内蒙古、宁夏、青海、陕西、山西、北京、河北、山东、安徽、江苏、上海、浙江、江西、福建、台湾、湖南、湖北、广东、广西、贵州、重庆、四川、云南、西藏。

11. 草地螟

【学名】*Loxostege sticticalis*（Linnaeus）

【别名】黄绿条螟、甜菜网螟、网锥额野螟。

【危害作物】甜菜、大豆、玉米、向日葵等。

【分布】新疆、吉林、内蒙古、黑龙江、辽宁、宁夏、甘肃、青海、河北、北京、山西、陕西等地。

12. 粟穗螟

【学名】*Mampava bipunctella*（Ragonot）

【别名】粟缀螟。

【危害作物】高粱、谷子、玉米。

【分布】华北、华东、中南、西南等地。

13. 亚洲玉米螟

【学名】*Ostrinia furnacalis*（Guenée）

【别名】钻心虫。

【危害作物】玉米的主要虫害，也危害高粱、谷子、棉花、甘蔗、小麦等作物。

【分布】除青海、西藏外，在全国其他地区均有发生。

14. 欧洲玉米螟

【学名】*Ostrinia nubilalis*（Hübner）

【别名】钻心虫。

【危害作物】玉米、棉花、大麻、苍耳。

【分布】新疆伊宁。

尺蛾科 Geometridae

15. 木橑尺蠖

【学名】*Culcula panterinaria*（Bremer *et* Grey）

【危害作物】核桃、苹果、梨、杏、木橑、泡桐、花椒、榆、槐、豆类、向日葵、棉、蓖麻、苘麻、玉米、谷子、高粱、荞麦、萝卜、甘蓝。

【分布】河北、山西、山东、台湾、河南、四川。

16. 刺槐眉尺蠖

【学名】*Meichihuo cihuai* Yang

【危害作物】苹果、梨、桃、枣、柿子、核桃、榆、杨、玉米、高粱、小麦、豆类、油菜。

【分布】陕西、山西、河南、河北等省。

17. 茶银尺蠖

【学名】*Scopula subpunctaria*（Herrich-Schaeffer）

【危害作物】茶树、棉、玉米等。

【分布】安徽、江苏、浙江、湖北、湖南、贵州、福建、四川。

18. 弓纹紫线尺蠖

【学名】*Timandra amata* Linnaeus

【危害作物】玉米、大豆、茶、麦类。

【分布】黑龙江、河南、四川。

鹿蛾科 Ctenuchidae

19. 玉米黑鹿蛾

【学名】*Amata ganssuensis*（Grum-Grshimailo）

【危害作物】玉米、大豆、四季豆、八月豆、空心菜、生菜、苦荬菜、芥兰菜等

【分布】广西。

夜蛾科 Noctuidae

20. 小地老虎

【学名】*Agrotis ipsilon*（Rottemberg）

【别名】土蚕、黑地蚕、切根虫。

【危害作物】玉米、高粱、棉花、烟草、马铃薯、蔬菜等。

【分布】全国各地均有分布。

21. 梨剑纹夜蛾

【学名】*Acronicta rumicis*（Linnaeus）

【别名】梨叶夜蛾。

【危害作物】玉米、白菜、苹果、桃、梨等。

【分布】黑龙江、内蒙古、新疆、台湾、广东、广西、云南。

22. 黄地老虎

【学名】*Agrotis segetum*（Denis & Schiffermüller）

【危害作物】玉米、大豆、棉花、烟草和蔬菜等。

【分布】除广东、海南、广西未见报道外，其他地区均有分布。

23. 大地老虎

【学名】*Agrotis tokionis* Butler

【别名】黑虫、地蚕、土蚕、切根虫、截虫。

【危害作物】蔬菜、玉米、烟草、棉花、果树幼苗。

【分布】全国各地均有分布。

24. 麦穗夜蛾

【学名】*Apamea sordens*（Hüfnagel）

【别名】麦穗虫。

【危害作物】小麦、大麦、青稞、玉米等。

【分布】内蒙古、甘肃、青海等地。

25. 二点委夜蛾

【学名】*Athetis lepigone*（Möschler）

【危害作物】玉米、大豆、花生。

【分布】河北、河南、山东、山西、江苏、安徽、北京、天津、辽宁。

26. 丫纹夜蛾

【学名】*Autographa gamma*（Linnaeus）

【危害作物】豌豆、大豆、白菜、甘蓝、甜菜、苜蓿、玉米、小麦。

【分布】甘肃、宁夏、新疆。

27. 旋幽夜蛾

【学名】*Discestra trifolii*（Hüfnagel）

【别名】三叶草夜蛾、藜夜蛾。

【危害作物】甜菜、菠菜、灰藜、野生白藜、苘麻、棉花、甘蓝、白菜、大豆、豌豆等。

【分布】吉林、辽宁、甘肃、内蒙古、新疆、青海、宁夏、北京、陕西、西藏、河北等。

28. 棉铃虫

【学名】*Helicoverpa armigera*（Hübner）

【别名】棉桃虫、钻心虫、青虫和棉铃实夜蛾。

【危害作物】棉花、玉米、向日葵、胡麻、番茄、豌豆、辣椒等。

【分布】全国各地均有分布。

29. 烟夜蛾

【学名】*Helicoverpa assulta* Guenée

【别名】烟草夜蛾、烟实夜蛾、烟青虫。

【危害作物】烟、棉、麻、玉米、高粱、番茄、辣椒、南瓜、大豆、向日葵、甘薯、马铃薯、茄。

【分布】全国各地。

30. 玉米蛀茎夜蛾

【学名】*Helotropha leucostigma*（Hübner）

【别名】大菖蒲夜蛾、玉米枯心夜蛾。

【危害作物】玉米、高粱、谷子等。

【分布】黑龙江、吉林、辽宁、内蒙古、河北等地。

31. 苜蓿夜蛾

【学名】*Heliothis viriplaca*（Hüfnagel），异名：*Heliothis dipsacea*（Linnaeus）

【别名】大豆叶夜蛾、亚麻夜蛾。

【危害作物】棉、玉米、大豆、豌豆、麻类、向日葵、烟草、甜菜、马铃薯等。

【分布】江苏、湖北、云南、黑龙江、四川、西藏、新疆、内蒙古等地。

32. 劳氏黏虫

【学名】*Leucania loreyi*（Duponchel）

【危害作物】水稻、玉米、麦类等。

【分布】广东、福建、四川、江西、湖北、湖南、浙江、江苏、山东、河南等地。

33. 谷黏虫

【学名】*Leucania zeae*（Duponchel）

【危害作物】玉米、高粱、谷子、甘蔗、水稻、甜菜、胡萝卜。

【分布】新疆。

34. 甘蓝夜蛾

【学名】*Mamestra brassicae*（Linnaeus）

【危害作物】甘蓝、白菜、萝卜、油菜、甜菜、马铃薯、甘薯、高粱、玉米、麦类、棉、麻类、豆类、瓜类、烟草、甘蔗、茄、番茄、柑橘、桑。

【分布】河北、山西、内蒙古、黑龙江、山东、江苏、安徽、浙江、河南、湖南、甘肃、宁夏、青海、新疆、四川、西藏。

35. 白脉黏虫

【学名】*Mythimna compta*（Moore）

【危害作物】麦、稻、粟、玉米、棉花等。

【分布】河北、北京、河南、湖北、湖南、广东、广西等地。

36. 稻螟蛉夜蛾

【学名】*Naranga aenescens*（Moore）

【别名】双带夜蛾、稻青虫、粽子虫、量尺虫。

【危害作物】水稻、高粱、玉米、甘蔗、茭白等。

【分布】全国各地均有分布。

37. 黏虫

【学名】*Pseudaletia separata*（Walker）

【别名】行军虫、粟夜盗虫、剃枝虫。俗名五彩虫、麦蚕。

【危害作物】麦、稻、粟、玉米、棉花、豆类、蔬菜等。

【分布】中国除新疆未见报道外，遍布各地。

38. 稻蛀茎夜蛾

【学名】*Sesamia inferens*（Walker）

【别名】大螟、紫螟。

【危害作物】甘蔗、水稻、玉米、高粱、小麦、粟、棉花、蚕豆、油菜等。

【分布】陕西、河南、安徽、四川、江苏、浙江、海南、湖北等地。

39. 列星蛀茎夜蛾

【学名】*Sesamia vuteria*（Stoll）

【危害作物】稻、玉米、甘蔗、芦苇等。

【分布】江苏、浙江、台湾、广西、云南。

40. 甜菜夜蛾

【学名】*Spodoptera exigua*（Hübner）

【别名】贪夜蛾、白菜褐夜蛾、玉米叶夜蛾。

【危害作物】甜菜、棉、马铃薯、番茄、豆类、大葱、甘蓝、大白菜等蔬菜，也可危害玉米。

【分布】黑龙江、吉林、辽宁、广东、广西、江苏、浙江、陕西、四川、云南等地。

41. 斜纹夜蛾

【学名】*Spodoptera litura*（Fabricius）

【别名】莲纹夜蛾、夜盗虫、乌头虫。

【危害作物】甘薯、棉花、玉米、大豆、烟草、甘蓝、白菜、甜菜等。

【分布】国内各地均有发生，主要发生在长江流域、黄河流域。

42. 灰翅夜蛾

【学名】*Spodoptera mauritia*（Boisduval）

【别名】水稻叶夜蛾、眉纹夜蛾。

【危害作物】水稻、玉米、小麦、甘蔗、棉花、花生、胡麻。

【分布】主要发生在南方各地，河南也有分布。

43. 八字地老虎

【学名】*Xestia c-nigrum*（Linnaeus），异名：*Agrotis c-nigrum* Linnaeus

【别名】八字切根虫。

【危害作物】蔬菜、棉花、烟草、玉米等。

【分布】全国各地均有分布。

毒蛾科 Lymantriidae

44. 肾毒蛾

【学名】*Cifuna locuples* Walker

【别名】大豆毒蛾，肾纹毒蛾。

【危害作物】大豆、绿豆、蚕豆、苜蓿、水稻、小麦、玉米、茶、樱桃、柳、榆等。

【分布】黑龙江、吉林、辽宁、内蒙古、山西、河北、河南、山东、安徽、江苏、上海、浙江、江西、福建、台湾、湖南、湖北、广东、广西、贵州、四川、云南、西藏。

45. 钩茸毒蛾

【学名】*Dasychira pennatula*（Fabricius）

【危害作物】甘蔗、玉米、水稻等。

【分布】湖北、湖南、四川、贵州、江西、福建、台湾、广东、广西、云南、西藏。

46. 油桐黄毒蛾

【学名】*Euproctis latifascia*（Walker）

【别名】玉米白毒蛾、玉米黑毛虫。

【危害作物】玉米、荞麦、红薯、甘蔗及多种蔬菜。

【分布】广西。

47. 茶黄毒蛾

【学名】*Euproctis pseudoconspersa* Strand

【别名】茶毒蛾、茶毛虫、毒毛虫、摆头虫。

【危害作物】山茶、油茶、柑橘、油桐、乌柏、玉米等。

【分布】江苏、浙江、安徽、江西、湖北、湖南、福建、广东、广西、贵州、四川、陕西等地。

48. 古毒蛾

【学名】*Orgyia antiqua*（Linnaeus）

【别名】赤纹毒蛾、褐纹毒蛾、桦纹毒蛾、落叶松毒蛾、缨尾毛虫。

【危害作物】玉米、大麻、花生、大豆、苹果、梨、柳、杨、桦、松杉等果木。

【分布】山西、河北、内蒙古、辽宁、吉林、黑龙江、山东、河南、西藏、甘肃、青海、宁夏等地。

49. 双线盗毒蛾

【学名】*Porthesia scintillans*（Walker）

【危害作物】玉米、棉花、豆类、茶、蓖麻、以及梨、柑橘、龙眼、荔枝等果树。

【分布】广西、广东、福建、台湾、海南、云南、四川等地。

50. 台湾盗毒蛾

【学名】*Porthesia taiwana* Shiraki

【危害作物】茶、玉米、桃、杏、甘薯、甘蔗。

【分布】台湾。

灯蛾科 Arctiidae

51. 褐点粉灯蛾

【学名】*Alphaea phasma*（Leech）

【危害作物】玉米、大豆、高粱、蓖麻、桑、梨、苹果、核桃、南瓜、扁豆、菜豆、辣椒等。

【分布】华西、贵州、云南。

52. 红缘灯蛾

【学名】*Amsacta lactinea*（Cramer）

【别名】红袖灯娥、赤边灯蛾。

【危害作物】玉米、大豆、谷子、棉花、向日葵等。

【分布】国内除新疆、青海未见报道外，其他地区均有发生。

53. 八点灰灯蛾

【学名】*Creatonotus transiens*（Walker）

【别名】桑灰灯蛾、玉米黑毛虫。

【危害作物】玉米、荞麦、大豆、红薯、棉花、油菜及多种蔬菜。

【分布】除东北外，全国其他地区均有分布。

54. 美国白蛾

【学名】*Hyphantria cunea*（Drury）

【别名】美国灯蛾、秋幕毛虫、秋幕蛾。

【危害作物】玉米、大豆、棉花、烟草、甘薯等。

【分布】辽宁、山东、陕西、河北、上海、北京、天津。

55. 人纹污灯蛾

【学名】*Spilarctia subcarnea*（Walker）

【别名】人字纹灯蛾、红腹白灯蛾。

【危害作物】玉米、棉花、十字花科、茄科、葫芦科、豆科等蔬菜。

【分布】黑龙江、吉林、辽宁、河北、四川、广东、福建、台湾，江苏、浙江、上海等地。

56. 稀点雪灯蛾

【学名】*Spilosoma urticae*（Esper）

【危害作物】玉米、棉花、小麦、谷子、花生、大豆及多种蔬菜。

【分布】黑龙江、河北、辽宁、山东、江苏、浙江、山西、新疆。

舟蛾科 Notodontidae

57. 高粱舟蛾

【学名】*Dinara combusta*（Walker）

【危害作物】高粱、玉米、甘蔗等。

【分布】内蒙古、辽宁、北京、河北、河南、湖北、江苏、江西、台湾、福建、广东、广西、云南、甘肃、四川等地。

苔蛾科 Lithosiidae

58. 优雪苔蛾

【学名】*Cyana hamata*（Walker）

【危害作物】玉米、棉花、甘薯、大豆、柑橘。

【分布】陕西、四川。

弄蝶科 Hesperiidae

59. 直纹稻弄蝶

【学名】*Parnara guttata*（Bremer *et* Grey）

【别名】直纹稻苞虫。

【危害作物】水稻、玉米、大麦、高粱、茭白等。

【分布】河北、黑龙江、宁夏、甘肃、陕西、山东、河南、江苏、安徽、浙江、湖北、江西、湖南、福建、台湾、广东、广西、四川、贵州、云南等地。

（七）双翅目 Diptera

潜蝇科 Agromyzidae

1. 美洲黍叶潜蝇

【学名】*Agromyza parvicornis*（Loew）

【危害作物】玉米、黍、稗。

【分布】北京。

秆蝇科 Chloropidae

2. 瑞典麦秆蝇

【学名】*Oscinella frit*（L.）

【别名】燕麦蝇、黑麦秆蝇、麦蛆。

【危害作物】小麦、大麦、燕麦、黑麦、玉米等。

【分布】山东、山西、河北、河南、内蒙古、甘肃、宁夏、青海、新疆、天津等地。

花蝇科 Anthomyiidae

3. 灰地种蝇

【学名】*Delia platura*（Meigen）

【别名】地蛆、种蝇、种蛆、菜蛆。

【危害作物】玉米等禾本科作物以及白菜、甘蓝、萝卜、马铃薯、豆类、棉、麻、瓜类等。

【分布】全国各地均有分布。

蛛形纲 Arachnida

蜱螨目 Acarina

叶螨科 Tetranychidae

1. 朱砂叶螨

【学名】*Tetranychus cinnabarinus*（Boisduval）

【别名】棉花红蜘蛛、红叶螨。

【危害作物】棉花、玉米、高粱、小麦、芝麻、红麻、向日葵、豆类、瓜类、辣椒、茄子、苹果、梨、葡萄等。

【分布】北京、上海、河北、山西、山东、河南、湖南、湖北、四川、云南、陕西等地。

2. 截形叶螨

【学名】*Tetranychus truncatus* Ehara

【别名】棉红蜘蛛、棉叶螨。

【危害作物】棉花、玉米、豆类、瓜类、茄子等。

【分布】北京、河北、河南、山东、山西、陕西、甘肃、青海、新疆、江苏、安徽、湖北、广东、广西、台湾等省（市、区）。

3. 二斑叶螨

【学名】*Tetranychus urticae* Koch

【别名】二点叶螨、叶锈螨、棉红蜘蛛、普通叶螨。

【危害作物】大豆、花生、玉米、高粱、棉花、麻、烟草、瓜类以及蔬菜和苹果、梨、桃等果木。

【分布】全国各地均有分布。

二、软体动物门 Mollusca

腹足纲 Gastropoda

柄眼目 Stylommatophora

巴蜗牛科 Bradybaenidae

1. 灰巴蜗牛

【学名】*Bradybaena ravida*（Benson）

【别名】蜒蚰螺、水牛儿。

【危害作物】棉花、豆类、玉米、大麦、小麦及各种蔬菜等。

【分布】黑龙江、吉林、辽宁、北京、河北、河南、山东、山西、安徽、江苏、浙江、福建、广东、广西、湖南、湖北、江西、四川、云南、贵州、新疆等地。

2. 同型巴蜗牛

【学名】*Bradybaena similaris*（Férussac）

【别名】水牛。

【危害作物】白菜、萝卜、甘蓝、花椰菜等多种蔬菜，也可危害玉米。

【分布】我国的黄河流域、长江流域及华南各省等。

蛞蝓科 Limacidae

3. 野蛞蝓

【学名】*Agriolimax agrestis*（Linnaeus）

【别名】旱螺、无壳蜒蚰螺、黏液虫、鼻涕虫。

【危害作物】豆瓣菜、菜心、白菜、青花菜、紫甘蓝、百合等蔬菜，也可以危害玉米。

【分布】广东、海南、广西、福建、浙江、江苏、安徽、湖南、湖北、江西、贵州、云南、四川、河南、河北、北京、西藏、新疆、内蒙古等地。

第四章　大豆有害生物名录

第一节　大豆病害

一、真菌病害

1. 大豆疫霉根腐病

【病原】大豆疫霉 *Phytophthora sojae* Kaufmann *et* Gerdemann，属卵菌。

【为害部位】根部。

【分布】黑龙江和黄淮地区。

2. 大豆霜霉病

【病原】东北霜霉 *Peronospora manschurica*（Naum.）Sydow，属卵菌。

【别名】毛豆霜霉病。

【为害部位】大豆地上部。

【分布】全国各地均有发生，东北、华北地区发病较普遍。

3. 大豆菌核病

【病原】核盘菌 *Sclerotinia sclerotiorum*（Lib.）de Bary，属子囊菌。

【别名】白腐病。

【为害部位】地上部，苗期、成株均可发病。

【分布】全国各地均可发生，黑龙江、内蒙古为害较重。

4. 大豆叶斑病

【病原】大豆球腔菌 *Mycosphaerella sojae* Hori.，属子囊菌。

【为害部位】叶片。

【分布】四川、河南、山东、江苏。

5. 大豆锈病

【病原】豆薯层锈菌 *Phakopsora pachyrhizi* Sydow.，属担子菌。

【为害部位】叶片、叶柄和茎。

【分布】主要在我国南方流行，除青海、宁夏、新疆、内蒙古及西藏未有调查和报道外，其他各省、自治区、直辖市均有发生。

6. 大豆灰星病

【病原】大豆生叶点霉 *Phyllosticta sojaecola* Massal.，属无性型真菌。有性型为大豆生格孢球壳 *Pleosphaerulina sojaecola*（Massal.）Miura 属子囊菌。

【为害部位】叶片、叶柄、茎、荚。

【分布】普遍发生于东北、华北地区及四川等地的春、夏大豆种植区。

7. 大豆立枯病

【病原】茄丝核菌 *Rhizoctonia solani* Kühn，有性型为瓜亡革菌 *Thanatephorus cucumeris*（Frank）Donk，属担子菌。

【别名】死棵、猝倒、黑根病。

【为害部位】大豆幼苗或幼株的主根和靠地面的茎基部。

【分布】东北、华北和南方少数省份。

8. 大豆炭疽病

【病原】大豆刺盘孢 *Collrtotrichum glycines* Hori，属无性型真菌。

【为害部位】茎、荚、叶片、叶柄。

【分布】东北、华北、西南、华中、华南。

9. 大豆紫斑病

【病原】菊池尾孢 *Cercospora kikuchii*（Matsum. *et* Tomoyasu）Chupp.，属无性型真菌。

【为害部位】豆粒、豆荚、茎、叶。

【分布】全国各大豆产区均有发生，且南方重于北方。

10. 大豆灰斑病

【病原】大豆短胖孢 *Cercosporidium sofinum*（Hara）Liu & Guo，属无性型真菌。

【别名】褐斑病、斑点病或蛙眼病。

【为害部位】叶片、茎、荚、种子。

【分布】普遍发生于国内各大豆产区，黑龙江省的合江和牡丹江地区发病较重，黄淮地区和南方大豆产区也普遍发生。

11. 大豆靶点病

【病原】瓜棒孢菌 *Corynespsra cassiicola* (Berk. *et* Curt) Wei，属无性型真菌。

【为害部位】叶、叶柄、茎、荚、种子。

【分布】吉林、山东、安徽、湖北、四川。

12. 大豆褐斑病

【病原】大豆壳针孢 *Septoria glycines* Hemmi，属无性型真菌。

【别名】褐纹病、斑枯病。

【为害部位】叶片，多从植株底部叶片发病逐渐向上蔓延。

【分布】黄淮地区各省及南方大豆产区。

13. 大豆羞萎病

【病原】大豆粘隔孢 *Septogloeum sojae* Yoshii & Nish.，属无性型真菌。

【为害部位】叶片、叶柄、茎。

【分布】吉林、黑龙江、湖北。

14. 大豆枯萎病

【病原】尖镰孢豆类专化型 *Fusarium oxysporum* Schl. f. sp. *tracheiphilum* Snyd. *et* Hans.，属无性型真菌。

【别名】大豆根腐病、大豆镰刀菌凋萎病。

【为害部位】全株。

【分布】东北地区及四川、云南、湖北。

15. 大豆荚枯病

【病原】豆荚大茎点菌 *Macrophoma mame* Hara.，属无性型真菌。

【为害部位】豆荚、叶、茎。

【分布】东北、华北、四川。

16. 大豆茎枯病

【病原】大豆茎点霉 *Phoma glycines* Saw.，属无性型真菌。

【为害部位】茎。

【分布】东北、华北。

17. 大豆黑点病

【病原】大豆拟茎点霉 *Phomopsis sojae* Lehman.,属无性型真菌。有性型为菜豆间座壳大豆变种 *Diaporthe phaseolorum* var. *sojae* (Lehman) Wehm.，属子囊菌。

【别名】茎黑点病。

【为害部位】茎、荚、叶柄。

【分布】东北、华北地区及江苏、湖北、四川、云南。

18. 大豆黑斑病

【病原】芸薹链格孢菜豆变种 *Alternaria brassicae* (Berk) Sacc. var. *phaeoli* Brum，簇生链格孢 *Alternaria fasciculate* (Cke. *et* Ell) Jones *et* Grout，链格孢 *Alternaria alternata* (Fr.) Keissl.，属无性型真菌。

【为害部位】叶片、豆荚。

【分布】黑龙江、吉林、辽宁、江苏、湖北、浙江、四川。

19. 大豆轮纹病

【病原】大豆壳二孢 *Ascochyta glycines* Miura.，属无性型真菌。

【为害部位】叶片、叶柄、茎、荚。

【分布】东北、华北、华东。

20. 大豆白粉病

【病原】白粉孢 *Oidium erysiphoides* Fr.，属无性型真菌；有性型蓼白粉菌 *Erysiphe polygoni* DC.，属子囊菌。

【为害部位】叶片。

【分布】河北、四川、吉林、云南。

二、细菌病害

1. 大豆细菌性斑点病

【病原】丁香假单胞菌大豆致病变种（大豆细菌疫病假单胞菌）*Pseudomonas syringae* pv. *glycinea* (Coerper) Young，Dye & Wilkic，属细菌。

【别名】细菌性疫病。

【为害部位】幼苗、叶片、叶柄、茎、豆荚。

【分布】山西、黑龙江、安徽、广西、云南。

2. 大豆细菌性斑疹病

【病原】油菜黄单胞菌大豆致病变种 *Xanthomonas campestris* pv. *glycines* (Nakano) Dye 异名 *Xanthomonas campestris* pv. *phaseoli* (E. F. Smith) Dye *var. sojensis* (Hed.) Starr. & Burk.，属细菌。

【别名】大豆细菌性叶烧病、大豆叶烧病。

【为害部位】叶片、豆荚、叶柄、茎。

【分布】东北、黄淮流域地区及广东。

三、病毒病害

1. 大豆病毒病

【病原】大豆花叶病毒 *Soybean mosaic virus* 简称 SMV，属 + ssRNA 目、马铃薯 Y 病毒科、马铃薯 Y 病毒属。

【为害部位】叶片及种子。

【分布】山东、河南、江苏、四川、湖北、云南、贵州等省。

四、线虫病害

大豆胞囊线虫病

【病原】大豆胞囊线虫 *Heterodera glycines* Ichinohe，属线虫动物门线虫。

【别名】大豆根线虫病、黄萎病、萎黄线虫病、"火龙秧子"。

【为害部位】根部。

【分布】以东北大豆产区发生最重，其次是河北、河南、安徽及山东等省。

五、寄生性植物病害

菟丝子

【学名】*China Dodder*，属旋花科，菟丝子属。

【别名】豆寄生、无根草、黄丝、金黄丝子、马泠丝、巴钱天、黄鳝藤、菟儿丝。

【危害作物】寄主范围相当的广，多数草本双子叶（如豆科、黎科）及某些单子叶植物。

【分布】华北、华东、中南、西北、西南。

第二节　大豆害虫

一、节肢动物门 Arthropoda

昆虫纲 Insecta

（一）直翅目 Orthoptera

螽蟖科 Tettigoniidae

1. 黑斑草螽

【学名】*Conocephalus maculatus*（Le Guillou）

【别名】斑翅草螽。

【危害作物】水稻、玉米、高粱、谷子、甘蔗、大豆、花生、竹、棉、梨、柿。

【分布】江苏、江西、福建、湖北、广东、四川、云南。

2. 黄脊懒螽

【学名】*Deracantha* sp.

【危害作物】棉花、玉米、粟、麦、豆、烟草以及各种蔬菜。

【分布】北京、山西等地。

3. 短翅草螽

【学名】*Xyphidion japonicus* Redtenbacher

【危害作物】水稻、玉米、小麦、高粱、大豆、花生、甘蔗。

【分布】江西。

蛉蟋科 Trigonidiidae

4. 双带拟蛉蟋

【学名】*Paratrigonidium bifasciatum* Shiraki

【危害作物】大豆、甘蔗。

【分布】四川。

5. 虎甲蛉蟋

【学名】*Trigonidium cicindeloides* Rambur

【危害作物】水稻、麦、豆类、棉、甘薯、甘蔗。

【分布】江苏、台湾及华南地区。

蛣蟋科 Eneopteridae

6. 梨片蟋

【学名】*Truljalia hibinonis*（Matsumura）

【别名】梨蛣蛉、绿蛣蛉。

【危害作物】稻、粟、小麦、大麦、玉米、豆类、花生、苹果、梨、枣、山楂、洋槐。

【分布】山东、华北、华中、西南。

蟋蟀科 Gryllidae

7. 棉油葫芦

【学名】*Gryllus conspersus* Schaum

【危害作物】粟、大豆、棉、烟草。

【分布】河北、北京、江苏。

8. 黄扁头蟋

【学名】*Loxoblemmus arietulus* Saussure

【危害作物】粟、荞麦、小麦、水稻、豆类、棉花、甘蔗、烟草。

【分布】河北、台湾。

9. 台湾扁头蟋

【学名】*Loxoblemmus formosanus* Shiraki

【危害作物】粟、豆类、甘蔗、棉、烟草。

【分布】台湾。

10. 褐扁头蟋

【学名】*Loxoblemmus haani* Saussure

【危害作物】粟、荞麦、大豆、豌豆、棉、甘蔗、烟草、萝卜。

【分布】河北、台湾。

11. 花生大蟋

【学名】*Tarbinskiellus portentosus*（Lichtenstein）

【别名】巨蟋、蟋蟀之王。

【危害作物】花生、玉米、水稻、甘薯、豆类、芝麻、甘蔗、甘蓝、瓜类、茄子、烟草、番茄、辣椒、李、桃、松、杉、白杨、樟等。

【分布】广东、广西、湖南，浙江、江西、福建、台湾、湖南、四川、海南、贵州、云南。

12. 北京油葫芦

【学名】*Teleogryllus emma*（Ohmachi *et* Matsumura）

【危害作物】花生、大豆、芝麻、玉米等。

【分布】安徽、江苏、浙江、江西、福建、河北、山东、山西、陕西、广东、广西、贵州、云南、西藏、海南等地。

13. 斗蟋

【学名】*Velarifictorus micado*（Saussure）

【危害作物】大豆、豆类作物、树苗、蔬菜、甘蔗。

【分布】辽宁、山东、江苏、北京、安徽。

蝼蛄科 Gryllotalpidae

14. 东方蝼蛄

【学名】*Gryllotalpa orientalis* Burmeister

【危害作物】麦、稻、粟、玉米等禾谷类粮食作物及棉花、豆类、薯类、蔬菜等。

【分布】北京、天津、河北、内蒙古、黑龙江、江苏、浙江、安徽、山东、河南、湖北、重庆、四川、贵州、云南、陕西、甘肃、青海、宁夏、新疆。

锥头蝗科 Pyrgomorphidae

15. 长额负蝗

【学名】*Atractomorpha lata*（Motschulsky）

【危害作物】水稻、小麦、玉米、豆类、高粱、棉、芝麻、甘蔗、茶、烟草、桑、甘蓝、柑橘。

【分布】北京、河北、上海、山东、湖北、湖南、江西、广东、广西、陕西、四川。

16. 短额负蝗

【学名】*Atractomorpha sinensis* Bolivar

【危害作物】水稻、玉米、高粱、谷子、小麦、棉、大豆、芝麻、花生、黄麻、蓖麻、甘蔗、甘薯、马铃薯、烟草、蔬菜、茶。

【分布】东北、华南、华北、华中、西南地区及台湾。

17. 拟短额负蝗

【学名】*Atractomorpha ambigua* Bolivar

【危害作物】水稻、谷子、高粱、玉米、大麦、豆类、马铃薯、甘薯、麻类、甘蔗、桑、茶、甜菜、烟草、蔬菜、果树等。

【分布】辽宁、华北、华东、台湾、湖北、湖南、陕西、甘肃。

18. 短翅负蝗

【学名】*Atractomorpha crenulata*（Fabricius）

【危害作物】谷子、玉米、棉、大豆。

【分布】广西、陕西、四川。

斑腿蝗科 Catantopidae

19. 棉蝗

【学名】*Chondracris rosea*（De Geer）

【别名】大青蝗、蹬山倒。

【危害作物】大豆、水稻、玉米、高粱、粟、绿豆、豇豆、红薯、马铃薯、苎麻、蔬菜、棉、竹、甘蔗、樟树、椰子、木麻黄等。

【分布】北起辽宁、内蒙古、山西、陕西，南至台湾、海南、广东、广西、云南，东起滨海，西达四川、云南、西藏。

20. 中华稻蝗

【学名】*Oxya chinensis*（Thunberg）

【别名】水稻中华稻蝗。

【危害作物】水稻、玉米、高粱、麦类、甘蔗、豆类等。

【分布】除青海、西藏、新疆、内蒙古等未见报道外，其他地区均有分布。

21. 无齿稻蝗

【学名】*Oxya adentata* Willemse

【危害作物】水稻、大豆、棉花。

【分布】东北、内蒙古、青海、陕西省汉江北岸。

22. 日本黄脊蝗

【学名】*Patanga japonica*（I. Bolivar）

【危害作物】水稻、麦类、大豆、棉花。

【分布】黄河以南各地较多。

23. 长角直斑腿蝗

【学名】*Stenocatantops splendens*（Thunberg）

【危害作物】水稻、小麦、玉米、谷子、高粱、大豆、棉、茶、甘蔗、油棕。

【分布】江苏、浙江、江西、福建、台湾、广西、广东、河南、湖南、陕西、四川、云南。

斑翅蝗科 Oedipodidae

24. 花胫绿纹蝗

【学名】*Aiolopus tamulus*（Fabricius）

【别名】花尖翅蝗。

【危害作物】柑橘、小麦、玉米、甘蔗、高粱、稻、棉、甘蔗、大豆、茶。

【分布】北京、河北、内蒙古、辽宁、山东、安徽、江苏、浙江、江西、湖北、福建、台湾、广西、广东、陕西、宁夏、四川。

25. 鼓翅皱膝蝗

【学名】*Angaracris barabensis*（Pallas）

【危害作物】禾本科作物、马铃薯、大豆、蔬菜。

【分布】东北、内蒙古、宁夏、甘肃、陕西、河北、北京。

26. 红翅皱膝蝗

【学名】*Angaracris rhodopa*（F. -W. ）

【危害作物】粟、大豆、马铃薯。

【分布】陕西、黑龙江、河北、北京、山西、内蒙古、甘肃、青海。

网翅蝗科 Arcypteridae

27. 小翅雏蝗

【学名】*Chorthippus fallax*（Zubovsky）

【危害作物】小麦、甘蔗、莜麦、大豆、其他禾本科作物、蔬菜。

【分布】河北、陕西、山西、内蒙古、甘肃、青海、新疆。

28. 黄胫小车蝗

【学名】*Oedaleus infernalis infernalis* Saussure

【危害作物】麦类、谷子、玉米、高粱、豆类、马铃薯、麻类等

【分布】华北、华东及陕西关中等地。

剑角蝗科 Acrididae

29. 中华剑角蝗

【学名】*Acrida cinerea*（Thunberg）

【别名】中华蚱蜢。

【危害作物】甘蔗、高粱、小麦、水稻、棉花、玉米、大豆、花生、亚麻、烟草、甘薯、茶等。

【分布】华北、山东、江苏、安徽、浙江、江西、福建、台湾、湖南、广东、广西、陕西。

（二）缨翅目 Thysanoptera

管蓟马科 Phlaeothripidae

1. 稻简管蓟马

【学名】*Haplothrips aculeatus*（Fabricius）

【危害作物】小麦、水稻、大麦、谷子、甘蔗、玉米、高粱、大豆、蚕豆、苜蓿等。

【分布】南、北方都有分布。

蓟马科 Thripidae

2. 丽花蓟马

【学名】*Frankliniella intonsa* Trybom

【别名】台湾蓟马。

【危害作物】在水稻、小麦等禾本科作物及棉花、豆类、苜蓿、瓜类、茄科等其他多种作物花内危害。

【分布】全国都有分布。

3. 端大蓟马

【学名】*Megalurothrips distalis*（Karny）

【别名】花生蓟马、豆蓟马、紫云英蓟马、端带蓟马。

【危害作物】油菜、花生、大豆、苜蓿、水稻、小麦、玉米、向日葵、烟草、柑橘、大麻等。

【分布】中国主要分布于东北、华北、西北和湖北、江苏、浙江、安徽、山东等地，以东北三省、河北、山东受害较重。

4. 普通大蓟马

【学名】*Megalurothrips usitatus*（Bagnall）

【危害作物】丝瓜、豆类。

【分布】台湾。

5. 黄蓟马

【学名】*Thrips flavus* Schrank

【危害作物】油菜、甘蓝、麦类、水稻、棉花、瓜类、烟草、大豆、枣、柑橘、刺槐等。

【分布】河北、江苏、浙江、福建、台湾、湖南、海南、河南、广东、广西、贵州、云南。

6. 黄胸蓟马

【学名】*Thrips hawaiiensis*（Morgan）

【危害作物】油菜、白菜、南瓜、油桐、茶、大豆、豌豆、菊、柑橘、桑、茄科作物等。

【分布】江苏、浙江、台湾、湖南、广东、海南、广西、四川、云南、西藏。

7. 黑毛蓟马

【学名】*Thrips nigropilosus* Uzel

【别名】豆黄蓟马。

【危害作物】大豆、烟草、菊。

【分布】黑龙江、江苏、四川、广东。

8. 烟蓟马

【学名】*Thrips tabaci* Lindeman

【危害作物】水稻、小麦、玉米、大豆、苜蓿、苹果、瓜类、甘蓝、葱、棉花、茄科作物、蓖麻、麻类、茶、柑橘等

【分布】全国都有分布。

(三) 半翅目 Hemiptera

盲蝽科 Miridae

1. 三点苜蓿盲蝽

【学名】*Adelphocoris fasciaticollis* Reuter

【别名】小臭虫、破头疯。

【危害作物】大豆、棉花、芝麻、玉米、高粱、小麦、番茄、苜蓿、马铃薯等。

【分布】北起黑龙江、内蒙古、新疆，南稍过长江，江苏、安徽、江西、湖北、四川也有发生。

2. 苜蓿盲蝽

【学名】*Adelphocoris lineolatus* (Goeze)

【危害作物】大豆、棉花、苜蓿、草木樨、马铃薯、豌豆、菜豆、玉米、南瓜、大麻等。

【分布】东北、内蒙古、新疆、甘肃、河北、山东、江苏、浙江、江西和湖南的北部。

3. 中黑苜蓿盲蝽

【学名】*Adelphocoris suturalis* (Jakovlev)

【危害作物】大豆、棉花。

【分布】华北、西北、长江流域、陕西、四川。

4. 绿盲蝽

【学名】*Apolygus lucorum* (Meyer-Dür)

【危害作物】麦类、高粱、玉米、水稻、豆类、马铃薯、麻类、棉、向日葵、苜蓿、番茄、苹果、桃、木槿、紫穗槐等。

【分布】河北、山西、辽宁、山东、江苏、安徽、浙江、江西、福建、河南、湖南、四川、陕西、新疆。

5. 黑跳盲蝽

【学名】*Halticus tibialis* Reuter

【危害作物】大豆、甘薯、棉、花生、瓜类、萝卜、茄子、甘蓝、甘蔗、榕树、葡萄。

【分布】福建、台湾、四川。

6. 牧草盲蝽

【学名】*Lygus pratensis* (Linnaeus)

【危害作物】小麦、荞麦、豆类、马铃薯、棉花、苜蓿、蔬菜、果树、麻类等

【分布】河北、湖北、贵州、陕西、新疆。

7. 奥盲蝽

【学名】*Orthops kalmi* (Linnaeus)

【危害作物】水稻、麦、大豆、马铃薯、甘蔗、桑、甜菜、葡萄、柑橘、苹果。

【分布】辽宁。

长蝽科 Lygaeidae

8. 豆突眼长蝽

【学名】*Chauliops fallax* Scott

【危害作物】水稻、玉米、豆类。

【分布】河北、江西、四川。

9. 小长蝽

【学名】*Nysius ericae* (Schilling)

【危害作物】谷子、豆类、烟草、葱、橡胶草。

【分布】华北。

缘蝽科 Coreidae

10. 稻棘缘蝽

【学名】*Cletus punctiger* (Dallas)

【别名】针缘椿象。

【危害作物】主要为害水稻，其次是玉米、高粱、谷子、小麦、大豆、棉花等。

【分布】华南发生较普遍。

11. 一色同缘蝽

【学名】*Homoeocerus concoloratus* Uhler

【危害作物】豆类、柑橘。

【分布】福建、广东。

12. 广腹同缘蝽

【学名】*Homoeocerus dilatatus* Horvath

【危害作物】水稻、玉米、豆类、柑橘。

【分布】北京、河北、吉林、浙江、江西、河南、湖北、广东、四川、贵州。

13. 小点同缘蝽

【学名】*Homoeocerus marginellus* Herrich-Schäffer

【危害作物】水稻、大豆。

【分布】江西、广东、四川、云南。

14. 一点同缘蝽

【学名】*Homoeocerus unipunctatus*（Thunberg）

【危害作物】梧桐、豆类、玉米。

【分布】浙江、福建、江苏、湖北、江西、台湾、广东、云南、西藏。

15. 异稻缘蝽

【学名】*Leptocorisa varicornis*（Fabricius）

【别名】稻蛛缘蝽。

【危害作物】稻、麦、玉米、谷子、大豆、甘蔗、桑、柑橘等。

【分布】广西、广东、台湾、福建、浙江、贵州等省（区）。

16. 条蜂缘蝽

【学名】*Riptortus linearis*（Fabricius）

【危害作物】水稻、豆类、棉、柑橘、桑。

【分布】江苏、浙江、江西、福建、台湾、广西、广东、四川、云南。

17. 点蜂缘蝽

【学名】*Riptortus pedestris*（Fabricius）

【别名】白条蜂缘蝽、豆缘椿象、豆椿象。

【危害作物】蚕豆、豌豆、菜豆、绿豆、大豆、豇豆、昆明鸡血藤、毛蔓豆等豆科植物，亦为害水稻、麦类、高粱、玉米、红薯、棉花、甘蔗、丝瓜等。

【分布】浙江、江西、广西、四川、贵州、云南等省（区）。

土蝽科 Cydnidae

18. 侏地土蝽

【学名】*Geotomus pygmaeus*（Fabricius）

【危害作物】甘蔗、大豆。

【分布】台湾、广东、广西、云南、四川。

19. 三点边土蝽

【学名】*Legnotus triguttulus*（Motschulsky）

【危害作物】大豆。

【分布】北京、天津、浙江、陕西、四川、云南。

20. 麦根椿象

【学名】*Stibaropus formosanus*（Takado *et* Yamagihara）

【别名】根土蝽、根椿象、地熔、地臭虫等。

【危害作物】小麦、玉米、谷子、高粱、甘蔗、大豆、黍、烟草。

【分布】辽宁、吉林、河北、山西、山东、陕西、甘肃、台湾。

龟蝽科 Plataspidae

21. 浙江圆龟蝽

【学名】*Coptosoma chekiana* Yang

【危害作物】水稻、大豆、桑。

【分布】浙江、福建、四川。

22. 筛豆龟蝽

【学名】*Megacopta cribraria*（Fabricius）

【危害作物】水稻、马铃薯、甘薯、豆类、桑、甘蔗。

【分布】河北、山东、江苏、浙江、江西、福建、河南、广西、广东、陕西、四川、云南。

蝽科 Pentatomidae

23. 多毛实蝽

【学名】*Antheminia varicornis*（Jakovlev）

【危害作物】小麦、大豆。

【分布】北京、天津、山西、内蒙古、黑龙江、陕西、新疆。

24. 斑须蝽

【学名】*Dolycoris baccarum*（Linnaeus）

【别名】细毛蝽、臭大姐。

【危害作物】小麦、大麦、粟（谷子）、玉米、水稻、豆类、芝麻、棉花、白菜、油菜、甘蓝、萝卜、胡萝卜、葱、苹果、梨、及其他农作物。

【分布】北京、河北、山西、内蒙古、黑龙江、江苏、浙江、安徽、山东、河南、湖北、重庆、四川、贵州、云南、陕西、甘肃、新疆。

25. 麻皮蝽

【学名】*Erthesina fullo*（Thunberg）

【危害作物】大豆、菜豆、棉、桑、蓖麻、甘蔗、咖啡、柑橘、苹果、梨、乌桕、榆等。

【分布】河北、辽宁、河南、山东、江苏、安徽、浙江、江西、福建、台湾、湖南、湖北、广东、广西、四川、云南、贵州。

26. 稻黄蝽

【学名】*Euryaspis flavescens* Distant

【危害作物】水稻、玉米、大豆、绿豆、芝麻。

【分布】河北、江苏、安徽、江西、福建、贵州。

27. 茶翅蝽

【学名】*Halyomorpha halys* (Stål)

【危害作物】大豆、菜豆、桑、油菜、甜菜、梨、苹果、柑橘、梧桐、榆等。

【分布】河北、内蒙古、山东、江苏、安徽、浙江、江西、台湾、河南、湖南、湖北、广西、广东、陕西、四川、贵州。

28. 稻绿蝽

【学名】*Nezara viridula* (Linnaeus)

【别名】稻青蝽。

【危害作物】水稻、玉米、花生、棉花、豆类、十字花科蔬菜、油菜、芝麻、茄子、辣椒、马铃薯、桃、李、梨、苹果、柑橘等。

【分布】北起吉林，南至广东、广西，东起沿海各省，西至甘肃、青海、四川、云南。

29. 黑益蝽

【学名】*Picromerus griseus* (Dallas)

【危害作物】大豆、甘蔗。

【分布】广东、广西、四川、云南、西藏。

30. 绿点益蝽

【学名】*Picromerus viridipunctatus* Yang

【危害作物】水稻、大豆、苎麻、甘蔗。

【分布】浙江、江西、四川、贵州。

31. 璧蝽

【学名】*Piezodorus rubrofasciatus* (Fabricius)

【危害作物】水稻、小麦、谷子、玉米、高粱、豆类、棉花。

【分布】山东、江苏、浙江、江西、福建、湖北、广西、广东、四川。

32. 珀蝽

【学名】*Plautia fimbriata* (Fabricius)

【危害作物】水稻、大豆、芝麻、龙眼、柑橘、梨、桃。

【分布】北京、河北、上海、山东、江苏、安徽、浙江、江西、福建、广西、广东、四川、云南、贵州。

33. 稻黑蝽

【学名】*Scotinophara lurida* (Burmeister)。

【危害作物】水稻、小麦、玉米、马铃薯、豆类、甘蔗、柑橘等。

【分布】河北南部、山东和江苏北部、长江以南各省（区）。

34. 二星蝽

【学名】*Stollia guttiger* (Thunberg)

【危害作物】麦类、水稻、棉花、大豆、胡麻、高粱、玉米、甘薯、茄子、桑、无花果及榕树等。

【分布】河北、山西、山东、江苏、浙江、河南、广东、广西、台湾、云南、陕西、甘肃、西藏。

35. 锚纹二星蝽

【学名】*Stollia montivagus* (Distant)

【危害作物】水稻、小麦、高粱、玉米、大豆、甘薯、茄子、桑、榕树。

【分布】江苏、浙江、福建、广西、广东、云南、四川。

36. 广二星蝽

【学名】*Stollia ventralis* (Westwood)

【别名】黑腹蝽。

【危害作物】水稻、小麦、高粱、谷子、玉米、大豆、甘薯、苹果、棉花等。

【分布】广东、广西、福建、江西、浙江、河北、山东和山西等省（区）。

37. 蓝蝽

【学名】*Zicrona caerulea* (Linnaeus)

【危害作物】水稻、玉米、高粱、花生、豆类、甘草、白桦等。

【分布】东北、华北、华东、西南地区及台湾、甘肃、四川、新疆。

（四）同翅目 Homoptera

叶蝉科 Cicadellidae

1. 大青叶蝉

【学名】*Cicadella viridis* (Linnaeus)

【别名】青叶跳蝉、大绿浮尘子。

【危害作物】小麦、谷子、玉米、水稻、大豆、马铃薯、蔬菜、果树等。

【分布】北京、河北、黑龙江、江苏、浙江、山东、湖北、贵州、陕西、甘肃、青海、宁夏、新疆。

2. 小绿叶蝉

【学名】*Empoasca flavescens* (Fabricius)

【别名】桃叶蝉、桃小浮尘子、桃小叶蝉、桃小绿叶蝉。

【危害作物】大豆、棉花、茄子、菜豆、十字花科蔬菜、马铃薯、甜菜、水稻、桃、杏、李、樱桃、梅、葡萄等。

【分布】山西、辽宁、浙江、安徽、山东、云南等地均有分布。

3. 白翅叶蝉

【学名】*Thaia rubiginosa* Kuoh

【危害作物】水稻、高粱、玉米、麦、粟、大豆、甘蔗、茭白、紫云英。

【分布】浙江、江西、福建、台湾、湖北、湖南、广西、广东、四川。

4. 血点斑叶蝉

【学名】*Zygina arachisi*（Matsumura）

【危害作物】花生、大豆、菜豆、豌豆、葡萄。

【分布】安徽、福建、台湾。

蜡蝉科 Fulgoridae

5. 斑衣蜡蝉

【学名】*Lycorma delicatula*（White）

【危害作物】大豆、大麻、葡萄、苹果、樱桃、臭椿、槐、榆、洋槐。

【分布】河北、山西、山东、江苏、浙江、台湾、河南、湖北、广东、陕西、四川、西藏。

粉虱科 Aleyrodidae

6. 烟粉虱

【学名】*Bemisia tabaci*（Gennadius）

【别名】小白蛾。

【危害作物】大豆、番茄、黄瓜、辣椒、棉花、黄麻、烟草等。

【分布】东北、华北、华东地区及广东、广西、海南、福建、云南。

蚜科 Aphididae

7. 豌豆蚜

【学名】*Acyrthosiphon pisum*（Harris）

【危害作物】大豆、豌豆、菜豆、蚕豆、紫苜蓿、豆科作物。

【分布】东北、河北、内蒙古、山东、台湾、四川。

8. 豆蚜

【学名】*Aphis craccivora* Koch，异名：*Aphis medcaginis* Koch

【别名】苜蓿蚜。

【危害作物】棉、大豆、豆类、甘草、紫云英、花生、槐树等。

【分布】东北、河北、内蒙古、山东、江苏、浙江、江西、福建、台湾、湖北、海南、甘肃、四川。

9. 大豆蚜

【学名】*Aphis glycines* Matsumura

【别名】腻虫。

【危害作物】大豆、鼠李。

【分布】黑龙江、河北、内蒙古、河南、甘肃、宁夏、山西、山东、浙江、云南、广西等大豆产区。

10. 茄粗额蚜

【学名】*Aulacorthum solani*（Kaltenbach）

【危害作物】茄、马铃薯、大豆、豌豆、蚕豆、菜豆、绿豆、番杏、樱桃等。

【分布】东北、内蒙古、青海、华北、山东、河南、四川。

11. 桃蚜

【学名】*Myzus persicae*（Sulzer）

【危害作物】棉、马铃薯、大豆、豌豆、甘薯、烟草、葫芦科、茄科、十字花科作物，李、柑橘等果树。

【分布】全国各地。

粉蚧科 Pseudococcidae

12. 大豆根绒粉蚧

【学名】*Eriococcus* sp.

【危害作物】大豆。

【分布】黑龙江、山东、江苏。

珠蚧科 Margarodidae

13. 棉新珠蚧

【学名】*Neomargarodes gossipii* Yang

【别名】棉根新珠硕蚧、乌黑新珠蚧、钢子虫、新珠蚧、珠绵蚧。

【危害作物】谷子、玉米、豆类、棉、甜瓜、甘薯、蓖麻等。

【分布】山东、山西、陕西、河北、河南等地。

（五）鞘翅目 Coleoptera

鳃金龟科 Melolonthidae

1. 华阿鳃金龟

【学名】*Apogonia chinensis* Moser

【危害作物】高粱、玉米、大豆。

【分布】东北。

2. 黑阿鳃金龟

【学名】*Apogonia cupreoviridis* Koble

【别名】朝鲜甘蔗金龟。

【危害作物】大麦、小麦、玉米、大豆、杨、柳、高粱、棉、红麻、小灌木等。

【分布】辽宁、河北、山西、山东、河南、安徽、江苏。

3. 东北大黑鳃金龟

【学名】*Holotrichia diomphalia* Bates

【危害作物】大麦、小麦、高粱、玉米、粟、棉、麻、大豆、花生、马铃薯、甜菜、苜蓿、甘薯、苹果、梨等。

【分布】东北、河北、内蒙古、甘肃。

4. 华北大黑鳃金龟

【学名】*Holotrichia oblita*（Faldermann）

【危害作物】大麦、小麦、高粱、玉米、粟、棉、麻、大豆、花生、马铃薯、甜菜、苜蓿、甘薯、苹果、梨等。

【分布】北京、河北、内蒙古、山西、山东、江苏、安徽、浙江、江西、河南、甘肃、宁夏、青海。

5. 暗黑鳃金龟

【学名】*Holotrichia parallela* Motschulsky

【别名】暗黑齿爪鳃金龟。

【危害作物】棉、大麻、亚麻、蓖麻、花生、大豆、豆类、小麦、玉米、桑、苹果、梨、柑橘、杨、榆等。

【分布】黑龙江、吉林、辽宁、河北、北京、天津、河南、山西、山东、江苏、安徽、浙江、湖北、四川、贵州、云南、陕西、青海、甘肃。

6. 毛黄鳃金龟

【学名】*Holotrichia trichophora*（Fairmaire）

【危害作物】玉米、高粱、谷子、大豆、花生、芝麻，果树幼苗。

【分布】北京、天津、河北、河南、山西、山东。

7. 黑皱鳃金龟

【学名】*Trematodes tenebrioides*（Pallas）

【别名】无翅黑金龟、无后翅金龟子。

【危害作物】高粱、玉米、大豆、花生、小麦、棉花等。

【分布】吉林、辽宁、青海、宁夏、内蒙古、河北、天津、北京、山西、陕西、河南、山东、江苏、安徽、江西、湖南、台湾等地。

丽金龟科 Rutelidae

8. 毛喙丽金龟

【学名】*Adoretus hirsutus* Ohaus

【危害作物】大豆、苜蓿。

【分布】河北、山西、福建。

9. 中华喙丽金龟

【学名】*Adoretus sinicus* Burmeister

【危害作物】玉米、花生、大豆、甘蔗、苎麻、蓖麻、黄麻、棉、柑橘、苹果、桃、橄榄、可可、油桐、茶等以及各种林木。

【分布】山东、江苏、浙江、安徽、江西、湖北、湖南、广东、广西、福建、台湾。

10. 斑喙丽金龟

【学名】*Adoretus tenuimaculatus* Waterhouse

【别名】茶色金龟子、葡萄丽金龟。

【危害作物】玉米、棉花、高粱、黄麻、芝麻、大豆、水稻、菜豆、芝麻、向日葵、苹果、梨等以及其他蔬菜果木。

【分布】陕西、河北、山东、安徽、江苏、上海、浙江、江西、福建、广东、广西、湖南、湖北、贵州、四川等地。

11. 多色异丽金龟

【学名】*Anomala chaemeleon* Fairmaire

【别名】绿腿金龟。

【危害作物】麦、大豆、梨、桃、葡萄、桑、橡胶草。

【分布】河北、辽宁、内蒙古、山东、四川、云南。

12. 铜绿异丽金龟

【学名】*Anomala corpulenta* Motschulsky

【危害作物】大豆、苹果、沙果、花红、海棠、杜梨、梨、桃、杏、樱桃、核桃、板栗、栎、杨、柳、榆、槐、柏、桐、茶、松、杉等多种植物。

【分布】江苏、安徽、浙江、福建、山东、河南、湖北、江西、湖南、河北、北京、山西、陕西、内蒙古、宁夏、甘肃、四川、辽宁、吉林、黑龙江、广东、台湾等地。

13. 黄褐异丽金龟

【学名】*Anomala exoleta* Faldermann

【危害作物】大豆、苏丹草、羊草、披碱草、狗尾草、猫尾草、燕麦、早熟禾、黑麦草、羊茅、狗牙根、剪股颖、苜蓿、红豆草、三叶草等。

【分布】除新疆、西藏无报道外，分布遍及各省区。

14. 无斑弧丽金龟

【学名】*Popillia mutans* Newman

【危害作物】大豆、花生、甘薯、玉米等。

【分布】东北、内蒙古、甘肃、宁夏、华北、华东、福建、台湾、四川。

15. 四纹弧丽金龟

【学名】*Popillia quadriguttata* Fabricius

【别名】中华弧丽金龟、豆金龟子、四斑丽金龟。

【危害作物】大豆、葡萄、苹果、梨、山楂、桃、李、杏、樱桃、柿、栗等。

【分布】黑龙江、吉林、辽宁、内蒙古、甘肃、陕西、河北、山西、山东、河南、安徽、江苏、浙江、湖北、福建、台湾、广东、广西和贵州。

绢金龟科 Sericidae

16. 东方绢金龟

【学名】*Serica orientalis*（Motschulsky）

【别名】黑绒金龟子、天鹅绒金龟子、东方金龟子。

【危害作物】水稻、玉米、麦类、苜蓿、棉花、苎麻、胡麻、大豆、芝麻、甘薯等农作物、蔷薇科果树、柿、葡萄、桑、杨、柳、榆及十字花科植物。

【分布】东北、华北、内蒙古、甘肃、青海、陕西、四川及华东部分地区。

犀金龟科 Dynastidae

17. 阔胸禾犀金龟

【学名】*Pentodon mongolica* Motschulsky

【别名】阔胸金龟子。

【危害作物】麦类、玉米、高粱、大豆、甘薯、花生、胡萝卜、白菜、葱、韭等。

【分布】黑龙江、吉林、辽宁、河北、内蒙古、宁夏、山西、陕西、青海、甘肃、山东、河南、江苏和浙江。

叩甲科 Elateridae

18. 细胸锥尾叩甲

【学名】*Agriotes subvittatus* Motschulsky

【别名】细胸叩头虫、细胸叩头甲、土蚰蜒、细胸金针虫。

【危害作物】玉米、棉花以及辣椒、茄子、马铃薯、番茄、豆类等蔬菜。

【分布】黑龙江、吉林、内蒙古、河北、陕西、山西、宁夏、甘肃、河南、山东等地。

19. 褐纹梳爪叩甲

【学名】*Melanotus caudex* Lewis

【别名】铁丝虫、姜虫、金齿耙、叩头虫。

【危害作物】禾谷类作物、薯类、豆类、棉、麻、瓜等。

【分布】辽宁、河北、河南、内蒙古、陕西、甘肃、青海等地。

20. 沟叩头甲

【学名】*Pleonomus canaliculatus*（Faldermann）

【别名】铁丝虫、姜虫、金齿耙。

【危害作物】小麦、水稻、大麦、玉米、高粱、大豆等以及各种蔬菜和林木。

【分布】辽宁、河北、内蒙古、山西、河南、山东、江苏、安徽、湖北、陕西、甘肃、青海等地。

瓢甲科 Coccinellidae

21. 大豆瓢虫

【学名】*Afidenta misera*（Weise）

【危害作物】大豆、豇豆等。

【分布】山东、安徽、福建、台湾、广西、广东、云南、西藏。

22. 茄二十八星瓢虫

【学名】*Henosepilachna vigintioctopunctata*（Fabricius）

【危害作物】马铃薯、茄子、大豆、辣椒、丝瓜。

【分布】华北、江苏、安徽、江西、福建、广西、四川、云南、陕西。

拟步甲科 Tenebrionidae

23. 蒙古沙潜

【学名】*Gonocephalum reticulatum* Motschulsky

【危害作物】高粱、玉米、大豆、小豆、洋麻、亚麻、棉、胡麻、甜菜、甜瓜、花生、梨、苹果、橡胶草。

【分布】河北、山西、内蒙古、辽宁、黑龙江、山东、江苏、宁夏、甘肃、青海。

24. 欧洲沙潜

【学名】*Opatrum sabulosum*（Linnaeus）

【别名】网目拟步甲。

【危害作物】棉、甜菜、果树幼苗、玉米、烟草、向日葵、瓜类、豆类、葡萄。

【分布】甘肃、新疆。

25. 沙潜

【学名】*Opatrum subaratum* Faldermann

【别名】拟步甲、类沙土甲。

【危害作物】小麦、大麦、高粱、玉米、粟、苜蓿、大豆、花生、甜菜、瓜类、麻类、苹果、梨。

【分布】东北、华北、内蒙古、山东、安徽、江西、台湾、甘肃、宁夏、青海、新疆。

芫菁科 Meloidae

26. 白条豆芫菁

【学名】*Epicauta albovittava*（Gestro）

【危害作物】大豆、苋菜、粟。

【分布】安徽、河南、湖北。

27. 中华豆芫菁

【学名】*Epicauta chinensis* Laporte

【危害作物】大豆、豆类、花生、甜菜。

【分布】东北、河北、山西、内蒙古、江苏、安徽、浙江、台湾、陕西、甘肃、四川。

28. 锯角豆芫菁

【学名】*Epicauta fabricii*（Le Conte）

【别名】白条芫菁、暗黑豆芫菁。

【危害作物】大豆、豆类、花生、高粱、玉米、棉、桑、马铃薯、茄等。

【分布】河北、山西、山东、江苏、浙江、江西、福建、湖南、湖北、广西、广东、陕西、四川。

29. 毛角豆芫菁

【学名】*Epicauta hirticornis*（Haag-Rutenberg）

【危害作物】大豆、蔬菜。

【分布】河南、广西。

30. 大头豆芫菁

【学名】*Epicauta megalocephala* Gebler

【别名】小黑芫菁。

【危害作物】大豆、马铃薯、甜菜、菠菜、花生、苜蓿。

【分布】河北、内蒙古、宁夏及东北地区。

31. 暗头豆芫菁

【学名】*Epicauta obscurocephala* Reitter

【危害作物】大豆、豆类、苜蓿、马铃薯、花生、黍等。

【分布】河北、陕西、宁夏、山东。

32. 红头豆芫菁

【学名】*Epicauta ruficeps* Illiger

【危害作物】泡桐、豆类。

【分布】湖北、安徽、江西、福建、湖南、广西、四川、云南。

33. 红头黑芫菁

【学名】*Epicauta sibirica* Pallas

【危害作物】大豆、油菜、马铃薯、蔬菜、苜蓿、玉米、南瓜、向日葵、糜子。

【分布】甘肃、宁夏、华北、东北。

34. 苹斑芫菁

【学名】*Milabris calida*（Pallas）

【危害作物】苹果、大豆、蚕豆。

【分布】河北、陕西、内蒙古、黑龙江、山东。

35. 眼斑芫菁

【学名】*Mylabris cichorii* Linnaeus

【别名】黄黑小芫菁、眼斑小芫菁、黄黑花芫菁。

【危害作物】大豆、豆类、瓜类、苹果等。

【分布】河北、安徽、江苏、浙江、湖北、福建、广东、广西。

36. 大斑芫菁

【学名】*Mylabris phalerata*（Pallas）

【危害作物】豆类、南瓜、棉、花生、田菁。

【分布】江西、福建、台湾、河南、湖南、广西、广东、四川。

肖叶甲科 Eumolpidae

37. 褐足角胸肖叶甲

【学名】*Basilepta fulvipes*（Motschulsky）

【危害作物】大豆、玉米、高粱、谷子、大麻、甘草、苹果、梨等。

【分布】东北、宁夏、内蒙古、河北、北京、陕西、山西、山东、江苏、浙江、湖北、江西、湖南、福建、台湾、广西、四川、贵州、云南。

38. 粟鳞斑肖叶甲

【学名】*Pachnephorus lewisii* Baly

【别名】粟灰褐叶甲、谷鳞斑叶甲。

【危害作物】粟、黍、高粱、麦类、亚麻、棉花、芝麻、向日葵、豆类等。

【分布】吉林、辽宁、黑龙江、华北、西北。

39. 斑鞘豆肖叶甲

【学名】*Pagria signata*（Motschulsky）

【危害作物】玉米、瓜类、大豆、豆类、花生等。

【分布】辽宁、黑龙江、陕西、河北、江苏、安徽、浙江、湖北、江西、福建、台湾、广东、广西、海南、四川、云南。

叶甲科 Chrysomelidae

40. 豆长刺萤叶甲

【学名】*Atrachya menetriesi*（Faldermann）

【别名】豆守瓜。

【危害作物】豆类、甜菜、瓜类、柳等。

【分布】黑龙江、吉林、内蒙古、甘肃、青海、河北、山西、江苏、浙江、江西、福建、广东、广西、四川、贵州、云南。

41. 黑条麦萤叶甲

【学名】*Medythia nigrobilineata*（Motschulsky）

【别名】大豆叶甲、二黑条萤叶甲、豆二条萤叶甲。

【危害作物】大豆、甜菜、瓜类、水稻、高粱。

【分布】黑龙江、河北、陕西、山东、江苏、安徽、湖北、江西、福建、广西、四川、云南。

42. 双斑长跗萤叶甲

【学名】*Monolepta hieroglyphica*（Motschulsky）

【别名】双斑萤叶甲、四目叶甲。

【危害作物】大豆、马铃薯、棉花、大麻、洋麻、苘麻、蓖麻、甘蔗、玉米、谷类、向日葵、胡萝卜、甘蓝、白菜、茶、苹果。

【分布】东北、河北、内蒙古、山西、江西、台湾、河南、湖北、广西、云南、贵州、四川。

43. 四斑长跗萤叶甲

【学名】*Monolepta quadriguttata*（Motschulsky）

【危害作物】棉花、大豆、花生、玉米、马铃薯、大麻、红麻、苘麻、甘蓝、白菜、蓖麻、糜子、甘蔗、柳等。

【分布】东北、华北、江苏、浙江、湖北、广西、宁夏、甘肃、陕西、四川、云南、贵州、台湾。

44. 黄斑长跗萤叶甲

【学名】*Monolepta signata*（Olivier）

【危害作物】棉花、豆类、玉米、花生。

【分布】福建、广东、广西、云南、西藏。

铁甲科 Hispidae

45. 大锯龟甲

【学名】*Basiprionota chinensis*（Fabricius）

【危害作物】水稻、玉米、大豆、泡桐、梓。

【分布】辽宁、陕西、江苏、浙江、江西、福建、广东、广西、四川。

46. 束腰扁趾铁甲

【学名】*Dactylispa excisa*（Kraatz）

【危害作物】玉米、大豆、梨、苹果、柑橘、柞树。

【分布】四川、广东、广西、云南、江西、福建、湖北、浙江、安徽、山东、陕西、黑龙江。

象甲科 Curculionidae

47. 长吻白条象甲

【学名】*Cryptoderma fortunei*（Waterhouse）

【危害作物】大豆、玉米、向日葵、马铃薯。

【分布】四川。

48. 大绿象甲

【学名】*Hypomeces squamosus*（Fabricius）

【危害作物】柑橘、苹果、梨、桃、棉、桑、茶、玉米、甘蔗、果树、大豆。

【分布】山东、浙江、江西、福建、台湾、湖北、广东、广西、四川。

49. 棉尖象

【学名】*Phytoscaphus gossypii* Chao

【别名】棉象鼻虫、棉小灰象。

【危害作物】棉花、玉米、甘薯、谷子、大麻、高粱、小麦、水稻、花生、大豆等以及各种蔬菜果木。

【分布】黑龙江、辽宁、吉林、宁夏、北京、河北、内蒙古、甘肃、青海、河南、江苏、安徽、湖北、湖南等省区。

50. 大灰象甲

【学名】*Sympiezomias velatus*（Chevrolat）

【别名】象鼻虫、土拉驴。

【危害作物】棉花、麻、烟草、玉米、高粱、粟、黍、花生、马铃薯、辣椒、甜菜、瓜类、豆类、苹果、梨、柑橘、核桃、板栗等。

【分布】全国各地均有分布。

51. 蒙古土象

【学名】*Xylinophorus mongolicus* Faust

【别名】象鼻虫、灰老道、放牛小。

【危害作物】棉、麻、谷子、玉米、花生、大豆、向日葵、高粱、烟草、苹果、梨、核桃、桑、槐以及各种蔬菜。

【分布】黑龙江、吉林、辽宁、河北、山西、山东、江苏、内蒙古、甘肃等地。

（六）鳞翅目 Lepidoptera

麦蛾科 Gelechiidae

1. 花生麦蛾

【学名】*Stomopteryx subsecivella* Zeller

【危害作物】花生、豆类作物。

【分布】华北、华南。

卷蛾科 Tortricidae

2. 大豆食心虫

【学名】*Leguminivora glycinivorella*（Matsumura）

【别名】大豆蛀荚虫、小红虫。

【危害作物】大豆、野生大豆、苦参。

【分布】内蒙古及华北、华东、东北地区。

3. 豆小卷叶蛾

【学名】*Matsumuraeses phaseoli*（Matsumura）

【危害作物】大豆、豌豆、绿豆等豆类作物、苜蓿。

【分布】东北、华北、西北、西南、华南、华中。

刺蛾科 Limacodidae

4. 迹银纹刺蛾

【学名】*Miresa inornata* Walker

【别名】大豆刺蛾。

【危害作物】大豆、槭树、茶、苹果、梨。

【分布】河北、辽宁、福建、台湾、广西、四川。

螟蛾科 Pyralidae

5. 桃蛀螟

【学名】*Conogethes punctiferalis*（Guenée）

【危害作物】桃、苹果、梨、柑橘、芒果，玉米、向日葵、蓖麻、大豆。

【分布】河北、山西、辽宁、山东、江苏、安徽、浙江、江西、福建、台湾、河南、湖北、湖南、陕西、四川、云南。

6. 豆荚斑螟

【学名】*Etiella zinckenella*（Treitschke）

【别名】豇豆螟、豇豆蛀野螟。

【危害作物】豆科植物。

【分布】自东北南部起到广东，除西藏外均有分布，但以华东、华中、华南受害最重。

7. 草地螟

【学名】*Loxostege sticticalis*（Linnaeus）

【别名】黄绿条螟、甜菜螟、网螟。

【危害作物】大豆、玉米、向日葵、马铃薯、苜蓿。

【分布】华北、西北、东北地区。

8. 黄草地螟

【学名】*Loxostage verticalis* Linnaeus

【危害作物】大豆、苜蓿。

【分布】新疆、宁夏。

9. 豆荚野螟

【学名】*Maruca vitrata*（Fabricius）

【别名】豆野螟、豆荚钻心虫、豆角钻心虫。

【危害作物】豆科植物。

【分布】吉林、内蒙古、台湾、海南、广东、广西、云南、陕西、宁夏、甘肃、四川、云南，西藏。

10. 豆啮叶野螟

【学名】*Omiodes indicata*（Fabricius）

【别名】大豆卷叶虫、三条野螟。

【危害作物】大豆、豇豆、菜豆、扁豆、绿豆、赤豆等豆科作物。

【分布】内蒙古、山东、河北、河南、江苏、浙江、福建、广东、湖北、四川和台湾等省和自治区。

11. 甜菜青野螟

【学名】*Spoladea recurvalis*（Fabricius）

【别名】甜菜叶螟、甜菜青虫、白带螟、甜菜白带野螟。

【危害作物】甜菜、玉米、向日葵、棉、黄瓜、甘蔗、茶、蔬菜、辣椒、大豆、甘薯。

【分布】北京、河北、吉林、山东、江西、福建、台湾、河南、广东、陕西、四川。

尺蛾科 Geometridae

12. 大造桥虫

【学名】*Ascotis selenaria* (Denis *et* Schiffermüller)

【别名】尺蠖、步曲。

【危害作物】大豆、棉花、柑橘、梨等。

【分布】除西藏、新疆外，其他地区均有分布。

13. 木橑尺蠖

【学名】*Culcula panterinaria* (Bremer *et* Grey)

【危害作物】花椒、苹果、梨、泡桐、桑、榆、大豆、棉花、向日葵、甘蓝、萝卜等。

【分布】河北、河南、山东、山西、内蒙古、陕西、四川、广西、云南。

14. 弓纹紫线尺蠖

【学名】*Timandra amata* Linnaeus

【危害作物】玉米、大豆、茶、麦类。

【分布】黑龙江、河南、四川。

15. 大豆斜线岩尺蛾

【学名】*Scopula emissaria lactea* (Burter)

【别名】日本叉尺蛾。

【危害作物】豆科作物。

【分布】河南、江西、海南。

天蛾科 Sphingidae

16. 豆天蛾

【学名】*Clanis bilineata* (Walker)

【危害作物】大豆、豇豆等豆科作物、泡桐、槐、榆、柳等。

【分布】各省区均有发生，在山东、河南等省危害较重。

17. 南方豆天蛾

【学名】*Clanis bilineata bilineata* (Walker)

【危害作物】豆类。

【分布】浙江、华南。

18. 青岛南方豆天蛾

【学名】*Clanis bilineata tsingtauica* Mell

【危害作物】豆类、柳、槐等。

【分布】除西藏以外的其他各省、市、区。

19. 星绒天蛾

【学名】*Dolbina tancrei* Staudinger

【危害作物】大豆、木樨科植物。

【分布】黑龙江、四川、北京、河北。

20. 芋双线天蛾

【学名】*Theretra oldenlandiae* (Fabricius)

【危害作物】里芋、甘薯、大豆、马铃薯、葡萄。

【分布】东北、江西、台湾、河南、广西、陕西、四川。

夜蛾科 Noctuidae

21. 梨剑纹夜蛾

【学名】*Acronicta rumicis* (Linnaeus)

【别名】梨剑蛾、酸模剑纹夜蛾。

【危害作物】大豆、玉米、棉花、向日葵、白菜（青菜）、苹果、桃、梨。

【分布】北起黑龙江、内蒙古、新疆，南抵台湾、广东、广西、云南。

22. 小地老虎

【学名】*Agrotis ipsilon* (Rottemberg)

【别名】土蚕，地蚕。

【危害作物】大豆、蔬菜、棉花、玉米、花生等多种农作物。

【分布】山西、辽宁、黑龙江、浙江、安徽、山东、广西、云南等地。

23. 小造桥夜蛾

【学名】*Anomis flava* (Fabricius)

【危害作物】棉花、锦葵、木槿、大豆、绿豆、麻、柑橘、烟草。

【分布】全国各棉区均有分布。

24. 银纹夜蛾

【学名】*Argyrogramma agnata* (Staudinger)

【别名】黑点银纹夜蛾、豆银纹夜蛾、菜步曲、豆尺蠖、大豆造桥虫、豆青虫。

【危害作物】大豆等豆类作物、甘蓝、花椰菜、白菜、萝卜、莴苣、茄子及胡萝卜等蔬菜。

【分布】山西、辽宁、浙江、安徽、山东、云南、新疆等地。

25. 丫纹夜蛾

【学名】*Autographa gamma* (Linnaeus)

【危害作物】豌豆、白菜、甘蓝、大豆、苜蓿、甜菜、玉米、小麦。

【分布】甘肃、宁夏、新疆。

26. 豆卜馍夜蛾

【学名】*Bomolocha tristalis* (Lederer)

【危害作物】大豆。

【分布】东北、华北、湖北、福建、云南、西藏、新疆。

27. 白肾锦夜蛾

【学名】*Euplexia lucipara*（Linnaeus）

【危害作物】楞、大豆、女真属、毛茛属。

【分布】黑龙江、湖北、四川。

28. 白边地老虎

【学名】*Euxoa oberthuri*（Leech）

【别名】白边切夜蛾、白边切根虫、土蚕、地蚕。

【危害作物】大豆、豌豆、蚕豆、菜豆、玉米、小麦、燕麦、谷子、高粱、亚麻、烟草、甜菜、菠菜、番茄、茄子等，苦苣、苦荬菜、车前、苜蓿等杂草或牧草。

【分布】青海、甘肃、新疆、西藏、黑龙江、吉林、辽宁、内蒙古、四川、贵州、云南、河南、河北、北京等地。

29. 棉铃虫

【学名】*Helicoverpa armigera*（Hübner）

【别名】棉桃虫、钻心虫、青虫和棉铃实夜蛾。

【危害作物】棉、玉米、小麦、大豆、亚麻、烟草、番茄、辣椒、茄子、芝麻、向日葵、南瓜、苜蓿、苹果、梨、柑橘等。

【分布】全国各地。

30. 烟夜蛾

【学名】*Helicoverpa assulta* Guenée

【别名】烟草夜蛾、烟实夜蛾、烟青虫。

【危害作物】烟、棉、麻、玉米、高粱、番茄、辣椒、南瓜、大豆、苎麻、向日葵、甘薯、马铃薯、茄子等。

【分布】全国各地。

31. 苜蓿夜蛾

【学名】*Heliothis viriplaca*（Hüfnagel），异名：*Heliothis dipsacea*（Linnaeus）

【别名】大豆叶夜蛾、亚麻夜蛾。

【危害作物】豌豆、大豆、向日葵、麻类、甜菜、棉、烟草、马铃薯及绿肥作物。

【分布】分布偏北，长江为其南限，东、西、北均靠近国境线，四川、西藏均有发生。

32. 长须夜蛾

【学名】*Hypena proboscidalis* Linnaeus

【危害作物】大豆。

【分布】黑龙江、山东、浙江、河南。

33. 小长须夜蛾

【学名】*Hypena taenialoides* Chu *et* Chen

【危害作物】大豆。

【分布】北京。

34. 坑翅夜蛾

【学名】*Ilattia octo*（Guenée）

【危害作物】大豆、绿豆、苹果。

【分布】河北、山东、江苏、安徽、江西、河南。

35. 银锭夜蛾

【学名】*Macdunnoughia crassisigna*（Warren）

【别名】莲纹夜蛾。

【危害作物】大豆、胡萝卜、牛蒡、菊花等菊科植物。

【分布】东北、华北、华东、西北、西藏（分布在西藏的是银锭夜蛾西藏亚种）。

36. 懈毛胫夜蛾

【学名】*Mocis annetta*（Butler）

【危害作物】大豆及其他豆类。

【分布】河北、山东、陕西、华东、华中、西南。

37. 褐宽翅夜蛾

【学名】*Naenia conataminata*（Walker）

【危害作物】大豆、鸡桑、羊蹄。

【分布】黑龙江、江苏、浙江、江西。

38. 红棕灰夜蛾

【学名】*Polia illoba*（Butler）

【危害作物】桑、甜菜、大豆、棉花、苜蓿、豌豆、荞麦、萝卜、葱。

【分布】河北、黑龙江、江西、宁夏。

39. 斜纹夜蛾

【学名】*Spodoptera litura*（Fabricius）

【别名】莲纹夜蛾，俗称夜盗虫、乌头虫等。

【危害作物】甘薯、棉花、芋、莲、田菁、大豆、烟草、甜菜和十字花科和茄科蔬菜等。

【分布】主要发生在长江流域的江西、江苏、湖南、湖北、浙江、安徽；黄河流域的河南、河北、山东等省。

毒蛾科 Lymantriidae

40. 肾毒蛾

【学名】*Cifuna locuples* Walker

【别名】豆毒蛾、肾纹毒蛾、飞机毒蛾。

【危害作物】大豆、绿豆、苜蓿茶、柳树、芦苇、柿树及药用植物和花卉等。

【分布】北起黑龙江、内蒙古，南至台湾、广东、广西、云南。

41. 沁茸毒蛾

【学名】*Dasychira mendosa*（Hübner）

【别名】青带毒蛾。

【危害作物】甘薯、棉花、麻、茄、大豆、菜豆、桑、茶、柑橘、榕树、竹、相思树等。

【分布】台湾、广东、云南。

42. 乌桕黄毒蛾

【学名】*Euproctis bipunctapex*（Hampson）

【危害作物】乌桕、油桐、桑、茶、栎、大豆、甘薯、棉花、南瓜、苹果、梨、桃等。

【分布】江苏、浙江、江西、台湾、湖北、湖南、四川、西藏。

43. 古毒蛾

【学名】*Orgyia antiqua*（Linnaeus）

【别名】赤纹毒蛾、褐纹毒蛾、桦纹毒蛾、落叶松毒蛾、缨尾毛虫。

【危害作物】大豆、月季、蔷薇、杨、槭、柳、山楂、苹果、梨、李、栎、桦、桤木、榛、鹅耳枥、石杉、松、落叶松等。

【分布】河南、山东、河北、山西、辽宁等地。

44. 灰斑台毒蛾

【学名】*Teia ericae* Germar

【别名】沙枣毒蛾。

【危害作物】花棒、沙冬青、柠条、杨柴、杠柳、沙拐枣、沙棘、梭梭、沙枣、榆、杨、旱柳、沙米、豆类等多种植物。

【分布】黑龙江、吉林、辽宁、内蒙古、陕西、甘肃、宁夏、青海。

灯蛾科 Arctiidae

45. 褐点粉灯蛾

【学名】*Alphaea phasma*（Leech）

【危害作物】玉米、大豆、高粱、蓖麻、桑、梨、苹果、核桃、南瓜、菜豆、扁豆、辣椒等。

【分布】华西、贵州、云南。

46. 白雪灯蛾

【学名】*Chionarctia nivea*（Ménétriés）

【危害作物】高粱、大豆、麦、粟。

【分布】东北、湖北、陕西、四川。

47. 黑条灰灯蛾

【学名】*Creatonotus gangis*（Linnaeus）

【危害作物】桑、茶、甘蔗、柑橘、大豆、咖啡。

【分布】江西、台湾、四川、云南，东北、华中、华南、华西地区。

48. 红腹白灯蛾

【学名】*Spilaratia subcarnea*（Walker）

【别名】人纹污灯蛾、红腹灯蛾、桑红灯蛾、人字纹灯蛾。

【危害作物】豆类、麻类、桑、十字花科蔬菜、棉花、芝麻、玉米、花生、苹果、梨等。

【分布】北至黑龙江，南至台湾，西至四川，东至上海均有分布。

49. 星白雪灯蛾

【学名】*Spilosoma menthastri*（Esper）

【别名】红腹灯蛾、黄腹灯蛾、星白灯蛾。

【危害作物】豆类、玉米、豆类、十字花科和茄科蔬菜、棉花等作物。

【分布】湖北、湖南、四川、贵州、东北、内蒙古、河北、陕西、江苏、安徽、浙江、江西、福建、云南、重庆。

苔蛾科 Lithosiidae

50. 优雪苔蛾

【学名】*Cyana hamata*（Walker）

【危害作物】玉米、棉花、甘蔗、大豆、柑橘。

【分布】陕西、四川。

粉蝶科 Pieridae

51. 斑缘豆粉蝶

【学名】*Colias erate*（Esper）

【危害作物】大豆、苜蓿、其他豆科作物。

【分布】东北、河北、河南、山东、山西、浙江、江西、台湾、湖北、湖南、宁夏。

52. 四银斑豆粉蝶

【学名】*Colias hoes*（Herbst）

【危害作物】大豆。

【分布】四川。

53. 豆粉蝶

【学名】*Colias hyale*（Linnaeus）

【危害作物】豆类、苜蓿。

【分布】黑龙江、四川、陕西。

54. 黑缘豆粉蝶

【学名】*Colias palaeno*（Linnaeus）

【危害作物】豆类。

【分布】四川。

55. 宽边黄粉蝶

【学名】*Eurema hecabe*（Linnaeus）

【危害作物】花生、大豆、合欢、豆科植物。

【分布】陕西、四川。

灰蝶科 Lycaenidae

56. 大豆斑灰蝶

【学名】*Lycaeides argyrognomon*（Bergstraesser）

【危害作物】大豆。

【分布】河北、陕西。

57. 豆灰蝶

【学名】*Plebejus argus*（Linnaeus）

【别名】豆小灰蝶、银蓝灰蝶。

【危害作物】大豆、豇豆、绿豆、沙打旺、苜蓿、紫云荚、黄芪等。

【分布】黑龙江、吉林、辽宁、河北、山东、山西、河南、陕西、甘肃、青海、内蒙古、湖南、四川、新疆。

蛱蝶科 Nymphalidae

58. 小红蛱蝶

【学名】*Vanessa cardui*（Linnaeus）

【危害作物】大豆、堇菜科、忍冬科、杨柳科、桑科、榆科、麻类、大戟科、茜草科等。

【分布】东北、河北、山东、浙江、江西、福建、湖北、湖南、陕西、宁夏、青海、四川、广东及台湾。

（七）双翅目 Diptera

瘿蚊科 Cecidomyiidae

1. 大豆荚瘿蚊

【学名】*Asphondylia* gennadii（Marchal）

【危害作物】大豆。

【分布】江苏、安徽、河南、北京。

潜蝇科 Agromyzidae

2. 豆梢黑潜蝇

【学名】*Melanagromyza dolichostigma* De Meijere

【危害作物】大豆、菜豆和其他豆科作物。

【分布】浙江、福建、湖北、广西。

3. 豆秆黑潜蝇

【学名】*Melanagromyza sojae*（Zehntner）

【别名】豆秆蝇、豆秆穿心虫。

【危害作物】四季豆、豇豆、毛豆等豆科蔬菜及大豆、赤豆、绿豆等豆科作物。

【分布】北起吉林，南抵台湾，以黄淮地区受害最重。

4. 豆叶东潜蝇

【学名】*Japanagromyza tristella*（Thomson）

【危害作物】大豆、野大豆及葛属植物。

【分布】河北以南大豆产区。

5. 菜豆蛇潜蝇

【学名】*Ophiomyia phaseoli*（Tryon）

【危害作物】大豆、菜豆等。

【分布】台湾、广东、广西。

6. 豆根蛇潜蝇

【学名】*Ophiomyia shibatsuji*（Kato）

【别名】大豆根潜蝇、大豆根蛇潜蝇、大豆根蛆。

【危害作物】大豆和野生大豆。

【分布】黑龙江、吉林、辽宁、内蒙古、山东、河北等地。

扁口蝇科 Platystomatidae

7. 山斑皱蝇

【学名】*Rivellia alini* Enderlein

【别名】大豆根瘤蝇。

【危害作物】大豆。

【分布】黑龙江、吉林。

8. 端斑皱蝇

【学名】*Rivellia apicalis* Hendel

【别名】大豆根瘤蝇。

【危害作物】大豆、绿豆。

【分布】河南、吉林、北京、江苏、福建、四川。

9. 图斑皱蝇

【学名】*Rivellia depicta* Hennig

【别名】大豆根瘤蝇。

【危害作物】大豆。

【分布】河南、北京、吉林、内蒙古、黑龙江。

蛛形纲 Arachnida

蜱螨目 Acarina

跗线螨科 Tarsonemidae

1. 侧多食跗线螨

【学名】*Polyphagotarsonemus latus* (Banks)

【危害作物】茶、黄麻、蓖麻、棉花、橡胶、柑橘、大豆、花生、马铃薯、番茄、榆、椿等。

【分布】江苏、浙江、福建、湖北、河南、四川、贵州。

叶螨科 Tetranychidae

2. 菜豆叶螨

【学名】*Tetranychus phaselus* Ehara

【别名】大豆叶螨、大豆红蜘蛛。

【危害作物】大豆等豆科植物，小蓟、小旋花、蒲公英、车前等杂草。

【分布】北京、浙江、江苏、四川、云南、湖北、福建、台湾等。

3. 二斑叶螨

【学名】*Tetranychus urticae* Koch

【别名】二点叶螨、普通叶螨。

【危害作物】蔬菜、大豆、花生、玉米、高粱、苹果、梨、桃、杏、李、樱桃、葡萄、棉、豆等多种作物和近百种杂草。

【分布】全国各地均有分布，浙江、辽宁、山东、云南等省。

二、软体动物门 Mollusca

腹足纲 Gastropoda

柄眼目 Stylommatophora

巴蜗牛科 Bradybaenidae

1. 灰巴蜗牛

【学名】*Bradybaena ravida* (Benson)。

【别名】蜒蚰螺。

【危害作物】黄麻、红麻、苎麻、棉花、豆类、玉米、大麦、小麦、蔬菜、瓜类等。

【分布】北到黑龙江，南到广东、河南、河北、江苏、浙江、新疆等地均有分布。

2. 同型巴蜗牛

【学名】*Bradybaena similaris* (Férussac)

【别名】水牛、天螺、蜒蚰螺。

【危害作物】大豆、棉花、玉米、苜蓿、油菜、蚕豆、豌豆、大麦、小麦等。

【分布】山东、河北、内蒙古、陕西、甘肃、湖北、湖南、江西、江苏、浙江、福建、广西、广东、台湾、四川和云南等。

第五章　马铃薯有害生物名录

第一节　马铃薯病害

一、真菌病害

1. 马铃薯癌肿病

【病原】内生集壶菌或马铃薯癌肿菌 *Synchytrium endobioticum*（Schulb.）Percival，属壶菌。

【为害部位】薯块、匍匐茎。

【分布】云南、四川、贵州、新疆、甘肃。

2. 马铃薯晚疫病

【病原】致病疫霉 *Phytophthora infestans*（Mont.）de Bary，属卵菌。

【为害部位】叶片、茎、块茎。

【分布】我国各马铃薯主产区均有发生，西南地区较为严重，东北、华北与西北多雨潮湿的年份为害较重。

3. 马铃薯粉痂病

【病原】粉痂菌 *Spongospora subterranean*（Wallr.）Lagerh，属卵菌。

【为害部位】茎、块茎、根部。

【分布】湖北、广西、广东、重庆、湖北、四川、贵州、云南、甘肃、新疆、陕西。

4. 马铃薯早疫病

【病原】茄链格孢 *Alternaria solani*（Ellis *et* Mart.）Jones *et* Grout.，属无性型真菌。

【别名】马铃薯夏疫病，马铃薯轮纹病，马铃薯干枯病。

【为害部位】叶片、茎、块茎。

【分布】各马铃薯主产区均有分布。

5. 马铃薯黑痣病

【病原】茄丝核菌 *Rhizoctonia solani* Kühn，属无性型真菌；有性型为瓜亡革菌 *Thanatephorus cucumeris*（A. B. Frank）Donk teleomorph。

【别名】立枯丝核菌病，茎基腐病，丝核菌溃疡病，黑色粗皮病，纹枯病。

【为害部位】幼芽、茎基部、匍匐茎、块茎。

【分布】各马铃薯主产区均有分布。

6. 马铃薯枯萎病

【病原】茄镰孢 *Fusarium solani*（Mart.）Sacc.，尖镰孢 *Fusarium oxysporum* Schlecht.，串珠镰孢 *Fusarium moniliforme* Sheld.，接骨木镰孢 *Fusarium sambucinum* Fuckle，属无性型真菌。

【为害部位】叶片、茎。

【分布】全国普遍存在。

7. 马铃薯干腐病

【病原】茄镰孢 *Fusarium solani*（Mart.）App. *et* Wollenw；深蓝镰孢 *Fusarium coeruleum*（Lib.）ex Sacc.；接骨木镰孢 *Fusarium sambucinum* Fuckle；燕麦镰孢 *Fusarium avenaceum*（Corde ex Fr.）Sacc.；尖孢镰孢 *Fusarium oxysporum* Schlecht.；木贼镰孢 *Fusarium equiseti*（Corda）Sacc.；锐顶镰孢 *Fusarium acuminatum* Ellis & Everh；半裸镰孢 *Fusarium semitectum* Berk. *et* Rav.，属无性型真菌。

【为害部位】块茎。

【分布】全国普遍存在。

8. 马铃薯炭疽病

【病原】毛核炭疽菌 *Colletotrichum coccodes*（Wallr.）Huges，属无性型真菌。

【为害部位】叶、茎、块茎。

【分布】吉林、贵州、重庆、山东、甘肃、四川、湖南、湖北、广西、内蒙古。

9. 马铃薯叶枯病

【病原】菜豆壳球孢 *Macrophomina phaseoli*（Maubl.）Ashby，属无性型真菌。

【别名】马铃薯炭腐病。

【为害部位】叶片、茎、块茎。

【分布】全国分布广泛。

10. 马铃薯黄萎病

【病原】大丽轮枝孢 *Verticillium dahliae* Kleb.；黑白轮枝孢 *Verticillium albo-atrum* Reinke *et*

Berthold，属无性型真菌。

【别名】马铃薯早死病、马铃薯早熟病。

【为害部位】叶片、茎、块茎。

【分布】宁夏、山东、甘肃、河南。

11. 马铃薯白绢病

【病原】齐整小核菌 *Sclerotium rolfsii* Sacc.；有性型为白绢阿太菌 *Athelia rolfsii*（Curzi）Tu. & Kimbrough.，属担子菌。

【为害部位】茎基部、块茎。

【分布】全国分布广泛。

12. 马铃薯尾孢叶斑病

【病原】绒层尾孢 *Cercospora concors*（Casp.）Sacc.，属无性型真菌。

【为害部位】叶片、地上茎部。

【分布】全国普遍发生。

13. 马铃薯灰霉病

【病原】灰葡萄孢 *Botrytis cinerea* Pers. ex Fr.，有性型为富氏葡萄孢盘菌 *Botryotinia fuckeliana*（de Bary）Whetz.，属子囊菌。

【为害部位】叶片、茎秆、块茎。

【分布】河南、山东、内蒙古、甘肃、广东、甘肃。

14. 马铃薯银色粗皮病

【病原】茄长蠕孢 *Helminthosporium solani* Dur. & Mont.，属无性型真菌。

【别名】银腐病、银屑病。

【为害部位】块茎。

【分布】云南、河北。

二、细菌病害

1. 马铃薯黑胫病

【病原】软腐欧文氏菌黑茎病菌亚种 *Erwinia carotovora* subsp. *atroseptica*（van Hall）Dye。

【别名】黑脚病（主茎）、茎基腐病、丝核菌溃疡病、黑色粗皮病。

【为害部位】主茎、块茎。

【分布】全国广泛发生。

2. 马铃薯青枯病

【病原】青枯假单胞菌或茄假单胞菌 *Pseudomonas solanacearum*（E. F. Smith）Smith，同种异名为茄劳尔氏菌 *Ralstonia solanacearum*（Smith）Yabuuchi *et al.* 属细菌。

【别名】洋芋瘟、马铃薯细菌性枯萎病、马铃薯南方细菌性枯萎病、马铃薯褐腐病。

【为害部位】叶片、茎秆基部维管束、块茎。

【分布】中国长城以南大部分地区都可发生，黄河以南、长江流域发病最重。

3. 马铃薯环腐病

【病原】密执安棒形杆菌环腐亚种 *Clavibacter michiganensis* subsp. *sepedonicus*（Spieckermann & Kotthoff）Davis *et al.*。

【别名】又称轮腐病，俗称转圈烂、黄眼圈。

【为害部位】地上部茎叶、地下部块茎维管束。

【分布】全国发生较普遍。

4. 马铃薯疮痂病

【病原】马铃薯疮痂病主要由一些植物病原链霉菌引起，病原菌较复杂，*Streptomyces scabies*（Thaxter）Waksman &Henrici、*Streptomyces acidiscabies*（Lambert & Loria）、*Streptomyces turgidiscabies*（Miyajima）、*Streptomyces galilaeus* 等种。国外有报道 *Streptomyces albidoflavaus*、*Streptomyces aureofaciens*、*Streptomyces griseus*、*Streptomyces luridiscabiei*、*Streptomyces puniciscabiei* 和 *Streptomyces niveiscabiei* 等均可引起马铃薯疮痂病。

【为害部位】块茎。

【分布】全国比较广泛，在碱性土壤中发病重。

5. 马铃薯软腐病

【病原】胡萝卜欧文氏菌胡萝卜亚种 *Erwinia carotovora* subsp. *carotovora*（Jones）Bergey *et al.*。

【别名】腐烂病。

【为害部位】叶、茎、块茎。

【分布】全国普遍发生。

三、病毒病害

1. 马铃薯重花叶病

【病原】马铃薯 Y 病毒 *Potato virus* Y（PVY），属马铃薯 Y 病毒科 Potyviridae，马铃薯 Y 病毒属 *Potyvirus*。属马铃薯 Y 病毒属的代表种。

【别名】条斑花叶病、条斑垂叶坏死病、点条斑花叶病等。

【为害部位】叶、茎、块茎。

【分布】广泛分布于各马铃薯产区。

2. 马铃薯普通花叶病

【病原】马铃薯 X 病毒 *Potato virus* X（PVX），属 α-线形病毒科 Alphaflexiviridae，马铃薯 X 病毒属 *Potexvirus*。属马铃薯 X 病毒属的代表种。

【别名】马铃薯轻花叶病。

【为害部位】叶。

【分布】广泛分布于各马铃薯产区。

3. 马铃薯潜隐花叶病

【病原】马铃薯 S 病毒 *Potato virus* S（PVS），属β-线形病毒科 Betaflexiviridae，麝香石竹潜隐病毒属 *Carlavirus*。

【为害部位】叶。

【分布】黑龙江、内蒙古、甘肃、新疆、青海、宁夏、河北、山西、云南、四川、湖南、辽宁、广东、福建、广西、贵州。

4. 马铃薯副皱花叶病

【病原】马铃薯 M 病毒 *Potato virus* M（PVM），属β-线形病毒科 Betaflexiviridae，麝香石竹潜隐病毒属 *Carlavirus*。

【别名】马铃薯卷花叶病、马铃薯脉间花叶病。

【为害部位】叶、茎。

【分布】黑龙江、辽宁、内蒙古、河北、山西、福建、湖南、广西、四川、贵州、甘肃、宁夏、青海、云南。

5. 马铃薯卷叶病

【病原】马铃薯卷叶病毒 *Potato leafroll virus*（PLRV），属黄症病毒科 Luteoviridae，马铃薯卷叶病毒属 *Polerovirus*。

【为害部位】叶、茎、块茎。

【分布】广泛分布于各马铃薯产区。

四、类病毒病害

马铃薯纺锤块茎病

【病原】马铃薯纺锤块茎类病毒 *Potato spindle tuber viroid*（PSTVd），属马铃薯纺锤块茎类病毒科 Pospiviroidae，马铃薯纺锤块茎类病毒属 *Pospiviroid*。

【别名】马铃薯纤块茎病、马铃薯块茎尖头病等。

【为害部位】叶、茎、块茎。

【分布】黑龙江、吉林、辽宁、青海、甘肃、内蒙古、云南、宁夏、湖北、河北、山西、广西、贵州、福建。

五、线虫病害

1. 马铃薯茎线虫病

【病原】马铃薯腐烂线虫 *Ditylenchus destructor* Thorne，属植物寄生线虫。

【别名】马铃薯腐烂茎线虫、马铃薯茎线虫。

【为害部位】块茎。

【分布】湖北、湖南、广西、四川、陕西、贵州、新疆。

2. 马铃薯根结线虫病

【病原】根结线虫属 *Meloidogyne* spp.，北方根结线虫 *Meloidogyne hapla* Chitwood；南方根结线虫 *Meloidogyne incognita*（Kofoid and White）Chitwood；爪哇根结线虫 *Meloidogyne javanica*（Treud）Chitwood；奇特伍德虫瘿线虫 *Meloidogyne chitwoodi*；花生根结线虫 *Meloidogyne arenaria*（Neal）Chitwood；*Meloidogyne fallax*；泰晤士河根结线虫 *Meloidogyne thamesi*，属植物寄生线虫。

【为害部位】块茎。

【分布】湖北、湖南、河南、广西、四川、云南、新疆、宁夏。

六、植原体病害

1. 马铃薯紫顶萎蔫病

【病原】目前已有报道的至少有植原体 *Phytoplasma* 的以下 4 个组：Aster yellows group（16SrI group）的 16SrI-A subgroup 和 16SrI-B subgroup，Peanut witches’-broom group（16SrⅡ group），Clover proliferation group（16SrVI group）的 16SrVI-A subgroup，American potato purple top wilt group（16SrXVⅢ group），植原体属柔膜菌门 Tenericutes，柔膜菌纲 Mollicutes，无胆甾原体目 Acholeplasmatales，无胆甾原体科 Acholeplasmataceae，植原体属 *Phytoplasma*。

【别名】翠菊黄化病。

【为害部位】叶、茎。

【分布】黑龙江、内蒙古、吉林、山西、辽宁、湖南、湖北、广西、甘肃、云南。

2. 马铃薯丛枝病

【病原】植原体 *Phytoplasma* 的 Clover proliferation group（16SrVI group）的 16SrVI-A subgroup，植原体属柔膜菌门 Tenericutes，柔膜菌纲 Mollicutes，无胆甾原体目 Acholeplasmatales，无胆甾原体科 Acholeplasmataceae，植原体属 *Phytoplasma*。

【别名】一窝猴、密丛病、扫帚柄。

【为害部位】叶、茎、块茎。

【分布】吉林、内蒙古、河南、重庆、湖南、广西、甘肃、青海。

第二节　马铃薯害虫

节肢动物门 Arthropoda

弹尾纲 Collembola

弹尾目 Collembola

棘跳虫科 Onychiuridae

萝卜棘跳虫

【学名】*Onychiurus fimetarius*（Linnaeus）

【危害作物】甘蔗、萝卜、马铃薯、胡萝卜。

【分布】江苏。

昆虫纲 Insecta

（一）直翅目 Orthoptera

蝼蛄科 Gryllotalpidae

1. 东方蝼蛄

【学名】*Gryllotalpa orientalis* Burmeister

【危害作物】麦、稻、粟、玉米等禾谷类粮食作物及棉花、豆类、薯类、蔬菜等。

【分布】北京、天津、河北、内蒙古、黑龙江、江苏、浙江、安徽、山东、河南、湖北、重庆、四川、贵州、云南、陕西、甘肃、青海、宁夏、新疆。

2. 华北蝼蛄

【学名】*Gryllotalpa unispina* Saussure

【别名】土狗，蝼蝈，啦啦蛄等。

【危害作物】麦类、玉米、高粱、谷子、水稻、薯类、棉花、花生、甜菜、烟草、大麻、黄麻、蔬菜、苹果、梨等。

【分布】全国各地，但主要在北方地区，北纬32°以北。

癞蝗科 Pamphagidae

3. 笨蝗

【学名】*Haplotropis brunneriana* Saussure

【危害作物】甘薯、马铃薯、芋头、豆类、麦类、玉米、高粱、谷子、棉花、果树幼苗和蔬菜等。

【分布】鲁中南低山丘陵区，太行山和伏牛山的部分低山区。

锥头蝗科 Pyrgomorphidae

4. 拟短额负蝗

【学名】*Atractomorpha ambigua* Bolivar

【危害作物】稻、谷子、高粱、玉米、大麦、豆类、马铃薯、甘薯、麻类、甜菜、烟草、瓜类、果树等。

【分布】河北、山西、辽宁、山东、江苏、安徽、浙江、江西、福建、台湾、湖北、湖南、陕西、甘肃。

5. 长额负蝗

【学名】*Atractomorpha lata*（Motschulsky）

【危害作物】豆类、甘薯、马铃薯、棉花、麻类、甜菜及蔬菜等。

【分布】山东、河北、河南、江苏、安徽、浙江、江西、山西、陕西、甘肃、湖北等。

6. 短额负蝗

【学名】*Atractomorpha sinensis* Bolivar

【别名】牛尖头。

【危害作物】豆类、甘薯、马铃薯、棉花、麻类及蔬菜等。

【分布】南、北方均有分布。

斑腿蝗科 Catantopidae

7. 短星翅蝗

【学名】*Calliptamus abbreviatus*（Ikonnikov）

【危害作物】豆类、马铃薯、甘薯、亚麻、甜菜、麦类、玉米、高粱、瓜类和蔬菜等。

【分布】主要分布在华北、华东各省区。

8. 中华稻蝗

【学名】*Oxya chinensis*（Thunberg）

【危害作物】水稻、玉米、高粱、麦类、甘蔗、豆类、甘薯、马铃薯等。

【分布】除青海、西藏、新疆、内蒙古等未见报道外，其他地区均有分布。

9. 长翅素木蝗

【学名】*Shirakiacris shirakii*（I. Bolivar）

【危害作物】玉米、高粱、谷子、麦类、豆类、薯类及蔬菜。

【分布】南、北方都有发生。

斑翅蝗科 Oedipodidae

10. 亚洲小车蝗

【学名】*Oedaleus decorus asiaticus* B. -Bienko

【危害作物】玉米、高粱、谷子、麦类、马铃薯、禾本科牧草。

【分布】内蒙古、宁夏、甘肃、青海、河北、陕西、山西、山东等地。

11. 黄胫小车蝗

【学名】*Oedaleus infernalis infernalis* Saussure

【危害作物】麦类、谷子、玉米、高粱、豆类、马铃薯、麻类等。

【分布】华北、华东及陕西关中等地。

剑角蝗科 Acrididae

12. 中华剑角蝗

【学名】*Acrida cinerea*（Thunberg）

【别名】中华蚱蜢。

【危害作物】水稻、甘蔗、棉花、甘薯、马铃薯、大豆等。

【分布】河北、山东、江苏、安徽、浙江、江西、四川、广东。

（二）缨翅目 Thysanoptera

蓟马科 Thripidae

1. 丽花蓟马

【学名】*Frankliniella intonsa* Trybom

【别名】台湾蓟马。

【危害作物】苜蓿、紫云英、棉花、玉米、水稻、小麦、马铃薯、豆类、瓜类、番茄、辣椒、甘蓝、白菜等蔬菜及花卉。

【分布】湖北、湖南、河南、江西、山东、江苏、安徽、浙江、福建、上海、北京、天津、河北、山西、内蒙古、辽宁、吉林、黑龙江、新疆、陕西、甘肃、四川、云南、贵州、重庆、广东、广西、海南。

2. 棕榈蓟马

【学名】*Thrips palmi* Karny

【别名】节瓜蓟马、棕黄蓟马、瓜蓟马。

【危害作物】菠菜、枸杞、菜豆、苋菜、节瓜、冬瓜、西瓜、苦瓜、番茄、茄子、马铃薯和豆类蔬菜、柑橘。

【分布】浙江、台湾、湖南、广东、海南、广西、四川、云南、西藏、香港。

3. 烟蓟马

【学名】*Thrips tabaci* Lindeman

【别名】棉蓟马、葱蓟马、瓜蓟马。

【危害作物】水稻、小麦、玉米、棉花、豆类、甘蓝、葱、马铃薯、番茄及花卉，果树等作物。

【分布】湖北、湖南、河南、江西、山东、江苏、安徽、浙江、福建、上海、北京、天津、河北、山西、内蒙古、辽宁、吉林、黑龙江、新疆、陕西、甘肃、四川、云南、贵州、重庆、广东、广西、海南。

（三）半翅目 Hemiptera

盲蝽科 Miridae

1. 三点苜蓿盲蝽

【学名】*Adelphocoris fasciaticollis* Reuter

【危害作物】棉花、马铃薯、豆类、芝麻、玉米、小麦、胡萝卜、杨、柳、榆等。

【分布】湖北、湖南、河南、江西、山东、江苏、安徽、浙江、福建、上海、北京、天津、河北、山西、内蒙古、辽宁、吉林、黑龙江、新疆、陕西、甘肃、四川、云南、贵州、重庆、广东、广西、海南。

2. 苜蓿盲蝽

【学名】*Adelphocoris lineolatus*（Goeze）

【危害作物】苜蓿、棉花、马铃薯、豆类等。

【分布】湖北、湖南、河南、江西、山东、江苏、安徽、浙江、福建、上海、北京、天津、河北、山西、内蒙古、辽宁、吉林、黑龙江、新疆、陕西、甘肃、四川、云南、贵州、重庆、广东、广西、海南。

3. 中黑苜蓿盲蝽

【学名】*Adelphocoris suturalis*（Jakovlev）

【危害作物】棉花、苜蓿、马铃薯、豆类等。

【分布】湖北、湖南、河南、江西、山东、江苏、安徽、浙江、福建、上海、北京、天津、河北、山西、内蒙古、辽宁、吉林、黑龙江、新疆、陕西、甘肃、四川、云南、贵州、重庆、广东、广西、海南。

4. 绿盲蝽

【学名】*Apolygus lucorum*（Meyer-Dür）

【危害作物】棉花、苜蓿、大麻、蓖麻、小麦、荞麦、马铃薯、豆类、石榴、苹果等。

【分布】湖北、湖南、河南、江西、山东、江苏、安徽、浙江、福建、上海、北京、天津、河北、山西、内蒙古、辽宁、吉林、黑龙江、新疆、陕西、甘肃、四川、云南、贵州、重庆、广东、广西、海南。

缘蝽科 Coreidae

5. 茄瘤缘蝽

【学名】*Acanthocoris sordidus* Thunberg

【危害作物】水稻、桑、马铃薯、甘薯、茄类、辣椒、番茄、瓜类。

【分布】全国各地。

6. 波原缘蝽

【学名】*Coreus potanini* Jakovlev

【危害作物】马铃薯。

【分布】河北、山西、陕西、甘肃、四川。

龟蝽科 Plataspidae

7. 筛豆龟蝽

【学名】*Megacopta cribraria* (Fabricius)

【危害作物】水稻、马铃薯、甘薯、大豆、豆类、桑、甘蔗。

【分布】河北、山东、江苏、浙江、江西、福建、河南、广西、广东、陕西、四川、云南。

蝽科 Pentatomidae

8. 实蝽

【学名】*Antheminia pusio* (Kolenati)

【危害作物】谷类作物、蔷薇科作物、马铃薯、向日葵、甜菜。

【分布】北京、河北、山西、内蒙古、辽宁、吉林、陕西、新疆。

9. 异色蝽

【学名】*Carpocoris pudicus* Poda

【危害作物】小麦和其他谷类、马铃薯、萝卜、胡萝卜。

【分布】河北、内蒙古、辽宁、吉林、山东、宁夏、甘肃、新疆。

10. 稻黑蝽

【学名】*Scotinophara lurida* (Burmeister)

【危害作物】水稻、玉米、小麦、谷子、豆类、马铃薯、甘蔗、柑橘。

【分布】河北、山东、江苏、安徽、浙江、江西、福建、台湾、湖北、湖南、广西、广东、贵州。

（四）同翅目 Homoptera

粉虱科 Aleyrodidae

1. 烟粉虱

【学名】*Bemisia tabaci* (Gennadius)

【别名】小白蛾子。

【危害作物】马铃薯、黄瓜、菜豆、茄子、番茄、青椒、甘蓝、花椰菜、白菜、油菜、萝卜、莴苣、魔芋、芹菜等各种蔬菜及一品红等各种花卉、农作物等500余种。

【分布】遍布全国。

2. 温室白粉虱

【学名】*Trialeurodes vaporariorum* (Westwood)

【别名】小白蛾子。

【危害作物】黄瓜、菜豆、茄子、番茄、马铃薯、青椒、甘蓝、花椰菜、白菜、油菜、萝卜、莴苣、魔芋、芹菜等各种蔬菜及一品红等各种花卉、农作物等200余种。

【分布】遍布全国。

蚜科 Aphididae

3. 棉蚜

【学名】*Aphis gossypii* Glover

【危害作物】第一寄主：石榴、花椒、木槿和鼠李属植物等；第二寄主：棉花、瓜类、黄麻、大豆、马铃薯、甘薯和十字花科蔬菜等。

【分布】湖北、湖南、河南、江西、山东、江苏、安徽、浙江、福建、上海、北京、天津、河北、山西、内蒙古、辽宁、吉林、黑龙江、新疆、陕西、甘肃、四川、云南、贵州、重庆、广东、广西、海南。

4. 茄粗额蚜

【学名】*Aulacorthum solani* (Kaltenbach)

【别名】茄无网长管蚜。

【危害作物】茄子、马铃薯和其他茄科作物，豆类、甜菜、烟草等。

【分布】东北、内蒙古、青海、河北、山东、河南、四川等地。

5. 甘蓝蚜

【学名】*Brevicoryne brassicae* (Linnaeus)

【别名】菜蚜。

【危害作物】甘蓝、紫甘蓝、花椰菜、青花菜、卷心菜、抱子甘蓝、白菜、萝卜、白萝卜、芜菁等十字花科蔬菜及马铃薯。

【分布】东北地区及内蒙古、河北、宁夏、新疆、云南、湖北、江苏、浙江、台湾等。

6. 萝卜蚜

【学名】*Lipaphis erysimi*（Kaltenbach）

【别名】菜蚜、菜缢管蚜。

【危害作物】白菜、菜心、樱桃萝卜、芥蓝、青花菜、紫菜薹、抱子甘蓝、羽衣甘蓝、薹菜，马铃薯、番茄、芹菜、胡萝卜、豆类、甘薯及柑橘、桃、李等果树。

【分布】遍及全国各地。

7. 马铃薯长管蚜

【学名】*Macrosiphum euphorbiae*（Thomas）

【别名】大戟长管蚜。

【危害作物】马铃薯、油菜、甜菜、大戟等。

【分布】甘肃、内蒙古。

8. 桃蚜

【学名】*Myzus persicae*（Sulzer）

【别名】腻虫、烟蚜、桃赤蚜、菜蚜、油汉、马铃薯蚜虫。

【危害作物】马铃薯、梨、桃、李、梅、樱桃、白菜、甘蓝、萝卜、芥菜、芸薹、芜菁、甜椒、辣椒、菠菜等74科285种。

【分布】遍及全国各地。

绵蚧科 Monophlebidae

9. 吹绵蚧

【学名】*Icerya purchasi* Maskell

【危害作物】桑、向日葵、茶、谷子、豆类、胡萝卜、马铃薯、棉、果树、洋槐、紫云英等。

【分布】山西、辽宁、江苏、安徽、浙江、江西、福建、台湾、湖北、湖南、广西、广东、陕西、四川、贵州、云南。

【分布】全国各地。

叶蝉科 Cicadellidae

10. 棉叶蝉

【学名】*Amrasca biguttula*（Ishida）

【危害作物】马铃薯、甘薯、豆科、棉、桑、蓖麻、南瓜、茄、萝卜、芝麻、烟草、苜蓿、茶、苘麻、柑橘、梧桐等。

【分布】东北、河北、河南、陕西、山东、江苏、安徽、浙江、江西、福建、台湾、湖南、湖北、广东、广西、四川、云南。

11. 小绿叶蝉

【学名】*Empoasca flavescens*（Fabricius）

【别名】小绿浮尘子、叶跳虫。

【危害作物】水稻、玉米、甘蔗、大豆、马铃薯、苜蓿、绿豆、菜豆、十字花科蔬菜、桃、李、杏、杨梅、苹果、梨、山楂、山荆子、桑、柑橘、大麻、木芙蓉、棉、茶、蓖麻、油桐。

12. 凹缘菱纹叶蝉

【学名】*Hishimonus sellatus*（Uhler）

【危害作物】马铃薯、芝麻、桑、大麻、无花果、构树、豆类、紫云英、茄子等。

【分布】山东、江苏、安徽、浙江、江西、福建、湖北。

13. 条沙叶蝉

【学名】*Psammotettix striatus*（Linnaeus）

【危害作物】水稻、麦、马铃薯、甘蔗、甜菜、茄子等。

【分布】东北、华北，安徽、浙江、福建、台湾、甘肃、宁夏、新疆。

（五）鞘翅目 Coleoptera

鳃金龟科 Melolonthidae

1. 马铃薯鳃金龟

【学名】*Amphimallon solstitialis*（Linnaeus）

【危害作物】马铃薯、胡麻、豆类、油菜等。

【分布】辽宁、河北、山西、内蒙古、青海、新疆。

2. 东北大黑鳃金龟

【学名】*Holotrichia diomphalia* Bates

【危害作物】玉米、高粱、小麦、谷子、大豆、棉花、亚麻、大麻、马铃薯、花生、甜菜、苹果、梨、核桃、草莓、桃、苗木等。

【分布】湖北、湖南、河南、江西、山东、江苏、安徽、浙江、福建、上海、北京、天津、河北、山西、内蒙古、辽宁、吉林、黑龙江、新疆、陕西、甘肃、四川、云南、贵州、重庆、广东、广西、海南。

3. 华北大黑鳃金龟

【学名】*Holotrichia oblita*（Faldermann）

【危害作物】玉米、谷子、马铃薯、豆类、棉花、甜菜、苗木等。

【分布】山东、江苏、北京、天津、河北、山西、内蒙古、辽宁、吉林、黑龙江、新疆、陕西、甘肃。

4. 暗黑鳃金龟

【学名】*Holotrichia parallela* Motschulsky

【危害作物】玉米、高粱、谷子、花生、棉花、大豆、甜菜、马铃薯、苗木等。

【分布】湖北、湖南、河南、江西、山东、江苏、安徽、浙江、福建、上海、北京、天津、河北、山西、内蒙古、辽宁、吉林、黑龙江、新疆、陕西、甘肃、四川、云南、贵州、重庆、广东、广西、海南。

5. 黑皱鳃金龟

【学名】*Trematodes tenebrioides*（Pallas）

【别名】无翅黑金龟、无后翅金龟子。

【危害作物】高粱、玉米、大豆、花生、小麦、棉花、亚麻、大麻、洋麻、马铃薯、蓖麻等。

【分布】东北、华北地区及宁夏、青海、安徽、江西、湖南、台湾、贵州。

丽金龟科 Rutelidae

6. 铜绿异丽金龟

【学名】*Anomala corpulenta* Motschulsky

【别名】铜绿异金龟。

【危害作物】玉米、花生、薯类、棉花、果树、林木等。

【分布】湖北、湖南、河南、江西、山东、江苏、安徽、浙江、上海、北京、天津、河北、山西、内蒙古、辽宁、吉林、黑龙江、新疆、陕西、甘肃、四川、云南、贵州、重庆。

绢金龟科 Sericidae

7. 东方绢金龟

【学名】*Serica orientalis*（Motschulsky）

【危害作物】水稻、麦、玉米、高粱、甘薯、向日葵、豆类、棉、甜菜、马铃薯、烟草、番茄、茄子、葱、西瓜、白菜、苎麻、梨、苹果、葡萄、桃。

【分布】河北、山西、内蒙古、东北、山东、华东、河南、陕西、宁夏、青海、四川。

叩甲科 Elateridae

8. 细胸锥尾叩甲

【学名】*Agriotes subvittatus* Motschulsky

【别名】细胸叩头虫、细胸叩头甲、土蚰蜒、细胸金针虫。

【危害作物】马铃薯、玉米、棉花以及辣椒、茄子、番茄、豆类等蔬菜。

【分布】广泛分布，北起黑龙江、内蒙古、新疆，南至福建、湖南、贵州、广西、云南。

9. 沟叩头甲

【学名】*Pleonomus canaliculatus*（Faldermann）

【别名】铁丝虫、姜虫、金齿耙、叩头虫。

【危害作物】麦类、玉米、高粱、谷子、甘薯、甜菜、马铃薯、麻、油菜及蔬菜果树等作物。

【分布】北京、天津、河北、山西、内蒙古、黑龙江、江苏、浙江、安徽、山东、河南、湖北、重庆、四川、贵州、云南、西藏、陕西、甘肃、青海、宁夏、新疆。

瓢甲科 Coccinellidae

10. 十斑植食瓢虫

【学名】*Epilachna macularis* Mulsant

【危害作物】马铃薯、茄。

【分布】云南、湖南、广西。

11. 二十八星瓢虫

【学名】*Henosepilachna vigintioctomaculata*（Motschulsky）

【别名】花大姐、花媳妇、马铃薯瓢虫。

【危害作物】茄子、马铃薯、番茄、葡萄、苹果、柑橘、葫芦科、豆科、菊科和十字花科作物。

【分布】广泛分布，北起黑龙江、内蒙古，南抵台湾、海南及广东、广西、云南，东起国境线，西至陕西、甘肃，折入四川、云南、西藏。

12. 茄二十八星瓢虫

【学名】*Henosepilachna vigintioctopunctata*（Fabricius）

【别名】酸浆瓢虫。

【危害作物】主要为害茄子、马铃薯、番茄等茄科蔬菜，也可为害葫芦科、豆科和十字花科作物。

【分布】主要分布在我国东南部地区，华中、华北地区时有发生。

拟步甲科 Tenebrionidae

13. 扁土潜

【学名】*Gonocephalum depressum* Fabricius

【危害作物】甘蔗、烟草、马铃薯。

【分布】台湾、广东、云南。

14. 毛土潜

【学名】*Gonocephalum pubens*（Marseul）

【危害作物】甘蔗、马铃薯、香瓜、西瓜、花生、蓖麻。

【分布】东北地区及台湾、海南。

芫菁科 Meloidae

15. 中华豆芫菁

【学名】*Epicauta chinensis* Laporte

【危害作物】豆类、花生、甜菜、马铃薯等。

【分布】东北、华北、华东。

16. 黑头豆芫菁

【学名】*Epicauta dubia* Fabricius

【危害作物】甜菜、马铃薯、蔬菜、苜蓿、玉米、南瓜、向日葵、糜子。

【分布】河北、内蒙古、甘肃、宁夏。

17. 锯角豆芫菁

【学名】*Epicauta fabricii*（Le Conte）

【别名】斑蝥、白条芫菁。

【危害作物】害苜蓿、三叶草、沙打旺、草木樨、拧条锦鸡儿、棉花、甜菜、马铃薯、茄子、大豆、豌豆及其他豆科植物。

【分布】从南到北广泛分布于中国很多省、区。

18. 毛角豆芫菁

【学名】*Epicauta hirticornis*（Haag-Rutenberg）

【危害作物】豆类、花生、苜蓿、马铃薯等。

【分布】主要分布在南方。

19. 大头豆芫菁

【学名】*Epicauta megalocephala* Gebler

【别名】小黑芫菁。

【危害作物】豆类、甜菜、马铃薯等。

【分布】东北、华北。

20. 暗头豆芫菁

【学名】*Epicauta obscurocephala* Reitter

【危害作物】豆类、甜菜、马铃薯等。

【分布】华北。

21. 红头黑芫菁

【学名】*Epicauta sibirica* Pallas

【危害作物】甜菜、马铃薯、蔬菜、苜蓿、玉米、南瓜、向日葵、糜子。

【分布】甘肃、宁夏及华北、东北地区。

22. 细纹豆芫菁

【学名】*Epicauta waterhousei* Haag-Rutenberg

【危害作物】花生、豆类、苜蓿、马铃薯等。

【分布】江苏、浙江、江西、湖南、四川、广东、广西等省。

23. 凹胸豆芫菁

【学名】*Epicauta xanthusi* Kaszab

【危害作物】甜菜、马铃薯、苜蓿、玉米、南瓜、向日葵、蔬菜等。

【分布】江苏、宁夏、四川、华北。

叶甲科 Chrysomelidae

24. 马铃薯甲虫

【学名】*Leptinotarsa decemlineata*（Say）

【别名】蔬菜花斑虫。

【危害作物】马铃薯、茄子、辣椒、番茄、烟草等。

【分布】新疆。

25. 双斑长跗萤叶甲

【学名】*Monolepta hieroglyphica*（Motschulsky）

【别名】双斑萤叶甲、四目叶甲。

【危害作物】豆类、马铃薯、苜蓿、玉米、茼蒿、胡萝卜、十字花科蔬菜、向日葵、杏树、苹果等作物。

【分布】东北、华北地区及江苏、浙江、湖北、江西、福建、广东、广西、宁夏、甘肃、陕西、四川、云南、贵州、台湾等省区。

象甲科 Curculionidae

26. 长吻白条象甲

【学名】*Cryptoderma fortunei*（Waterhouse）

【危害作物】大豆、玉米、向日葵、马铃薯。

【分布】四川。

27. 大灰象甲

【学名】*Sympiezomias velatus*（Chevrolat）

【危害作物】大豆、花生、甜菜、棉花、烟草、高粱、马铃薯、瓜类、芝麻及果林苗木等。

【分布】湖北、湖南、河南、江西、山东、江苏、安徽、浙江、福建、上海、北京、天津、河北、山西、内蒙古、辽宁、吉林、黑龙江、新疆、陕西、甘肃、四川、云南、贵州、重庆、广东、广西、海南。

（六）鳞翅目 Lepidoptera

麦蛾科 Gelechiidae

1. 马铃薯块茎蛾

【学名】*Phthorimaea operculella*（Zeller）

【别名】马铃薯麦蛾、番茄潜叶蛾、烟潜叶蛾。

【危害作物】烟草、马铃薯、茄子、番茄、辣椒、曼陀罗、枸杞、龙葵、酸浆、颠茄、洋金花等茄科植物。

【分布】山西、甘肃、广东、广西、四川、云南、贵州等马铃薯和烟产区。

菜蛾科 Plutellidae

2. 小菜蛾

【学名】*Plutella xylostella*（Linnaeus）

【别名】方块蛾、小青虫、两头尖、吊丝虫。

【危害作物】甘蓝、花椰菜、油菜、芜菁、番茄、马铃薯、玉米。

【分布】南北各地。

螟蛾科 Pyralidae

3. 草地螟

【学名】*Loxostege sticticalis*（Linnaeus）

【别名】黄绿条螟、甜菜网螟、网锥额蚜螟等。

【危害作物】杂食性害虫，主要危害甜菜、苜蓿、大豆、马铃薯、亚麻、向日葵、胡萝卜、葱、玉米、高粱、蓖麻，以及藜、苋、菊等科植物。

【分布】吉林、内蒙古、黑龙江、宁夏、甘肃、青海、河北、山西、陕西、江苏等。

天蛾科 Sphingidae

4. 芝麻鬼脸天蛾

【学名】*Acherontia styx*（Westwood）

【危害作物】芝麻、茄子、甘薯、豆类、马铃薯。

【分布】河北、山东、山西、浙江、江西、湖北、广东、陕西。

5. 芋双线天蛾

【学名】*Theretra oldenlandiae*（Fabricius）

【危害作物】里芋、甘薯、大豆、马铃薯、葡萄。

【分布】东北、江西、台湾、河南、广西、陕西、四川。

夜蛾科 Noctuidae

6. 警纹地老虎

【学名】*Agrotis exclamationis*（Linnaeus）

【别名】警纹夜蛾、警纹地夜蛾。

【危害作物】油菜、萝卜、马铃薯、胡麻、棉花、苜蓿、甜菜、大葱等。

【分布】内蒙古、甘肃、宁夏、新疆、西藏、青海。

7. 小地老虎

【学名】*Agrotis ipsilon*（Rottemberg）

【别名】土蚕、黑地蚕、切根虫。

【危害作物】食性杂，危害棉花、麻、玉米、高粱、麦类、花生、大豆、马铃薯、辣椒、茄子、瓜类、甜菜、烟草、苹果、柑橘、桑、槐等百余种作物。

【分布】广泛分布，以雨量丰富、气候湿润的长江流域和东南沿海发生量大，东北地区多发生在东部和南部湿润地区。

8. 黄地老虎

【学名】*Agrotis segetum*（Denis & Schiffermüller）

【危害作物】玉米、棉花、马铃薯、麦类、冬绿肥、烟草等。

【分布】河南、山东、北京、天津、河北、山西、内蒙古、辽宁、吉林、黑龙江、新疆、陕西、甘肃。

9. 大地老虎

【学名】*Agrotis tokionis* Butler

【危害作物】甘蓝、油菜、番茄、茄子、马铃薯、辣椒、棉花、豆类、玉米、烟草及果树幼苗等。

【分布】湖北、湖南、河南、江西、山东、江苏、安徽、浙江、福建、上海、北京、天津、河北、山西、内蒙古、辽宁、吉林、黑龙江、新疆、陕西、甘肃、四川、云南、贵州、重庆、广东、广西、海南。

10. 甘蓝夜蛾

【学名】*Mamestra brassicae*（Linnaeus）

【别名】甘蓝夜盗虫、菜夜蛾。

【危害作物】甘蓝、白菜、油菜、甜菜、高粱、马铃薯、豆类、荞麦、烟草、棉花、亚麻、瓜类、葡萄、桑等。

【分布】湖北、湖南、河南、江西、山东、江苏、安徽、浙江、上海、北京、天津、河北、山西、内蒙古、辽宁、吉林、黑龙江、新疆、陕西、甘肃、四川、云南、贵州、重庆、广东、广西、海南。

11. 甜菜夜蛾

【学名】*Spodoptera exigua*（Hübner）

【别名】贪夜蛾、白菜褐夜蛾、玉米叶夜蛾。

【危害作物】芝麻、甜菜、玉米、荞麦、花生、大豆、豌豆、苜蓿、白菜、莴苣、番茄、马铃薯、棉花、亚麻、红麻等。

【分布】湖北、湖南、河南、江西、山东、江苏、安徽、浙江、福建、上海、北京、天津、河北、山西、内蒙古、辽宁、吉林、黑龙江、新疆、陕西、甘肃、四川、云南、贵州、重庆、广东、广西、海南。

毒蛾科 Lymantriidae

12. 梯带黄毒蛾

【学名】*Euproctis montis*（Leech）

【危害作物】梨、桃、葡萄、柑橘、桑、茶、马铃薯、茄子。

【分布】江苏、浙江、江西、福建、湖北、湖南、广西、广东、四川、云南。

（七）双翅目 Diptera

潜蝇科 Agromyzidae

1. 南美斑潜蝇

【学名】*Liriomyza huidobrensis*（Blanchard）

【别名】拉美斑潜蝇。

【危害作物】苋菜、甜菜、菠菜、莴苣、蒜、甜瓜、菜豆、豌豆、蚕豆、洋葱、亚麻、番茄、马铃薯、辣椒、旱芹、莴苣、生菜、烟草、小麦、大丽花、石竹花、菊花、报春花等。

【分布】云南、贵州、四川、青海、山东、河北、北京、湖北、广东。

2. 美洲斑潜蝇

【学名】*Liriomyza sativae* Blanchard

【危害作物】瓜类、豆类、苜蓿、辣椒、茄子、番茄、马铃薯、油菜、棉花、蓖麻及花卉等。

【分布】湖北、湖南、河南、江西、山东、江苏、安徽、浙江、福建、上海、北京、天津、河北、山西、内蒙古、辽宁、吉林、新疆、陕西、甘肃、四川、云南、贵州、重庆、广东、广西、海南。

蛛形纲 Arachnida

蜱螨目 Acarina

跗线螨科 Tarsonemidae

1. 侧多食跗线螨

【学名】*Polyphagotarsonemus latus*（Banks）

【危害作物】茶、黄麻、蓖麻、棉花、橡胶、柑橘、大豆、花生、马铃薯、番茄、榆、椿等。

【分布】江苏、浙江、福建、湖北、河南、四川、贵州。

叶螨科 Tetranychidae

2. 朱砂叶螨

【学名】*Tetranychus cinnabarinus*（Boisduval）

【别名】红蜘蛛、叶螨、大龙、砂龙、红眼蒙。

【危害作物】玉米、高粱、棉花、大豆、黄瓜、马铃薯等几十种农作物。

【分布】山东、山西、江苏、安徽、河北、北京、河南、辽东、江苏、广东、广西等地。

3. 二斑叶螨

【学名】*Tetranychus urticae* Koch

【别名】红蜘蛛、叶螨、大龙、砂龙、红眼蒙。

【危害作物】玉米、高粱、棉花、大豆、黄瓜、马铃薯等几十种农作物。

【分布】山东、山西、江苏、安徽、河北、北京、河南、辽东、江苏、广东、广西等地。

第六章　棉花有害生物名录

第一节　棉花病害

一、真菌病害

1. 棉铃疫病

【病原】苎麻疫霉 *Phytophthora boehmeriae* Sawada，属卵菌。

【别名】棉铃湿腐病、雨湿铃。

【为害部位】棉铃。

【分布】湖北、湖南、河南、江西、山东、江苏、安徽、浙江、北京、天津、河北、山西、内蒙古、辽宁、新疆、陕西、甘肃、四川、海南。

2. 棉苗猝倒病

【病原】瓜果腐霉 *Pythium aphanidermatum*（Eds.）Fitz.，属卵菌。

【为害部位】根、根茎部。

【分布】湖北、湖南、河南、江西、山东、江苏、安徽、浙江、北京、天津、河北、山西、内蒙古、辽宁、新疆、陕西、甘肃、四川、海南。

3. 棉苗疫病

【病原】苎麻疫霉 *Phytophthora boehmeriae* Sawada，属卵菌。

【为害部位】子叶、真叶、幼根、幼茎、棉铃。

【分布】湖北、湖南、河南、山东、江苏、安徽、浙江、北京、天津、河北、山西、内蒙古、辽宁、新疆、陕西、甘肃、四川、海南。

4. 棉铃软腐病

【病原】匍枝根霉 *Rhizopus stolonifer*（Ehreb.）Vuill.，属接合菌。

【为害部位】棉铃。

【分布】湖北、湖南、河南、江西、山东、江苏、安徽、浙江、北京、天津、河北、山西、辽宁、新疆、陕西、甘肃、四川、海南。

5. 棉铃炭疽病

【病原】棉炭疽菌 *Colletotuichum gossypii* Southw，属子囊菌。

【为害部位】根、根茎部、茎、叶片、棉铃。

【分布】湖北、湖南、河南、江西、山东、江苏、安徽、浙江、北京、天津、河北、山西、内蒙古、辽宁、新疆、陕西、甘肃、四川、海南。

6. 棉苗炭疽病

【病原】棉炭疽菌 *Colletotuichum gossypii* Southw，印度炭疽菌 *Colletotrichum indicum* Dast.，属无性型真菌，有性型为棉小丛壳 *Glomerella gossypii*（Southw.）Edgerton，属子囊菌。

【为害部位】根、根茎部、茎、叶片、棉铃。

【分布】湖北、湖南、河南、江西、山东、江苏、安徽、浙江、北京、天津、河北、山西、内蒙古、辽宁、新疆、陕西、甘肃、四川、海南。

7. 棉花黄萎病

【病原】大丽轮枝孢 *Verticillium dahliae* Kleb.；黑白轮枝孢 *Verticillium albo-atrum* Reinke *et* Berthold，属无性型真菌。

【为害部位】叶片、茎秆、枝条、叶柄的维管束。

【分布】湖北、湖南、河南、江西、山东、江苏、安徽、浙江、北京、天津、河北、山西、辽宁、新疆、陕西、甘肃、四川。

8. 棉花枯萎病

【病原】尖镰孢萎蔫专化型 *Fusarium oxysporum* f. sp. *vasinfectum*（Atk.）Snyder *et* Hansen，属无性型真菌。

【别名】半边枯、金金黄、萎蔫病。

【为害部位】叶片、茎秆、枝条、叶柄的维管束。

【分布】湖北、湖南、河南、山东、江苏、安徽、浙江、北京、天津、河北、山西、辽宁、新疆、陕西、甘肃、四川。

9. 棉花茎枯病

【病原】棉壳二孢菌 *Ascochyta gossypii* Syd.，属无性型真菌。

【别名】棉茎枯病。

【为害部位】叶片、叶柄、茎。

【分布】湖北、湖南、河南、山东、江苏、安徽、天津、河北、山西、辽宁、新疆、陕西、甘肃、四川。

10. 棉铃红腐病

【病原】由多种镰孢引起，主要的有串珠镰孢 *Fusarium moniliforme* Sheld.；木贼镰孢 *Fusarium equiseti*（Corda）Sacc.，属无性型真菌。

【为害部位】棉铃。

【分布】湖北、湖南、河南、江西、山东、江苏、安徽、浙江、北京、天津、河北、山西、内蒙古、辽宁、新疆、陕西、甘肃、四川、海南。

11. 棉铃印度炭疽病

【病原】印度炭疽菌 *Colletotrichum indicum* Dast.，属无性型真菌。

【为害部位】根、根茎部、茎、叶片、棉铃。

【分布】湖北、湖南、河南、江西、山东、江苏、安徽、浙江、北京、天津、河北、山西、内蒙古、辽宁、新疆、陕西、甘肃、四川、海南。

12. 棉铃黑果病

【病原】棉色二孢 *Diplodia gossypina* Cooke，属无性型真菌。

【为害部位】棉铃。

【分布】湖北、湖南、河南、江西、山东、江苏、安徽、浙江、北京、天津、河北、山西、内蒙古、辽宁、新疆、陕西、甘肃、四川、海南。

13. 棉铃红粉病

【病原】粉红聚端孢 *Cephalothecium roseum*（Link）Corda，属无性型真菌。

【为害部位】棉铃。

【分布】湖北、湖南、河南、山东、江苏、安徽、浙江、北京、天津、河北、山西、辽宁、新疆、陕西、甘肃、四川。

14. 棉铃曲霉病

【病原】黄曲霉 *Aspergillus flavus* Link ex Fr.、烟曲霉 *Aspergillus fumigatus* Fr.、黑曲霉 *Aspergillus niger* v. Tiegh，属无性型真菌。

【为害部位】棉铃。

【分布】湖北、湖南、河南、江西、山东、江苏、安徽、浙江、北京、天津、河北、山西、内蒙古、辽宁、新疆、陕西、甘肃、四川、海南。

15. 棉黑根腐病

【病原】根串珠霉 *Thielaviopsis basicola*（Cberk. *et* Br.）Ferraris，属无性型真菌。

【为害部位】根。

【分布】新疆。

16. 棉苗红腐病

【病原】串珠镰孢中间变种 *Fusarium moniliforme* var. *intermedium* Neish *et* Leggett；半裸镰孢 *Fusarium semitectum* Berk. *et* Rav.；燕麦镰孢 *Fusarium avenaceum*（Corde ex Fr.）Sacc.；禾谷镰孢 *Fusarium graminearum* Schwabe 等镰孢属的多个种，属多种无性型真菌。

【别名】棉苗红腐病，棉铃红腐病。

【为害部位】根部、根茎部、棉铃。

【分布】湖北、湖南、河南、江西、山东、江苏、安徽、浙江、北京、天津、河北、山西、内蒙古、辽宁、新疆、陕西、甘肃、四川、海南。

17. 棉轮纹斑病

【病原】链格孢属的数个种 *Alternaria* spp.，其中以大孢链格孢 *Alternaria macrospora* Zimm.；细极链格孢 *Alternaria macrospora* Zimm.；棉链格孢菌 *Alternaria gossypina*（Thum.）Comb. 等为常见种，最常见的为大孢链格孢 *A. macrospora*，属无性型真菌。

【为害部位】子叶、真叶、棉铃。

【分布】湖北、湖南、河南、江西、山东、江苏、安徽、浙江、北京、天津、河北、山西、内蒙古、辽宁、新疆、陕西、甘肃、四川、广西、海南。

18. 棉苗褐斑病

【病原】棉小叶点霉 *Phyllosticta gossypina* Ell. *et* Martin；马尔科夫叶点霉 *Phyllosticta malkoffii* Bub，属无性型真菌。

【别名】棉褐斑病。

【为害部位】叶片。

【分布】湖北、湖南、河南、江西、山东、江苏、安徽、浙江、北京、天津、河北、山西、内蒙古、辽宁、新疆、陕西、甘肃、四川、海南。

19. 棉苗立枯病

【病原】茄丝核菌 *Rhizoctonia solani* Kühn，属无性型真菌，有性型属担子菌。

【别名】棉花黑根病、烂根、腰折病。

【为害部位】根茎部。

【分布】湖北、湖南、河南、江西、山东、江

苏、安徽、浙江、北京、天津、河北、山西、辽宁、新疆、内蒙古、陕西、甘肃、四川、海南。

20. 棉铃灰霉病

【病原】灰葡萄孢 *Botrytis cinerea* Pers. ex Fr.，属无性型真菌。

【为害部位】棉铃、棉纤维、棉籽。

【分布】全国各主要产棉区均有不同程度的发生。

二、细菌病害

棉铃角斑病

【病原】地毯草黄单胞菌锦葵变种 *Xanthomonas axonopodis* pv. *malvacearum* (Smith) Vauterin, Hoste, Kersters *et al.*，属细菌。

【别名】棉角斑病。

【为害部位】叶片、茎、棉铃。

【分布】湖北、湖南、河南、山东、江苏、安徽、浙江、北京、天津、河北、山西、辽宁、新疆、陕西、甘肃、四川。

三、线虫病害

1. 棉花根结线虫病

【病原】南方根结线虫 *Meloidogyne incognita* (Kofoid and White) Chitwood；高粱根结线虫 *Meloidogyne acronea*。

【为害部位】根。

【分布】浙江、山东。

2. 棉花肾形线虫病

【病原】肾状肾形线虫 *Rotylenchulus reniformis* Linford & Oliverira；微小肾形线虫 *Rotylenchulus parvus*。

【为害部位】根。

【分布】四川、上海。

第二节　棉花虫害

一、节肢动物门 Arthropoda

昆虫纲 Insecta

（一）直翅目 Orthoptera

螽蟖科 Tettigoniidae

1. 中华草螽

【学名】*Conocephalus chinensis* Redtenbacher

【危害作物】棉花、禾谷类。

【分布】东北、江苏、浙江、陕西。

2. 长剑草螽

【学名】*Conocephalus gladiatus* (Redtenbacher)

【危害作物】水稻、棉花、甘蔗。

【分布】江苏、浙江、江西、福建。

3. 黑斑草螽

【学名】*Conocephalus maculatus* (Le Guillou)

【别名】斑翅草螽。

【危害作物】水稻、玉米、高粱、谷子、甘蔗、大豆、花生、竹、棉、梨、柿。

【分布】江苏、江西、福建、湖北、广东、四川、云南。

4. 黄脊懒螽

【学名】*Deracantha* sp.

【危害作物】棉花、玉米、粟、麦、豆、烟草以及各种蔬菜。

【分布】北京、山西等地。

5. 日本条螽

【学名】*Ducetia japonica* Thunberg

【危害作物】棉花、豆、蔬菜、柑橘。

【分布】东北、华南、华西、江苏、浙江、台湾、陕西、四川。

6. 棉长角螽

【学名】*Orchelimum gossypii* Seudder

【危害作物】麦、稻、棉、瓜类。

【分布】湖北。

蛉蟋科 Trigonidiidae

7. 虎甲蛉蟋

【学名】*Trigonidium cicindeloides* Rambur

【危害作物】水稻、麦、豆类、棉、甘薯、甘蔗。

【分布】江苏、台湾、华南。

蟋蟀科 Gryllidae

8. 双斑蟋

【学名】*Gryllus bimaculatus* (De Geer)

【危害作物】稻、甘薯、棉、亚麻、茶、甘蔗、柑橘、梨、菠菜、绿肥作物。

【分布】江西、福建、台湾、广东。

9. 棉油葫芦

【学名】*Gryllus conspersus* Schaum

【危害作物】粟、大豆、棉、烟草。

【分布】河北、北京、江苏。

10. 家蟋蟀

【学名】*Gryllus domesticus* Linnaeus

【危害作物】豌豆、棉、苹果、梨。

【分布】江苏、湖北、广东、陕西。

11. 黄扁头蟋

【学名】*Loxoblemmus arietulus* Saussure

【危害作物】粟、荞麦、小麦、水稻、大豆、豆类、棉花、甘蔗、烟草。

【分布】河北、台湾。

12. 台湾扁头蟋

【学名】*Loxoblemmus formosanus* Shiraki

【危害作物】粟、豆类、甘蔗、棉、烟草。

【分布】台湾。

13. 褐扁头蟋

【学名】*Loxoblemmus haani* Saussure

【危害作物】粟、荞麦、大豆、豌豆、棉、甘蔗、烟草、萝卜。

【分布】河北、台湾。

14. 台湾树蟋

【学名】*Oecanthus indicus* de Saussure

【危害作物】麦、棉、甘蔗、茶。

【分布】福建、台湾、海南及华南地区。

15. 花生大蟋

【学名】*Tarbinskiellus portentosus* (Lichtenstein)

【危害作物】花生、大豆、芝麻、瓜类、甘薯、玉米、棉花、烟草、黄麻、茄子、柑橘、梨、桑等作物和苗木。

【分布】湖北、广东、广西、福建、云南、贵州、江西等。

16. 北京油葫芦

【学名】*Teleogryllus emma* (Ohmachi *et* Matsumura)

【危害作物】大豆、芝麻、花生、瓜类、棉花等及晚秋作物。

【分布】湖北、湖南、河南、江西、山东、江苏、安徽、浙江、福建、上海、北京、天津、河北、山西、内蒙古、辽宁、吉林、黑龙江、新疆、陕西、甘肃、四川、云南、贵州、重庆、广东、广西、海南。

蝼蛄科 Gryllotalpidae

17. 东方蝼蛄

【学名】*Gryllotalpa orientalis* Burmeister

【危害作物】麦、稻、粟、玉米等禾谷类粮食作物及棉花、豆类、薯类、蔬菜等。

【分布】北京、天津、河北、内蒙古、黑龙江、江苏、浙江、安徽、山东、河南、湖北、重庆、四川、贵州、云南、陕西、甘肃、青海、宁夏、新疆。

18. 华北蝼蛄

【学名】*Gryllotalpa unispina* Saussure

【别名】单刺蝼蛄、大蝼蛄、土狗、蝼蝈、啦啦蛄。

【危害作物】麦类、玉米、高粱、谷子、水稻、薯类、棉花等。

【分布】新疆、甘肃、陕西、河北、山东、河南、内蒙古、辽宁、吉林、黑龙江。

癞蝗科 Pamphagidae

19. 笨蝗

【学名】*Haplotropis brunneriana* Saussure

【危害作物】甘薯、马铃薯、芋头、豆类、麦类、玉米、高粱、谷子、棉花、瓜类、大葱、果树幼苗和蔬菜等。

【分布】鲁中南低山丘陵区，太行山和伏牛山的部分低山区。

锥头蝗科 Pyrgomorphidae

20. 短翅负蝗

【学名】*Atractomorpha crenulata* (Fabricius)

【危害作物】谷子、玉米、棉、大豆。

【分布】广西、陕西、四川。

21. 长额负蝗

【学名】*Atractomorpha lata* (Motschulsky)

【危害作物】豆类、甘薯、马铃薯、棉花、麻类及蔬菜等。

【分布】山东、河北、河南、江苏、安徽、浙江、江西、山西、陕西、甘肃、湖北等。

22. 短额负蝗

【学名】*Atractomorpha sinensis* Bolivar

【危害作物】豆类、甘薯、马铃薯、棉花、麻类及蔬菜等。

【分布】湖北、湖南、河南、江西、山东、江苏、安徽、浙江、福建、上海、北京、天津、河北、山西、内蒙古、辽宁、吉林、黑龙江、新疆、陕西、甘肃、四川、云南、贵州、重庆、广东、广西、海南。

斑腿蝗科 Catantopidae

23. 短星翅蝗

【学名】*Calliptamus abbreviatus*（Ikonnikov）

【危害作物】小麦、棉花、胡麻、荞麦、牧草。

【分布】东北、河北、山西、内蒙古、山东、江苏、安徽、浙江、江西、湖北、广东、甘肃、青海、四川。

24. 意大利蝗

【学名】*Calliptamus italicus*（Linnaeus）

【危害作物】棉花、麦类等农牧作物。

【分布】新疆、内蒙古、青海、甘肃。

25. 红褐斑腿蝗

【学名】*Catantops pinguis*（Stål）

【危害作物】水稻、禾本科作物、甘薯、棉、桑、茶、油棕、甘蔗、小麦。

【分布】河北、河南、江苏、浙江、江西、福建、台湾、湖北、广东、广西、四川、香港。

26. 棉蝗

【学名】*Chondracris rosea*（De Geer）

【危害作物】棉花、竹、甘蔗、樟、椰子、水稻、玉米、高粱、谷子、豆类、薯类、麻类及蔬菜等。

【分布】湖北、湖南、河南、江西、山东、江苏、安徽、浙江、福建、上海、北京、天津、河北、山西、内蒙古、辽宁、吉林、黑龙江、新疆、陕西、甘肃、四川、云南、贵州、重庆、广东、广西、海南、西藏。

27. 斑角蔗蝗

【学名】*Hieroglyphus annulicornis*（Shiraki）

【危害作物】水稻、玉米、谷子、高粱、黍、甘蔗、棉。

【分布】江苏、安徽、浙江、江西、福建、台湾、湖北、湖南、广西、广东、香港、四川。

28. 无齿稻蝗

【学名】*Oxya adentata* Willemse

【危害作物】水稻、大豆、棉花。

【分布】东北地区、内蒙古、青海及陕西省汉江北岸。

29. 中华稻蝗

【学名】*Oxya chinensis*（Thunberg）

【别名】水稻中华稻蝗。

【危害作物】水稻、玉米、高粱、麦类、甘蔗、棉花等。

【分布】湖北、湖南、河南、江西、山东、江苏、安徽、浙江、福建、上海、北京、天津、河北、山西、内蒙古、辽宁、吉林、黑龙江、新疆、陕西、甘肃、四川、云南、贵州、重庆、广东、广西、海南。

30. 长翅稻蝗

【学名】*Oxya velox*（Fabricius）

【危害作物】水稻、麦、玉米、甘薯、甘蔗、棉花、菜豆、柑橘、苹果、菠萝。

【分布】华北、华东、华南地区及湖南、湖北、西南、西藏。

31. 日本黄脊蝗

【学名】*Patanga japonica*（I. Bolivar）

【危害作物】水稻、大豆、棉花等。

【分布】山东、江苏、浙江、安徽、江西、湖南、福建、广东、广西、四川、云南、甘肃。

32. 长角直斑腿蝗

【学名】*Stenocatantops splendens*（Thunberg）

【别名】白条细蝗。

【危害作物】甘薯、豆类、水稻、麦类、棉花、茶、桑等。

【分布】湖北、湖南、河南、江西、山东、江苏、安徽、浙江、福建、上海、北京、天津、河北、山西、内蒙古、辽宁、吉林、黑龙江、新疆、陕西、甘肃、四川、云南、贵州、重庆、广东、广西、海南。

33. 短角外斑腿蝗

【学名】*Xenocatantops brachycerus*（C. Willemse）

【危害作物】水稻、麦类、玉米、棉、花生、茶。

【分布】河北、山西、山东、江苏、浙江、江西、福建、湖北、广东、广西、陕西、甘肃、四川。

斑翅蝗科 Oedipodidae

34. 花胫绿纹蝗

【学名】*Aiolopus tamulus*（Fabricius）

【别名】花尖翅蝗。

【危害作物】禾本科作物及棉花等。

【分布】辽宁、宁夏、甘肃、河北、陕西、山东、海南、广东、广西、四川、贵州、云南、西藏。

35. 云斑车蝗

【学名】*Gastrimargus marmoratus* Thunberg

【危害作物】水稻、玉米、高粱、麦、棉、甘蔗、柑橘等。

【分布】河北、陕西、山西、山东、安徽、浙江、江西、福建、台湾、湖北、广东、四川。

剑角蝗科 Acrididae

36. 中华剑角蝗

【学名】*Acrida cinerea*（Thunberg）

【危害作物】水稻、甘蔗、棉花、甘薯、大豆等。

【分布】河北、山东、江苏、安徽、浙江、江西、四川、广东。

蚤蝼科 Tridactylidae

37. 日本蚤蝼

【学名】*Tridactylus japonicus*（De Haan）

【危害作物】水稻、棉花、茶、甘蔗、烟草、蔬菜等。

【分布】北京、天津、河北、山东、江苏、浙江、江西、福建、台湾。

（二）缨翅目 Thysanoptera

蓟马科 Thripidae

1. 豆带巢蓟马

【学名】*Caliothrips fasciatus*（Pergande）

【危害作物】玉米、甘薯、马铃薯、豆类、棉、甘蓝、萝卜、柑橘、苹果、梨、葡萄等。

【分布】福建、湖北、四川。

2. 棉蓟马

【学名】*Frankliniella gossypii* Shiraki

【危害作物】棉花。

【分布】台湾。

3. 丽花蓟马

【学名】*Frankliniella intonsa* Trybom

【别名】台湾蓟马。

【危害作物】苜蓿、紫云英、棉花、玉米、水稻、小麦、豆类、瓜类、番茄、辣椒、油菜、甘蓝、白菜等蔬菜及花卉。

【分布】湖北、湖南、河南、江西、山东、江苏、安徽、浙江、福建、上海、北京、天津、河北、山西、内蒙古、辽宁、吉林、黑龙江、新疆、陕西、甘肃、四川、云南、贵州、重庆、广东、广西、海南。

4. 温室阳蓟马

【学名】*Heliothrips haemorrhoidalis*（Bouche）

【危害作物】核桃、棉花、茶、桑、槟榔、桃、柑橘、咖啡、葡萄。

【分布】福建、台湾、广西、广东、四川。

5. 八节黄蓟马

【学名】*Thrips flavidulus*（Bagnall）

【危害作物】小麦、青稞、白菜、油菜、向日葵、棉花、葱、芹菜、蚕豆、马铃薯、柑橘、洋槐、松、苦楝等。

【分布】河北、辽宁、江苏、浙江、福建、台湾、江西、山东、湖南、湖北、海南、广西、四川、贵州、云南、陕西、宁夏、西藏。

6. 黄蓟马

【学名】*Thrips flavus* Schrank

【别名】菜田黄蓟马、忍冬蓟马、节瓜蓟马、亮蓟马。

【危害作物】麦类、水稻、烟草、大豆、棉花、苜蓿、甘蓝、油菜、瓜类、枣、柑橘、山楂等。

【分布】吉林、辽宁、内蒙古、宁夏、新疆、山西、河北、河南、山东、安徽、江苏、浙江、福建、湖北、湖南、上海、江西、广东、海南、广西、贵州、云南。

7. 黄胸蓟马

【学名】*Thrips hawaiiensis*（Morgan）

【危害作物】油菜、白菜、南瓜、大豆、茶、玉米、甘薯、菜豆、棉、葱、百合、桑、柑橘、荔枝等。

【分布】江苏、浙江、华南、台湾、四川、云南、西藏。

8. 烟蓟马

【学名】*Thrips tabaci* Lindeman

【别名】棉蓟马、葱蓟马、瓜蓟马。

【危害作物】水稻、小麦、玉米、棉花、大豆、豆类、油菜、白菜、萝卜、甘蓝、葱、马铃薯、番茄及花卉，果树等作物。

【分布】湖北、湖南、河南、江西、山东、江苏、安徽、浙江、福建、上海、北京、天津、河北、山西、内蒙古、辽宁、吉林、黑龙江、新疆、陕西、甘肃、四川、云南、贵州、重庆、广东、广西、海南。

（三）半翅目 Hemiptera

盲蝽科 Miridae

1. 白纹苜蓿盲蝽

【学名】*Adelphocoris albonotatus*（Jakovlev）

【危害作物】棉花。

【分布】陕西。

2. 三点苜蓿盲蝽

【学名】*Adelphocoris fasciaticollis* Reuter

【危害作物】棉花、马铃薯、豆类、芝麻、玉米、小麦、大麻、洋麻、胡萝卜、苹果、梨、杨、柳、榆等。

【分布】湖北、湖南、河南、江西、山东、江苏、安徽、浙江、福建、上海、北京、天津、河北、山西、内蒙古、辽宁、吉林、黑龙江、新疆、陕西、甘肃、四川、云南、贵州、重庆、广东、广西、海南。

3. 苜蓿盲蝽

【学名】*Adelphocoris lineolatus*（Goeze）

【危害作物】苜蓿、棉花、马铃薯、豆类、大麻、洋麻、小麦、玉米、粟等。

【分布】湖北、湖南、河南、江西、山东、江苏、安徽、浙江、福建、上海、北京、天津、河北、山西、内蒙古、辽宁、吉林、黑龙江、新疆、陕西、甘肃、四川、云南、贵州、重庆、广东、广西、海南。

4. 中黑苜蓿盲蝽

【学名】*Adelphocoris suturalis*（Jakovlev）

【危害作物】棉花、苜蓿、马铃薯、豆类等。

【分布】湖北、湖南、河南、江西、山东、江苏、安徽、浙江、福建、上海、北京、天津、河北、山西、内蒙古、辽宁、吉林、黑龙江、新疆、陕西、甘肃、四川、云南、贵州、重庆、广东、广西、海南。

5. 棉二纹盲蝽

【学名】*Adelphocoris variabilis* Uhler

【危害作物】棉、洋麻、黄麻、青麻、苜蓿、胡萝卜、茴香、萝卜、白菜、菠菜、甜菜。

【分布】河北、河南、山西、山东、甘肃。

6. 绿盲蝽

【学名】*Apolygus lucorum*（Meyer-Dür）

【危害作物】棉花、苜蓿、大麻、苘麻、麻类、蓖麻、小麦、荞麦、马铃薯、大豆、豆类、石榴、苹果等。

【分布】湖北、湖南、河南、江西、山东、江苏、安徽、浙江、福建、上海、北京、天津、河北、山西、内蒙古、辽宁、吉林、黑龙江、新疆、陕西、甘肃、四川、云南、贵州、重庆、广东、广西、海南。

7. 黑跳盲蝽

【学名】*Halticus tibialis* Reuter

【危害作物】大豆、甘薯、棉、花生、瓜类、萝卜、茄子、甘蓝、甘蔗、榕树、葡萄。

【分布】福建、台湾、四川。

8. 豆跳盲蝽

【学名】*Halticus micantulus* Holváth

【别名】日本跳盲蝽。

【危害作物】花生、棉花、甘薯。

【分布】四川。

9. 牧草盲蝽

【学名】*Lygus pratensis*（Linnaeus）

【危害作物】棉花、洋麻、稻、麦、玉米、马铃薯、苜蓿、蔬菜、苹果、梨、柑橘等。

【分布】湖北、湖南、河南、江西、山东、江苏、安徽、浙江、福建、上海、北京、天津、河北、山西、内蒙古、辽宁、吉林、黑龙江、新疆、陕西、甘肃、四川、云南、贵州、重庆、广东、广西、海南。

红蝽科 Pyrrhocoridae

10. 棉红蝽

【学名】*Dysdercus cingulatus*（Fabricius）

【别名】离斑棉红蝽、二点星红蝽。

【危害作物】棉花等锦葵科作物，偶亦为害玉米、甘蔗等。

【分布】湖北、福建、广东、广西、云南、海南。

缘蝽科 Coreidae

11. 棉缘蝽

【学名】*Anoplocnemis curvipes* Fabricius

【危害作物】豆类、棉花、茶、柑橘。

【分布】华东、华中、华南地区及江西、福建、湖北。

12. 红背安缘蝽

【学名】*Anoplocnemis phasiana*（Fabricius）

【危害作物】棉花、豆类、花生、葫芦、柑

橘、苹果、瓜类、竹、木槿等。

【分布】河北、山东、安徽、浙江、江西、福建、台湾、广东、四川。

13. 刺额棘缘蝽

【学名】*Cletus bipunctatus*（Herrich-Schäffer）

【危害作物】水稻、麦类、棉、甘蔗、桑、真菰。

【分布】浙江、广东、贵州、云南。

14. 稻棘缘蝽

【学名】*Cletus punctiger*（Dallas）

【别名】针缘蝽。

【危害作物】水稻、玉米、高粱、小麦、谷子、大豆、棉花等。

【分布】上海、江苏、浙江、安徽、河南、福建、江西、湖南、湖北、广东、云南、贵州。

15. 条蜂缘蝽

【学名】*Riptortus linearis*（Fabricius）

【危害作物】水稻、大豆、豆类、棉、柑橘、桑。

【分布】江苏、浙江、江西、福建、台湾、广西、广东、四川、云南。

16. 点蜂缘蝽

【学名】*Riptortus pedestris*（Fabricius）

【别名】白条蜂缘蝽、豆缘椿象、豆椿象。

【危害作物】水稻、高粱、粟、豆类、棉、麻、甘薯、甘蔗、南瓜、柑橘、苹果、桃。

【分布】北京、山东、江苏、安徽、浙江、江西、福建、台湾、河南、湖北、四川、云南、西藏。

17. 黄姬缘蝽

【学名】*Rhopalus maculatus*（Fieber）

【危害作物】棉花、高粱、大豆、谷子等。

【分布】湖北、湖南、河南、江西、山东、江苏、安徽、浙江、福建、上海、北京、天津、河北、山西、内蒙古、辽宁、吉林、黑龙江、新疆、陕西、甘肃、四川、云南、贵州、重庆、广东、广西、海南。

盾蝽科 Scutelleridae

18. 鼻盾蝽

【学名】*Hotea curculionoides*（Herrich *et* Schäffer）

【危害作物】棉花、锦葵。

【分布】福建、台湾、广西、广东、云南。

19. 华沟盾蝽

【学名】*Solenostethium chinense* Stål

【危害作物】棉花、柑橘、油茶。

【分布】福建、台湾、广西、广东。

蝽科 Pentatomidae

20. 斑须蝽

【学名】*Dolycoris baccarum*（Linnaeus）

【别名】细毛蝽。

【危害作物】水稻、玉米、高粱、谷子、棉花、烟草、亚麻、洋麻、胡麻、芝麻、大豆、豆类、蔬菜、苹果、梨等。

【分布】湖北、湖南、河南、江西、山东、江苏、安徽、浙江、福建、上海、北京、天津、河北、山西、内蒙古、辽宁、吉林、黑龙江、新疆、陕西、甘肃、四川、云南、贵州、重庆、广东、广西、海南。

21. 麻皮蝽

【学名】*Erthesina fullo*（Thunberg）

【危害作物】大豆、菜豆、棉、桑、蓖麻、甘蔗、咖啡、柑橘、苹果、梨、乌桕、榆等。

【分布】河北、辽宁、河南、山东、江苏、安徽、浙江、江西、福建、台湾、湖南、湖北、广东、广西、四川、云南、贵州。

22. 稻褐蝽

【学名】*Lagynotomus elongata*（Dallas）

【别名】白边蝽。

【危害作物】主要危害水稻，也危害玉米、小麦、棉花、甘蔗。

【分布】湖南、湖北、江西、浙江、江苏、台湾、广东、广西、四川等省（区）。

23. 稻绿蝽

【学名】*Nezara viridula*（Linnaeus）

【别名】稻青蝽。

【危害作物】水稻、谷子、高粱、小麦、玉米、大豆、豆类、棉花、烟草、芝麻、蔬菜、甘蔗等。

【分布】湖北、湖南、河南、江西、山东、江苏、安徽、浙江、福建、上海、北京、天津、河北、山西、内蒙古、辽宁、吉林、黑龙江、新疆、陕西、甘肃、四川、云南、贵州、重庆、广东、广西、海南。

24. 璧蝽

【学名】*Piezodorus rubrofasciatus*（Fabricius）

【危害作物】水稻、小麦、谷子、玉米、高粱、大豆、豆类、棉花。

【分布】山东、江苏、浙江、江西、福建、湖北、广西、广东、四川。

25. 二星蝽

【学名】*Stollia guttiger*（Thunberg）

【危害作物】麦类、水稻、棉花、大豆、胡麻、高粱、玉米、甘薯、茄子、桑、茶树、无花果及榕树等。

【分布】河北、山西、山东、江苏、浙江、河南、广东、广西、台湾、云南、陕西、甘肃、西藏。

26. 广二星蝽

【学名】*Stollia ventralis*（Westwood）

【别名】黑腹蝽，二小星蝽。

【危害作物】水稻、小麦、高粱、谷子、玉米、大豆、甘薯及棉花等。

【分布】北京、河北、山西、浙江、福建、江西、河南、湖北、湖南、广东、广西、贵州、云南、陕西。

（四）同翅目 Homoptera

粉虱科 Aleyrodidae

1. 烟粉虱

【学名】*Bemisia tabaci*（Gennadius）

【别名】棉粉虱、甘薯粉虱、银叶粉虱。

【危害作物】棉花、烟草、番茄、茄子、西瓜、黄瓜等。

【分布】湖北、湖南、河南、江西、山东、江苏、安徽、浙江、福建、上海、北京、天津、河北、山西、内蒙古、辽宁、吉林、黑龙江、新疆、陕西、甘肃、四川、云南、贵州、重庆、广东、广西、海南。

瘿绵蚜科 Pemphigidae

2. 菜豆根蚜

【学名】*Smynthurodes betae* Westwood

【别名】棉根蚜。

【危害作物】棉花、甜菜、菜豆、扁豆、绿豆、小麦等。

【分布】湖北、湖南、河南、江西、山东、江苏、安徽、浙江、上海、北京、天津、河北、山西、内蒙古。

蚜科 Aphididae

3. 棉长管蚜

【学名】*Acyrthosiphon gossypii* Mordvilko

【别名】棉无网长管蚜、大棉蚜。

【危害作物】棉花、苦豆子、骆驼刺、豆类。

【分布】新疆。

4. 棉黑蚜

【学名】*Aphis atrata* Zhang

【危害作物】棉花、苜蓿、苦豆子。

【分布】新疆、宁夏、甘肃。

5. 豆蚜

【学名】*Aphis craccivora* Koch，异名：*Aphis medcaginis* Koch

【危害作物】棉花、花生、蚕豆、苜蓿、荠菜、洋槐等。

【分布】甘肃、新疆、宁夏、内蒙古、河北、山东、四川、湖南、湖北、广东、广西。

6. 棉蚜

【学名】*Aphis gossypii* Glover

【危害作物】第一寄主：石榴、花椒、木槿和鼠李属植物等；第二寄主：棉花、瓜类、黄麻、大豆、马铃薯、甘薯和十字花科蔬菜等。

【分布】湖北、湖南、河南、江西、山东、江苏、安徽、浙江、福建、上海、北京、天津、河北、山西、内蒙古、辽宁、吉林、黑龙江、新疆、陕西、甘肃、四川、云南、贵州、重庆、广东、广西、海南。

7. 桃蚜

【学名】*Myzus persicae*（Sulzer）

【别名】烟蚜、桃赤蚜、菜蚜。

【危害作物】油菜及其他十字花科蔬菜、棉花、马铃薯、大豆、豆类、甜菜、烟草、胡麻、甘薯、芝麻、茄科植物及柑橘、梨等果树。

【分布】湖北、湖南、河南、江西、山东、江苏、安徽、浙江、福建、上海、北京、天津、河北、山西、内蒙古、辽宁、吉林、黑龙江、新疆、陕西、甘肃、四川、云南、贵州、重庆、广东、广西、海南。

8. 沙拐枣短鞭蚜

【学名】*Xerophilaphis plotnikovi* Nevsky

【别名】拐枣干蚜。

【危害作物】棉花、拐枣。

【分布】新疆。

珠蚧科 Margarodidae

9. 棉新珠蚧

【学名】*Neomargarodes gossipii* Yang

【别名】棉根新珠硕蚧、乌黑新珠蚧、钢子虫、新珠蚧、珠绵蚧。

【危害作物】谷子、玉米、豆类、棉、甜瓜、甘薯、蓖麻、苘麻等。

【分布】山东、山西、陕西、河北、河南等地。

粉蚧科 Pseudococcidae

10. 双条拂粉蚧

【学名】*Ferrisia virgata*（Cockerell）

【别名】大尾粉蚧、桔腺刺粉蚧。

【危害作物】柑橘、苹果、石榴、棉花、咖啡、橡胶、贵州、桑、烟草等。

【分布】福建、台湾、广西、广东。

11. 橘臀纹粉蚧

【学名】*Planococcus citri*（Risso）

【别名】柑橘刺粉蚧。

【危害作物】水稻、大豆、棉花、茶、桑、烟草、咖啡、柑橘、苹果、梨、梧桐、松杉等。

【分布】江苏、浙江、台湾、福建、广西、广东、湖北、湖南、四川、贵州、云南。

12. 康氏粉蚧

【学名】*Pseudococcus comstocki*（Kuwana）

【别名】桑粉蚧、梨粉蚧、李粉蚧。

【危害作物】玉米、棉、桑、胡萝卜、瓜类、甜菜、苹果、梨、桃、柳、枫、洋槐等果树林木。

【分布】黑龙江、吉林，辽宁、内蒙古、宁夏、甘肃、青海、新疆、山西、河北、山东、安徽、浙江、上海、福建、台湾、广东、云南、四川等地。

蚧科 Coccidae

13. 褐软蚧

【学名】*Coccus hesperidum* Linnaeus

【危害作物】棉花、茶、柑橘、苹果、梨、葡萄等果树。

【分布】山西、山东、江苏、浙江、江西、福建、台湾、湖北、湖南、广东、四川、云南。

蝉科 Cicadidae

14. 蚱蝉

【学名】*Cryptotympana atrata*（Fabricius）

【别名】黑蚱蝉、黑蝉，俗称“知了”。

【危害作物】棉花、苹果、梨、柑橘、杨、柳、槐、榆等果树林木。

【分布】上海、江苏、浙江、河北、陕西、山东、河南、安徽、湖南、福建、广东、四川、贵州、云南。

叶蝉科 Cicadellidae

15. 棉叶蝉

【学名】*Amrasca biguttula*（Ishida）

【别名】棉叶跳虫、棉浮尘子、二点浮尘子、茄叶蝉。

【危害作物】棉花、茄子、烟草、番茄等。

【分布】湖北、湖南、河南、江西、山东、江苏、安徽、浙江、福建、上海、北京、天津、河北、山西、内蒙古、辽宁、吉林、黑龙江、新疆、陕西、甘肃、四川、云南、贵州、重庆、广东、广西、海南。

16. 大青叶蝉

【学名】*Cicadella viridis*（Linnaeus）

【别名】青叶跳蝉、大绿浮尘子。

【危害作物】棉花、豆类、花生、玉米、高粱、谷子、稻、麦、蔬菜、果树、桑、榆等。

【分布】湖北、湖南、河南、江西、山东、江苏、安徽、浙江、福建、上海、北京、天津、河北、山西、内蒙古、辽宁、吉林、黑龙江、新疆、陕西、甘肃、四川、云南、贵州、重庆、广东、广西、海南。

17. 马铃薯小绿叶蝉

【学名】*Empoasca devastans* Distant

【危害作物】棉花。

【分布】江西、安徽、福建、四川、云南、贵州、重庆、广东、广西、海南。

18. 小绿叶蝉

【学名】*Empoasca flavescens*（Fabricius）

【别名】茶叶蝉、桃小浮尘子、桃小叶蝉、桃小绿叶蝉。

【危害作物】稻、麦、高粱、玉米、大豆、蚕豆、紫云英、马铃薯、甘蔗、向日葵、花生、棉花、蓖麻、茶、桑、果树等。

【分布】湖北、湖南、河南、江西、山东、江苏、安徽、浙江、福建、上海、北京、天津、河北、山西、内蒙古、辽宁、吉林、黑龙江、新疆、陕西、甘肃、四川、云南、贵州、重庆、广东、广西、海南。

19. 白边拟大叶蝉

【学名】*Ishidaella albomarginata*（Signoret）

【危害作物】水稻、棉、桑、甘蔗、柑橘、葡萄、樱桃。

【分布】东北、北京、江苏、浙江、福建、台湾、广东、四川。

20. 横带额二叉叶蝉

【学名】*Macrosteles fascifrons*（Stål），异名：*Cicadulina bipunctella*（Mots）

【别名】二点浮尘子、二星叶蝉。

【危害作物】棉花、大豆、胡萝卜、大麻及水稻、小麦等禾本科作物。

【分布】湖北、湖南、河南、江西、山东、江苏、安徽、浙江、福建、上海、北京、天津、河北、山西、内蒙古、辽宁、吉林、黑龙江、新疆、陕西、甘肃、四川、云南、贵州、重庆、广东、广西、海南。

21. 台湾棉叶蝉

【学名】*Zyginoides taiwana*（Shiraki）

【危害作物】棉。

【分布】台湾。

粒脉蜡蝉科 Meenoplidae

22. 粉白粒脉蜡蝉

【学名】*Nisia atrovenosa*（Lethierry）

【别名】粉白飞虱。

【危害作物】水稻、甘蔗、禾本科作物、棉花、柑橘、茭白。

【分布】江苏、浙江、福建、台湾、湖南、广东、四川、贵州。

飞虱科 Delphacidae

23. 褐飞虱

【学名】*Nilaparvata lugens*（Stål）

【危害作物】水稻、粟、甘蔗、棉花。

【分布】天津、山西、辽宁、福建、台湾、江西、浙江、江苏、安徽、山东、广东、广西、湖南、湖北、河南、陕西、甘肃、云南、四川、贵州。

24. 白背飞虱

【学名】*Sogatella furcifera*（Horváth）

【危害作物】水稻、小麦、玉米、棉花、甘蔗、紫云英等禾本科作物。

【分布】河北、山西、内蒙古、辽宁、山东、江苏、安徽、浙江、江西、福建、台湾、河南、湖北、湖南、广西、广东、陕西、甘肃、宁夏、四川、贵州、云南。

（五）鞘翅目 Coleoptera

鳃金龟科 Melolonthidae

1. 黑阿鳃金龟

【学名】*Apogonia cupreoviridis* Koble

【别名】朝鲜甘蔗金龟。

【危害作物】大麦、小麦、玉米、大豆、杨、柳、高粱、棉、红麻、洋麻、甜菜、小灌木等。

【分布】黑龙江、辽宁、河北、山西、山东、河南、安徽、江苏。

2. 东北大黑鳃金龟

【学名】*Holotrichia diomphalia* Bates

【危害作物】玉米、高粱、谷子、大豆、棉花、大麻、亚麻、马铃薯、花生、甜菜、梨、桑、榆等苗木。

【分布】湖北、湖南、河南、江西、山东、江苏、安徽、浙江、福建、上海、北京、天津、河北、山西、内蒙古、辽宁、吉林、黑龙江、新疆、陕西、甘肃、四川、云南、贵州、重庆、广东、广西、海南。

3. 华北大黑鳃金龟

【学名】*Holotrichia oblita*（Faldermann）

【危害作物】玉米、谷子、马铃薯、豆类、棉花、甜菜、苗木等。

【分布】山东、江苏、北京、天津、河北、山西、内蒙古、辽宁、吉林、黑龙江、新疆、陕西、甘肃。

4. 暗黑鳃金龟

【学名】*Holotrichia parallela* Motschulsky

【危害作物】玉米、高粱、谷子、花生、棉花、大麻、亚麻、大豆、甜菜、马铃薯、蓖麻、梨、柑橘苗木等。

【分布】湖北、湖南、河南、江西、山东、江苏、安徽、浙江、福建、上海、北京、天津、河

北、山西、内蒙古、辽宁、吉林、黑龙江、新疆、陕西、甘肃、四川、云南、贵州、重庆、广东、广西、海南。

5. 黑皱鳃金龟

【学名】*Trematodes tenebrioides* (Pallas)

【别名】无翅黑金龟、无后翅金龟子。

【危害作物】高粱、玉米、大豆、花生、小麦、棉花、亚麻、大麻、洋麻、马铃薯、蓖麻等。

【分布】吉林、辽宁、青海、宁夏、内蒙古、河北、天津、北京、山西、陕西、河南、山东、江苏、安徽、江西、湖南、台湾等地。

丽金龟科 Rutelidae

6. 中华喙丽金龟

【学名】*Adoretus sinicus* Burmeister

【危害作物】玉米、花生、大豆、甘蔗、苎麻、蓖麻、黄麻、棉、柑橘、苹果、桃、橄榄、可可、油桐、茶等以及各种林木。

【分布】山东、江苏、浙江、安徽、江西、湖北、湖南、广东、广西、福建、台湾。

7. 斑喙丽金龟

【学名】*Adoretus tenuimaculatus* Waterhouse

【别名】茶色金龟子，葡萄丽金龟。

【危害作物】玉米、棉花、高粱、黄麻、芝麻、大豆、水稻、菜豆、芝麻、向日葵、苹果、梨等以及其他蔬菜果木。

【分布】陕西、河北、山东、安徽、江苏、上海、浙江、江西、福建、广东、广西、湖南、湖北、贵州、四川等地。

8. 樱桃喙丽金龟

【学名】*Adoretus umbrosus* Fabricius

【危害作物】樱桃、葡萄、柑橘、玉米、甘蔗、大麻、棉、芋、香蕉等。

【分布】华东地区及台湾。

9. 铜绿异丽金龟

【学名】*Anomala corpulenta* Motschulsky

【别名】铜绿异金龟。

【危害作物】玉米、麦、花生、大豆、大麻、青麻、甜菜、薯类、棉花、果树、林木等。

【分布】湖北、湖南、河南、江西、山东、江苏、安徽、浙江、上海、北京、天津、河北、山西、内蒙古、辽宁、吉林、黑龙江、新疆、陕西、甘肃、四川、云南、贵州、重庆。

10. 红足异丽金龟

【学名】*Anomala cupripes* Hope

【别名】红脚绿金龟子、大绿金龟子。

【危害作物】美人蕉、月季、玫瑰、甘蔗、柑橘、葡萄等果树、茶、黄麻、棉花等。

【分布】广东、海南、广东、广西、福建、浙江、台湾。

11. 琉璃弧丽金龟

【学名】*Popillia flavosellata* Fabricius

【别名】拟日本金龟。

【危害作物】棉花、玉米、麦、洋麻、豆类、锦葵、苜蓿、茄、苹果、梨、葡萄、桑、榆、白杨。

【分布】华北、东北地区及江苏、浙江、河南、河北。

12. 无斑弧丽金龟

【学名】*Popillia mutans* Newman

【别名】棉蓝金龟子、豆金龟。

【危害作物】棉花、玉米、高粱、谷子、豆类、甘薯、葡萄、杨等。

【分布】湖北、湖南、河南、江西、山东、江苏、安徽、浙江、福建、上海、北京、天津、河北、山西、内蒙古、辽宁、吉林、黑龙江、陕西、甘肃、四川、云南、贵州、重庆、广东、广西、海南。

13. 四纹弧丽金龟

【学名】*Popillia quadriguttata* Fabricius

【别名】四纹丽金龟、四斑丽金龟。

【危害作物】棉花、梨、葡萄。

【分布】东北地区及河北、江苏、浙江、陕西、宁夏。

花金龟科 Cetoniidae

14. 小青花金龟

【学名】*Oxycetonia jucunda* (Faldermann)

【危害作物】棉花、苹果、梨、柑橘、粟、葱、甜菜、锦葵、桃、杏、葡萄等。

【分布】东北、河北、山东、江苏、浙江、江西、福建、台湾、河南、广西、广东、陕西、四川、贵州、云南。

绢金龟科 Sericidae

15. 东方绢金龟

【学名】*Serica orientalis* (Motschulsky)

【别名】黑绒金龟子、东玛绢金龟、东方金龟子。

【危害作物】豆类、禾本科作物、棉花、苗木等。

【分布】江苏、浙江、黑龙江、吉林、辽宁、湖南、福建、河北、内蒙古、山东等。

叩甲科 Elateridae

16. 直条锥尾叩甲

【学名】*Agriotes lineatus*（Linnaeus）

【别名】条纹金针虫。

【危害作物】小麦、玉米、棉、甜菜、牧草。

【分布】甘肃、新疆。

17. 细胸锥尾叩甲

【学名】*Agriotes subvittatus* Motschulsky

【危害作物】麦类、玉米、高粱、谷子、棉花、甘薯、甜菜、马铃薯、麻、蔬菜等。

【分布】黑龙江、吉林、内蒙古、河北、陕西、宁夏、甘肃、陕西、河南、山东等。

18. 灰鳞叩甲

【学名】*Lacon murinus* Linnaeus

【危害作物】小麦、玉米、棉、牧草。

【分布】新疆。

19. 褐足梳爪叩甲

【学名】*Melanotus brunnipes* Germar

【危害作物】小麦、玉米、棉、牧草、高粱、马铃薯、花生、向日葵、玉米、甜菜、烟草、高粱、蔬菜。

【分布】新疆。

20. 褐纹梳爪叩甲

【学名】*Melanotus caudex* Lewis

【别名】铁丝虫、姜虫、金齿耙、叩头虫。

【危害作物】麦类、玉米、高粱、谷子、棉花、甘薯、甜菜、麻、马铃薯、蔬菜等。

【分布】河南、江西、山东、江苏、安徽、北京、天津、河北、山西、内蒙古、辽宁、吉林、黑龙江、新疆、陕西、甘肃。

21. 珠叩甲

【学名】*Paracardiophorus devastans*（Matumura）

【危害作物】棉花、甘薯、马铃薯、麦、草莓、桑。

【分布】江苏、浙江、台湾。

22. 沟叩头甲

【学名】*Pleonomus canaliculatus*（Faldermann）

【危害作物】麦类、玉米、高粱、谷子、棉花、甘薯、甜菜、马铃薯、麻类、蔬菜等。

【分布】河南、江西、山东、江苏、安徽、北京、天津、河北、山西、内蒙古、辽宁、吉林、黑龙江、新疆、陕西、甘肃。

23. 毛金针虫

【学名】*Prosternon tessellatum* Linnaeus

【危害作物】小麦、玉米、棉、牧草。

【分布】新疆。

露尾甲科 Nitidulidae

24. 棉露尾甲

【学名】*Haptoncus luteotus*（Erichson）

【别名】茶花露尾甲。

【危害作物】棉花、瓜、果类的果实。

【分布】福建、湖北、湖南、广东。

拟步甲科 Tenebrionidae

25. 蒙古沙潜

【学名】*Gonocephalum reticulatum* Motschulsky

【危害作物】高粱、玉米、大豆、小豆、洋麻、亚麻、棉、胡麻、甜菜、甜瓜、花生、梨、苹果、橡胶草。

【分布】河北、山西、内蒙古、辽宁、黑龙江、山东、江苏、宁夏、甘肃、青海。

26. 欧洲沙潜

【学名】*Opatrum sabulosum*（Linnaeus）

【别名】网目拟步甲。

【危害作物】棉、甜菜、果树幼苗、玉米、烟草、向日葵、瓜类、豆类、葡萄。

【分布】甘肃、新疆。

27. 沙潜

【学名】*Opatrum subaratum* Faldermann

【别名】拟步甲、类沙土甲。

【危害作物】禾本科作物、豆类、瓜类、洋麻、亚麻、花生、甜菜、棉花、苗木等。

【分布】河南、江西、山东、北京、天津、河北、山西、内蒙古、辽宁、吉林、黑龙江、新疆、陕西、甘肃。

芫菁科 Meloidae

28. 中华豆芫菁

【学名】*Epicauta chinensis* Laporte

【别名】中国芫菁。

【危害作物】豆类、甜菜、马铃薯、棉花等。

【分布】内蒙古、宁夏、甘肃、北京、山西、陕西、山东、江苏、安徽、辽宁、吉林、黑龙江。

29. 锯角豆芫菁

【学名】*Epicauta fabricii*（Le Conte）

【别名】白条芫菁。

【危害作物】大豆、花生等豆科作物，苘麻、高粱、玉米、甜菜、马铃薯、棉花、茄子等。

【分布】湖北、湖南、河南、江西、山东、江苏、安徽、浙江、福建、上海、北京、天津、河北、山西、内蒙古、辽宁、吉林、黑龙江、新疆、陕西、甘肃、四川、云南、贵州、重庆、广东、广西、海南。

30. 眼斑芫菁

【学名】*Mylabris cichorii* Linnaeus

【别名】黄黑花芫菁、黄黑小芫菁、眼斑小芫菁。

【危害作物】豆类、花生、棉花、苹果等。

【分布】河北、江苏、安徽、浙江、湖北、福建、广东、广西。

31. 大斑芫菁

【学名】*Mylabris phalerata*（Pallas）

【别名】大芫菁、大斑蝥、大黄斑芫菁。

【危害作物】豆类、花生、棉花、苹果等。

【分布】浙江、湖北、广东、广西、云南。

天牛科 Cerambycidae

32. 曲牙土天牛

【学名】*Dorysthenes hydropicus* Pascoe

【别名】曲牙锯天牛。

【危害作物】棉花。

【分布】北京、河北、河南、陕西、山西、湖北、湖南、山东、安徽、浙江、江苏、上海、内蒙古等。

33. 棉散天牛

【学名】*Sybra punctatostriata* Bates

【危害作物】棉花、柑橘、橙、柠檬。

【分布】江西、福建、台湾、广东、华中。

34. 麻天牛

【学名】*Thyestilla gebleri*（Faldermann）

【危害作物】棉花、大麻、苎麻、苘麻。

【分布】河北、陕西、内蒙古、吉林、黑龙江、山东、江苏、安徽、浙江、湖北、广东、陕西、甘肃、宁夏、四川、青海。

肖叶甲科 Eumolpidae

35. 粟鳞斑肖叶甲

【学名】*Pachnephorus lewisii* Baly

【别名】粟灰褐叶甲、谷鳞斑肖叶甲。

【危害作物】棉花及多种作物幼苗。

【分布】湖北、湖南、河南、江西、山东、江苏、安徽、浙江、上海、北京、天津、河北、山西、内蒙古、辽宁、吉林、黑龙江、新疆、陕西、甘肃、四川、云南、贵州。

叶甲科 Chrysomelidae

36. 中华萝摩叶甲

【学名】*Chrysochus chinensis* Baly

【危害作物】甘薯、棉花、桑、梨。

【分布】东北、华北、江苏、福建、台湾、河南、四川。

37. 黑条麦萤叶甲

【学名】*Medythia nigrobilineata*（Motschulsky）

【别名】黑条罗萤叶甲、二黑条萤叶甲、大豆异萤叶甲、二条黄叶甲、二条金花虫，俗称地蹦子。

【危害作物】大豆、甜菜、豆科作物、水稻、高粱、大麻、甜瓜、棉花等。

【分布】湖北、湖南、河南、江西、山东、江苏、安徽、浙江、福建、上海、北京、天津、河北、山西、内蒙古、辽宁、吉林、黑龙江、新疆、陕西、甘肃、四川、云南、贵州、重庆、广东、广西、海南。

38. 双斑长跗萤叶甲

【学名】*Monolepta hieroglyphica*（Motschulsky）

【别名】双斑萤叶甲、四目叶甲。

【危害作物】大豆、马铃薯、棉花、麻类、蓖麻、甘蔗、玉米、谷类、向日葵、胡萝卜、甘蓝、白菜、茶、苹果。

【分布】东北、河北、内蒙古、山西、江西、台湾、河南、湖北、广西、云南、贵州、四川。

39. 四斑长跗萤叶甲

【学名】*Monolepta quadriguttata*（Motschulsky）

【危害作物】棉花、大豆、花生、玉米、马铃薯、甘蓝、白菜、蓖麻、糜子、甘蔗、柳等。

【分布】东北、华北、江苏、浙江、湖北、广西、宁夏、甘肃、陕西、四川、云南、贵州、台湾。

40. 黄斑长跗萤叶甲

【学名】*Monolepta signata*（Olivier）

【危害作物】棉花、大豆、蚕豆、花生、玉米、十字花科及禾本科作物等。

【分布】福建、云南、广东、广西、四川、西藏、新疆、河北等。

象甲科 Curculionidae

41. 棉子长角象

【学名】*Araecerus fasciculatus*（De Geer）

【别名】咖啡豆象。

【危害作物】咖啡豆、棉花、玉米、薯干、干果及中药材等。

【分布】湖北、湖南、河南、江西、山东、江苏、安徽、浙江、福建、上海、北京、天津、河北、山西、内蒙古、辽宁、吉林、黑龙江、新疆、陕西、甘肃、四川、云南、贵州、重庆、广东、广西、海南。

42. 小卵象

【学名】*Calomycterus obconicus* Chao

【危害作物】棉花、桑、油菜、番茄、大豆、苎麻、乌桕等。

【分布】江苏、浙江、四川、陕西、河北、广东、福建等。

43. 大绿象甲

【学名】*Hypomeces squamosus*（Fabricius）

【别名】绿鳞象甲。

【危害作物】茶、油茶、柑橘、棉花、甘蔗、桑、大豆、花生、玉米、烟、麻等。

【分布】河南、江苏、安徽、浙江、江西、湖北、湖南、广东、广西、福建、四川、云南、贵州。

44. 大吻黑筒喙象

【学名】*Lixus vetula* Fabricius

【危害作物】甘蔗、棉花、桑。

【分布】华南。

45. 棉尖象

【学名】*Phytoscaphus gossypii* Chao

【别名】棉象鼻虫、棉小灰象。

【危害作物】棉花、玉米、甘薯、桃、高粱、小麦、水稻、花生、牧草、大豆、大麻、酸枣等。

【分布】湖北、湖南、河南、江西、山东、江苏、安徽、浙江、上海、北京、天津、河北、山西、内蒙古、辽宁、吉林、黑龙江、新疆、陕西、甘肃、四川、云南、贵州、重庆。

46. 柑橘灰象

【学名】*Sympiezomias citri* Chao

【危害作物】柑橘、棉花、茶。

【分布】福建。

47. 大灰象甲

【学名】*Sympiezomias velatus*（Chevrolat）

【危害作物】大豆、花生、甜菜、棉花、烟草、高粱、马铃薯、瓜类、芝麻及果林苗木等。

【分布】湖北、湖南、河南、江西、山东、江苏、安徽、浙江、福建、上海、北京、天津、河北、山西、内蒙古、辽宁、吉林、黑龙江、新疆、陕西、甘肃、四川、云南、贵州、重庆、广东、广西、海南。

48. 蒙古土象

【学名】*Xylinophorus mongolicus* Faust

【别名】象鼻虫、灰老道、放牛小、蒙古土象。

【危害作物】棉、麻、谷子、玉米、花生、大豆、向日葵、高粱、烟草、苹果、梨、核桃、桑、槐以及各种蔬菜。

【分布】黑龙江、吉林、辽宁、河北、山西、山东、江苏、内蒙古、甘肃等地。

（六）鳞翅目 Lepidoptera

蓑蛾科 Psychidae

1. 大蓑蛾

【学名】*Cryptothelea variegata* Snellen

【别名】棉大蓑蛾、大袋蛾，俗称布袋虫。

【危害作物】棉花、甘蓝、玉米、苹果、梨、桑、槐、柿、茶树、泡桐、法桐、杨树等。

【分布】湖北、湖南、河南、江西、山东、江苏、安徽、浙江、福建、上海、北京、天津、河北、山西、新疆、陕西、甘肃、四川、云南、贵州、重庆、广东、广西、海南。

麦蛾科 Gelechiidae

2. 红铃虫

【学名】*Pectinophora gossypiella*（Saunders）

【危害作物】棉花、羊角绿豆、秋葵、红麻、苘麻、木槿等。

【分布】湖北、湖南、河南、江西、山东、江

苏、安徽、浙江、福建、上海、北京、天津、河北、山西、内蒙古、辽宁、吉林、黑龙江、陕西、四川、云南、贵州、重庆、广东、广西、海南。

木蠹蛾科 Cossidae

3. 咖啡豹蠹蛾

【学名】*Zeuzera coffeae* Nietner

【别名】棉茎木蠹蛾、小豹纹木蠹蛾、豹纹木蠹蛾、茶枝木蠹蛾。

【危害作物】咖啡、荔枝、龙眼、番石榴、茶树、桑、蓖麻、黄麻、棉花等。

【分布】安徽、江苏、浙江、福建、台湾、江西、河南、湖北、湖南、广东、四川、贵州、云南、海南。

卷蛾科 Tortricidae

4. 棉褐带卷蛾

【学名】*Adoxophyes orana*（Fischer von Röslerstamm）

【别名】小黄卷叶蛾、棉卷蛾、棉小卷叶虫。

【危害作物】棉花、大豆、柑橘、梨、樱桃、茶、桑、蓖麻、亚麻、茄子。

【分布】湖北、湖南、河南、江西、山东、江苏、安徽、浙江、福建、台湾、上海、北京、天津、河北、山西、内蒙古、辽宁、吉林、黑龙江、新疆、陕西、甘肃、四川、云南、贵州、重庆、广东、广西、海南。

5. 棉双斜卷蛾

【学名】*Clepsis strigana*（Hübner）

【危害作物】棉花、洋麻、大麻、苜蓿。

【分布】华北、东北。

螟蛾科 Pyralidae

6. 桃蛀螟

【学名】*Conogethes punctiferalis*（Guenée）

【别名】桃蠹螟、桃斑蛀螟，俗称蛀心虫。

【危害作物】桃、梨、苹果、板栗、荔枝、龙眼、松、杉等果实及棉花、向日葵、玉米、高粱等农作物。

【分布】湖北、湖南、河南、江西、山东、江苏、安徽、浙江、福建、上海、北京、天津、河北、山西、内蒙古、辽宁、吉林、黑龙江、新疆、陕西、甘肃、四川、云南、贵州、重庆、广东、广西、海南。

7. 瓜绢野螟

【学名】*Diaphania indica*（Saunders）

【别名】瓜螟、瓜野螟蛾、瓜绢螟、棉螟蛾、印度瓜野螟。

【危害作物】丝瓜、黄瓜、西瓜、棉花、冬葵、木槿、梧桐等。

【分布】福建、江西、江苏、山东、浙江、安徽、上海、台湾、湖南、湖北、广东、广西、海南、天津等。

8. 棉褐环野螟

【学名】*Haritalodes derogata*（Fabricius）

【别名】棉卷叶螟、棉大卷叶虫、裹叶虫、包叶虫、叶包虫、棉野螟蛾。

【危害作物】棉花、苘麻、木槿、梧桐等。

【分布】湖北、湖南、河南、江西、山东、江苏、安徽、浙江、福建、上海、北京、天津、河北、山西、内蒙古、辽宁、吉林、黑龙江、陕西、四川、云南、贵州、重庆、广东、广西、海南。

9. 亚洲玉米螟

【学名】*Ostrinia furnacalis*（Guenée）

【危害作物】玉米、高粱、谷子、小麦、麻类、棉花、豆类、甘蔗、甜菜、辣椒、茄子、苹果等。

【分布】湖北、湖南、河南、江西、山东、江苏、安徽、浙江、福建、上海、北京、天津、河北、山西、内蒙古、辽宁、吉林、黑龙江、新疆、陕西、甘肃、四川、云南、贵州、重庆、广东、广西、海南。

10. 欧洲玉米螟

【学名】*Ostrinia nubilalis*（Hübner）

【别名】钻心虫。

【危害作物】玉米、高粱、谷子、棉花、向日葵、麻类等。

【分布】新疆、内蒙古、宁夏、河北。

尺蛾科 Geometridae

11. 大造桥虫

【学名】*Ascotis selenaria*（Denis *et* Schiffermüller）

【别名】棉大尺蠖、棉大造桥虫。

【危害作物】棉花、蚕豆、大豆、花生、豇豆、菜豆、刺槐、向日葵、黄麻、梨、柑橘等。

【分布】湖北、湖南、河南、江西、山东、江苏、安徽、浙江、福建、上海、北京、天津、河

北、山西、内蒙古、辽宁、吉林、黑龙江、新疆、陕西、甘肃、四川、云南、贵州、重庆、广东、广西、海南。

12. 木橑尺蠖

【学名】*Culcula panterinaria* (Bremer *et* Grey)

【危害作物】花椒、苹果、梨、泡桐、桑、榆、大豆、棉花、苘麻、向日葵、甘蓝、萝卜等。

【分布】河北、河南、山东、山西、内蒙古、陕西、四川、广西、云南。

13. 四星尺蛾

【学名】*Ophthalmodes irrorataria* (Bremer *et* Grey)

【危害作物】苹果、柑橘、海棠、鼠李、麻、桑、棉花、蔬菜。

【分布】华北、东北地区及山东、浙江、台湾、四川。

14. 茶银尺蠖

【学名】*Scopula subpunctaria* (Herrich-Schaeffer)

【危害作物】茶、棉花、玉米。

【分布】江苏、浙江、四川。

天蛾科 Sphingidae

15. 八字白眉天蛾

【学名】*Celerio lineata livornica* (Esper)

【危害作物】锦葵科作物、棉花。

【分布】黑龙江、宁夏、台湾、四川。

夜蛾科 Noctuidae

16. 梨剑纹夜蛾

【学名】*Acronicta rumicis* (Linnaeus)

【别名】梨剑蛾、酸模剑纹夜蛾。

【危害作物】大豆、玉米、棉花、向日葵、白菜（青菜）、苹果、桃、梨。

【分布】北起黑龙江、内蒙古、新疆，南抵台湾、广东、广西、云南。

17. 警纹地老虎

【学名】*Agrotis exclamationis* (Linnaeus)

【别名】警纹夜蛾、警纹地夜蛾。

【危害作物】油菜、萝卜、马铃薯、胡麻、棉花、苜蓿、甜菜、大葱等。

【分布】内蒙古、甘肃、宁夏、新疆、西藏、青海。

18. 小地老虎

【学名】*Agrotis ipsilon* (Rottemberg)

【危害作物】棉花、麻、玉米、高粱、麦类、花生、大豆、马铃薯、辣椒、茄子、瓜类、甜菜、烟草、苹果、柑橘、桑、槐等。

【分布】湖北、湖南、河南、江西、山东、江苏、安徽、浙江、福建、上海、北京、天津、河北、山西、内蒙古、辽宁、吉林、黑龙江、新疆、陕西、甘肃、四川、云南、贵州、重庆、广东、广西、海南。

19. 黄地老虎

【学名】*Agrotis segetum* (Denis & Schiffermüller)

【危害作物】玉米、棉花、麦类、马铃薯、麻、甜菜、豌豆、蔬菜、冬绿肥、烟草等。

【分布】河南、山东、北京、天津、河北、山西、内蒙古、辽宁、吉林、黑龙江、新疆、陕西、甘肃。

20. 大地老虎

【学名】*Agrotis tokionis* Butler

【危害作物】甘蓝、油菜、番茄、茄子、辣椒、棉花、胡麻、豆类、玉米、烟草及果树幼苗等。

【分布】湖北、湖南、河南、江西、山东、江苏、安徽、浙江、福建、上海、北京、天津、河北、山西、内蒙古、辽宁、吉林、黑龙江、新疆、陕西、甘肃、四川、云南、贵州、重庆、广东、广西、海南。

21. 橙棉夜蛾

【学名】*Anomis fimbriago* Stephens

【危害作物】棉花。

【分布】台湾、河南、海南、四川。

22. 小造桥夜蛾

【学名】*Anomis flava* (Fabricius)

【危害作物】棉花、苘麻、黄麻、锦葵、木槿、冬苋菜、烟草等。

【分布】湖北、湖南、河南、江西、山东、江苏、安徽、浙江、福建、上海、北京、天津、河北、山西、内蒙古、辽宁、吉林、黑龙江、陕西、甘肃、四川、云南、贵州、重庆、广东、广西、海南。

23. 超桥夜蛾

【学名】*Anomis fulvida* (Guenée)

【危害作物】棉花。

【分布】江西、河南、广东、四川、云南。

24. 桥夜蛾

【学名】*Anomis mesogona* Walker

【危害作物】醋栗、棉花、悬钩、木芙蓉、柑橘。

【分布】河北、辽宁、江苏、浙江、江西、广东。

25. 银纹夜蛾

【学名】*Argyrogramma agnata*（Staudinger）

【别名】黑点银纹夜蛾、豆银纹夜蛾、菜步曲、豆尺蠖、大豆造桥虫、豆青虫。

【危害作物】大豆、花生、十字花科蔬菜、棉花等。

【分布】湖北、湖南、河南、江西、山东、江苏、安徽、浙江、福建、上海、北京、天津、河北、山西、内蒙古、辽宁、吉林、黑龙江、新疆、陕西、甘肃、四川、云南、贵州、重庆、广东、广西、海南。

26. 旋幽夜蛾

【学名】*Discestra trifolii*（Hüfnagel）

【别名】三叶草夜蛾、藜夜蛾。

【危害作物】甜菜、菠菜、灰藜、野生白藜、苘麻、棉花、甘蓝、白菜、大豆、豌豆等。

【分布】吉林、辽宁、甘肃、内蒙古、新疆、青海、宁夏、北京、辽宁、陕西、西藏、河北等。

27. 鼎点钻夜蛾

【学名】*Earias cupreoviridis*（Walker）

【危害作物】棉花、苘麻、向日葵、木槿、冬葵、蜀葵等。

【分布】湖北、湖南、河南、江西、山东、江苏、安徽、浙江、福建、上海、北京、天津、河北、山西、内蒙古、辽宁、吉林、黑龙江、陕西、甘肃、四川、云南、贵州、重庆、广东、广西、海南。

28. 翠纹钻夜蛾

【学名】*Earias fabia* Stoll

【别名】绿带金刚钻。

【危害作物】棉花、苘麻、冬葵、蜀葵、锦葵、假谷古等。

【分布】湖北、湖南、江苏、安徽、浙江、福建、广东、广西、云南、海南。

29. 埃及金刚钻

【学名】*Earias insulana*（Boisduval）

【危害作物】棉花、苘麻、冬葵、木芙蓉、赛葵等。

【分布】福建、广东、广西、云南、海南。

30. 谐夜蛾

【学名】*Emmelia trabealis*（Scopoli）

【危害作物】甘薯、大豆、棉花、花生。

【分布】河北、黑龙江、江苏、新疆、陕西、四川。

31. 显纹地老虎

【学名】*Euxoa conspicua* Hübner

【危害作物】胡麻、玉米、麦类、棉花、瓜类等。

【分布】新疆。

32. 小剑切根虫

【学名】*Euxoa spinifera*（Hübner）

【危害作物】棉花、蔬菜等。

【分布】云南。

33. 棉铃虫

【学名】*Helicoverpa armigera*（Hübner）

【别名】棉桃虫、钻心虫、青虫、棉铃实夜蛾。

【危害作物】棉花、玉米、高粱、小麦、番茄、辣椒、胡麻、亚麻、苘麻、向日葵、豌豆、马铃薯、芝麻、甘蓝、苹果、梨、柑橘等。

【分布】湖北、湖南、河南、江西、山东、江苏、安徽、浙江、福建、上海、北京、天津、河北、山西、内蒙古、辽宁、吉林、黑龙江、新疆、陕西、甘肃、四川、云南、贵州、重庆、广东、广西、海南。

34. 烟夜蛾

【学名】*Helicoverpa assulta* Guenée

【别名】烟草夜蛾、烟实夜蛾、烟青虫。

【危害作物】青椒、棉花、苎麻、烟草、豌豆、蚕豆、番茄、南瓜、玉米等。

【分布】湖北、湖南、河南、江西、山东、江苏、安徽、浙江、福建、上海、北京、天津、河北、山西、内蒙古、辽宁、吉林、黑龙江、新疆、陕西、甘肃、四川、云南、贵州、重庆、广东、广西、海南。

35. 大棉铃虫

【学名】*Heliothis peltigera*（Schiffermüller）

【危害作物】棉花。

【分布】新疆。

36. 苜蓿夜蛾

【学名】*Heliothis viriplaca*（Hüfnagel），异名：

Heliothis dipsacea (Linnaeus)

【别名】亚麻夜蛾。

【危害作物】亚麻、苜蓿、豆类、甜菜、棉花等。

【分布】江苏、湖北、云南、黑龙江、四川、西藏、新疆、内蒙古等。

37. 暗褐狭翅夜蛾

【学名】*Hermonassa cecilia* Butler

【危害作物】棉花、苜蓿。

【分布】陕西。

38. 甘蓝夜蛾

【学名】*Mamestra brassicae* (Linnaeus)

【别名】甘蓝夜盗虫、菜夜蛾。

【危害作物】甘蓝、白菜、油菜、甜菜、高粱、豆类、荞麦、烟草、棉花、亚麻、瓜类、葡萄、桑等。

【分布】湖北、湖南、河南、江西、山东、江苏、安徽、浙江、上海、北京、天津、河北、山西、内蒙古、辽宁、吉林、黑龙江、新疆、陕西、甘肃、四川、云南、贵州、重庆、广东、广西、海南。

39. 红棕灰夜蛾

【学名】*Polia illoba* (Butler)

【危害作物】桑、甜菜、大豆、棉花、苜蓿、豌豆、荞麦、萝卜、葱。

【分布】河北、黑龙江、江西、宁夏。

40. 甜菜夜蛾

【学名】*Spodoptera exigua* (Hübner)

【别名】贪夜蛾、白菜褐夜蛾、玉米叶夜蛾。

【危害作物】芝麻、甜菜、玉米、荞麦、花生、大豆、豌豆、苜蓿、白菜、莴苣、番茄、马铃薯、棉花、亚麻、红麻等。

【分布】湖北、湖南、河南、江西、山东、江苏、安徽、浙江、福建、上海、北京、天津、河北、山西、内蒙古、辽宁、吉林、黑龙江、新疆、陕西、甘肃、四川、云南、贵州、重庆、广东、广西、海南。

41. 斜纹夜蛾

【学名】*Spodoptera litura* (Fabricius)

【别名】莲纹夜蛾。

【危害作物】棉花、甘薯、芋、莲、大豆、烟草、甜菜、十字花科、茄科蔬菜等。

【分布】湖北、湖南、河南、江西、山东、江苏、安徽、浙江、福建、上海、北京、天津、河北、山西、内蒙古、辽宁、吉林、黑龙江、新疆、陕西、甘肃、四川、云南、贵州、重庆、广东、广西、海南。

42. 灰翅夜蛾

【学名】*Spodoptera mauritia* (Boisduval)。

【别名】水稻叶夜蛾、禾灰翅夜蛾。

【危害作物】水稻、玉米、小麦、棉花、胡麻、甘蔗。

【分布】江苏、浙江、福建、台湾、河南、广西、广东、宁夏、云南。

43. 粉纹夜蛾

【学名】*Trichoplusia ni* (Hübner)

【危害作物】棉花、莴苣、芥蓝、茄科、荨麻、芝麻。

【分布】河北、江苏、浙江、福建、台湾、河南、湖北、广西、广东、陕西。

44. 焦条丽夜蛾

【学名】*Xanthodes graellsi* Feisthamel

【危害作物】棉花、木芙蓉。

【分布】福建、台湾、湖北、广西、陕西、四川。

45. 犁纹丽夜蛾

【学名】*Xanthodes transversa* (Guenée)

【危害作物】白术、棉花。

【分布】江苏、福建、台湾、四川。

46. 八字地老虎

【学名】*Xestia c-nigrum* (Linnaeus), 异名: *Agrotis c-nigrum* Linnaeus

【别名】八字切根虫。

【危害作物】冬麦、青稞、豌豆、油菜、棉花、麻类、荞麦、白菜、萝卜等。

【分布】湖北、湖南、河南、江西、山东、江苏、安徽、浙江、福建、上海、北京、天津、河北、山西、内蒙古、辽宁、吉林、黑龙江、新疆、西藏、陕西、甘肃、四川、云南、贵州、重庆、广东、广西、海南。

毒蛾科 Lymantriidae

47. 乌桕黄毒蛾

【学名】*Euproctis bipunctapex* (Hampson)

【危害作物】乌桕、油桐、桑、茶、栎、大豆、甘薯、棉花、南瓜、苹果、梨、桃等。

【分布】江苏、浙江、江西、台湾、湖北、湖南、四川、西藏。

48. 折带黄毒蛾

【学名】*Euproctis flava*（Bremer）

【别名】黄毒蛾、柿黄毒蛾、杉皮毒蛾。

【危害作物】樱桃、梨、苹果、石榴、枇杷、茶、棉花、松、杉、柏等。

【分布】湖北、湖南、河南、江西、山东、江苏、安徽、浙江、福建、上海、北京、天津、河北、山西、内蒙古、辽宁、吉林、黑龙江、陕西、四川、云南、贵州、重庆、广东、广西、海南。

49. 双线盗毒蛾

【学名】*Porthesia scintillans*（Walker）

【危害作物】刺槐、枫、茶、柑橘、梨、蓖麻、玉米、棉花、十字花科作物。

【分布】福建、台湾、广西、广东、四川、云南。

50. 盗毒蛾

【学名】*Porthesia similis*（Fuesszly）

【别名】桑毛虫、毒毛虫、黄尾毒蛾。

【危害作物】桑、桃、李、苹果、梨、棉花等。

【分布】河北、河南、山东、安徽、江苏、上海、浙江、江西、福建、广东、广东、广西、湖南、湖北、贵州、四川、云南等。

灯蛾科 Arctiidae

51. 红缘灯蛾

【学名】*Amsacta lactinea*（Cramer）

【别名】红袖灯蛾、红边灯蛾。

【危害作物】十字花科蔬菜、豆类、棉花、红麻、亚麻、大麻、玉米、谷子等。

【分布】国内除新疆、青海未见报道外，其他地区均有发生。

52. 八点灰灯蛾

【学名】*Creatonotus transiens*（Walker）

【别名】桑灰灯蛾、玉米黑毛虫

【危害作物】玉米、荞麦、大豆、红薯、棉花、油菜及多种蔬菜。

【分布】除东北外，全国其他地区均有分布。

53. 美国白蛾

【学名】*Hyphantria cunea*（Drury）

【别名】美国灯蛾、秋幕毛虫、秋幕蛾。

【危害作物】玉米、大豆、棉花、烟草、甘薯等。

【分布】辽宁、山东、陕西、河北、上海、北京、天津。

54. 尘污灯蛾

【学名】*Spilarctia obliqua*（Walker）

【危害作物】桑、棉花、花生、甜菜、甘薯、豆类、玉米、黄麻、萝卜、柳、茶。

【分布】江苏、福建、四川、云南。

55. 人纹污灯蛾

【学名】*Spilarctia subcarnea*（Walker）

【别名】人字纹灯蛾、桑红腹灯蛾、红腹白灯蛾。

【危害作物】蔷薇、月季、木槿、棉花、桑、芝麻、花生、非洲菊、荷花、杨、榆、槐、瓜类、十字花科蔬菜等。

【分布】湖北、湖南、河南、江西、山东、江苏、安徽、浙江、福建、上海、北京、天津、河北、山西、内蒙古、辽宁、吉林、黑龙江、新疆、陕西、甘肃、四川、云南、贵州、重庆、广东、广西、海南。

56. 星白雪灯蛾

【学名】*Spilosoma menthastri*（Esper）

【危害作物】玉米、豆类、棉花、茄科和十字花科蔬菜等。

【分布】湖北、湖南、河南、江西、山东、江苏、安徽、浙江、福建、上海、北京、天津、河北、山西、内蒙古、辽宁、吉林、黑龙江、新疆、陕西、甘肃、四川、云南、贵州、重庆、广东、广西、海南。

57. 红腹斑雪灯蛾

【学名】*Spilosoma punctaria*（Stoll）

【危害作物】甘蓝、萝卜、棉花、桑。

【分布】东北、江苏、浙江、江西、台湾、湖北、陕西、四川、贵州。

58. 稀点雪灯蛾

【学名】*Spilosoma urticae*（Esper）

【危害作物】玉米、棉花、小麦、谷子、花生、大豆及多种蔬菜。

【分布】黑龙江、河北、辽宁、山东、江苏、浙江、山西、新疆。

苔蛾科 Lithosiidae

59. 优雪苔蛾

【学名】*Cyana hamata*（Walker）

【危害作物】玉米、棉花、甘薯、大豆、柑橘。

【分布】陕西、四川。

（七）双翅目 Diptera

虻科 Tabanidae

1. 华虻

【学名】*Tabanus mandarinus* Schiner

【危害作物】水稻、棉花。

【分布】江西。

潜蝇科 Agromyzidae

2. 南美斑潜蝇

【学名】*Liriomyza huidobrensis*（Blanchard）

【别名】拉美斑潜蝇。

【危害作物】苋菜、甜菜、菠菜、莴苣、蒜、甜瓜、菜豆、豌豆、蚕豆、洋葱、亚麻、番茄、马铃薯、棉花、辣椒、旱芹、莴苣、生菜、烟草、小麦、大丽花、石竹花、菊花、报春花等。

【分布】云南、贵州、四川、青海、山东、河北、北京、湖北、广东。

3. 美洲斑潜蝇

【学名】*Liriomyza sativae* Blanchard

【危害作物】瓜类、豆类、苜蓿、辣椒、茄子、番茄、马铃薯、油菜、棉花、蓖麻及花卉等。

【分布】湖北、湖南、河南、江西、山东、江苏、安徽、浙江、福建、上海、北京、天津、河北、山西、内蒙古、辽宁、吉林、新疆、陕西、甘肃、四川、云南、贵州、重庆、广东、广西、海南。

蝇科 Muscidae

4. 粗芒芒蝇

【学名】*Acritochaeta crassiseta*（Stein）

【危害作物】棉花。

【分布】台湾。

花蝇科 Anthomyiidae

5. 灰地种蝇

【学名】*Delia platura*（Meigen）

【危害作物】棉花、麦类、玉米、豆类、马铃薯、甘薯、大麻、洋麻、葱、蒜、十字花科、百合科、葫芦科作物、苹果、梨等。

【分布】湖北、湖南、河南、江西、山东、江苏、安徽、浙江、福建、上海、北京、天津、河北、山西、内蒙古、辽宁、吉林、黑龙江、新疆、陕西、甘肃、四川、云南、贵州、重庆、广东、广西、海南。

蛛形纲 Arachnida

蜱螨目 Acarina

跗线螨科 Tarsonemidae

1. 侧多食跗线螨

【学名】*Polyphagotarsonemus latus*（Banks）

【危害作物】茶、黄麻、蓖麻、棉花、橡胶、柑橘、大豆、花生、马铃薯、番茄、榆、椿等。

【分布】江苏、浙江、福建、湖北、河南、四川、贵州。

叶螨科 Tetranychidae

2. 朱砂叶螨

【学名】*Tetranychus cinnabarinus*（Boisduval）

【别名】棉红蜘蛛、棉叶螨、红叶螨。

【危害作物】棉花、玉米、花生、豆类、芝麻、辣椒、茄子、番茄、洋麻、苘麻、甘薯、向日葵、瓜类、桑、苹果、梨、蔷薇、月季、金银花、国槐等。

【分布】湖北、湖南、河南、江西、山东、江苏、安徽、浙江、福建、上海、北京、天津、河北、山西、内蒙古、辽宁、吉林、黑龙江、新疆、陕西、甘肃、四川、云南、贵州、重庆、广东、广西、海南。

3. 敦煌叶螨

【学名】*Tetranychus dunhuangensis* Wang

【危害作物】棉花、茄子、豆类、瓜类、玉米等。

【分布】甘肃、新疆。

4. 截形叶螨

【学名】*Tetranychus truncatus* Ehara

【别名】棉红蜘蛛、棉叶螨。

【危害作物】棉花、向日葵、芝麻、四季豆、北瓜、桃、苹果、月季、苦楝、百部、啤酒花等。

【分布】湖北、湖南、河南、江西、山东、江苏、安徽、浙江、福建、上海、北京、天津、河北、山西、内蒙古、辽宁、吉林、黑龙江、新疆、陕西、甘肃、四川、云南、贵州、重庆、广东、广西、海南。

5. 突叶螨

【学名】*Tetranychus tumidus* Pritchard *et* Banks

【危害作物】棉花。

【分布】新疆。

6. 土耳其斯坦叶螨

【学名】*Tetranychus turkestani*（Ugarov *et* Nikolski）

【危害作物】棉花、大豆、四季豆、茄子。

【分布】新疆。

7. 二斑叶螨

【学名】*Tetranychus urticae* Koch

【别名】二点叶螨、棉红蜘蛛。

【危害作物】棉花、大豆、豆类、瓜类、烟草、麻、芝麻、玉米、谷子、高粱及蔬菜果树等百余种作物。

【分布】湖北、湖南、河南、江西、山东、江苏、安徽、浙江、福建、上海、北京、天津、河北、山西、内蒙古、辽宁、吉林、黑龙江、新疆、陕西、甘肃、四川、云南、贵州、重庆、广东、广西、海南。

细须螨科 Tenuipalpidae

8. 卵形短须螨

【学名】*Brevipalpus obovatus* Donnadieu

【危害作物】棉花、茶、桑、橘、桃、葡萄、菊花等农作物，果树，观赏作物。

【分布】山东、浙江、上海、江苏、江西、安徽、广东、湖北、湖南、贵州、云南、宁夏、内蒙古、黑龙江、辽宁等。

二、软体动物门 Mollusca

腹足纲 Gastropoda

柄眼目 Stylommatophora

巴蜗牛科 Bradybaenidae

1. 江西巴蜗牛

【学名】*Bradybaena kingsinensis*（Martens）

【危害作物】棉花、大豆、玉米、苜蓿、油菜、蚕豆、豌豆、大麦、小麦、花生、甘薯、马铃薯、麻等。

【分布】长江流域、黄河流域及东北等地。

2. 灰巴蜗牛

【学名】*Bradybaena ravida*（Benson）

【别名】蜒蚰螺。

【危害作物】黄麻、红麻、苎麻、棉花、豆类、玉米、大麦、小麦、蔬菜、瓜类等。

【分布】北到黑龙江，南到广东、河南、河北、江苏、浙江、新疆等地均有分布。

3. 同型巴蜗牛

【学名】*Bradybaena similaris*（Férussac）

【别名】水牛、天螺、蜒蚰螺。

【危害作物】大豆、棉花、玉米、苜蓿、油菜、蚕豆、豌豆、大麦、小麦等。

【分布】华东、华中、西南、西北等棉区，尤以沿江、沿海发生量大，沿海旱粮棉区。

4. 条华巴蜗牛

【学名】*Cathaica fasiola*（Draparnaud）

【危害作物】棉花、大豆、玉米、苜蓿、油菜、蚕豆、豌豆、大麦、小麦、花生、甘薯、马铃薯、麻等。

【分布】北京、河北、山西、陕西、湖北、湖南、江西、江苏等省。

蛞蝓科 Limacidae

5. 野蛞蝓

【学名】*Agriolimax agrestis*（Linnaeus）

【别名】水蜒蚰、旱螺、无壳蜒蚰螺、鼻涕虫。

【危害作物】棉花、麻类、烟草、甘薯、马铃薯、大豆、蚕豆、豌豆、花生、玉米、白菜、油菜、甘蓝、苜蓿、麦类、绿肥等。

【分布】广东、广西、云南、贵州、福建、浙江、江苏、安徽、湖北、湖南、江西、四川、河北、北京、河南、陕西、山西、新疆。

第七章　麻类有害生物名录

第一节　麻类病害

一、真菌病害

1. 苎麻疫病

【病原】苎麻疫霉 *Phytophthora boehmeriae* Sawada，属卵菌。

【为害部位】叶片。

【分布】长江流域以南各省麻区均有发生。

2. 剑麻斑马纹病

【病原】烟草疫霉 *Phytophthora nicotianae* Bread de Haan，槟榔疫霉 *Phytophthora arecae*（Coleman）Pethybridge 和棕榈疫霉 *Phytophthora palmivora* Butl.，均属卵菌。

【为害部位】茎部、叶片。

【分布】全国各剑麻主产区。

3. 大麻猝倒病

【病原】瓜果腐霉 *Pythium aphanidermatum*（Eds.）Fitz. 和终极腐霉 *Pythium ultimum* Trow，属卵菌。

【为害部位】茎部。

【分布】全国各大麻产区。

4. 青麻霜霉病

【病原】苘麻单轴霉 *Plasmopara skvortzovii* Miura，属卵菌。

【为害部位】叶片。

【分布】东北、华北麻产区。

5. 苎麻白纹羽病

【病原】褐座坚壳 *Rosellinia necatrix*（Hart.）Berl.，属子囊菌。

【为害部位】根部。

【分布】各麻区均有发生。

6. 亚麻菌核病

【病原】核盘菌 *Sclerotinia sclerotiorum*（Lib.）de Bary，属子囊菌。

【为害部位】茎部。

【分布】在局部麻区的个别年份发生。

7. 红麻白绢病

【病原】核盘菌 *Sclerotinia sclerotiorum*（Lib.）de Bary，属子囊菌。

【为害部位】茎部。

【分布】全国各主产麻区。

8. 大麻菌核病

【病原】核盘菌 *Sclerotinia sclerotiorum*（Lib.）de Bary，属子囊菌。

【为害部位】茎基部、叶片。

【分布】全国各大麻产区。

9. 黄麻白粉病

【病原】*Sphaerotheca tuliginea*（Sch.）Pollacci 和 *Microsphaerapoliygoni*（DC.）Sawada，属子囊菌。

【为害部位】叶片。

【分布】浙江、湖南。

10. 亚麻锈病

【病原】亚麻栅锈菌 *Melampsora lini*（Ehrenb.）Lév，属担子菌。

【为害部位】叶片、茎、花、蒴果。

【分布】全国亚麻、胡麻产区。

11. 红、黄麻立枯病

【病原】茄丝核菌 *Rhizoctonia solani* Kühn，禾谷丝核菌 *Rhizoctonia cerealis* Vander Hoeven，属担子菌。

【为害部位】根部、茎基部。

【分布】各麻区都有分布。

12. 苎麻炭疽病

【病原】苎麻炭疽菌 *Colletotrichum boehmeriae* Sawada，属无性型真菌。

【为害部位】叶片、叶柄、茎。

【分布】长江流域以南各省麻区均有发生。

13. 苎麻褐斑病

【病原】苎麻壳二孢 *Ascochyta boehmeriae* Woronich.，属无性型真菌。

【为害部位】叶片、叶柄、茎。

【分布】各麻产区。

14. 苎麻角斑病

【病原】苎麻尾孢 *Cercospora boehmeriae* Peck，属无性型真菌。

【为害部位】叶片、茎。

【分布】湖北、四川、广东、广西、台湾。

15. 亚麻白粉病

【病原】亚麻粉孢 *Oidium lini* Skoric，属无性型真菌。

【为害部位】叶片、茎部。

【分布】全国亚麻、胡麻产区。

16. 亚麻立枯病

【病原】茄丝核菌 *Rhizoctonia solani* Kühn，属无性型真菌。

【为害部位】茎基部。

【分布】全国亚麻、胡麻产区。

17. 亚麻灰霉病

【病原】灰葡萄孢 *Botrytis cinerea* Pers. ex Fr.，属无性型真菌。

【为害部位】茎部。

【分布】全国亚麻、胡麻产区。

18. 亚麻枯萎病

【病原】尖镰孢亚麻专化型 *Fusarium oxysporum* f. sp. *lini*（Bolley）Snyder *et* Hansers，属无性型真菌。

【为害部位】根部。

【分布】各亚麻产区。

19. 亚麻假黑斑病

【病原】细极链格孢 *Alternaria tenuissima*（Fr.）Wiltshire.，属无性型真菌。

【为害部位】叶片。

【分布】各亚麻主产区。

20. 亚麻炭疽病

【病原】炭疽菌 *Colletotrichum lini*（Wester.）Tochinai，属无性型真菌。

【为害部位】叶片、茎部。

【分布】各亚麻产区。

21. 黄麻茎斑病

【病原】黄麻尾孢 *Cercospora corchori* Sawada，属无性型真菌。

【为害部位】子叶、真叶、茎、蒴果。

【分布】长果种黄麻区普遍发生。

22. 黄麻枯腐病

【病原】菜豆壳球孢 *Macrophomina phaseoli*（Maubl.）Ashby，属无性型真菌。

【为害部位】茎、根、子叶。寄主包括黄麻、红麻、大麻、亚麻等。

【分布】黄麻产区。

23. 黄麻黑点炭疽病

【病原】胶孢炭疽菌 *Colletotrichum gloeosporioides*（Penz.）Sacc.，属无性型真菌。

【为害部位】全株。

【分布】长江流域以南麻区。

24. 黄麻枯萎病

【病原】半裸镰孢 *Fusarium semitectum* Berk. *et* Rav.，属无性型真菌。

【为害部位】全株。

【分布】长果种黄麻区。

25. 红麻炭疽病

【病原】红麻炭疽菌 *Colletotrichum hibisci* Pollacci，属无性型真菌。

【为害部位】全株。

【分布】全国主要麻区。

26. 红麻斑点病

【病原】马来尾孢 *Cercospora malayensis* Stev. *et* Solh，属无性型真菌。

【为害部位】叶片、茎部。

【分布】麻区普遍发生。

27. 苎麻立枯病

【病原】茄丝核菌 *Rhizoctonia solani* Kühn，禾谷丝核菌 *Rhizoctonia cerealis* Vander Hoeven，属无性型真菌。

【为害部位】根部、茎基部。

【分布】各麻区都有分布。

28. 红麻腰折病

【病原】长蠕孢 *Helminthosporium* sp.，属无性型真菌。

【为害部位】茎部。

【分布】全国各红麻产区。

29. 红麻枯萎病

【病原】尖孢镰孢 *Fusarium oxysporum*，属无性型真菌。

【为害部位】根部。

【分布】全国各主产麻区。

30. 黄麻根腐病

【病原】丝葚霉 *Papul ospora* sp.，属无性型

真菌。

【为害部位】根部。

【分布】全国各主产麻区，黄麻栽培面积较大的地区为害严重。

31. 黄麻炭疽病

【病原】黄麻炭疽菌 *Colletotrichum corchorum* Ikata *et* Tanaka，属无性型真菌。寄生专化性极强，自然条件下除了侵染黄麻和驼子麻以外，不侵染其他作物。

【为害部位】茎部。

【分布】黄麻和驼子麻产区。

32. 剑麻茎腐病

【病原】黑曲霉 *Aspergillus niger* v. Tiegh，属无性型真菌。

【为害部位】茎部。

【分布】广东剑麻产区。

33. 剑麻炭疽病

【病原】龙舌兰刺盘孢 *Colletotrichum agaves* Cav.，是胶孢炭疽菌 *Colletotrichum gloeosporioides*（Penz.）Sacc. 的一个重要异名，属无性型真菌。

【为害部位】叶片。

【分布】广东、广西、海南等地的剑麻主产区。

34. 剑麻紫色卷叶病

【病原】病因尚不明确。

【别名】剑麻紫色尖端卷叶病、剑麻紫色先端卷叶病。

【为害部位】叶片。

【分布】海南、广西和广东等地的剑麻产区。

35. 大麻白星病

【病原】大麻壳针孢 *Septoria cannabis*（Lasch.）Sacc.，属无性型真菌。

【别名】斑枯病。

【为害部位】叶片。

【分布】云南、河北、河南、新疆、贵州、台湾等地的大麻产区。

36. 大麻白斑病

【病原】大麻叶点霉 *Phyllosticta cannabis*（Kirchn.）Speg.，蒿秆叶点霉 *Phyllosticta straminella* Bres.，均属无性型真菌。

【为害部位】叶片。

【分布】辽宁、黑龙江、吉林、浙江、安徽、云南等省大麻产区。

37. 大麻茎腐病

【病原】草茎点霉 *Phomaherbarum* West.，属无性型真菌。

【为害部位】茎部、叶片。

【分布】云南、湖北、河南、江西、安徽、山东、河北等大麻主产区。

38. 大麻叶斑病

【病原】桂竹香链格孢 *Alternaria cheiranthi*（Lib.）Wiltsh.，香茅弯孢 *Curvularia cymbopogonis*（C. W. Dodge）Groves. & Skolko 和 *Phomopsis ganjae*，属无性型真菌。

【为害部位】叶片。

【分布】全国各大麻产区。

39. 大麻根腐病

【病原】茄镰孢 *Fusarium solani*（Mart.）Sacc.，属无性型真菌。寄主包括红麻等。

【为害部位】根部。

【分布】全国各地麻区。

40. 大麻霉斑病

【病原】大麻尾孢 *Cercospora cannabina* Wakefeiid，属无性型真菌。

【为害部位】叶片。

【分布】安徽、河南、山东、山西、云南、黑龙江、辽宁、吉林、浙江等地的大麻产区。

41. 红麻灰霉病

【病原】灰葡萄孢 *Botrytis cinerea* Pers. ex Fr.，属无性型真菌。

【为害部位】茎部。

【分布】全国各麻产区。

42. 黄麻苗枯病

【病原】链格孢 *Alternaria* sp.，属无性型真菌。

【为害部位】根部、叶片。

【分布】全国各麻产区。

43. 黄麻褐斑病

【病原】黄麻叶点霉 *Phyllosticta corchori* Saw.，属无性型真菌。

【别名】黄麻叶斑病、黄麻斑点病。

【为害部位】叶片。

【分布】各黄麻产区。

44. 黄麻叶枯病

【病原】黄麻长蠕孢 *Helminthosporium corchori* Saw. *et* Kats.，属无性型真菌。

【为害部位】叶片、茎部。

【分布】各黄麻产区。

45. 黄麻茎腐病

【病原】黄麻壳色单隔孢 *Diplodia corchori* Syd.，属无性型真菌。

【别名】黄麻黑枯病、黄麻茎枯病。

【为害部位】腋芽、侧枝基部、茎基部。

【分布】华东局部黄麻产区。

46. 苎麻茎腐病

【病原】苎麻茎点霉 *Phoma boehmeriae* P. Henn，属无性型真菌。

【为害部位】茎部、叶柄。

【分布】全国各麻产区。

47. 红麻叶霉病

【病原】秋葵尾孢 *Cercospora abelmoschi* Ell. et Ev.，属无性型真菌。

【为害部位】叶片。

【分布】全国各麻产区。

二、细菌病害

1. 苎麻青枯病

【病原】茄劳尔氏菌 *Ralstonia solanacearum* (Smith) Yabuuchi *et al.*，同种异名为 *Pseudomonas solanacearum* (E. F. Smith) Smith 生化型Ⅲ小种 1，属假单胞杆菌属。

【为害部位】苎麻地下根、茎。

【分布】全国苎麻产区。

2. 红麻青枯病

【病原】茄劳尔氏菌 *Ralstonia solanacearum* (Smith) Yabuuchi *et al.*，同种异名为 *Pseudomonas solanacearum* (E. F. Smith) Smith，生化型Ⅲ小种 1，属假单胞杆菌属。

【为害部位】根部、茎部。

【分布】福建。

3. 黄麻细菌性斑点病

【病原】*Xanthomonas nakatae* (Okale) Dowson，属假单胞杆菌科，黄单胞杆菌属。

【为害部位】叶片。

【分布】全国圆果种黄麻产区。

三、病毒病害

苎麻花叶病

【病原】Geminiviridae，属双生病毒科。

【为害部位】叶片。

【分布】各麻区都有发生，尤其长江流域麻区为害较重。

四、线虫病害

1. 苎麻根腐线虫病

【病原】垫刃目 Tylenchida 短体亚科 Pratylenchidae 短体属 *Pratylenchus* 的咖啡短体线虫 *Pratylenchus caffeae* 和穿刺短体线虫 *Pratylenchus penetrans*。

【别名】苎麻烂蔸病。

【为害部位】根部，特别是苎麻的萝卜根。

【分布】在全国苎麻产区都有分布，以长江流域和滨湖地区发生最重。

2. 红、黄麻根结线虫病

【病原】南方根结线虫 *Meloidogyne incognita* (Kofoid and White) Chitwood，花生根结线虫 *Meloidogyne arenaria* (Neal) Chitwood，爪哇根结线虫 *Meloidogyne javanica* (Treud) Chitwood 等。均为线性动物门根结线虫属。

【为害部位】根。

【分布】南方麻区。

第二节 麻类害虫

一、节肢动物门 Arthropoda

昆虫纲 Insecta

（一）直翅目 Orthoptera

蟋蟀科 Gryllidae

1. 双斑蟋

【学名】*Gryllus bimaculatus* (De Geer)

【危害作物】水稻、甘薯、棉、亚麻、茶、甘蔗、绿肥作物、菠菜、柑橘、梨、桃。

【分布】江西、福建、台湾、广东。

2. 花生大蟋

【学名】*Tarbinskiellus portentosus* (Lichtenstein)

【危害作物】水稻、木薯、甘薯、棉桑、苎麻、花生、芝麻豆类、茶、咖啡、甘蔗、甘蓝、瓜类、辣椒、番茄、茄子、烟草、果树、松、橡胶、樟等。

【分布】浙江、江西、福建、台湾、广东、广西、湖南、四川。

蝼蛄科 Gryllotalpidae

3. 东方蝼蛄

【学名】*Gryllotalpa orientalis* Burmeister

【危害作物】麦、稻、粟、玉米等禾谷类粮食作物及棉花、豆类、马铃薯、花生、大麻、黄麻、甜菜、烟草、蔬菜、苹果、梨、柑橘等。

【分布】北京、天津、河北、内蒙古、黑龙江、江苏、浙江、安徽、山东、河南、湖北、重庆、四川、贵州、云南、陕西、甘肃、青海、宁夏、新疆。

4. 华北蝼蛄

【学名】*Gryllotalpa unispina* Saussure

【别名】单刺蝼蛄、大蝼蛄、土狗、蝼蝈、啦啦蛄。

【危害作物】麦类、玉米、高粱、谷子、水稻、薯类、棉花、花生、甜菜、烟草、大麻、黄麻、蔬菜、苹果、梨等。

【分布】新疆、甘肃、西藏、陕西、河北、山东、河南、内蒙古、辽宁、吉林、黑龙江、江苏、安徽、湖北。

锥头蝗科 Pyrgomorphidae

5. 拟短额负蝗

【学名】*Atractomorpha ambigua* Bolivar

【危害作物】水稻、谷子、高粱、玉米、大麦、豆类、马铃薯、甘薯、亚麻、麻类、甘蔗、桑、茶、甜菜、烟草、蔬菜、苹果、柑橘等。

【分布】辽宁、华北、华东地区及台湾、湖北、湖南、陕西、甘肃。

6. 短额负蝗

【学名】*Atractomorpha sinensis* Bolivar

【危害作物】水稻、玉米、高粱、谷子、小麦、棉、大豆、芝麻、花生、黄麻、蓖麻、甘蔗、甘薯、马铃薯、烟草、蔬菜、茶。

【分布】华南、华北地区及辽宁、湖北、陕西。

斑腿蝗科 Catantopidae

7. 短星翅蝗

【学名】*Calliptamus abbreviatus*（Ikonnikov）

【危害作物】小麦、棉花、胡麻、荞麦、牧草。

【分布】东北、河北、山西、内蒙古、山东、江苏、安徽、浙江、江西、湖北、广东、甘肃、青海、四川。

8. 棉蝗

【学名】*Chondracris rosea*（De Geer）

【危害作物】水稻、高粱、谷子、棉、苎麻、甘蔗、柑橘、刺槐、茶。

【分布】河北、山西、山东、台湾、江苏、浙江、江西、福建、湖南、广西、海南、陕西、四川。

9. 中华稻蝗

【学名】*Oxya chinensis*（Thunberg）

【别名】水稻中华稻蝗。

【危害作物】水稻、玉米、高粱、麦类、甘蔗、马铃薯、豆类、棉花、亚麻等。

【分布】中国南、北方各麻区。

斑翅蝗科 Oedipodidae

10. 东亚飞蝗

【学名】*Locusta migratoria manilensis*（Meyen）

【别名】蚂蚱、蝗虫。

【危害作物】小麦、玉米、高粱、粟、水稻、稷等多种禾本科植物，也可危害棉花、麻类、大豆、蔬菜等。

【分布】河北、浙江、安徽、山东、河南、贵州、陕西、甘肃、青海。

11. 亚洲小车蝗

【学名】*Oedaleus decorus asiaticus* B. -Bienko

【危害作物】玉米、高粱、谷子、麦类、亚麻、马铃薯、禾本科牧草。

【分布】内蒙古、宁夏、甘肃、青海、河北、陕西、山西、山东等地。

12. 黄胫小车蝗

【学名】*Oedaleus infernalis infernalis* Saussure

【危害作物】麦类、谷子、玉米、高粱、豆类、马铃薯、黄麻、麻类等。

【分布】华北、华东及陕西关中等地。

网翅蝗科 Arcypteridae

13. 狭翅雏蝗

【学名】*Chorthippus dubius*（Zubovsky）

【危害作物】胡麻、小麦、荞麦、青稞、禾本科及莎草科牧草。

【分布】内蒙古、陕西、甘肃、青海、东北。

剑角蝗科 Acrididae

14. 中华剑角蝗

【学名】*Acrida cinerea*（Thunberg）

【别名】中华蚱蜢。

【危害作物】水稻、甘蔗、棉花、甘薯、大

豆、玉米、花生、亚麻、柑橘、桃、梨、烟草等。

【分布】华北、华东地区及四川、广东等地。

（二）缨翅目 Thysanoptera

蓟马科 Thripidae

1. 豇豆毛蓟马

【学名】*Ayyaria chaetophora* Karny

【危害作物】毛蔓豆、豇豆、苎麻、棉花。

【分布】福建、台湾、广东、海南、广西、云南、华南各地。

2. 烟蓟马

【学名】*Thrips tabaci* Lindeman

【危害作物】亚麻、烟草、棉花、葱、蒜、大豆、瓜类及十字花科、茄科等。

【分布】全国各亚麻产区。

（三）半翅目 Hemiptera

盲蝽科 Miridae

1. 三点苜蓿盲蝽

【学名】*Adelphocoris fasciaticollis* Reuter

【危害作物】棉花、马铃薯、豆类、芝麻、玉米、小麦、大麻、洋麻、胡萝卜、苹果、梨、杨、柳、榆等。

【分布】湖北、湖南、河南、江西、山东、江苏、安徽、浙江、福建、上海、北京、天津、河北、山西、内蒙古、辽宁、吉林、黑龙江、新疆、陕西、甘肃、四川、云南、贵州、重庆、广东、广西、海南。

2. 苜蓿盲蝽

【学名】*Adelphocoris lineolatus*（Goeze）

【危害作物】苜蓿、棉花、马铃薯、豆类、大麻、洋麻、小麦、玉米、粟等。

【分布】湖北、湖南、河南、江西、山东、江苏、安徽、浙江、福建、上海、北京、天津、河北、山西、内蒙古、辽宁、吉林、黑龙江、新疆、陕西、甘肃、四川、云南、贵州、重庆、广东、广西、海南。

3. 绿盲蝽

【学名】*Apolygus lucorum*（Meyer-Dür）

【危害作物】棉花、苜蓿、大麻、苘麻、麻类、蓖麻、小麦、荞麦、马铃薯、豆类、石榴、苹果等。

【分布】湖北、湖南、河南、江西、山东、江苏、安徽、浙江、福建、上海、北京、天津、河北、山西、内蒙古、辽宁、吉林、黑龙江、新疆、陕西、甘肃、四川、云南、贵州、重庆、广东、广西、海南。

4. 中黑苜蓿盲蝽

【学名】*Adelphocoris suturalis*（Jakovlev）

【危害作物】大豆、棉花、甜菜、苜蓿、麻。

【分布】河北、山东、甘肃。

5. 棉二纹盲蝽

【学名】*Adelphocoris variabilis* Uhler

【危害作物】棉、洋麻、黄麻、青麻、苜蓿、胡萝卜、茴香、萝卜、白菜、菠菜、甜菜。

【分布】河北、河南、山西、山东、甘肃。

6. 烟盲蝽

【学名】*Gallobelicus crassicornis* Distant

【危害作物】烟草、胡麻。

【分布】湖北、湖南。

7. 牧草盲蝽

【学名】*Lygus pratensis*（Linnaeus）

【危害作物】棉花、洋麻、稻、麦、玉米、马铃薯、苜蓿、蔬菜、苹果、梨、柑橘等。

【分布】湖北、湖南、河南、江西、山东、江苏、安徽、浙江、福建、上海、北京、天津、河北、山西、内蒙古、辽宁、吉林、黑龙江、新疆、陕西、甘肃、四川、云南、贵州、重庆、广东、广西、海南。

8. 红角盲蝽

【学名】*Megaloceraea ruficornis* Geoffrog

【危害作物】水稻、麦类、粟、亚麻、茶、甜菜。

【分布】河北、湖北、甘肃。

红蝽科 Pyrrhocoridae

9. 棉红蝽

【学名】*Dysdercus cingulatus*（Fabricius）

【别名】离斑棉红蝽、棉二点红椿。

【危害作物】棉花、黄麻、甘蔗、柑橘、梧桐、芙蓉等。

【分布】台湾、福建、江西、广东、广西、云南。

缘蝽科 Coreidae

10. 粟缘蝽

【学名】*Liorhyssus hyalinus*（Fabricius）

【危害作物】谷子、高粱、水稻、玉米、青麻、大麻、向日葵、烟草、柑橘、橡胶草。

【分布】华北、内蒙古、黑龙江、甘肃、宁夏、山东、江苏、安徽、江西、四川、云南、贵州、西藏。

11. 点蜂缘蝽

【学名】*Riptortus pedestris*（Fabricius）

【别名】白条蜂缘蝽、豆缘椿象、豆椿象。

【危害作物】水稻、高粱、粟、豆类、棉花、麻、甘薯、甘蔗、南瓜、柑橘、苹果、桃。

【分布】北京、山东、江苏、安徽、浙江、江西、福建、台湾、河南、湖北、四川、云南、西藏。

蝽科 Pentaromidae

12. 绿岱蝽

【学名】*Dalpada smaragdina*（Walker）

【危害作物】茶、桑、大麻、柑橘、油桐等。

【分布】台湾、江苏、安徽、浙江、江西、福建、湖北、广西、广东、福建、贵州、云南。

13. 斑须蝽

【学名】*Dolycoris baccarum*（Linnaeus）

【别名】细毛蝽。

【危害作物】水稻、玉米、高粱、谷子、棉花、烟草、亚麻、芝麻、豆类、蔬菜等。

【分布】湖北、湖南、河南、江西、山东、江苏、安徽、浙江、福建、上海、北京、天津、河北、山西、内蒙古、辽宁、吉林、黑龙江、新疆、陕西、甘肃、四川、云南、贵州、重庆、广东、广西、海南。

14. 稻赤曼蝽

【学名】*Menida histrio*（Fabricius）

【别名】小赤蝽。

【危害作物】水稻、小麦、玉米、桑、亚麻、甘蔗、柑橘。

【分布】江西、福建、台湾、广西、广东、云南。

15. 稻绿蝽

【学名】*Nezara viridula*（Linnaeus）

【别名】稻青蝽。

【危害作物】水稻、玉米、小麦、大豆、马铃薯、棉花、苎麻、芝麻、花生、甘蔗、烟草、苹果、梨、柑橘等，寄主种类多达70多种。

【分布】我国东部吉林以南地区。

16. 宽碧蝽

【学名】*Palomena viridissima*（Poda）

【危害作物】玉米、麻。

【分布】河北、山西、黑龙江、山东、陕西、甘肃、青海。

17. 绿点益蝽

【学名】*Picromerus viridipunctatus* Yang

【危害作物】水稻、大豆、苎麻、甘蔗。

【分布】浙江、江西、四川、贵州。

（四）同翅目 Homoptera

粉虱科 Aleyrodidae

1. 烟粉虱

【学名】*Bemisia tabaci*（Gennadius）

【危害作物】苎麻、大豆、棉花、桑、烟草、甘薯、黄麻、菜豆、莴苣、芝麻、木芙蓉、茄。

【分布】浙江、江西、福建、台湾、广东、陕西、四川。

蚜科 Aphididae

2. 棉蚜

【学名】*Aphis gossypii* Glover

【危害作物】第一寄主：石榴、花椒、木槿和鼠李属植物等；第二寄主：棉花、瓜类、洋麻、大豆、马铃薯、甘薯和十字花科蔬菜等。

【分布】湖北、湖南、河南、江西、山东、江苏、安徽、浙江、福建、上海、北京、天津、河北、山西、内蒙古、辽宁、吉林、黑龙江、新疆、陕西、甘肃、四川、云南、贵州、重庆、广东、广西、海南。

3. 亚麻蚜

【学名】*Linaphis lini* Zhang

【危害作物】亚麻。

【分布】宁夏。

4. 苎麻瘤蚜

【学名】*Myzus boehmeriae* Takahashi

【危害作物】苎麻。

【分布】台湾。

5. 桃蚜

【学名】*Myzus persicae*（Sulzer）

【别名】烟蚜、桃赤蚜、菜蚜。

【危害作物】油菜及其他十字花科蔬菜、棉花、马铃薯、豆类、甜菜、烟草、胡麻、甘薯、芝麻、茄科植物及柑橘、梨等果树。

【分布】湖北、湖南、河南、江西、山东、江苏、安徽、浙江、福建、上海、北京、天津、河北、山西、内蒙古、辽宁、吉林、黑龙江、新疆、陕西、甘肃、四川、云南、贵州、重庆、广东、广西、海南。

6. 大麻疣蚜

【学名】*Phorodon cannabis*（Passerini）

【危害作物】大麻、忽布、苹果、梨、杏、桃、李、梅。

【分布】东北地区及河北、山东、台湾、青海、四川。

珠蚧科 Margarodidae

7. 棉新珠蚧

【学名】*Neomargarodes gossipii* Yang

【别名】棉根新珠硕蚧、乌黑新珠蚧、钢子虫、新珠蚧、珠绵蚧。

【危害作物】谷子、玉米、豆类、棉、甜瓜、甘薯、蓖麻、苘麻等。

【分布】山东、山西、陕西、河北、河南等地。

粉蚧科 Pseudococcidae

8. 剑麻灰粉蚧

【学名】*Dysmicoccus neobrevipes*（Beardsley）

【别名】新菠萝灰粉蚧。

【危害作物】剑麻。

【分布】台湾、海南、广东。

9. 红麻曼粉蚧

【学名】*Maconellicoccus hirsutus*（Green）

【别名】木槿曼粉蚧。

【危害作物】红麻、苘麻、木槿、扶桑、栎树等。

【分布】广东、广西、福建、湖南等麻产区。

蚧科 Coccidae

10. 苎麻绵蚧

【学名】*Macropulvinaria maxima*（Green）

【危害作物】苎麻、桑。

【分布】台湾。

11. 橡副珠蜡蚧

【学名】*Parasaissetia nigra*（Nietner）

【危害作物】桑、竹、柑橘、荔枝、葡萄、香蕉、咖啡、棕榈、棉、茶、苘麻。

【分布】福建、台湾、广东。

盾蚧科 Diaspididae

12. 黑褐圆盾蚧

【学名】*Chrysomphalus aonidum*（Linnaeus）

【危害作物】柑橘、椰子、棕榈、冬青、葡萄、栗、香蕉、黄麻等。

【分布】河北、山东、江苏、浙江、江西、福建、台湾、湖南、广西、广东、四川、贵州。

叶蝉科 Cicadellidae

13. 棉叶蝉

【学名】*Amrasca biguttula*（Ishida）

【别名】棉叶跳虫、棉浮尘子、棉二点叶蝉等。

【危害作物】红麻、苎麻、青麻、棉花、木棉、茄子、豆类、烟草、花生、甘薯、锦葵、马铃薯、甘薯、蓖麻、芝麻、茶、柑橘、梧桐等29科66种植物。

【分布】北限为辽宁、山西，但极偶见；甘肃南北、四川西部和淮河以南，密度逐渐提高；长江流域及其以南地区，特别是湖北、湖南、江西、广西、贵州等省区发生密度较高。

14. 大青叶蝉

【学名】*Cicadella viridis*（Linnaeus）

【别名】青叶跳蝉、青叶蝉、大绿浮尘子等。

【危害作物】棉花、豆类、花生、玉米、高粱、谷子、稻、麦、麻、甘蔗、甜菜、蔬菜、苹果、梨、柑橘等果树、桑、榆等。

【分布】湖北、湖南、河南、江西、山东、江苏、安徽、浙江、福建、上海、北京、天津、河北、山西、内蒙古、辽宁、吉林、黑龙江、新疆、陕西、甘肃、四川、云南、贵州、重庆、广东、广西、海南。

15. 小绿叶蝉

【学名】*Empoasca flavescens*（Fabricius）

【别名】小绿浮尘子、叶跳虫。

【危害作物】水稻、玉米、甘蔗、大豆、马铃薯、苜蓿、绿豆、菜豆、十字花科蔬菜、桃、李、杏、杨梅、苹果、梨、山楂、山荆子、桑、柑橘、大麻、木芙蓉、棉、茶、蓖麻、油桐。

16. 茶小叶蝉

【学名】*Empoasca formosana* Paoli

【危害作物】苎麻、蓖麻、茶、桑、菜豆、桃、柑橘等。

【分布】台湾。

17. 小字纹小绿叶蝉

【学名】*Empoasca notata* Melichar

【别名】浮尘子。

【危害作物】花生、豆类、麻、水稻、蓖麻、葡萄等。

【分布】安徽、湖北、广东、广西、贵州、甘肃等省。

18. 凹缘菱纹叶蝉

【学名】*Hishimonus sellatus*（Uhler）

【危害作物】马铃薯、芝麻、桑、大麻、无花果构树、豆类、紫云英、茄子等。

【分布】山东、江苏、安徽、浙江、江西、福建、湖北。

蜡蝉科 Fulgoridae

19. 斑衣蜡蝉

【学名】*Lycorma delicatula*（White）

【危害作物】大豆、大麻、葡萄、苹果、樱桃、臭椿、槐、榆、洋槐。

【分布】河北、山西、山东、江苏、浙江、台湾、河南、湖北、广东、陕西、四川、西康。

广翅蜡蝉科 Ricaniidae

20. 琥珀广翅蜡蝉

【学名】*Ricania japonica* Melichar

【危害作物】桑、苎麻、茶、苹果、梨、柑橘、月季花。

【分布】浙江、福建、江西、台湾、东北、华南。

21. 钩纹广翅蜡蝉

【学名】*Ricania simulans* Walker

【危害作物】桑、苎麻、茶、梨、苹果、柑橘。

【分布】黑龙江、山东、浙江、江西、福建、台湾、湖北、湖南、四川。

（五）鞘翅目 Coleoptera

鳃金龟科 Melolonthidae

1. 大阿鳃金龟

【学名】*Apogonia amida* Lewis

【危害作物】苎麻。

【分布】四川。

2. 黑阿鳃金龟

【学名】*Apogonia cupreoviridis* Koble

【别名】朝鲜甘蔗金龟。

【危害作物】大麦、小麦、玉米、大豆、杨、柳、高粱、棉、红麻、洋麻、甜菜、小灌木等。

【分布】黑龙江、辽宁、河北、山西、山东、河南、安徽、江苏。

3. 东北大黑鳃金龟

【学名】*Holotrichia diomphalia* Bates

【危害作物】玉米、高粱、谷子、大豆、棉花、大麻、亚麻、马铃薯、花生、甜菜、梨、桑、榆等苗木。

【分布】湖北、湖南、河南、江西、山东、江苏、安徽、浙江、福建、上海、北京、天津、河北、山西、内蒙古、辽宁、吉林、黑龙江、新疆、陕西、甘肃、四川、云南、贵州、重庆、广东、广西、海南。

4. 华北大黑鳃金龟

【学名】*Holotrichia oblita*（Faldermann）

【危害作物】玉米、谷子、马铃薯、大麻、亚麻、豆类、棉花、甜菜、苗木等。

【分布】山东、江苏、北京、天津、河北、山西、内蒙古、辽宁、吉林、黑龙江、新疆、陕西、甘肃。

5. 暗黑鳃金龟

【学名】*Holotrichia parallela* Motschulsky

【危害作物】玉米、高粱、谷子、花生、棉花、大麻、亚麻、大豆、甜菜、马铃薯、蓖麻、梨、柑橘苗木等。

【分布】湖北、湖南、河南、江西、山东、江苏、安徽、浙江、福建、上海、北京、天津、河北、山西、内蒙古、辽宁、吉林、黑龙江、新疆、陕西、甘肃、四川、云南、贵州、重庆、广东、广西、海南。

6. 黑皱鳃金龟

【学名】*Trematodes tenebrioides*（Pallas）

【别名】无翅黑金龟、无后翅金龟子。

【危害作物】高粱、玉米、大豆、花生、小麦、棉花、亚麻、大麻、洋麻、马铃薯、蓖麻等。

【分布】吉林、辽宁、青海、宁夏、内蒙古、河北、天津、北京、山西、陕西、河南、山东、江苏、安徽、江西、湖南、台湾等地。

丽金龟科 Rutelidae

7. 台湾喙丽金龟

【学名】*Adoretus formosonus* Ohaus

【危害作物】甘蔗、柑橘、黄麻、苎麻、蓖麻、棉花、橄榄、可可。

【分布】台湾。

8. 中华喙丽金龟

【学名】*Adoretus sinicus* Burmeister

【危害作物】玉米、花生、大豆、甘蔗、苎麻、蓖麻、黄麻、棉、柑橘、苹果、桃、橄榄、可可、油桐、茶等以及各种林木。

【分布】山东、江苏、浙江、安徽、江西、湖北、湖南、广东、广西、福建、台湾。

9. 斑喙丽金龟

【学名】*Adoretus tenuimaculatus* Waterhouse

【别名】茶色金龟子、葡萄丽金龟。

【危害作物】玉米、棉花、高粱、黄麻、芝麻、大豆、水稻、菜豆、芝麻、向日葵、苹果、梨等以及其他蔬菜果木。

【分布】陕西、河北、山东、安徽、江苏、上海、浙江、江西、福建、广东、广西、湖南、湖北、贵州、四川等地。

10. 樱桃喙丽金龟

【学名】*Adoretus umbrosus* Fabricius

【危害作物】樱桃、葡萄、柑橘、玉米、甘蔗、大麻、棉、芋、香蕉等。

【分布】华东、台湾。

11. 铜绿异丽金龟

【学名】*Anomala corpulenta* Motschulsky

【别名】铜绿丽金龟。

【危害作物】玉米、麦、花生、大豆、大麻、青麻、甜菜、薯类、棉花、果树、林木等。

【分布】湖北、湖南、河南、江西、山东、江苏、安徽、浙江、上海、北京、天津、河北、山西、内蒙古、辽宁、吉林、黑龙江、新疆、陕西、甘肃、四川、云南、贵州、重庆。

12. 红足异丽金龟

【学名】*Anomala cupripes* Hope

【别名】红脚绿金龟子、大绿金龟子。

【危害作物】美人蕉、月季、玫瑰、甘蔗、柑橘、葡萄等果树、茶、黄麻、棉花等。

【分布】广东、海南、广东、广西、福建、浙江、台湾。

13. 膨翅异丽金龟

【学名】*Anomala expansa* Bates

【危害作物】黄麻、柑橘、甘蔗、油桐、葡萄、桃、芒果。

【分布】台湾、广东、四川、华南。

14. 琉璃弧丽金龟

【学名】*Popillia flavosellata* Fabricius

【别名】拟日本金龟。

【危害作物】棉花、玉米、麦、洋麻、豆类、锦葵、苜蓿、茄、苹果、梨、葡萄、桑、榆、白杨。

【分布】华北、东北地区及江苏、浙江、河南、河北。

花金龟科 Cetoniidae

15. 白星滑花金龟

【学名】*Liocola brevitarsis*（Lewis）

【危害作物】玉米、大麻、苹果、梨、柑橘、杏、桃、葡萄、甜瓜、胡瓜、榆、柏。

【分布】东北、内蒙古、山东、陕西、山西、江苏、浙江、安徽、江西、福建、台湾、湖北、四川、云南、西藏。

绢金龟科 Sericidae

16. 东方绢金龟

【学名】*Serica orientalis*（Motschulsky）

【别名】黑绒金龟子、天鹅绒金龟子、东方金龟子。

【危害作物】水稻、玉米、麦类、苜蓿、棉花、苎麻、胡麻、大豆、芝麻、甘薯等农作物、蔷薇科果树、柿、葡萄、桑、杨、柳、榆及十字花科植物。

【分布】东北、华北地区及内蒙古、甘肃、青海、陕西、四川及华东部分地区。

吉丁甲科 Buprestidae

17. 曲纹吉丁虫

【学名】*Trachys subbicornis* Motschulsky

【危害作物】苎麻、大豆、四季豆。

【分布】四川。

叩甲科 Elateridae

18. 暗锥尾叩甲

【学名】*Agriotes obscurus*（Linnaeus）

【别名】黯金针虫。

【危害作物】小麦、玉米、高粱、马铃薯、花生、向日葵、亚麻、甜菜、烟草、瓜类、蔬菜。

【分布】山西、甘肃、新疆。

19. 丝锥尾叩甲

【学名】*Agriotes sericatus* Schwarz

【危害作物】茶、胡桃、桃、萝卜、瓜类、大麻、草莓、棉花。

【分布】北京、山东、江苏、安徽、浙江、福建、湖南、河南。

20. 农田锥尾叩甲

【学名】*Agriotes sputator*（Linnaeus）

【别名】大田金针虫。

【危害作物】小麦、玉米、瓜类、马铃薯、花生、向日葵、亚麻、甜菜、烟草、瓜类、蔬菜。

【分布】华北地区及新疆。

21. 细胸锥尾叩甲

【学名】*Agriotes subvittatus* Motschulsky

【危害作物】麦类、玉米、高粱、谷子、棉花、甘薯、甜菜、马铃薯、亚麻、洋麻、蔬菜等。

【分布】黑龙江、吉林、内蒙古、河北、陕西、宁夏、甘肃、陕西、河南、山东等。

22. 褐足梳爪叩甲

【学名】*Melanotus brunnipes* Germar

【危害作物】小麦、玉米、棉、牧草、高粱、马铃薯、花生、向日葵、玉米、亚麻、甜菜、烟草、瓜类、各种蔬菜。

【分布】新疆。

23. 褐纹梳爪叩甲

【学名】*Melanotus caudex* Lewis

【别名】铁丝虫、姜虫、金齿耙、叩头虫。

【危害作物】麦类、玉米、高粱、谷子、棉花、甘薯、甜菜、麻、马铃薯、蔬菜等。

【分布】河南、江西、山东、江苏、安徽、北京、天津、河北、山西、内蒙古、辽宁、吉林、黑龙江、新疆、陕西、甘肃。

24. 褐梳爪叩甲

【学名】*Melanotus fusciceps* Gyllenhal

【危害作物】小麦、玉米、高粱、马铃薯、花生、向日葵、亚麻、玉米、甜菜、烟草、高粱、蔬菜。

【分布】新疆。

25. 沟叩头甲

【学名】*Pleonomus canaliculatus*（Faldermann）

【危害作物】麦类、玉米、高粱、谷子、棉花、甘薯、甜菜、马铃薯、青麻、洋麻、大麻、蔬菜等。

【分布】河南、江西、山东、江苏、安徽、北京、天津、河北、山西、内蒙古、辽宁、吉林、黑龙江、新疆、陕西、甘肃。

窃蠹科 Anobiidae

26. 大理窃蠹

【学名】*Ptilineurus marmoratus* Reitter

【别名】麻窃蠹。

【危害作物】苎麻、仓贮黄麻、红麻（全秆和干皮）、中药材、木材、大米、面粉、绿豆。

【分布】在我国长江流域的主产麻区均有发生。

瓢甲科 Coccinellidae

27. 台湾食植瓢虫

【学名】*Epilachna formosana*（Weise）

【危害作物】苎麻。

【分布】台湾。

拟步甲科 Tenebrionidae

28. 蒙古沙潜

【学名】*Gonocephalum reticulatum* Motschulsky

【危害作物】高粱、玉米、大豆、小豆、洋麻、亚麻、棉、胡麻、甜菜、甜瓜、花生、梨、苹果、橡胶草。

【分布】河北、山西、内蒙古、辽宁、黑龙江、山东、江苏、宁夏、甘肃、青海。

29. 沙潜

【学名】*Opatrum subaratum* Faldermann

【别名】拟步甲、类沙土甲。

【危害作物】禾本科作物、豆类、瓜类、洋麻、亚麻、花生、甜菜、棉花、苗木等。

【分布】河南、江西、山东、北京、天津、河北、山西、内蒙古、辽宁、吉林、黑龙江、新疆、陕西、甘肃。

芫菁科 Meloidae

30. 锯角豆芫菁

【学名】*Epicauta fabricii*（Le Conte）

【别名】白条芫菁。

【危害作物】大豆、花生等豆科作物、苘麻、高粱、玉米、甜菜、马铃薯、棉花、茄子等。

【分布】湖北、湖南、河南、江西、山东、江苏、安徽、浙江、福建、上海、北京、天津、河北、山西、内蒙古、辽宁、吉林、黑龙江、新疆、陕西、甘肃、四川、云南、贵州、重庆、广东、广西、海南。

花蚤科 Mordellidae

31. 大麻姬花蚤

【学名】*Mordellistena cannabisi* Matsumura

【危害作物】大麻。

【分布】内蒙古、宁夏。

天牛科 Cerambycidae

32. 日本绿虎天牛

【学名】*Chlorophorus japonicus* Chevrolat

【危害作物】苎麻。

【分布】四川。

33. 宝兴绿虎天牛

【学名】*Chlorophorus moupinensis*（Fabricius）

【危害作物】苎麻。

【分布】四川。

34. 虎麻天牛

【学名】*Chlorophorus* sp.

【危害作物】红麻、大麻。

【分布】四川。

35. 苎麻天牛

【学名】*Paraglenea fortunei*（Saunders）

【危害作物】苎麻，也危害木槿、桑等。

【分布】东南亚各国，以及我国各苎麻产区。

36. 麻天牛

【学名】*Thyestilla gebleri*（Faldermann）

【别名】大麻天牛。

【危害作物】大麻、苎麻、苘麻、棉花。

【分布】从东北到广东、四川都有发生。

肖叶甲科 Eumolpidae

37. 粟鳞斑肖叶甲

【学名】*Pachnephorus lewisii* Baly

【别名】粟灰褐叶甲、谷鳞斑叶甲。

【危害作物】粟、玉米、高粱、小麦、棉、麻、豆类、瓜类、蔬菜。

【分布】河北、山西。吉林、黑龙江、辽宁及华北、西北地区。

叶甲科 Chrysomelidae

38. 黑条麦萤叶甲

【学名】*Medythia nigrobilineata*（Motschulsky）

【别名】黑条罗萤叶甲、二黑条萤叶甲、大豆异萤叶甲、二条黄叶甲、二条金花虫，俗称地蹦子。

【危害作物】大豆、甜菜、瓜类、水稻、高粱、玉米、棉花、大麻、甘蔗、白菜、柑橘。

【分布】东北地区及内蒙古、河北、陕西、山东、江苏、浙江、安徽、湖北、江西、福建、广西、四川、云南。

39. 桑黄米萤叶甲

【学名】*Mimastra cyanura*（Hope）

【危害作物】桑、大麻、苎麻、柑橘、苹果、梨、桃、梧桐等。

【分布】江苏、浙江、福建、江西、湖南、广东、四川、贵州、云南。

40. 双斑长跗萤叶甲

【学名】*Monolepta hieroglyphica*（Motschulsky）

【危害作物】大豆、马铃薯、棉花、大麻、洋麻、苘麻、蓖麻、甘蔗、玉米、谷类、向日葵、胡萝卜、甘蓝、白菜、茶、苹果。

【分布】东北地区及河北、内蒙古、山西、江西、台湾、河南、湖北、广西、云南、贵州、四川。

41. 四斑长跗萤叶甲

【学名】*Monolepta quadriguttata*（Motschulsky）

【危害作物】棉花、大豆、花生、玉米、马铃薯、大麻、红麻、苘麻、甘蓝、白菜、蓖麻、糜子、甘蔗、柳等。

【分布】东北、华北地区及江苏、浙江、湖北、广西、宁夏、甘肃、陕西、四川、云南、贵州、台湾。

42. 黄宽条跳甲

【学名】*Phyllotreta humilis* Weise

【危害作物】粟、大麻、白菜、萝卜、芜菁、芸薹、胡瓜、甜菜、油菜。

【分布】东北、河北、山西、内蒙古、湖北、青海。

43. 黄曲条跳甲

【学名】*Phyllotreta striolata* (Fabricius)

【别名】黄曲条跳甲、菜蚤子、土跳蚤、黄跳蚤、狗虱虫。

【危害作物】亚麻。

【分布】中国南北方均有。

44. 黄狭条跳甲

【学名】*Phyllotreta vittula* (Redtenbacher)

【别名】黄窄条跳甲。

【危害作物】粟、小麦、大麦、黍、玉米、大麻、瓜类、甜菜、油菜及其他十字花科作物。

【分布】河南、河北、山东、甘肃、内蒙古、新疆等省(市、自治区)。

45. 麻蚤跳甲

【学名】*Psylliodes attenuata* (Koch)

【危害作物】大麻、亚麻、忽布。

【分布】河北、山西、内蒙古、甘肃、宁夏、青海、东北。

铁甲科 Hispidae

46. 水稻铁甲

【学名】*Dicladispa armigera* (Olivier)

【危害作物】水稻、玉米、麦类、甘蔗、茭白、油菜、棕榈、苎麻。

【分布】辽宁以南各稻区。

象甲科 Curculionidae

47. 小卵象

【学名】*Calomycterus obconicus* Chao

【危害作物】棉花、桑、油菜、番茄、大豆、苎麻、乌桕等。

【分布】江苏、浙江、四川、陕西、河北、广东、福建等。

48. 苎麻横沟象

【学名】*Dyscerus* sp.

【危害作物】苎麻。

【分布】仅在贵州独山和正安麻区发现，我国其他麻区未见报道。

49. 棉尖象

【学名】*Phytoscaphus gossypii* Chao

【别名】棉象鼻虫、棉小灰象。

【危害作物】棉花、玉米、大豆、大麻、酸枣等。

【分布】湖北、湖南、河南、江西、山东、江苏、安徽、浙江、上海、北京、天津、河北、山西、内蒙古、辽宁、吉林、黑龙江、新疆、陕西、甘肃、四川、云南、贵州、重庆。

50. 大麻龟板象

【学名】*Rhinoncus percaplus* Linnaeus

【危害作物】大麻。

【分布】安徽。

51. 大灰象甲

【学名】*Sympiezomias velatus* (Chevrolat)

【别名】象鼻虫、土拉驴。

【危害作物】棉花、麻、烟草、玉米、高粱、粟、黍、花生、马铃薯、辣椒、甜菜、瓜类、豆类、苹果、梨、柑橘、核桃、板栗等。

【分布】全国各地均有分布。

52. 蒙古土象

【学名】*Xylinophorus mongolicus* Faust

【别名】象鼻虫、灰老道、放牛小、蒙古土象。

【危害作物】棉、麻、谷子、玉米、花生、大豆、向日葵、高粱、烟草、苹果、梨、核桃、桑、槐以及各种蔬菜。

【分布】黑龙江、吉林、辽宁、河北、山西、山东、江苏、内蒙古、甘肃等地。

(六)鳞翅目 Lepidoptera

蝙蝠蛾科 Hepialidae

1. 苎麻蝙蛾

【学名】*Phassus jianglingensis* Zeng et Zhao

【危害作物】苎麻。

【分布】湖南主产麻区的沅江、南县、汉寿、益阳、华容等县市均有发生。湖北江陵也有危害的报道。

麦蛾科 Gelechiidae

2. 红铃虫

【学名】*Pectinophora gossypiella* (Saunders)

【危害作物】棉花、秋葵、红麻、苘麻、木槿。

【分布】湖北、湖南、河南、江西、山东、江

苏、安徽、浙江、福建、上海、北京、天津、河北、山西、内蒙古、辽宁、吉林、黑龙江、陕西、四川、云南、贵州、重庆、广东、广西、海南。

豹蠹蛾科 Zeuzeridae

3. 咖啡豹蠹蛾

【学名】*Zeuzera coffeae* Nietner

【别名】棉茎木蠹蛾、小豹纹木蠹蛾、豹纹木蠹蛾、茶枝木蠹蛾。

【危害作物】咖啡、荔枝、龙眼、番石榴、茶树、桑、蓖麻、黄麻、棉花等。

【分布】安徽、江苏、浙江、福建、台湾、江西、河南、湖北、湖南、广东、四川、贵州、云南、海南。

卷蛾科 Tortricidae

4. 棉褐带卷蛾

【学名】*Adoxophyes orana* (Fischer von Röslerstamm)

【别名】小黄卷叶蛾、棉卷蛾、棉小卷叶虫。

【危害作物】棉花、大豆、柑橘、梨、樱桃、茶、桑、蓖麻、亚麻、茄。

【分布】湖北、湖南、河南、江西、山东、江苏、安徽、浙江、福建、台湾、上海、北京、天津、河北、山西、内蒙古、辽宁、吉林、黑龙江、新疆、陕西、甘肃、四川、云南、贵州、重庆、广东、广西、海南。

5. 棉双斜卷蛾

【学名】*Clepsis strigana* (Hübner)

【危害作物】棉花、洋麻、大麻、苜蓿。

【分布】华北、东北。

6. 麻小食心虫

【学名】*Grapholitha delineana* Walker

【危害作物】大麻、葎草。

【分布】华北、东北、华中地区及台湾。

7. 褐带长卷蛾

【学名】*Homona coffearia* Nietner

【危害作物】柑橘、苹果、梨、核桃、茶、亚麻、蓖麻、桑、棕、樟等。

【分布】华北地区及安徽、福建、台湾、广东、四川。

细卷蛾科 Cochylidae

8. 亚麻细卷蛾

【学名】*Phalonia epilinana* Linne

【危害作物】亚麻。

【分布】宁夏、甘肃、内蒙古亚麻种植地。

刺蛾科 Limacodidae

9. 黄刺蛾

【学名】*Cnidocampa flavescens* (Walker)

【危害作物】麻、茶、桑、苹果、梨、柑橘、枣、核桃、榆、桐、杨柳等。

【分布】东北、华北、华东、华南、西南地区及台湾。

10. 黄缘绿刺蛾

【学名】*Parasa consocia* (Walker)，异名：*Latoia consocia* Walker

【别名】褐边青刺蛾。

【危害作物】苹果、梨、柑橘、杏、桃、核桃、梧桐、油桐、刺槐、玉米、高粱、麻类。

【分布】同褐刺蛾。

11. 桑褐刺蛾

【学名】*Setora postornata* (Hampson)

【危害作物】麻、桑、茶、梨、杏、槐、杨、乌桕等。

【分布】江苏、浙江、江西、福建、台湾、湖北、四川。

12. 扁刺蛾

【学名】*Thosea sinensis* (Walker)

【危害作物】茶、桑、蓖麻、胡麻、乌桕、苹果、梨、柑橘、核桃、梧桐、柳等。

【分布】河北、吉林、辽宁、山东、江苏、安徽、浙江、江西、福建、台湾、湖北、湖南、广西、广东、陕西、四川、贵州。

螟蛾科 Pyralidae

13. 高粱条螟

【学名】*Chilo sacchariphagus stramineellus* (Caradja)

【别名】高粱钻心虫、甘蔗条螟。

【危害作物】主要为害甘蔗、高粱和玉米，还为害粟、薏米、麻等作物。

【分布】分布于我国大多数省份，常与玉米螟混合发生。

14. 棉褐环野螟

【学名】*Haritalodes derogata* (Fabricius)

【别名】棉卷叶螟、棉大卷叶虫、裹叶虫、包叶虫、叶包虫、棉野螟蛾。

【危害作物】棉花、苘麻、木槿、梧桐等。

【分布】湖北、湖南、河南、江西、山东、江苏、安徽、浙江、福建、上海、北京、天津、河北、山西、内蒙古、辽宁、吉林、黑龙江、陕西、四川、云南、贵州、重庆、广东、广西、海南。

15. 草地螟

【学名】*Loxostege sticticalis* (Linnaeus)

【别名】黄绿条螟、甜菜网螟。

【危害作物】亚麻、甜菜、大豆、高粱及向日葵等作物外，还为害灰菜、水蒿、黄蒿、刺儿菜、黄瓜、香菜、柳条等。

【分布】在我国主要分布于东北、西北、华北。

16. 亚洲玉米螟

【学名】*Ostrinia furnacalis* (Guenée)

【危害作物】玉米、高粱、谷子、小麦、麻类、棉花、豆类、甘蔗、甜菜、辣椒、茄子、苹果等。

【分布】湖北、湖南、河南、江西、山东、江苏、安徽、浙江、福建、上海、北京、天津、河北、山西、内蒙古、辽宁、吉林、黑龙江、新疆、陕西、甘肃、四川、云南、贵州、重庆、广东、广西、海南。

17. 欧洲玉米螟

【学名】*Ostrinia nubilalis* (Hübner)

【别名】钻心虫。

【危害作物】玉米、大麻、苍耳。

【分布】新疆伊宁。

18. 大麻秆野螟

【学名】*Ostrinia scapulalis* (Walker)

【别名】肩秆野螟。

【危害作物】大麻、苍耳。

【分布】黑龙江、辽宁、江西、湖北、新疆。

19. 苎麻褐螟

【学名】*Sylepta pernitescens* Swinhoe

【危害作物】苎麻。

【分布】台湾、广东。

钩蛾科 Drepanidae

20. 洋麻钩蛾

【学名】*Cyclidia substigmaria* (Hübner)

【危害作物】洋麻。

【分布】台湾、湖北、广东、四川、云南。

尺蛾科 Geometridae

21. 大造桥虫

【学名】*Ascotis selenaria* (Schiffermüller *et* Denis)

【别名】棉大尺蠖。

【危害作物】棉花、蚕豆、大豆、花生、豇豆、菜豆、刺槐、向日葵、黄麻、梨、柑橘等。

【分布】湖北、湖南、河南、江西、山东、江苏、安徽、浙江、福建、上海、北京、天津、河北、山西、内蒙古、辽宁、吉林、黑龙江、新疆、陕西、甘肃、四川、云南、贵州、重庆、广东、广西、海南。

22. 木橑尺蠖

【学名】*Culcula panterinaria* (Bremer *et* Grey)

【危害作物】核桃、苹果、梨、杏、木橑、泡桐、花椒、榆、槐、豆类、向日葵、棉、蓖麻、苘麻、玉米、谷子、高粱、荞麦、萝卜、甘蓝。

【分布】河北、山西、山东、台湾、河南、四川。

23. 大钩翅尺蛾

【学名】*Hyposidra talaca* (Walker)

【别名】橘褐尺蠖。

【危害作物】柑橘、萝卜、茶、苎麻、蓖麻、甘薯。

【分布】福建、台湾、海南。

24. 四星尺蛾

【学名】*Ophthalmodes irrorataria* (Bremer *et* Grey)

【危害作物】苹果、柑橘、海棠、鼠李、麻、桑、棉花、蔬菜。

【分布】华北、东北地区及山东、浙江、台湾、四川。

夜蛾科 Noctuidae

25. 警纹地老虎

【学名】*Agrotis exclamationis* (Linnaeus)

【别名】警纹夜蛾、警纹地夜蛾。

【危害作物】油菜、萝卜、马铃薯、胡麻、棉花、苜蓿、甜菜、大葱等。

【分布】内蒙古、甘肃、宁夏、新疆、西藏、青海。

26. 小地老虎

【学名】*Agrotis ipsilon* (Rottemberg)

【危害作物】棉花、麻、玉米、高粱、麦类、花生、大豆、马铃薯、辣椒、茄子、瓜类、甜菜、烟草、苹果、柑橘、桑、槐等。

【分布】湖北、湖南、河南、江西、山东、江苏、安徽、浙江、福建、上海、北京、天津、河北、山西、内蒙古、辽宁、吉林、黑龙江、新疆、陕西、甘肃、四川、云南、贵州、重庆、广东、广西、海南。

27. 黄地老虎

【学名】*Agrotis segetum*（Denis & Schiffermüller）

【危害作物】玉米、棉花、麦类、马铃薯、麻、甜菜、豌豆、蔬菜、冬绿肥、烟草等。

【分布】河南、山东、北京、天津、河北、山西、内蒙古、辽宁、吉林、黑龙江、新疆、陕西、甘肃。

28. 大地老虎

【学名】*Agrotis tokionis* Butler

【危害作物】甘蓝、油菜、番茄、茄子、辣椒、棉花、胡麻、豆类、玉米、烟草及果树幼苗等。

【分布】湖北、湖南、河南、江西、山东、江苏、安徽、浙江、福建、上海、北京、天津、河北、山西、内蒙古、辽宁、吉林、黑龙江、新疆、陕西、甘肃、四川、云南、贵州、重庆、广东、广西、海南。

29. 小造桥夜蛾

【学名】*Anomis flava*（Fabricius）

【危害作物】棉花、苘麻、黄麻、锦葵、木槿、冬苋菜、烟草等。

【分布】湖北、湖南、河南、江西、山东、江苏、安徽、浙江、福建、上海、北京、天津、河北、山西、内蒙古、辽宁、吉林、黑龙江、陕西、甘肃、四川、云南、贵州、重庆、广东、广西、海南。

30. 黄麻桥夜蛾

【学名】*Anomis subulifera*（Guenée）

【别名】黄麻夜蛾、弓弓虫、造桥虫。

【危害作物】黄麻、柑橘、桃、柑橘、葡萄。

【分布】河南、浙江、青海、台湾、海南、广东、广西、云南、四川等。

31. 白条银纹夜蛾

【学名】*Argyrogramma albostriata* Bremer *et* Gery

【危害作物】麻、菊科及十字花科作物。

【分布】黑龙江、江苏、浙江、福建、河南、湖北、广东、陕西、四川。

32. 苎麻卜馍夜蛾

【学名】*Bomolocha indicatalis*（Walker）

【危害作物】苎麻。

【分布】在湖南、湖北、四川、贵州、广西、江西等麻区均有发生。

33. 稻金翅夜蛾

【学名】*Chrysaspidia festata*（Graeser）

【危害作物】水稻、小麦、大麦、亚麻、莎草。

【分布】黑龙江、江苏、宁夏。

34. 苎麻夜蛾

【学名】*Cocytodes caerulea* Guenée

【危害作物】苎麻、黄麻、亚麻、荨麻、大豆。

【分布】我国各麻区均有发生。

35. 中金弧翅夜蛾

【学名】*Diachrysia intermixta* Warren

【危害作物】亚麻、金盏菊、菊花、翠菊、大丽菊、蓟、胡萝卜、莴苣等。

【分布】我国东北、华北、湖北、重庆、四川、云南、台湾等地均有分布。

36. 旋幽夜蛾

【学名】*Discestra trifolii*（Hüfnagel）

【别名】三叶草夜蛾、藜夜蛾。

【危害作物】甜菜、菠菜、灰藜、野生白藜、苘麻、棉花、甘蓝、白菜、大豆、豌豆等。

【分布】吉林、辽宁、甘肃、内蒙古、新疆、青海、宁夏、北京、辽宁、陕西、西藏、河北等。

37. 鼎点钻夜蛾

【学名】*Earias cupreoviridis*（Walker）

【危害作物】棉花、苘麻、向日葵、木槿、冬葵、蜀葵等。

【分布】湖北、湖南、河南、江西、山东、江苏、安徽、浙江、福建、上海、北京、天津、河北、山西、内蒙古、辽宁、吉林、黑龙江、陕西、甘肃、四川、云南、贵州、重庆、广东、广西、海南。

38. 翠纹钻夜蛾

【学名】*Earias fabia* Stoll

【别名】绿带金刚钻。

【危害作物】棉花、苘麻、冬葵、蜀葵、锦

葵、假谷古等。

【分布】湖北、湖南、江苏、安徽、浙江、福建、广东、广西、云南、海南。

39. 埃及金刚钻

【学名】*Earias insulana*（Boisduval）

【危害作物】棉花、苘麻、冬葵、木芙蓉、赛葵等。

【分布】福建、广东、广西、云南、海南。

40. 显纹地老虎

【学名】*Euxoa conspicua* Hübner

【危害作物】胡麻、玉米、麦类、棉花、瓜类等。

【分布】新疆。

41. 白边地老虎

【学名】*Euxoa oberthuri*（Leech）

【别名】白边切夜蛾、白边切根虫。

【危害作物】菠菜、蚕豆、豌豆、菜豆、大豆、番茄、茄子、苦苣、玉米、甜菜、苦买菜、车前、苜蓿、亚麻等。

【分布】白边地老虎在黑龙江省亚麻主产区年年都有发生，尤其是齐齐哈尔、佳木斯地区发生较重。

42. 棉铃虫

【学名】*Helicoverpa armigera*（Hübner）

【别名】棉桃虫、钻心虫、青虫和棉铃实夜蛾。

【危害作物】棉花、玉米、高粱、小麦、番茄、辣椒、胡麻、亚麻、苘麻、向日葵、豌豆、马铃薯、芝麻、甘蓝、苹果、梨、柑橘等。

【分布】湖北、湖南、河南、江西、山东、江苏、安徽、浙江、福建、上海、北京、天津、河北、山西、内蒙古、辽宁、吉林、黑龙江、新疆、陕西、甘肃、四川、云南、贵州、重庆、广东、广西、海南。

43. 烟夜蛾

【学名】*Helicoverpa assulta* Guenée

【别名】烟草夜蛾、烟实夜蛾、烟青虫。

【危害作物】亚麻、烟草、甜（辣）椒等100多种作物。

【分布】分布华北、华中、华东及全国大部分亚麻种植区。

44. 苜蓿夜蛾

【学名】*Heliothis viriplaca*（Hüfnagel），异名：*Heliothis dipsacea*（Linnaeus）

【别名】亚麻夜蛾。

【危害作物】亚麻、大麻、苜蓿、豆类、甜菜、棉花等。

【分布】江苏、湖北、云南、黑龙江、四川、西藏、新疆、内蒙古等。

45. 甘蓝夜蛾

【学名】*Mamestra brassicae*（Linnaeus）

【别名】甘蓝夜盗虫、菜夜蛾。

【危害作物】危害亚麻外，十字花科，棉花、烟草、大豆、瓜类等多种作物和杂草。

【分布】黑龙江省南部各县危害较重。

46. 黏虫

【学名】*Pseudaletia separata*（Walker）

【别名】粟夜盗虫、剃枝虫、五彩虫、麦蚕等。

【危害作物】麦、稻、粟、玉米等禾谷类粮食作物及棉花、豆类、麻类、蔬菜等16科104种以上植物。

【分布】除新疆外各省都有发生。

47. 核桃兜夜蛾

【学名】*Pyrrhina bifascitata*（Staudinger）

【危害作物】大麻、核桃。

【分布】河北、黑龙江。

48. 甜菜夜蛾

【学名】*Spodoptera exigua*（Hübner）

【别名】贪夜蛾、白菜褐夜蛾、玉米叶夜蛾。

【危害作物】芝麻、甜菜、玉米、荞麦、花生、大豆、豌豆、苜蓿、白菜、莴苣、番茄、马铃薯、棉花、亚麻、红麻等。

【分布】湖北、湖南、河南、江西、山东、江苏、安徽、浙江、福建、上海、北京、天津、河北、山西、内蒙古、辽宁、吉林、黑龙江、新疆、陕西、甘肃、四川、云南、贵州、重庆、广东、广西、海南。

49. 斜纹夜蛾

【学名】*Spodoptera litura*（Fabricius）

【别名】莲纹夜蛾、夜盗虫、乌头虫。

【危害作物】杂食性害虫，白菜、甘蓝、芥菜、马铃薯、茄子、番茄、辣椒、南瓜、丝瓜、冬瓜、麻以及藜科、百合科等多种作物。

【分布】主要发生在长江流域的江西、江苏、湖南、湖北、浙江、安徽；黄河流域的河南、河北、山东等省。

50. 灰翅夜蛾

【学名】*Spodoptera mauritia*（Boisduval）

【别名】水稻叶夜蛾、禾灰翅夜蛾。

【危害作物】水稻、玉米、小麦、棉花、胡麻、甘蔗。

【分布】江苏、浙江、福建、台湾、河南、广西、广东、宁夏、云南。

51. 粉纹夜蛾

【学名】*Trichoplusia ni*（Hübner）

【危害作物】棉花、莴苣、芥蓝、茄属、荨麻、芝麻。

【分布】河北、江苏、浙江、福建、台湾、河南、湖北、广西、广东、陕西。

52. 锦葵丽夜蛾

【学名】*Xanthodes malvae* Esper

【危害作物】锦葵、苘麻、花葵。

【分布】台湾、河南、广东、云南。

53. 八字地老虎

【学名】*Xestia c-nigrum*（Linnaeus），异名：*Agrotis c-nigrum* Linnaeus

【别名】八字切根虫。

【危害作物】冬麦、青稞、豌豆、油菜、棉花、麻类、荞麦、白菜、萝卜等。

【分布】湖北、湖南、河南、江西、山东、江苏、安徽、浙江、福建、上海、北京、天津、河北、山西、内蒙古、辽宁、吉林、黑龙江、新疆、西藏、陕西、甘肃、四川、云南、贵州、重庆、广东、广西、海南。

灯蛾科 Arctiidae

54. 红缘灯蛾

【学名】*Amsacta lactinea*（Cramer）

【别名】红袖灯蛾、红边灯蛾。

【危害作物】十字花科蔬菜、豆类、棉花、红麻、亚麻、大麻、玉米、谷子等。

【分布】国内除新疆、青海未见报道外，其他地区均有发生。

55. 亚麻篱灯蛾

【学名】*Phragmatobia fuliginosa*（Linnaeus）

【危害作物】亚麻、酸模。

【分布】东北、内蒙古、甘肃、青海、新疆、河北。

56. 尘污灯蛾

【学名】*Spilarctia obliqua*（Walker）

【危害作物】桑、棉花、花生、甜菜、甘薯、豆类、玉米、黄麻、萝卜、柳、茶。

【分布】江苏、福建、四川、云南。

蛱蝶科 Nymphalidae

57. 苎麻黄蛱蝶

【学名】*Acraea issoria*（Hübner）

【别名】苎麻斑蛱蝶，麻毛虫、麻辣虫、蛾眉蝶。

【危害作物】苎麻。

【分布】浙江、安徽、福建、江西、湖北、四川、云南、广东、湖南、广西、海南、西藏、台湾。

58. 金斑蛱蝶

【学名】*Hypolimnas missipus*（Linnaeus）

【危害作物】苘麻。

【分布】陕西。

59. 黄钩蛱蝶

【学名】*Polygonia c-aureum*（Linnaeus）

【危害作物】梨、柑橘、大麻、亚麻。

【分布】河北、黑龙江、山东、浙江、江西、福建、台湾、湖南、陕西、四川、贵州。

60. 小红蛱蝶

【学名】*Vanessa cardui*（Linnaeus）

【别名】全球赤蛱蝶

【危害作物】黄麻、苎麻、大豆。

【分布】东北、河北、山东、浙江、江西、福建、台湾、湖北、湖南、广东、陕西、宁夏、青海、四川。

61. 大红蛱蝶

【学名】*Vanessa indica*（Herbst）

【别名】苎麻赤蛱蝶、赤蛱蝶、印度赤蛱蝶。

【危害作物】苎麻、荨麻、黄麻。

【分布】河北、黑龙江、江苏、浙江、江西、台湾、湖北、湖南、广西、广东、陕西、甘肃、宁夏、四川、云南、西藏。

（七）双翅目 Diptera

潜蝇科 Agromyzidae

1. 豌豆彩潜蝇

【学名】*Chromatomyia horticola*（Goureau）

【危害作物】马铃薯、豆类、亚麻、甜菜、瓜类、十字花科蔬菜等。

【分布】东北、河北、山西、内蒙古、台湾、浙江、福建、江西、湖北、广西、湖南、四川。

2. 南美斑潜蝇

【学名】*Liriomyza huidobrensis*（Blanchard）

【别名】拉美斑潜蝇。

【危害作物】苋菜、甜菜、菠菜、莴苣、蒜、甜瓜、菜豆、豌豆、蚕豆、洋葱、亚麻、番茄、马铃薯、辣椒、旱芹、生菜、烟草、小麦、大丽花、石竹花、菊花、报春花等。

【分布】云南、贵州、四川、青海、山东、河北、北京、湖北、广东。

3. 美洲斑潜蝇

【学名】*Liriomyza sativae* Blanchard

【危害作物】瓜类、豆类、苜蓿、辣椒、茄子、番茄、马铃薯、油菜、棉花、蓖麻及花卉等。

【分布】湖北、湖南、河南、江西、山东、江苏、安徽、浙江、福建、上海、北京、天津、河北、山西、内蒙古、辽宁、吉林、新疆、陕西、甘肃、四川、云南、贵州、重庆、广东、广西、海南。

4. 苎麻黑潜蝇

【学名】*Melanagromyza boehmeriae* Wenn

【危害作物】苎麻。

【分布】浙江。

花蝇科 Anthomyiidae

5. 灰地种蝇

【学名】*Delia platura*（Meigen）

【危害作物】棉花、麦类、玉米、豆类、马铃薯、甘薯、大麻、洋麻、葱、蒜、十字花科、百合科、葫芦科作物、苹果、梨等。

【分布】湖北、湖南、河南、江西、山东、江苏、安徽、浙江、福建、上海、北京、天津、河北、山西、内蒙古、辽宁、吉林、黑龙江、新疆、陕西、甘肃、四川、云南、贵州、重庆、广东、广西、海南。

（八）膜翅目 Hymenoptera

叶蜂科 Tenthredinidae

大麻毛怪叶蜂

【学名】*Trichiocampus cannabis* Xiao *et* Huang

【危害作物】大麻。

【分布】安徽。

蛛形纲 Arachnida

蜱螨目 Acarina

跗线螨科 Tarsonemidae

1. 侧多食跗线螨

【学名】*Polyphagotarsonemus latus*（Banks）

【危害作物】茶、黄麻、红麻、蓖麻、棉花、橡胶、柑橘、大豆、花生、马铃薯、番茄、榆、椿等。

【分布】江苏、浙江、福建、湖北、河南、四川、贵州。

叶螨科 Tetranychidae

2. 朱砂叶螨

【学名】*Tetranychus cinnabarinus*（Boisduval）

【别名】棉红蜘蛛、棉叶螨、红叶螨。

【危害作物】棉花、玉米、花生、豆类、芝麻、辣椒、茄子、番茄、洋麻、苘麻、甘薯、向日葵、瓜类、桑、苹果、梨、蔷薇、月季、金银花、国槐等。

【分布】湖北、湖南、河南、江西、山东、江苏、安徽、浙江、福建、上海、北京、天津、河北、山西、内蒙古、辽宁、吉林、黑龙江、新疆、陕西、甘肃、四川、云南、贵州、重庆、广东、广西、海南。

3. 二斑叶螨

【学名】*Tetranychus urticae* Koch

【别名】二点叶螨、棉红蜘蛛。

【危害作物】棉花、豆类、瓜类、烟草、麻、芝麻、玉米、谷子、高粱及蔬菜果树等百余种作物。

【分布】湖北、湖南、河南、江西、山东、江苏、安徽、浙江、福建、上海、北京、天津、河北、山西、内蒙古、辽宁、吉林、黑龙江、新疆、陕西、甘肃、四川、云南、贵州、重庆、广东、广西、海南。

4. 咖啡小爪螨

【学名】*Oligonychus coffeae*（Nietner）

【危害作物】咖啡、茶、毛栗、红麻、黄麻、棉花、豆类、蔬菜。

【分布】黄麻和红麻产区。

二、软体动物门 Mollusca

腹足纲 Gastropoda

柄眼目 Stylommatophora

巴蜗牛科 Bradybaenidae

1. 灰巴蜗牛

【学名】*Bradybaena ravida*（Benson）

【别名】薄球蜗牛、蜒蚰螺、水牛。

【危害作物】除黄麻、红麻、苎麻外，还可危害棉、桑、苜蓿、豆类、马铃薯、大麦、小麦、玉米、花生及多种蔬菜、果树等。

【分布】北到黑龙江，南到广东、河南、河北、江苏、浙江、新疆等地江湖洼地及沿海地区。

2. 同型巴蜗牛

【学名】*Bradybaena similaris*（Férussac）

【危害作物】白菜、枸杞、麻类及其他作物。

【分布】全国各地。

蛞蝓科 Limacidae

3. 野蛞蝓

【学名】*Agriolimax agrestis*（Linnaeus）

【别名】旱螺、无壳蜒蚰螺、黏液虫。

【危害作物】白菜、甘蓝、百合等蔬菜、黄麻、红麻、玫瑰麻、苎麻等。

【分布】全国各地。

第八章　油菜有害生物名录

第一节　油菜病害

一、真菌病害

1. 油菜霜霉病

【病原】寄生霜霉菌 *Hyaloperonospora parasitica* (Pers.) Constant，异名 *Peronospora parasitica* (Pers.) Fries，属卵菌。

【别名】露头病、黄油菜。

【为害部位】油菜地上部分各器官。

【分布】我国各油菜产区均有发生，以长江流域、东南沿海冬油菜区发病较重。

2. 油菜白锈病

【病原】白锈菌 *Albugo candida* (Pers.) O. Kuntze，属卵菌。

【别名】龙头病。

【为害部位】油菜地上部分各器官。

【分布】我国各油菜产区均有发生，以云贵高原、青海、江苏、浙江等省市发生较重。

3. 油菜猝倒病

【病原】瓜果腐霉 *Pythium aphanidermatum* (Eds.) Fitz.，属卵菌。

【为害部位】幼苗。

【分布】湖北、湖南、江西、安徽、江苏、浙江、上海、云南、贵州、四川、河南、山西、陕西、甘肃、新疆、内蒙古。

4. 油菜疫病

【病原】大雄疫霉 *Phytophthora megasperma* Drechsler var. *megasperma*，属卵菌。

【为害部位】叶、根。

【分布】湖北、安徽、浙江、贵州、山西、内蒙古。

5. 油菜根肿病

【病原】芸薹根肿菌 *Plasmodiophora brassicae* Woronin，属根肿菌。

【别名】大脑壳病。

【为害部位】根部。

【分布】湖北、湖南、江西、安徽、江苏、浙江、上海、四川、重庆、云南、贵州、陕西。

6. 油菜菌核病

【病原】核盘菌 *Sclerotinia sclerotiorum* (Lib.) de Bary，属子囊菌。

【别名】油菜白腐病、白霉病、茎腐病、秆腐病、白秆病、烂秆症。

【为害部位】油菜叶、茎、花、角果和种子等地上部分各器官组织。

【分布】我国各油菜产区均有发生，以长江流域最为严重。

7. 油菜白粉病

【病原】白粉菌 *Erysiphe cruciferarum* Opiz ex Junell，属子囊菌。

【为害部位】叶、茎、角果。

【分布】湖北、湖南、江西、安徽、江苏、浙江、上海、云南、贵州、四川、河南、山西、陕西、甘肃、新疆、青海、内蒙古。

8. 油菜淡叶斑病

【病原】芸薹硬座盘菌 *Pyrenopeziza brassicae* Sulton & Rawlinson，属子囊菌。

【为害部位】叶、茎。

【分布】湖北、四川、云南。

9. 油菜黑粉病

【病原】芸薹条黑粉菌 *Urocystis brassicae* Mundkur，属担子菌。

【别名】油菜根瘿黑粉病。

【为害部位】根。

【分布】湖北、四川、云南。

10. 油菜白斑病

【病原】芥假小尾孢菌 *Pseudocercosporella capsellae* (Ellis & Everh.) Deighton，*Cercosporella brassicae* (Faitrey and Roum.) Höhn.，属无性型真菌。有性型为 *Mycosphaerella capsellae* A. J. Inman &

Sivanesan，属子囊菌。

【为害部位】叶。

【分布】湖北、湖南、江西、安徽、浙江、云南、贵州、四川、河南、山西、陕西、甘肃、新疆。

11. 油菜黑胫病

【病原】茎点霉 *Phoma lingam*（Tode ex Fr.）Desm.，属无性型真菌。有性型为 *Leptosphaeriae biglobosa*，属子囊菌。

【别名】根朽病。

【为害部位】苗期子叶、真叶、幼茎、根，成株期叶、茎、根、角果、种子。

【分布】湖北、湖南、江西、安徽、江苏、浙江、四川、云南、贵州、陕西、甘肃、内蒙古。

12. 油菜灰霉病

【病原】灰葡萄孢 *Botrytis cinerea* Pers. ex Fr.，属无性型真菌。

【为害部位】油菜植株各部位。

【分布】我国各油菜产区均有发生，尤其是在长江中下游流域冬油菜产区。

13. 油菜黑斑病

【病原】芸薹链格孢 *Alternaria brassicae*（Berk.）Sacc. 芸薹生链格孢 *Alternaria brassicicola*（Schwein.）Wiltshire 萝卜链格孢 *Alternaria raphani* Groves & Skolko *Alternaria exitiosa*（Kuehn.）Jorst. 均属无性型真菌。

【别名】油菜黑霉病。

【为害部位】叶、茎、角果。

【分布】湖北、湖南、江西、安徽、江苏、浙江、云南、贵州、四川、陕西、甘肃。

14. 油菜根腐病

【病原】茄丝核菌 *Rhizoctonia solani* Kühn，属无性型真菌。

【别名】油菜立枯病。

【为害部位】根部、茎基部。

【分布】湖北、湖南、江西、安徽、江苏、浙江、上海、云南、贵州、四川、重庆、河南、山西、陕西、甘肃。

15. 油菜炭疽病

【病原】希金斯炭疽菌 *Colletotrichum higginsianum* Sacc.，属无性型真菌。

【为害部位】油菜地上部分各器官。

【分布】湖北、湖南、江西、安徽、江苏、浙江、云南、贵州、四川、河南、山西、陕西、甘肃、内蒙古。

16. 油菜枯萎病

【病原】尖孢镰孢粘团专化型 *Fusarium oxysporum* Schl. f. sp. *conglutinans*（Woll.）Snyder *et* Hansen，属无性型真菌。

【为害部位】叶、茎、根。

【分布】湖北、湖南、江西、安徽、浙江、云南、贵州、四川、河南、甘肃、内蒙古。

17. 油菜黄萎病

【病原】大丽轮枝孢 *Verticillium dahliae* Kleb.，属无性型真菌。

【为害部位】叶、茎、根。

【分布】湖北、江西、云南、贵州。

18. 油菜白绢病

【病原】齐整小核菌 *Selerotium rolfsii* Sacc.，属无性型真菌。

【别名】菌核性根腐病、白霉病。

【为害部位】根颈部、茎基部、叶。

【分布】湖北、湖南、江西、安徽、河南、四川。

19. 油菜叶斑病

【病原】芥生尾孢菌 *Cercospora brassicicola* P. Hennings，属无性型真菌。

【为害部位】叶。

【分布】湖北、湖南、江西、江苏、浙江、河南、山西、陕西、四川、云南、甘肃、新疆。

二、细菌病害

1. 油菜细菌性黑斑病

【病原】丁香假单胞菌斑点致病变种 *Pseudomonas syringae* pv. *maculicola*（Mc Culloch）Young *et al.*，属假单胞菌属细菌。

【为害部位】叶、茎、花梗、角果。

【分布】湖北、湖南、江西、江苏、浙江、四川、贵州、云南。

2. 油菜黑腐病

【病原】油菜黄单胞菌油菜变种 *Xanthomonas campestris* pv. *campestris*（Pammel）Dowson，属黄单胞菌属细菌。

【为害部位】根、茎、叶、角果。

【分布】湖北、湖南、江西、安徽、浙江、上海、河南、陕西、山西、云南、贵州、四川、重庆、广西。

3. 油菜软腐病

【病原】胡萝卜欧文氏菌胡萝卜亚种 *Erwinia carotovora* subsp. *carotovora*（Jones）Dye，属薄壁菌门欧氏杆菌属细菌。

【为害部位】根、茎、叶、花、角果。

【分布】湖北、湖南、江西、安徽、江苏、浙江、上海、河南、陕西、山西、甘肃、云南、贵州、四川。

三、病毒病害

油菜病毒病

【病原】芜菁花叶病毒 *Turnip mosaic virus*，TuMV

黄瓜花叶病毒 *Cucumber mosaic virus*，CMV

烟草花叶病毒 *Tobacco mosaic virus*，TMV

油菜花叶病毒 *Youcai mosaic virus*，YMV

【别名】花叶病、毒素病。

【为害部位】叶、花梗、茎。

【分布】我国各油菜产区均有发生，以长江中、下游地区发生较重。

第二节　油菜害虫

一、节肢动物门 Arthropoda

昆虫纲 Insecta

（一）直翅目 Orthoptera

蟋蟀科 Gryllidae

1. 北京油葫芦

【学名】*Teleogryllus emma*（Ohmachi *et* Matsumura）

【危害作物】麦类、谷类、豆类、茄科、禾本科作物、油菜及其他十字花科作物、棉花等。

【分布】福建、台湾、海南、陕西。

癞蝗科 Pamphagidae

2. 笨蝗

【学名】*Haplotropis brunneriana* Saussure

【危害作物】甘薯、马铃薯、芋头、豆类、麦类、玉米、高粱、谷子、棉花、油菜、果树幼苗和蔬菜等。

【分布】鲁中南低山丘陵区，太行山和伏牛山的部分低山区。

锥头蝗科 Pyrgomorphidae

3. 短额负蝗

【学名】*Atractomorpha sinensis* Bolivar

【别名】尖头蚱蜢、括搭板。

【危害作物】水稻、玉米、高粱、小麦、棉花、大豆、花生、油菜、马铃薯、烟草等。

【分布】湖北、湖南、安徽、江苏、浙江、甘肃、河北、山西、陕西、山东、青海、四川、贵州、云南等省（市、自治区）。

斑腿蝗科 Catantopidae

4. 短星翅蝗

【学名】*Calliptamus abbreviatus*（Ikonnikov）

【危害作物】小麦、棉花、油菜、胡麻、荞麦、牧草。

【分布】湖北、江西、安徽、江苏、浙江、山东、河北、甘肃、内蒙古、四川。

5. 意大利蝗

【学名】*Calliptamus italicus*（Linnaeus）

【危害作物】棉、玉米、谷子、水稻、小麦、油菜、苜蓿等农牧作物。

【分布】甘肃、新疆。

6. 日本黄脊蝗

【学名】*Patanga japonica*（I. Bolivar）

【危害作物】甘蔗、玉米、高粱、水稻、小麦、甘薯、大豆、棉花、油菜、柑橘等。

【分布】河北、山西、山东、江苏、浙江、安徽、江西、福建、广东、广西、台湾、四川、云南、甘肃。

斑翅蝗科 Oedipodidae

7. 亚洲小车蝗

【学名】*Oedaleus decorus asiaticus* B. -Bienko

【危害作物】玉米、高粱、谷子、麦类、亚麻、马铃薯、油菜、其他十字花科蔬菜及禾本科牧草。

【分布】内蒙古、宁夏、甘肃、青海、河北、陕西、山西、山东等地。

8. 黄胫小车蝗

【学名】*Oedaleus infernalis infernalis* Saussure

【危害作物】麦类、谷子、玉米、高粱、豆

类、马铃薯、黄麻、麻类、油菜等

【分布】华北、华东及陕西关中等地。

（二）缨翅目 Thysanoptera

蓟马科 Thripidae

1. 丽花蓟马

【学名】*Frankliniella intonsa* Trybom

【别名】台湾蓟马。

【危害作物】苜蓿、紫云英、棉花、玉米、水稻、小麦、豆类、瓜类、番茄、辣椒、油菜、甘蓝、白菜等蔬菜及花卉。

【分布】湖北、湖南、河南、江西、山东、江苏、安徽、浙江、福建、上海、北京、天津、河北、山西、内蒙古、辽宁、吉林、黑龙江、新疆、陕西、甘肃、四川、云南、贵州、重庆、广东、广西、海南。

2. 端大蓟马

【学名】*Megalurothrips distalis*（Karny）

【别名】花生蓟马、豆蓟马、紫云英蓟马、端带蓟马。

【危害作物】苜蓿、大豆、豆类、小麦、玉米、油菜、向日葵、大麻柑橘、石榴等。

【分布】河北、辽宁、江苏、福建、台湾、山东、河南、湖北、湖南、广东、广西、海南、四川、贵州、云南。

3. 八节黄蓟马

【学名】*Thrips flavidulus*（Bagnall）

【危害作物】小麦、青稞、白菜、油菜、向日葵、棉花、葱、芹菜、蚕豆、马铃薯、柑橘、洋槐、松、苦楝等。

【分布】河北、辽宁、江苏、浙江、福建、台湾、江西、山东、湖南、湖北、海南、广西、四川、贵州、云南、陕西、宁夏、西藏。

4. 黄蓟马

【学名】*Thrips flavus* Schrank

【别名】菜田黄蓟马、忍冬蓟马、节瓜蓟马、亮蓟马。

【危害作物】麦类、水稻、烟草、大豆、棉花、苜蓿、甘蓝、油菜、瓜类、枣、柑橘、山楂等。

【分布】吉林、辽宁、内蒙古、宁夏、新疆、山西、河北、河南、山东、安徽、江苏、浙江、福建、湖北、湖南、上海、江西、广东、海南、广西、贵州、云南。

5. 黄胸蓟马

【学名】*Thrips hawaiiensis*（Morgan）

【危害作物】油菜、白菜、南瓜、大豆、茶、玉米、甘薯、菜豆、棉、葱、百合、桑、柑橘、荔枝等。

【分布】江苏、浙江、华南、台湾、四川、云南、西藏。

6. 烟蓟马

【学名】*Thrips tabaci* Lindeman

【别名】棉蓟马、葱蓟马、瓜蓟马。

【危害作物】水稻、小麦、玉米、棉花、大豆、豆类、油菜、白菜、萝卜、甘蓝、葱、马铃薯、番茄及花卉，果树等作物。

【分布】湖北、湖南、河南、江西、山东、江苏、安徽、浙江、福建、上海、北京、天津、河北、山西、内蒙古、辽宁、吉林、黑龙江、新疆、陕西、甘肃、四川、云南、贵州、重庆、广东、广西、海南。

7. 普通蓟马

【学名】*Thrips vulgatissimus* Haliday

【危害作物】油菜、紫云英、苜蓿、小麦、荞麦、柏、刺榆等。

【分布】四川、西藏、甘肃、青海、宁夏、新疆。

（三）半翅目 Hemiptera

盲蝽科 Miridae

1. 苜蓿盲蝽

【学名】*Adelphocoris lineolatus*（Goeze）

【危害作物】苜蓿、棉花、马铃薯、豆类、大麻、洋麻、油菜、小麦、玉米、粟等。

【分布】新疆、甘肃、河北、山西、陕西、山东、河南、江苏、浙江、江西、湖南、湖北、四川、内蒙古等省（市、自治区）。

2. 牧草盲蝽

【学名】*Lygus pratensis*（Linnaeus）

【危害作物】棉花、洋麻、稻、麦、玉米、马铃薯、苜蓿、油菜等蔬菜及苹果、梨、柑橘等。

【分布】新疆、四川等省（市、自治区）。

蝽科 Pentatomidae

3. 斑须蝽

【学名】*Dolycoris baccarum*（Linnaeus）

【别名】细毛蝽。

【危害作物】水稻、玉米、高粱、谷子、棉花、油菜、烟草、亚麻、芝麻、豆类、蔬菜等。

【分布】湖北、湖南、河南、江西、山东、江苏、安徽、浙江、福建、上海、北京、天津、河北、山西、内蒙古、辽宁、吉林、黑龙江、新疆、陕西、甘肃、四川、云南、贵州、重庆、广东、广西、海南。

4. 菜蝽

【学名】*Eurydema dominulus*（Scopoli）

【危害作物】萝卜、白菜、油菜及其他十字花科植物、豆科作物。

【分布】北京、河北、山西、吉林、黑龙江、山东、江苏、浙江、江西、福建、湖南、广西、广东、陕西、四川、贵州、云南、西藏。

5. 横纹菜蝽

【学名】*Eurydema gebleri* Kolenati

【别名】乌鲁木齐菜蝽、盖氏菜蝽。

【危害作物】油菜及其他十字花科蔬菜。

【分布】东北、河北、山西、山东、江苏、安徽、湖北、陕西、甘肃、宁夏、新疆、四川、西藏。

6. 新疆菜蝽

【学名】*Eurydema maracandicum* Oschanin

【危害作物】白菜、油菜、甘蓝、小麦、苜蓿。

【分布】内蒙古、新疆、甘肃、青海。

7. 蓝菜蝽

【学名】*Eurydema oleracea*（Linnaeus）

【危害作物】马铃薯、番薯、油菜、石刁柏、芥菜、芹菜、茴香。

【分布】新疆。

8. 甘蓝蝽

【学名】*Eurydema ornatus*（Linnaeus）

【危害作物】马铃薯、油菜、甘蓝。

【分布】新疆。

9. 斑盾蓝菜蝽

【学名】*Eurydema rugulosa*（Dobrn）

【危害作物】油菜及其他十字花科蔬菜。

【分布】新疆。

10. 巴楚菜蝽

【学名】*Eurydema wilkinsi* Distant

【危害作物】油菜等十字花科蔬菜、小麦。

【分布】新疆。

11. 茶翅蝽

【学名】*Halyomorpha halys*（Stål）

【危害作物】大豆、菜豆、桑、油菜、甜菜、梨、苹果、柑橘、梧桐、榆等。

【分布】河北、内蒙古、山东、江苏、安徽、浙江、江西、台湾、河南、湖南、湖北、广西、广东、陕西、四川、贵州。

（四）同翅目 Homoptera

蚜科 Aphididae

1. 甘蓝蚜

【学名】*Brevicoryne brassicae*（Linnaeus）

【别名】菜蚜。

【危害作物】甘蓝、紫甘蓝、花椰菜、青花菜、卷心菜、抱子甘蓝、油菜、白菜、萝卜、白萝卜、芜菁等十字花科蔬菜。

【分布】东北、内蒙古、河北、宁夏、新疆、云南、湖北、江苏、浙江、台湾等地，主要发生在北纬40°以北，或海拔1000米以上的高原、高山地区。

2. 萝卜蚜

【学名】*Lipaphis erysimi*（Kaltenbach）

【别名】菜蚜、菜缢管蚜。

【危害作物】大豆、白菜、菜心、樱桃萝卜、芥蓝、青花菜、油菜、紫菜薹、抱子甘蓝、羽衣甘蓝、薹菜，马铃薯、番茄、芹菜、胡萝卜、豆类、甘薯及柑橘、桃、李等果树。

【分布】遍及全国各地。

3. 桃蚜

【学名】*Myzus persicae*（Sulzer）

【别名】烟蚜、桃赤蚜。

【危害作物】油菜、其他十字花科蔬菜、棉花、马铃薯、大豆、豆类、甜菜、烟草、胡麻、甘薯、芝麻、茄科植物及柑橘、梨等果树。

【分布】湖北、湖南、河南、江西、山东、江苏、安徽、浙江、福建、上海、北京、天津、河北、山西、内蒙古、辽宁、吉林、黑龙江、新疆、陕西、甘肃、四川、云南、贵州、重庆、广东、广西、海南。

叶蝉科 Cicadellidae

4. 大青叶蝉

【学名】*Cicadella viridis*（Linnaeus）

【别名】青叶跳蝉、青叶蝉、大绿浮尘子等。

【危害作物】棉花、豆类、花生、玉米、高粱、谷子、稻、麦、麻、甘蔗、油菜、甜菜、蔬菜、苹果、梨、柑橘等果树、桑、榆等。

【分布】湖北、湖南、河南、江西、山东、江苏、安徽、浙江、福建、上海、北京、天津、河北、山西、内蒙古、辽宁、吉林、黑龙江、新疆、陕西、甘肃、四川、云南、贵州、重庆、广东、广西、海南。

（五）鞘翅目 Coleoptera

鳃金龟科 Melolonthidae

1. 马铃薯鳃金龟

【学名】*Amphimallon solstitialis*（Linnaeus）

【危害作物】马铃薯、胡麻、豆类、油菜等。

【分布】辽宁、河北、山西、内蒙古、青海、新疆。

丽金龟科 Rutelidae

2. 苹毛丽金龟

【学名】*Proagopertha lucidula*（Faldermann）

【别名】苹毛金龟甲。

【危害作物】小麦、油菜、苹果、梨、桃、樱桃、李、杏、海棠、葡萄、豆类、葱及杨、柳、桑等。

【分布】湖北、安徽、江苏、浙江、云南、贵州、四川、重庆、河南、山西、陕西、河北、甘肃、青海、内蒙古等省（市、自治区）。

花金龟科 Cetoniidae

3. 白星滑花金龟

【学名】*Liocola brevitarsis*（Lewis）

【别名】白纹铜花金龟、白星花潜、白星金龟子。

【危害作物】油菜。

【分布】湖北、江西、安徽、浙江、河南、山西、陕西、云南、四川、新疆。

叩甲科 Elateridae

4. 细胸锥尾叩甲

【学名】*Agriotes subvittatus* Motschulsky

【别名】细胸叩头虫、细胸叩头甲、细胸金针虫。

【危害作物】麦类、玉米、高粱、谷子、甘薯、甜菜、马铃薯、麻、油菜及蔬菜果树等作物。

【分布】湖北、安徽、河南、河北、山西、山东、陕西、宁夏、甘肃、青海、内蒙古。

5. 褐纹梳爪叩甲

【学名】*Melanotus caudex* Lewis

【别名】铁丝虫、姜虫、金齿耙、叩头虫。

【危害作物】麦类、玉米、高粱、谷子、甘薯、甜菜、马铃薯、麻、油菜及蔬菜果树等作物。

【分布】甘肃、内蒙古等省（市、自治区）。

6. 沟叩头甲

【学名】*Pleonomus canaliculatus*（Faldermann）

【别名】铁丝虫、姜虫、金齿耙、叩头虫。

【危害作物】麦类、玉米、高粱、谷子、甘薯、甜菜、马铃薯、麻、油菜及蔬菜果树等作物。

【分布】北京、天津、河北、山西、内蒙古、黑龙江、江苏、浙江、安徽、山东、河南、湖北、重庆、四川、贵州、云南、西藏、陕西、甘肃、青海、宁夏、新疆。

露尾甲科 Nitidulidae

7. 油菜花露尾甲

【学名】*Meligethes aeneus*（Fabricius）

【危害作物】油菜。

【分布】四川、云南、甘肃、新疆、青海。

8. 油菜叶露尾甲

【学名】*Strongyllodes variegatus*（Fairmaire）

【危害作物】油菜。

【分布】安徽、陕西、甘肃、青海等省（市、自治区）。

瓢甲科 Coccinellidae

9. 稻红瓢虫

【学名】*Micraspis discolor*（Fabricius）

【别名】亚麻红瓢虫。

【危害作物】水稻、玉米、油菜、茶树、亚麻等作物的花药。

【分布】福建、湖北、湖南、广西、广东、四川、云南。

叶甲科 Chrysomelidae

10. 大猿叶虫

【学名】*Colaphellus bowringi*（Baly）

【别名】乌壳虫、白菜掌叶甲，幼虫俗称癞

虫、弯腰虫。

【危害作物】油菜、白菜、芥菜、萝卜、芜菁、甘蓝等十字花科蔬菜和甜菜。

【分布】我国各油菜产区。

11. 东方芥菜叶甲

【学名】*Colaphellus hoefti*（Menetries）

【危害作物】油菜、萝卜、白菜。

【分布】新疆。

12. 丽色油菜叶甲

【学名】*Entomoscelis adonidis*（Pallas），异名：*Chrysomela adonidis* Pallas

【危害作物】油菜。

【分布】湖北、安徽、陕西、新疆等。

13. 东方油菜叶甲

【学名】*Entomscelis orientalis* Motschusky

【危害作物】油菜、芜菁、萝卜、白菜。

【分布】湖北、湖南、江西、安徽、江苏、浙江、河南、河北、山西、山东、宁夏、甘肃、内蒙古。

14. 黑缝油菜叶甲

【学名】*Entomoscelis suturalis* Weise

【别名】绵虫、黑蛆。

【危害作物】油菜、芥菜、苤蓝等十字花科作物。

【分布】湖北、四川、江苏、山西、陕西、河北、甘肃。

15. 西藏长跗跳甲

【学名】*Longitarsus tibetanus* Chen

【危害作物】油菜。

【分布】西藏。

16. 双斑长跗萤叶甲

【学名】*Monolepta hieroglyphica*（Motschulsky）

【别名】双圈萤叶甲、双斑萤叶甲、四目叶甲。

【危害作物】油菜。

【分布】内蒙古、宁夏、甘肃、新疆、河北、山西、陕西、江苏、浙江、湖北、安徽、江西、四川、云南、贵州等省（市、自治区）。

17. 小猿叶虫

【学名】*Phaedon brassicae* Baly

【危害作物】油菜、白菜、芥菜、萝卜及其他十字花科蔬菜。

【分布】华北、华东、台湾、湖北、湖南、广西、广东、甘肃、四川、贵州等各油菜产区。

18. 西藏菜跳甲

【学名】*Phllotreta chotanica* Duvivier

【危害作物】白菜、油菜。

【分布】西藏。

19. 萝卜菜跳甲

【学名】*Phyllotreta cruciferae* Goege

【别名】菜蚤、十字花科蓝跳甲。

【危害作物】油菜。

【分布】湖北、湖南、安徽、云南、贵州、四川、广西、河南、山西、山西、陕西、甘肃、青海等省（市、自治区）。

20. 黄宽条跳甲

【学名】*Phyllotreta humilis* Weise

【危害作物】白菜、萝卜、芜菁、油菜、芸薹、胡瓜、甜菜。

【分布】湖北、湖南、安徽、江苏、浙江、云南、贵州、四川、河北、山西、甘肃、宁夏、内蒙古、青海、新疆等省（市、自治区）。

21. 绿胸菜跳甲

【学名】*Phyllotreta nemorum*（Linnaeus）

【别名】淡足潜叶跳甲。

【危害作物】白菜、油菜、萝卜等。

【分布】新疆。

22. 黄直条跳甲

【学名】*Phyllotreta rectilineata* Chen

【危害作物】油菜、白菜等。

【分布】湖北、江西、江苏、浙江、河南、陕西、河北、内蒙古等省（市、自治区）。

23. 黄曲条跳甲

【学名】*Phyllotreta striolata*（Fabricius）

【别名】黄条跳蚤、亚麻跳甲。

【危害作物】油菜、白菜、萝卜、瓜类等。

【分布】我国各油菜产区。

24. 中亚菜跳甲

【学名】*Phyllotreta turcmenica* Weise

【危害作物】油菜、十字花科蔬菜、甜菜。

【分布】新疆、内蒙古、西藏。

25. 黄狭条跳甲

【学名】*Phyllotreta vittula*（Redtenbacher）

【别名】黄窄条跳甲。

【危害作物】粟、小麦、玉米、大麻、瓜类、油菜、白菜、萝卜、甜菜。

【分布】河南、河北、山东、甘肃、内蒙古、新疆等省（市、自治区）。

26. 油菜蚤跳甲

【学名】*Psylliodes punctifrons* Baly

【别名】蚤跳甲。

【危害作物】油菜、白菜、其他十字花科蔬菜。

【分布】湖北、湖南、江西、安徽、江苏、浙江、云南、贵州、四川、河南、山西、陕西、甘肃、新疆、西藏。

象甲科 Curculionidae

27. 小卵象

【学名】*Calomycterus obconicus* Chao

【危害作物】棉花、桑、油菜、番茄、大豆、苎麻、乌桕等。

【分布】江苏、浙江、四川、陕西、河北、广东、福建等。

28. 油菜茎象甲

【学名】*Ceutorhynchus asper* Roelofs

【别名】油菜象鼻虫。

【危害作物】油菜。

【分布】我国各地油菜产区，以西北地区为害较重。

29. 油菜筒喙象

【学名】*Lixus ochraceus* Boheman

【危害作物】油菜、萝卜、白菜、甘蓝。

【分布】辽宁、内蒙古、河北、江西、山西。

30. 大灰象甲

【学名】*Sympiezomias velatus*（Chevrolat）

【别名】象鼻虫、土拉驴。

【危害作物】棉花、烟草、玉米、高粱、粟、黍、花生、马铃薯、辣椒、甜菜、油菜、瓜类、豆类、苹果、梨、柑橘、核桃、板栗等。

【分布】全国各地均有分布。

（六）鳞翅目 Lepidoptera

菜蛾科 Plutellidae

1. 小菜蛾

【学名】*Plutella xylostella*（Linnaeus）

【别名】菜蛾、方块蛾、小青虫、两头尖、吊丝虫。

【危害作物】油菜、甘蓝、花椰菜、萝卜、芜菁、芸薹、芥菜、番茄、洋葱、马铃薯。

【分布】南北各地均有分布。

螟蛾科 Pyralidae

2. 二化螟

【学名】*Chilo suppressalis*（Walker）

【别名】钻心虫、蛀心虫、蛀秆虫。

【危害作物】水稻、茭白、玉米、高粱、甘蔗、粟、大麦、小麦、蚕豆、豌豆、油菜等。

【分布】从黑龙江到海南各水稻区均有分布。

3. 茴香薄翅螟

【学名】*Evergestis extimalis* Scopoli

【别名】茴香薄翅野螟、茴香螟、油菜螟。

【危害作物】茴香、油菜、萝卜、甘蓝、白菜。

【分布】湖北、江苏、四川、云南、陕西、河北、山东、黑龙江、青海、内蒙古。

4. 菜心毛螟

【学名】*Hellula undalis*（Fabricius）

【别名】菜螟、菜心野螟、萝卜螟、甘蓝螟、白菜螟、吃心虫、钻心虫、剜心虫等。

【危害作物】油菜、白菜、甘蓝、萝卜、花椰菜、榨菜、芥菜。

【分布】湖北、湖南、江西、安徽、江苏、浙江、上海、云南、贵州、四川、陕西、河南、河北、山东、内蒙古等省（市、自治区）。

5. 草地螟

【学名】*Loxostege sticticalis*（Linnaeus）

【别名】黄绿条螟、甜菜网螟、网锥额蚜螟。

【危害作物】杂食性害虫，主要为害甜菜、油菜、苜蓿、大豆、马铃薯、亚麻、向日葵、胡萝卜、葱、玉米、高粱、蓖麻，以及藜、苋、菊等科植物。

【分布】吉林、内蒙古、黑龙江、宁夏、甘肃、青海、新疆、河北、山西、陕西、江苏、安徽、湖北等。

尺蛾科 Geometridae

6. 大造桥虫

【学名】*Ascotis selenaria*（Denis *et* Schiffermüller）

【别名】尺蠖、步曲。

【危害作物】棉花、蚕豆、大豆、花生、豇豆、菜豆、刺槐、向日葵、黄麻、油菜、梨、柑橘、茶等。

【分布】湖北、湖南、河南、江西、山东、江

苏、安徽、浙江、福建、上海、北京、天津、河北、山西、内蒙古、辽宁、吉林、黑龙江、新疆、陕西、甘肃、四川、云南、贵州、重庆、广东、广西、海南。

夜蛾科 Noctuidae

7. 小地老虎

【学名】*Agrotis ipsilon*（Rottemberg）

【别名】（黑）地蚕、（黑）土蚕、切根虫、截虫。

【危害作物】棉花、麻、玉米、高粱、麦类、花生、大豆、马铃薯、辣椒、茄子、瓜类、甜菜、油菜、烟草、苹果、柑橘、桑、槐等。

【分布】湖北、湖南、河南、江西、山东、江苏、安徽、浙江、福建、上海、北京、天津、河北、山西、内蒙古、辽宁、吉林、黑龙江、新疆、陕西、甘肃、四川、云南、贵州、重庆、广东、广西、海南。

8. 黄地老虎

【学名】*Agrotis segetum*（Denis & Schiffermüller）

【别名】土蚕、地蚕、切根虫、截虫。

【危害作物】玉米、棉花、麦类、马铃薯、麻、甜菜、豌豆、蔬菜、冬绿肥、烟草、甘薯、芋、莲、大豆、烟草、甜菜、油菜及十字花科、茄科蔬菜等。

【分布】河南、山东、北京、天津、河北、山西、内蒙古、辽宁、吉林、黑龙江、新疆、陕西、甘肃。

9. 大地老虎

【学名】*Agrotis tokionis* Butler

【别名】黑虫、土蚕、地蚕、切根虫、截虫。

【危害作物】甘蓝、油菜、番茄、茄子、辣椒、棉花、胡麻、豆类、玉米、烟草及果树幼苗等。

【分布】湖北、湖南、河南、江西、山东、江苏、安徽、浙江、福建、上海、北京、天津、河北、山西、内蒙古、辽宁、吉林、黑龙江、新疆、陕西、甘肃、四川、云南、贵州、重庆、广东、广西、海南。

10. 小造桥夜蛾

【学名】*Anomis flava*（Fabricius）

【别名】棉小造桥虫、小造桥虫、棉夜蛾。

【危害作物】棉花、甘薯、芋、莲、大豆、烟草、甜菜、油菜及十字花科、茄科蔬菜。

【分布】湖北、湖南、河南、江西、山东、江苏、安徽、浙江、福建、上海、北京、天津、河北、山西、内蒙古、辽宁、吉林、黑龙江、新疆、陕西、甘肃、四川、云南、贵州、重庆、广东、广西、海南。

11. 银纹夜蛾

【学名】*Argyrogramma agnata*（Staudinger）

【别名】黑点银纹夜蛾、豆银纹夜蛾、莱步曲、豆尺蠖、大豆造桥虫、豆青虫等。

【危害作物】大豆、花生、油菜及其他十字花科蔬菜、棉花等。

【分布】湖北、湖南、河南、江西、山东、江苏、安徽、浙江、福建、上海、北京、天津、河北、山西、内蒙古、辽宁、吉林、黑龙江、新疆、陕西、甘肃、四川、云南、贵州、重庆、广东、广西、海南。

12. 棉铃虫

【学名】*Helicoverpa armigera*（Hübner）

【别名】棉桃虫、钻心虫、青虫和棉铃实夜蛾。

【危害作物】棉花、玉米、高粱、小麦、番茄、辣椒、胡麻、亚麻、苘麻、向日葵、豌豆、马铃薯、芝麻、甘蓝、油菜、苹果、梨、柑橘等。

【分布】湖北、湖南、河南、江西、山东、江苏、安徽、浙江、福建、上海、北京、天津、河北、山西、内蒙古、辽宁、吉林、黑龙江、新疆、陕西、甘肃、四川、云南、贵州、重庆、广东、广西、海南。

13. 甘蓝夜蛾

【学名】*Mamestra brassicae*（Linnaeus）

【危害作物】甘蓝、白菜、萝卜、油菜、甜菜、马铃薯、甘薯、高粱、玉米、麦类、棉、麻类、豆类、瓜类、烟草、甘蔗、茄、番茄、柑橘、桑。

【分布】河北、山西、内蒙古、黑龙江、山东、江苏、安徽、浙江、河南、湖南、甘肃、宁夏、青海、新疆、四川、西藏。

14. 稻蛀茎夜蛾

【学名】*Sesamia inferens*（Walker）

【别名】蛀茎夜蛾、紫螟。

【危害作物】水稻、玉米、高粱、茭白、甘蔗、向日葵、油菜等。

【分布】辽宁以南稻区均有发生。

15. 甜菜夜蛾

【学名】*Spodoptera exigua*（Hübner）

【别名】贪夜蛾、白菜褐夜蛾、玉米叶夜蛾。

【危害作物】甜菜、棉、马铃薯、番茄、豆类、大葱、油菜、甘蓝、大白菜等蔬菜，也可危害玉米。

【分布】黑龙江、吉林、辽宁、广东、广西、江苏、浙江、陕西、四川、云南等地。

16. 斜纹夜蛾

【学名】*Spodoptera litura*（Fabricius）

【别名】斜纹夜盗虫、莲纹夜蛾、莲纹夜盗蛾。

【危害作物】棉花、甘薯、芋、莲、大豆、烟草、甜菜、油菜及十字花科、茄科蔬菜等。

【分布】湖北、湖南、河南、江西、山东、江苏、安徽、浙江、福建、上海、北京、天津、河北、山西、内蒙古、辽宁、吉林、黑龙江、新疆、陕西、甘肃、四川、云南、贵州、重庆、广东、广西、海南。

17. 八字地老虎

【学名】*Xestia c-nigrum*（Linnaeus），异名：*Agrotis c-nigrum* Linnaeus

【别名】八字切根虫。

【危害作物】冬麦、青稞、豌豆、油菜、棉花、麻类、荞麦、油菜、白菜、萝卜等。

【分布】湖北、湖南、河南、江西、山东、江苏、安徽、浙江、福建、上海、北京、天津、河北、山西、内蒙古、辽宁、吉林、黑龙江、新疆、西藏、陕西、甘肃、四川、云南、贵州、重庆、广东、广西、海南。

灯蛾科 Arctiidae

18. 红缘灯蛾

【学名】*Amsacta lactinea*（Cramer）

【别名】红袖灯蛾、红边灯蛾。

【危害作物】油菜等十字花科蔬菜、豆类、棉花、红麻、亚麻、大麻、玉米、谷子等。

【分布】国内除新疆、青海未见报道外，其他地区均有发生。

19. 八点灰灯蛾

【学名】*Creatonotus transiens*（Walker）

【别名】桑灰灯蛾、玉米黑毛虫。

【危害作物】玉米、荞麦、大豆、红薯、棉花、油菜及多种蔬菜。

【分布】湖北、湖南、江西、安徽、浙江、江苏、河南、山西、陕西、云南、贵州、四川。

粉蝶科 Pieridae

20. 红襟粉蝶

【学名】*Anthocharis cardamines*（Linnaeus）

【危害作物】油菜、碎米荠、南芥菜、山芥。

【分布】陕西。

21. 黄襟粉蝶

【学名】*Anthocharis scolymus* Butler

【危害作物】芥菜、油菜、南芥菜、碎米荠、焊菜等。

【分布】陕西。

22. 大菜粉蝶

【学名】*Pieris brassicae*（Linnaeus）

【别名】欧洲粉蝶。

【危害作物】油菜。

【分布】我国各油菜产区均有分布，新疆、云南局部危害较重。

23. 东方粉蝶

【学名】*Pieris canidia*（Sparrman）

【别名】黑缘粉蝶、多点菜粉蝶。

【危害作物】油菜、十字花科蔬菜。

【分布】我国各油菜产区均有分布，以南方各省危害较重；北纬27°以南较常见，以北多分布在山区。

24. 黑纹粉蝶

【学名】*Pieris melete*（Menetries）

【别名】黑脉粉蝶。

【危害作物】油菜。

【分布】除内蒙古、宁夏、青海、广东未见外，其他各油菜产区均有分布。

25. 菜粉蝶

【学名】*Pieris rapae*（Linnaeus）

【别名】菜白蝶、白粉蝶、菜青虫。

【危害作物】油菜、白菜、萝卜、芸薹、十字花科蔬菜。

【分布】我国各油菜产区。

26. 斑粉蝶

【学名】*Pontia daplidice*（Linnaeus）

【别名】云斑粉蝶、花粉蝶、朝鲜粉蝶。

【危害作物】甘蓝、白菜、萝卜、芥菜、芸薹、油菜。

【分布】除福建、台湾、广东、海南未见外，其他各油菜产区均有分布，以东北、华北、西北地区发生较多，常与菜粉蝶混合发生。

（七）双翅目 Diptera

潜蝇科 Agromyzidae

1. 豌豆彩潜蝇

【学名】*Chromatomyia horticola*（Goureau）

【别名】豌豆潜叶蝇、油菜潜叶蝇、拱叶虫、夹叶虫、叶蛆。

【危害作物】豌豆、蚕豆、豇豆、大豆、苜蓿等豆科作物、油菜、甘蓝等十字花科作物、亚麻、马铃薯、甜菜、瓜类。

【分布】我国各地都有分布（除西藏外）。

2. 菜斑潜蝇

【学名】*Liriomyza brassicae*（Riley）

【危害作物】油菜等十字花科作物。

【分布】福建、广东。

3. 番茄斑潜蝇

【学名】*Liriomyza bryoniae*（Kaltenbach）

【别名】瓜斑潜蝇。

【危害作物】主要为害茄科、葫芦科、莴苣等菊科蔬菜及油菜等十字花科蔬菜。

【分布】湖北、湖南、安徽、浙江、江苏、云南、贵州、四川、河南、山西等省（市、自治区）。

4. 南美斑潜蝇

【学名】*Liriomyza huidobrensis*（Blanchard）

【别名】拉美斑潜蝇。

【危害作物】苋菜、甜菜、菠菜、莴苣、蒜、甜瓜、菜豆、油菜、豌豆、蚕豆、洋葱、亚麻、番茄、马铃薯、辣椒、旱芹、莴苣、生菜、烟草、小麦、大丽花、石竹花、菊花、报春花等。

【分布】云南、贵州、四川、青海、山东、河北、北京、湖北、广东。

5. 美洲斑潜蝇

【学名】*Liriomyza sativae* Blanchard

【危害作物】瓜类、豆类、苜蓿、辣椒、茄子、番茄、马铃薯、油菜、棉花、蓖麻及花卉等。

【分布】湖北、湖南、河南、江西、山东、江苏、安徽、浙江、福建、上海、北京、天津、河北、山西、内蒙古、辽宁、吉林、新疆、陕西、甘肃、四川、云南、贵州、重庆、广东、广西、海南。

花蝇科 Anthomyiidae

6. 萝卜地种蝇

【学名】*Delia floralis*（Fallén）

【别名】萝卜种蝇、萝卜蝇、白菜蝇、根蛆、地蛆。

【危害作物】萝卜、甘蓝、油菜、芜菁、白菜、芥菜、十字花科蔬菜。

【分布】河南、河北、山东、山西、陕西、宁夏、甘肃、青海、内蒙古、新疆等省（市、自治区）。

7. 灰地种蝇

【学名】*Delia platura*（Meigen）

【危害作物】棉花、麦类、玉米、豆类、马铃薯、甘薯、大麻、洋麻、葱、蒜、白菜、油菜等十字花科作物、百合科、葫芦科作物、苹果、梨等。

【分布】湖北、湖南、河南、江西、山东、江苏、安徽、浙江、福建、上海、北京、天津、河北、山西、内蒙古、辽宁、吉林、黑龙江、新疆、陕西、甘肃、四川、云南、贵州、重庆、广东、广西、海南。

（八）膜翅目 Hymenoptera

叶蜂科 Tenthredinidae

1. 芜菁叶蜂

【学名】*Athalia japonica*（Klug）

【危害作物】油菜、萝卜、白菜、芜菁等十字花科作物。

【分布】江苏、台湾、河南、陕西、四川。

2. 黑翅菜叶蜂

【学名】*Athalia proxima*（Klug）

【别名】萝卜叶蜂。

【危害作物】油菜、萝卜及其他十字花科蔬菜。

【分布】安徽、江苏、浙江、江西、福建、台湾、海南、四川、云南等省（市、自治区）。

3. 黄翅菜叶蜂

【学名】*Athalia rosae ruficornis*（Jakovlev）

【别名】油菜叶蜂、芜菁叶蜂。

【危害作物】油菜、白菜、萝卜、甘蓝。

【分布】除新疆、西藏外，我国各油菜产区均有分布。

软甲纲 Malacostraca

等足目 Isopoda

卷甲虫科 Armadillidiid

寻常卷甲虫

【学名】*Armadillidium vulgare* Latreille

【别名】鼠妇、潮虫。

【危害作物】油菜、白菜、瓜类、莴苣、番茄、苋菜等。

【分布】我国各地。

二、软体动物门 Mollusca

腹足纲 Gastropoda

柄眼目 Stylommatophora

巴蜗牛科 Bradybaenidae

1. 灰巴蜗牛

【学名】*Bradybaena ravida*（Benson）

【别名】薄球蜗牛、蜒蚰螺、水牛。

【危害作物】黄麻、红麻、苎麻外，还可危害棉、桑、苜蓿、豆类、马铃薯、大麦、小麦、玉米、花生、油菜及多种蔬菜、果树等。

【分布】北到黑龙江，南到广东、河南、河北、江苏、浙江、新疆等地江湖洼地及沿海地区。

2. 同型巴蜗牛

【学名】*Bradybaena similaris*（Férussac）

【危害作物】白菜、油菜、枸杞、麻类及其他作物。

【分布】全国各地。

蛞蝓科 Limacidae

3. 野蛞蝓

【学名】*Agriolimax agrestis*（Linnaeus）

【别名】蜒蚰、旱螺、无壳蜒蚰螺。

【危害作物】白菜、甘蓝、油菜、百合等蔬菜、黄麻、红麻、玫瑰麻、苎麻等。

【分布】全国各地。

4. 黄蛞蝓

【学名】*Limax flavus*（Linnaeus）

【危害作物】白菜、甘蓝、油菜、百合等蔬菜，黄麻、红麻、玫瑰麻、苎麻等经济作物。

【分布】全国各地。

嗜黏液蛞蝓科 Philomycidae

5. 双线嗜黏液蛞蝓

【学名】*Philomycus bilineatus*（Benson）

【危害作物】白菜、甘蓝、油菜、百合等蔬菜，黄麻、红麻、玫瑰麻、苎麻等经济作物。

【分布】全国各地。

第九章　花生有害生物名录

第一节　花生病害

一、真菌病害

1. 花生焦斑病

【病原】落花生小光壳 *Leptosphaerulina crassiasca*（Sechet）Jackson & Bell，属子囊菌。

【别名】枯斑病、斑枯病、胡麻斑病。

【为害部位】叶片。

【分布】山东、广东、广西、福建、江西、四川、湖南、湖北、江苏、安徽、辽宁、吉林。

2. 花生紫纹羽病

【病原】紫卷担菌 *Helicobasidium mompa* Tanaka，属担子菌。

【为害部位】茎、根、荚果。

【分布】辽宁、安徽、湖北、江苏、河南。

3. 花生锈病

【病原】落花生柄锈菌 *Puccinia arachidis* Spegazzini，属担子菌。

【为害部位】叶片、叶柄、茎秆、托叶、荚果、果柄。

【分布】广东、广西、福建、海南、江苏、山东、河南、河北、湖北、辽宁。

4. 花生早斑病

【病原】花生尾孢 *Cercospora arachidicola* Hori，属无性型真菌。

【别名】花生褐斑病。

【为害部位】叶片、叶柄、茎秆。

【分布】河南、河北、山东、广东、广西、福建、江西、四川、贵州、湖南、湖北、江苏、安徽、辽宁、吉林。

5. 花生冠腐病

【病原】黑曲霉 *Aspergillus niger* v. Tiegh，属无性型真菌。

【别名】黑霉病、曲霉病、黑曲霉病和少亡病。

【为害部位】种子、子叶、胚轴、茎秆。

【分布】河南、山东、辽宁、江苏、湖北、湖南、江西、广东、广西、福建。

6. 花生立枯病

【病原】茄丝核菌 *Rhizoctonia solani* Kühn，属无性型真菌。

【为害部位】胚轴、根。

【分布】吉林、山东、江苏、湖北、湖南。

7. 黄曲霉病

【病原】黄曲霉 *Aspergillus flavus* Link ex Fries，属无性型真菌。

【为害部位】胚轴、胚根、子叶。

【分布】广东、广西、福建、湖南、四川、湖北。

8. 花生白绢病

【病原】齐整小核菌 *Sclerotium rolfsii* Sacc.，属无性型真菌。

【别名】白脚病、棉花脚、菌核茎腐病。

【为害部位】茎、根。

【分布】山东、江苏、福建、湖南、湖北、广东、广西、河南、河北、江西、安徽、辽宁。

9. 花生茎腐病

【病原】棉色二孢 *Diplodia gossypina* Cooke，属无性型真菌。

【别名】颈腐病、倒秧病、烂腰病。

【为害部位】子叶、茎、根。

【分布】山东、江苏、河南、河北、安徽、陕西。

10. 花生菌核病

【病原】核盘菌 *Sclerotinia sclerotiorum*（Lib.）de Bary，属无性型真菌。

【为害部位】子叶、茎、根。

【分布】山东、吉林、河南、广东、黑龙江。

11. 花生纹枯病

【病原】茄丝核菌 *Rhizoctonia solani* Kühn，属

无性型真菌。

【为害部位】茎、托叶、叶片、荚果。

【分布】山东、吉林、河南、广东。

12. 荚果腐烂病

【病原】侵管新赤壳 *Neocosmospora vasinfecta* E F Smith，属无性型真菌；群结腐霉 *Pythium myriotylum* Drechsler，属卵菌；茄镰孢 *Fusarium solani*（Mart.）Sacc.，属无性型真菌；茄丝核菌 *Rhizoctonia solani* Kühn，属无性型真菌。

【为害部位】荚果。

【分布】河北、河南、山东、吉林、辽宁、湖北、湖南、安徽、江西、福建、广东、广西、海南。

13. 花生晚斑病

【病原】暗拟束梗霉 *Phaeoisariopsis personata*（Berk. & M. A Curtis.）van Arx，属于无性型真菌。有性型为伯克利球腔菌 *Mycosphaerella berkeleyi* W. A. Jenkins，属子囊菌。

【别名】花生黑斑病。

【为害部位】叶片、叶柄、茎秆、托叶、荚果。

【分布】河南、河北、山东、广东、广西、福建、江西、四川、贵州、湖南、湖北、江苏、安徽、辽宁、吉林。

14. 花生灰霉病

【病原】灰葡萄孢 *Botrytis cinerea* Pers. ex Fr.，为无性型真菌。有性型为富氏葡萄孢盘菌 *Botryotinia fuckeliana*（de Bary）Whetz.，属子囊菌。

【为害部位】叶片、托叶、茎。

【分布】广东、广西。

15. 花生灰斑病

【病原】花生叶点霉 *Phyllosticta arachidis-hypogaea* Vasant Rao，属无性型真菌。

【为害部位】叶片。

【分布】山东、广东、广西、福建、江西、四川、湖南、湖北、江苏、安徽、辽宁、吉林。

16. 花生网斑病

【病原】花生茎点霉 *Phoma arachidicola* Marasas，Pauer & Boerema，属无性型真菌。

【别名】褐纹病、云纹斑病、污斑病、泥褐斑病等。

【为害部位】叶片、叶柄、茎秆。

【分布】河南、河北、山东、湖北、江苏、安徽、辽宁、吉林。

17. 花生疮痂病

【病原】落花生痂圆孢 *Sphaceloma arachidis* Bitaucourt *et* Jenkins，属无性型真菌。

【为害部位】叶片、叶柄、茎秆、托叶、子房柄。

【分布】山东、广东、广西、福建、江西、四川、湖南、湖北、江苏、安徽、辽宁、吉林。

18. 花生根腐病

【病原】茄镰孢 *Fusarium solani*（Mart.）Sacc.；尖孢镰孢 *Fusarium oxysporum* Schlecht.；串珠镰孢 *Fusarium moniliforme* Sheld.；粉红镰孢 *Fusarium roseum* Link；三线镰孢 *Fusarium tricinctum*（Corde）Sacc.，皆属无性型真菌。

【为害部位】根，茎。

【分布】广东、广西、湖北、安徽、江苏、山东、河南、辽宁、福建。

19. 花生轮斑病

【病原】细交链格孢 *Alternaria alternate*（Fr.）Keisster，属无性型真菌。

【别名】枯斑病、斑枯病。

【为害部位】叶片。

【分布】山东、河南、湖北。

20. 花生炭疽病

【病原】平头炭疽菌 *Colletotrichum truncatum*（Schw.）Andr. *et* Moore，属无性型真菌。

【为害部位】叶片。

【分布】吉林、河南、广西。

二、细菌病害

花生青枯病

【病原】花生青枯病菌 *Ralstonia solanacearum*（Smith）Yabuuchi，为茄科雷尔氏菌（曾命名为 *Pseudomonas solanacearum*（E. F. Smith）Smith。

【为害部位】根。

【分布】广东、广西、福建、江西、江苏、湖南、湖北、山东、河南、安徽、四川、贵州。

三、病毒病害

1. 花生条纹病毒病

【病原】*Peanut stripe virus*，PStV，属马铃薯Y病毒属。

【别名】花生轻斑驳病毒病。

【为害部位】整株系统性感染。

【分布】广东、广西、福建、江西、江苏、湖南、湖北、山东。

2. 花生黄花叶病

【病原】*Cucumber mosaic virus*，CMV，属黄瓜花叶病毒属。

【别名】花生花叶病毒病。

【为害部位】整株系统性感染。

【分布】山东、河北、北京、辽宁。

3. 花生矮化病毒病

【病原】*Peanut stunt virus*，PSV，属黄瓜花叶病毒属。

【别名】花生普通花叶病毒病。

【为害部位】整株系统性感染。

【分布】山东、河北、北京、辽宁。

4. 花生芽枯病毒病

【病原】*Capsicum chlorosis virus*，CaCV，属番茄斑萎病毒属。

【为害部位】整株系统性感染。

【分布】广东。

四、线虫病害

花生根结线虫病

【病原】为害我国花生的根结线虫有两个种，即北方根结线虫 *Meloidogyne hapla* Chitwood 和花生根结线虫 *Meloidogyne arenaria*（Neal）Chitwood，属垫刃线虫目，异皮线虫科，根结线虫属。北方根结线虫主要分布于北方花生产区，是为害我国花生的主要根结线虫；花生根结线虫主要分布在南方花生产区。

【别名】地黄病、地落病、矮黄病、黄秧病等。

【为害部位】根、果针、荚果。

【分布】山东、河北、辽宁、河南、安徽、江苏、北京、湖北、湖南、广东、广西、贵州、陕西。

五、植原体病害

花生丛枝病

【病原】*Phytoplasma*，属植原体。

【别名】扫帚病。

【为害部位】整株系统性感染。

【分布】广东、广西、福建。

第二节　花生害虫

一、节肢动物门 Arthropoda

昆虫纲 Insecta

（一）直翅目 Orthoptera

螽蟖科 Tettigoniidae

1. 黑斑草螽

【学名】*Conocephalus maculatus*（Le Guillou）

【别名】斑翅草螽。

【危害作物】水稻、玉米、高粱、谷子、甘蔗、大豆、花生、竹、棉、梨、柿。

【分布】江苏、江西、福建、湖北、广东、四川、云南。

2. 短翅草螽

【学名】*Xyphidion japonicus* Redtenbacher

【危害作物】水稻、玉米、小麦、高粱、大豆、花生、甘蔗。

【分布】江西。

蟋蟀科 Gryllidae

3. 花生大蟋

【学名】*Tarbinskiellus portentosus*（Lichtenstein）

【危害作物】水稻、木薯、甘薯、棉桑、苎麻、花生、芝麻豆类、茶、咖啡、甘蔗、甘蓝、瓜类、辣椒、番茄、茄子、烟草、果树、松、橡胶、樟等。

【分布】浙江、江西、福建、台湾、广东、广西、湖南、四川。

4. 北京油葫芦

【学名】*Teleogryllus emma*（Ohmachi *et* Matsumura）

【危害作物】大豆、芝麻、花生、瓜类、棉花等及晚秋作物。

【分布】湖北、湖南、河南、江西、山东、江苏、安徽、浙江、福建、上海、北京、天津、河北、山西、内蒙古、辽宁、吉林、黑龙江、新疆、陕西、甘肃、四川、云南、贵州、重庆、广东、广西、海南。

蝼蛄科 Gryllotalpidae

5. 东方蝼蛄

【学名】*Gryllotalpa orientalis* Burmeister

【危害作物】麦、稻、粟、玉米等禾谷类粮食作物及棉花、豆类、马铃薯、花生、大麻、黄麻、甜菜、烟草、蔬菜、苹果、梨、柑橘等。

【分布】北京、天津、河北、内蒙古、黑龙江、江苏、浙江、安徽、山东、河南、湖北、重庆、四川、贵州、云南、陕西、甘肃、青海、宁夏、新疆。

6. 华北蝼蛄

【学名】*Gryllotalpa unispina* Saussure

【别名】单刺蝼蛄、大蝼蛄、土狗、蝼蝈、啦啦蛄。

【危害作物】麦类、玉米、高粱、谷子、水稻、薯类、棉花、花生、甜菜、烟草、大麻、黄麻、蔬菜、苹果、梨等。

【分布】新疆、甘肃、西藏、陕西、河北、山东、河南、内蒙古、辽宁、吉林、黑龙江、江苏、安徽、湖北。

锥头蝗科 Pyrgomorphidae

7. 短额负蝗

【学名】*Atractomorpha sinensis* Bolivar

【危害作物】水稻、玉米、高粱、谷子、小麦、棉、大豆、芝麻、花生、黄麻、蓖麻、甘蔗、甘薯、马铃薯、烟草、蔬菜、茶。

【分布】华南、华北地区及辽宁、湖北、陕西。

斑腿蝗科 Catantopidae

8. 棉蝗

【学名】*Chondracris rosea*（De Geer）

【危害作物】水稻、高粱、谷子、棉、花生、豆类、苎麻、甘蔗、柑橘、刺槐、茶。

【分布】河北、山西、山东、台湾、江苏、浙江、江西、福建、湖南、广西、海南、陕西、四川。

9. 中华稻蝗

【学名】*Oxya chinensis*（Thunberg）

【别名】水稻中华稻蝗。

【危害作物】水稻、玉米、高粱、麦类、甘蔗、马铃薯、豆类、花生、棉花、亚麻等。

【分布】中国南、北方各稻区。

10. 印度黄脊蝗

【学名】*Patanga succincta*（Johansson）

【危害作物】水稻、谷子、甘薯、花生等。

【分布】华南。

11. 短角外斑腿蝗

【学名】*Xenocatantops brachycerus*（C. Willemse）

【危害作物】水稻、麦类、玉米、棉、花生、茶。

【分布】河北、山西、山东、江苏、浙江、江西、福建、湖北、广东、广西、陕西、甘肃、四川。

斑翅蝗科 Oedipodidae

12. 花胫绿纹蝗

【学名】*Aiolopus tamulus*（Fabricius）

【别名】花尖翅蝗。

【危害作物】水稻、甘薯、棉花、甘蔗、茶、花生。

【分布】福建、辽宁、宁夏、甘肃、河北、陕西、山东、安徽、浙江、江西、湖南、台湾、广东、广西、四川、云南、贵州、海南。

剑角蝗科 Acrididae

13. 中华剑角蝗

【学名】*Acrida cinerea*（Thunberg）

【别名】中华蚱蜢

【危害作物】水稻、甘蔗、棉花、甘薯、大豆、玉米、花生、亚麻、柑橘、桃、梨、烟草等。

【分布】华北、华东地区及四川、广东等地。

（二）缨翅目 Thysanoptera

管蓟马科 Phlaeothripidae

1. 稻简管蓟马

【学名】*Haplothrips aculeatus*（Fabricius）

【别名】稻单管蓟马。

【危害作物】水稻、麦类、玉米、高粱、甘蔗、葱、大豆、蚕豆、棉花、花生、油菜、蓖麻、番茄、辣椒和烟草等。

【分布】我国大部分稻区都有发生。

蓟马科 Thripidae

2. 苏丹呆蓟马

【学名】*Anaphothrips sudanensis* Trybom

【危害作物】玉米、水稻、小麦、谷子、棉

花、豌豆、花生、蒜。

【分布】江苏、浙江、福建、台湾、湖北、广东、广西、海南、四川、贵州、云南。

3. 端大蓟马

【学名】*Megalurothrips distalis*（Karny）

【别名】花生蓟马、豆蓟马、紫云英蓟马、端带蓟马。

【危害作物】花生、豆类、麦类等作物。

【分布】全国各地。

4. 茶黄硬蓟马

【学名】*Scirtothrips dorsalis* Hood

【别名】茶叶蓟马、茶黄蓟马、脊丝蓟马。

【危害作物】花生、茶、葡萄、芒果、草莓、棉花等。

【分布】江苏、安徽、浙江、福建、台湾、湖北、贵州、云南、广东、广西等省（区）。

（三）半翅目 Hemiptera

盲蝽科 Miridae

1. 跃盲蝽

【学名】*Ectmetopterus micantulus*（Holvath）

【危害作物】花生、棉花、甘薯。

【分布】四川。

2. 甘薯跳盲蝽

【学名】*Halticus minutus* Reuter

【别名】小黑跳盲蝽、花生跳盲蝽，俗称甘薯蛋。

【危害作物】花生。

【分布】陕西、河南、湖北、江西、浙江、福建、广东、广西、台湾、四川、云南等省（区）。

3. 黑跳盲蝽

【学名】*Halticus tibialis* Reuter

【危害作物】大豆、甘薯、棉、花生、瓜类、萝卜、茄子、甘蓝、甘蔗、榕树、葡萄。

【分布】福建、台湾、四川。

4. 长盲蝽

【学名】*Trigonotylus* sp.

【危害作物】棉花、花生。

【分布】四川。

缘蝽科 Coreidae

5. 红背安缘蝽

【学名】*Anoplocnemis phasiana*（Fabricius）

【危害作物】棉花、豆类、花生、葫芦、柑橘、苹果、瓜类、竹、木槿等。

【分布】河北、山东、安徽、浙江、江西、福建、台湾、广东、四川。

6. 粟缘蝽

【学名】*Liorhyssus hyalinus*（Fabricius）

【危害作物】谷子、高粱、水稻、玉米、青麻、大麻、花生、向日葵、烟草、柑橘、橡胶草。

【分布】华北、内蒙古、黑龙江、甘肃、宁夏、山东、江苏、安徽、江西、四川、云南、贵州、西藏。

蝽科 Pentatomidae

7. 斑须蝽

【学名】*Dolycoris baccarum*（Linnaeus）

【别名】细毛蝽、黄褐蝽、斑角蝽。

【危害作物】水稻、玉米、高粱、谷子、棉花、烟草、亚麻、洋麻、胡麻、芝麻、大豆、豆类、花生、蔬菜、苹果、梨等。

【分布】湖北、湖南、河南、江西、山东、江苏、安徽、浙江、福建、上海、北京、天津、河北、山西、内蒙古、辽宁、吉林、黑龙江、新疆、陕西、甘肃、四川、云南、贵州、重庆、广东、广西、海南。

8. 稻绿蝽

【学名】*Nezara viridula*（Linnaeus）

【别名】稻青蝽。

【危害作物】水稻、谷子、高粱、小麦、玉米、大豆、豆类、花生、棉花、烟草、芝麻、蔬菜、甘蔗等。

【分布】湖北、湖南、河南、江西、山东、江苏、安徽、浙江、福建、上海、北京、天津、河北、山西、内蒙古、辽宁、吉林、黑龙江、新疆、陕西、甘肃、四川、云南、贵州、重庆、广东、广西、海南。

9. 蓝蝽

【学名】*Zicrona caerulea*（Linnaeus）

【危害作物】水稻、玉米、高粱、花生、大豆、豆类、甘草、白桦等。

【分布】东北、华北、西南、华东地区及台湾、甘肃、四川、新疆。

（四）同翅目 Homoptera

粉虱科 Aleyrodidae

1. 烟粉虱

【学名】*Bemisia tabaci*（Gennadius）

【别名】棉粉虱、甘薯粉虱、银叶粉虱。

【危害作物】棉花、烟草、番茄、茄子、西瓜、黄瓜、花生等。

【分布】湖北、湖南、河南、江西、山东、江苏、安徽、浙江、福建、上海、北京、天津、河北、山西、内蒙古、辽宁、吉林、黑龙江、新疆、陕西、甘肃、四川、云南、贵州、重庆、广东、广西、海南。

2. 温室白粉虱

【学名】*Trialeurodes vaporariorum*（Westwood）

【别名】小白蛾。

【危害作物】蔬菜、花卉及花生等经济作物。

【分布】全国。

蚜科 Aphididae

3. 豆蚜

【学名】*Aphis craccivora* Koch，异名：*Aphis medcaginis* Koch

【危害作物】棉花、花生、蚕豆、苜蓿、荠菜、洋槐等。

【分布】甘肃、新疆、宁夏、内蒙古、河北、山东、四川、湖南、湖北、广东、广西，以山东、河南、河北受害重。

珠蚧科 Margarodidae

4. 棉新珠蚧

【学名】*Neomargarodes gossipii* Yang

【别名】棉根新珠硕蚧、乌黑新珠蚧、钢子虫、新珠蚧、珠绵蚧。

【危害作物】谷子、玉米、豆类、花生、芝麻、棉、甜瓜、甘薯、蓖麻、苘麻等。

【分布】山东、山西、陕西、河北、河南等地。

叶蝉科 Cicadellidae

5. 棉叶蝉

【学名】*Amrasca biguttula*（Ishida）

【别名】棉叶跳虫、棉浮尘子、棉二点叶蝉等。

【危害作物】红麻、苎麻、青麻、棉花、木棉、茄子、豆类、烟草、花生、甘薯、锦葵、马铃薯、甘薯、蓖麻、芝麻、茶、柑橘、梧桐等29科66种植物。

【分布】北限为辽宁、山西，但极偶见；甘肃南北、四川西部和淮河以南，密度逐渐提高；长江流域及其以南地区，特别是湖北、湖南、江西、广西、贵州等省区发生密度较高。

6. 大青叶蝉

【学名】*Cicadella viridis*（Linnaeus）

【危害作物】棉花、豆类、花生、玉米、高粱、谷子、稻、麦、麻、甘蔗、甜菜、蔬菜、苹果、梨、柑橘等果树、桑、榆等。

【分布】湖北、湖南、河南、江西、山东、江苏、安徽、浙江、福建、上海、北京、天津、河北、山西、内蒙古、辽宁、吉林、黑龙江、新疆、陕西、甘肃、四川、云南、贵州、重庆、广东、广西、海南。

7. 小绿叶蝉

【学名】*Empoasca flavescens*（Fabricius）

【别名】小绿浮尘子、叶跳虫。

【危害作物】水稻、玉米、甘蔗、大豆、马铃薯、花生、苜蓿、绿豆、菜豆、十字花科蔬菜、桃、李、杏、杨梅、苹果、梨、山楂、山荆子、桑、柑橘、大麻、木芙蓉、棉、茶、蓖麻、油桐。

【分布】东北、河北、内蒙古、山东、江苏、安徽、浙江、福建、台湾、湖北、湖南、广西、广东、四川、陕西。

8. 小字纹小绿叶蝉

【学名】*Empoasca notata* Melichar

【别名】浮尘子。

【危害作物】花生、豆类、麻、水稻、蓖麻、葡萄等。

【分布】安徽、湖北、广东、广西、贵州、甘肃等省。

9. 假眼小绿叶蝉

【学名】*Empoasca vitis*（Gothe）

【别名】假眼小绿浮尘子，小绿叶蝉。

【危害作物】花生、葡萄、桑、茶、松等。

【分布】江苏、安徽、浙江、江西、福建、海南、湖南、湖北、广东、广西、四川、贵州、云南、陕西等省（区）。

10. 中黑斑叶蝉

【学名】*Erythroneura atrifrons*（Distant），异名：*Zygina atrifrons*（Distant）

【危害作物】花生、茶。

【分布】安徽。

11. 黑胸斑叶蝉

【学名】*Erythroneura hirayamella*（Matsumura），异名：*Zygina hirayamella*（Matsumura）

【危害作物】桑、花生、萝卜、葡萄。

【分布】北京、安徽、甘肃。

12. 横线顶带叶蝉

【学名】*Exitianus nanus*（Distant）

【危害作物】花生。

【分布】广东。

13. 网室叶蝉

【学名】*Orosius albicinctus* Distant

【危害作物】大豆、花生、葡萄。

【分布】北京、安徽、广东。

14. 血点斑叶蝉

【学名】*Zygina arachisi*（Matsumura）

【危害作物】花生、大豆、豌豆、四季豆、葡萄。

【分布】安徽、福建、台湾。

蛾蜡蝉科 Flatidae

15. 碧蛾蜡蝉

【学名】*Geisha distinctissima*（Walker）

【别名】碧蜡蝉、黄翅羽衣。

【危害作物】栗、甘蔗、花生、玉米、向日葵、茶、桑、柑橘、苹果、梨、栗、龙眼等。

【分布】吉林、辽宁、山东、江苏、上海、浙江、江西、湖南、福建、广东、广西、海南、四川、贵州、云南等地。

飞虱科 Delphacidae

16. 灰飞虱

【学名】*Laodelphax striatellus*（Fallén）

【危害作物】水稻、小麦、谷子、玉米、花生等。

【分布】全国，尤其华北、华中和华东地区比较普遍。

17. 褐飞虱

【学名】*Nilaparvata lugens*（Stål）

【别名】褐稻虱。

【危害作物】水稻、小麦、玉米、花生等。

【分布】北起吉林，沿辽宁、河北、山西、陕西、宁夏至甘肃，西向由甘肃折入四川、云南、西藏。

（五）鞘翅目 Coleoptera

步甲科 Carabidae

1. 谷婪步甲

【学名】*Harpalus calceatus*（Duftschmid）

【危害作物】玉米、高粱、粟、黍、花生。

【分布】黑龙江、内蒙古、上海、浙江、福建、江西、四川、新疆等地。

2. 单齿婪步甲

【学名】*Harpalus simplicidens* Schauberger

【危害作物】谷子、玉米、花生。

【分布】辽宁、黑龙江、河南、河北、山西、甘肃、四川、湖北、湖南、贵州、江苏。

3. 锹形黑步甲

【学名】*Scarites terricola* Bonelli

【危害作物】玉米、谷子、花生。

【分布】东北、华北、甘肃、宁夏、新疆、江苏、台湾。

鳃金龟科 Melolonthidae

4. 东北大黑鳃金龟

【学名】*Holotrichia diomphalia* Bates

【危害作物】玉米、高粱、谷子、大豆、棉花、大麻、亚麻、马铃薯、花生、甜菜、梨、桑、榆等苗木。

【分布】湖北、湖南、河南、江西、山东、江苏、安徽、浙江、福建、上海、北京、天津、河北、山西、内蒙古、辽宁、吉林、黑龙江、新疆、陕西、甘肃、四川、云南、贵州、重庆、广东、广西、海南。

5. 华北大黑鳃金龟

【学名】*Holotrichia oblita*（Faldermann）

【危害作物】玉米、谷子、马铃薯、豆类、花生、棉花、甜菜、苗木等。

【分布】山东、江苏、北京、天津、河北、山西、内蒙古、辽宁、吉林、黑龙江、新疆、陕西、甘肃。

6. 暗黑鳃金龟

【学名】*Holotrichia parallela* Motschulsky，异

名：*Holotrichia morosa* Waterhouse

【别名】暗黑齿爪鳃金龟。

【危害作物】玉米、高粱、谷子、花生、棉花、大麻、亚麻、大豆、甜菜、马铃薯、蓖麻、梨、柑橘苗木等。

【分布】湖北、湖南、河南、江西、山东、江苏、安徽、浙江、福建、上海、北京、天津、河北、山西、内蒙古、辽宁、吉林、黑龙江、新疆、陕西、甘肃、四川、云南、贵州、重庆、广东、广西、海南。

7. 黑皱鳃金龟

【学名】*Trematodes tenebrioides*（Pallas）

【别名】无翅黑金龟、无后翅金龟子。

【危害作物】高粱、玉米、大豆、花生、小麦、棉花、亚麻、大麻、洋麻、马铃薯、蓖麻等。

【分布】吉林、辽宁、青海、宁夏、内蒙古、河北、天津、北京、山西、陕西、河南、山东、江苏、安徽、江西、湖南、贵州、台湾等地。

丽金龟科 Rutelidae

8. 中华喙丽金龟

【学名】*Adoretus sinicus* Burmeister

【危害作物】玉米、花生、大豆、甘蔗、苎麻、蓖麻、黄麻、棉、柑橘、苹果、桃、橄榄、可可、油桐、茶等以及各种林木。

【分布】山东、江苏、浙江、安徽、江西、湖北、湖南、广东、广西、福建、台湾。

9. 铜绿异丽金龟

【学名】*Anomala corpulenta* Motschulsky

【危害作物】玉米、麦、花生、大豆、大麻、青麻、甜菜、薯类、棉花、果树、林木等。

【分布】湖北、湖南、河南、江西、山东、江苏、安徽、浙江、上海、北京、天津、河北、山西、内蒙古、辽宁、吉林、黑龙江、新疆、陕西、甘肃、四川、云南、贵州、重庆。

绢金龟科 Sericidae

10. 东方绢金龟

【学名】*Serica orientalis*（Motschulsky）

【别名】黑绒金龟子、东方金龟子。

【危害作物】豆类、禾本科作物、棉花、花生、苗木等。

【分布】江苏、浙江、黑龙江、吉林、辽宁、湖南、福建、河北、内蒙古、山东等地。

叩甲科 Elateridae

11. 暗锥尾叩甲

【学名】*Agriotes obscurus*（Linnaeus）

【别名】黯金针虫。

【危害作物】小麦、玉米、高粱、马铃薯、花生、向日葵、亚麻、甜菜、烟草、瓜类、蔬菜。

【分布】山西、甘肃、新疆。

12. 农田锥尾叩甲

【学名】*Agriotes sputator*（Linnaeus）

【别名】大田金针虫。

【危害作物】小麦、玉米、瓜类、马铃薯、花生、向日葵、亚麻、甜菜、烟草、瓜类、蔬菜。

【分布】华北、新疆。

13. 细胸锥尾叩甲

【学名】*Agriotes subvittatus* Motschulsky

【别名】细胸叩头虫、细胸叩头甲、土蚰蜒、细胸金针虫。

【危害作物】玉米、小麦、棉花、花生、辣椒、茄子、马铃薯、番茄、豆类等。

【分布】黑龙江、吉林、内蒙古、河北、陕西、山西、宁夏、甘肃、河南、山东等地。

14. 褐足梳爪叩甲

【学名】*Melanotus brunnipes* Germar

【危害作物】小麦、玉米、棉、牧草、高粱、马铃薯、花生、向日葵、甜菜、烟草、蔬菜。

【分布】新疆。

15. 褐梳爪叩甲

【学名】*Melanotus fusciceps* Gyllenhal

【危害作物】小麦、玉米、高粱、马铃薯、花生、向日葵、甜菜、烟草、蔬菜。

【分布】新疆。

16. 沟叩头甲

【学名】*Pleonomus canaliculatus*（Faldermann）

【别名】铁丝虫、姜虫、金齿耙。

【危害作物】小麦、水稻、大麦、玉米、高粱、大豆、花生等以及各种蔬菜和林木。

【分布】辽宁、河北、内蒙古、山西、河南、山东、江苏、安徽、湖北、陕西、甘肃、青海等地。

拟步甲科 Tenebrionidae

17. 蒙古沙潜

【学名】*Gonocephalum reticulatum* Motschulsky

【危害作物】高粱、玉米、大豆、小豆、洋麻、亚麻、棉、胡麻、甜菜、甜瓜、花生、梨、苹果、橡胶草。

【分布】河北、山西、内蒙古、辽宁、黑龙江、山东、江苏、宁夏、甘肃、青海。

18. 欧洲沙潜

【学名】*Opatrum sabulosum*（Linnaeus）

【别名】网目拟步甲。

【危害作物】棉、甜菜、果树幼苗、花生、玉米、烟草、向日葵、瓜类、豆类、葡萄。

【分布】甘肃、新疆。

19. 沙潜

【学名】*Opatrum subaratum* Faldermann

【别名】拟步甲、类沙土甲。

【危害作物】小麦、大麦、高粱、玉米、粟、苜蓿、大豆、花生、甜菜、瓜类、麻类、苹果、梨。

【分布】东北、华北地区及内蒙古、山东、安徽、江西、台湾、甘肃、宁夏、青海、新疆。

芫菁科 Meloidae

20. 中华豆芫菁

【学名】*Epicauta chinensis* Laporte

【危害作物】豆类、花生、马铃薯、甜菜。

【分布】东北地区及河北、山西、内蒙古、江苏、安徽、浙江、台湾、陕西、甘肃、四川。

21. 锯角豆芫菁

【学名】*Epicauta fabricii*（Le Conte）

【别名】白条芫菁。

【危害作物】豆类、花生、高粱、玉米、棉、桑、马铃薯、甜菜、茄等。

【分布】河北、山西、山东、江苏、浙江、江西、福建、湖南、湖北、广西、广东、陕西、四川。

22. 毛角豆芫菁

【学名】*Epicauta hirticornis*（Haag-Rutenberg）

【危害作物】大豆、花生、苜蓿、马铃薯、蔬菜。

【分布】河南、广西，主要分布在南方。

23. 大头豆芫菁

【学名】*Epicauta megalocephala* Gebler

【别名】小黑芫菁。

【危害作物】大豆、马铃薯、甜菜、菠菜、花生、苜蓿。

【分布】河北、内蒙古、宁夏、东北。

24. 暗头豆芫菁

【学名】*Epicauta obscurocephala* Reitter

【危害作物】大豆、豆类、苜蓿、马铃薯、花生、黍等。

【分布】河北、陕西、宁夏、山东。

25. 细纹豆芫菁

【学名】*Epicauta waterhousei* Haag-Rutenberg

【危害作物】花生、豆类、苜蓿、马铃薯等。

【分布】江苏、浙江、江西、湖南、四川、广东、广西等省（区）。

26. 绿芫菁

【学名】*Lytta caraganae* Pallas

【别名】金绿芫菁。

【危害作物】豆类、花生、油菜、绿肥、梨等。

【分布】北方较多，江西、湖北亦有发生。

27. 眼斑芫菁

【学名】*Mylabris cichorii* Linnaeus

【别名】黄黑小芫菁、眼斑小芫菁、眼斑芫菁。

【危害作物】花生、豆类、棉花、茄子、田菁、刺苋。

【分布】广东、广西、福建、河北、江苏、安徽、浙江、湖北、湖南、云南等省（区）。

28. 大斑芫菁

【学名】*Mylabris phalerata*（Pallas）

【别名】眼斑大芫菁。

【危害作物】花生、豆类、棉花、南瓜、刺苋。

【分布】浙江、湖北、广东、广西、云南等省。

叶甲科 Chrysomelidae

29. 旋心异跗萤叶甲

【学名】*Apophylia flavovirens*（Fairmaire）

【别名】玉米蛀虫、玉米旋心虫。

【危害作物】花生、玉米。

【分布】东北地区及河北、陕西、山西、宁夏、甘肃、青海。

30. 双斑长跗萤叶甲

【学名】*Monolepta hieroglyphica*（Motschulsky）

【别名】双斑萤叶甲、四目叶甲。

【危害作物】大豆、花生、马铃薯、棉花、大麻、洋麻、苘麻、蓖麻、甘蔗、玉米、高粱、谷类、向日葵、胡萝卜、甘蓝、白菜、茶、苹果。

【分布】东北地区及河北、内蒙古、山西、江西、台湾、河南、湖北、广西、云南、贵州、四川。

31. 四斑长跗萤叶甲

【学名】*Monolepta quadriguttata*（Motschulsky）

【危害作物】棉花、大豆、花生、玉米、马铃薯、大麻、红麻、苘麻、甘蓝、白菜、蓖麻、糜子、甘蔗、柳等。

【分布】东北、华北地区及江苏、浙江、湖北、广西、宁夏、甘肃、陕西、四川、云南、贵州、台湾。

32. 黄斑长跗萤叶甲

【学名】*Monolepta signata*（Olivier）

【危害作物】棉花、豆类、玉米、花生。

【分布】福建、广东、广西、云南、西藏。

33. 十星瓢萤叶甲

【学名】*Oides decempunctata*（Billberg）

【危害作物】桑、柑橘、柚、葡萄、花生、南瓜、萝卜。

【分布】辽宁、河北、山东、陕西、山西、河南、江苏、浙江、安徽、江西、福建、湖北、湖南、广东、甘肃、四川、贵州。

象甲科 Curculionidae

34. 甜菜象

【学名】*Bothynoderes punctiventris* Germar

【别名】普通甜菜象甲、甜菜象鼻虫。

【危害作物】花生、甜菜、菠菜、瓜类等。

【分布】东北、华北、宁夏、新疆、甘肃等地。

35. 大绿象甲

【学名】*Hypomeces squamosus*（Fabricius）

【别名】绿鳞象甲。

【危害作物】茶、油茶、柑橘、棉花、甘蔗、桑、大豆、花生、玉米、烟、麻等。

【分布】河南、江苏、安徽、浙江、江西、湖北、湖南、广东、广西、福建、四川、云南、贵州。

36. 大灰象甲

【学名】*Sympiezomias velatus*（Chevrolat）

【危害作物】大豆、花生、甜菜、棉花、烟草、高粱、马铃薯、瓜类、芝麻及果林苗木等。

【分布】湖北、湖南、河南、江西、山东、江苏、安徽、浙江、福建、上海、北京、天津、河北、山西、内蒙古、辽宁、吉林、黑龙江、新疆、陕西、甘肃、四川、云南、贵州、重庆、广东、广西、海南。

37. 蒙古土象

【学名】*Xylinophorus mongolicus* Faust

【别名】象鼻虫、灰老道、放牛小。

【危害作物】棉、麻、谷子、玉米、花生、大豆、向日葵、高粱、烟草、苹果、梨、核桃、桑、槐以及各种蔬菜。

【分布】黑龙江、吉林、辽宁、河北、山西、山东、江苏、内蒙古、甘肃等地。

（六）鳞翅目 Lepidoptera

麦蛾科 Gelechiidae

1. 花生麦蛾

【学名】*Stomopteryx subsecivella* Zeller

【别名】花生卷叶虫、卷叶麦蛾。

【危害作物】花生、豆类、紫云英。

【分布】南北方均有分布，以广东、广西为害为主。

卷蛾科 Tortricidae

2. 柑橘褐带卷蛾

【学名】*Adoxophyes cyrtosema* Meyrick

【危害作物】柑橘、荔枝、龙眼、花生、茶、桑、向日葵、蓖麻等。

【分布】福建、广东。

螟蛾科 Pyralidae

3. 豆啮叶野螟

【学名】*Omiodes indicata*（Fabricius）

【别名】豆卷叶螟、大豆卷叶虫、三条野螟。

【危害作物】花生、鱼藤及大豆、豇豆、绿豆等豆科作物。

【分布】浙江、江苏、江西、福建、台湾、广东、湖北、陕西、四川、河南、河北、内蒙古。

4. 甜菜青野螟

【学名】*Spoladea recurvalis*（Fabricius）

【别名】白带螟、甜菜白带野螟、甜菜叶螟、甜菜青虫。

【危害作物】花生、甜菜、玉米、棉、向日

葵、甘蔗、茶、甘薯、黄瓜、辣椒、蔬菜等。

【分布】黑龙江、吉林、内蒙古、山东、江西、福建、台湾、河南、广东、陕西、四川。

尺蛾科 Geometridae

5. 大造桥虫

【学名】*Ascotis selenaria*（Denis *et* Schiffermüller）

【别名】棉大尺蠖。

【危害作物】棉花、蚕豆、大豆、花生、豇豆、菜豆、刺槐、向日葵、黄麻、油菜、梨、柑橘、茶等。

【分布】湖北、湖南、河南、江西、山东、江苏、安徽、浙江、福建、上海、北京、天津、河北、山西、内蒙古、辽宁、吉林、黑龙江、新疆、陕西、甘肃、四川、云南、贵州、重庆、广东、广西、海南。

夜蛾科 Noctuidae

6. 小地老虎

【学名】*Agrotis ipsilon*（Rottemberg）

【危害作物】棉花、麻、玉米、高粱、麦类、花生、大豆、马铃薯、辣椒、茄子、瓜类、甜菜、烟草、苹果、柑橘、桑、槐等。

【分布】湖北、湖南、河南、江西、山东、江苏、安徽、浙江、福建、上海、北京、天津、河北、山西、内蒙古、辽宁、吉林、黑龙江、新疆、陕西、甘肃、四川、云南、贵州、重庆、广东、广西、海南。

7. 黄地老虎

【学名】*Agrotis segetum*（Denis & Schiffermüller）

【危害作物】玉米、棉花、麦类、马铃薯、麻、甜菜、花生、豌豆、蔬菜、冬绿肥、烟草等。

【分布】河南、山东、北京、天津、河北、山西、内蒙古、辽宁、吉林、黑龙江、新疆、陕西、甘肃。

8. 小造桥夜蛾

【学名】*Anomis flava*（Fabricius）

【别名】棉小造桥虫、小造桥虫、步曲、弓弓虫。

【危害作物】花生、棉花、木槿、苘麻、黄麻、大豆、绿豆、烟草等。

【分布】全国各棉区。

9. 银纹夜蛾

【学名】*Argyrogramma agnata*（Staudinger）

【别名】黑点银纹夜蛾、豆银纹夜蛾、菜步曲、豆尺蠖、大豆造桥虫、豆青虫。

【危害作物】大豆、花生、十字花科蔬菜、棉花等。

【分布】湖北、湖南、河南、江西、山东、江苏、安徽、浙江、福建、上海、北京、天津、河北、山西、内蒙古、辽宁、吉林、黑龙江、新疆、陕西、甘肃、四川、云南、贵州、重庆、广东、广西、海南。

10. 谐夜蛾

【学名】*Emmelia trabealis*（Scopoli）

【危害作物】甘薯、大豆、棉花、花生。

【分布】河北、黑龙江、江苏、新疆、陕西、四川。

11. 棉铃虫

【学名】*Helicoverpa armigera*（Hübner）

【别名】棉桃虫、钻心虫、青虫和棉铃实夜蛾。

【危害作物】棉花、玉米、高粱、小麦、番茄、辣椒、胡麻、亚麻、苘麻、向日葵、豌豆、马铃薯、芝麻、花生、甘蓝、油菜、苹果、梨、柑橘等。

【分布】湖北、湖南、河南、江西、山东、江苏、安徽、浙江、福建、上海、北京、天津、河北、山西、内蒙古、辽宁、吉林、黑龙江、新疆、陕西、甘肃、四川、云南、贵州、重庆、广东、广西、海南。

12. 苜蓿夜蛾

【学名】*Heliothis viriplaca*（Hüfnagel），异名：*Heliothis dipsacea*（Linnaeus）

【别名】亚麻夜蛾。

【危害作物】亚麻、苜蓿、豆类、花生、甜菜、棉花等。

【分布】江苏、湖北、云南、黑龙江、四川、西藏、新疆、内蒙古等。

13. 甜菜夜蛾

【学名】*Spodoptera exigua*（Hübner）

【别名】贪夜蛾、白菜褐夜蛾、玉米叶夜蛾。

【危害作物】芝麻、甜菜、玉米、荞麦、花生、大豆、豌豆、苜蓿、白菜、莴苣、番茄、马铃薯、棉花、亚麻、红麻等。

【分布】湖北、湖南、河南、江西、山东、江

苏、安徽、浙江、福建、上海、北京、天津、河北、山西、内蒙古、辽宁、吉林、黑龙江、新疆、陕西、甘肃、四川、云南、贵州、重庆、广东、广西、海南。

14. 斜纹夜蛾

【学名】*Spodoptera litura*（Fabricius）

【别名】莲纹夜蛾、夜盗虫、乌头虫。

【危害作物】棉花、甘薯、芋、莲、大豆、花生、烟草、甜菜、油菜及十字花科、茄科蔬菜等。

【分布】湖北、湖南、河南、江西、山东、江苏、安徽、浙江、福建、上海、北京、天津、河北、山西、内蒙古、辽宁、吉林、黑龙江、新疆、陕西、甘肃、四川、云南、贵州、重庆、广东、广西、海南。

毒蛾科 Lymantriidae

15. 古毒蛾

【学名】*Orgyia antiqua*（Linnaeus）

【别名】赤纹毒蛾、褐纹毒蛾、桦纹毒蛾、落叶松毒蛾、缨尾毛虫。

【危害作物】柳、杨、桦、栎、梨、苹果、松、大麻、花生、大豆等。

【分布】东北、内蒙古、河北、山东、福建、河南、甘肃、宁夏、西藏。

16. 棉古毒蛾

【学名】*Orgyia postica*（Walker）

【危害作物】棉花、荞麦、茶、花生、桑、柑橘、葡萄、桃、李、等果树苗木。

【分布】福建、台湾、广东、云南、四川。

苔蛾科 Lithosiidae

17. 优雪苔蛾

【学名】*Cyana hamata*（Walker）

【危害作物】玉米、棉花、甘薯、大豆、花生、柑橘。

【分布】陕西、四川。

灯蛾科 Arctiidae

18. 尘污灯蛾

【学名】*Spilarctia obliqua*（Walker）

【危害作物】桑、棉花、花生、甜菜、甘薯、豆类、玉米、黄麻、萝卜、柳、茶。

【分布】江苏、福建、四川、云南。

19. 人纹污灯蛾

【学名】*Spilarctia subcarnea*（Walker）

【别名】人字纹灯蛾、桑红腹灯蛾、红腹白灯蛾。

【危害作物】蔷薇、月季、木槿、棉花、桑、芝麻、花生、非洲菊、荷花、杨、榆、槐、瓜类、十字花科蔬菜等。

【分布】湖北、湖南、河南、江西、山东、江苏、安徽、浙江、福建、上海、北京、天津、河北、山西、内蒙古、辽宁、吉林、黑龙江、新疆、陕西、甘肃、四川、云南、贵州、重庆、广东、广西、海南。

（七）双翅目 Diptera

花蝇科 Anthomyiidae

灰地种蝇

【学名】*Delia platura*（Meigen）

【危害作物】棉花、麦类、玉米、花生、豆类、马铃薯、甘薯、大麻、洋麻、葱、蒜、十字花科、百合科、葫芦科作物、苹果、梨等。

【分布】湖北、湖南、河南、江西、山东、江苏、安徽、浙江、福建、上海、北京、天津、河北、山西、内蒙古、辽宁、吉林、黑龙江、新疆、陕西、甘肃、四川、云南、贵州、重庆、广东、广西、海南。

（八）膜翅目 Hymenoptera

蚁科 Formicidae

草地铺道蚁

【学名】*Tetramorium caespitum*（Linnaeus）

【危害作物】花生。

【分布】山东、河北、陕西、河南等地。

蛛形纲 Arachnida

蜱螨目 Acarina

跗线螨科 Tarsonemidae

1. 侧多食跗线螨

【学名】*Polyphagotarsonemus latus*（Banks）

【危害作物】茶、黄麻、蓖麻、棉花、橡胶、柑橘、大豆、花生、马铃薯、番茄、榆、椿等。

【分布】江苏、浙江、福建、湖北、河南、四川、贵州。

叶螨科 Tetranychidae

2. 朱砂叶螨

【学名】*Tetranychus cinnabarinus*（Boisduval）

【别名】棉红蜘蛛、棉叶螨、红叶螨。

【危害作物】棉花、玉米、花生、豆类、芝麻、辣椒、茄子、番茄、洋麻、苘麻、甘薯、向日葵、瓜类、桑、苹果、梨、蔷薇、月季、金银花、国槐等。

【分布】湖北、湖南、河南、江西、山东、江苏、安徽、浙江、福建、上海、北京、天津、河北、山西、内蒙古、辽宁、吉林、黑龙江、新疆、陕西、甘肃、四川、云南、贵州、重庆、广东、广西、海南。

3. 二斑叶螨

【学名】*Tetranychus urticae* Koch

【别名】二点叶螨、棉红蜘蛛。

【危害作物】棉花、豆类、花生、瓜类、烟草、麻、芝麻、玉米、谷子、高粱及蔬菜果树等百余种作物。

【分布】湖北、湖南、河南、江西、山东、江苏、安徽、浙江、福建、上海、北京、天津、河北、山西、内蒙古、辽宁、吉林、黑龙江、新疆、陕西、甘肃、四川、云南、贵州、重庆、广东、广西、海南。

二、软体动物门 Mollusca

腹足纲 Gastropoda

柄眼目 Stylommatophora

巴蜗牛科 Bradybaenidae

1. 灰巴蜗牛

【学名】*Bradybaena ravida*（Benson）

【别名】薄球蜗牛、蜒蚰螺、水牛。

【危害作物】黄麻、红麻、苎麻外，还可为害棉、桑、苜蓿、豆类、马铃薯、大麦、小麦、玉米、花生及多种蔬菜、果树等。

【分布】北到黑龙江，南到广东、河南、河北、江苏、浙江、新疆等地江湖洼地及沿海地区。

2. 同型巴蜗牛

【学名】*Bradybaena similaris*（Férussac）

【危害作物】白菜、萝卜、花椰菜、枸杞、麻类、花生等。

【分布】全国各地，中部和南方地区发生较多。

第十章 甘蔗有害生物名录

第一节 甘蔗病害

一、真菌病害

1. 甘蔗裂叶病

【病原】芒指梗霉 *Sclerospora miscanthi* T. Miyake，属卵菌。

【为害部位】叶片。

【分布】台湾。

2. 甘蔗紫斑病

【病原】甘蔗小隔孢炱菌 *Dimeriella sacchari* (B. de Haan) Hansford，属子囊菌。

【别名】甘蔗红叶斑病、甘蔗赤叶斑病。

【为害部位】叶片。

【分布】广西、广东、云南、海南、台湾。

3. 甘蔗黑穗病

【病原】甘蔗鞭黑粉菌 *Ustilago scitaminea* Sydow，属担子菌。

【别名】甘蔗鞭黑穗病、甘蔗黑粉病。

【为害部位】甘蔗梢部、蔗芽、蔗茎。

【分布】广西、云南、广东、海南、福建、江西、四川、湖南、浙江、台湾。

4. 甘蔗褐锈病

【病原】黑顶柄锈菌 *Puccinia melanocephala* H. Sydow & P. Sydow，属担子菌。

【为害部位】叶片。

【分布】广西、云南、广东、海南、福建、江西、四川、江苏、台湾。

5. 甘蔗黄锈病

【病原】屈恩柄锈菌 *Puccinia kuehnii* Butl，属担子菌。

【为害部位】叶片。

【分布】广西、云南、广东、海南、福建、江西、四川、江苏、台湾。

6. 甘蔗茎基腐病

【病原】甘蔗小皮伞 *Marasmius sacchari* Wakk 和狭褶小皮伞 *Marasmius stenophyllus* Mont，均属担子菌。

【为害部位】蔗茎基部、叶鞘、根部。

【分布】台湾、广东、广西。

7. 甘蔗褐斑病

【病原】甘蔗尾孢 *Cercospora longipes* Butler，属无性型真菌。

【为害部位】叶片。

【分布】广西、云南、广东、海南、四川。

8. 甘蔗白疹病

【病原】甘蔗痂囊腔菌 *Elsinoe sacchari* Lo，属子囊菌。无性阶段为甘蔗痂圆孢 *Sphaceloma sacchari* Lo，属无性型真菌。

【别名】甘蔗白斑病、甘蔗斑点炭疽病。

【为害部位】叶面、叶中肋、叶鞘。

【分布】广西、云南、广东、海南、台湾。

9. 甘蔗梢腐病

【病原】串珠镰孢 *Fusarium moniliforme* Sheld.，属无性型真菌；有性型为藤仓赤霉 *Gibberella fujikuroi* (Sawada) Wollenw，属子囊菌。

【为害部位】甘蔗梢部。

【分布】广西、云南、广东、海南、福建、江西、四川、台湾。

10. 甘蔗赤腐病

【病原】镰形炭疽菌 *Colletotrichum fuleatum* Went.，属无性型真菌；有性型为塔地囊孢壳菌 *Physalospora tucumanensis* Speg，属子囊菌。

【别名】甘蔗红腐病。

【为害部位】蔗茎、叶片。

【分布】广西、云南、广东、海南、福建、江西、四川、湖南、浙江、台湾。

11. 甘蔗褐条病

【病原】狭斑长蠕孢 *Helminthosporium stenospilum* Drechsler，属无性型真菌；有性型为狭斑旋孢

腔菌 *Cochliobolus stenospilus* (Drechs) Matsum *et* Yamamoto，属子囊菌。

【为害部位】叶片。

【分布】广西、云南、广东、海南、福建、江西、四川、浙江、台湾。

12. 甘蔗黄斑病

【病原】散梗尾孢菌 *Cercospora koepkei* (Kruger) Deighton，为无性型真菌。

【别名】甘蔗黄点病、甘蔗赤斑病。

【为害部位】叶片。

【分布】广西、云南、广东、海南、福建、江西、四川、浙江、台湾。

13. 甘蔗轮斑病

【病原】蔗生叶点霉 *Phyllosticta saccharicola* P. Henn，属无性型真菌；有性型为甘蔗小球腔菌 *Leptosphaeria sacchari* Breda de Haan，属子囊菌。

【别名】甘蔗环斑病。

【为害部位】叶片、蔗茎。

【分布】广西、云南、广东、海南、福建、江西、四川、台湾。

14. 甘蔗眼点病

【病原】甘蔗平脐蠕孢 *Bipolaris sacchari* (Butler) Shoemaker，属无性型真菌。

【别名】甘蔗眼斑病。

【为害部位】叶片、蔗株梢部。

【分布】云南、广东、广西、海南、江西、四川、贵州、台湾。

15. 甘蔗嵌斑病

【病原】巴布亚小窦氏霉 *Deightoniella papuana* Shaw，属无性型真菌。

【为害部位】叶片。

【分布】广西。

16. 甘蔗靶环病

【病原】长蠕孢属真菌 *Helminthosporium* sp.，属无性型真菌。

【别名】甘蔗靶斑病。

【为害部位】叶片和中肋。

【分布】广东。

17. 甘蔗叶条枯病

【病原】台湾尾孢 *Cercospora taiwanensis* Mat. *et* Yam.，属无性型真菌；有性型为台湾小球腔菌 *Leptosphaeria taiwanensis* Yen *et* Chi，属子囊菌。

【别名】甘蔗叶枯病、甘蔗叶萎病。

【为害部位】叶片。

【分布】广西、广东、云南、台湾。

18. 甘蔗虎斑病

【病原】茄丝核菌 *Rhizoctonia solani* Kühn，属无性型真菌；有性型为瓜亡革菌 *Thanatephorus cucumeris* (Frank) Donk。

【别名】甘蔗纹枯病。

【为害部位】蔗株中下部叶鞘和蔗叶。

【分布】广西、云南、广东、海南、福建、四川、江西、台湾。

19. 甘蔗凤梨病

【病原】奇异根串珠霉菌 *Thielaviopsis paradoxa* (de Seynes) V. Hohnel，属无性型真菌；有性型为奇异长喙壳菌 *Ceratocystis paradoxa* (Dade) Moreau，属子囊菌。

【为害部位】种茎。

【分布】广西、云南、广东、海南、福建、四川、江西、台湾。

20. 甘蔗黑腐病

【病原】根串珠霉菌 *Thielaviopsis adiposum*，属无性型真菌；有性型为多脂长喙壳菌 *Ceratocystis adipose* (Butler) C. Moreau，属子囊菌。

【为害部位】种茎。

【分布】广东、福建、四川、江西、浙江、台湾。

21. 弯孢霉叶斑病

【病原】弯孢霉 *Curvularia* sp.，属无性型真菌。

【为害部位】叶片。

【分布】广东、海南。

22. 甘蔗鞘腐病

【病原】甘蔗壳囊孢 *Cytospora sacchari* Butter，属无性型真菌。

【别名】甘蔗鞘枯病。

【为害部位】叶鞘、叶脉、茎。

【分布】台湾、广东、广西、云南、四川。

23. 甘蔗叶鞘赤腐病

【病原】齐整小核菌 *Sclerotium rolfsii* Sacc.，属无性型真菌类小核属；有性型为白绢伏革菌 *Corticium rolfsii* (Sacc.) Curzi，属担子菌。

【别名】甘蔗白绢病。

【为害部位】叶鞘、蔗茎。

【分布】台湾、广东、广西、福建。

24. 甘蔗外皮病

【病原】甘蔗暗色座腔菌 *Phaeocytostroma sac-*

chari (Ellis & Everh.) B. Sutton，属无性型真菌。

【别名】甘蔗酸腐病。

【为害部位】蔗茎、叶鞘、叶片。

【分布】台湾、广东、广西、福建。

二、细菌病害

1. 甘蔗宿根矮化病

【病原】*Leifsonia xyli* subsp. *xyli* (Lxx) 是一种棒杆菌属细菌。

【为害部位】蔗茎。

【分布】广西、云南、广东、海南、福建、江西、四川、浙江、台湾。

2. 甘蔗赤条病

【病原】赤条假单胞杆菌 *Pseudomonas rubrilineans* (Lee *et al.*) Stapp。此菌的同种异名有：*Phytomonas rubrilineans* Lee *et al.*；*Bacterium rubrilimeans* (Lee *et al.*) Elliot；*Xanthomonas rubrilineans* (Lee *et al.*) Starrandand Burkholder；*Xanthomonas rubrilineans* var. *indicus* Summanwar and Bhide。

【别名】红条斑病、细菌性红条斑病。

【为害部位】叶片、蔗茎。

【分布】广西、云南、广东、海南、福建、四川、江西、浙江、台湾。

3. 甘蔗细菌性斑驳病

【病原】*Pectobacterium carotovorum* var. *graminarum* Dowson *et* Hayward，同种异名 *Erwinia chrysanthemi* pv. *zeae* (Sabet) Victoria, Arboleda *et* Munoz，属欧氏杆菌属。

【为害部位】叶片。

【分布】台湾。

4. 甘蔗心腐病

【病原】菠萝欧文氏杆菌 *Erwinia ananas* Serrano。

【为害部位】幼苗。

【分布】广西。

三、病毒病害

1. 甘蔗花叶病

【病原】甘蔗花叶病毒 *Sugarcane mosaic virus*，ScMV。

【别名】甘蔗嵌纹病。

【为害部位】叶片、蔗茎。

【分布】广西、云南、广东、海南、福建、江西、四川、浙江、台湾。

2. 甘蔗杆状病毒病

【病原】甘蔗杆状病毒 *Sugarcane bacilliform Virus*，ScBV。

【为害部位】叶片、蔗茎。

【分布】广西、云南、广东、台湾。

3. 甘蔗黄叶病

【病原】甘蔗黄叶病毒 *Sugarcane yellow leaf virus*，ScYLV，属黄症病毒科。

【别名】甘蔗黄叶综合征。

【为害部位】叶片、蔗茎。

【分布】广西、云南、广东、海南、福建。

4. 甘蔗波条病

【病原】甘蔗波条病毒 *Sugarcane chlorotic streak virus*，ScSV。

【别名】甘蔗褪绿线条病、甘蔗褪绿条纹病。

【为害部位】叶片。

【分布】广东、广西、云南、福建、台湾。

四、线虫病害

1. 双宫螺旋线虫病

【病原】*Helicotylenchus dihystera*，属螺旋线虫。

【为害部位】根部。

【分布】台湾、福建、广西、广东、山东、湖北、江苏、浙江、云南、香港、宁夏、陕西、甘肃、安徽。

2. 刺桐螺旋线虫病

【病原】*Helicotylenchus erythrinae* (Zimmermann) Golden，属螺旋线虫。

【为害部位】根部。

【分布】台湾。

3. 爪哇根瘤线虫病

【病原】*Meloidogyne javanica* (Treud) Chitwood

【为害部位】根部。

【分布】台湾、福建。

4. 南方根瘤线病

【病原】*Meloidogyne incognita* (Kofoid and White) Chitwood

【为害部位】根部。

【分布】台湾、福建。

5. 肾形肾状线虫病

【病原】*Rotylenchulus reniformis* Linford & Oliverira

【为害部位】根部。

【分布】广东。

6. 裸露矮化线虫病
【病原】*Tylenchorhynchus nuadus* Ailen
【为害部位】根部。
【分布】广东、广西。
7. 马丁矮化线虫病
【病原】*Tylenchorhynchus martini*
【为害部位】根部。
【分布】台湾、福建、广西。

五、植原体病害

甘蔗白叶病
【病原】甘蔗白叶植原体 Sugarcane white leaf phytoplasma，属原核生物门软球菌纲植原体属。
【为害部位】叶片。
【分布】台湾。

第二节　甘蔗害虫

节肢动物门 Arthropoda

弹尾纲 Collembola

弹尾目 Collembola

棘跳虫科 Onychiuridae

萝卜棘跳虫
【学名】*Onychiurus fimetarius*（Linnaeus）
【危害作物】甘蔗、萝卜、马铃薯、胡萝卜。
【分布】河北。

昆虫纲 Insecta

（一）直翅目 Orthoptera

螽蟖科 Tettigoniidae

1. 长剑草螽
【学名】*Conocephalus gladiatus*（Redtenbacher）
【危害作物】水稻、棉花、甘蔗。
【分布】江苏、浙江、江西、福建、陕西。
2. 黑斑草螽
【学名】*Conocephalus maculatus*（Le Guillou）
【别名】斑翅草螽。
【危害作物】水稻、玉米、高粱、谷子、甘蔗、大豆、花生、竹、棉花、梨、柿。
【分布】江苏、江西、福建、湖北、广东、四川、云南。
3. 圆锥头螽
【学名】*Euconocephalus varius*（Walker）
【别名】变角真草螽。
【危害作物】小麦、水稻、甘蔗、茶。
【分布】江苏、江西、福建、台湾、四川、华南。
4. 贺氏螽蟖
【学名】*Xestophrys horvathi* Bolivar
【危害作物】甘蔗。
【分布】台湾。
5. 短翅草螽
【学名】*Xyphidion japonicus* Redtenbacher
【危害作物】水稻、玉米、小麦、高粱、大豆、花生、甘蔗。
【分布】江西。

蛉蟋科 Trigonidiidae

6. 灰黄蛉蟋
【学名】*Anaxipha pallidula* Matsumura
【危害作物】甘蔗。
【分布】台湾。
7. 双带拟蛉蟋
【学名】*Paratrigonidium bifasciatum* Shiraki
【危害作物】大豆、甘蔗。
【分布】四川。
8. 虎甲蛉蟋
【学名】*Trigonidium cicindeloides* Rambur
【危害作物】水稻、麦、豆类、棉花、甘薯、甘蔗。
【分布】江苏、台湾、华南。

蟋蟀科 Gryllidae

9. 切培双针蟋
【学名】*Dianemobius chibae*（Shiraki）
【危害作物】甘蔗、稻（根）。
【分布】台湾。
10. 斑翅灰针蟋
【学名】*Dianemobius*（*Polionemobius*）*taprobanensis*（Walker）
【危害作物】稻、甘蔗。
【分布】河北、江苏、台湾。
11. 双斑蟋
【学名】*Gryllus bimaculatus*（De Geer）

【危害作物】水稻、甘薯、棉花、亚麻、茶、甘蔗、绿肥作物、菠菜、柑橘、梨、桃。

【分布】江西、福建、台湾、广东。

12. 黄扁头蟋

【学名】*Loxoblemmus arietulus* Saussure

【危害作物】粟、小麦、荞麦、水稻、豆类、棉花、甘蔗、烟草。

【分布】河北、台湾。

13. 台湾扁头蟋

【学名】*Loxoblemmus formosanus* Shiraki

【危害作物】粟、豆类、甘蔗、棉花、烟草。

【分布】台湾。

14. 褐扁头蟋

【学名】*Loxoblemmus haani* Saussure

【危害作物】粟、荞麦、大豆、豌豆、棉花、甘蔗、烟草、萝卜。

【分布】河北、台湾。

15. 台湾树蟋

【学名】*Oecanthus indicus* de Saussure

【危害作物】麦、棉花、甘蔗、茶。

【分布】福建、台湾、华南、海南。

16. 尾异针蟋

【学名】*Pteronemobius caudatus*（Shiraki）

【危害作物】水稻、陆稻、甘蔗及其他禾本科作物。

【分布】河北、江苏、台湾、陕西、宁夏。

17. 花生大蟋

【学名】*Tarbinskiellus portentosus*（Lichtenstein）

【危害作物】水稻、木薯、甘薯、棉桑、苎麻、花生、芝麻、豆类、茶、咖啡、甘蔗、甘蓝、瓜类、辣椒、番茄、茄子、烟草、果树、松、橡胶、樟等。

【分布】浙江、江西、福建、台湾、广东、广西、湖南、四川。

18. 北京油葫芦

【学名】*Teleogryllus emma*（Ohmachi *et* Matsumura）

【别名】结缕黄、油壶鲁。

【危害作物】粟、黍、稻、高粱、荞麦、甘薯、大豆、绿豆、棉花、芝麻、花生、甘蔗、烟草、白菜、葱、番茄、苹果、梨。

【分布】辽宁、河北、河南、陕西、山西、山东、江苏、安徽、浙江、江西、福建、台湾、湖南、湖北、广东。

蝼蛄科 Gryllotalpidae

19. 东方蝼蛄

【学名】*Gryllotalpa orientalis* Burmeister

【危害作物】麦、稻、粟、玉米、甘蔗、棉花、豆类、马铃薯、花生、大麻、黄麻、甜菜、烟草、蔬菜、苹果、梨、柑橘等。

【分布】北京、天津、河北、内蒙古、黑龙江、江苏、浙江、安徽、山东、河南、湖北、重庆、四川、贵州、云南、陕西、甘肃、青海、宁夏、新疆。

锥头蝗科 Pyrgomorphidae

20. 拟短额负蝗

【学名】*Atractomorpha ambigua* Bolivar

【危害作物】水稻、谷子、高粱、玉米、大麦、豆类、马铃薯、甘薯、亚麻、麻类、甘蔗、桑、茶、甜菜、烟草、蔬菜、苹果、柑橘等树。

【分布】华北、华东地区及辽宁、台湾、湖北、湖南、陕西、甘肃。

21. 长额负蝗

【学名】*Atractomorpha lata*（Motschulsky）

【危害作物】水稻、小麦、玉米、高粱、大豆、棉花、甘蔗、茶、烟草、桑、甜菜、白菜、甘蓝、茄、草莓、柑橘、樟、杨。

【分布】河北、山西、山东、江苏、浙江、台湾、江西、湖南、陕西、四川。

22. 赤翅负蝗

【学名】*Atractomorpha psittacina*（De Haan）

【危害作物】高粱、甘蔗、甜菜、柑橘。

【分布】河北、台湾、广东。

23. 短额负蝗

【学名】*Atractomorpha sinensis* Bolivar

【危害作物】水稻、玉米、高粱、谷子、小麦、棉花、大豆、芝麻、花生、黄麻、蓖麻、甘蔗、甘薯、马铃薯、烟草、蔬菜、茶、柑橘。

【分布】华南、华北地区及辽宁、湖北、陕西。

斑腿蝗科 Catantopidae

24. 红褐斑腿蝗

【学名】*Catantops pinguis*（Stål）

【危害作物】水稻、禾本科作物、甘薯、棉花、桑、茶、油棕、甘蔗、小麦。

【分布】河北、河南、江苏、浙江、江西、福建、台湾、湖北、广东、广西、四川、香港。

25. 棉蝗

【学名】*Chondracris rosea*（De Geer）

【危害作物】水稻、高粱、谷子、棉、花生、苎麻、甘蔗、柑橘、刺槐、茶。

【分布】河北、山西、山东、台湾、江苏、浙江、江西、福建、湖南、广西、海南、陕西、四川。

26. 紫胫长夹蝗

【学名】*Choroedocus violaceipes* Miller

【危害作物】甘蔗等。

【分布】广西。

27. 塔达刺胸蝗

【学名】*Cyrtacanthacris tatarica*（Linnaues）

【危害作物】水稻、甘蔗。

【分布】广东、云南。

28. 斜翅蝗

【学名】*Eucoptacra praemorsa*（Stål）

【危害作物】甘蔗。

【分布】浙江、江西、台湾、广西、广东。

29. 芋蝗

【学名】*Gesonula punctifrons*（Stål）

【危害作物】水稻、甘蔗、玉米等。

【分布】江苏、浙江、江西、福建、广东、广西、台湾、四川、云南等地。

30. 斑角蔗蝗

【学名】*Hieroglyphus annulicornis*（Shiraki）

【危害作物】水稻、玉米、谷子、高粱、黍、甘蔗、棉。

【分布】江苏、安徽、浙江、江西、福建、台湾、湖北、湖南、广西、广东、香港、四川。

31. 等岐蔗蝗

【学名】*Hieroglyphus banian*（Fabricius）

【危害作物】水稻、玉米、甘蔗。

【分布】广西、广东。

32. 异岐蔗蝗

【学名】*Hieroglyphus tonkinensis* I. Bolivar

【危害作物】水稻、玉米、甘蔗、竹。

【分布】广西、广东。

33. 中华稻蝗

【学名】*Oxya chinensis*（Thunberg）

【别名】水稻中华稻蝗。

【危害作物】水稻、玉米、高粱、麦类、甘蔗、豆类、甘薯、马铃薯等。

【分布】除青海、西藏、新疆、内蒙古等地未见报道外，其他地区均有分布。

34. 长翅稻蝗

【学名】*Oxya velox*（Fabricius）

【危害作物】水稻、麦、玉米、甘薯、甘蔗、棉、菜豆、柑橘、苹果、菠萝。

【分布】华北、华东、华南、湖南、湖北、西南、西藏。

35. 长翅大头蝗

【学名】*Oxyrrhepes obtusa*（De Haan）

【危害作物】甘蔗。

【分布】江西、台湾、广东。

36. 日本黄脊蝗

【学名】*Patanga japonica*（I. Bolivar）

【危害作物】甘蔗、玉米、高粱、水稻、小麦、甘薯、大豆、棉花、油菜、柑橘等。

【分布】河北、山西、山东、江苏、浙江、安徽、江西、福建、广东、广西、台湾、四川、云南、甘肃。

37. 印度黄脊蝗

【学名】*Patanga succincta*（Johansson）

【危害作物】水稻、小麦、玉米、谷子、甘蔗、甘薯、花生等。

【分布】华南。

38. 长翅素木蝗

【学名】*Shirakiacris shirakii*（I. Bolivar）

【危害作物】甘蔗、竹、白茅。

【分布】甘肃、河北、陕西、山东、河南、江苏、安徽、浙江、江西、湖南、福建、台湾、广东、广西、四川。

39. 长角直斑腿蝗

【学名】*Stenocatantops splendens*（Thunberg）

【危害作物】水稻、小麦、玉米、谷子、高粱、大豆、棉、茶、甘蔗、油棕。

【分布】江苏、浙江、江西、福建、台湾、广西、广东、河南、湖南、陕西、四川、云南。

斑翅蝗科 Oedipodidae

40. 花胫绿纹蝗

【学名】*Aiolopus tamulus*（Fabricius）

【别名】花尖翅蝗。

【危害作物】柑橘、小麦、玉米、甘蔗、高粱、稻、棉、甘蔗、大豆、茶。

【分布】北京、河北、内蒙古、辽宁、山东、安徽、江苏、浙江、江西、湖北、福建、台湾、广西、广东、陕西、宁夏、四川。

41. 云斑车蝗

【学名】*Gastrimargus marmoratus* Thunberg

【危害作物】水稻、麦、玉米、高粱、棉、甘蔗以及各种果木。

【分布】河北、陕西、山东、浙江、江苏、安徽、江西、福建、台湾、四川、重庆、贵州、广东、广西、山东、海南等地。

42. 白带车蝗

【学名】*Gastrimargus transversus* Thunberg

【别名】稻黑褐车蝗。

【危害作物】甘蔗、柑橘。

【分布】江苏、福建、台湾、湖南、陕西。

43. 东亚飞蝗

【学名】*Locusta migratoria manilensis* (Meyen)

【危害作物】小麦、玉米、高粱、甘蔗、粟、水稻、稷、柑橘等。

【分布】北起河北、山西、陕西，南至福建、广东、海南、广西、云南、东南沿海各省，西至四川、甘肃南部。黄淮海地区常发。

44. 疣蝗

【学名】*Trilophidia annulata* (Thunberg)

【危害作物】玉米、水稻、甘蔗、甘薯、茶树。

【分布】台湾、福建、广东、广西、海南、云南、四川、湖南、江西、浙江、江苏、安徽、湖北、陕西、山东、西藏。

网翅蝗科 Arcypteridae

45. 台湾雏蝗

【学名】*Chorthippus formosana* Matsumura

【危害作物】水稻、甘蔗。

【分布】台湾、东北。

46. 黄脊阮蝗

【学名】*Rammeacris kiangsu* (Tsai)

【危害作物】水稻、玉米、甘薯、豆类、甘蔗、瓜类、竹、棕榈。

【分布】江苏、浙江、江西、福建、湖北、湖南、广西、广东、陕西、四川。

剑角蝗科 Acrididae

47. 中华剑角蝗

【学名】*Acrida cinerea* (Thunberg)

【别名】中华蚱蜢。

【危害作物】高粱、小麦、水稻、棉花、玉米、甘蔗、大豆、花生、柑橘、梨、亚麻、烟草、茶。

【分布】全国各地均有分布。

48. 圆翅螇蚸蝗

【学名】*Gelastorhinus rotundatus* Shiraki

【危害作物】水稻、甘蔗、柑橘。

【分布】山东、江苏、台湾、广东、香港。

49. 台湾佛蝗

【学名】*Phlaeoba formosana* Shiraki

【危害作物】水稻、甘薯、甘蔗。

【分布】台湾。

蚱科 Tetrigidae

50. 台蚱

【学名】*Formosatettix formosanum* (Shiraki)

【危害作物】甘蔗。

【分布】台湾。

51. 脊背菱蝗

【学名】*Hedotettix gracilis* (De Haan)

【危害作物】甘蔗。

【分布】台湾。

52. 彩菱蝗

【学名】*Paratettix gracilis* Shiraki

【危害作物】甘蔗。

【分布】台湾。

53. 孤菱蝗

【学名】*Paratettix singularis* Shiraki

【危害作物】甘蔗。

【分布】台湾。

（二）蜚蠊目 Blattaria

硕蠊科 Blaberidae

蔗蠊

【学名】*Pycnoscelus surinamensis* (Linnaeus)

【危害作物】甘蔗、稻谷、蔬菜、柽麻等。

【分布】福建、台湾、海南、广东、广西及南方诸省。

（三）等翅目 Isoptera

鼻白蚁科 Rhinotermitidae

1. 家白蚁

【学名】*Coptotermes formosanus* Shiraki

【别名】台湾乳白蚁。

【危害作物】橡胶、柑橘、甘蔗等植物及建筑木材、家具、古树等。

【分布】北京、河南、江苏、海南、西藏、安徽、浙江、江西、湖北、湖南、四川、重庆、贵州、台湾、福建、广东、广西、云南、山西、山东、陕西、河北。

2. 黑胸散白蚁

【学名】*Reticulitermes chinensis* Snyder

【危害作物】甘蔗。

【分布】福建、台湾、湖北、湖南、广东、四川。

3. 黄胸散白蚁

【学名】*Reticulitermes flaviceps*（Oshima）

【危害作物】甘蔗、椰子、蔬菜、樟树、木材、竹材。

【分布】福建、台湾、广东、海南。

白蚁科 Termitidae

4. 歪白蚁

【学名】*Capritermes nitobei*（Shiraki）

【危害作物】甘蔗。

【分布】江苏、福建、台湾、广东、广西。

5. 土垅大白蚁

【学名】*Macrotermes annandalei*（Silvestri）

【危害作物】甘蔗、木薯、红薯、花生、茶、柑橘、荔枝、龙眼、杉、松、桉树。

【分布】广西、广东、海南、云南。

6. 黄翅大白蚁

【学名】*Macrotermes barneyi* Light

【别名】黄翅大螱。

【危害作物】甘蔗、桉树、杉木、水杉、橡胶、刺槐、樟树、檫木、泡桐、油茶、板栗、核桃、二球悬铃木、枫香树、高粱、玉米、花生、大豆、红薯、木薯等。

【分布】江西，安徽，江苏，浙江，福建，台湾，湖南，湖北，广东，广西，海南，四川，贵州，云南，香港。

7. 龙州小白蚁

【学名】*Microtermes* sp.

【危害作物】茶、甘蔗。

【分布】华南。

8. 小象白蚁

【学名】*Nasutitermes pavonasutus*（Shiraki）

【危害作物】甘蔗。

【分布】福建、台湾。

9. 中华新白蚁

【学名】*Neotermes sinensis* Light

【危害作物】茶、甘蔗。

【分布】广东、广西、云南。

10. 黑翅土白蚁

【学名】*Odontotermes formosanus*（Shiraki）

【别名】黑翅大白蚁，台湾黑翅螱。

【危害作物】甘蔗、小麦、茶、柑橘、梨、桃、蓖麻、松、刺槐、柳等。

【分布】河南、江苏、海南、西藏、安徽、浙江、江西、湖北、湖南、四川、重庆、贵州、台湾、福建、广东、广西、云南、山西、山东、陕西、河北。

11. 海南土白蚁

【学名】*Odontotermes hainanensis*（Light）

【危害作物】甘蔗、花生、芋头、果树、橡胶树、杉、松、桉树等

【分布】河南、江苏、安徽、浙江、湖南、湖北、四川、贵州、福建、广东、广西、云南、台湾。

（四）缨翅目 Thysanoptera

管蓟马科 Phlaeothripidae

1. 稻简管蓟马

【学名】*Haplothrips aculeatus*（Fabricius）

【别名】禾谷蓟马。

【危害作物】水稻、玉米、小麦、甘蔗等禾本科植物、大豆、紫云英、烟草、棉花油菜、洋葱、蒜、辣椒、番茄、西葫芦等。

【分布】湖南、安徽、浙江、江西、福建、台湾、海南、广东、广西、四川、贵州、重庆、云南等水稻种植区。

蓟马科 Thripidae

2. 丽花蓟马

【学名】*Frankliniella intonsa* Trybom

【别名】台湾蓟马。

【危害作物】棉花、甘蔗、稻、豆类及茄子。

【分布】黑龙江、吉林、辽宁、内蒙古、宁夏、甘肃、新疆、陕西、河北、山西、山东、河南、湖北、湖南、安徽、浙江、上海、江西、福

建、台湾、海南、广东、广西、四川、重庆、贵州、云南、西藏。

3. 蔗腹齿蓟马

【学名】*Fulmekiola serrata*（Kobus）

【别名】甘蔗蓟马。

【危害作物】甘蔗、斑茅、芦苇等。

【分布】广西、广东、云南、海南、江苏、浙江、福建、四川、湖南、台湾。

4. 竹直鬃蓟马

【学名】*Stenchaetothrips bambusae*（Shumsher）

【危害作物】竹、甘蔗、斑茅、芦苇。

【分布】广东、广西、海南、四川、云南、江西、浙江、福建。

5. 褐直鬃蓟马

【学名】*Stenchaetothrips fusca*（Moulton）

【危害作物】甘蔗、龙眼、荔枝、芒果、凤梨。

【分布】广东、海南、云南。

（五）半翅目 Hemiptera

盲蝽科 Miridae

1. 黑跳盲蝽

【学名】*Halticus tibialis* Reuter

【危害作物】大豆、甘薯、棉、花生、瓜类、萝卜、茄子、甘蓝、甘蔗、榕树、葡萄。

【分布】福建、台湾、四川。

2. 奥盲蝽

【学名】*Orthops kalmi*（Linnaeus）

【危害作物】水稻、麦、大豆、马铃薯、甘蔗、桑、甜菜、葡萄、柑橘、苹果。

【分布】辽宁。

3. 蔗盲蝽

【学名】*Orthops udonis*（Matsumura）

【危害作物】水稻、甘蔗。

【分布】台湾。

4. 稻盲蝽

【学名】*Tinginotopsis oryzae*（Matsumura）

【危害作物】水稻、甘蔗。

【分布】台湾。

长蝽科 Lygaeidae

5. 甘蔗异背长蝽

【学名】*Cavelerius saccharivorus*（Okajima），异名：*Ixchnodemus saecharivorus* Okajima

【危害作物】甘蔗、芦苇。

【分布】浙江、江西、福建、广东、四川、台湾。

6. 箭痕腺长蝽

【学名】*Spilostethus hospes*（Fabriciue）

【危害作物】甘蔗。

【分布】四川。

束蝽科 Colobathristidae

7. 二色突束蝽

【学名】*Phaenacantha bicolor* Distant

【危害作物】玉米、甘蔗等。

【分布】广东、广西、云南。

8. 锤突束蝽

【学名】*Phaenacantha marcida* Horváth

【危害作物】甘蔗。

【分布】台湾、广西、广东。

红蝽科 Pyrrhocoridae

9. 黑棉红蝽

【学名】*Dysdercus megalopygus* Breddin

【危害作物】棉花、黄麻、甘蔗、柑橘、梧桐、芙蓉等。

【分布】台湾、福建、江西、广东、广西、云南。

10. 联斑棉红蝽

【学名】*Dysdercus poecillus*（Herrich-Schäffer）

【危害作物】棉、甘蔗。

【分布】福建、台湾。

缘蝽科 Coreidae

11. 刺额棘缘蝽

【学名】*Cletus bipunctatus*（Herrich-Schäffer）

【危害作物】水稻、麦类、棉、甘蔗、桑、真菰。

【分布】浙江、广东、贵州、云南。

12. 大稻缘蝽

【学名】*Leptocorisa acuta*（Thunberg）

【别名】稻蛛缘蝽、稻穗缘蝽。

【危害作物】水稻、小麦、玉米、甘蔗等。

【分布】广东、广西、海南、云南、台湾等。

13. 异稻缘蝽

【学名】*Leptocorisa varicornis*（Fabricius）

【别名】稻蛛缘蝽。

【危害作物】稻、麦、玉米、谷子、大豆、甘蔗、桑、柑橘等。

【分布】广西、广东、台湾、福建、浙江、贵州等省（区）。

14. 条蜂缘蝽

【学名】*Riptortus linearis*（Fabricius）

【危害作物】水稻、大豆、豆类、棉花、甘薯、甘蔗、柑橘、桑。

【分布】江苏、浙江、江西、福建、台湾、广西、广东、四川、云南。

15. 点蜂缘蝽

【学名】*Riptortus pedestris*（Fabricius）

【别名】白条蜂缘蝽、豆缘椿象、豆椿象。

【危害作物】蚕豆、豌豆、菜豆、绿豆、大豆、豇豆、昆明鸡血藤、毛蔓豆等豆科植物，亦为害水稻、麦类、高粱、玉米、红薯、棉花、甘蔗、丝瓜等。

【分布】浙江、江西、广西、四川、贵州、云南等省（区）。

土蝽科 Cydnidae

16. 青革土蝽

【学名】*Macroscytus subaeneus*（Dallas）

【危害作物】甘蔗。

【分布】北京、水稻、浙江、江苏、江西、台湾、湖北、四川、云南。

17. 侏地土蝽

【学名】*Geotomus pygmaeus*（Fabricius）

【危害作物】甘蔗、大豆。

【分布】台湾、广东、广西、云南、四川。

18. 麦根椿象

【学名】*Stibaropus formosanus*（Takado *et* Yamagihara）

【别名】根土蝽、根椿象、地熔、地臭虫等。

【危害作物】小麦、玉米、谷子、高粱、甘蔗、大豆、黍、烟草。

【分布】辽宁、吉林、河北、山西、山东、陕西、甘肃、台湾。

龟蝽科 Plataspidae

19. 筛豆龟蝽

【学名】*Megacopta cribraria*（Fabricius）

【危害作物】水稻、马铃薯、甘薯、豆类、桑、甘蔗。

【分布】河北、山东、江苏、浙江、江西、福建、河南、广西、广东、陕西、四川、云南。

荔蝽科 Tessaratomidae

20. 荔蝽

【学名】*Tessaratoma papillosa*（Drury）

【危害作物】甘蔗、烟草、荔枝、龙眼、柑橘、梨、桃、香蕉、蓖麻、茄、刀豆、咖啡、松、榕等。

【分布】江西、台湾、广东、福建、广西、贵州、云南。

蝽科 Pentatomidae

21. 伊蝽

【学名】*Aenaria lewisi*（Scott）

【危害作物】水稻、小麦、果树、甘蔗。

【分布】江苏、浙江、广西、四川。

22. 麻皮蝽

【学名】*Erthesina fullo*（Thunberg）

【危害作物】大豆、菜豆、棉、桑、蓖麻、甘蔗、咖啡、柑橘、苹果、梨、乌桕、榆等。

【分布】河北、辽宁、河南、山东、江苏、安徽、浙江、江西、福建、台湾、湖南、湖北、广东、广西、四川、云南、贵州。

23. 稻褐蝽

【学名】*Lagynotomus elongata*（Dallas）

【别名】白边蝽。

【危害作物】主要危害水稻，也危害玉米、小麦、棉花、甘蔗。

【分布】湖南、湖北、江西、浙江、江苏、台湾、广东、广西、四川等省（区）。

24. 梭蝽

【学名】*Megarrhamphus hastatus*（Fabricius）

【别名】尖头椿象。

【危害作物】水稻、甘蔗。

【分布】广东、广西、福建、浙江、江西、江苏、安徽等省（区）。

25. 平尾梭蝽

【学名】*Megarrhamphus truncatus*（Westwood）

【危害作物】水稻、玉米、甘蔗。

【分布】河北、江苏、江西、福建、广东、广西、云南。

26. 稻赤曼蝽

【学名】*Menida histrio* (Fabricius)

【别名】小赤蝽。

【危害作物】水稻、小麦、玉米、桑、亚麻、甘蔗、柑橘。

【分布】江西、福建、台湾、广西、广东、云南。

27. 稻绿蝽

【学名】*Nezara viridula* (Linnaeus)

【别名】稻青蝽。

【危害作物】水稻、玉米、小麦、大豆、马铃薯、棉花、苎麻、芝麻、花生、甘蔗、烟草、苹果、梨、柑橘等，寄主种类多达70多种。

【分布】我国东部吉林以南地区。

28. 黑益蝽

【学名】*Picromerus griseus* (Dallas)

【危害作物】大豆、甘蔗。

【分布】广东、广西、四川、云南、西藏。

29. 绿点益蝽

【学名】*Picromerus viridipunctatus* Yang

【危害作物】水稻、大豆、苎麻、甘蔗。

【分布】浙江、江西、四川、贵州。

30. 稻黑蝽

【学名】*Scotinophara lurida* (Burmeister)

【危害作物】水稻、小麦、玉米、马铃薯、豆、甘蔗、柑橘等。

【分布】河北南部、山东和江苏北部、长江以南各省（自治区）。

31. 短刺黑蝽

【学名】*Scotinophara scotti* Horvath

【危害作物】甘薯、甘蔗、禾本科作物。

【分布】台湾、广东。

32. 锚纹二星蝽

【学名】*Stollia montivagus* (Distant)

【危害作物】小麦、粟、高粱、水稻、大豆、甘薯、棉、甘蔗、苹果。

【分布】北京、河北、山西、山东、浙江、江西、福建、河南、湖北、广西、广东、陕西、四川、贵州。

（六）同翅目 Homoptera

粉虱科 Aleyrodidae

1. 蔗粉虱

【学名】*Aleurolobus barodensis* (Maskell)

【危害作物】甘蔗。

【分布】广西、云南、台湾。

2. 蔗斑翅粉虱

【学名】*Neomaskellia bergii* (Signoret)

【别名】蔗山粉虱。

【危害作物】甘蔗。

【分布】广东、广西、福建、江西、台湾。

3. 缘粉虱

【学名】*Parabemisia* sp.

【危害作物】甘蔗、水稻。

【分布】广西。

瘿绵蚜科 Pemphigidae

4. 蔗根蚜

【学名】*Geoica lucifuga* (Zehntner)

【别名】黠脉根绵蚜。

【危害作物】甘蔗。

【分布】台湾及华南地区。

5. 黑腹四脉绵蚜

【学名】*Tetraneura nigrabdominalis* (Sasaki)

【别名】甘蔗根蚜、蔗四脉绵蚜、甘蔗刺根蚜。

【危害作物】甘蔗。

【分布】广西、广东、云南、福建、台湾。

6. 榆四脉绵蚜

【学名】*Tetraneura ulmi* Linnaeus

【危害作物】高粱、黍、稻、榆、甘蔗。

【分布】东北地区及河北、江苏、全国。

蚜科 Aphididae

7. 瑞木短痣蚜

【学名】*Anoecia corni* (Fabricius)

【别名】梾木短痣蚜。

【危害作物】玉米、高粱、黍、甘蔗、稗、陆稻等其他禾本科作物。

【分布】河北、山东、全国。

8. 甘蔗粉角蚜

【学名】*Ceratovacuna lanigera* Zehntner

【别名】甘蔗绵蚜。

【危害作物】甘蔗。

【分布】广西、云南、广东、海南、福建、江西、四川、贵州、湖南、湖北、浙江、台湾。

9. 高粱蚜

【学名】*Longiunguis sacchari* (Zehntner)

【别名】甘蔗黄蚜。

【危害作物】甘蔗、高粱、玉米、谷子、小麦等作物，越冬寄主为荻草。

【分布】黑龙江、吉林、辽宁、内蒙古、宁夏、甘肃、陕西、河北、山西、山东、河南、湖北、湖南、安徽、浙江、上海、江西、福建、台湾、海南、广东、广西、四川、重庆、贵州、云南。

10. 玉米蚜

【学名】*Rhopalosiphum maidis* (Fitch)

【危害作物】粟、玉米、大麦、小麦、高粱、黍、水稻、甘蔗。

【分布】东北地区及河北、山东、江苏、浙江、台湾、宁夏。

11. 荻草谷网蚜

【学名】*Sitobion miscanthi* (Takahashi)

【危害作物】水稻、麦、茭白、玉米、高粱、甘蔗。

【分布】全国各麦区及部分稻区。

旌蚧科 Ortheziidae

12. 明旌蚧

【学名】*Orthezia insignis* Douglass

【危害作物】茶、甘蔗、草莓、番茄、柑橘。

【分布】台湾、浙江及华南地区。

珠蚧科 Margarodidae

13. 黄毛吹绵蚧

【学名】*Icerya seychellarum* (Westwood)

【危害作物】柑橘、梨、桃、橄榄柿、甘蔗、桑、棕榈、椿、乌桕、银毛属等。

【分布】河北、浙江、江西、台湾、广西、广东、云南。

粉蚧科 Pseudococcidae

14. 甘蔗灰粉蚧

【学名】*Dysmicoccus boninsis* (Kuwana)

【别名】蔗茎灰粉蚧、蔗洁粉蚧。

【危害作物】甘蔗、芒草。

【分布】广西、云南、广东、海南、福建、江西、四川、贵州、湖南、湖北、浙江、台湾。

15. 甘蔗圆粉蚧

【学名】*Mizococcus sacchari* Takahashi

【别名】蔗根粉蚧。

【危害作物】甘蔗、茅属。

【分布】台湾。

16. 热带蔗粉蚧

【学名】*Saccharicoccus sacchari* (Cockerell)

【别名】甘蔗粉红粉蚧、糖粉蚧。

【危害作物】甘蔗、芒草。

【分布】广西、云南、广东、海南、福建、江西、四川、贵州、湖南、湖北、浙江、台湾。

蚧科 Coccidae

17. 蔗蜡蚧

【学名】*Aclerda takahashii* Kuwana

【别名】高桥仁蚧。

【危害作物】甘蔗。

【分布】云南、台湾。

盾蚧科 Diaspididae

18. 甘蔗白轮盾蚧

【学名】*Aulacaspis tegalensis* (Zehntner)

【危害作物】甘蔗。

【分布】台湾。

19. 甘蔗复盾蚧

【学名】*Duplachionaspis saccharifolii* (Zehntner)

【危害作物】甘蔗、芦苇。

【分布】江西、福建。

蝉科 Cicadidae

20. 绿草蝉

【学名】*Mogannia hebes* (Walker)

【别名】甘蔗草蝉。

【危害作物】甘蔗、稻、桑、茶、柑橘、柿。

【分布】华北、江苏、安徽、浙江、台湾，福建、江西、广东、四川、广西。

沫蝉科 Cercopidae

21. 稻赤斑黑沫蝉

【学名】*Callitettix versicolor* (Fabricius)

【别名】雷火虫。

【危害作物】水稻、高粱、玉米、甘蔗等。

【分布】淮河以南各省。

22. 条纹花斑沫蝉

【学名】*Clovia conifer* Walker

【别名】条纹平冠沫蝉。

【危害作物】水稻、玉米、甘蔗等。

【分布】广东、广西、云南、四川。

23. 小蟾形沫蝉

【学名】*Lepyronia bifascial* Liu

【危害作物】水稻、甘蔗。

【分布】江西。

叶蝉科 Cicadellidae

24. 黑尾大叶蝉

【学名】*Bothrogonia ferruginea*（Fabricius）

【危害作物】桑、甘蔗、大豆、向日葵、茶、柑橘、苹果、梨、桃等。

【分布】东北、山东、安徽、浙江、江西、福建、台湾、河南、湖南、湖北、广东。

25. 大青叶蝉

【学名】*Cicadella viridis*（Linnaeus）

【别名】青叶跳蝉、青叶蝉、大绿浮尘子等。

【危害作物】棉花、豆类、花生、玉米、高粱、谷子、稻、麦、麻、甘蔗、甜菜、蔬菜、苹果、梨、柑橘等果树、桑、榆等。

【分布】湖北、湖南、河南、江西、山东、江苏、安徽、浙江、福建、上海、北京、天津、河北、山西、内蒙古、辽宁、吉林、黑龙江、新疆、陕西、甘肃、四川、云南、贵州、重庆、广东、广西、海南。

26. 大白叶蝉

【学名】*Cofana spectra*（Distant）

【危害作物】水稻、高粱、玉米、麦类、桑、甘蔗。

【分布】福建、台湾、广东、四川。

27. 小绿叶蝉

【学名】*Empoasca flavescens*（Fabricius）

【别名】茶叶蝉、桃小浮尘子、桃小叶蝉、桃小绿叶蝉。

【危害作物】稻、麦、高粱、玉米、大豆、蚕豆、紫云英、马铃薯、甘蔗、向日葵、花生、棉花、蓖麻、茶、桑、果树等。

【分布】湖北、湖南、河南、江西、山东、江苏、安徽、浙江、福建、上海、北京、天津、河北、山西、内蒙古、辽宁、吉林、黑龙江、新疆、陕西、甘肃、四川、云南、贵州、重庆、广东、广西、海南。

28. 双纹顶斑叶蝉

【学名】*Empoascanara limbata*（Matsumura）

【危害作物】水稻、麦、甘蔗。

【分布】安徽、台湾。

29. 黑唇顶斑叶蝉

【学名】*Empoascanara maculifrons*（Motschulsky）

【危害作物】水稻、甘蔗。

【分布】浙江、台湾、江西、福建、海南。

30. 甘蔗叶蝉

【学名】*Exitianus indicus*（Distant）

【别名】印度叶蝉。

【危害作物】甘蔗、水稻。

【分布】浙江、台湾、广东、全国各蔗区。

31. 横带额二叉叶蝉

【学名】*Macrosteles fascifrons*（Stål），异名：*Cicadulina bipunctella*（Mots）

【危害作物】水稻、麦类、高粱、玉米、甘蔗、棉花、葡萄。

【分布】我国南、北方都有分布。

32. 六点叶蝉

【学名】*Macrosteles sexnotatus*（Fallén）

【危害作物】水稻、麦类、甘蔗。

【分布】新疆、黑龙江、安徽、台湾。

33. 黑尾叶蝉

【学名】*Nephotettix bipunctatus*（Fabricius）

【别名】二小点叶蝉。

【危害作物】水稻、茭白、小麦、大麦、豆类、茶、甜菜、甘蔗、白菜等。

【分布】中国各稻区均有发生，以长江中上游和西南各省发生较多。

34. 二条黑尾叶蝉

【学名】*Nephotettix nigropictus*（Stål）

【别名】二大点叶蝉。

【危害作物】水稻、麦、谷子、棉、甘蔗。

【分布】台湾、广东、广西、云南。

35. 二点黑尾叶蝉

【学名】*Nephotettix virescens*（Distant）

【危害作物】水稻、甘蔗、麦类、柑橘。

【分布】福建、台湾、湖南、广西、广东、云南。

36. 狭匕隐脉叶蝉

【学名】*Nirvana pallida* Melichar

【危害作物】水稻、甘蔗及其他禾本科作物。

【分布】台湾及华南地区。

37. 宽带隐脉叶蝉

【学名】*Nirvana suturalis* Melichar

【危害作物】柑橘、桑、甘蔗、水稻。

【分布】云南、广东、台湾。

38. 条沙叶蝉

【学名】*Psammotettix striatus*（Linnaeus）

【危害作物】水稻、麦类、马铃薯、甘蔗、甜菜、茄子等。

【分布】东北、华北地区及安徽、浙江、福建、台湾、甘肃、宁夏、新疆。

39. 电光叶蝉

【学名】*Recilia dorsalis*（Motschulsky）

【危害作物】水稻、玉米、高粱、麦类、粟、甘蔗等。

【分布】黄河以南各稻区。

40. 稻扁叶蝉

【学名】*Strogylocephalus agrestis* Fallén

【危害作物】水稻、甘蔗、柑橘。

【分布】东北、华南地区及台湾。

41. 白大叶蝉

【学名】*Tettigella alba* Metcalf

【危害作物】谷子、水稻、甘蔗。

【分布】华南。

42. 白边大叶蝉

【学名】*Tettigoniella albomarginata*（Signoret）

【危害作物】水稻、棉花、桑、甘蔗、柑橘、葡萄、樱桃。

【分布】东北地区及北京、江苏、浙江、福建、台湾、广东、四川。

43. 白翅叶蝉

【学名】*Thaia rubiginosa* Kuoh

【危害作物】水稻、麦、玉米、甘蔗、荞麦、茭白及油菜等。

【分布】黄河以南，四川西昌以东。云南、贵州、四川局部山区和陕西汉中受害重。

广翅蜡蝉科 Ricaniidae

44. 琼边广翅蜡蝉

【学名】*Ricania flabellum* Noualhier

【危害作物】甘蔗。

【分布】江西、台湾及华南地区。

45. 褐带广翅蜡蝉

【学名】*Ricania taeniata* Stål

【危害作物】水稻、玉米、甘蔗、柑橘。

【分布】江苏、浙江、江西、台湾、广东。

蛾蜡蝉科 Flatidae

46. 碧蛾蜡蝉

【学名】*Geisha distinctissima*（Walker）

【别名】碧蜡蝉、黄翅羽衣。

【危害作物】栗、甘蔗、花生、玉米、向日葵、茶、桑、柑橘、苹果、梨、龙眼等。

【分布】吉林、辽宁、山东、江苏、上海、浙江、江西、湖南、福建、广东、广西、海南、四川、贵州、云南等地。

飞虱科 Delphacidae

47. 黑颊飞虱

【学名】*Delphacodes graminicola*（Matsumura）

【危害作物】水稻、甘蔗。

【分布】台湾。

48. 甘蔗粒状飞虱

【学名】*Dicranotropis fumosa* Matsumura

【危害作物】甘蔗。

【分布】台湾。

49. 甘蔗扁飞虱

【学名】*Eoeurysa flavocapitata* Muir

【危害作物】甘蔗。

【分布】台湾、福建、广东、广西、海南、云南。

50. 灰飞虱

【学名】*Laodelphax striatellus*（Fallén）

【危害作物】水稻、小麦、谷子、玉米、甘蔗等。

【分布】南自海南岛，北至黑龙江，东自台湾和东部沿海各地，西至新疆均有发生。

51. 黑边梅塔飞虱

【学名】*Metadelphax propinqua*（Fieber）

【危害作物】水稻、甘蔗。

【分布】山东、安徽、浙江、福建、台湾、河南、湖北、广西、陕西、四川、贵州、云南。

52. 褐飞虱

【学名】*Nilaparvata lugens*（Stål）。

【别名】褐稻虱。

【危害作物】水稻、小麦、甘蔗、玉米、花生等。

【分布】北起吉林，沿辽宁、河北、山西、陕西、宁夏至甘肃，西向由甘肃折入四川、云南、西藏。

53. 甘蔗扁角飞虱

【学名】*Perkinsiella saccharicida* Kirkaldy

【危害作物】甘蔗、玉米。

【分布】台湾、福建、广东、广西、海南、贵州、云南。

54. 中华扁角飞虱

【学名】*Perkinsiella sinensis* Kirkaldy

【危害作物】水稻、粟、玉米、甘蔗、芦苇。

【分布】福建、台湾及华东、华南地区。

55. 白背飞虱

【学名】*Sogatella furcifera*（Horváth）

【危害作物】水稻、麦类、玉米、高粱、甘蔗、紫云英等。

【分布】在我国除新疆南部外，全国均有发生。

56. 二刺匙顶飞虱

【学名】*Tropidocephala brunnipennis* Signoret

【别名】瘤脉飞虱。

【危害作物】水稻、粟、高粱、甘蔗及其他禾本科作物。

【分布】安徽、台湾、广东、云南。

57. 台湾匙顶飞虱

【学名】*Tropidocephala formosana* Matsumura

【危害作物】甘蔗。

【分布】台湾。

菱蜡蝉科 Cixiidae

58. 稻脊菱蜡蝉

【学名】*Oliarus oryzae* Matsumura

【危害作物】水稻、甘蔗。

【分布】台湾。

粒脉蜡蝉科 Meenopliidae

59. 粉白粒脉蜡蝉

【学名】*Nisia atrovenosa*（Lethierry）

【别名】花稻虱、粉白飞虱。

【危害作物】水稻、甘蔗、棉、柑橘、茭白。

【分布】江苏、浙江、福建、台湾、湖南、广东、四川、贵州等黄河以南稻区。

象蜡蝉科 Dictyopharidae

60. 伯瑞象蜡蝉

【学名】*Dictyophara patruelis*（Stål）

【别名】苹果象蜡蝉、长头象蜡蝉。

【危害作物】水稻、甘薯、桑、甘蔗、苹果、茶树。

【分布】山东、江西、福建、台湾、广西、海南。

61. 中华象蜡蝉

【学名】*Dictyophara sinica* Walker

【危害作物】水稻、甘蔗。

【分布】浙江、福建、台湾、广东。

62. 蔗象蜡蝉

【学名】*Orthopogus lunulifer* Uhler

【危害作物】甘蔗。

【分布】台湾。

63. 丽象蜡蝉

【学名】*Orthopagus splendens*（Germar）

【危害作物】水稻、桑、甘蔗、柑橘。

【分布】东北地区及江苏、江西、浙江、台湾、广东。

袖蜡蝉科 Derbidae

64. 红袖蜡蝉

【学名】*Diostrombus politus* Uhler

【危害作物】粟、麦、水稻、高粱、玉米、甘蔗、柑橘。

【分布】东北地区及浙江、台湾、湖南、四川。

65. 蔗长翅蜡蝉

【学名】*Kamendaka saccharivora* Matsumura

【危害作物】甘蔗。

【分布】台湾。

66. 蔗长袖蜡蝉

【学名】*Zoraida pterophoroides*（Westwood）

【危害作物】甘蔗。

【分布】福建、台湾、广东。

璐蜡蝉科 Lophopidae

67. 蔗短足蜡蝉

【学名】*Lophops carinata* Kirby

【危害作物】甘蔗。

【分布】台湾。

（七）鞘翅目 Coleoptera

鳃金龟科 Melolonthidae

1. 筛阿鳃金龟

【学名】*Apogonia cribricollis* Burmeister

【别名】黑篩鳃金龟、黑褐色金龟甲。

【危害作物】杂食性，寄主包括甘蔗、龙眼、荔枝、梨、木薯、柑橘等。

【分布】浙江、湖北、湖南、江西、福建、广东、广西、台湾。

2. 栗等鳃金龟

【学名】*Exolontha castanea* Chang

【危害作物】杂食性，危害甘蔗等多种作物。

【分布】广西、海南等。

3. 大等鳃金龟

【学名】*Exolontha serrulata* Gyllenhal

【别名】柴龟、黄褐色蔗龟、齿缘鳃金龟。

【危害作物】甘蔗、花生、豆类、甘薯、木薯、马铃薯、蕉类等。

【分布】广东、福建、广西、江西、湖南、浙江。

4. 台湾齿爪鳃金龟

【学名】*Holotrichia formosana* Moser

【别名】拟毛黄鳃金龟。

【危害作物】甘蔗、甜高粱。

【分布】河北、福建、台湾。

5. 宽褐齿爪鳃金龟

【学名】*Holotrichia lata* Brenske

【危害作物】甘蔗、刺槐、紫藤、柳、杨、梨、榆。

【分布】江苏、江西、福建、台湾。

6. 卵圆齿爪鳃金龟

【学名】*Holotrichia ovata* Chang

【别名】卵圆鳃金龟、浅棕鳃金龟。

【危害作物】甘蔗、花生、荔枝、龙眼等。

【分布】广东、福建、江西、广西。

7. 暗黑鳃金龟

【学名】*Holotrichia parallela* Motschulsky

【危害作物】杂食性，寄主包括甘蔗、花生、大豆、榆树、加杨树、白杨树、柳树、槐树、桑树、柞树、苹果树、梨树等。

【分布】全国各地。

8. 华南大黑鳃金龟

【学名】*Holotrichia sauteri* Moser

【别名】东南大黑鳃金龟。

【危害作物】杂食性，寄主包括甘蔗、大豆、花生、荔枝、龙眼等地。

【分布】广东、贵州、浙江、江西、福建、台湾等地。

9. 痣鳞鳃金龟

【学名】*Lepidiota stigma* Fabricius

【别名】两点褐鳃金龟、二点褐鳃金龟。

【危害作物】甘蔗、花生、甘薯、木薯、橡胶、桉树、豆科作物等。

【分布】广东、广西、福建、云南。

10. 戴云鳃金龟

【学名】*Polyphylla davidis* Fairmaire

【危害作物】甘蔗、花生、玉米、豆类和薯类等。

【分布】四川。

11. 大头霉鳃金龟

【学名】*Sophrops cephalotes* (Burmeister)

【别名】大头蔗龟、大头鳃金龟、齿缘鳃金龟。

【危害作物】除甘蔗外，还取食玉米、白茅、竹叶、菠萝、荔枝、龙眼。

【分布】广东、广西。

丽金龟科 Rutelidae

12. 中华喙丽金龟

【学名】*Adoretus sinicus* Burmeister

【危害作物】玉米、花生、大豆、甘蔗、苎麻、蓖麻、黄麻、棉、柑橘、苹果、桃、橄榄、可可、油桐、茶等以及各种林木。

【分布】山东、江苏、浙江、安徽、江西、湖北、湖南、广东、广西、福建、台湾。

13. 樱桃喙丽金龟

【学名】*Adoretus umbrosus* Fabricius

【危害作物】樱桃、葡萄、柑橘、玉米、甘蔗、大麻、棉、芋、香蕉等。

【分布】华东地区及台湾。

14. 铜绿异丽金龟

【学名】*Anomala corpulenta* Motschulsky

【别名】铜绿金龟子、青金龟子、淡绿金龟子。

【危害作物】杂食性，寄主包括甘蔗等。

【分布】黑龙江、吉林、辽宁、内蒙古、宁夏、陕西、山西、北京、河北、河南、山东、安徽、江苏、上海、浙江、福建、台湾、广西、重庆、四川。

15. 红足异丽金龟

【学名】*Anomala cupripes* Hope

【别名】红脚绿金龟、红脚丽金龟、大绿丽

金龟。

【危害作物】杂食性，寄主包括甘蔗、玉米、花生、大豆等。

【分布】广东、广西、福建、四川、云南等。

16. 膨翅异丽金龟

【学名】*Anomala expansa* Bates

【别名】台湾青铜金龟、甘蔗翼翅丽金龟。

【危害作物】甘蔗等。

【分布】广西、江西、广东、福建、台湾等地。

花金龟科 Cetoniidae

17. 橘星花金龟

【学名】*Potosia speculifera* Swartz

【危害作物】柑橘、苹果、梨、玉米、甘蔗。

【分布】河北、辽宁、水稻、江苏、福建、湖北、湖南、广东、四川。

犀金龟科 Dynastidae

18. 突背蔗龟

【学名】*Alissonotum impressicolle* Arrow

【别名】黑色蔗龟。

【危害作物】杂食性，寄主包括甘蔗、玉米、高粱、水稻等。

【分布】全国各蔗区（广东、广西、云南、海南、福建、江西、浙江、四川、湖南、贵州、台湾）。

19. 光背蔗龟

【学名】*Alissonotum pauper*（Burmeister）

【别名】黑色蔗龟。

【危害作物】杂食性，寄主包括甘蔗、玉米、高粱、水稻等。

【分布】全国各蔗区（广东、广西、云南、海南、福建、江西、浙江、四川、湖南、贵州、台湾）。

20. 椰蛀犀金龟

【学名】*Oryctes rhinoceros*（Linnaeus）

【别名】二疣犀甲、椰树犀牛甲虫。

【危害作物】甘蔗、椰子、桄榔、油棕、蒲葵、土棕等。

【分布】广西、广东、海南、台湾、云南。

21. 橡胶木犀金龟

【学名】*Xylotrupes gideon*（Linnaeus）

【别名】独角仙。

【危害作物】甘蔗、龙眼、荔枝、芒果、菠萝等。

【分布】广东、广西、台湾。

叩甲科 Elateridae

22. 褐纹梳爪叩甲

【学名】*Melanotus caudex* Lewis

【别名】铁丝虫、姜虫、金齿耙、叩头虫。

【危害作物】小麦、大麦、高粱、玉米、甘蔗及禾谷类等。

【分布】广西、广东、辽宁、河北、内蒙古、山西、河南、山东、江苏、安徽、湖北、陕西、甘肃、青海。

23. 蔗梳爪叩甲

【学名】*Melanotus tamsuyensis* Bates

【危害作物】甘蔗。

【分布】台湾、四川。

24. 珠叩甲

【学名】*Paracardiophorus devastans*（Matumura）

【危害作物】棉花、甘蔗、甘薯、马铃薯、麦、草莓、桑。

【分布】江苏、浙江、台湾。

25. 蔗截额叩甲

【学名】*Silesis mutabilis* Bates

【危害作物】甘蔗。

【分布】台湾。

拟步甲科 Tenebrionidae

26. 二纹土潜

【学名】*Gonocephalum bilineatum* Walker

【危害作物】甘蔗、大麦、小麦、花生、红薯。

【分布】福建、广东、四川、云南。

27. 扁土潜

【学名】*Gonocephalum depressum* Fabricius

【危害作物】甘蔗、烟草、马铃薯。

【分布】台湾、广东、云南。

28. 毛土潜

【学名】*Gonocephalum pubens*（Marseul）

【危害作物】甘蔗、马铃薯、香瓜、西瓜、花生、蓖麻。

【分布】东北地区及台湾、海南。

天牛科 Cerambycidae

29. 蔗根土天牛

【学名】*Dorysthenes granulosus*（Thomson）

【危害作物】杂食性，寄主包括甘蔗、龙眼、柑橘、桉树、板栗、松树、木薯、油棕、椰子、槟榔、橡胶树、厚皮树、麻栎等植物。

【分布】广东、海南、广西、台湾、云南、福建等。

30. 曲牙土天牛

【学名】*Dorysthenes hydropicus* Pascoe

【别名】曲牙土天牛、甘蔗土天牛。

【危害作物】杂食性，寄主包括甘蔗、花生、棉花、柳树、枫树、水杉、狗牙根、野牛草、细叶结缕草等。

【分布】广东、广西、江西、北京、河北、河南、陕西、山西、湖北、湖南、山东、台湾、安徽、浙江、江苏、上海、甘肃、内蒙古等。

31. 长牙土天牛

【学名】*Dorysthenes walkeri*（Waterhouse）

【危害作物】杂食性，寄主包括甘蔗、油棕、椰子、竹芋大芒、白茅等。

【分布】广东、海南、广西。

32. 蔗狭胸天牛

【学名】*Philus pallescens* Bates

【别名】狭胸蔗天牛、甲仙狭天牛

【危害作物】甘蔗、柑橘。

【分布】广西、广东、四川、华中、福建、台湾。

叶甲科 Chrysomelidae

33. 蓝跳甲

【学名】*Haltica cyanea*（Weber）

【危害作物】水稻、荞麦、甘蔗。

【分布】浙江、福建、台湾、广东、四川。

34. 黑条麦萤叶甲

【学名】*Medythia nigrobilineata*（Motschulsky）

【危害作物】大豆，偶亦食害水稻、高粱、棉、大麻、甘蔗、甜菜、甜瓜、柑橘等。

【分布】东北、河北、内蒙古、山东、河南、浙江、江西、福建、台湾、湖北。

35. 双斑长跗萤叶甲

【学名】*Monolepta hieroglyphica*（Motschulsky）

【别名】双斑萤叶甲、四目叶甲。

【危害作物】大豆、马铃薯、棉花、麻类、蓖麻、甘蔗、玉米、谷类、向日葵、胡萝卜、甘蓝、白菜、茶、苹果。

【分布】东北地区及河北、内蒙古、山西、江西、台湾、河南、湖北、广西、云南、贵州、四川。

36. 四斑长跗萤叶甲

【学名】*Monolepta quadriguttata*（Motschulsky）

【危害作物】棉花、大豆、花生、玉米、马铃薯、甘蓝、白菜、蓖麻、糜子、甘蔗、柳等。

【分布】东北、华北地区及江苏、浙江、湖北、广西、宁夏、甘肃、陕西、四川、云南、贵州、台湾。

37. 黑纹长跗萤叶甲

【学名】*Monolepta sexlineata* Chûj

【危害作物】甘蔗。

【分布】台湾。

铁甲科 Hispidae

38. 玉米铁甲虫

【学名】*Dactylispa setifera*（Chapuis）

【别名】玉米趾铁甲。

【危害作物】玉米、甘蔗、小麦、水稻、高粱。

【分布】广东、广西、贵州、云南等省（区）。

39. 水稻铁甲

【学名】*Dicladispa armigera*（Olivier）。

【危害作物】水稻、玉米、麦类、甘蔗、茭白、油菜、棕榈、苎麻。

【分布】辽宁以南各稻区。

象甲科 Curculionidae

40. 根颈象

【学名】*Cosmopolites* sp.

【危害作物】甘蔗。

【分布】广东、福建、广西等。

41. 竹直锥大象

【学名】*Cyrtotrachelus longimanus* Fabricius

【别名】竹笋虫、竹象、长足弯颈象。

【危害作物】甘蔗、毛竹、青皮竹、粉单竹、甜竹、绿竹、水竹等。

【分布】浙江、福建、广东、广西、湖南、四川等地。

42. 二点象

【学名】*Diocalandra* sp.

【危害作物】甘蔗、玉米、割手密、斑茅等。

【分布】云南。

43. 稻象甲

【学名】*Echinocnemus squameus*（Billberg）

【别名】稻根象甲。

【危害作物】水稻、小麦、玉米、甘蔗、棉花、油菜、瓜类、番茄、柑橘等。

【分布】北起黑龙江，南至广东、海南，西抵陕西、四川和云南，东达沿海各地和台湾。

44. 蔗根象

【学名】*Episomoides albinus* Matsumura

【危害作物】甘蔗。

【分布】江西、台湾、华南、广西、广东。

45. 白点癞象

【学名】*Episomus alboguttatus* Matsumura

【危害作物】甘蔗。

【分布】台湾。

46. 耳状光洼象

【学名】*Gasteroclisus auriculatus* Sahlberg

【危害作物】甘蔗。

【分布】台湾。

47. 大绿象甲

【学名】*Hypomeces squamosus*（Fabricius）

【别名】绿绒象甲、绿鳞象甲。

【危害作物】甘蔗、柑橘、棉花、小麦、桃、番石榴、桑、大叶桉、茶树等。

【分布】河南、江苏、安徽、浙江、江西、湖南、四川、福建、台湾、广东、海南、广西、云南。

48. 金边翠象

【学名】*Lepropus lateralis* Fabricius

【危害作物】甘蔗、大豆、花生、旱谷、小麦、甘薯、茶树、桑树、咖啡树、榕树、香蕉、柑橘、金秆菊等。

【分布】云南。

49. 大吻黑筒喙象

【学名】*Lixus vetula* Fabricius

【危害作物】甘蔗、棉花、桑。

【分布】华南。

50. 赭色鸟喙象

【学名】*Otidognathus rubriceps* Chevrolat

【危害作物】甘蔗、竹子、玉米等。

【分布】云南。

51. 铜光纤毛象

【学名】*Tanymecus circumdatus* Wiedemann

【别名】灰长象鼻虫、蔗尖翅象甲。

【危害作物】甘蔗、大豆、花生、旱谷、小麦、甘薯、茶树、桑树、咖啡树、榕树、香蕉、柑橘、金秆菊等。

【分布】云南、湖北、台湾、四川、华南。

52. 甘蔗细平象

【学名】*Trochorhopalus humeralis* Chevrolat

【危害作物】甘蔗、玉米、割手密、白茅等。

【分布】云南、四川。

（八）鳞翅目 Lepidoptera

蓑蛾科 Psychidae

1. 蔗蓑蛾

【学名】*Acanthopsyche saccharivora* Sonan

【危害作物】甘蔗。

【分布】福建。

2. 大蓑蛾

【学名】*Cryptothelea variegata* Snellen

【别名】大巢蓑蛾、大袋蛾、大背袋虫、避债虫。

【危害作物】杂食性，寄主包括甘蔗、茶、油茶、枫杨、刺槐、柑橘、咖啡、枇杷、梨、桃、法国梧桐等。

【分布】广西、湖北、江西、福建、浙江、江苏、安徽、天津、河南、山东、台湾等。

潜蛾科 Lyonetiidae

3. 甘蔗潜叶蛾

【学名】*Lyonetia pouohi* Wnxiang

【危害作物】甘蔗。

【分布】广西、云南。

木蠹蛾科 Cossidae

4. 蔗褐木蠹蛾

【学名】*Phragmataecia castanea*（Hübner）

【危害作物】甘蔗。

【分布】广西、广东、海南、四川、台湾。

卷蛾科 Tortricidae

5. 甘薯小卷蛾

【学名】*Tetramoera schistaceana*（Snellen）

【别名】甘蔗小卷叶螟。

【危害作物】甘蔗。

【分布】广西、云南、广东、海南、福建、江西、浙江、台湾。

螟蛾科 Pyralidae

6. 台湾稻螟

【学名】*Chilo auricilius*（Dudgeon）

【危害作物】水稻、甘蔗、玉米等。

【分布】广西、广东、福建、湖南、四川、江西、台湾。

7. 二点螟

【学名】*Chilo infuscatellus* Snellen

【别名】粟灰螟。

【危害作物】甘蔗、粟、糜、黍、高粱、玉米等作物。

【分布】全国各蔗区（广东、广西、云南、海南、福建、江西、浙江、四川、湖南、贵州、台湾）及高粱、玉米、粟、黍、糜等产区。

8. 高粱条螟

【学名】*Chilo sacchariphagus stramineellus*（Caradja）

【别名】甘蔗条螟、斑点螟。

【危害作物】甘蔗、高粱、玉米、粟、黍、糜等作物。

【分布】全国各蔗区（广东、广西、云南、海南、福建、江西、浙江、四川、湖南、贵州、台湾）及高粱、玉米、粟、黍、糜等产区。

9. 稻纵卷叶螟

【学名】*Cnaphalocrocis medinalis*（Guenée）

【别名】纵卷螟、稻纵卷叶虫、刮青虫。

【危害作物】水稻、小麦、玉米、谷子、甘蔗等。

【分布】全国各稻区，以长江流域以南稻区发生较重。

10. 甘薯茎螟

【学名】*Omphisa illisalis*（Walker）

【危害作物】甘薯、甘蔗。

【分布】福建、台湾、湖南、广西、广东。

11. 亚洲玉米螟

【学名】*Ostrinia furnacalis*（Guenée）

【危害作物】除玉米外，尚危害高粱、粟、棉花、麻类及甘蔗。

【分布】全国各地。

12. 稻切叶螟

【学名】*Psara licarsisalis*（Walker）

【别名】水稻切叶野螟。

【危害作物】水稻、甘蔗等。

【分布】全国各稻区。

13. 蔗茎白禾螟

【学名】*Scirpophaga auriflua* Zellen

【危害作物】甘蔗。

【分布】福建、华南。

14. 红尾白禾螟

【学名】*Scirpophaga intacta*（Snellen）

【别名】红尾蛀禾螟。

【危害作物】甘蔗。

【分布】广西、广东、海南、云南。

15. 黄尾白禾螟

【学名】*Scirpophaga nivella*（Fabricius）

【危害作物】甘蔗。

【分布】台湾。

16. 甜菜青野螟

【学名】*Spoladea recurvalis*（Fabricius）

【别名】甜菜叶螟、甜菜青虫、白带螟、甜菜白带野螟。

【危害作物】甜菜、大豆、玉米、甘薯、甘蔗、茶、向日葵等。

【分布】黑龙江、吉林、辽宁、内蒙古、宁夏、青海、陕西、山西、北京、河北、山东、安徽、江苏、上海、浙江、江西、福建、台湾、湖南、湖北、广东、广西、贵州、重庆、四川、云南、西藏。

带蛾科 Eupterotidae

17. 赤条黄带蛾

【学名】*Eupterote lativttata* Moore

【危害作物】甘蔗等。

【分布】广西、云南。

天蛾科 Sphingidae

18. 甘蔗天蛾

【学名】*Leucophlebia lineata* Westwood

【危害作物】杂食性，寄主包括甘蔗、玉米等。

【分布】广西、贵州。

夜蛾科 Noctuidae

19. 小地老虎

【学名】*Agrotis ipsilon*（Rottemberg）

【别名】地蚕、断根虫。

【危害作物】杂食性，寄主包括甘蔗、玉

米等。

【分布】全国各地。

20. 劳氏黏虫

【学名】*Leucania loreyi*（Duponchel）

【别名】行军虫、夜盗虫、剃枝虫。

【危害作物】杂食性。

【分布】全国各地。

21. 黏虫

【学名】*Pseudaletia separata*（Walker）

【别名】行军虫、夜盗虫、剃枝虫。

【危害作物】杂食性。

【分布】全国各地。

22. 稻蛀茎夜蛾

【学名】*Sesamia inferens*（Walker）

【别名】大螟、紫螟。

【危害作物】甘蔗、水稻、玉米、小麦、高粱、茭白、稗、香附子等。

【分布】全国各蔗区（广东、广西、云南、海南、福建、江西、浙江、四川、湖南、贵州、台湾）。

23. 列点蛀茎夜蛾

【学名】*Sesamia uniformis*（Dudgeon）

【危害作物】甘蔗、玉米。

【分布】云南。

舟蛾科 Notodontidae

24. 高粱舟蛾

【学名】*Dinara combusta*（Walker）

【别名】高粱天社娥。

【危害作物】高粱、玉米、甘蔗等。

【分布】全国各蔗区（广东、广西、云南、海南、福建、江西、浙江、四川、湖南、贵州、台湾）。

弄蝶科 Hesperiidae

25. 南亚谷弄蝶

【学名】*Pelopidas agna*（Moore）

【别名】印度谷弄蝶。

【危害作物】水稻、玉米、甘蔗、高粱、竹子及禾本科杂草。

【分布】广东、陕西、浙江、江西、福建、台湾、海南、香港、广西、贵州、四川、云南。

（九）双翅目 Diptera

蝇科 Muscidae

短柄芒蝇

【学名】*Atherigona exiqua* Stein

【别名】印尼稻秧芒蝇。

【危害作物】甘蔗、水稻。

【分布】广西、台湾。

蛛形纲 Arachnida

蜱螨目 Acrina

羽爪瘿螨科 Diptilomiopidae

1. 甘蔗下鼻瘿螨

【学名】*Catarhinus sacchari* Kuang

【别名】甘蔗羽爪螨。

【危害作物】甘蔗。

【分布】广西。

2. 扁歧甘蔗羽爪瘿螨

【学名】*Diptiloplatus sacchari* Shin *et* Dong

【危害作物】甘蔗。

【分布】广西。

跗线螨科 Tarsonemidae

3. 甘蔗跗线螨

【学名】*Tarsonemus bancrofti* Michael

【危害作物】甘蔗。

【分布】广东、台湾。

叶螨科 Tetranychidae

4. 新开小爪螨

【学名】*Oligonychus shinkajii* Ehara

【别名】甘蔗黄蜘蛛。

【危害作物】稻、甘蔗。

【分布】广西、广东。

第十一章　甜菜有害生物名录

第一节　甜菜病害

一、真菌病害

1. 甜菜白粉病

【病原】甜菜白粉菌 *Erysiphe betae*（Vanha）Weltz.，属子囊菌。

【为害部位】叶片、叶柄和种球。

【分布】新疆、内蒙古、甘肃、河北、山西、辽宁。

2. 甜菜蛇眼病

【病原】甜菜茎点霉 *Phoma betae* Frank，属无性型真菌；有性型为甜菜格孢腔菌 *Pleospora betae*（Berl.）Nevod.，属子囊菌。

【为害部位】叶片、叶柄。

【分布】黑龙江、吉林、辽宁、内蒙古、河北、山西、甘肃、新疆。

3. 甜菜立枯病

【病原】由多种病原真菌单独或混合侵染所致。主要病原菌有：螺壳状丝囊霉 *Aphanomyces cochlioides* Drechs.、终极腐霉 *Pythium ultimum* Trow、树林腐霉 *Pythium sylvaticum* Campbell and Hendrix.、间型腐霉 *Pythium intermedium* de Bary 和瓜果腐霉 *Pythium aphanidermatum*（Eds.）Fitz.，均属卵菌。茄丝核菌 *Rhizoctonia solani* Kühn，有性型为瓜亡革菌 *Thanatephorus cucumeris*（Frank）Donk，属担子菌；甜菜茎点霉 *Phoma betae* Frank，有性型为甜菜格孢腔菌 *Pleospora betae*（Berl.）Nevod.，属无性型真菌；镰孢属 *Fusarium* spp.，属无性型真菌。

【别名】甜菜黑脚病、猝倒病。

【为害部位】根部和子叶下轴。

【分布】黑龙江、吉林、辽宁、内蒙古、河北、山西、甘肃、新疆。

4. 甜菜根腐病

【病原】由多种病原真菌单独或混合侵染所致。主要病原菌有：螺壳状丝囊霉 *Aphanomyces cochlioides* Drechs.、掘氏疫霉 *Phytophthora drechsleri* Tucker、隐地疫霉 *Phytophthora cryptogea* Pethybr. and Lafferty.、瓜果腐霉 *Pythium aphanidermatum*（Eds.）Fitz.，均属卵菌；茄丝核菌 *Rhizoctonia solani* Kühn，有性型为瓜亡革菌 *Thanatephorus cucumeris*（Frank）Donk，属担子菌；葡枝根霉 *Rhizopus stolonifer*（Ehrenb ex Fr.）Vuill. 和少根根霉 *Rhizopus arrhizus* Fisch.，属接合菌；甜菜茎点霉 *Phoma betae* Frank，有性型为甜菜格孢腔菌 *Pleospora betae*（Berl.）Nevod.，属无性型真菌；齐整小核菌 *Sclerotium rolfsii* Sacc.，属子囊菌；镰孢属 *Fusarium* spp.，属无性型真菌。

【为害部位】根部。

【分布】黑龙江、吉林、辽宁、内蒙古、河北、山西、甘肃、新疆。

5. 甜菜褐斑病

【病原】甜菜生尾孢菌 *Cercospora beticola* Sacc.，属无性型真菌。

【为害部位】叶、茎及种株的花序及种球，以叶片为主。

【分布】黑龙江、吉林、辽宁、内蒙古、河北、山西、甘肃、新疆。

6. 甜菜叶斑病

【病原】芸薹链格孢 *Alternaria brassicae*（Berk.）Sacc. 和链格孢 *Alternaria alternata*（Fr.）Keissl.，属无性型真菌。

【为害部位】叶片、叶柄。

【分布】内蒙古。

7. 甜菜窖腐病

【病原】甜菜茎点霉 *Phoma betae* Frank，镰孢菌 *Fusarium* sp.，灰葡萄孢 *Botrytis cinerea* Pers. ex Fr.，葡枝根霉 *Rhizopus stolonifer*（Ehrenb ex Fr.）Vuill.，青霉 *Penicillium* sp.，白腐菌 *Sclerotium bataticola* Trub.，细菌 *Bacterium* sp. 。

【别名】甜菜窖藏腐烂病。

【为害部位】根部。

【分布】全国各甜菜产区均有发生。

8. 甜菜黑斑病

【病原】*Alternaria tenuis* Nees.，属无性型真菌。

【为害部位】叶片。

【分布】黑龙江、吉林、新疆甜菜产区。

二、细菌病害

1. 甜菜细菌性斑枯病

【病原】丁香假单胞菌适合变种 *Pseudomonas syringae* pv. *aptata*（Brown *et* Jamieson）Young，Dye *et* Wilkie，假单孢菌属 *Pseudomonas*。

【别名】甜菜细菌性斑点病。

【为害部位】叶片。

【分布】东北地区。

2. 甜菜根癌病

【病原】根癌土壤杆菌 *Agrobacterium tumefaciens*（Smith *et* Townsend）Conn.，属于土壤杆菌属 *Agrobacterium*。

【为害部位】根茎部。

【分布】各甜菜产区均有发生。

3. 细菌性尾腐病

【病原】胡萝卜欧文氏菌 *Erwinia carotovora*（Jones）Bergey，属于欧文氏菌属 *Erwinia*。黄湿腐杆菌 *Bacillus betivorus* Takimoto，芽孢杆菌属 *Bacillus*。

【别名】根尾腐烂病。

【为害部位】根尾。

【分布】各甜菜产区均有发生。

三、病毒病害

1. 甜菜丛根病

【病原】甜菜坏死黄脉病毒 *Beet necrotic yellow vein virus*，BNYVV，甜菜坏死黄脉病毒属 *Benyvirus*。

【为害部位】根部。

【分布】黑龙江、内蒙古、河北、山西、甘肃、宁夏、新疆。

2. 甜菜黄化病毒病

【病原】甜菜西方黄化病毒中国株系 *Beet western yellows virus* IM，BWYV-IM，属于黄症病毒科 Luteoviridae 的马铃薯卷叶病毒属 *Polerovirus*。以往文献报道为甜菜黄化病毒 *Beet yellows virus*，BYV，属于长线形病毒科 Closteroviridae 的长线形病毒属 *Closterovirus*。

【别名】甜菜黄化毒病。

【为害部位】叶片。

【分布】内蒙古、新疆、甘肃、黑龙江。

3. 甜菜花叶病毒病

【病原】甜菜花叶病毒 *Beet mosaic virus*，BtMV，属马铃薯 Y 病毒科 Potyviridae 的马铃薯 Y 病毒属 *Potyvirus*。此外，黄瓜花叶病毒、芜菁花叶病毒和烟草花叶病毒也能引起甜菜花叶症状。

【别名】甜菜花叶病毒病。

【为害部位】叶片。

【分布】黑龙江、内蒙古、辽宁、山西、甘肃、新疆。

4. 甜菜黑色焦枯病毒病

【病原】甜菜黑色焦枯病毒 *Beet Black Scorch Virus*，BBSV，番茄丛矮病毒科 Tombusviridae 的坏死病毒属 *Necrovirus*。

【为害部位】叶片。

【分布】新疆、甘肃、内蒙古、宁夏、河北、陕西、吉林、黑龙江。

5. 甜菜土传病毒病

【病原】甜菜土传病毒 *Beet soil-borne virus*，BSBV，属于马铃薯帚顶病毒属 *Pomovirus*。

【为害部位】根部。

【分布】新疆、内蒙古、吉林、黑龙江。

四、线虫病害

甜菜根结线虫病

【病原】南方根结线虫 *Meloidogyne incognita*（Kofoid and White）Chitwood，属于垫刃目根结线虫属 *Meloidogyne*。

【为害部位】根部。

【分布】长江以南部分甜菜种植区。

五、植原体病害

甜菜黄萎病

【病原】可能为植原体 *Phytoplasma*，曾称为 MLO 或 RLO。

【为害部位】系统性。

【分布】新疆，黑龙江。

第二节　甜菜害虫

节肢动物门 Arthropoda

昆虫纲 Insecta

（一）直翅目 Orthoptera

蝼蛄科 Gryllotalpidae

1. 东方蝼蛄

【学名】*Gryllotalpa orientalis* Burmeister

【危害作物】麦、稻、粟、玉米等禾谷类粮食作物及棉花、豆类、薯类、甜菜、蔬菜等。

【分布】北京、天津、河北、内蒙古、黑龙江、江苏、浙江、安徽、山东、河南、湖北、重庆、四川、贵州、云南、陕西、甘肃、青海、宁夏、新疆。

2. 华北蝼蛄

【学名】*Gryllotalpa unispina* Saussure

【别名】单刺蝼蛄、大蝼蛄、土狗、蝼蝈、啦啦蛄。

【危害作物】农作物、甜菜、蔬菜、园林、药材等各类作物的种子和幼苗。

【分布】新疆、甘肃、西藏、陕西、河北、山东、河南、内蒙古、辽宁、吉林、黑龙江、江苏、安徽、湖北。

锥头蝗科 Pyrgomorphidae

3. 拟短额负蝗

【学名】*Atractomorpha ambigua* Bolivar

【危害作物】稻、谷子、高粱、玉米、大麦、豆类、马铃薯、甘薯、麻类、甜菜、烟草、瓜类、果树等。

【分布】河北、山西、辽宁、山东、江苏、安徽、浙江、江西、福建、台湾、湖北、湖南、陕西、甘肃。

4. 长额负蝗

【学名】*Atractomorpha lata*（Motschulsky）

【危害作物】豆类、甘薯、马铃薯、棉花、麻类、甜菜及蔬菜等。

【分布】山东、河北、河南、江苏、安徽、浙江、江西、山西、陕西、甘肃、湖北等。

5. 赤翅负蝗

【学名】*Atractomorpha psittacina*（De Haan）

【危害作物】高粱、甘蔗、甜菜、柑橘。

【分布】河北、台湾、广东。

（二）缨翅目 Thysanoptera

蓟马科 Thripidae

烟蓟马

【学名】*Thrips tabaci* Lindeman

【别名】棉蓟马、葱蓟马、瓜蓟马。

【危害作物】水稻、小麦、玉米、棉花、大豆、豆类、油菜、白菜、萝卜、甘蓝、葱、马铃薯、番茄、甜菜及花卉，果树等作物。

【分布】湖北、湖南、河南、江西、山东、江苏、安徽、浙江、福建、上海、北京、天津、河北、山西、内蒙古、辽宁、吉林、黑龙江、新疆、陕西、甘肃、四川、云南、贵州、重庆、广东、广西、海南。

（三）半翅目 Hemiptera

盲蝽科 Miridae

1. 中黑苜蓿盲蝽

【学名】*Adelphocoris suturalis*（Jakovlev）

【危害作物】大豆、棉花、甜菜、苜蓿、麻。

【分布】河北、山东、甘肃。

2. 棉二纹盲蝽

【学名】*Adelphocoris variabilis* Uhler

【危害作物】棉花、洋麻、黄麻、青麻、苜蓿、胡萝卜、茴香、萝卜、白菜、菠菜、甜菜。

【分布】河北、河南、山西、山东、甘肃。

3. 牧草盲蝽

【学名】*Lygus pratensis*（Linnaeus）

【危害作物】玉米、水稻、小麦、荞麦、豆类、马铃薯、棉花、苜蓿、蔬菜、苹果、梨、柑橘、甜菜、麻类等。

【分布】内蒙古、河北、安徽、福建、湖北、贵州、陕西、宁夏、四川、新疆。

4. 奥盲蝽

【学名】*Orthops kalmi*（Linnaeus）

【危害作物】水稻、麦、大豆、马铃薯、甘蔗、桑、甜菜、葡萄、柑橘、苹果。

【分布】辽宁。

5. 红楔异盲蝽

【学名】*Polymerus cognatus*（Fieber）

【危害作物】甜菜、菠菜、苜蓿、草木犀、三叶草、荞麦、马铃薯、亚麻、红花、胡萝卜、苋菜等。

【分布】黑龙江、内蒙古、山东、山西、陕西、新疆、河南、甘肃等长江以北诸省。

6. 条赤须盲蝽

【学名】*Trigonotylus coelestialium*（Kirkaldy）

【危害作物】谷子、糜子、高粱、玉米、麦类、水稻、甜菜、芝麻、大豆、苜蓿、棉花等。

【分布】北京、河北、内蒙古、黑龙江、吉林、辽宁、山东、河南、江苏、江西、安徽、陕西、甘肃、青海、宁夏、新疆等省、市、自治区。

蝽科 Pentatomidae

7. 实蝽

【学名】*Antheminia pusio*（Kolenati）

【危害作物】谷类作物、蔷薇科作物、马铃薯、向日葵、甜菜。

【分布】北京、河北、山西、内蒙古、辽宁、吉林、陕西、新疆。

8. 甜菜蝽

【学名】*Carpocoris lunulatus*（Goetze）

【危害作物】水稻、向日葵、甜菜。

【分布】北京、河北、山西、内蒙古、黑龙江、吉林、河南、新疆。

9. 斑须蝽

【学名】*Dolycoris baccarum*（Linnaeus）

【别名】细毛蝽、黄褐蝽、斑角蝽、节须蚁。

【危害作物】甜菜、麦类、稻作、大豆、玉米、谷子、麻类、苜蓿、杨、柳、高粱、菜豆、绿豆、蚕豆、豌豆、茼蒿、甘蓝、黄花菜、葱、洋葱、白菜、赤豆、芝麻、棉花、烟草、山楂、苹果、桃、梨、刺山楂、野芝麻、天仙子、梅、杨莓、草莓及其他森林和观赏植物等。

【分布】西藏、黑龙江、吉林、辽宁、内蒙古、宁夏、青海、新疆、河北、山西、陕西、山东、河南、江苏、浙江、湖北、湖南、江西、福建、广东、海南、广西、四川、贵州、云南等。

10. 麻皮蝽

【学名】*Erthesina fullo*（Thunberg）

【别名】麻纹蝽、麻椿象、臭虫母子、黄霜蝽、黄斑蝽。

【危害作物】大豆、菜豆、甜菜、棉、桑、蓖麻、甘蔗、咖啡、柑橘、苹果、梨、乌桕、榆等。

【分布】河北、辽宁、内蒙古、陕西、河南、山东、江苏、安徽、浙江、江西、福建、台湾、湖南、湖北、广东、广西、四川、云南、贵州。

11. 横纹菜蝽

【学名】*Eurydema gebleri* Kolenati

【别名】乌鲁木齐菜蝽、横带菜蝽、盖氏菜蝽 。

【危害作物】甜菜、甘蓝、紫甘蓝、青花菜、花椰菜、白菜、萝卜、樱桃萝卜、白萝卜、油菜、芥菜、板蓝根、白屈菜等十字花科蔬菜，也危害棉花、烟草。

【分布】黑龙江、吉林、辽宁、内蒙古、北京、河北、天津、山西、湖北、四川、云南、贵州、西藏、陕西、甘肃、新疆、山东、江苏、安徽。

12. 茶翅蝽

【学名】*Halyomorpha halys*（Stål）

【别名】角肩蝽、橘大绿蝽、梭蝽。

【危害作物】大豆、菜豆、桑、油菜、甜菜、梨、苹果、柑橘、梧桐、榆等。

【分布】河北、内蒙古、山东、江苏、安徽、浙江、江西、台湾、河南、湖南、湖北、广西、广东、陕西、四川、贵州。

13. 稻绿蝽

【学名】*Nezara viridula*（Linnaeus）

【别名】稻青蝽。

【危害作物】水稻、玉米、高粱、大豆、小麦、菜豆、马铃薯、花生、苎麻、芝麻、烟草、甘蔗、甜菜、甘蓝、苹果、栗、柑橘。

【分布】我国东部吉林以南地区。

（四）同翅目 Homoptera

瘿绵蚜科 Pemphigidae

1. 菜豆根蚜

【学名】*Smynthurodes betae* Westwood

【别名】棉根蚜、甜菜根蚜。

【危害作物】棉花、甜菜、菜豆、扁豆、绿豆、小麦等。

【分布】湖北、湖南、河南、江西、山东、江苏、安徽、浙江、上海、北京、天津、河北、山西、内蒙古。

蚜科 Aphididae

2. 茄粗额蚜

【学名】*Aulacorthum solani*（Kaltenbach）

【别名】茄无网长管蚜。

【危害作物】茄子、马铃薯及其他茄科作物，豆类、甜菜、烟草等。

【分布】东北、内蒙古、青海、河北、山东、河南、四川等地。

3. 马铃薯长管蚜

【学名】*Macrosiphum euphorbiae*（Thomas）

【别名】大戟长管蚜。

【危害作物】马铃薯、油菜、甜菜、大戟等。

【分布】甘肃、内蒙古。

4. 桃蚜

【学名】*Myzus persicae*（Sulzer）

【别名】腻虫、烟蚜、桃赤蚜、菜蚜。

【危害作物】梨、桃、李、梅、樱桃、白菜、甘蓝、萝卜、芥菜、芸薹、芜菁、甜椒、辣椒、马铃薯、菠菜、甜菜等74科285种。

【分布】遍及全国各地。

粉蚧科 Pseudococcidae

5. 康氏粉蚧

【学名】*Pseudococcus comstocki*（Kuwana）

【别名】桑粉蚧、梨粉蚧、李粉蚧。

【危害作物】玉米、棉、桑、胡萝卜、瓜类、甜菜、苹果、梨、桃、柳、枫、洋槐等果树林木。

【分布】黑龙江、吉林、辽宁、内蒙古、宁夏、甘肃、青海、新疆、山西、河北、山东、安徽、浙江、上海、福建、台湾、广东、云南、四川等地。

叶蝉科 Cicadellidae

6. 大青叶蝉

【学名】*Cicadella viridis*（Linnaeus）

【别名】青叶跳蝉、青叶蝉、大绿浮尘子等。

【危害作物】棉花、豆类、花生、玉米、高粱、谷子、稻、麦、麻、甘蔗、甜菜、蔬菜、苹果、梨、柑橘等果树、桑、榆等。

【分布】湖北、湖南、河南、江西、山东、江苏、安徽、浙江、福建、上海、北京、天津、河北、山西、内蒙古、辽宁、吉林、黑龙江、新疆、陕西、甘肃、四川、云南、贵州、重庆、广东、广西、海南。

7. 黑尾叶蝉

【学名】*Nephotettix bipunctatus*（Fabricius）

【别名】二小点叶蝉。

【危害作物】水稻、茭白、小麦、大麦、豆类、茶、甜菜、甘蔗、白菜等。

【分布】中国各稻区均有发生，以长江中上游和西南各省发生较多。

（五）鞘翅目 Coleoptera

鳃金龟科 Melolonthidae

1. 西伯利亚马铃薯鳃金龟

【学名】*Amphimallon solstitialis sibiricus* Reitter

【危害作物】甜菜、马铃薯、油菜、豆类、胡麻、苗木。

【分布】黑龙江、内蒙古、新疆，河北、山西、陕西、山东、青海、西藏。

2. 东北大黑鳃金龟

【学名】*Holotrichia diomphalia* Bates

【危害作物】玉米、高粱、谷子、大豆、棉花、大麻、亚麻、马铃薯、花生、甜菜、梨、桑、榆等苗木。

【分布】湖北、湖南、河南、江西、山东、江苏、安徽、浙江、福建、上海、北京、天津、河北、山西、内蒙古、辽宁、吉林、黑龙江、新疆、陕西、甘肃、四川、云南、贵州、重庆、广东、广西、海南。

3. 华北大黑鳃金龟

【学名】*Holotrichia oblita*（Faldermann）

【别名】蛴螬。

【危害作物】玉米、谷子、马铃薯、豆类、花生、棉花、甜菜、杨、柳、榆、桑、核桃、苹果、刺槐、栎等多种果树和林木叶片，幼虫危害阔、针叶树根部及幼苗。

【分布】东北、华北、西北等区。

4. 暗黑鳃金龟

【学名】*Holotrichia parallela* Motschulsky

【危害作物】玉米、高粱、谷子、花生、棉花、大麻、亚麻、大豆、甜菜、马铃薯、蓖麻、梨、柑橘苗木等。

【分布】湖北、湖南、河南、江西、山东、江苏、安徽、浙江、福建、上海、北京、天津、河北、山西、内蒙古、辽宁、吉林、黑龙江、新疆、陕西、甘肃、青海、四川、云南、贵州、重庆、广东、广西、海南。

5. 蒙古大栗鳃金龟

【学名】*Melolontha hippocastani mongolica* Ménétriès

【别名】东方五月鳃角金龟。

【危害作物】玉米、小麦、青稞、油菜、豌豆、甜菜、马铃薯及苹果等。

【分布】内蒙古、甘肃、河北、陕西、山西、四川等地。

6. 黑皱鳃金龟

【学名】*Trematodes tenebrioides*（Pallas）

【别名】无翅黑金龟、无后翅金龟子。

【危害作物】高粱、玉米、大豆、花生、甜菜、小麦、棉花、亚麻、大麻、洋麻、马铃薯、蓖麻。

【分布】吉林、辽宁、青海、宁夏、内蒙古、河北、天津、北京、山西、陕西、河南、山东、江苏、安徽、江西、湖南、贵州、台湾等地。

丽金龟科 Rutelidae

7. 铜绿异丽金龟

【学名】*Anomala corpulenta* Motschulsky

【别名】铜绿金龟子、青金龟子、淡绿金龟子。

【危害作物】玉米、高粱、麻类、豆类、麦类、甜菜、花生、棉、茶苹果、沙果、榆、柏、槐、核桃、山楂等果木。

【分布】黑龙江、吉林、辽宁、内蒙古、宁夏、甘肃、河北、河南、山西、山东、陕西、江苏、江西、安徽、浙江、湖北、湖南、四川等地。

8. 黄褐异丽金龟

【学名】*Anomala exoleta* Faldermann

【别名】黄褐丽金龟。

【危害作物】甜菜、小麦、大麦、玉米、高粱、谷子、糜子、马铃薯、向日葵、豆类等作物，以及蔬菜、林木、果树的地下部分。

【分布】黑龙江、辽宁、河北、山西、河南、山东、安徽、浙江、福建、内蒙古、甘肃等地。

花金龟科 Cetoniidae

9. 白星滑花金龟

【学名】*Liocola brevitarsis*（Lewis）

【别名】白星花潜、白纹铜花金龟。

【危害作物】玉米、大麻、甜菜、苹果、梨、桃、杏、李、葡萄、樱桃、柑橘等果树果实、嫩叶和芽。

【分布】河北、北京、辽宁、吉林、甘肃、黑龙江、内蒙古、陕西、山西、山东、安徽、江苏、浙江、福建、台湾、河南、新疆。

10. 小青花金龟

【学名】*Oxycetonia jucunda*（Faldermann）

【危害作物】棉花、苹果、梨、柑橘、粟、葱、甜菜、锦葵、桃、杏、葡萄等。

【分布】东北地区及河北、山东、江苏、浙江、江西、福建、台湾、河南、广西、广东、陕西、四川、贵州、云南。

绢金龟科 Sericidae

11. 东方绢金龟

【学名】*Serica orientalis*（Motschulsky）

【别名】黑绒金龟子、东玛绢金龟、天鹅绒金龟子，东方金龟子。

【危害作物】豆类、禾本科作物、棉花、花生、甜菜、烟草、苎麻、苹果、梨、山楂、桃、杏、枣等149种植物。

【分布】江苏、浙江、黑龙江、吉林、辽宁、湖南、福建、河北、内蒙古、山东等。

犀金龟科 Dynastidae

12. 阔胸禾犀金龟

【学名】*Pentodon mongolica* Motschulsky

【别名】阔胸金龟子。

【危害作物】甜菜、小麦、玉米、高粱、马铃薯、红薯、花生、大豆、胡萝卜、白菜、韭菜、葱、麻类等多种植物的种子、芽、根、茎、块根等。

【分布】黑龙江、吉林、辽宁、内蒙古、北京、青海、宁夏、山西、陕西、河北、河南、山东、江苏、浙江。

叩甲科 Elateridae

13. 直条锥尾叩甲

【学名】*Agriotes lineatus*（Linnaeus）

【别名】条纹金针虫。

【危害作物】小麦、玉米、棉、甜菜、牧草。

【分布】甘肃、新疆。

14. 暗锥尾叩甲

【学名】*Agriotes obscurus*（Linnaeus）

【别名】黯金针虫。

【危害作物】小麦、玉米、高粱、马铃薯、花生、向日葵、亚麻、甜菜、烟草、瓜类、蔬菜。

【分布】山西、甘肃、新疆。

15. 农田锥尾叩甲

【学名】*Agriotes sputator*（Linnaeus）

【别名】大田金针虫。

【危害作物】小麦、玉米、瓜类、马铃薯、花生、向日葵、亚麻、甜菜、烟草、瓜类、蔬菜。

【分布】华北地区及新疆。

16. 细胸锥尾叩甲

【学名】*Agriotes subvittatus* Motschulsky

【危害作物】麦类、玉米、高粱、谷子、棉花、甘薯、甜菜、马铃薯、麻、蔬菜等。

【分布】黑龙江、吉林、内蒙古、河北、陕西、宁夏、甘肃、陕西、河南、山东等。

17. 褐纹梳爪叩甲

【学名】*Melanotus caudex* Lewis

【别名】铁丝虫、姜虫、金齿耙、叩头虫。

【危害作物】麦类、玉米、高粱、谷子、棉花、甘薯、甜菜、麻、马铃薯、蔬菜等。

【分布】河南、江西、山东、江苏、安徽、北京、天津、河北、山西、内蒙古、辽宁、吉林、黑龙江、新疆、陕西、甘肃。

18. 褐足梳爪叩甲

【学名】*Melanotus brunnipes* Germar

【危害作物】小麦、玉米、棉、牧草、高粱、马铃薯、花生、向日葵、玉米、亚麻、甜菜、烟草、瓜类、各种蔬菜。

【分布】新疆。

19. 褐梳爪叩甲

【学名】*Melanotus fusciceps* Gyllenhal

【危害作物】小麦、玉米、高粱、马铃薯、花生、向日葵、亚麻、玉米、甜菜、烟草、高粱、蔬菜。

【分布】新疆。

20. 沟叩头甲

【学名】*Pleonomus canaliculatus*（Faldermann）

【危害作物】麦类、玉米、高粱、谷子、棉花、甘薯、甜菜、马铃薯、麻类、蔬菜等。

【分布】河南、江西、山东、江苏、安徽、北京、天津、河北、山西、内蒙古、辽宁、吉林、黑龙江、新疆、陕西、甘肃。

瓢甲科 Coccinellidae

21. 甜菜瓢虫

【学名】*Bulaea lichatschovi*（Hummel）

【危害作物】甜菜、菠菜。

【分布】新疆。

拟步甲科 Tenebrionidae

22. 蒙古沙潜

【学名】*Gonocephalum reticulatum* Motschulsky

【危害作物】高粱、玉米、大豆、小豆、洋麻、亚麻、棉花、胡麻、甜菜、甜瓜、花生、梨、苹果、橡胶草；还在粮食仓库或其他储藏物品中为害，对杨树、榆树等叶芽的危害也有记载。

【分布】河北、山西、内蒙古、辽宁、黑龙江、山东、江苏、宁夏、甘肃、青海。

23. 欧洲沙潜

【学名】*Opatrum sabulosum*（Linnaeus）

【别名】网目拟步甲。

【危害作物】棉花、甜菜、果树幼苗、玉米、烟草、向日葵、瓜类、豆类、葡萄。

【分布】甘肃、新疆。

24. 沙潜

【学名】*Opatrum subaratum* Faldermann

【别名】拟步甲、类沙土甲、土截虫。

【危害作物】禾本科作物、豆类、瓜类、洋麻、亚麻、花生、甜菜、棉花、苗木等。

【分布】河南、江西、山东、河北、山西、内蒙古、辽宁、吉林、黑龙江、新疆、陕西、甘肃。

芫菁科 Meloidae

25. 中华豆芫菁

【学名】*Epicauta chinensis* Laporte

【别名】中国黑芫菁。

【危害作物】豆类、甜菜、马铃薯、棉花、玉米、苜蓿等。

【分布】内蒙古、宁夏、甘肃、北京、山西、陕西、山东、江苏、安徽、台湾、辽宁、吉林、黑龙江。

26. 黑头豆芫菁

【学名】*Epicauta dubia* Fabricius

【危害作物】马铃薯、玉米、糜子、甜菜、向日葵、苜蓿、南瓜。

【分布】河北、内蒙古、宁夏、甘肃。

27. 锯角豆芫菁

【学名】*Epicauta fabricii*（Le Conte）

【别名】白条芫菁。

【危害作物】大豆、花生等豆科作物、苘麻、高粱、玉米、甜菜、马铃薯、棉花、茄子。

【分布】湖北、湖南、河南、江西、山东、江苏、安徽、浙江、福建、河北、山西、内蒙古、辽宁、吉林、黑龙江、新疆、陕西、甘肃、四川、云南、贵州、广东、广西。

28. 台湾豆芫菁

【学名】*Epicauta formosensis* Wellman

【危害作物】甜菜、花生。

【分布】山东。

29. 大头豆芫菁

【学名】*Epicauta megalocephala* Gebler

【别名】小黑芫菁。

【危害作物】成虫危害甜菜、菠菜、大豆、马铃薯、苜蓿、花生、黄芪、锦鸡儿等，幼虫食蝗虫卵。

【分布】黑龙江、吉林、辽宁、内蒙古、北京、河北、河南、四川、宁夏、青海、甘肃。

30. 红头黑芫菁

【学名】*Epicauta sibirica* Pallas

【别名】西伯利亚豆芫菁。

【危害作物】成虫危害甜菜、豆类、马铃薯、玉米、南瓜、向日葵、苜蓿、黄芪等，幼虫食蝗虫卵。

【分布】黑龙江、内蒙古、宁夏、青海、河南、浙江、湖北、江西、广东、甘肃。

31. 凹胸豆芫菁

【学名】*Epicauta xanthusi* Kaszab

【危害作物】甜菜、马铃薯、蔬菜、苜蓿、玉米、南瓜、向日葵、糜子。

【分布】江苏、宁夏、四川、华北。

叶甲科 Chrysomelidae

32. 豆长刺萤叶甲

【学名】*Atrachya menetriesi*（Faldermann）

【别名】豆守瓜。

【危害作物】豆类、甜菜、瓜类、柳等。

【分布】黑龙江、吉林、内蒙古、甘肃、青海、河北、山西、江苏、浙江、江西、福建、广东、广西、四川、贵州、云南。

33. 蓼跳甲

【学名】*Chaetocnema concinna*（Marsham）

【别名】蓼凹胫跳甲。

【危害作物】甜菜、藜、荞麦、大黄、酸模。

【分布】湖北、江西、浙江、福建、广东、四川、贵州、黑龙江等。

34. 甜菜跳甲

【学名】*Chaetocnema discreta*（Baly）

【别名】甜菜凹胫跳甲。

【危害作物】甜菜。

【分布】东北。

35. 大猿叶虫

【学名】*Colaphellus bowringi*（Baly）

【别名】乌壳虫、菜无缘叶甲、白菜掌叶甲，幼虫俗称癞虫、弯腰虫。

【危害作物】油菜、白菜、芥菜、萝卜、芜菁、甘蓝等十字花科蔬菜和甜菜。

【分布】各油菜产区。

36. 黑条麦萤叶甲

【学名】*Medythia nigrobilineata*（Motschulsky）

【别名】黑条罗萤叶甲、二黑条萤叶甲、大豆异萤叶甲、二条黄叶甲、二条金花虫，俗称地蹦子。

【危害作物】甜菜、豆科作物、水稻、高粱、大麻、甜瓜、棉花等。

【分布】湖北、湖南、河南、江西、山东、江苏、安徽、浙江、福建、上海、北京、天津、河北、山西、内蒙古、辽宁、吉林、黑龙江、新疆、陕西、甘肃、四川、云南、贵州、重庆、广东、广西、海南。

37. 双斑长跗萤叶甲

【学名】*Monolepta hieroglyphica*（Motschulsky）

【别名】双斑萤叶甲、四目叶甲。

【危害作物】甜菜、棉花、玉米、甘草、高粱、谷子、豆类、十字花科蔬菜、马铃薯、茼蒿、杨柳等。

【分布】黑龙江、辽宁、吉林、内蒙古、宁夏、甘肃、新疆、河北、山西、陕西、江苏、浙江、湖北、江西、福建、台湾、广东、广西、四川、云南和贵州等地区。

38. 黄宽条跳甲

【学名】*Phyllotreta humilis* Weise

【危害作物】油菜、白菜、萝卜、芜菁、芸

薹、胡瓜、甜菜。

【分布】湖北、湖南、安徽、江苏、浙江、云南、贵州、四川、河北、山西、甘肃、宁夏、内蒙古、青海、新疆等省（市、自治区）。

39. 黄直条跳甲

【学名】*Phyllotreta rectilineata* Chen

【危害作物】油菜、白菜、甜菜等。

【分布】湖北、江西、江苏、浙江、河南、陕西、河北、内蒙古等。

40. 黄曲条跳甲

【学名】*Phyllotreta striolata*（Fabricius）

【别名】黄条跳蚤、亚麻跳甲。

【危害作物】油菜、白菜、萝卜、甜菜、瓜类等。

【分布】我国各油菜产区。

41. 中亚菜跳甲

【学名】*Phyllotreta turcmenica* Weise

【危害作物】油菜等十字花科蔬菜、甜菜。

【分布】新疆、内蒙古、西藏。

42. 黄狭条跳甲

【学名】*Phyllotreta vittula*（Redtenbacher）

【别名】黄窄条跳甲。

【危害作物】油菜、白菜、萝卜、甜菜、谷子、小麦、玉米、大麻、瓜类。

【分布】河南、河北、山东、甘肃、内蒙古、新疆等省（市、自治区）。

铁甲科 Hispidae

43. 黑条龟甲

【学名】*Cassida lineola* Creutzer

【危害作物】甜菜、蒿类。

【分布】内蒙古、山西、陕西、江苏、浙江、江西、湖北、福建、台湾、广东、广西、云南。

44. 甜菜大龟甲

【学名】*Cassida nebulosa* Linnaeus

【别名】甜菜大龟甲。

【危害作物】甜菜、莴苣、藜、苋、滨藜、旋花、蓟等。

【分布】黑龙江、吉林、辽宁、内蒙古、新疆、宁夏、西北、华东。

45. 甜菜小龟甲

【学名】*Cassida nobilis* Linnaeus

【别名】藜龟甲。

【危害作物】甜菜、藜属植物。

【分布】新疆。

象甲科 Curculionidae

46. 斑翅茎象甲

【学名】*Baris scolopacea* Germar

【别名】甜菜船象。

【危害作物】甜菜。

【分布】新疆。

47. 东方甜菜象

【学名】*Bothynoderes foveocollis* Gebler

【危害作物】甜菜。

【分布】甘肃、新疆。

48. 黑甜菜象

【学名】*Bothynoderes libitinarius* Faust

【别名】甜菜黑象。

【危害作物】甜菜、藜科杂草等。

【分布】新疆、青海、蒙古。

49. 甜菜象

【学名】*Bothynoderes punctiventris* Germar

【危害作物】甜菜、菠菜、白菜、甘蓝、瓜类、玉米、苋、藜等。

【分布】黑龙江、吉林、辽宁、北京、山东、河北、山西、内蒙古、宁夏、陕西、甘肃、新疆等省（区）。

50. 粗糙甜菜象

【学名】*Bothynoderes salebroscicollis* Fahraeus

【危害作物】甜菜。

【分布】甘肃、青海。

51. 三北甜菜象

【学名】*Bothynoderes securus* Faust

【危害作物】甜菜。

【分布】黑龙江、吉林、河北、山西、内蒙古、甘肃、宁夏、青海。

52. 大甜菜象

【学名】*Bothynoderes verrucosus* Gebler

【危害作物】甜菜。

【分布】山西、内蒙古、甘肃。

53. 短毛草象

【学名】*Chloebius psittacinus* Boheman

【危害作物】甜菜、甘草等。

【分布】内蒙古、宁夏、新疆、甘肃等。

54. 西伯利亚绿象

【学名】*Chlorophanus sibiricus* GyIlenhal

【别名】杨柳青象甲。

【危害作物】苹果、柳、杨、甜菜。

【分布】东北地区及青海、宁夏、陕西、内蒙古、北京、河北、山西、四川、甘肃。

55. 二斑尖眼象

【学名】*Chromonotus bipunctatus* Zoubkoff

【危害作物】甜菜等。

【分布】新疆、黑龙江、吉林、北京、山西、内蒙古、甘肃、青海。

56. 黑斜纹象

【学名】*Chromoderus declivis* Olivier

【别名】条纹象甲、黑条象。

【危害作物】甜菜。

【分布】黑龙江、吉林、辽宁、河北、北京、山西、内蒙古、甘肃、新疆。

57. 中国方喙象

【学名】*Cleonus freyi* Zumpt

【危害作物】甜菜。

【分布】黑龙江、北京、山西、陕西、内蒙古、甘肃。

58. 欧洲方喙象

【学名】*Cleonus piger* Scopoli

【危害作物】甜菜、甜叶菊、沙枣、水飞蓟等。

【分布】黑龙江、辽宁、内蒙古、甘肃、新疆、北京、河北、山西、陕西、四川。

59. 锥喙筒喙象

【学名】*Lixus fairmairei* Faust

【危害作物】甜菜。

【分布】黑龙江、河北、北京、山西、内蒙古、宁夏、甘肃。

60. 油菜筒喙象

【学名】*Lixus ochraceus* Boheman

【危害作物】甜菜、油菜、白菜、萝卜、芥菜、甘蓝等。

【分布】内蒙古、辽宁、北京、河北、山西、江西等省区。

61. 甜菜黄色茎象甲

【学名】*Lixus* sp.

【危害作物】甜菜、菠菜等藜科植物。

【分布】东北、内蒙古、新疆。

62. 甜菜筒喙象

【学名】*Lixus subtilis* Boheman

【危害作物】甜菜、苋菜、灰菜。

【分布】新疆、黑龙江、吉林、辽宁、北京、山东、河北、陕西、甘肃、上海、江苏、安徽、浙江、江西、湖南、四川等。

63. 甜菜长柄象

【学名】*Mesagroicus angustirostris* Faust.

【危害作物】甜菜、玉米、大豆等。

【分布】黑龙江、吉林、甘肃、山西、内蒙古、河北。

64. 脊翅小粒象

【学名】*Pachycerus costatulus* Faust

【危害作物】甜菜。

【分布】吉林、河北、北京、内蒙古。

65. 长角毛足象

【学名】*Phacephorus decipiens* Faust

【危害作物】甜菜。

【分布】甘肃（文县、康县）、青海。

66. 甜菜毛足象

【学名】*Phacephorus umbratus* Faldermann

【别名】甜菜灰色小象鼻虫。

【危害作物】甜菜等。

【分布】河北、山西、甘肃、内蒙古。

67. 短角毛足象

【学名】*Phacephorus vills* Fahraeus

【危害作物】甜菜。

【分布】河北、内蒙古、甘肃、青海。

68. 二脊象

【学名】*Plcurocleonus sollicitus* Gyllenhyl

【危害作物】甜菜等。

【分布】黑龙江、吉林、河北、北京、内蒙古、甘肃。

69. 北京灰象

【学名】*Sympiezomias herzi* Faust

【危害作物】甜菜、马铃薯、大豆等。

【分布】黑龙江、吉林、河北、北京、山东、山西、陕西、甘肃。

70. 大灰象甲

【学名】*Sympiezomias velatus*（Chevrolat）

【危害作物】大豆、花生、甜菜、棉花、烟草、高粱、马铃薯、瓜类、芝麻、豆类、苹果、梨、柑橘、核桃、板栗等果林苗木等。

【分布】湖北、湖南、河南、江西、山东、江苏、安徽、浙江、福建、上海、北京、天津、河北、山西、内蒙古、辽宁、吉林、黑龙江、新疆、陕西、甘肃、四川、云南、贵州、重庆、广东、广西、海南。

71. 黄褐纤毛象

【学名】*Tanymecus urbanus* Gyllenhyl

【危害作物】甜菜、榆、杨、柳等。

【分布】北京、内蒙古、河南、河北、宁夏、甘肃、青海、新疆、云南。

72. 灰斑纤毛象

【学名】*Tanymecus variegatus* Gebler

【危害作物】甜菜等。

【分布】甘肃、新疆。

73. 粉红锥喙象

【学名】*Temnorhinus conirostris*（Gebler）

【别名】粉红锥灰象甲。

【危害作物】甜菜。

【分布】内蒙古、甘肃。

74. 蒙古土象

【学名】*Xylinophorus mongolicus* Faust

【别名】象鼻虫、灰老道、放牛小。

【危害作物】棉、麻、谷子、玉米、花生、大豆、向日葵、高粱、烟草、苹果、梨、核桃、桑、槐、甜菜、各种蔬菜。

【分布】黑龙江、吉林、辽宁、河北、山西、山东、江苏、内蒙古、甘肃等地。

75. 北京土象

【学名】*Xylinophorus pallidosparsus* Fairmaire

【危害作物】甜菜等。

【分布】河北、山西。

（六）鳞翅目 Lepidoptera

螟蛾科 Pyralidae

1. 草地螟

【学名】*Loxostege sticticalis*（Linnaeus）

【别名】黄绿条螟、甜菜网螟、网锥额蚜螟。

【危害作物】甜菜、大豆、向日葵、亚麻、高粱、豌豆、扁豆、瓜类、甘蓝、马铃薯、茴香、胡萝卜、葱、洋葱、玉米等。

【分布】吉林、内蒙古、黑龙江、宁夏、甘肃、青海、河北、山西、陕西、江苏等省（区）。

2. 亚洲玉米螟

【学名】*Ostrinia furnacalis*（Guenée）

【危害作物】玉米、高粱、谷子、小麦、麻类、棉花、豆类、甘蔗、甜菜、辣椒、茄子、苹果等。

【分布】湖北、湖南、河南、江西、山东、江苏、安徽、浙江、福建、上海、北京、天津、河北、山西、内蒙古、辽宁、吉林、黑龙江、新疆、陕西、甘肃、四川、云南、贵州、重庆、广东、广西、海南。

3. 甜菜青野螟

【学名】*Spoladea recurvalis*（Fabricius）

【别名】甜菜白带螟、甜菜叶螟、白带螟蛾、青布袋、甜菜螟 。

【危害作物】甜菜、苋菜、黄瓜、大豆、玉米、甘薯、青椒、辣椒、藜、甘蔗、茶、向日葵等。

【分布】黑龙江、吉林、辽宁、内蒙古、宁夏、青海、陕西、山西、北京、河北、山东、安徽、江苏、上海、浙江、江西、福建、台湾、湖南、湖北、广东、广西、贵州、重庆、四川、云南、西藏。

夜蛾科 Noctuidae

4. 警纹地老虎

【学名】*Agrotis exclamationis*（Linnaeus）

【别名】警纹夜蛾、警纹鸣夜蛾。

【危害作物】甜菜、油菜、萝卜、马铃薯、大葱、苜蓿、胡麻。幼虫在土中钻入薯块、块根、葱茎等内部危害。

【分布】内蒙古、甘肃、宁夏、新疆、西藏、青海等省（区）。

5. 小地老虎

【学名】*Agrotis ipsilon*（Rottemberg）

【别名】地蚕、切根虫、土蚕、黑土蚕、黑地蚕。

【危害作物】主要危害甜菜、玉米、高粱、棉花、烟草、马铃薯和蔬菜等。

【分布】分布很广，遍及全国各地。

6. 黄地老虎

【学名】*Agrotis segetum*（Denis & Schiffermüller）

【别名】芜菁地老虎。

【危害作物】甜菜、菠菜、茄科、豆科、十字花科、百合科及莴苣、荠菜、茴香、芝麻、谷子、玉米、高粱、棉花、烟草等作物。

【分布】黑龙江、吉林、辽宁、内蒙古、新疆、青海、北京、河北、天津、河南、山西、山东、安徽、浙江、江苏、湖北、湖南、江西都有分布，以北方各省较多。

7. 银纹夜蛾

【学名】*Argyrogramma agnata*（Staudinger）

【别名】黑点银纹夜蛾、豆银纹夜蛾、桥虫、菜步曲、豆尺蠖。

【危害作物】甜菜、油菜、甘蓝、花椰菜、白菜、萝卜等十字花科蔬菜，豆类作物，以及菊花、美人蕉、一串红等。

【分布】全国各地。

8. 丫纹夜蛾

【学名】*Autographa gamma*（Linnaeus）

【危害作物】豌豆、白菜、甘蓝、大豆、苜蓿、甜菜、玉米、小麦。

【分布】甘肃、宁夏、新疆。

9. 旋幽夜蛾

【学名】*Discestra trifolii*（Hüfnagel）

【别名】三叶草夜蛾、藜夜蛾。

【危害作物】甜菜、菠菜、灰藜、野生白藜、苘麻、棉花、甘蓝、白菜、大豆、豌豆等。

【分布】吉林、甘肃、内蒙古、新疆、青海、宁夏、北京、辽宁、陕西、西藏、河北等。

10. 白边地老虎

【学名】*Euxoa oberthuri*（Leech）

【别名】白边切夜蛾、白边切根虫。

【危害作物】甜菜、谷子、玉米、苜蓿、牧草、杨、柳、粟、高粱、苦荬菜、苍耳、车前及多种苗木等。

【分布】黑龙江、吉林、青海、宁夏、内蒙古、河北、四川、云南、西藏等。

11. 苜蓿夜蛾

【学名】*Heliothis viriplaca*（Hüfnagel），异名：*Heliothis dipsacea*（Linnaeus）

【别名】大豆叶夜蛾。

【危害作物】甜菜、豌豆、大豆、向日葵、麻类、棉、烟草、马铃薯及绿肥作物等。

【分布】东北、西北、华北及华中各省区及江苏、云南、四川、西藏等。

12. 谷黏虫

【学名】*Leucania zeae*（Duponchel）

【危害作物】玉米、高粱、谷子、甘蔗、水稻、甜菜、胡萝卜。

【分布】新疆。

13. 甘蓝夜蛾

【学名】*Mamestra brassicae*（Linnaeus）

【别名】甘蓝夜盗虫、菜夜蛾、地蚕。

【危害作物】甜菜、棉花、亚麻、桑、松、紫苏、葡萄、甘蓝、花椰菜、白菜、油菜、萝卜、茄子、瓜类、豆类、荞麦、烟草、玉米、高粱、大黄属、藜、大麻、牧草及其他十字花科蔬菜。

【分布】黑龙江、吉林、辽宁、新疆、青海、宁夏、陕西、内蒙古、河北、河南、山西、山东、安徽、江苏、浙江、湖北、湖南、广西、四川、甘肃、西藏等。

14. 红棕灰夜蛾

【学名】*Polia illoba*（Butler）

【危害作物】桑、甜菜、大豆、棉花、苜蓿、豌豆、荞麦、萝卜、葱。

【分布】河北、黑龙江、江西、宁夏。

15. 白肾灰夜蛾

【学名】*Polia persicariae*（Linnaeus）

【危害作物】桑、甜菜、大豆、豌豆、萝卜、葱、柳、桦、楸。

【分布】河北、辽宁、黑龙江、新疆、四川、贵州。

16. 甜菜夜蛾

【学名】*Spodoptera exigua*（Hübner）

【别名】贪夜蛾、白菜褐夜蛾、玉米叶夜蛾。

【危害作物】甜菜、大葱、甘蓝、大白菜、芹菜、菜花、胡萝卜、芦笋、蕹菜、苋菜、辣椒、豇豆、花椰菜、茄子、芥兰、番茄、菜心、小白菜、青花菜、菠菜、萝卜等蔬菜。

【分布】广布全国各地。

17. 斜纹夜蛾

【学名】*Spodoptera litura*（Fabricius）

【别名】莲纹夜蛾、夜盗虫、乌头虫。

【危害作物】棉花、甘薯、芋、莲、大豆、花生、烟草、甜菜、油菜及十字花科、茄科蔬菜等。

【分布】湖北、湖南、河南、江西、山东、江苏、安徽、浙江、福建、上海、北京、天津、河北、山西、内蒙古、辽宁、吉林、黑龙江、新疆、陕西、甘肃、四川、云南、贵州、重庆、广东、广西、海南。

18. 八字地老虎

【学名】*Xestia c-nigrum*（Linnaeus），异名：*Agrotis c-nigrum* Linnaeus

【别名】八字切根虫。

【危害作物】甜菜、粮食作物、蔬菜、棉花、烟草、雏菊、百日草、菊花、杨、柳、悬铃木等。

【分布】全国各地，东北和西南发生较多。

灯蛾科 Arctiidae

19. 尘污灯蛾

【学名】*Spilarctia obliqua*（Walker）

【危害作物】桑、棉花、花生、甜菜、甘薯、豆类、玉米、黄麻、萝卜、柳、茶。

【分布】江苏、福建、四川、云南。

20. 星白雪灯蛾

【学名】*Spilosoma menthastri*（Esper）

【危害作物】桑、甜菜、薄荷、蒲公英、蓼。

【分布】东北地区及江苏、湖北、陕西、四川、贵州。

（七）双翅目 Diptera

潜蝇科 Agromyzidae

1. 豌豆彩潜蝇

【学名】*Chromatomyia horticola*（Goureau）

【危害作物】马铃薯、豆类、苜蓿、亚麻、油菜、十字花科蔬菜、甜菜、瓜类。

【分布】东北、河北、山西、内蒙古、台湾、浙江、福建、江西、湖北、广西、河南、四川。

2. 南美斑潜蝇

【学名】*Liriomyza huidobrensis*（Blanchard）

【危害作物】芹菜、莴苣、茼蒿、甜菜、菠菜、牛皮菜、瓜类、豆类、洋葱、大蒜、甘蓝、辣椒、番茄、烟草、马铃薯、亚麻、菊、夹竹桃等。

【分布】云南、贵州、四川、甘肃、宁夏、青海、山东、河北等地。

斑蝇科 Otitidae

3. 甜菜斑蝇

【学名】*Tetanops* sp.

【别名】菜根蛆、甜菜直颜斑蝇、甘蓝夜盗虫 。

【危害作物】甜菜、甘蓝、油菜、白菜等十字花科植物。

【分布】东北地区及内蒙古、宁夏、四川、新疆等。

花蝇科 Anthomyiidae

4. 肖藜泉蝇

【学名】*Pegomya cunicularia*（Rondani）

【别名】菠菜潜叶蝇。

【危害作物】甜菜、菠菜等藜科植物、茄科、石竹科植物。

【分布】新疆、青海、内蒙古、北京、河北、上海、江苏、江西、湖南等。

5. 菠菜泉蝇

【学名】*Pegomyia hyoscyami*（Panzer）

【别名】藜泉蝇、甜菜潜叶蝇。

【危害作物】甜菜等藜科、蓼科植物。

【分布】华北、东北、西北、江苏、湖南等省区。

蛛形纲 Arachnida

蜱螨目 Acarina

叶螨科 Tetranychidae

1. 朱砂叶螨

【学名】*Tetranychus cinnabarinus*（Boisduval）

【别名】甜菜叶螨、红蜘蛛。

【危害作物】甜菜、玉米、棉花、大豆、向日葵、瓜菜类等。

【分布】河北、北京、河南、辽东、江苏、广东、广西、新疆等地。

2. 截形叶螨

【学名】*Tetranychus truncatus* Ehara

【别名】棉红蜘蛛、棉叶螨。

【危害作物】棉花、甜菜、玉米、豆类、瓜类、茄子等。

【分布】北京、河北、河南、山东、山西、陕西、甘肃、青海、新疆、江苏、安徽、湖北、广东、广西、台湾等省（市、区）。

3. 土耳其斯坦叶螨

【学名】*Tetranychus turkestani*（Ugarov *et* Nikolski）

【危害作物】梨、棉花、高粱、草莓、豆类、玉米、马铃薯、荠菜、茄子、蕹菜、旋花、萝卜、白菜、黄瓜、苹果、葡萄、啤酒花等。

【分布】新疆。

4. 二斑叶螨

【学名】*Tetranychus urticae* Koch

【别名】二点叶螨、叶锈螨、棉红蜘蛛、普通叶螨。

【危害作物】大豆、花生、玉米、高粱、棉花、麻、烟草、甜菜、瓜类以及蔬菜和苹果、梨、桃等果木。

【分布】全国各地均有分布。

第十二章　柑橘有害生物名录

第一节　柑橘病害

一、真菌病害

1. 柑橘脚腐病

【病原】寄生疫霉 *Phytophthora parasitica* Dastur，柑橘褐腐疫霉 *Phytophthora citrophthora* Leonian 和辣椒疫霉 *Phytophthora capsici* Leonian，均属卵菌，其中以寄生疫霉和柑橘褐腐疫霉为主。

【别名】裙腐病。

【为害部位】根颈部。

【分布】浙江、福建、广西、广东、湖南、湖北、重庆、四川、江西、云南、贵州、海南、陕西、上海、台湾。

2. 柑橘褐腐病

【病原】柑橘褐腐疫霉 *Phytophthora citrophthora* Leonian、柑橘生疫霉 *Phytophthora citricola* Saw 和烟草疫霉 *Phytophthora nicotianae* Bread de Haan，还有寄生疫霉 *Phytophthora parasitica* Dastur，属卵菌。

【别名】褐色腐败病。

【为害部位】果实。

【分布】浙江、福建、广西、广东、湖南、湖北、重庆、四川、江西、云南、贵州、海南、陕西、上海、台湾。

3. 柑橘酸腐病

【病原】酸橙节卵孢 *Oospora citri-aurantii* Sacc. *et* Syd.，属无性型真菌。也有报道称病原为柑橘褐腐疫霉 *Phytophthora citrophthora*（R. *et* E. Smith）Leon，属卵菌。

【别名】白霉病、湿塌烂、杨梅烂。

【为害部位】果实。

【分布】浙江、福建、广西、广东、湖南、湖北、重庆、四川、江西、云南、贵州、海南、陕西、上海、台湾。

4. 柑橘煤烟病

【病原】柑橘煤炱菌 *Capnodium citri* Berk. *et* Desm，刺盾炱菌 *Chaetothyrium spinigerum*（Hohn.）Yamam 和巴特勒小煤炱菌 *Meliola butleri* Syd，均属子囊菌，其中以柑橘煤炱为主。

【别名】煤污病。

【为害部位】枝条、叶片、果实。

【分布】浙江、福建、广西、广东、湖南、湖北、重庆、四川、江西、云南、贵州、海南、陕西、上海、台湾。

5. 柑橘膏药病

【病原】柑橘生隔担耳 *Septobasidium citricolum* Saw.，属担子菌。

【为害部位】干枝。

【分布】福建、台湾、湖南、广东、广西、四川、贵州、浙江、江苏。

6. 柑橘黄斑病

【病原】*Stenella citri-grisea*（Fisher）Sivanesan，叶点霉 *Phyllosticta* sp.，均为柑橘黄斑病菌的无性型，属无性型真菌。有性型为柑橘球腔菌 *Mycosphaerella citri* Whiteside，属子囊菌。

【别名】脂斑病、脂点黄斑病、褐色小圆星病。

【为害部位】叶片、果实。

【分布】浙江、福建、广西、广东、湖南、湖北、重庆、四川、江西、云南、贵州、海南、陕西、上海、台湾。

7. 柑橘黑斑病

【病原】柑橘叶点霉 *Phoma citricarpa* McAlpine，属无性型真菌。有性型为 *Guignardia citricarpa* Kiely，属子囊菌。

【别名】柑橘黑星病。

【为害部位】枝条、叶片、果实。

【分布】福建、广东、广西、四川、云南、重庆、浙江。

8. 柑橘疮痂病

【病原】柑橘痂圆孢 *Sphaceloma fawcettii* Jenkins，属无性型真菌。

【别名】癞头疤、钉子果、疥疮疤、麻壳。

【为害部位】叶片、果实。

【分布】浙江、福建、广西、广东、湖南、湖北、重庆、四川、江西、云南、贵州、海南、陕西、上海、台湾。

9. 柑橘炭疽病

【病原】胶孢炭疽菌 *Colletotrichum gloeosporioides*（Penz.）Sacc. 和尖孢炭疽菌 *Colletotrichum acutatum* Simmonds，属无性型真菌。

【别名】爆皮果。

【为害部位】新梢、叶片、果实。

【分布】浙江、福建、广西、广东、湖南、湖北、重庆、四川、江西、云南、贵州、海南、陕西、上海、台湾。

10. 柑橘树脂病

【病原】柑橘拟茎点霉 *Phomopsis citri* Fawcett，属无性型真菌。

【别名】蒂腐病、沙皮病、黑点病、流胶病。

【为害部位】枝条、叶片、果实。

【分布】浙江、福建、广西、广东、湖南、湖北、重庆、四川、江西、云南、贵州、海南、陕西、上海、台湾。

11. 柑橘白粉病

【病原】橡胶树粉孢 *Oidium heveae* Steinmann，属无性型真菌。

【为害部位】嫩梢、叶片、幼果。

【分布】浙江、福建、广西、广东、湖南、湖北、重庆、四川、江西、云南、贵州、海南、上海。

12. 柑橘苗木立枯病

【病原】茄丝核菌 *Rhizoctonia solani* Kühn，属无性型真菌，寄生疫霉 *Phytophotora parasitica* Dastur，属卵菌。

【为害部位】幼苗靠近地表的茎基部。

【分布】浙江、福建、广西、广东、湖南、湖北、重庆、四川、江西、云南、贵州、海南、陕西、上海、台湾。

13. 柑橘褐斑病

【病原】链格孢 *Alternaria alternata*（Fr.）Keissl.，属无性型真菌。

【别名】干疤病。

【为害部位】叶片、果实。

【分布】重庆、湖南、广西。

14. 柑橘流胶病

【病原】种类复杂，有疫霉属 *Phytophthora*，镰孢属 *Fusarium*，拟茎点霉属 *Phomopsis*，腐霉属 *Pythium* 和链格孢属 *Alternaria*。

【别名】树脂病。

【为害部位】枝条、根颈部。

【分布】浙江、福建、广西、广东、湖南、湖北、重庆、四川、江西、云南、贵州、海南、陕西、上海、台湾。

15. 柑橘青霉病

【病原】意大利青霉 *Penicillium italicum* Wehmer，属无性型真菌。

【为害部位】果实。

【分布】浙江、福建、广西、广东、湖南、湖北、重庆、四川、江西、云南、贵州、海南、陕西、上海、台湾。

16. 柑橘绿霉病

【病原】指状青霉 *Penicillium digitatum* Saccardo，属无性型真菌。

【为害部位】果实。

【分布】浙江、福建、广西、广东、湖南、湖北、重庆、四川、江西、云南、贵州、海南、陕西、上海、台湾。

17. 柑橘黑色蒂腐病

【病原】蒂腐色二孢 *Diplodia natalensis* Evans，属无性型真菌。有性型为柑橘囊孢壳 *Physalospora rhodina* Berk. & Curt，属子囊菌。

【别名】焦腐病、穿心烂。

【为害部位】果实。

【分布】浙江、福建、广西、广东、湖南、湖北、重庆、四川、江西、云南、贵州、海南、陕西、上海、台湾。

18. 柑橘褐色蒂腐病

【病原】柑橘拟茎点霉 *Phomopsis citri* Fawcett，属无性型真菌。有性型为柑橘间座壳菌 *Diaporthe citri*（Fawcett）Wolf，属子囊菌。

【别名】黑点病。

【为害部位】果实。

【分布】浙江、福建、广西、广东、湖南、湖北、重庆、四川、江西、云南、贵州、海南、陕西、上海、台湾。

19. 柑橘黑腐病

【病原】柑橘链格孢 *Alternaria citri* Ell. *et* Pierce，属无性型真菌。

【别名】黑心病。

【为害部位】果实。

【分布】浙江、福建、广西、广东、湖南、湖北、重庆、四川、江西、云南、贵州、海南、陕西、上海、台湾。

20. 柑橘灰霉病

【病原】灰葡萄孢 *Botrytis cinerea* Pers. ex Fr.，属无性型真菌。有性型为富氏葡萄核盘菌 *Botryotinia fuckeliana*（de Bary）Whetz.。

【为害部位】嫩叶、幼梢、花瓣。

【分布】我国各柑橘产区多有发生。

二、细菌病害

1. 柑橘黄龙病

【病原】变形菌门α-变形菌纲根瘤菌目根瘤菌科中的韧皮部杆菌属细菌的3个种：*Candidatus Liberibacter asiaticus* Jagoueix *et al.*（亚洲种），*Candidatus Liberibacter africanus* Jagoueix *et al.*（非洲种）和 *Candidatus Liberibacter americanus* Teixeira *et al.*（美洲种）。在我国流行的黄龙病病原为 *Candidatus Liberibacter asiaticus*。

【为害部位】茎、叶片、花、果。

【分布】广东、福建、广西、云南、浙江、江西、湖南、贵州、四川、云南。

2. 柑橘溃疡病

【病原】地毯草黄单胞菌柑橘变种 *Xanthomonas axonopodis* pv. *citri*（Hansse）Vauterin *et al.*

【为害部位】叶片、枝梢、果实。

【分布】广东、广西、福建、浙江、江西、广西、湖南、贵州、云南、四川、重庆、湖北。

三、病毒病害

1. 柑橘衰退病

【病原】柑橘衰退病毒 *Citrus tristeza virus*，为长线形病毒属成员。

【别名】速衰病、茎陷点病。

【为害部位】茎干、叶片、果实。

【分布】浙江、福建、广西、广东、湖南、湖北、重庆、四川、江西、云南、贵州、海南、陕西、上海、台湾。

2. 柑橘碎叶病

【病原】柑橘碎叶病毒 *Citrus tatter leaf virus*，为发形病毒属成员。

【别名】枳橙矮化病。

【为害部位】茎干、叶片、果实。

【分布】浙江、台湾、广东、广西、福建、湖南、湖北、四川、江西、重庆、湖北。

3. 温州蜜柑萎缩病

【病原】温州蜜柑萎缩病毒 *Satsuma dwarf virus*，为温州蜜柑萎缩病病毒属成员。

【为害部位】茎干、叶片、果实。

【分布】浙江。

四、类病毒病害

1. 柑橘裂皮病

【病原】柑橘类病毒 *Ctrus exocortis viroid*，为马铃薯纺锤形块茎类病毒属成员。

【别名】剥皮病。

【为害部位】茎干、叶片、果实。

【分布】浙江、福建、广西、广东、湖南、湖北、重庆、四川、江西、云南、贵州、海南、陕西、上海、台湾。

2. 木质陷孔病

【病原】木质陷孔病类病毒 *Citrus cachexia viroid* = *Hop stunt viroid*，为啤酒花矮化类病毒属成员。

【为害部位】茎干、叶片、果实。

【分布】湖南、四川、重庆、贵州、江西。

五、线虫病害

1. 柑橘根结线虫病

【病原】柑橘根结线虫 *Meloidogyne citri*，闽南根结线虫 *Meloidogyne mingnica*，短小根结线虫 *Meloidogyne exigua*，苹果根结线虫 *Meloidogyne mali* Itoh. Ohshima *et* Ichinohe，均属根结线虫属，其中以柑橘根结线虫为主。

【为害部位】根。

【分布】海南、江西、四川、福建、湖北、广西、湖南、云南、广东。

2. 柑橘根线虫病

【病原】柑橘半穿刺根线虫 *Tylenchulus semipenetrans* Cobb，为半穿刺线虫属成员。

【为害部位】根。

【分布】四川、湖南、云南。

第二节 柑橘害虫

一、节肢动物门 Arthropoda

昆虫纲 Insecta

（一）直翅目 Orthoptera

蟋蟀科 Gryllidae

1. 双斑蟋

【学名】*Gryllus bimaculatus*（De Geer）

【别名】蔗黑蟋蟀。

【危害作物】水稻、甘薯、棉花、亚麻、茶、甘蔗、绿肥作物、菠菜、柑橘、梨、桃。

【分布】江西、福建、台湾、广东。

2. 花生大蟋

【学名】*Tarbinskiellus portentosus*（Lichtenstein）

【危害作物】柑橘。

【分布】台湾、广东。

蝼蛄科 Gryllotalpidae

3. 东方蝼蛄

【学名】*Gryllotalpa orientalis* Burmeister

【别名】非洲蝼蛄、小蝼蛄、拉拉蛄、地拉蛄。

【危害作物】麦、稻、粟、玉米、甘蔗、棉花、豆类、马铃薯、花生、大麻、黄麻、甜菜、烟草、蔬菜、苹果、梨、柑橘等。

【分布】北京、天津、河北、内蒙古、黑龙江、江苏、浙江、安徽、山东、河南、湖北、重庆、四川、贵州、云南、陕西、甘肃、青海、宁夏、新疆。

锥头蝗科 Pyrgomorphidae

4. 拟短额负蝗

【学名】*Atractomorpha ambigua* Bolivar

【危害作物】水稻、谷子、高粱、玉米、大麦、豆类、马铃薯、甘薯、麻类、甘蔗、桑、茶、甜菜、烟草、蔬菜、苹果、柑橘等。

【分布】辽宁、华北、华东、台湾、湖北、湖南、陕西、甘肃。

5. 长额负蝗

【学名】*Atractomorpha lata*（Motschulsky）

【危害作物】水稻、小麦、玉米、高粱、大豆、棉花、甘蔗、茶、烟草、桑、甜菜、白菜、甘蓝、茄、草莓、柑橘。

【分布】河北、山西、山东、江苏、浙江、台湾、江西、湖南、陕西、四川。

6. 赤翅负蝗

【学名】*Atractomorpha psittacina*（De Haan）

【危害作物】高粱、甘蔗、甜菜、柑橘。

【分布】河北、台湾、广东。

7. 短额负蝗

【学名】*Atractomorpha sinensis* Bolivar

【危害作物】水稻、玉米、高粱、谷子、小麦、棉花、大豆、芝麻、花生、黄麻、蓖麻、甘蔗、甘薯、马铃薯、烟草、蔬菜、茶、柑橘。

【分布】华南、华北地区及辽宁、湖北、陕西。

斑腿蝗科 Catantopidae

8. 棉蝗

【学名】*Chondracris rosea*（De Geer）

【危害作物】水稻、高粱、谷子、棉花、花生、苎麻、甘蔗、柑橘、刺槐、茶。

【分布】河北、山西、山东、台湾、江苏、浙江、江西、福建、湖南、广西、海南、陕西、四川。

9. 长翅稻蝗

【学名】*Oxya velox*（Fabricius）

【危害作物】水稻、麦、玉米、甘薯、甘蔗、棉花、菜豆、柑橘、苹果、菠萝。

【分布】全国各地均有分布。

10. 日本黄脊蝗

【学名】*Patanga japonica*（I. Bolivar）

【危害作物】甘蔗、玉米、高粱、水稻、小麦、甘薯、大豆、棉花、油菜、柑橘等。

【分布】河北、山西、山东、江苏、浙江、安徽、江西、福建、广东、广西、台湾、四川、云南、甘肃。

斑翅蝗科 Oedipodidae

11. 花胫绿纹蝗

【学名】*Aiolopus tamulus*（Fabricius）

【别名】花尖翅蝗。

【危害作物】柑橘、小麦、玉米、甘蔗、高粱、水稻、棉花、大豆、茶。

【分布】北京、河北、内蒙古、辽宁、山东、安徽、江苏、浙江、江西、湖北、福建、台湾、广西、广东、陕西、宁夏、四川。

12. 白带车蝗

【学名】*Gastrimargus transversus* Thunberg

【危害作物】甘蔗、柑橘。

【分布】江苏、福建、台湾、湖南、陕西。

13. 东亚飞蝗

【学名】*Locusta migratoria manilensis*（Meyen）

【危害作物】小麦、玉米、高粱、粟、水稻、稷、柑橘等。

【分布】各柑橘产区均有分布。

剑角蝗科 Acrididae

14. 中华剑角蝗

【学名】*Acrida cinerea*（Thunberg）

【别名】中华蚱蜢。

【危害作物】高粱、小麦、水稻、棉花、玉米、甘蔗、大豆、花生、柑橘、梨、亚麻、烟草、茶。

【分布】全国各地均有分布。

15. 圆翅螇蚸蝗

【学名】*Gelastorhinus rotundatus* Shiraki

【危害作物】水稻、甘蔗、柑橘。

【分布】山东、江苏、台湾、广东、香港。

（二）等翅目 Isoptera

鼻白蚁科 Rhinotermitidae

1. 家白蚁

【学名】*Coptotermes formosanus* Shiraki

【别名】台湾乳白蚁。

【危害作物】橡胶、柑橘、甘蔗等。

【分布】北京、河南、江苏、海南、西藏、安徽、浙江、江西、湖北、湖南、四川、重庆、贵州、台湾、福建、广东、广西、云南、山西、山东、陕西、河北。

白蚁科 Termitidae

2. 土垅大白蚁

【学名】*Macrotermes annandalei*（Silvestri）

【危害作物】甘蔗、木薯、红薯、花生、茶、柑橘、荔枝、龙眼、杉、松、桉树。

【分布】广西、广东、海南、云南。

3. 黑翅土白蚁

【学名】*Odontotermes formosanus*（Shiraki）

【别名】黑翅大白蚁、台湾黑翅螱。

【危害作物】甘蔗、小麦、茶、柑橘、梨、桃、蓖麻、松、刺槐、柳等。

【分布】河南、江苏、海南、西藏、安徽、浙江、江西、湖北、湖南、四川、重庆、贵州、台湾、福建、广东、广西、云南、山西、山东、陕西、河北。

（三）缨翅目 Thysanoptera

蓟马科 Thripidae

1. 豆带巢蓟马

【学名】*Caliothrips fasciatus*（Pergande）

【别名】豆蓟马。

【危害作物】玉米、甘薯、马铃薯、豆类、棉、甘蓝、萝卜、柑橘、苹果、梨、葡萄。

【分布】福建、湖北、四川。

2. 丽花蓟马

【学名】*Frankliniella intonsa* Trybom

【别名】台湾蓟马。

【危害作物】柑橘、茶树、苜蓿、紫云英、棉花、玉米、水稻、小麦、豆类、瓜类、番茄、辣椒、甘蓝、白菜等蔬菜及花卉。

【分布】台湾、福建、广东、云南、贵州、湖南、江西、浙江、江苏、安徽、湖北、河南、西藏。

3. 温室阳蓟马

【学名】*Heliothrips haemorrhoidalis*（Bouche）

【危害作物】核桃、棉花、茶、桑、槟榔、桃、柑橘、咖啡、葡萄。

【分布】福建、台湾、广西、广东、四川。

4. 端大蓟马

【学名】*Megalurothrips distalis*（Karny）

【别名】花生蓟马、豆蓟马、紫云英蓟马、端带蓟马。

【危害作物】油菜、花生、大豆、苜蓿、水稻、小麦、玉米、向日葵、烟草、柑橘、大麻等。

【分布】中国主要分布于东北、华北、西北和湖北、江苏、浙江、安徽、山东等地。

5. 柑橘硬蓟马

【学名】*Scirtothrips citri*（Moulton）

【危害作物】柑橘。

【分布】上海、江西、四川、福建、湖北、浙江、广西、湖南、贵州、云南、广东等地。

6. 茶黄硬蓟马

【学名】*Scirtothrips dorsalis* Hood

【别名】茶叶蓟马。

【危害作物】茶、花生、葡萄、芒果、山茶、柑橘等。

【分布】浙江、四川、湖北、湖南、云南等地。

7. 八节黄蓟马

【学名】*Thrips flavidulus*（Bagnall）

【危害作物】小麦、青稞、白菜、油菜、向日葵、棉花、葱、芹菜、蚕豆、马铃薯、柑橘、洋槐、松、苦楝等。

【分布】河北、辽宁、江苏、浙江、福建、台湾、江西、山东、湖南、湖北、海南、广西、四川、贵州、云南、陕西、宁夏、西藏。

8. 黄蓟马

【学名】*Thrips flavus* Schrank

【别名】菜田黄蓟马、忍冬蓟马、节瓜蓟马、亮蓟马。

【危害作物】麦类、水稻、烟草、大豆、棉花、苜蓿、甘蓝、油菜、瓜类、枣、柑橘、山楂等。

【分布】吉林、辽宁、内蒙古、宁夏、新疆、山西、河北、河南、山东、安徽、江苏、浙江、福建、湖北、湖南、上海、江西、广东、海南、广西、贵州、云南。

9. 黄胸蓟马

【学名】*Thrips hawaiiensis*（Morgan）

【危害作物】油菜、白菜、南瓜、大豆、茶、玉米、甘薯、菜豆、棉、葱、百合、桑、柑橘、荔枝等。

【分布】江苏、浙江、华南、台湾、四川、云南、西藏。

10. 烟蓟马

【学名】*Thrips tabaci* Lindeman

【危害作物】水稻、小麦、玉米、大豆、苜蓿、苹果、瓜类、甘蓝、葱、棉花、茄科作物、蓖麻、麻类、茶、柑橘等。

【分布】全国都有分布。

（四）半翅目 Hemiptera

盲蝽科 Miridae

1. 牧草盲蝽

【学名】*Lygus pratensis*（Linnaeus）

【危害作物】棉花、洋麻、稻、麦、玉米、马铃薯、苜蓿、油菜、苹果、梨、柑橘。

【分布】湖北、湖南、河南、江西、山东、江苏、安徽、浙江、福建、上海、北京、天津、河北、山西、内蒙古、辽宁、吉林、黑龙江、新疆、陕西、甘肃、四川、云南、贵州、重庆、广东、广西、海南。

红蝽科 Pyrrhocoridae

2. 棉红蝽

【学名】*Dysdercus cingulatus*（Fabricius）

【别名】离斑棉红蝽、棉二点红蝽。

【危害作物】棉花、黄麻、甘蔗、柑橘、梧桐、芙蓉等。

【分布】台湾、福建、江西、广东、广西、云南。

缘蝽科 Coreidae

3. 棉缘蝽

【学名】*Anoplocnemis curvipes* Fabricius

【危害作物】豆类、棉花、茶、柑橘。

【分布】华东、华中、华南地区及江西、福建、湖北。

4. 红背安缘蝽

【学名】*Anoplocnemis phasiana*（Fabricius）

【危害作物】棉花、豆类、花生、葫芦、柑橘、苹果、瓜类、竹、木槿等。

【分布】河北、山东、安徽、浙江、江西、台湾、广东、四川。

5. 广腹同缘蝽

【学名】*Homoeocerus dilatatus* Horvath

【危害作物】水稻、玉米、豆类、柑橘。

【分布】北京、河北、吉林、浙江、江西、河南、湖北、广东、四川、贵州。

6. 纹须同缘蝽

【学名】*Homoeocerus striicornis* Scott

【危害作物】柑橘、合欢、茄科及豆科作物。

【分布】北京、河北、浙江、江西、福建、台湾、广东、湖北、甘肃、四川、云南。

7. 暗黑缘蝽

【学名】*Hygia opaca*（Uhler）

【危害作物】柑橘、蚕豆。

【分布】浙江、江西、福建、湖南、广西、四川。

8. 大稻缘蝽

【学名】*Leptocorisa acuta*（Thunberg）。

【别名】稻蛛缘蝽、稻穗缘蝽。

【危害作物】水稻、小麦、玉米、甘蔗、柑橘等。

【分布】广东、广西、海南、云南、台湾等地。

9. 异稻缘蝽

【学名】*Leptocorisa varicornis*（Fabricius）。

【别名】稻蛛缘蝽。

【危害作物】稻、麦、谷子、甘蔗、桑、柑橘等。

【分布】广西、广东、台湾、福建、浙江、贵州等地。

10. 粟缘蝽

【学名】*Liorhyssus hyalinus*（Fabricius）

【危害作物】谷子、高粱、水稻、玉米、青麻、大麻、向日葵、烟草、柑橘、橡胶草。

【分布】华北地区及内蒙古、黑龙江、甘肃、宁夏、山东、江苏、安徽、江西、四川、云南、贵州、西藏。

11. 条蜂缘蝽

【学名】*Riptortus linearis*（Fabricius）

【危害作物】水稻、大豆、豆类、棉、柑橘、桑。

【分布】江苏、浙江、江西、福建、台湾、广西、广东、四川、云南。

12. 点蜂缘蝽

【学名】*Riptortus pedestris*（Fabricius）

【别名】白条蜂缘蝽、豆缘椿象、豆椿象。

【危害作物】水稻、高粱、粟、豆类、棉、麻、甘薯、甘蔗、南瓜、柑橘、苹果、桃。

【分布】北京、山东、江苏、安徽、浙江、江西、福建、台湾、河南、湖北、四川、云南、西藏。

盾蝽科 Scutelleridae

13. 丽盾蝽

【学名】*Chrysocoris grandis*（Thunberg）

【危害作物】柑橘、梨、苦楝、油桐。

【分布】江西、福建、台湾、河南、广西、广东、贵州、云南。

14. 华沟盾蝽

【学名】*Solenostethium chinense* Stål

【危害作物】棉花、柑橘、油茶。

【分布】福建、台湾、广西、广东。

15. 沟盾蝽

【学名】*Solenostethium rubropunctatum*（Guèrin）

【危害作物】柑橘。

【分布】福建、广西、广东、云南。

兜蝽科 Dinidoridae

16. 中国兜蝽

【学名】*Aspongopus chinensis* Dallas

【危害作物】瓜类、柑橘、桃、竹。

【分布】江苏、安徽、浙江、江西、福建、台湾、湖北、湖南、广西、广东、四川、贵州、云南。

17. 棕兜蝽

【学名】*Aspongopus fuscus* Westwood

【别名】肖九香。

【危害作物】蓖麻、番茄、柑橘、桐树。

【分布】浙江、福建、广西、广东、云南、四川。

荔蝽科 Tessaratomidae

18. 荔蝽

【学名】*Tessaratoma papillosa*（Drury）

【危害作物】甘蔗、烟草、荔枝、龙眼、柑橘、梨、桃、香蕉、蓖麻、茄、刀豆、咖啡、松、榕等。

【分布】江西、台湾、广东、福建、广西、贵州、云南。

19. 方肩荔蝽

【学名】*Tessaratoma quadrata* Distant

【危害作物】荔枝、龙眼、柑橘。

【分布】广东、广西、云南、四川。

蝽科 Pentatomidae

20. 云蝽

【学名】*Agonoscelis nubilis*（Fabricius）

【危害作物】麦、玉米、豆类、柑橘等。

【分布】江西、浙江、福建、广西、广东。

21. 叉角厉蝽

【学名】*Cantheconidea furcellata*（Wolff）

【危害作物】柑橘。

【分布】浙江、广西、广东、四川。

22. 柑橘格蝽

【学名】*Cappaea taprobanensis*（Dallas）

【危害作物】柑橘。

【分布】台湾、福建、广西、广东、四川、云南。

23. 岱蝽

【学名】*Dalpada oculata*（Fabricius）

【危害作物】柑橘、木瓜、番石榴、茄子、禾本科作物。

【分布】福建、广西、广东、四川、云南。

24. 绿岱蝽

【学名】*Dalpada smaragdina*（Walker）

【危害作物】茶、桑、大麻、柑橘、油桐等。

【分布】台湾、江苏、安徽、浙江、江西、福建、湖北、广西、广东、贵州、云南。

25. 麻皮蝽

【学名】*Erthesina fullo*（Thunberg）

【别名】麻纹蝽、麻椿象、臭虫母子、黄霜蝽、黄斑蝽。

【危害作物】大豆、菜豆、棉、桑、蓖麻、甘蔗、咖啡、柑橘、苹果、梨、乌桕、榆等。

【分布】河北、辽宁、内蒙古、陕西、河南、山东、江苏、安徽、浙江、江西、福建、台湾、湖南、湖北、广东、广西、四川、云南、贵州。

26. 茶翅蝽

【学名】*Halyomorpha halys*（Stål）

【危害作物】大豆、菜豆、桑、油菜、甜菜、梨、苹果、柑橘、梧桐、榆等。

【分布】河北、内蒙古、山东、江苏、安徽、浙江、江西、台湾、河南、湖南、湖北、广西、广东、陕西、四川、贵州。

27. 稻赤曼蝽

【学名】*Menida histrio*（Fabricius）

【别名】小赤蝽。

【危害作物】水稻、小麦、玉米、桑、亚麻、甘蔗、柑橘。

【分布】江西、福建、台湾、广西、广东、云南。

28. 稻绿蝽

【学名】*Nezara viridula*（Linnaeus）

【别名】稻青蝽。

【危害作物】水稻、玉米、小麦、大豆、马铃薯、棉花、苎麻、芝麻、花生、甘蔗、烟草、苹果、梨、柑橘等70多种作物。

【分布】我国东部吉林以南地区。

29. 珀蝽

【学名】*Plautia fimbriata*（Fabricius）

【别名】朱绿蝽。

【危害作物】水稻、大豆、芝麻、龙眼、柑橘、梨、桃、核桃、葡萄等。

【分布】河北、山东、江苏、浙江、江西、福建、台湾、广西、广东、陕西、云南、四川、贵州、西藏。

30. 棱蝽

【学名】*Rhynchocoris humeralis*（Thunberg）

【别名】角肩蝽、柑橘大绿蝽。

【危害作物】柑橘、橙、苹果、梨、柠檬、龙眼、荔枝等。

【分布】湖南、上海、江西、四川、福建、湖北、浙江、广西、湖南、贵州、云南、广东。

31. 稻黑蝽

【学名】*Scotinophara lurida*（Burmeister）

【危害作物】水稻、小麦、玉米、马铃薯、豆、甘蔗、柑橘等。

【分布】河北南部、山东和江苏北部、长江以南各地。

32. 匙突娇异蝽

【学名】*Urostylis striicornis* Scott

【危害作物】柑橘、青杠。

【分布】浙江、江西、陕西、四川。

（五）同翅目 Homoptera

木虱科 Psyllidae

1. 柑橘木虱

【学名】*Diaphorina citri*（Kuwayama）

【别名】东方柑橘木虱。

【危害作物】柑橘。

【分布】福建、台湾、广西、广东、海南、浙江、云南、四川、湖南、贵州、台湾等地。

2. 红木虱

【学名】*Psylla coccinea* Kuwayama

【危害作物】柑橘。

【分布】台湾。

粉虱科 Aleyrodidae

3. 陈氏刺粉虱

【学名】*Aleurocanthus cheni* Young

【危害作物】柑橘。

【分布】四川。

4. 粉背刺粉虱

【学名】*Aleurocanthus inceratus* Silvestri

【危害作物】柑橘。

【分布】广西、广东、云南。

5. 马氏穴粉虱

【学名】*Aleurolobus marlatti*（Quaintance）

【别名】马氏粉虱、四川粉虱、橘黑粉虱。

【危害作物】柑橘、无花果、梨、桑、桃、茶、油茶、葡萄、柿、樟等。

【分布】江苏、浙江、江西、福建、台湾、广西、广东、四川。

6. 菲律宾穴粉虱

【学名】*Aleurolobus philippinensis* Quaintance *et* Baker

【别名】菲岛粉虱。

【危害作物】柑橘、柳。

【分布】台湾。

7. 黑刺粉虱

【学名】*Aleurocanthus spiniferus*（Quaintance）

【别名】柑橘刺粉虱。

【危害作物】柑橘、茶、油茶、梨、柿、葡萄等。

【分布】山东、浙江、福建、广西、广东、湖南、湖北、重庆、四川、江西、云南、贵州、海南、陕西、上海、台湾等地。

8. 黄刺粉虱

【学名】*Aleurocanthus spinosus*（Kuwana）

【危害作物】柑橘、梨。

【分布】浙江、福建、台湾、广东、四川。

9. 吴氏刺粉虱

【学名】*Aleurocanthus woglumi* Ashby

【别名】乌氏刺粉虱、贺氏粉虱。

【危害作物】柑橘、柠檬、荔枝、芒果、石榴、柿、梨。

【分布】广东。

10. 橙黄粉虱

【学名】*Bemisia giffardi*（Kotinsky）

【别名】吉氏伯粉虱、吉法德粉虱、长粉虱、姬伯粉虱。

【危害作物】柑橘。

【分布】江西、福建、湖南、四川、广东、台湾、浙江。

11. 双刺长粉虱

【学名】*Bemisia giffardi bispina* Young

【别名】橘长粉虱、柑橘寡刺长粉虱。

【危害作物】柑橘。

【分布】浙江、江西、福建、台湾、湖南、广东、陕西、四川。

12. 杨梅粉虱

【学名】*Bemisia myricae* Kuwana

【危害作物】柑橘、桃、梅、柿、桑、番石榴等。

【分布】江苏、浙江、安徽、台湾、广东、四川。

13. 柑橘粉虱

【学名】*Dialeurodes citri*（Ashmead）

【别名】橘黄粉虱、橘绿粉虱、通草粉虱。

【危害作物】柑橘、柿、板栗、桃等。

【分布】浙江、福建、广西、广东、湖南、湖北、重庆、四川、江西、云南、贵州、海南、陕西、上海、台湾等地。

14. 柑橘绿粉虱

【学名】*Dialeurodes citricola* Young

【危害作物】柑橘。

【分布】浙江、广东、四川。

15. 橘云翅粉虱

【学名】*Dialeurodes citrifolii*（Morgan）

【危害作物】柑橘。

【分布】浙江、广东。

蚜科 Aphididae

16. 棉蚜

【学名】*Aphis gossypii* Glover

【别名】腻虫。

【危害作物】柑橘、棉花、瓜类等。

【分布】浙江、福建、广西、广东、湖南、湖北、重庆、四川、江西、云南、贵州、海南、陕西、上海、台湾等地。

17. 甘蔗粉角蚜

【学名】*Ceratovacuna lanigera* Zehntner

【别名】甘蔗绵蚜。

【危害作物】甘蔗、茭白、柑橘。

【分布】广西、云南、广东、海南、福建、江西、四川、贵州、湖南、湖北、浙江、台湾。

18. 萝卜蚜

【学名】*Lipaphis erysimi*（Kaltenbach）

【别名】菜蚜、菜缢管蚜。

【危害作物】大豆、白菜、菜心、樱桃萝卜、芥蓝、青花菜、紫菜薹、抱子甘蓝、羽衣甘蓝、薹菜，马铃薯、番茄、芹菜、胡萝卜、豆类、甘薯及柑橘、桃、李等果树。

【分布】全国各地均有分布。

19. 桃蚜

【学名】*Myzus persicae*（Sulzer）

【别名】烟蚜、桃赤蚜。

【危害作物】十字花科蔬菜、棉花、马铃薯、大豆、豆类、甜菜、烟草、胡麻、甘薯、芝麻、茄科植物及柑橘、梨等果树。

【分布】湖北、湖南、河南、江西、山东、江苏、安徽、浙江、福建、上海、北京、天津、河北、山西、内蒙古、辽宁、吉林、黑龙江、新疆、陕西、甘肃、四川、云南、贵州、重庆、广东、广西、海南。

20. 橘二叉蚜

【学名】*Toxoptera aurantii*（Boyer de Fonscolombe）

【别名】茶二叉蚜、可可蚜、橘声蚜。

【危害作物】柑橘、茶、可可、咖啡等。

【分布】浙江、福建、广西、广东、湖南、湖北、重庆、四川、江西、云南、贵州、海南、陕西、上海、台湾等地。

21. 褐橘声蚜

【学名】*Toxoptera citricidus*（Kirkaldy）

【别名】褐色橘蚜、腻虫、橘蚰。

【危害作物】柑橘、桃、梨、柿等。

【分布】浙江、福建、广西、广东、湖南、湖北、重庆、四川、江西、云南、贵州、海南、陕西、上海、台湾等地。

22. 芒果声蚜

【学名】*Toxoptera odinae*（van der Goot）

【危害作物】梨、柑橘、芒果、乌桕、海桐。

【分布】东北、河北、江苏、浙江、福建、台湾、陕西。

旌蚧科 Ortheziidae

23. 明旌蚧

【学名】*Orthezia insignis* Douglass

【危害作物】茶、甘蔗、草莓、番茄、柑橘。

【分布】台湾、浙江、华南。

绵蚧科 Monophlebidae

24. 捷氏隐绵蚧

【学名】*Crypticerya jacobsoni*（Green）

【危害作物】柑橘。

【分布】广东。

25. 桑树履绵蚧

【学名】*Drosicha contrahens* Walker

【别名】桑硕蚧。

【危害作物】蚕豆、柑橘、苹果、梨、柠檬、桑、乌桕、柳、榆、冬青、白杨等。

【分布】河北、江苏、浙江、福建、台湾、湖南、广东、陕西、四川、云南。

26. 草履蚧

【学名】*Drosicha corpulenta*（Kuwana）

【别名】日本履绵蚧。

【危害作物】苹果、梨、柑橘、桃、枣、核桃、油茶、栎、柳、香椿等。

【分布】河北、山东、辽宁、山西、江苏、江西、福建。

27. 埃及吹绵蚧

【学名】*Icerya aegyptiaca*（Douglas）

【危害作物】荔枝、柑橘、番石榴、菠萝、棕榈、樟等。

【分布】江苏、浙江、江西、福建、台湾、湖南、广东。

28. 吹绵蚧

【学名】*Icerya purchasi* Maskell

【别名】澳洲吹绵介壳虫、白蚰、黑毛吹绵蚧。

【危害作物】柑橘，以及茄科、蔷薇科、豆科、葡萄科中的多种作物。

【分布】浙江、福建、广西、广东、湖南、湖北、重庆、四川、江西、云南、贵州、海南、甘肃、陕西、上海、山西、山东、台湾等地。

29. 黄毛吹绵蚧

【学名】*Icerya seychellarum*（Westwood）

【危害作物】柑橘、梨、桃、橄榄柿、甘蔗、桑、棕榈、椿、乌桕等。

【分布】河北、浙江、江西、台湾、广西、广东、云南。

粉蚧科 Pseudococcidae

30. 菠萝灰粉蚧

【学名】*Dysmicoccus brevipes*（Cockerell）

【别名】菠萝洁白粉蚧。

【危害作物】桑、菠萝、柑橘、香蕉。

【分布】福建、台湾、广东、广西。

31. 双条拂粉蚧

【学名】*Ferrisia virgata*（Cockerell）

【别名】大尾粉蚧、桔腺刺粉蚧。

【危害作物】柑橘、苹果、无花果、石榴、棉花、咖啡、橡胶、甘蔗、桑、烟草等。

【分布】福建、台湾、广西、广东。

32. 柑橘地粉蚧

【学名】*Geococcus citrinus* Kuwana

【危害作物】柑橘。

【分布】福建。

33. 柑橘堆粉蚧

【学名】*Nipaecoccus vastator*（Maskell）

【别名】橘鳞粉蚧。

为害作物：柑橘、荔枝、龙眼、番荔枝等。

【分布】广西、福建、台湾、贵州、海南、四川、湖北、云南、广东等地。

34. 橘臀纹粉蚧

【学名】*Planococcus citri*（Risso）

【别名】柑橘刺粉蚧。

【危害作物】柑橘、梨、苹果、石榴、柿、葡萄、龙眼、烟草、桑、棉花、豆、稻、茶、松、梧桐等。

【分布】辽宁、山西、山东、江苏、上海、浙江、福建、湖北、陕西、四川等地。北方主要发生于温室。

35. 咖啡臀纹粉蚧

【学名】*Planococcus lilacinus*（Cockerell）

【别名】咖啡紫粉蚧。

【危害作物】柑橘、石榴、咖啡等。

【分布】福建、台湾。

36. 柑橘栖粉蚧

【学名】*Pseudococcus calceolariae*（Maskell）

【危害作物】柑橘、桃、杏、柿、葡萄、番石榴、棕榈。

【分布】台湾、湖南、广东、华北、华东、中南。

37. 柑橘小粉蚧

【学名】*Pseudococcus citriculus* Green

【别名】紫苏粉蚧、柑橘棘粉虱。

【危害作物】柑橘、梨、苹果、葡萄、石榴、柿等。

【分布】海南、上海、福建、湖北、浙江、广西、陕西、湖南、云南等地。

38. 橘棘粉蚧

【学名】*Pseudococcus cryptus* Hempel

【别名】柑橘粉蜡虫。

【危害作物】柑橘、茶、梨、葡萄、香蕉、烟草、甘薯等。

【分布】湖北、浙江、湖南、贵州、云南等地。

39. 橘丝粉蚧

【学名】*Pseudococcus filamentosus* Cockerell

【危害作物】茶、柑橘、荔枝、桑、葡萄、咖啡、梧桐等。

【分布】浙江、江西、台湾、广东。

40. 长尾粉蚧

【学名】*Pseudococcus longispinus*（Targ）

【别名】拟长尾粉蚧。

【危害作物】柑橘、葡萄、无花果、橡胶、柿等。

【分布】福建、台湾、广东及华东、华南地区。

41. 葡萄粉蚧

【学名】*Pseudococcus maritimus*（Ehrhorn）

【危害作物】葡萄、柑橘、苹果、梨、菠萝、核桃、草莓。

【分布】江苏、广西、广东。

42. 柑橘根粉蚧

【学名】*Rhizoecus kondonis* Kuwana

【危害作物】柑橘。

【分布】福建、贵州、上海。

蚧科 Coccidae

43. 角蜡蚧

【学名】*Ceroplastes ceriferus*（Anderson）

【危害作物】柑橘、苹果、梨、桑、茶等。

【分布】上海、四川、福建、湖北、湖南、云南、广东等地。

44. 日本龟蜡蚧

【学名】*Ceroplastes japonicus* Green

【别名】龟蜡蚧、日本蜡蚧、枣龟蜡蚧。

【危害作物】苹果、柿、枣、梨、桃、杏、柑橘、芒果、枇杷、茶等。

【分布】上海、四川、福建、浙江、湖北、广西、陕西、湖南、贵州、云南等地。

45. 红龟蜡蚧

【学名】*Ceroplastes rubens* Maskell

【别名】红蜡介壳虫、红蚰、脐状红蜡蚧、橘红蜡介壳虫、红蜡蚧。

【危害作物】柑橘、茶、柿、枇杷、苹果、梨、樱桃、石榴、杨梅等。

【分布】浙江、福建、广西、广东、湖南、湖北、重庆、四川、江西、云南、贵州、海南、陕西、上海、台湾等地。

46. 橘绿绵蜡蚧

【学名】*Chloropulvinaria aurantii*（Cockerell）

【别名】橙绵蚧。

【危害作物】茶、柑橘、柚、松。

【分布】河北、江苏、浙江、江西、福建、台湾、湖北、湖南、广东、四川、贵州、云南。

47. 多角绿绵蚧

【学名】*Chloropulvinaria polygonata*（Cockerell）

【别名】网纹绵蚧、多角绵蚧、卵绿绵蜡蚧。

【危害作物】柑橘、苹果、枇杷、龙眼、猕猴桃、茶树、油桐等。

【分布】湖北、云南等地。

48. 垫囊绿绵蚧

【学名】*Chloropulvinaria psidii*（Maskhall）

【别名】垫囊绵蜡蚧、刷毛绿绵蚧、柿绵蚧。

【危害作物】柑橘、番石榴、苹果、李。

【分布】山东、台湾、河南、湖北及华南地区。

49. 双交软蚧

【学名】*Coccus bicruciatus*（Green）

【别名】双锚蚧。

【危害作物】柑橘、芒果。

【分布】浙江、福建、台湾、广东。

50. 迷软蚧

【学名】*Coccus diacopeis* Anderson

【危害作物】柑橘。

【分布】华南地区。

51. 番木瓜软蚧

【学名】*Coccus discrepans*（Green）

【别名】偏软蜡蚧。

【危害作物】椰子、枇杷、柑橘、芒果、龙眼、木瓜。

【分布】台湾。

52. 长软蚧

【学名】*Coccus elongatus*（Signoret）

【别名】长蚧、鱼藤长蚧。

【危害作物】柑橘、荔枝、杨梅、鱼藤、咖啡。

【分布】浙江、江西、四川、台湾。

53. 褐软蚧

【学名】*Coccus hesperidum* Linnaeus

【别名】张氏软蚧。

【危害作物】棉、茶、柑橘、苹果、梨、葡萄、枣、枇杷、柠檬、龙眼、黄杨。

【分布】山西、山东、江苏、浙江、江西、福建、台湾、湖北、湖南、广东、四川、云南。

54. 柑橘树软蚧

【学名】*Coccus pseudomagnoliarum*（Kuwana）

【别名】拟玉兰蚧、柑橘软蚧。

【危害作物】柑橘。

【分布】浙江、广东。

55. 咖啡绿软蚧

【学名】*Coccus viridis*（Green）

【别名】刷毛缘软蚧、绿蚧。

【危害作物】茶、咖啡、柑橘、番石榴、石榴。

【分布】福建、台湾、广西。

56. 咖啡黑盔蚧

【学名】*Saissetia coffeae*（Walker）

【别名】咖啡褐球蚧、桃丘形蚧。

【危害作物】茶、咖啡、芒果、柑橘、桃、杏、荔枝、番石榴等。

【分布】河北、山东、浙江、江西、福建、台湾、广东、广西。

57. 黑盔蚧

【学名】*Saissetia nigra* Nietner

【别名】黑软蚧。

【危害作物】桑、竹、柑橘、无花果、葡萄、橡胶、咖啡、棉、棕榈、苘麻、茶等。

【分布】福建、台湾、广东。

58. 橄榄黑盔蚧

【学名】*Saissetia oleae*（Bernard）

【别名】砂皮球蚧。

【危害作物】柑橘、梨、葡萄、杏、桃、石榴、荔枝、龙眼、苹果、香蕉、咖啡、茶。

【分布】江苏、福建、台湾。

59. 橘纽绵蚧

【学名】*Takahashia citricola* Kuwana

【危害作物】柑橘、梨。

【分布】浙江、湖南、广东、四川。

60. 日本纽绵蚧

【学名】*Takahashia japonica* Cockerell

【危害作物】柑橘、李、桑、枫梅、合欢。

【分布】江苏、浙江、江西、台湾、福建、广东、四川。

盾蚧科 Diaspididae

61. 红肾圆盾蚧

【学名】*Aonidiella aurantii*（Maskell）

【别名】肾圆盾蚧、红圆蚧、红圆蹄盾蚧、红奥盾蚧。

【危害作物】柑橘、芒果、香蕉、椰子、无花果、柿、核桃、橄榄、苹果、梨、桃、李、梅、山楂、葡萄、桑、茶、松等370余种作物。

【分布】主要分布于广东、广西、福建、台湾、浙江、江苏、上海、贵州、湖北、四川、云南等地，在新疆、内蒙古、辽宁、山东、陕西等北方地区的温室中也有发现。

62. 黄肾圆盾蚧

【学名】*Aonidiella citrina*（Coquillett）

【别名】黄圆蚧、橙黄圆蚧。

【危害作物】柑橘、苹果、梨、无花果、椰子、葡萄、橄榄等。

【分布】浙江、江西、湖南、湖北、四川、云南、贵州、广东、福建、陕西、山西等地。

63. 椰圆盾蚧

【学名】*Aspidiotus destructor* Signoret

【别名】恶性圆蚧。

【危害作物】柑橘、木瓜、棕榈、芒果、香蕉、葡萄、荔枝。

【分布】江苏、浙江、江西、福建、台湾、河北、湖南、广东、四川。

64. 常春藤圆盾蚧

【学名】*Aspidiotus nerii* Bouche

【别名】常春藤蚧。

【危害作物】柑橘、葡萄、石榴、柠檬、樱桃、女贞。

【分布】山东、江西、云南。

65. 柑橘白轮盾蚧

【学名】*Aulacaspis citri* Chen

【别名】白轮蚧。

【危害作物】柑橘。

【分布】广西、四川、云南等地。

66. 酱褐圆盾蚧

【学名】*Chrysomphalus bifasciculatus* Ferris

【别名】橙褐圆盾蚧、拟褐金顶盾蚧、拟褐叶圆盾蚧。

【危害作物】柑橘。

【分布】江苏、江西。

67. 橙褐圆盾蚧

【学名】*Chrysomphalus dictyospermi*（Morgan）

【别名】橙圆蚧、橙圆金顶盾蚧。

【危害作物】柑橘、芒果、茶、黄杨、刺桐、苏铁、棕榈、杨梅。

【分布】山东、浙江、江西、福建、台湾、湖北、湖南、广东、四川。

68. 黑褐圆盾蚧

【学名】*Chrysomphalus aonidum*（Linnaeus）

【别名】茶褐圆蚧、褐圆蚧。

【危害作物】柑橘、椰子、棕榈、香蕉、葡萄、黄麻、银杏、杉、松、栎、樟等。

【分布】浙江、福建、广西、广东、湖南、湖北、重庆、四川、江西、云南、贵州、海南、陕西、上海、台湾等地。

69. 日本白片盾蚧

【学名】*Lopholeucaspis japonica*（Cockerell）

【别名】长白盾蚧、长白介壳虫、梨长白介、茶虱子。

【危害作物】柑橘、茶树、苹果、梨、李、梅等。

【分布】四川、福建、浙江、湖南、贵州、云南等地。

70. 紫牡蛎盾蚧

【学名】*Mytilaspis beckii*（Newman）

【危害作物】柑橘、茶树、栎、葡萄、紫杉、巴豆。

【分布】四川、福建、湖南、贵州、湖北

等地。

71. 葛氏牡蛎盾蚧

【学名】*Mytilaspis gloverii*（Pack）

【别名】长牡蛎盾蚧、长牡蛎蚧。

【危害作物】柑橘、茶等。

【分布】四川、云南、湖南、福建等地。

72. 糠片盾蚧

【学名】*Parlatoria pergandei* Comstock

【别名】灰点蚧。

【危害作物】柑橘、苹果、梨、梅、樱桃、椰子、柿、无花果、茶等。

【分布】辽宁、内蒙古、青海、浙江、福建、广西、广东、湖南、湖北、重庆、四川、江西、云南、贵州、海南、陕西、上海、台湾等地。

73. 黄片盾蚧

【学名】*Parlatoria proteus*（Curtis）

【别名】黄点蚧。

【危害作物】柑橘、苹果、梨、桃、梅、茶、芒果、杏、香蕉。

【分布】浙江、江西、台湾、福建、湖南。

74. 茶片盾蚧

【学名】*Parlatoria theae* Cockerell

【别名】茶点蚧、茶黑星蚧。

【危害作物】茶、苹果、梨、柑橘、葡萄、樱桃、柿、杨梅。

【分布】山东、江苏、浙江、江西、福建、河南、广东、云南。

75. 黑片盾蚧

【学名】*Parlatoria ziziphi*（Lucas）

【别名】黑点介壳虫、黑点蚧。

【危害作物】柑橘、柠檬、枣子、椰子、油棕等。

【分布】浙江、福建、广西、广东、湖南、湖北、重庆、四川、江西、云南、贵州、上海、台湾等地。

76. 百合并盾蚧

【学名】*Pinnaspis aspidistrae*（Signoret）

【别名】柑橘并盾蚧。

【危害作物】茶、柑橘、无花果、芒果。

【分布】山东、江苏、浙江、福建、台湾、广西、广东、四川。

77. 突叶并盾蚧

【学名】*Pinnaspis strachani*（Cooley）

【危害作物】柑橘、无花果、棕榈、椰子、荔枝。

【分布】福建、台湾。

78. 樟网盾蚧

【学名】*Pseudaonidia duplex*（Cockerell）

【危害作物】茶、柑橘、牡丹、梨、柿、栗、杨梅。

【分布】河北、浙江、江西、福建、台湾、湖北、湖南、四川。

79. 蛇目网盾蚧

【学名】*Pseudaonidia trilobitiformis*（Green）

【别名】蚌臀网盾蚧。

【危害作物】茶、柑橘、李。

【分布】浙江、江西、台湾、福建、广西、广东、四川。

80. 梨笠圆盾蚧

【学名】*Quadraspidiotus perniciosus*（Comstock）

【别名】圣何塞介壳虫、梨圆蚧。

【危害作物】梨、苹果、枣、桃、核桃、栗、葡萄、柿、山楂、柑橘等150余种作物。

【分布】四川、湖北、湖南、云南等地。

81. 矢尖盾蚧

【学名】*Unaspis yanonensis*（Kuwana）

【别名】矢坚盾蚧、箭头蚧、矢根介壳虫、箭头介壳虫、白疥。

【危害作物】柑橘、龙眼、柚子、茶。

【分布】浙江、福建、广西、广东、湖南、湖北、重庆、四川、江西、云南、贵州、海南、陕西、上海、台湾等地。

蝉科 Cicadidae

82. 安蝉

【学名】*Chremistica ochracea*（Walker）

【别名】薄翅蝉、赭蝉。

【危害作物】柑橘。

【分布】台湾、广东。

83. 蚱蝉

【学名】*Cryptotympana atrata*（Fabricius）

【别名】黑蚱蝉。

【危害作物】柑橘、龙眼、荔枝、芒果、梨、苹果、桃、黄皮、枇杷、李、番石榴、棉花等。

【分布】浙江、福建、广西、广东、湖南、湖北、重庆、四川、江西、云南、贵州、海南、陕西、上海、台湾等地。

84. 黄蚱蝉

【学名】*Cryptotympana mandarina* Distant

【危害作物】柑橘、桑、苹果、胡桃。

【分布】台湾、广东、四川。

85. 绿草蝉

【学名】*Mogannia hebes*（Walker）

【别名】草蟟。

【危害作物】甘蔗、稻、桑、茶、柑橘、柿。

【分布】华北、江苏、安徽、浙江、台湾，福建、江西、广东、四川、广西。

86. 昼鸣蝉

【学名】*Oncotympana maculaticollis*（Motschulsky）

【危害作物】桃、柑橘、苹果、梨。

【分布】山东、四川、甘肃。

87. 蟪蛄

【学名】*Platypleura kaempferi*（Fabricius）

【危害作物】桑、柑橘、苹果、梨、柿、桃、核桃、茶。

【分布】河北、山东、安徽、江苏、浙江、江西、福建、台湾、河南、广东、四川、湖南。

88. 螂蝉

【学名】*Pomponia linearis*（Walker）

【危害作物】柑橘。

【分布】江西、安徽、浙江、台湾、广西、广东。

沫蝉科 Cercopidae

89. 白带沫蝉

【学名】*Obiphora intermedia*（Uhler）

【危害作物】苹果、梨、柑橘、葡萄、桃、李、樱桃、桑等。

【分布】内蒙古、河北、北京、浙江、湖北、湖南、福建、台湾、贵州、云南、四川、陕西、青海、甘肃。

90. 橘沫蝉

【学名】*Paphnutius ostentus* Distant

【危害作物】柑橘。

【分布】浙江、云南。

尖胸沫蝉科 Aphrophoridae

91. 脉纹尖胸沫蝉

【学名】*Poophilus costalis*（Walker）

【危害作物】柑橘。

【分布】台湾、广东。

叶蝉科 Cicadellidae

92. 棉叶蝉

【学名】*Amrasca biguttula*（Ishida）

【危害作物】马铃薯、甘薯、棉、桑、蓖麻、南瓜、茄、萝卜、芝麻、烟草、苜蓿、茶、苘麻、柑橘，以及豆科作物等。

【分布】东北、河北、河南、陕西、山东、江苏、安徽、浙江、江西、福建、台湾、湖南、湖北、广东、广西、四川、云南。

93. 黑尾大叶蝉

【学名】*Bothrogonia ferruginea*（Fabricius）

【危害作物】桑、甘蔗、大豆、向日葵、茶、柑橘、苹果、梨、桃等。

【分布】辽宁、吉林、黑龙江、山东、安徽、浙江、江西、福建、台湾、河南、湖南、湖北、广东。

94. 桃大叶蝉

【学名】*Bothrogonia ferruginea apicalis*（Walker）

【危害作物】桃、柑橘、苹果、梨。

【分布】江西、台湾、浙江、新疆。

95. 芒果叶蝉

【学名】*Chunorcerus niveosparsus*（Lethierry）

【危害作物】芒果、柑橘。

【分布】台湾、广东。

96. 大青叶蝉

【学名】*Cicadella viridis*（Linnaeus）

【别名】青叶跳蝉、青叶蝉、大绿浮尘子等。

【危害作物】棉花、豆类、花生、玉米、高粱、水稻、麦、麻、甘蔗、甜菜、蔬菜、苹果、梨、柑橘等。

【分布】湖北、湖南、河南、江西、山东、江苏、安徽、浙江、福建、上海、北京、天津、河北、山西、内蒙古、辽宁、吉林、黑龙江、新疆、陕西、甘肃、四川、云南、贵州、重庆、广东、广西、海南。

97. 小绿叶蝉

【学名】*Empoasca flavescens*（Fabricius）

【别名】茶叶蝉、桃小浮尘子、桃小叶蝉、桃小绿叶蝉。

【危害作物】稻、麦、高粱、玉米、大豆、蚕豆、紫云英、马铃薯、甘蔗、向日葵、花生、棉花、蓖麻、茶、桑、苹果、柑橘、梨等。

【分布】湖北、湖南、河南、江西、山东、江苏、安徽、浙江、福建、上海、北京、天津、河北、山西、内蒙古、辽宁、吉林、黑龙江、新疆、陕西、甘肃、四川、云南、贵州、重庆、广东、广西、海南。

98. 菱纹叶蝉

【学名】*Hishimonus disciguttus* (Walker)

【危害作物】桑、茶、柑橘、蔷薇、木瓜。

【分布】安徽、浙江、台湾、四川、广东。

99. 龙眼扁喙叶蝉

【学名】*Idioscopus clypealis* (Lethierry)

【危害作物】龙眼、柑橘、芒果。

【分布】台湾。

100. 白边拟大叶蝉

【学名】*Ishidaella albomarginata* (Signoret)

【危害作物】水稻、棉、桑、甘蔗、柑橘、葡萄、樱桃。

【分布】辽宁、吉林、黑龙江、北京、江苏、浙江、福建、台湾、广东、四川。

101. 小肖耳叶蝉

【学名】*Ledropsis discolor* (Uhier)

【危害作物】梨、柑橘、栎、槲。

【分布】浙江。

102. 二点黑尾叶蝉

【学名】*Nephotettix virescens* (Distant)

【危害作物】水稻、甘蔗、麦类、柑橘。

【分布】福建、台湾、湖南、广西、广东、云南。

103. 狭匕隐脉叶蝉

【学名】*Nirvana pallida* Melichar

【危害作物】水稻、甘蔗、柑橘等。

【分布】台湾，以及华南地区。

104. 宽带隐脉叶蝉

【学名】*Nirvana suturalis* Melichar

【危害作物】柑橘、桑、甘蔗、水稻。

【分布】云南、广东、台湾。

105. 褐脊匙头叶蝉

【学名】*Parabolocratus prasinus* Matsumura

【危害作物】棉花、柑橘、茶。

【分布】北京、福建、广东。

106. 电光叶蝉

【学名】*Recilia dorsalis* (Motschulsky)

【危害作物】水稻、玉米、高粱、麦类、粟、甘蔗、柑橘等。

【分布】黄河以南各柑橘产区。

107. 稻扁叶蝉

【学名】*Strogylocephalus agrestis* Fallén。

【危害作物】水稻、甘蔗、柑橘。

【分布】东北和华南地区，以及台湾。

108. 黄锥胸叶蝉

【学名】*Tartessus forrugineusm* (Walker)

【别名】头黑带叶蝉。

【危害作物】柑橘、无花果、龙眼、芒果。

【分布】台湾、华北。

109. 桑斑叶蝉

【学名】*Zygina mori* (Matsumura)

【危害作物】桑、枣、柑橘、葡萄、桃、李、柿。

【分布】山东、江苏、安徽、浙江、四川。

角蝉科 Membracidae

110. 角蝉

【学名】*Gargara davidi* Fallou

【危害作物】柑橘、葡萄、乌桕。

【分布】江西。

111. 黑圆角蝉

【学名】*Gargara genistae* (Fabricius)

【危害作物】柑橘、柿、桑。

【分布】除青海外全国均有分布。

广翅蜡蝉科 Ricaniidae

112. 带纹疏广蜡蝉

【学名】*Euricania fascialis* (Walker)

【别名】带纹疏广翅蜡蝉、带纹广翅蜡蝉。

【危害作物】水稻、向日葵、核桃、柑橘、茶、桑。

【分布】江西、四川、福建。

113. 眼纹疏广蜡蝉

【学名】*Euricania ocellus* (Walker)

【别名】眼纹疏广翅蜡蝉、眼纹广翅蜡蝉。

【危害作物】茶、桑、柑橘。

【分布】河北、江苏、浙江、江西、四川。

114. 琥珀广翅蜡蝉

【学名】*Ricania japonica* Melichar

【危害作物】桑、苎麻、茶、苹果、梨、柑橘。

【分布】浙江、福建、江西、台湾、黑龙江、吉林、辽宁、广东、广西、海南。

115. 钩纹广翅蜡蝉

【学名】*Ricania simulans* Walker

【危害作物】桑、苎麻、茶、梨、苹果、柑橘。

【分布】黑龙江、山东、浙江、江西、福建、台湾、湖北、湖南、四川。

116. 八点广翅蜡蝉

【学名】*Ricania speculum*（Walker）

【危害作物】桑、柑橘、苹果、桃、梨、枣、杏、油茶等。

【分布】江苏、安徽、浙江、江西、福建、台湾、湖北、湖南、四川。

117. 柿广翅蜡蝉

【学名】*Ricania sublimbata* Jacobi

【危害作物】柑橘、柿、梨、石榴等。

【分布】黑龙江、山东、湖北、福建、台湾、重庆、广东、四川等地。

118. 褐带广翅蜡蝉

【学名】*Ricania taeniata* Stål

【危害作物】水稻、玉米、甘蔗、柑橘。

【分布】江苏、浙江、江西、台湾、广东。

蛾蜡蝉科 Flatidae

119. 碧蛾蜡蝉

【学名】*Geisha distinctissima*（Walker）

【别名】碧蜡蝉、黄翅羽衣、青雨衣、青蛾蜡蝉。

【危害作物】栗、甘蔗、花生、玉米、向日葵、茶、桑、柑橘、苹果、梨、龙眼等。

【分布】吉林、辽宁、山东、江苏、上海、浙江、江西、湖南、福建、广东、广西、海南、四川、贵州、云南等地。

120. 紫络蛾蜡蝉

【学名】*Lawana imitata* Melichar

【别名】白鸡、白翅蜡蝉。

【危害作物】柑橘、龙眼、芒果、黄皮、葡萄、荔枝、梨、茶、棉花、花生、玉米等。

【分布】上海、福建、湖北、浙江、广西、湖南、贵州、云南、广东等地。

飞虱科 Delphacidae

121. 白条飞虱

【学名】*Terthron albovittatum*（Matsumura）

【危害作物】水稻、柑橘、桃。

【分布】江苏、浙江、安徽、台湾、广东、四川、云南。

粒脉蜡蝉科 Meenopliidae

122. 粉白粒脉蜡蝉

【学名】*Nisia atrovenosa*（Lethierry）

【别名】粉白飞虱。

【危害作物】水稻、甘蔗、棉、柑橘、茭白。

【分布】江苏、浙江、福建、台湾、湖南、广东、四川、贵州等黄河以南柑橘产区。

象蜡蝉科 Dictyopharidae

123. 丽象蜡蝉

【学名】*Orthopagus splendens*（Germar）

【危害作物】水稻、桑、甘蔗、柑橘。

【分布】东北地区及江苏、江西、浙江、台湾、广东。

袖蜡蝉科 Derbidae

124. 红袖蜡蝉

【学名】*Diostrombus politus* Uhler

【别名】红长翅蜡蝉。

【危害作物】粟、麦、水稻、高粱、玉米、甘蔗、柑橘。

【分布】东北地区及浙江、台湾、湖南、四川。

（六）鞘翅目 Coleoptera

鳃金龟科 Melolonthidae

1. 筛阿鳃金龟

【学名】*Apogonia cribricollis* Burmeister。

【别名】黑筛鳃金龟、黑褐色金龟甲。

【危害作物】甘蔗、龙眼、荔枝、梨、木薯、柑橘等。

【分布】浙江、湖北、湖南、江西、福建、广东、广西、台湾。

2. 暗黑鳃金龟

【学名】*Holotrichia parallela* Motschulsky

【别名】暗黑齿爪鳃金龟。

【危害作物】棉、大麻、亚麻、蓖麻、花生、大豆、豆类、小麦、玉米、桑、苹果、梨、柑橘、杨、榆等。

【分布】黑龙江、吉林、辽宁、河北、北京、天津、河南、山西、山东、江苏、安徽、浙江、湖北、四川、贵州、云南、陕西、青海、甘肃。

3. 华齿爪鳃金龟

【学名】*Holotrichia sinensis* Hope

【危害作物】柑橘。

【分布】江西、福建、台湾、广西、广东。

4. 锈褐鳃金龟

【学名】*Melolontha rubiginosa* Fairmaire

【危害作物】柑橘、油桐。

【分布】江西。

丽金龟科 Rutelidae

5. 中华喙丽金龟

【学名】*Adoretus sinicus* Burmeister

【危害作物】玉米、花生、大豆、甘蔗、苎麻、蓖麻、黄麻、棉、柑橘、苹果、桃、橄榄、可可、油桐、茶等以及各种林木。

【分布】山东、江苏、浙江、安徽、江西、湖北、湖南、广东、广西、福建、台湾。

6. 樱桃喙丽金龟

【学名】*Adoretus umbrosus* Fabricius

【危害作物】樱桃、葡萄、柑橘、玉米、甘蔗、大麻、棉、芋、香蕉等。

【分布】华东地区及台湾。

7. 铜绿异丽金龟

【学名】*Anomala corpulenta* Motschulsky

【别名】铜绿金龟子。

【危害作物】茶树、油茶、柑橘、苹果、梨、桃、板栗等。

【分布】上海、江西、四川、重庆、福建、湖北、浙江、广西、陕西、湖南、贵州、云南、广东等地。

8. 红足异丽金龟

【学名】*Anomala cupripes* Hope

【别名】红脚绿金龟、红脚丽金龟、大绿丽金龟。

【危害作物】甘蔗、玉米、柑橘、花生、大豆等。

【分布】广东、广西、福建、四川、云南等。

9. 膨翅异丽金龟

【学名】*Anomala expansa* Bates

【别名】台湾青铜金龟、甘蔗翼翅丽金龟。

【危害作物】黄麻、柑橘、葡萄、桃、菠萝、芒果、甘蔗、油桐等。

【分布】广西、江西、广东、福建、台湾等。

花金龟科 Cetoniidae

10. 褐锈花金龟

【学名】*Anthracophora rusticola* (Burmeister)

【危害作物】梨、苹果、柑橘、玉米。

【分布】河北、黑龙江、江苏、安徽、江西、河南、四川。

11. 金斑短突花金龟

【学名】*Glycyphana fulvistemma* (Motschulsky)

【别名】黄斑短突花金龟。

【危害作物】柑橘、油桐。

【分布】东北、河北、江苏、浙江、江西、四川。

12. 小青花金龟

【学名】*Oxycetonia jucunda* (Faldermann)

【危害作物】棉花、苹果、梨、柑橘、粟、葱、甜菜、锦葵、桃、杏、葡萄等。

【分布】东北、河北、山东、江苏、浙江、江西、福建、台湾、河南、广西、广东、陕西、四川、贵州、云南。

13. 橘星花金龟

【学名】*Potosia speculifera* Swartz

【危害作物】柑橘、苹果、梨、玉米、甘蔗。

【分布】河北、辽宁、江苏、福建、湖北、湖南、广东、四川。

14. 日本罗花金龟

【学名】*Rhomborrhina japonica* Hope

【危害作物】茶、柑橘。

【分布】四川。

15. 丽罗花金龟

【学名】*Rhomborrhina resplendens* (Swartz)

【危害作物】柑橘、龙眼、栎。

【分布】福建、台湾、广西、广东。

16. 绿罗花金龟

【学名】*Rhomborrhina unicolor* Motschulsky

【危害作物】梨、柑橘、栎、榆。

【分布】江西、广东、云南。

犀金龟科 Dynastidae

17. 橡胶木犀金龟

【学名】*Xylotrupes gideon* (Linnaeus)

【别名】独角仙。

【危害作物】甘蔗、龙眼、荔枝、芒果、菠

萝、柑橘等。

【分布】广东、广西、台湾。

吉丁甲科 Buprestidae

18. 柑橘窄吉丁

【学名】*Agrilus auriventris* Saunders

【别名】柑橘旋皮虫、柑橘绣皮虫、柑橘爆皮虫、橘长吉丁虫。

【危害作物】柑橘、苹果。

【分布】上海、江西、四川、福建、台湾、湖北、浙江、广西、陕西、湖南、贵州、云南、广东等地。

19. 缠皮窄吉丁

【学名】*Agrilus inamoenus* Kerremans

【别名】柑橘缠皮虫、柑橘溜皮虫。

【危害作物】柑橘、茶。

【分布】上海、江西、四川、福建、湖北、浙江、广西、广东、陕西、湖南、贵州、云南。

天牛科 Cerambycidae

20. 金绒锦天牛

【学名】*Acalolepta permutans permutans*（Pascoe）

【危害作物】柑橘、桑树。

【分布】四川。

21. 藏闪光天牛

【学名】*Aeolesthes chrysothrix thibetana*（Gressitt）

【危害作物】柑橘。

【分布】贵州、西藏。

22. 楝闪光天牛

【学名】*Aeolesthes induta*（Newman）

【别名】茶天牛。

【危害作物】茶、油茶、柑橘、楝树、乌桕、松。

【分布】台湾、广东。

23. 中华闪光天牛

【学名】*Aeolesthes sinensis* Gahan

【别名】闪光天牛。

【危害作物】柑橘、柿、香椿、君迁子。

【分布】福建、台湾、广东、四川、云南。

24. 星天牛

【学名】*Anoplophora chinensis*（Förster）

【危害作物】柑橘、苹果、梨、杏、桃、樱桃、桑、茶、柳、杨、榆、核桃、洋槐等。

【分布】河北、河南、山西、山东、江苏、浙江、江西、安徽、福建、台湾、湖南、湖北、陕西、四川、甘肃、广西、广东、云南、贵州。

25. 光肩星天牛

【学名】*Anoplophora glabripennis*（Motschulsky）

【别名】亚洲长角天牛。

【危害作物】柑橘、苹果、梨、樱桃、柳、杨。

【分布】东北、内蒙古、山西、山东、江苏、安徽、浙江、江西、河南、湖北、广西、四川。

26. 白斑星天牛

【学名】*Anoplophora malasiaca*（Thomson）

【别名】花角虫、牛角虫、水牛娘、水牛仔、钻木虫。

【危害作物】柑橘、苹果、无花果、梨、桑树、木豆、荔枝等。

【分布】除东北、内蒙古和新疆外，我国各地均有分布。

27. 灰安天牛

【学名】*Annamanum versteegi*（Ritsema）

【危害作物】柑橘。

【分布】广西、广东、贵州、云南。

28. 桑天牛

【学名】*Apriona germari*（Hope）

【危害作物】苹果、梨、杏、桃、樱桃、桑、柑橘、柳、杨、榆、橡胶等。

【分布】辽宁、河北、河南、山西、山东、江苏、安徽、浙江、江西、福建、台湾、湖北、湖南、广西、广东、陕西、四川。

29. 瘤胸簇天牛

【学名】*Aristobia hispida*（Saunders）

【危害作物】柑橘。

【分布】江苏、安徽、浙江、江西、福建、台湾、广西、广东、四川。

30. 锈斑白条天牛

【学名】*Batocera numitor* Newman

【危害作物】柑橘。

【分布】四川。

31. 中华蜡天牛

【学名】*Ceresium sinicum* White

【危害作物】柑橘、桑。

【分布】河北、江苏、浙江、湖南、广东、四川、云南。

32. 橘蜡天牛

【学名】*Ceresium zeylanicum longicorne* Pic

【危害作物】柑橘。

【分布】台湾。

33. 橘光绿天牛

【学名】*Chelidonium argentatum*（Dalman）

【危害作物】柑橘、柠檬。

【分布】上海、江西、四川、云南、湖北、浙江、陕西、湖南等地。

34. 橘绿天牛

【学名】*Chelidonium citri* Gressitt

【危害作物】柑橘、柠檬。

【分布】四川。

35. 竹绿虎天牛

【学名】*Chlorophorus annularis*（Fabricius）

【危害作物】苹果、柑橘、竹、枫、棉、枣。

【分布】河北、陕西、山西、山东、辽宁、江苏、台湾、福建、广西、广东、四川、云南、贵州。

36. 黄毛绿虎天牛

【学名】*Chlorophorus signaticollis*（Castelnau *et* Gory）

【危害作物】柑橘。

【分布】四川。

37. 蔗根土天牛

【学名】*Dorysthenes granulosus*（Thomson）。

【别名】蔗根锯天牛。

【危害作物】甘蔗、龙眼、柑橘、桉树、板栗、松树、木薯、油棕、椰子、槟榔、橡胶树、厚皮树、麻栎等。

【分布】广东、海南、广西、台湾、云南、福建等。

38. 牙斑额天牛

【学名】*Gnatholea eburifera* Thomson

【别名】牙斑柚天牛。

【危害作物】柑橘。

【分布】广西、广东。

39. 桑象天牛

【学名】*Mesosa perplexa* Pascoe

【危害作物】桑、柑橘。

【分布】华北、东北地区及浙江、江西、福建、台湾。

40. 橘褐天牛

【学名】*Nadezhdiella cantori*（Hope）

【别名】黑牯牛、牵牛虫、干虫、老木虫、橘天牛。

【危害作物】柑橘、木瓜、菠萝、葡萄、花椒等。

【分布】江苏、浙江、福建、广西、广东、湖南、湖北、重庆、四川、江西、云南、贵州、海南、陕西、河南、上海、台湾等地。

41. 橘狭胸天牛

【学名】*Philus antennatus*（Gyllenhal）

【危害作物】柑橘、茶。

【分布】河北、浙江、江西、福建、湖南、广东。

42. 蔗狭胸天牛

【学名】*Philus pallescens* Bates

【危害作物】甘蔗、柑橘。

【分布】福建、台湾、广西、广东、四川、华中。

43. 橘根接眼天牛

【学名】*Priotyrranus closteroides*（Thomson）

【别名】橘根锯天牛。

【危害作物】柑橘。

【分布】江苏、福建、台湾、广东、广西。

44. 黄星天牛

【学名】*Psacothea hilaris*（Pascoe）

【危害作物】柑橘、桑、无花果、苹果、枇杷、柳。

【分布】河北、江苏、安徽、浙江、江西、台湾、湖北、广东、四川、贵州、云南。

45. 棉散天牛

【学名】*Sybra punctatostriata* Bates

【危害作物】棉花、柑橘。

【分布】江西、福建、台湾、广东及华中地区。

46. 刺角天牛

【学名】*Trirachys orientalis* Hope

【危害作物】柑橘、梨、柳。

【分布】河北、山东、江苏、浙江、福建、台湾、广东、河南、四川。

47. 桑脊虎天牛

【学名】*Xylotrechus chinensis*（Chevrolat）

【危害作物】苹果、梨、柑橘、葡萄、桑。

【分布】河北、辽宁、山东、江苏、安徽、浙江、台湾、湖北、广东、四川。

负泥虫科 Crioceridae

48. 红胸负泥虫

【学名】*Lema fortunei* Baly

【危害作物】水稻、柑橘。

【分布】华北、浙江。

肖叶甲科 Eumolpidae

49. 单脊球肖叶甲

【学名】*Nodina punctostriolata*（Fairmaire）

【危害作物】柑橘。

【分布】江西、广东。

叶甲科 Chrysomelidae

50. 黑额凹唇跳甲

【学名】*Argopus nigrifrons* Chen

【别名】橘黑额叶甲。

【危害作物】柑橘。

【分布】湖北、浙江、福建、广东。

51. 黄足黄守瓜

【学名】*Aulacophora indica*（Gmelin），异名：*Aulacophora femoralis chinensis* Weise

【别名】黄守瓜黄足亚种。

【危害作物】瓜类、桃、梨、柑橘、苹果、白菜。

【分布】河北、陕西、山东、江苏、浙江、湖北、江西、湖南、福建、台湾、广东、广西、西藏、四川、贵州、云南。

52. 恶性橘啮跳甲

【学名】*Clitea metallica* Chen

【别名】柑橘恶性甲、恶性叶虫、黑叶跳甲、黄滑虫。

【危害作物】柑橘。

【分布】江西、重庆、四川、福建、湖北、浙江、广西、陕西、湖南、贵州、云南等地。

53. 黑条麦萤叶甲

【学名】*Medythia nigrobilineata*（Motschulsky）

【别名】二黑条萤叶甲、大豆异萤叶甲、二条黄叶甲、二条金花虫，俗称地蹦子。

【危害作物】大豆，偶亦食害水稻、高粱、棉、大麻、甘蔗、甜菜、甜瓜、柑橘等。

【分布】东北、河北、内蒙古、山东、河南、浙江、江西、福建、台湾、湖北。

54. 桑黄米萤叶甲

【学名】*Mimastra cyanura*（Hope）

【别名】桑叶甲。

【危害作物】桑、大麻、苎麻、柑橘、苹果、梨、桃、梧桐等。

【分布】江苏、浙江、福建、江西、湖南、广东、四川、贵州、云南。

55. 柑橘潜叶跳甲

【学名】*Podagricomela nigricollis* Chen

【别名】橘潜斧、橘潜叶虫、潜叶绿跳甲。

【危害作物】柑橘。

【分布】上海、江西、四川、福建、重庆、湖北、浙江、湖南、云南、广东。

56. 枸橘潜叶跳甲

【学名】*Podagricomela weisei* Heikertinger

【别名】枸橘潜跳甲。

【危害作物】柑橘、枸橘、香橼。

【分布】山东、江苏、浙江、江西、湖北、湖南、广东、四川。

铁甲科 Hispidae

57. 北锯龟甲

【学名】*Basiprionota bisignata*（Boheman）

【别名】泡桐叶甲。

【危害作物】柑橘、梓树、楸树。

【分布】河北、河南、山西、山东、陕西、江苏、浙江、湖北、湖南、广西、贵州、云南。

58. 束腰扁趾铁甲

【学名】*Dactylispa excisa*（Kraatz）

【危害作物】玉米、大豆、梨、苹果、柑橘、柞树。

【分布】四川、广东、广西、云南、江西、福建、湖北、浙江、安徽、山东、陕西、黑龙江。

59. 甘薯台龟甲

【学名】*Taiwania circumdata*（Herbst）

【危害作物】桑、甘薯、柑橘、龙眼、荔枝、梨、香蕉。

【分布】浙江、福建、台湾、湖南、广西、广东、四川。

60. 柑橘台龟甲

【学名】*Taiwania obtusata*（Boheman）

【危害作物】柑橘、苋科植物。

【分布】福建、台湾、广东、广西、云南。

61. 苹果台龟甲

【学名】*Taiwania versicolor*（Boheman）

【危害作物】苹果、柑橘、樱桃、桃、梨。

【分布】华北、四川、贵州。

象甲科 Curculionidae

62. 短胸长足象

【学名】*Alcidodes trifidus*（Pascoe）

【别名】橘佚象、橘长足象甲。

【危害作物】柑橘。

【分布】江苏、浙江、江西、福建、台湾。

63. 稻象甲

【学名】*Echinocnemus squameus*（Billberg）

【别名】稻根象甲。

【危害作物】水稻、小麦、玉米、甘蔗、棉花、油菜、瓜类、番茄、柑橘等。

【分布】全国各地均有分布。

64. 大绿象甲

【学名】*Hypomeces squamosus*（Fabricius）

【别名】绿绒象虫、棉叶象鼻虫。

【危害作物】茶、油茶、柑橘、苹果、梨、棉花、水稻、甘蔗、桑树、大豆、花生、玉米、烟、麻等。

【分布】浙江、广西、湖南、云南等地。

65. 茶丽纹象

【学名】*Myllocerinus aurolineatus* Voss

【别名】茶叶象岬、黑绿象虫、长角青象虫、茶小黑象鼻虫、小绿象鼻虫。

【危害作物】茶树、油茶、柑橘、苹果、梨、桃、板栗等。

【分布】江西、福建、浙江、湖南、云南等地。

66. 花斑切叶象

【学名】*Paroplapoderus pardalis* Snellen von Vollenhoven

【危害作物】青杠、柑橘、桃、桑。

【分布】四川。

67. 尖象

【学名】*Phytoscaphus triangularis* Olivier

【危害作物】柑橘。

【分布】福建。

68. 柑橘斜脊象

【学名】*Platymycteropsis mandarinus* Fairmaire

【危害作物】柑橘。

【分布】福建。

69. 海南横脊象

【学名】*Platymycterus sieversi*（Reitter）

【危害作物】柑橘、茶、桑。

【分布】福建。

70. 柑橘灰象

【学名】*Sympiezomias citri* Chao

【别名】柑橘大象甲、柑橘灰象甲、柑橘灰鳞象鼻虫。

【危害作物】柑橘、棉花、茶。

【分布】湖北、浙江、广西等地。

71. 日本灰象

【学名】*Sympiezomias lewisi*（Roelfs）

【危害作物】柑橘、梨、桃、杏。

【分布】江西、浙江、福建、湖南、广东。

72. 大灰象甲

【学名】*Sympiezomias velatus*（Chevrolat）

【别名】象鼻虫、土拉驴。

【危害作物】棉花、麻、烟草、玉米、高粱、粟、黍、花生、马铃薯、辣椒、甜菜、瓜类、豆类、苹果、梨、柑橘、核桃、板栗等。

【分布】全国各地均有分布。

（七）鳞翅目 Lepidoptera

谷蛾科 Tineidae

1. 柑橘谷蛾

【学名】*Scardia baibata* Christoph

【危害作物】柑橘。

【分布】浙江。

蓑蛾科 Psychidae

2. 桉蓑蛾

【学名】*Acanthopsyche subferalbata* Hampson

【危害作物】柠檬、桉、柑橘、苹果、椰子、龙眼、栗、李、相思树。

【分布】广东、广西、福建。

3. 白囊蓑蛾

【学名】*Chalioides kondonis* Matsumura

【别名】橘白蓑蛾。

【危害作物】柑橘、枣、枇杷、梨、柿、胡桃、茶、油茶、扁柏、冬青、枫杨等。

【分布】江苏、安徽、浙江、江西、福建、台湾、湖北、湖南、广东、四川、贵州、云南。

4. 小窠蓑蛾

【学名】*Clania minuscula* Butler

【危害作物】柑橘、苹果、梨、桃、油桐、枣、栗、枇杷、茶、桑、枫、白杨、油桐。

【分布】江苏、安徽、浙江、江西、福建、台湾、湖南、湖北、广东、陕西、四川。

5. 大蓑蛾

【学名】*Cryptothelea variegata* Snellen

【别名】蓖麻蓑蛾。

【危害作物】苹果、蓖麻、梨、柑橘、葡萄、枇杷、龙眼、茶、油茶、樟、桑、槐、棉、蔷薇。

【分布】山东、江苏、安徽、浙江、江西、福建、台湾、河南、湖南、湖北、广东、四川、云南。

叶潜蛾科 Phyllocnistidae

6. 柑橘叶潜蛾

【学名】*Phyllocnistis citrella* Stainton

【别名】绘图虫、鬼画符。

【危害作物】柑橘、柠檬、咖啡。

【分布】江苏、浙江、福建、广西、广东、湖南、湖北、重庆、四川、江西、云南、贵州、海南、陕西、上海、台湾、河南等地。

织蛾科 Oecophoridae

7. 柑橘织蛾

【学名】*Depressaria culcitella* Hübner

【危害作物】柑橘。

【分布】江西。

8. 灰织蛾

【学名】*Psorosticha zizyphi* Stainton

【危害作物】柑橘。

【分布】浙江、广东。

木蛾科 Xyloryctidae

9. 桑木蛾

【学名】*Athrypsiastis salva* Meyrick

【别名】桑堆沙蛀。

【危害作物】柑橘、苹果、梨、桑。

【分布】江苏、浙江、四川。

10. 棉黄木蛾

【学名】*Epimactis tolantias* Meyrick

【别名】橘卷叶蛀，白落叶蛾、棉黄堆沙蛀。

【危害作物】茶、柑橘、荔枝、棉。

【分布】福建、台湾、四川。

拟蠹蛾科 Metarbelidae

11. 相思拟蠹蛾

【学名】*Lepidarbela baibarana* (Matsumura)

【危害作物】荔枝、柑橘、相似树、合欢、木麻黄、樟。

【分布】福建、台湾、广东。

12. 荔枝拟蠹蛾

【学名】*Lepidarbela dea* (Swinhoe)

【危害作物】荔枝、龙眼、梨、石榴、柑橘、无患子、木麻黄、柳、茶。

【分布】江西、福建、台湾、湖北、广西、广东、云南。

13. 大拟蠹蛾

【学名】*Lepidarbela discinpuncta* (Wileman)

【危害作物】荔枝、柑橘。

【分布】华南地区。

卷蛾科 Tortricidae

14. 柑橘褐带卷蛾

【学名】*Adoxophyes cyrtosema* Meyrick

【别名】柑橘卷叶蛾。

【危害作物】柑橘、荔枝、龙眼、杨桃、桃、苹果、猕猴桃、大豆、花生、茶、棉花等。

【分布】海南、上海、四川、福建、湖北、浙江、广西、湖南、贵州、云南、广东等地。

15. 棉褐带卷蛾

【学名】*Adoxophyes orana* (Fischer von Röslerstamm)

【别名】苹果卷叶蛾、小黄卷叶蛾、茶小卷叶蛾。

【危害作物】柑橘、苹果、李、杏、樱桃、茶、板栗、枇杷、梨等。

【分布】除云南、西藏外全国各地均有分布。

16. 后黄卷蛾

【学名】*Archips asiaticus* (Walsingham)

【危害作物】柑橘、苹果、梨、梅、柿、樱桃、荔枝、茶、桑。

【分布】浙江、江西、福建、台湾、湖南、广东、四川。

17. 山楂黄卷蛾

【学名】*Archips crataegana* (Hübner)

【危害作物】梨、山楂、樱桃、柑橘、栎、杨柳、榆、桦、楸。

【分布】华北、华东、黑龙江。

18. 柑橘黄卷蛾

【学名】*Archips eucroca* Diakonoff

【别名】柑橘褐黄卷蛾。

【危害作物】柑橘、荔枝。

【分布】广东。

19. 苹黄卷蛾

【学名】*Archips ingentana* (Christoph)

【危害作物】苹果、梨、柑橘、樱桃、宽冬。

【分布】黑龙江、辽宁、浙江、福建、台湾、广东。

20. 拟后黄卷蛾

【学名】*Archips miicaceanus* Walker

【危害作物】柑橘。

【分布】广东。

21. 白点褐黄卷蛾

【学名】*Archips tabescens* Meyrick

【别名】白点褐卷蛾。

【危害作物】柑橘、荔枝。

【分布】广东。

22. 褐带长卷蛾

【学名】*Homona coffearia* Nietner

【别名】柑橘长卷叶蛾。

【危害作物】柑橘、茶、荔枝、龙眼、杨桃、梨、苹果、桃、李、石榴、梅、樱桃、核桃、枇杷、柿、栗等。

【分布】海南、上海、四川、福建、湖北、浙江、广西、湖南、贵州、云南、广东等地。

刺蛾科 Limacodidae

23. 灰双线刺蛾

【学名】*Cania bilineata* (Walker)

【别名】两线刺蛾。

【危害作物】柑橘、香蕉、茶。

【分布】江苏、浙江、江西、福建、台湾、广西、广东、四川、云南、西藏。

24. 中华刺蛾

【学名】*Cania sinensis* Tams

【危害作物】柑橘、柿。

【分布】浙江、湖南、四川。

25. 黄刺蛾

【学名】*Cnidocampa flavescens* (Walker)

【危害作物】柑橘、梨、苹果、杏、桃、樱桃、枣、柿、核桃、栗、茶、桑、榆、桐、杨、柳。

【分布】辽宁、黑龙江、吉林、河北、河南、山西、山东、江苏、浙江、安徽、江西、福建、台湾、湖北、湖南、广西、广东、陕西、四川、云南。

26. 橘眉刺蛾

【学名】*Narosa nitobei* Shiraki

【危害作物】柑橘、茶。

【分布】台湾。

27. 带刺蛾

【学名】*Orthocraspeda trima* (Moore)

【危害作物】柑橘、茶、咖啡树。

【分布】福建、台湾。

28. 斜纹刺蛾

【学名】*Oxyplax ochracea* (Moore)

【危害作物】柑橘。

【分布】浙江、湖北。

29. 黄缘绿刺蛾

【学名】*Parasa consocia* (Walker)，异名：*Latoia consocia* Walker

【别名】青刺蛾、褐边绿刺蛾。

【危害作物】苹果、梨、柑橘、杏、桃、樱桃、枣、核桃、白杨、冬青、桑、枫杨、梧桐、油桐、刺槐、玉米、高粱。

【分布】东北地区及河北、陕西、山东、江苏、安徽、浙江、江西、福建、台湾、湖北、湖南、广西、广东、陕西、四川、云南。

30. 中华绿刺蛾

【学名】*Parasa sinica* (Moore)

【危害作物】苹果、梨、柑橘、杏、桃、樱桃、栗、乌桕、油桐、柿、枫杨、白杨、榆、柳、蓖麻、丝瓜、辣椒、茶、稻。

【分布】东北地区及河北、山东、江苏、浙江、江西、福建、台湾、湖北、四川、贵州、云南。

31. 茶锈刺蛾

【学名】*Phrixolepia sericea* Butler

【危害作物】柑橘、桃、李、柿、栗、石榴、茶。

【分布】东北、华南地区及江苏、安徽、湖南。

32. 桑褐刺蛾

【学名】*Setora postornata* (Hampson)

【危害作物】梨、柑橘、桃、桑、茶、石榴、枣、柿、栗。

【分布】江苏、浙江、江西、福建、台湾、湖北、四川。

33. 异色扁刺蛾

【学名】*Thosea bicolor* Shiraki

【别名】双色扁刺蛾。

【危害作物】柑橘。

【分布】台湾、广东。

34. 扁刺蛾

【学名】*Thosea sinensis*（Walker）

【危害作物】苹果、梨、柑橘、樱桃、枣、柿、核桃、胡麻、茶、油茶、桑、蓖麻、油桐、枫杨、苦楝、乌桕、柳。

【分布】河北、吉林、辽宁、山东、江苏、安徽、浙江、江西、福建、台湾、湖北、湖南、广西、广东、陕西、四川、贵州。

螟蛾科 Pyralidae

35. 桃蛀螟

【学名】*Conogethes punctiferalis*（Guenée）

【别名】桃蠹螟、桃斑蛀螟、蛀心虫、食心虫。

【危害作物】柑橘、桃、苹果、梨、李、梅、板栗、核桃、杏、柿、无花果、荔枝、龙眼、芒果、木菠萝、石榴、枇杷、山楂，以及向日葵、玉米、高粱等。

【分布】四川、福建、湖北、广西、陕西、湖南、贵州、云南等地。

尺蛾科 Geometridae

36. 大造桥虫

【学名】*Ascotis selenaria*（Denis *et* Schiffermüller）

【别名】寸寸虫。

【危害作物】柑橘、石榴、柳、棉花、大豆、辣椒、丝瓜等。

【分布】浙江、江苏、上海、山东、河北、河南、湖南、湖北、四川、广西、贵州、云南等地。

37. 油桐尺蠖

【学名】*Buzura suppressaria*（Guenée）

【别名】造桥虫、量尺虫、大尺蠖。

【危害作物】油桐、柑橘、茶树等。

【分布】上海、江西、广东、广西、海南、福建、湖南、浙江、重庆、四川等地。

38. 柑橘尺蠖

【学名】*Hemerophila subplasgiata* Walker

【危害作物】柑橘。

【分布】上海、江苏、广东、四川。

39. 大钩翅尺蛾

【学名】*Hyposidra talaca*（Walker）

【别名】橘褐尺蠖。

【危害作物】柑橘、萝卜、茶、苎麻、蓖麻、甘薯。

【分布】福建、海南、台湾。

40. 四星尺蛾

【学名】*Ophthalmodes irrorataria*（Bremer *et* Grey）

【危害作物】苹果、柑橘、海棠、鼠李、麻、桑、棉花、蔬菜。

【分布】华北、东北地区及山东、浙江、台湾、四川。

枯叶蛾科 Lasiocampidae

41. 黄衣枯叶蛾

【学名】*Estigena pardalis*（Walker）

【危害作物】柑橘。

【分布】浙江。

42. 栗黄枯叶蛾

【学名】*Trabala vishnou* Lefebure

【危害作物】栗、苹果、石榴、柑橘、咖啡、番石榴、木麻黄、蔷薇、松、枫、蓖麻。

【分布】江苏、浙江、江西、福建、台湾、陕西、四川、云南。

天蚕蛾科 Saturniidae

43. 樗蚕

【学名】*Attacus cynthia* Drury

【危害作物】柑橘。

【分布】浙江。

夜蛾科 Noctuidae

44. 枯叶夜蛾

【学名】*Adris tyrannus*（Guenée）

【别名】橘毛虫。

【危害作物】柑橘、苹果、葡萄、枇杷、芒果、梨、桃、杏、李、柿等。

【分布】湖南、海南、四川、福建、浙江、贵州、云南、广东等地。

45. 小地老虎

【学名】*Agrotis ipsilon*（Rottemberg）

【危害作物】棉花、麻、玉米、高粱、麦类、花生、大豆、马铃薯、辣椒、茄子、瓜类、甜菜、烟草、苹果、柑橘、桑、槐等。

【分布】湖北、湖南、河南、江西、山东、江苏、安徽、浙江、福建、上海、北京、天津、河北、山西、内蒙古、辽宁、吉林、黑龙江、新疆、陕西、甘肃、四川、云南、贵州、重庆、广东、广西、海南。

46. 小造桥夜蛾

【学名】*Anomis flava*（Fabricius）

【危害作物】棉花、苘麻、黄麻、锦葵、木槿、柑橘、绿豆、冬苋菜、烟草等。

【分布】湖北、湖南、河南、江西、山东、江苏、安徽、浙江、福建、上海、北京、天津、河北、山西、内蒙古、辽宁、吉林、黑龙江、陕西、甘肃、四川、云南、贵州、重庆、广东、广西、海南。

47. 黄麻桥夜蛾

【学名】*Anomis subulifera*（Guenée）

【危害作物】黄麻、柑橘、桃。

【分布】浙江、台湾。

48. 橘肖毛翅夜蛾

【学名】*Artena dotata*（Fabricius）

【危害作物】柑橘。

【分布】江苏、浙江、江西、台湾、湖北、湖南、广东、四川、贵州、云南。

49. 平嘴壶夜蛾

【学名】*Calyptra lata*（Butler）

【危害作物】柑橘、紫堇、唐松草。

【分布】云南。

50. 疖角壶夜蛾

【学名】*Calyptra minuticornis* Guenée

【危害作物】柑橘、防已。

【分布】辽宁、浙江、广东、云南。

51. 中带三角夜蛾

【学名】*Chalciope geometrica*（Fabricius）

【危害作物】石榴、柑橘、悬钩子、蓖麻。

【分布】浙江、台湾、湖北、四川。

52. 棉铃虫

【学名】*Helicoverpa armigera*（Hübner）

【别名】棉桃虫、钻心虫、青虫和棉铃实夜蛾。

【危害作物】棉花、玉米、高粱、小麦、番茄、辣椒、胡麻、亚麻、苘麻、向日葵、豌豆、马铃薯、芝麻、甘蓝、苹果、梨、柑橘等。

【分布】湖北、湖南、河南、江西、山东、江苏、安徽、浙江、福建、上海、北京、天津、河北、山西、内蒙古、辽宁、吉林、黑龙江、新疆、陕西、甘肃、四川、云南、贵州、重庆、广东、广西、海南。

53. 艳叶夜蛾

【学名】*Maenas salaminia*（Fabricius）

【危害作物】柑橘、桃、苹果、梨、蝙蝠葛。

【分布】浙江、江西、台湾、广东、云南。

54. 青安纽夜蛾

【学名】*Ophiusa tirhaca*（Cramer）

【危害作物】柑橘、乳香、漆树。

【分布】江苏、浙江、江西、河南、湖北、广东、四川、贵州、云南。

55. 橘安纽夜蛾

【学名】*Ophiusa triphaenoides*（Walker）

【危害作物】柑橘。

【分布】浙江、江西、台湾、广东。

56. 嘴壶夜蛾

【学名】*Oraesia emarginata*（Fabricius）

【别名】桃黄褐夜蛾。

【危害作物】柑橘、苹果、葡萄、枇杷、杨梅、番茄、梨、桃、杏、柿、栗等。

【分布】海南、江西、四川、福建、湖北、浙江、广西、贵州、云南、广东。

57. 鸟嘴壶夜蛾

【学名】*Oraesia excavata*（Butler）

【别名】葡萄紫褐夜蛾、葡萄夜蛾。

【危害作物】柑橘、荔枝、龙眼、黄皮、枇杷、葡萄、桃、李、柿、番茄等。

【分布】四川、河南、陕西等地。

58. 宽巾夜蛾

【学名】*Parallelia fulvotaenia*（Guenée）

【别名】宽巾夜蛾、宽玉带夜蛾。

【危害作物】柑橘。

【分布】四川、湖北、广东、福建、广西等地。

59. 斜纹夜蛾

【学名】*Spodoptera litura*（Fabricius）

【别名】夜盗虫、乌头虫、莲纹夜蛾、莲纹夜盗蛾。

【危害作物】柑橘，以及十字花科、茄科、葫芦科、百合科等中的作物。

【分布】四川、上海、江西、福建、湖北、浙江、广西、湖南、贵州、云南、广东等地。

60. 肖毛翅夜蛾

【学名】*Thyas juno*（Dalman）

【危害作物】桦、李、木槿、柑橘、桃、梨、苹果、葡萄。

【分布】辽宁、黑龙江、河北、山东、安徽、浙江、江西、河南、湖北、四川、贵州。

61. 掌夜蛾

【学名】*Tiracola plagiata*（Walker）

【危害作物】柑橘、茶、萝卜、茄。

【分布】台湾、四川。

毒蛾科 Lymantriidae

62. 沁茸毒蛾

【学名】*Dasychira mendosa*（Hübner）

【别名】青带毒蛾。

【危害作物】甘薯、棉花、麻、茄、大豆、菜豆、桑、茶、柑橘、榕树、竹、相思树等。

【分布】台湾、广东、云南。

63. 星黄毒蛾

【学名】*Euproctis flavinata*（Walker）

【别名】黄带毒蛾。

【危害作物】苹果、梨、柑橘。

【分布】江苏、台湾、广西、广东、四川。

64. 茶黄毒蛾

【学名】*Euproctis pseudoconspersa* Strand

【别名】茶毛虫、毒毛虫、摆头虫。

【危害作物】柑橘、樱桃、柿、梨、枇杷、乌桕、油桐、玉米、茶、油茶等。

【分布】上海、四川、福建、湖北、广西、湖南、云南等地。

65. 幻带黄毒蛾

【学名】*Euproctis varians*（Walker）

【别名】台湾茶毛虫。

【危害作物】柑橘、茶、油茶。

【分布】河北、江苏、安徽、浙江、江西、福建、台湾、湖北、广东、四川。

66. 小白纹毒蛾

【学名】*Notolophus australis posticus* Walker

【危害作物】柑橘、油茶、茶、棉、丝瓜、芦笋、萝卜、桃、葡萄、梨、芒果。

【分布】四川、湖北、浙江、云南等地。

67. 棉古毒蛾

【学名】*Orgyia postica*（Walker）

【危害作物】棉花、荞麦、茶、花生、桑、柑橘、葡萄、枇杷、桃、李。

【分布】福建、台湾、广东、云南、四川。

68. 双线盗毒蛾

【学名】*Porthesia scintillans*（Walker）

【危害作物】刺槐、枫、茶、柑橘、梨、蓖麻、玉米、棉花、豆类、十字花科作物。

【分布】福建、台湾、广西、广东、四川、云南。

灯蛾科 Arctiidae

69. 红缘灯蛾

【学名】*Amsacta lactinea*（Cramer）

【别名】红袖灯蛾、红边灯蛾。

【危害作物】十字花科蔬菜、豆类、棉花、红麻、亚麻、大麻、玉米、谷子、柑橘、苹果、杨柳等。

【分布】国内除新疆、青海未见报道外，其他地区均有发生。

70. 黑条灰灯蛾

【学名】*Creatonotus gangis*（Linnaeus）

【危害作物】桑、茶、甘蔗、柑橘、大豆、咖啡。

【分布】江西、台湾、四川、云南及东北、华中、华南、华西地区。

71. 八点灰灯蛾

【学名】*Creatonotus transiens*（Walker）

【危害作物】柑橘、茶、桑、甘蔗、绿肥作物。

【分布】江西、台湾、湖北、广东、四川、云南。

72. 粉蝶灯蛾

【学名】*Nyctemera plagifera* Walker

【别名】拟粉蝶灯蛾。

【危害作物】柑橘、菊科作物、无花果。

【分布】江西、云南、广东。

苔蛾科 Lithosiidae

73. 条纹艳苔蛾

【学名】*Asura strigipennis*（Herrich-Schäffer）

【危害作物】柑橘。

【分布】浙江、台湾、广西、四川。

74. 优雪苔蛾

【学名】*Cyana hamata*（Walker）

【危害作物】玉米、棉花、甘薯、大豆、柑橘。

【分布】陕西、四川。

75. 亲土苔蛾

【学名】*Eilema affineola*（Bremer）

【危害作物】柑橘。

【分布】浙江。

凤蝶科 Papillionidae

76. 碧凤蝶

【学名】*Papilio bianor* Cramer

【危害作物】柑橘。

【分布】四川。

77. 达摩凤蝶

【学名】*Papilio demoleus* Linnaeus

【危害作物】柑橘、柠檬。

【分布】上海、四川、福建、台湾、湖北、浙江、广西、广东、湖南、贵州等地。

78. 玉斑凤蝶

【学名】*Papilio helenus* Linnaeus

【别名】小黄斑凤蝶、纵带凤蝶。

【危害作物】柑橘。

【分布】浙江、江西、福建、台湾、湖北、湖南、广东、广西、四川、云南。

79. 美凤蝶

【学名】*Popilio memnon* Linnaeus

【危害作物】柑橘。

【分布】浙江、福建、台湾、湖北、广东、四川、贵州、云南。

80. 巴黎翠凤蝶

【学名】*Popilio paris* Linnaeus

【危害作物】柑橘。

【分布】华中地区及浙江、福建、台湾、广西、广东、四川。

81. 玉带凤蝶

【学名】*Papilio polytes* Linnaeus

【别名】白带凤蝶、黑凤蝶、缟凤蝶。

【危害作物】柑橘。

【分布】上海、江西、重庆、福建、湖北、浙江、陕西、湖南、贵州、云南、广东等地。

82. 蓝凤蝶

【学名】*Papilio protenor* Cramer

【危害作物】柑橘。

【分布】浙江、福建、台湾、湖北、湖南、广东、陕西、四川。

83. 台湾凤蝶

【学名】*Papilio taiwanus*（Rothschild）

【危害作物】柑橘。

【分布】四川。

84. 柑橘凤蝶

【学名】*Papilio xuthus* Linnaeus

【别名】橘黑黄凤蝶、花椒凤蝶、金凤蝶。

【危害作物】柑橘、茄、花椒。

【分布】河北、山西、江苏、浙江、福建、广西、广东、湖南、湖北、重庆、四川、江西、云南、贵州、西藏、海南、陕西、上海、台湾等地。

（八）双翅目 Diptera

瘿蚊科 Cecidomyiidae

1. 橘蕾康瘿蚊

【学名】*Contarinia citri* Barnes

【别名】橘蕾瘿蝇、柑橘瘿蝇、包花虫、柑橘花蕾蛆。

【危害作物】柑橘。

【分布】上海、江西、重庆、四川、福建、湖北、浙江、广西、陕西、湖南、贵州、云南。

2. 橘实雷瘿蚊

【学名】*Resseliella citrifrugis* Jiang

【别名】橘瘿蚊、沙田柚橘实雷瘿蚊。

【危害作物】沙田柚、文旦柚、溪蜜柚、甜橙等，尤其以沙田柚受害最重。

【分布】在四川、广东、广西、贵州等地有少量分布。

实蝇科 Tephritidae = Trypetidae

3. 橘小实蝇

【学名】*Bactrocera dorsalis*（Hendel）

【别名】东方果实蝇、黄苍蝇。

【危害作物】柑橘、芒果、番石榴、番荔枝、杨桃、枇杷、苹果、香蕉、桃、李、辣椒和茄子等200多种作物。

【分布】海南、上海、江西、福建、浙江、广西、湖南、贵州、云南、广东等地都有分布。重庆近年来监测到了柑橘小实蝇，但尚未造成危害。

4. 柑橘大实蝇

【学名】*Bactrocera minax*（Enderlein）

【别名】柑蛆、橘大食蝇、柑橘大果蝇和黄果虫。被害果称“蛆果”。

【危害作物】柑橘。

【分布】主要分布在广西、湖北、陕西、湖南、四川、贵州和云南等地。重庆近年来也有少量分布，但未造成明显危害。

5. 蜜柑大实蝇

【学名】*Bactrocera tsuneonis*（Miyake）

【别名】台湾橘实蝇。

【危害作物】柑橘。

【分布】四川、江苏、贵州、广西、湖南、台湾。

6. 宽带实蝇

【学名】*Bactrocera*（*Zeugodacus*）*scutellata*（Hendel）

【危害作物】柑橘。

【分布】台湾、江西。

（九）膜翅目 Hymenoptera

三节叶蜂科 Argidae

1. 杜鹃三节叶蜂

【学名】*Arge similis*（Vollenhoven）

【危害作物】柑橘。

【分布】台湾。

蚁科 Formicidae

2. 赤角蚁

【学名】*Formica exsecta fukai* Wheel

【危害作物】柑橘。

【分布】贵州。

3. 双齿多刺蚁

【学名】*Polyrhachis dives* Smith

【危害作物】柑橘、咖啡。

【分布】台湾及华南地区。

胡蜂科 Vespidae

4. 澳门马蜂

【学名】*Polistes macaensis*（Fabricius）

【别名】澳门胡蜂。

【危害作物】苹果、梨、柑橘、葡萄。

【分布】河北、江苏、福建、广东、广西。

5. 黑盾胡蜂

【学名】*Vespa bicolor* Fabricius

【危害作物】柑橘。

【分布】江西、浙江、湖南、广东。

6. 黄边胡蜂

【学名】*Vespa crabro crabro* Linnaeus

【危害作物】葡萄、桃、梨、核桃、柑橘。

【分布】东北、河北、江西。

7. 金环胡蜂

【学名】*Vespa mandarinia* Smith

【危害作物】葡萄、石榴、桃、梨、柑橘。

【分布】江西、江苏、浙江、台湾、山东、广东、四川。

8. 凹纹胡蜂

【学名】*Vespa velutina auraria* Smith

【别名】梨胡蜂。

【危害作物】梨、柑橘、桃。

【分布】辽宁、山东、广东、云南。

蛛形纲 Arachnida

蜱螨目 Acarina

叶螨科 Tetranychidae

1. 柑橘始叶螨

【学名】*Eotetranychus kankitus* Ehara

【别名】四斑黄蜘蛛。

【危害作物】柑橘、桃、葡萄、豇豆等。

【分布】浙江、福建、广西、广东、湖南、湖北、重庆、四川、江西、云南、贵州、海南、陕西、上海、台湾等地。

2. 六点始叶螨

【学名】*Eotetranychus sexmaculatus*（Riley）

【危害作物】柑橘、橡胶草。

【分布】浙江、江西、福建、台湾、湖北、湖南、广西、广东、四川、云南。

3. 柑橘全爪螨

【学名】*Panonychus citri*（McGregor）

【别名】柑橘红蜘蛛、瘤皮红蜘蛛。

【危害作物】柑橘、桃、梨、木瓜、樱桃、核桃、枣、桑等。

【分布】浙江、福建、广西、广东、湖南、湖北、重庆、四川、江西、云南、贵州、海南、陕西、上海、台湾等地。

4. 苹果全爪螨

【学名】*Panonychus ulmi*（Koch）

【危害作物】苹果、柑橘、梨、樱桃、桃、大豆。

【分布】辽宁、河北、山东、山西、江苏、湖北、宁夏、青海、四川。

瘿螨科 Eriophyidae

5. 橘芽瘿螨

【学名】*Eriophyes sheldoni* Ewing

【别名】柑橘壁虱、柑橘瘿螨、柑芽瘿螨。

【危害作物】柑橘。

【分布】上海、四川、福建、湖北、广西、湖南、贵州、云南、广东等地。

6. 橘皱叶刺瘿螨

【学名】*Phyllocoptruta oleivora*（Ashmead）

【别名】锈蜘蛛、橘锈螨、橘锈瘿螨、黑皮果、橘叶刺瘿螨。

【危害作物】柑橘。

【分布】浙江、福建、广西、广东、湖南、湖北、重庆、四川、江西、云南、贵州、海南、陕西、上海、台湾等地。

7. 侧多食跗线螨

【学名】*Polyphagotarsonemus latus*（Banks）

【别名】黄茶螨、茶半跗线螨、白蜘蛛。

【危害作物】柑橘、茄子、辣椒、马铃薯、番茄、菜豆、豇豆、黄瓜、丝瓜、苦瓜、萝卜、芹菜等蔬菜，以及茶、烟草等多种作物。

【分布】浙江、福建、广西、广东、湖南、湖北、重庆、四川、江西、云南、贵州、海南、陕西、上海、台湾等地。

二、软体动物门 Mollusca

腹足纲 Gastropoda

柄眼目 Stylommatophora

巴蜗牛科 Bradybaenidae

1. 灰巴蜗牛

【学名】*Bradybaena ravida*（Benson）。

【别名】薄球蜗牛、蜒蚰螺、水牛。

【危害作物】黄麻、红麻、苎麻外，还可为害棉、桑、苜蓿、豆类、马铃薯、大麦、小麦、玉米、花生、油菜等多种蔬菜，以及柑橘等果树。

【分布】全国各地均有分布。

2. 同型巴蜗牛

【学名】*Bradybaena similaris*（Férussac）

【危害作物】白菜、油菜、枸杞、麻类、柑橘等。

【分布】除东北地区及西藏、青海等地外，我国各地均有分布。

第十三章　苹果有害生物名录

第一节　苹果病害

一、真菌病害

1. 苹果疫腐病

【病原】恶疫霉 *Phytophthora cactorum*（Leb. *et* Cohn.）Schrot.，属卵菌。

【别名】颈腐病、实腐病。

【为害部位】果实、根颈、叶片。

【分布】山东、河北、北京、云南、河南。

2. 苹果枝枯病

【病原】朱红丛赤壳 *Nectria cinnabarina*（Tode）Fr.，属子囊菌。

【为害部位】结果枝、大树上衰弱的枝梢前端。

【分布】河北、天津、北京、甘肃、云南、河南、山西、陕西。

3. 苹果白纹羽

【病原】褐座坚壳 *Rosellinia necatrix*（Hart.）Berl.，属子囊菌。

【为害部位】根部。

【分布】河北、河南、山西、陕西、辽宁。

4. 苹果干腐病

【病原】葡萄座腔菌 *Botryosphaeria dothidea*（Moug. ex Fr.）Ces. & De Not，属子囊菌。

【别名】胴腐病。

【为害部位】枝干、果实。

【分布】山东、天津、北京、甘肃、河南、陕西、宁夏、青海、河北、江苏、辽宁、山西、黑龙江、云南。

5. 苹果黑星病

【病原】苹果黑星菌 *Venturia inaequalis*（Cooke）Wint.，属子囊菌。

【别名】疮痂病。

【为害部位】叶片、果实。

【分布】山东、天津、甘肃、云南、河南、江苏、陕西、山西、辽宁、黑龙江、新疆、北京、宁夏、河北、四川。

6. 苹果轮纹病

【病原】葡萄座腔菌 *Botryosphaeria dothidea*（Moug. ex Fr.）Ces. & De Not，属子囊菌。

【别名】粗皮病、苹果疣皮病、苹果黑腐病、苹果水烂病、苹果烂果病、苹果轮纹褐腐病、苹果疣状粗皮病。

【为害部位】枝干、果实。

【分布】甘肃、江苏、辽宁、黑龙江、山西、河南、北京、宁夏、青海、河北、陕西。

7. 苹果梭疤病

【病原】仁果干癌丛赤壳菌 *Nectria galligena* Bres.，属子囊菌。

【别名】枝溃疡病。

【为害部位】枝条。

【分布】全国各地均有发生。

8. 苹果花腐病

【病原】苹果链核盘菌 *Monilinia mali*（Takahashi）Wetzeal，属子囊菌。

【为害部位】叶、花、幼果、嫩枝。

【分布】山东、河北、天津、四川、甘肃、云南、河南、江苏、宁夏、陕西、山西、辽宁、黑龙江、吉林、新疆、西藏。

9. 苹果套袋果实黑点病

【病原】病原较为复杂，主要致病菌为粉红单端孢菌 *Trichothecium roseum* Link *et* Fr.。苹果斑点小球壳菌 *Mycosphaerella pomi*（Pass.）Walton *et* Orton是引起该病的病原之一，属子囊菌。此外，也有链格孢 *Alternaria* sp.、点枝顶孢 *Acremonium stictum* Link 等致病菌的报道。

【为害部位】果实。

【分布】全国各主产区都有发生。

10. 苹果炭疽病

【病原】围小丛壳菌 *Glomerella cigulata*

(Stonem.) Spauld. *et* Schrenk，属子囊菌。

【别名】苦腐病、晚腐病。

【为害部位】果实。

【分布】山东、河南、天津、甘肃、云南、辽宁、北京、宁夏、河北、江苏、陕西、山西、黑龙江。

11. 苹果根朽病

【病原】发光假蜜环菌 *Armillariella tabescens* (Scop. *et* Fr.) Singer，假蜜环菌 *Armillariella mellea* (Vahal. ex Fr.) Karst.，均属担子菌。

【为害部位】叶片、根部。

【分布】河北、山东、甘肃、河南、陕西。

12. 苹果木腐病

【病原】裂褶菌 *Schizophyllum commune* Fr.，属担子菌。

【为害部位】主干、主枝。

【分布】北京、河南、山西、陕西。

13. 苹果锈病

【病原】山田胶锈菌 *Gymnosporangium yamadai* Miyabe ex Yamada，属担子菌。

【别名】赤星病。

【为害部位】叶片、新梢、果实。

【分布】山东、天津、北京、四川、甘肃、云南、河南、江苏、宁夏、山西、辽宁、黑龙江、新疆、河北、陕西。

14. 苹果银叶病

【病原】紫韧革菌 *Chondrostereum purpureum* (Pers. Fr.) Pougar，属担子菌。

【为害部位】枝条。

【分布】山东、河北、北京、云南、河南、江苏、陕西、山西。

15. 苹果紫纹羽

【病原】桑卷担菌 *Helicobasidium mompa* Tanaka，Jacz.，属担子菌。

【为害部位】叶片、枝条、根部。

【分布】河北、北京、河南、陕西。

16. 苹果炭疽菌叶枯病

【病原】炭疽菌 *Colletotrichum* spp.，属无性型真菌。

【为害部位】叶片。

【分布】河南。

17. 苹果白粉病

【病原】白叉丝单囊壳 *Podosphaera leucotricha* (EⅡ. *et* Ev.) Salm.，属子囊菌。无性阶段 *Oidium* sp.，属无性型真菌。

【为害部位】主要为害嫩枝、叶片、新梢，也为害花及幼果。病部布满白粉是此病的主要特征。

【分布】山东、天津、北京、河南、江苏、宁夏、黑龙江、新疆、甘肃、山西、辽宁、陕西、河北、四川、吉林、云南。

18. 苹果白绢病

【病原】齐整小核菌 *Sclerotium rolfsii* Sacc.，属无性型真菌。有性型为白绢薄膜革菌 *Pellicularia rolfsii* (Sacc.) West.，属担子菌。

【别名】茎基腐烂病、烂葫芦。

【为害部位】发病部位主要在果树或苗木的根颈部，以在距地表5~10厘米处最多。

【分布】山东、河北、北京、河南、山西、陕西。

19. 苹果白星病

【病原】仁果盾壳霉 *Coniothyrium pirinum* (Sacc.) Scheldon，属无性型真菌。

【为害部位】叶片。

【分布】山东、北京、河南。

20. 苹果斑点落叶病

【病原】链格孢苹果专化型 *Alternaria alternaria* f. sp. *mali* Roberts，系轮斑病菌强毒菌系，属无性型真菌。

【别名】苹果褐纹病。

【为害部位】叶片、果实。

【分布】山东、甘肃、河南、北京、天津、宁夏、河北、江苏、辽宁、山西、四川、陕西、云南、黑龙江、新疆。

21. 苹果褐斑病

【病原】苹果盘二孢 *Marssonina mali* (Henn.) Ito.，属无性型真菌。有性型称为苹果双壳 *Diplocarpon mali* Harada *et* Sawamura，属子囊菌。

【别名】绿缘褐斑病。

【为害部位】叶片、果实、叶柄。

【分布】山东、甘肃、河南、北京、宁夏、河北、山西、云南、辽宁、新疆、陕西、黑龙江。

22. 苹果褐腐病

【病原】仁果丛梗孢 *Monilia fructigena* Pers.，属无性型真菌。有性型为仁果链核盘菌 *Monilinia fructigena* (Aderh. *et* Ruhl) Honey，属子囊菌。

【别名】菌核病。

【为害部位】果实、花、果枝。

【分布】山东、河北、天津、北京、四川、云南、河南、江苏、宁夏、陕西、山西、辽宁、黑龙江、新疆。

23. 苹果树腐烂病

【病原】壳囊孢 *Cytospora mandshurica* Miura，属无性型真菌。有性型为苹果黑腐皮壳 *Valsa mali* Miyabe *et* Yamada，属子囊菌。

【别名】烂皮病，臭皮病。

【为害部位】树枝。

【分布】山东、甘肃、河南、北京、天津、河北、辽宁、山西、陕西、黑龙江、云南、江苏、宁夏、新疆。

24. 苹果灰斑病

【病原】梨叶点霉 *Phyllosticta pirina* Sacc.，属无性型真菌。

【为害部位】叶片。

【分布】新疆、河北、北京、四川、甘肃、云南、河南、宁夏、陕西、山西、辽宁、黑龙江。

25. 苹果轮斑病

【病原】苹果链格孢 *Alternaria mali* Roberts，属无性型真菌。

【别名】大星病。

【为害部位】叶片。

【分布】山东、河北、北京、甘肃、河南、宁夏、山西、辽宁、黑龙江。

26. 苹果煤污病

【病原】仁果黏壳孢 *Gloeodes pomigina*（Schw.）Colby，属无性型真菌。

【别名】水锈。

【为害部位】果实。

【分布】山东、河北、北京、甘肃、云南、河南、山西、辽宁、黑龙江、青海、陕西。

27. 苹果霉心病

【病原】由多种弱寄生菌混合侵染造成。有链格孢 *Alternaria alternata*（Fr.）Keissl.、粉红单端孢 *Trichothecium roseum* Link、棒盘孢 *Coryneum* sp.、镰孢 *Fusarium* sp.、狭截盘多毛孢 *Truncatella angustata* Hughers、茎点霉 *Phoma* sp.、拟茎点霉 *Phomopsis* sp.、大茎点霉 *Macrophoma* sp.、头孢霉 *Cephalosporium* sp.、盾壳霉 *Coniothyrium* sp.、枝孢霉 *Cladosporium* sp.、葡萄孢 *Botrytis* sp.、青霉 *Penicillium* sp. 等10多种真菌，其中最主要的是链格孢和粉红单端孢。

【别名】心腐病。

【为害部位】果实。

【分布】山东、河北、天津、北京、甘肃、青海、云南、河南、宁夏、山西、陕西、辽宁。

28. 苹果青霉病

【病原】青霉属 *Penicillium* spp.，属无性型真菌。

【别名】水烂病。

【为害部位】果实。

【分布】山东、甘肃、陕西。

29. 苹果蝇粪病

【病原】仁果细盾霉 *Leptothyrium pomi*（Mont. *et* Fr.）Sacc.，属无性型真菌。

【别名】污点病。

【为害部位】果实。

【分布】河北、北京、云南、河南、山西、陕西、辽宁。

30. 苹果圆斑根腐病

【病原】多种镰孢 *Fusarium* spp.，属无性型真菌。

【别名】烂根病。

【为害部位】根部。

【分布】河北、河南、陕西、山西、辽宁。

31. 苹果丝核菌叶枯病

【病原】丝核菌 *Rhizoctonia* spp.，属无性型真菌。

【为害部位】叶片、枝梢。

【分布】河南、河北。

32. 苹果根腐病

【病原】多种镰孢 *Fusarium* spp.，属无性型真菌。

【别名】烂根病。

【为害部位】根部。

【分布】天津。

33. 苹果圆斑病

【病原】孤生叶点霉菌 *Phyllosticta solitaria* Ell. *et* Ev，属无性型真菌。

【为害部位】叶片、叶柄、枝条、果实。

【分布】河南。

二、细菌病害

1. 苹果疱斑病

【病原】丁香假单胞菌疱疹致病变种 *Pseudomonas syringae* pv. *papulans*（Rose）Dhanvantari，属假单胞杆属细菌。

【为害部位】果实。

【分布】北京、山西。

2. 苹果毛根病

【病原】发根土壤杆菌 *Agrobacterium rhizogens* (Riker *et al.*) Conn.，属革兰氏阴性细菌。

【别名】发根病。

【为害部位】根部。

【分布】山东、陕西。

3. 苹果根癌病

【病原】根癌土壤杆菌 *Agrobacterium tumefaciens* (Smith *et* Townsend) Conn.。

【别名】根瘤病、根肿病。

【为害部位】根茎部。

【分布】山东、河北、北京、河南、山西、陕西、辽宁、新疆。

三、病毒病害

1. 苹果小叶病毒病

【病原】苹果小叶病毒 *Apple little leaf virus* (ALF)。

【为害部位】叶片。

【分布】山东。

2. 苹果茎痘病

【病原】苹果茎痘病毒 *Apple stem pitting virus* (ASPV)。

【为害部位】枝干。

【分布】河北、北京、河南、江苏、山西、陕西、辽宁、黑龙江。

3. 苹果花叶病

【病原】由一种球状植物病毒 *Apple mosiac virus* (AMV) 侵染引起的。

【为害部位】叶片。

【分布】山东、河北、北京、甘肃、河南、山西、陕西、辽宁、黑龙江。

4. 苹果扁枝病

【病原】不明病毒。

【为害部位】枝干。

【分布】山东、河北、北京、甘肃、河南、宁夏、辽宁。

5. 苹果茎沟病

【病原】苹果茎沟病毒 *Apple stem grooving virus* (ASGV)。

【为害部位】枝干。

【分布】山东、河北、北京、山西、辽宁。

6. 苹果绿皱果病

【病原】一种病毒，国外有人认为绿皱果的病原，可能与类菌原体有关，但未得到证实。

【为害部位】果实。

【分布】河北、天津、北京、四川、云南、河南、江苏、山西、陕西、辽宁。

7. 苹果褪绿叶斑病

【病原】苹果褪绿叶斑病毒 *Apple chlorotic leaf spot virus* (ACLSV)，是发现最早的苹果潜隐病毒，许多国家对苹果褪绿叶斑病毒的理化特性进行了深入研究，根据生物学和血清学关系，确认褪绿叶病毒有许多株系，不同株系在致病性、抗原性和症状方面有相当差异。

【为害部位】叶片。

【分布】山东、河北、北京、河南、江苏、山西、陕西。

8. 苹果衰退病

【病原】苹果褪绿叶斑病毒 *Apple chlorotic leaf spot virus* (ACLSV)、苹果茎沟病毒 *Apple stem grooving virus* (ASGV)、苹果茎痘病毒 *Apple stem pitting virus* (ASPV) 复合侵染或单独侵染。

【别名】高接病。

【为害部位】从根部开始，全株性病害。

【分布】全国各地均有发生。

9. 苹果潜隐病毒病

【病原】苹果褪绿叶斑病毒 *Apple chlorotic leaf spot virus* (ACLSV)、苹果茎沟病毒 *Apple stem grooving virus* (ASGV)、苹果茎痘病毒 *Apple stem pitting virus* (ASPV)。

【为害部位】叶片，果实。

【分布】在我国苹果主产区均有广泛发生。

四、类病毒病害

苹果锈果病

【病原】类病毒 *Apple scar skin viroid* (ASSVd)。

【别名】花脸病。

【为害部位】果实。

【分布】山东、河北、北京、甘肃、云南、河南、江苏、宁夏、山西、陕西、辽宁、黑龙江。

五、线虫病害

苹果根结线虫病

【病原】苹果根结线虫 *Meloidogyne mali* Itoh. Ohshima *et* Ichinohe，属植物寄生线虫。

【为害部位】根部。

【分布】山东、北京、河南。

六、寄生性植物病害

槲寄生

【病原】槲寄生 *Viscum coloratum*（Komar.）Nakai

【别名】北寄生、冬青、桑寄生、柳寄生、黄寄生、冻青、寄生子。

【为害部位】枝干。

【分布】西南苹果产区曾有报道。

第二节　苹果害虫

一、节肢动物门 Arthropoda

昆虫纲 Insecta

（一）直翅目 Orthoptera

螽蟖科 Tettigoniidae

1. 日本宽翅螽蟖

【学名】*Holochlora japonica*（Brunner von Wattenwyl）

【危害作物】核桃、苹果、梨、柑橘、葡萄、樱桃、杏、桃、李、梅、桑、咖啡、胡桃。

【分布】山东、江苏、浙江、江西、福建、台湾、湖北、广西、广东、四川。

蟋蟀科 Gryllidae

2. 绿树蟋

【学名】*Calyptotrypus hibinocis* Matsumura

【别名】绿蛣蛉。

【危害作物】稻、粟、小麦、大麦、玉米、豆类、花生、苹果、梨、枣、山楂、洋槐。

【分布】山东、华北、华中、西南。

3. 家蟋蟀

【学名】*Gryllus domesticus* Linnaeus

【危害作物】豌豆、棉、苹果、梨。

【分布】江苏、湖北、广东、陕西。

4. 北京油葫芦

【学名】*Teleogryllus emma*（Ohmachi *et* Matsumura）

【危害作物】粟、黍、稻、高粱、荞麦、甘薯、大豆、绿豆、棉花、芝麻、花生、甘蔗、烟草、白菜、葱、番茄、苹果、梨。

【分布】辽宁、河北、河南、陕西、山西、山东、江苏、安徽、浙江、江西、福建、台湾、湖南、湖北、广东。

蝼蛄科 Gryllotalpidae

5. 东方蝼蛄

【学名】*Gryllotalpa orientalis* Burmeister

【危害作物】麦、稻、粟、玉米、甘蔗、棉花、豆类、马铃薯、花生、大麻、黄麻、甜菜、烟草、蔬菜、苹果、梨、柑橘等。

【分布】北京、天津、河北、内蒙古、黑龙江、江苏、浙江、安徽、山东、河南、湖北、重庆、四川、贵州、云南、陕西、甘肃、青海、宁夏、新疆。

6. 华北蝼蛄

【学名】*Gryllotalpa unispina* Saussure

【别名】单刺蝼蛄。

【危害作物】麦类、玉米、高粱、谷子、水稻、薯类、棉花、花生、甜菜、烟草、大麻、黄麻、蔬菜、苹果、梨等。

【分布】主要在华北地区，北纬32°以北。

锥头蝗科 Pyrgomorphidae

7. 拟短额负蝗

【学名】*Atractomorpha ambigua* Bolivar

【危害作物】水稻、谷子、高粱、玉米、大麦、豆类、马铃薯、甘薯、亚麻、麻类、甘蔗、桑、茶、甜菜、烟草、蔬菜、苹果、柑橘等树。

【分布】辽宁、华北、华东、台湾、湖北、湖南、陕西、甘肃。

斑腿蝗科 Catantopidae

8. 长翅稻蝗

【学名】*Oxya velox*（Fabricius）

【危害作物】水稻、麦、玉米、甘薯、甘蔗、棉、菜豆、柑橘、苹果、菠萝。

【分布】华北、华东、华南、湖南、湖北、西南、西藏。

（二）缨翅目 Thysanoptera

蓟马科 Thripidae

1. 豆带巢蓟马

【学名】*Caliothrips fasciatus*（Pergande）

【别名】豆蓟马。

【危害作物】玉米、甘薯、马铃薯、豆类、棉、甘蓝、萝卜、柑橘、苹果、梨、葡萄。

【分布】福建、湖北、四川。

2. 西花蓟马

【学名】*Frankiniella occidentalis*（Pergande）

【别名】苜蓿蓟马。

【危害作物】桃、李、野杜梨、苹果、月季、牡丹、珍珠梅、蔷薇、白刺花、山梅花及十字花科、茄科、菊科、葫芦科、豆科等多种作物。

【分布】北京、山东、河北、江苏、浙江、台湾、云南及贵州等省市。

3. 八节黄蓟马

【学名】*Thrips flavidulus*（Bagnall）

【危害作物】苹果、桃、李、油菜、小麦、青稞、柑橘、苜蓿等多种作物。

【分布】河北、辽宁、江苏、浙江、福建、台湾、湖南、湖北、河南、陕西、宁夏、广东、广西、四川、贵州、海南、云南、西藏等省（区）。

4. 黄胸蓟马

【学名】*Thrips hawaiiensis*（Morgan）

【危害作物】三叶草、海棠、月季、法国冬青、女贞、柑橘类、刺槐、国槐、猕猴桃、芒果、茄科植物、油菜、白菜、大豆、豌豆、南瓜、苹果。

【分布】江苏、浙江、台湾、湖南、广东、海南、广西、四川、云南及西藏等省（区）。

5. 棕榈蓟马

【学名】*Thrips palmi* Karny

【别名】节瓜蓟马、黄蓟马。

【危害作物】菠菜、枸杞、菜豆、苋菜、节瓜、冬瓜、西瓜、茄子、番茄等，也可危害苹果。

【分布】浙江、台湾、湖南、广东、海南、广西、四川、西藏等省（区）。

6. 烟蓟马

【学名】*Thrips tabaci* Lindeman

【危害作物】水稻、小麦、玉米、大豆、苜蓿、苹果、梨、瓜类、甘蓝、葱、棉花、茄科作物、蓖麻、麻类、茶、柑橘等。

【分布】全国都有分布。

（三）半翅目 Hemiptera

盲蝽科 Miridae

1. 三点苜蓿盲蝽

【学名】*Adelphocoris fasciaticollis* Reuter

【别名】小臭虫、破头疯。

【危害作物】大豆、棉花、芝麻、玉米、高粱、小麦、番茄、苜蓿、洋麻、大麻、马铃薯、苹果、梨等。

【分布】北起黑龙江、内蒙古、新疆，南稍过长江，江苏、安徽、江西、湖北、四川也有发生。

2. 绿盲蝽

【学名】*Apolygus lucorum*（Meyer-Dür）

【危害作物】小麦、玉米、水稻、大豆、马铃薯、棉花、大麻、苘麻、麻类、向日葵、苜蓿、白菜、油菜、番茄、苹果、梨、桃、茶树。

【分布】河北、山西、辽宁、山东、江苏、安徽、浙江、江西、福建、河南、湖南、四川、陕西、新疆。

3. 牧草盲蝽

【学名】*Lygus pratensis*（Linnaeus）

【危害作物】玉米、水稻、小麦、荞麦、豆类、马铃薯、棉花、苜蓿、蔬菜、苹果、梨、柑橘、甜菜、麻类等。

【分布】内蒙古、河北、安徽、福建、湖北、贵州、陕西、宁夏、四川、新疆。

4. 奥盲蝽

【学名】*Orthops kalmi*（Linnaeus）

【危害作物】水稻、麦、大豆、马铃薯、甘蔗、桑、甜菜、葡萄、柑橘、苹果。

【分布】辽宁。

网蝽科 Tingidae

5. 梨黄角冠网蝽

【学名】*Stephanitis ambigus* Horváth

【危害作物】梨、苹果、海棠、桃、李、梅、樱桃、杏。

【分布】河北、辽宁、山东、江苏、安徽、浙江、江西、湖北、湖南、广西、陕西、四川、云南。

6. 梨冠网蝽

【学名】*Stephanitis nashi* Esaki *et* Takeya

【别名】梨花网蝽、梨网蝽、梨军配虫、梨斑网蝽。

【危害作物】苹果、梨、桃、山楂、枣等。

【分布】北京、辽宁、河北、山东、江苏、浙江、福建、广东、广西、台湾、河南、陕西、山西、甘肃、四川、湖南、湖北等南方各省（区）。

缘蝽科 Coreidae

7. 红背安缘蝽

【学名】*Anoplocnemis phasiana*（Fabricius）

【危害作物】棉花、豆类、花生、葫芦、柑橘、苹果、瓜类、竹、木槿等。

【分布】河北、山东、安徽、浙江、江西、台湾、广东、四川。

8. 点蜂缘蝽

【学名】*Riptortus pedestris*（Fabricius）

【危害作物】水稻、高粱、粟、豆类、棉、麻、甘薯、甘蔗、南瓜、柑橘、苹果、桃。

【分布】北京、山东、江苏、安徽、浙江、江西、福建、台湾、河南、湖北、四川、云南、西藏。

蝽科 Pentatomidae

9. 异色蝽

【学名】*Carpocoris pudicus* Poda

【别名】紫翅果蝽。

【危害作物】小麦、大麦、青稞、马铃薯、萝卜、胡萝卜、苹果、梨。

【分布】河北、内蒙古、陕西、山西、辽宁、吉林、黑龙江、山东、广东、甘肃、宁夏、新疆。

10. 斑须蝽

【学名】*Dolycoris baccarum*（Linnaeus）

【别名】细毛蝽、臭大姐。

【危害作物】小麦、大麦、粟（谷子）、玉米、大豆、小豆、白菜、油菜、甘蓝、萝卜、豌豆、胡萝卜、葱、亚麻、胡麻、洋麻、梨、苹果、栗及其他农作物。

【分布】北京、河北、山西、内蒙古、黑龙江、江苏、浙江、安徽、山东、河南、湖北、重庆、四川、贵州、云南、陕西、甘肃、新疆。

11. 麻皮蝽

【学名】*Erthesina fullo*（Thunberg）

【别名】麻纹蝽、麻椿象、臭虫母子、黄霜蝽、黄斑蝽。

【危害作物】大豆、菜豆、棉、桑、蓖麻、甘蔗、咖啡、柑橘、苹果、梨、乌桕、榆等。

【分布】河北、辽宁、内蒙古、陕西、河南、山东、江苏、安徽、浙江、江西、福建、台湾、湖南、湖北、广东、广西、四川、云南、贵州。

12. 茶翅蝽

【学名】*Halyomorpha halys*（Stål）

【别名】角肩蝽、橘大绿蝽、梭蝽。

【危害作物】大豆、菜豆、桑、油菜、甜菜、梨、苹果、柑橘、梧桐、榆等。

【分布】河北、内蒙古、山东、江苏、安徽、浙江、江西、台湾、河南、湖南、湖北、广西、广东、陕西、四川、贵州。

13. 全蝽

【学名】*Homalogonia obtusa*（Walker）

【危害作物】大豆、苹果、蔷薇科果树、胡枝子、栎、油松。

【分布】东北、河北、山东、江苏、江西、浙江、福建、湖北、陕西、甘肃、四川、西藏。

14. 稻绿蝽

【学名】*Nezara viridula*（Linnaeus）

【别名】稻青蝽。

【危害作物】水稻、玉米、小麦、大豆、马铃薯、棉花、苎麻、芝麻、花生、甘蔗、烟草、苹果、梨、柑橘等，寄主种类多达70多种。

【分布】我国东部吉林以南地区。

15. 棱蝽

【学名】*Rhynchocoris humeralis*（Thunberg）

【危害作物】柑橘、橙、苹果、梨、柠檬。

【分布】上海、江西、四川、福建、湖北、浙江、广西、湖南、贵州、云南、广东。

16. 珠蝽

【学名】*Rubiconia intermedia*（Walff）

【危害作物】水稻、苹果、枣、水芹。

【分布】北京、河北、吉林、黑龙江、辽宁、山东、江苏、江西、浙江、安徽、福建、湖北、四川。

17. 锚纹二星蝽

【学名】*Stollia montivagus*（Distant）

【危害作物】小麦、粟、高粱、水稻、大豆、甘薯、棉、甘蔗、苹果。

【分布】北京、河北、山西、山东、浙江、江西、福建、河南、湖北、广西、广东、陕西、四川、贵州。

18. 广二星蝽

【学名】*Stollia ventralis*（Westwood）

【别名】黑腹蝽。

【危害作物】水稻、小麦、高粱、谷子、玉米、大豆、甘薯、苹果、棉花等。

【分布】广东、广西、福建、江西、浙江、河北、山东和山西等省（区）。

19. 花壮异蝽

【学名】*Urochela luteovaria* Distant

【别名】梨椿象、梨蝽。

【危害作物】梨、苹果、樱桃、杏、李、桃等。

【分布】辽宁、河北、河南、山东、山西、陕西、甘肃、安徽、江苏、江西、云南。

（四）同翅目 Homoptera

木虱科 Psyllidae

1. 梨黄木虱

【学名】*Psylla pyrisuga* Förster

【危害作物】苹果、梨。

【分布】陕西。

瘿绵蚜科 Pemphigidae

2. 苹果爪绵蚜

【学名】*Aphidounguis mali Takahashi*

【别名】苹果根绵蚜

【危害作物】苹果、山楂。

【分布】山东、陕西。

3. 苹果绵蚜

【学名】*Eriosoma lanigerum*（Hausmann）

【别名】苹果绵虫。

【危害作物】除危害苹果外，还危害花红、海棠、沙果。

【分布】云南、陕西、河北、宁夏、河南、甘肃、山东、江苏、新疆、山西。

4. 梨卷叶绵蚜

【学名】*Prociphilus kuwanai* Monzen

【别名】梨卷绵蚜。

【危害作物】苹果、山楂。

【分布】辽宁、山东、河南、湖北。

5. 印度小裂绵蚜

【学名】*Schizoneurella indica* Hille Ris Lambers

【危害作物】榆树、苹果。

【分布】云南、广东、浙江、江苏、安徽等。

蚜科 Aphididae

6. 绣线菊蚜

【学名】*Aphis citricola* van der Goot

【别名】苹果黄蚜、苹叶蚜虫。

【危害作物】绣线菊、苹果、木瓜、石楠、麻叶绣球、榆叶梅、海棠、樱花、山楂、柑橘、枇杷、李、杏等。

【分布】山东、甘肃、河南、北京、河北、江苏、辽宁、山西、陕西、云南、黑龙江。

7. 苹果蚜

【学名】*Aphis pomi* de Geer

【危害作物】苹果、梨、柑橘、杏、樱桃、山楂、枇杷、海棠、木瓜。

【分布】河北、山西、黑龙江、辽宁、山东、江苏、浙江、福建、台湾、河南、湖北、山西、甘肃、宁夏、四川、云南。

8. 苹果瘤蚜

【学名】*Ovatus malisuctus*（Matsumura）

【别名】卷叶蚜虫。

【危害作物】除危害苹果外，还危害海棠、沙果、梨等。

【分布】河北、天津、北京、辽宁、甘肃、宁夏、云南、黑龙江、陕西、山东、河南、江苏、山西。

9. 大麻疣蚜

【学名】*Phorodon cannabis*（Passerini）

【危害作物】大麻、麻类、忽布、苹果、梨、杏、桃、李、梅。

【分布】东北地区及河北、内蒙古、山东、台湾、青海、四川。

10. 禾谷缢管蚜

【学名】*Rhopalosiphum padi*（Linnaeus）

【危害作物】小麦、玉米、高粱、水稻、洋葱、山楂、苹果、梨、樱桃等。

【分布】上海、江苏、浙江、山东、福建、四川、贵州、云南、辽宁、吉林、黑龙江、陕西、山西、河北、河南、广东、广西、新疆、内蒙古。

绵蚧科 Monophlebidae

11. 桑树履绵蚧

【学名】*Drosicha contrahens* Walker

【别名】桑硕蚧。

【危害作物】蚕豆、柑橘、苹果、梨、柠檬、桑、乌桕、柳、榆、冬青、白杨等。

【分布】东北地区及河北、江苏、浙江、福建、台湾、湖南、广东、陕西、四川、云南。

12. 草履蚧

【学名】*Drosicha corpulenta*（Kuwana）

【别名】桑虱、草鞋虫、树虱子、日本履绵蚧。

【危害作物】杨树、泡桐、悬铃木、白腊、柳树、刺槐、核桃、枣树、柿树、梨树、苹果树、桑树、碧桃、月季、柑橘等。

【分布】河北、山东、辽宁、山西、江苏、江西、福建。

13. 吹绵蚧

【学名】*Icerya purchasi* Maskell

【别名】澳洲吹绵介壳虫、白蚰、黑毛吹绵蚧。

【危害作物】柑橘，苹果、梨、桃、樱桃、柿、枇杷、茄、蔷薇、豆科、葡萄、茶、菜豆、绿豆、棉花、马铃薯、胡萝卜、松柏、槐等。

【分布】浙江、福建、广西、广东、湖南、湖北、重庆、四川、江西、云南、贵州、海南、陕西、上海、台湾等地。

粉蚧科 Pseudococcidae

14. 双条拂粉蚧

【学名】*Ferrisia virgata*（Cockerell）

【别名】大尾粉蚧、桔腺刺粉蚧。

【危害作物】柑橘、苹果、无花果、石榴、棉花、咖啡、橡胶、甘蔗、桑、烟草等。

【分布】福建、台湾、广西、广东。

15. 橘臀纹粉蚧

【学名】*Planococcus citri*（Risso）

【别名】柑橘刺粉蚧。

【危害作物】柑橘、梨、苹果、葡萄、石榴、柿、龙眼、烟草、桑、棉花、豆、稻、茶、松、梧桐等。

【分布】辽宁、山西、山东、江苏、上海、浙江、福建、湖北、陕西、四川等地。北方主要发生于温室。

16. 康氏粉蚧

【学名】*Pseudococcus comstocki*（Kuwana）

【别名】桑粉蚧、梨粉蚧、李粉蚧。

【危害作物】玉米、棉、桑、胡萝卜、瓜类、甜菜、苹果、梨、桃、柳、枫、洋槐等果树林木。

【分布】黑龙江、吉林、辽宁、内蒙古、宁夏、甘肃、青海、新疆、山西、河北、山东、安徽、浙江、上海、福建、台湾、广东、云南、四川等地。

17. 橘棘粉蚧

【学名】*Pseudococcus cryptus* Hempel

【别名】橘小粉蚧。

【危害作物】柑橘、梨、苹果、葡萄、石榴、柿等。

【分布】海南、上海、福建、湖北、浙江、广西、陕西、湖南、云南等地。

18. 葡萄粉蚧

【学名】*Pseudococcus maritimus*（Ehrhorn）

【危害作物】葡萄、柑橘、苹果、梨、菠萝、核桃、草莓。

【分布】江苏、广西、广东。

19. 柿树绵粉蚧

【学名】*Phenacoccus pergandii* Cockerell

【别名】大拟粉蚧。

【危害作物】桑、梨、柿、苹果、无花果、桦。

【分布】山西、辽宁、山东、陕西。

蚧科 Coccidae

20. 角蜡蚧

【学名】*Ceroplastes ceriferus*（Anderson）

【危害作物】柑橘、苹果、梨、桑、茶等。

【分布】上海、四川、福建、湖北、湖南、云南、广东等地。

21. 日本龟蜡蚧

【学名】*Ceroplastes japonicus* Green

【别名】日本蜡蚧、枣龟蜡蚧。

【危害作物】苹果、柿、枣、梨、桃、杏、柑橘、芒果、枇杷、茶等。

【分布】上海、四川、福建、浙江、湖北、广西、陕西、湖南、贵州。

22. 红龟蜡蚧

【学名】*Ceroplastes rubens* Maskell

【别名】红蜡介壳虫、红蚰、脐状红蜡蚧、橘红蜡介壳虫，红蜡蚧。

【危害作物】柑橘、茶、柿、枇杷、苹果、梨、樱桃、石榴、杨梅等。

【分布】浙江、福建、广西、广东、湖南、湖北、重庆、四川、江西、云南、贵州、海南、陕西、上海、台湾等地。

23. 多角绿绵蚧

【学名】*Chloropulvinaria polygonata*（Cockerell）

【别名】黄肾圆盾蚧、橙黄圆蚧多角绿绵蚧、网纹绵蚧、卵绿绵蜡蚧。

【危害作物】柑橘、苹果、枇杷、龙眼、猕猴桃、茶树、油桐等。

【分布】湖北、云南等地。

24. 垫囊绿绵蚧

【学名】*Chloropulvinaria psidii*（Maskhall）

【别名】垫囊绵蜡蚧、刷毛绿绵蚧、柿绵蚧。

【危害作物】柑橘、番石榴、苹果、李。

【分布】山东、台湾、河南、湖北、华南。

25. 褐软蚧

【学名】*Coccus hesperidum* Linnaeus

【别名】张氏软蚧。

【危害作物】棉、茶、柑橘、苹果、梨、葡萄、枣、枇杷、柠檬、龙眼、黄杨。

【分布】山西、山东、江苏、浙江、江西、福建、台湾、湖北、湖南、广东、四川、云南。

26. 朝鲜毛球蚧

【学名】*Didesmococcus koreanus* Borchsenius

【别名】杏球坚蚧、桃球坚蚧。

【危害作物】苹果、梨、桃、李、杏等果树。

【分布】河北、北京、辽宁、甘肃、青海、宁夏、黑龙江、陕西、山东、河南、山西、新疆。

27. 椴树球坚蚧

【学名】*Eulecanium tiliae*（Linnaeus）

【危害作物】苹果、海棠、沙果、梨。

【分布】陕西。

28. 水木坚蚧

【学名】*Parthenolecanium corni*（Bouche）

【别名】糖槭蚧、东方盔蚧、褐盔蜡蚧。

【危害作物】杏、桃、李、樱桃、苹果、梨、葡萄、洋槐、醋栗。

【分布】河北、河南、山东、山西、江苏、江西、青海。

29. 朝鲜褐球蚧

【学名】*Rhodococcus sariuoni* Borchsenius

【别名】樱桃朝球蚧、沙里院球蚧。

【危害作物】苹果、樱桃、沙果、桃、杏、李。

【分布】辽宁、宁夏。

30. 橄榄黑盔蚧

【学名】*Saissetia oleae*（Bernard）

【别名】砂皮球蚧。

【危害作物】柑橘、梨、葡萄、杏、桃、石榴、荔枝、龙眼、苹果、香蕉、咖啡、茶。

【分布】江苏、福建、台湾。

盾蚧科 Diaspididae

31. 红肾圆盾蚧

【学名】*Aonidiella aurantii*（Maskell）

【别名】肾圆盾蚧、红圆蚧、红圆蹄盾蚧、红奥盾蚧。

【危害作物】柑橘、芒果、香蕉、椰子、无花果、柿、核桃、橄榄、苹果、梨、桃、李、梅、山楂、葡萄、桑、茶、松等370余种作物。

【分布】广东、广西、福建、台湾、浙江、江苏、上海、贵州、湖北、四川、云南等地，在新疆、内蒙古、辽宁、山东、陕西等北方地区的温室中也有发现。

32. 黄肾圆盾蚧

【学名】*Aonidiella citrina*（Coquillett）

【别名】黄园蚧、橙黄圆蚧。

【危害作物】柑橘、苹果、梨、无花果、椰子、葡萄、橄榄等。

【分布】浙江、江西、湖南、湖北、四川、云南、贵州、广东、福建、陕西、山西等地。

33. 桂花栉圆盾蚧

【学名】*Hemiberlesia rapax*（Comstock）

【别名】椰子枝蚧、宾栉盾蚧。

【危害作物】椰子树、胡桃、柑橘、梨、苹果、桃、茶、柠檬、柳。

【分布】福建、台湾。

34. 日本白片盾蚧

【学名】*Lopholeucaspis japonica*（Cockerell）

【别名】长白盾蚧、梨长白蚧、日本长白蚧、茶虱子。

【危害作物】茶树、苹果、梨、李、梅、柑橘、樱桃、柿、桃、栗、榆、梓等。

【分布】四川、福建、浙江、湖南、贵州、云南等地。

35. 梅蛎盾蚧

【学名】*Mytilaspis conchiformis*（Gmelin）

【危害作物】苹果、梨、梅、樱桃。

【分布】河北、辽宁、山东、湖北、四川。

36. 中国星片盾蚧

【学名】*Parlatoreopsis chinensis*（Marlatt）

【别名】中国黑星蚧。

【危害作物】苹果、梨。

【分布】河北、山西、山东。

37. 梨星片盾蚧

【学名】*Parlatoreopsis pyri*（Marlatt）

【别名】梨星蚧。

【危害作物】苹果、梨、沙果。

【分布】河北、辽宁、山东、江苏、福建。

38. 中华片盾蚧

【学名】*Parlatoria chinensis* Marlatt

【危害作物】梨、苹果。

【分布】河北、山东、广东。

39. 糠片盾蚧

【学名】*Parlatoria pergandei* Comstock

【别名】灰点蚧。

【危害作物】柑橘、苹果、梨、梅、樱桃、椰子、柿、无花果、茶等。

【分布】浙江、福建、广西、广东、湖南、湖北、重庆、四川、江西、云南、贵州、海南、陕西、上海、台湾等地。

40. 黄片盾蚧

【学名】*Parlatoria proteus*（Curtis）

【危害作物】柑橘、苹果、梨、桃、梅、茶、芒果、杏、香蕉。

【分布】浙江、江西、台湾、福建、湖南。

41. 茶片盾蚧

【学名】*Parlatoria theae* Cockerell

【危害作物】茶、苹果、梨、柑橘、葡萄、樱桃、柿、杨梅。

【分布】山东、江苏、浙江、江西、福建、河南、广东、云南。

42. 桑白盾蚧

【学名】*Pseudaulacaspis pentagona*（Targioni-Tozzetti）

【别名】桑白蚧、桑盾蚧、桃介壳虫。

【危害作物】桃、李、梨、梅、杏、枇杷、板栗、桑、苹果、茶等多种果树和园林植物。

【分布】新疆。

43. 杨笠圆盾蚧

【学名】*Quadraspidiotus gigas*（Thiem *et* Gerneck）

【危害作物】梨、李、桃、樱桃、苹果、枫白杨、栗、棕榈、槭、桦。

【分布】东北。

44. 梨笠圆盾蚧

【学名】*Quadraspidiotus perniciosus*（Comstock）

【别名】圣何塞介壳虫、梨圆蚧。

【危害作物】梨、苹果、枣、桃、核桃、栗、葡萄、柿、山楂、柑橘等150余种作物。

【分布】河北、山东、河南、山西、四川、湖北、湖南、云南、新疆等地。

蝉科 Cicadidae

45. 蚱蝉

【学名】*Cryptotympana atrata*（Fabricius）

【别名】鸣蜩、马蜩、蟧、鸣蝉、秋蝉、蜘蟟、蚱蟟、黑蚱蝉，俗名知了。

【危害作物】苹果、梨等果树及林木。

【分布】河北、天津、北京、辽宁、甘肃、陕西、山东、河南、江苏、山西。

46. 黄蚱蝉

【学名】*Cryptotympana mandarina* Distant

【危害作物】柑橘、桑、苹果、胡桃。

【分布】台湾、广东、四川。

47. 黑胡蝉

【学名】*Graptopsaltria nigrofuscata*（Motschulsky）

【危害作物】梨、苹果、柑橘、桃。

【分布】辽宁。

48. 昼鸣蝉

【学名】*Oncotympana maculaticollis*（Motschulsky）

【危害作物】桃、柑橘、苹果、梨、栎。

【分布】山东、四川、甘肃。

49. 蟪蛄

【学名】*Platypleura kaempferi*（Fabricius）

【危害作物】桑、柑橘、苹果、梨、柿、桃、核桃、茶。

【分布】河北、山东、安徽、江苏、浙江、江西、福建、台湾、河南、广东、四川、湖南。

沫蝉科 Cercopidae

50. 白带沫蝉

【学名】*Obiphora intermedia*（Uhler）

【危害作物】苹果、梨、柑橘、葡萄、桃、李、樱桃、桑、柳、榆等。

【分布】浙江、四川。

叶蝉科 Cicadellidae

51. 葡萄斑叶蝉

【学名】*Arboridia apicalis* Nawa

【别名】葡萄二点叶蝉、葡萄二点浮尘子。

【危害作物】葡萄、苹果、梨、桃、樱桃、山楂、桑等。

【分布】河北、山东、河南、山西、陕西等地。

52. 黑尾大叶蝉

【学名】*Bothrogonia ferruginea*（Fabricius）

【危害作物】桑、甘蔗、大豆、向日葵、茶、柑橘、苹果、梨、桃等。

【分布】东北、山东、安徽、浙江、江西、福建、台湾、河南、湖南、湖北、广东。

53. 桃大叶蝉

【学名】*Bothrogonia ferruginea apicalis*（Walker）

【危害作物】桃、柑橘、苹果、梨。

【分布】江西、台湾、浙江、新疆。

54. 大青叶蝉

【学名】*Cicadella viridis*（Linnaeus）

【别名】大绿浮尘子、青大叶蝉。

【危害作物】棉花、豆类、花生、玉米、高粱、谷子、稻、麦、麻、甘蔗、甜菜、蔬菜、苹果、梨、柑橘、桑、榆等果树。

【分布】湖北、湖南、河南、江西、山东、江苏、安徽、浙江、福建、上海、北京、天津、河北、山西、内蒙古、辽宁、吉林、黑龙江、新疆、陕西、甘肃、四川、云南、贵州、重庆、广东、广西、海南。

55. 小绿叶蝉

【学名】*Empoasca flavescens*（Fabricius）

【别名】茶叶蝉、桃小浮尘子、桃小叶蝉、桃小绿叶蝉。

【危害作物】稻、麦、高粱、玉米、大豆、蚕豆、紫云英、马铃薯、甘蔗、向日葵、花生、棉花、蓖麻、茶、桑、苹果、柑橘、梨等。

【分布】湖北、湖南、河南、江西、山东、江苏、安徽、浙江、福建、上海、北京、天津、河北、山西、内蒙古、辽宁、吉林、黑龙江、新疆、陕西、甘肃、四川、云南、贵州、重庆、广东、广西、海南。

56. 假眼小绿叶蝉

【学名】*Empoasca vitis*（Gothe）

【别名】桃小绿叶蝉、桃小浮尘子。

【危害作物】茶叶、苹果。

【分布】云南。

57. 桃一点斑叶蝉

【学名】*Erythroneura sudra*（Distant）

【危害作物】桃、杏、李、梅、苹果、梨、山楂、杨梅、柑橘、葡萄。

【分布】江苏、安徽、浙江、福建。

58. 窗耳叶蝉

【学名】*Ledra auditura* Walker

【危害作物】苹果、梨、芒果、葡萄、栎及其他阔叶树。

【分布】辽宁、安徽、广东。

59. 黑带小叶蝉

【学名】*Naratettix zonata*（Matsumura）

【危害作物】苹果、梨、桃、李、樱桃。

【分布】东北、浙江、台湾。

60. 金刚耳叶蝉

【学名】*Neotituria kongosana*（Matsumura）

【危害作物】苹果。

【分布】山东。

61. 黑乌叶蝉

【学名】*Penthimia nitida* Lethierry

【危害作物】苹果、梨、茶树。

【分布】台湾、东北。

62. 苹果塔叶蝉

【学名】*Zyginella mali*（Yang）

【别名】黄斑叶蝉、黄斑小叶蝉。

【危害作物】苹果、沙果、海棠、葡萄等果树。

【分布】宁夏、山西、陕西、甘肃、内蒙古等地。

63. 苹小塔叶蝉

【学名】*Zyginella minuta*（Yang）

【危害作物】苹果。

【分布】江苏。

蜡蝉科 Fulgoridae

64. 斑衣蜡蝉

【学名】*Lycorma delicatula*（White）

【危害作物】大豆、大麻、葡萄、苹果、樱桃、臭椿、槐、榆、洋槐。

【分布】河北、山西、山东、江苏、浙江、台湾、河南、湖北、广东、陕西、四川、西藏。

广翅蜡蝉科 Ricaniidae

65. 琥珀广翅蜡蝉

【学名】*Ricania japonica* Melichar

【危害作物】桑、苎麻、茶、苹果、梨、柑橘、月季花。

【分布】浙江、福建、江西、台湾、东北、华南。

66. 钩纹广翅蜡蝉

【学名】*Ricania simulans* Walker

【危害作物】桑、苎麻、茶、梨、苹果、柑橘。

【分布】黑龙江、山东、浙江、江西、福建、台湾、湖北、湖南、四川。

67. 八点广翅蜡蝉

【学名】*Ricania speculum*（Walker）

【危害作物】桑、柑橘、苹果、桃、梨、枣、杏、油茶、柳、蔷薇等。

【分布】江苏、安徽、浙江、江西、福建、台湾、湖北、湖南、四川。

蛾蜡蝉科 Flatidae

68. 碧蛾蜡蝉

【学名】*Geisha distinctissima*（Walker）

【别名】碧蜡蝉、黄翅羽衣、青雨衣、青蛾蜡蝉。

【危害作物】栗、甘蔗、花生、玉米、向日葵、茶、桑、柑橘、苹果、梨、龙眼等。

【分布】吉林、辽宁、山东、江苏、上海、浙江、江西、湖南、福建、广东、广西、海南、四川、贵州、云南等地。

菱蜡蝉科 Cixiidae

69. 斑翅菱蜡蝉

【学名】*Brixia marmorata* Uhler

【危害作物】苹果。

【分布】浙江、河南。

（五）鞘翅目 Coleoptera

鳃金龟科 Melolonthidae

1. 东北大黑鳃金龟

【学名】*Holotrichia diomphalia* Bates

【危害作物】玉米、高粱、小麦、谷子、大豆、棉花、亚麻、大麻、马铃薯、花生、甜菜、苹果、梨、核桃、草莓、桃、苗木等。

【分布】湖北、湖南、河南、江西、山东、江苏、安徽、浙江、福建、河北、山西、内蒙古、辽宁、吉林、黑龙江、新疆、陕西、甘肃、四川、云南、贵州、重庆、广东、广西、海南。

2. 华北大黑鳃金龟

【学名】*Holotrichia oblita*（Faldermann）

【危害作物】玉米、谷子、马铃薯、豆类、棉花、甜菜、苹果、梨、苗木等。

【分布】山东、江苏、北京、天津、河北、山西、内蒙古、辽宁、吉林、黑龙江、新疆、陕西、甘肃。

3. 暗黑鳃金龟

【学名】*Holotrichia parallela* Motschulsky

【危害作物】玉米、高粱、谷子、花生、棉花、大麻、亚麻、大豆、甜菜、马铃薯、蓖麻、苹果、梨、柑橘苗木等。

【分布】湖北、湖南、河南、江西、山东、江苏、安徽、浙江、福建、河北、山西、内蒙古、辽宁、吉林、黑龙江、新疆、陕西、甘肃、四川、云南、贵州、重庆、广东、广西、海南。

4. 棕齿爪鳃金龟

【学名】*Holotrichia titanis* Reitter

【危害作物】棉花、玉米、高粱等农作物，也可危害苹果、梨等果树。

【分布】全国各地均有分布。

5. 尼胸突鳃金龟

【学名】*Hoplosternus nepalensis*（Hope）

【危害作物】油菜、蚕豆、苜蓿、玉米、豌豆、柳、洋槐、大麻、苹果、甘蓝。

【分布】西藏。

6. 阔胫玛绒金龟

【学名】*Maladera verticalis*（Fairmaire）

【危害作物】苹果、梨、葡萄、甘薯、西瓜、油菜、刺槐、泡桐、油桐、白杨。

【分布】东北、山西、陕西、河北、山东、江苏、江西、浙江、河南、台湾。

7. 云斑鳃金龟

【学名】*Polyphylla laticollis* Lewis

【别名】石纹鳃金龟。

【危害作物】苹果。

【分布】东北、华北、内蒙古、甘肃、青海、陕西、四川及华东部分地区。

丽金龟科 Rutelidae

8. 中华喙丽金龟

【学名】*Adoretus sinicus* Burmeister

【危害作物】玉米、花生、大豆、甘蔗、苎麻、蓖麻、黄麻、棉、柑橘、苹果、桃、橄榄、可可、油桐、茶等以及各种林木。

【分布】山东、江苏、浙江、安徽、江西、湖北、湖南、广东、广西、福建、台湾。

9. 斑喙丽金龟

【学名】*Adoretus tenuimaculatus* Waterhouse

【别名】茶色金龟子、葡萄丽金龟。

【危害作物】玉米、棉花、高粱、黄麻、芝麻、大豆、水稻、菜豆、向日葵、苹果、梨等以及其他蔬菜果木。

【分布】陕西、河北、山东、安徽、江苏、上海、浙江、江西、福建、广东、广西、湖南、湖北、贵州、四川等地。

10. 白毛绿异丽金龟

【学名】*Anomala albopilosa* Hope

【危害作物】苹果。

【分布】河北、辽宁。

11. 多色异丽金龟

【学名】*Anomala chaemeleon* Fairmaire

【别名】绿腿金龟。

【危害作物】麦、大豆、梨、桃、葡萄、桑、橡胶草。

【分布】河北、辽宁、内蒙古、山东、四川、云南。

12. 铜绿异丽金龟

【学名】*Anomala corpulenta* Motschulsky

【别名】铜绿丽金龟。

【危害作物】玉米、高粱、麦、花生、大豆、大麻、青麻、甜菜、薯类、棉花、苹果、梨、林木等。

【分布】湖北、湖南、河南、江西、山东、江苏、安徽、浙江、上海、北京、天津、河北、山西、内蒙古、辽宁、吉林、黑龙江、新疆、陕西、甘肃、四川、云南、贵州、重庆。

13. 古铜异丽金龟

【学名】*Anomala cuprea* Hope

【危害作物】苹果、梨、桃、柿、栗、柑橘、樱桃、葡萄。

【分布】河北、山东、华南。

14. 墨绿彩丽金龟

【学名】*Mimela splendens* (Gyllenhal)

【别名】茶条金龟、亮绿彩丽金龟。

【危害作物】苹果、油桐、李。

【分布】东北、河北、陕西、山东、安徽、浙江、湖北、江西、福建、台湾、广东、广西、四川、贵州、云南。

15. 紫绿彩丽金龟

【学名】*Mimela testaceipes* (Motschulsky)

【危害作物】苹果、梨、葡萄。

【分布】辽宁、吉林。

16. 琉璃弧丽金龟

【学名】*Popillia flavosellata* Fabricius

【别名】拟日本金龟。

【危害作物】棉花、玉米、麦、洋麻、豆类、锦葵、苜蓿、茄、苹果、梨、葡萄、桑、榆、白杨。

【分布】华北、东北地区及江苏、浙江、河南、河北。

17. 四纹弧丽金龟

【学名】*Popillia quadriguttata* Fabricius

【别名】中华弧丽金龟、四纹丽金龟、四斑丽金龟。

【危害作物】苹果、梨、棉花。食性杂，可危害19科、30种以上的植物。

【分布】安徽、江苏、浙江、湖北、福建、广东、广西和贵州等省。

18. 苹毛丽金龟

【学名】*Proagopertha lucidula* (Faldermann)

【别名】苹毛金龟甲。

【危害作物】除危害苹果外，还危害梨、桃、杏、李、海棠、樱桃、葡萄等果树。

【分布】河北、辽宁、甘肃、云南、陕西、山东、河南、山西。

花金龟科 Cetoniidae

19. 金花金龟

【学名】*Cetonia aurata* (Linnaeus)

【危害作物】苹果、梨、杏、桃、樱桃、葡萄。

【分布】新疆。

20. 白星滑花金龟

【学名】*Liocola brevitarsis* (Lewis)

【别名】白星花潜。

【危害作物】苹果、梨、桃、杏、李、葡萄、樱桃、柑橘等果树果实、嫩叶和芽。

【分布】河北、北京、辽宁、甘肃、黑龙江、陕西、山西、山东、河南、新疆。

21. 小青花金龟

【学名】*Oxycetonia jucunda* (Faldermann)

【别名】小青花潜。

【危害作物】苹果、梨、桃、杏、山楂、板栗、杨、柳、榆、海棠、葡萄、柑橘、葱等。

【分布】东北、河北、山东、江苏、浙江、江西、福建、台湾、河南、广西、广东、陕西、四川、贵州、云南。

22. 橘星花金龟

【学名】*Potosia speculifera* Swartz

【危害作物】柑橘、苹果、梨、玉米、甘蔗。

【分布】河北、辽宁、水稻、江苏、福建、湖北、湖南、广东、四川。

绢金龟科 Sericidae

23. 东方绢金龟

【学名】*Serica orientalis* (Motschulsky)

【别名】东方金龟甲、天鹅绒金龟甲、黑老婆。

【危害作物】水稻、玉米、麦类、苜蓿、棉花、苎麻、胡麻、大豆、芝麻、甘薯等农作物、苹果、梨、柿、葡萄、桑、杨、柳、榆及十字花科植物。

【分布】东北、华北、内蒙古、甘肃、青海、陕西、四川及华东部分地区。

吉丁甲科 Buprestidae

24. 柑橘窄吉丁

【学名】*Agrilus auriventris* Saunders

【别名】柑橘旋皮虫、柑橘锈皮虫、柑橘爆皮虫、橘长吉丁虫。

【危害作物】柑橘、苹果、柚子。

【分布】上海、江西、四川、福建、台湾、湖北、浙江、广西、陕西、湖南、贵州、云南、广东等地。

25. 苹果窄吉丁

【学名】*Agrilus mali* Matsumura

【危害作物】除危害苹果外，还危害沙果、海棠、红果和香果等果树。

【分布】河北、甘肃、青海、宁夏、云南、黑龙江、河南、山西、新疆。

26. 柑橘星吉丁

【学名】*Chrysobothris succedanea* Saundrs

【危害作物】苹果、梨、杏、樱桃、桃。

【分布】河北、辽宁、山东、江苏。

27. 红缘绿吉丁

【学名】*Lampra bellula* Lewis

【危害作物】梨、苹果、杏、桃。

【分布】河北、辽宁、山东、青海。

28. 梨金缘吉丁

【学名】*Lampra limbata* Gebler

【别名】梨吉丁虫、串皮虫。

【危害作物】梨、苹果、杏、桃、山楂。

【分布】河北、山西、辽宁、黑龙江、山东、江苏、安徽、江西、湖北、宁夏。

叩甲科 Elateridae

29. 沟叩头甲

【学名】*Pleonomus canaliculatus* (Faldermann)

【别名】铁丝虫、姜虫、金齿耙。

【危害作物】小麦、水稻、大麦、玉米、高粱、大豆、菜豆、花生、油菜、大麻、苘麻、洋麻、马铃薯、甜菜、棉花、向日葵、瓜类，苹果、梨，以及各种蔬菜和林木。

【分布】辽宁、河北、内蒙古、山西、河南、山东、江苏、安徽、湖北、陕西、甘肃、青海等地。

瓢甲科 Coccinellidae

30. 二十八星瓢虫

【学名】*Henosepilachna vigintioctomaculata* (Motschulsky)

【别名】花大姐、花媳妇、马铃薯瓢虫。

【危害作物】茄子，马铃薯，番茄，豆科、葡萄、苹果、柑橘、葫芦科、菊科和十字花科作物。

【分布】广泛分布，北起黑龙江、内蒙古，南抵台湾、海南及广东、广西、云南，东起国境线，西至陕西、甘肃，折入四川、云南、西藏。

拟步甲科 Tenebrionidae

31. 蒙古沙潜

【学名】*Gonocephalum reticulatum* Motschulsky

【危害作物】高粱、玉米、大豆、小豆、洋麻、亚麻、棉、胡麻、甜菜、甜瓜、花生、梨、苹果、橡胶草。

【分布】河北、山西、内蒙古、辽宁、黑龙江、山东、江苏、宁夏、甘肃、青海。

32. 沙潜

【学名】*Opatrum subaratum* Faldermann

【别名】拟步甲、类沙土甲。

【危害作物】小麦、大麦、高粱、玉米、粟、苜蓿、大豆、花生、甜菜、瓜类、麻类、苹果、梨。

【分布】东北、华北、内蒙古、山东、安徽、江西、台湾、甘肃、宁夏、青海、新疆。

天牛科 Cerambycidae

33. 星天牛

【学名】*Anoplophora chinensis*（Förster）

【危害作物】柑橘、苹果、梨、杏、桃、樱桃、桑、茶、柳、杨、榆、核桃、洋槐等。

【分布】东北地区及河北、山东、江苏、浙江、江西、福建、台湾、河南、广西、广东、陕西、四川、贵州、云南。

34. 光肩星天牛

【学名】*Anoplophora glabripennis*（Motschulsky）

【别名】亚洲长角天牛。

【危害作物】柑橘、苹果、梨、樱桃、柳、杨。

【分布】东北地区及内蒙古、山西、山东、江苏、安徽、浙江、江西、河南、湖北、广西、四川。

35. 白斑星天牛

【学名】*Anoplophora malasiaca*（Thomson）

【别名】花角虫、牛角虫、水牛娘、水牛仔、钻木虫。

【危害作物】柑橘、苹果、无花果、梨、桑树、木豆、荔枝等。

【分布】除东北地区及内蒙古和新疆外，我国各地均有分布。

36. 桑天牛

【学名】*Apriona germari*（Hope）

【危害作物】苹果、梨、杏、桃、樱桃、桑、柑橘、柳、杨、榆、橡胶等。

【分布】辽宁、河北、河南、山西、山东、江苏、安徽、浙江、江西、福建、台湾、湖北、湖南、广西、广东、陕西、四川。

37. 红缘亚天牛

【学名】*Asias halodendri*（Pallas）

【危害作物】苹果、梨、枣、葡萄、榆、刺槐。

【分布】河北、山西、内蒙古、辽宁、江苏、浙江、江西、河南、甘肃、宁夏、黑龙江、吉林。

38. 苹眼天牛

【学名】*Bacchisa dioica*（Fairmaire）

【危害作物】苹果、梨、花红。

【分布】四川。

39. 梨眼天牛

【学名】*Bacchisa fortunei*（Thomson）

【危害作物】苹果、梨、梅、杏、桃、李、海棠、石榴、野山楂、槟沙果、山里红等多种林木果树植物。

【分布】东北地区及山西、陕西、山东、江苏、江西、浙江、安徽、福建等省。

40. 云斑天牛

【学名】*Batocera lineolata* Chevrolat

【危害作物】栗、核桃、枇杷、无花果、苹果、梨、杨柳、泡桐、山毛榉。

【分布】河北、山东、江苏、安徽、浙江、江西、福建、台湾、湖北、湖南、广西、广东、云南、四川、贵州。

41. 竹绿虎天牛

【学名】*Chlorophorus annularis*（Fabricius）

【危害作物】苹果、柑橘、竹、枫、棉、枣。

【分布】河北、陕西、山西、山东、辽宁、江苏、台湾、福建、广西、广东、四川、云南、贵州。

42. 黑角瘤筒天牛

【学名】*Linda atricornis* Pic

【危害作物】苹果、梨、桃、李、梅、核桃。

【分布】河北、江苏、浙江、福建、广东、四川。

43. 瘤筒天牛

【学名】*Linda femorata*（Chevrolat）

【危害作物】苹果、梨。

【分布】四川。

44. 顶斑瘤筒天牛

【学名】*Linda fraterna*（Chevrolat）

【危害作物】苹果、梨、杏、桃、梅、李、海棠、沙果等。

【分布】东北、华北地区及山东、江苏、安徽、江西、浙江、河南、广东、广西、福建、台湾、四川、贵州、云南。

45. 赤瘤筒天牛

【学名】*Linda nigroscutata*（Fairmatre）

【危害作物】苹果。

【分布】云南。

46. 密齿天牛

【学名】*Macrotoma fisheri* Waterhouse

【危害作物】苹果、梨、柿、杏、桃、栗。

【分布】四川、云南、西藏。

47. 栗山天牛

【学名】*Massicus reddei*（Blessig）

【危害作物】栗、苹果、梨、梅、桑、栎。

【分布】东北地区及河北、山东、江苏、浙江、江西、福建、台湾、四川。

48. 薄翅天牛

【学名】*Megopis sinica* White

【危害作物】苹果、枣、杨柳、桑、榆、桃、栎、栗、落叶松等。

【分布】河北、山西、辽宁、山东、江苏、安徽、浙江、江西、福建、台湾、湖南、河南、广西、四川、贵州、云南。

49. 四点象天牛

【学名】*Mesosa myops*（Dalman）

【危害作物】苹果、李、杏、梅、桃、樱桃、榆、杨柳、糖槭、核桃、柞。

【分布】东北地区及河北、内蒙古、安徽、台湾、广东、四川。

50. 缘翅脊筒天牛

【学名】*Nupserha marginella*（Bates）

【危害作物】苹果。

【分布】东北地区及山东、江苏、浙江、江西、福建、台湾、广东、贵州。

51. 日本筒天牛

【学名】*Oberea japonica*（Thunberg）

【危害作物】苹果、梨、杏、桃、李、樱桃、梅、山楂。

【分布】北京、河北、山西、台湾、辽宁、湖北、云南。

52. 黄星天牛

【学名】*Psacothea hilaris*（Pascoe）

【危害作物】柑橘、桑、无花果、苹果、枇杷、柳。

【分布】河北、江苏、安徽、浙江、江西、台湾、湖北、广东、四川、贵州、云南。

53. 帽斑紫天牛

【学名】*Purpuricenus petasifer* Fairmaire

【危害作物】苹果。

【分布】湖北、辽宁、吉林、江苏、甘肃、云南。

54. 桑脊虎天牛

【学名】*Xylotrechus chinensis*（Chevrolat）

【危害作物】苹果、梨、柑橘、葡萄、桑。

【分布】河北、辽宁、山东、江苏、安徽、浙江、台湾、湖北、广东、四川。

肖叶甲科 Eumolpidae

55. 褐足角胸肖叶甲

【学名】*Basilepta fulvipes*（Motschulsky）

【危害作物】苹果、梨、葡萄。

【分布】湖北、山东、江苏、浙江、江西。

56. 李肖叶甲

【学名】*Cleoporus variabilis*（Baly）

【危害作物】梨、杏、李、苹果、栗、梅。

【分布】辽宁、江苏、江西、四川、贵州。

叶甲科 Chrysomelidae

57. 等节臀萤叶甲

【学名】*Agelasticaalmi coerulea* Motschlsky

【危害作物】苹果、赤杨、柞、榛。

【分布】新疆、东北。

58. 黄足黄守瓜

【学名】*Aulacophora indica*（Gmelin），异名：*Aulacophora femoralis chinensis* Weise

【别名】黄守瓜黄足亚种。

【危害作物】瓜类、桃、梨、柑橘、苹果、白菜。

【分布】河北、陕西、山东、江苏、浙江、湖北、江西、湖南、福建、台湾、广东、广西、西藏、四川、贵州、云南。

59. 桑黄米萤叶甲

【学名】*Mimastra cyanura*（Hope）

【别名】桑叶甲。

【危害作物】桑、大麻、苎麻、柑橘、苹果、梨、桃、梧桐等。

【分布】江苏、浙江、福建、江西、湖南、广东、四川、贵州、云南。

铁甲科 Hispidae

60. 束腰扁趾铁甲

【学名】*Dactylispa excisa*（Kraatz）

【危害作物】玉米、大豆、梨、苹果、柑橘、柞树。

【分布】四川、广东、广西、云南、江西、福建、湖北、浙江、安徽、山东、陕西、黑龙江。

61. 苹果台龟甲

【学名】*Taiwania versicolor*（Boheman）

【危害作物】苹果、柑橘、樱桃、桃、梨。

【分布】华北、四川、贵州。

象甲科 Curculionidae

62. 苹绿卷象

【学名】*Byctiscus betulae*（Linnaeus）

【危害作物】梨、苹果、白杨、山楂。

【分布】辽宁、吉林、黑龙江、河北、甘肃、河南、江西。

63. 梨卷叶象

【学名】*Byctiscus princeps*（Solsky）

【危害作物】苹果、梨、小叶杨。

【分布】东北地区及河北、河南、四川。

64. 大绿象甲

【学名】*Hypomeces squamosus*（Fabricius）

【别名】大绿象鼻虫、绿绒象虫、棉叶象鼻虫、绿鳞象甲。

【危害作物】茶、油茶、柑橘、苹果、梨、棉花、水稻、甘蔗、桑树、大豆、花生、玉米、烟、麻等。

【分布】浙江、广西、湖南、云南等地。

65. 茶丽纹象

【学名】*Myllocerinus aurolineatus* Voss

【别名】茶叶象岬、黑绿象虫、长角青象虫、茶小黑象鼻虫。

【危害作物】茶树、油茶、柑橘、苹果、梨、桃、板栗等。

【分布】江西、福建、浙江、湖南、云南等地。

66. 兔形直角象

【学名】*Rhamphus pulicarius* Herbst

【别名】折梢小象甲

【危害作物】苹果、梨。

【分布】辽宁。

67. 大灰象甲

【学名】*Sympiezomias velatus*（Chevrolat）

【别名】象鼻虫、土拉驴。

【危害作物】棉花、麻、烟草、玉米、高粱、粟、黍、花生、马铃薯、辣椒、甜菜、瓜类、豆类、苹果、梨、柑橘、核桃、板栗等。

【分布】全国各地均有分布。

68. 蒙古土象

【学名】*Xylinophorus mongolicus* Faust

【别名】象鼻虫、灰老道、放牛小、蒙古灰象。

【危害作物】棉、麻、谷子、玉米、花生、大豆、向日葵、高粱、烟草、苹果、梨、核桃、桑、槐以及各种蔬菜。

【分布】黑龙江、吉林、辽宁、河北、山西、山东、江苏、内蒙古、甘肃等地。

（六）鳞翅目 Lepidoptera

蓑蛾科 Psychidae

1. 桉蓑蛾

【学名】*Acanthopsyche subferalbata* Hampson

【危害作物】柠檬、桉、柑橘、苹果、椰子、龙眼、栗、李、相思树。

【分布】广东、广西、福建。

2. 柿杆蓑蛾

【学名】*Canephora unicolor*（Hübner）

【危害作物】柿、苹果、梨、柑橘、桃、李、樱桃、茶。

【分布】河北、辽宁、福建、湖北、四川。

3. 小窠蓑蛾

【学名】*Clania minuscula* Butler

【危害作物】柑橘、苹果、梨、桃、油桐、枣、栗、枇杷、茶、桑、枫、白杨、油桐。

【分布】江苏、安徽、浙江、江西、福建、台湾、湖南、湖北、广东、陕西、四川。

4. 大蓑蛾

【学名】*Cryptothelea variegata* Snellen

【危害作物】苹果、梨、柑橘、葡萄、枇杷、龙眼、茶、油茶、樟、桑、槐、棉、蔷薇。

【分布】山东、江苏、安徽、浙江、江西、福建、台湾、河南、湖南、湖北、广东、四川、云南。

5. 金色蓑蛾

【学名】*Plateumeta aurea* Butler

【危害作物】苹果。

【分布】山东。

细蛾科 Gracilariidae

6. 梨潜皮细蛾

【学名】*Acrocercops astaurala* Meyrick

【别名】串皮虫、梨皮潜蛾、潜皮蛾。

【危害作物】苹果、梨、李、沙果、温桲、海棠、山荆子。

【分布】河北、辽宁、山东、江苏、安徽、河南、陕西。

7. 桃细蛾

【学名】*Lithocolletis malivorella* Matsumura

【危害作物】梨、桃、樱桃、苹果。

【分布】河北、辽宁、山东、江苏、河南、陕西。

8. 金纹细蛾

【学名】*Lithocolletis ringoniella* Matsumura

【别名】苹果细蛾。

【危害作物】苹果、海棠、梨、李等果树。

【分布】山东、甘肃、河南、北京、宁夏、河北、陕西、黑龙江、辽宁、云南、山西。

潜蛾科 Lyonetiidae

9. 旋纹潜蛾

【学名】*Leucoptera scitella* Zeller

【别名】苹果潜叶蛾。

【危害作物】主要危害苹果、沙果、梨、海棠等。

【分布】河北、北京、辽宁、甘肃、山西、陕西、山东、河南。

10. 桃潜蛾

【学名】*Lyonetia clerkella* Linnaeus

【危害作物】桃、苹果、梨、杏、樱桃、李。

【分布】河北、辽宁、山西、山东、江苏、浙江、湖北、陕西、青海、四川、云南。

11. 银纹潜蛾

【学名】*Lyonetia prunifoliella* Hübner

【危害作物】苹果、海棠、沙果、山荆子、三叶海棠、李等。

【分布】河北、北京、辽宁、陕西、山东、河南、山西。

麦蛾科 Gelechiidae

12. 桃条麦蛾

【学名】*Anarsia lineatella*（Zeller）

【危害作物】桃、李、杏、苹果。

【分布】东北、河北、山东、江苏、河南、山西、陕西。

13. 星黑麦蛾

【学名】*Telphusa chloroderces* Meyrick

【别名】苹果卷叶麦蛾、黑星卷叶芽蛾、黑星麦蛾。

【危害作物】桃、苹果、梨、李、杏、樱桃等。

【分布】河北、河南、山西、陕西。

鞘蛾科 Coleophoridae

14. 苹果鞘蛾

【学名】*Coleophora malivorella* Riley

【危害作物】苹果、海棠。

【分布】辽宁、陕西。

15. 苹黑鞘蛾

【学名】*Coleophora nigricella* Stephens

【危害作物】苹果、梨、桃、樱桃、山楂。

【分布】河北、辽宁、山东、江苏、陕西。

蛀果蛾科 Carposinidae

16. 桃小食心虫

【学名】*Carposina sasakii* Matsumura

【别名】桃蛀果蛾。

【危害作物】危害苹果、桃、梨、花红、山楂、枣和酸枣等。

【分布】黑龙江、吉林、辽宁、河北、河南、陕西、山西、山东、安徽、江苏、浙江、湖北、湖南、宁夏。

雕蛾科 Glyphipterigidae

17. 苹果雕蛾

【学名】*Anthophila pariana*（Clerck）

【危害作物】苹果、山楂、沙果、山荆子、海棠等多种果树植物。

【分布】山西、陕西、吉林、甘肃等省。

银蛾科 Argyrethiidae

18. 苹果银蛾

【学名】*Argyresthia conjugella* Zeller

【危害作物】苹果、樱桃。

【分布】东北地区及山西、山东。

巢蛾科 Yponomeutidae

19. 淡褐巢蛾

【学名】*Swammerdamia pyrella* de Villers

【别名】小巢蛾。

【危害作物】苹果、梨、山楂、樱桃等。

【分布】辽宁、山西、陕西、甘肃等省。

20. 苹果巢蛾

【学名】*Yponomeuta padella* Linnaeus

【危害作物】苹果、梨、杏、山楂、樱桃、李、海棠、沙果。

【分布】东北、河北、山西、山东、江苏、陕西、宁夏、甘肃、新疆、四川。

21. 多斑巢蛾

【学名】*Yponomeula polystictus* Butler

【危害作物】苹果、梨、李、山楂、温桲。

【分布】河北、陕西、内蒙古、黑龙江、山东、安徽、湖南、湖北、甘肃、宁夏、青海。

木蛾科 Xyloryctidae

22. 桑木蛾

【学名】*Athrypsiastis salva* Meyrick

【别名】桑堆沙蛀。

【危害作物】柑橘、苹果、梨、桑。

【分布】江苏、浙江、四川。

23. 梅木蛾

【学名】*Odites issikii*（Takahashi）

【别名】五点木蛾、樱桃堆砂蛀蛾、卷边虫。

【危害作物】苹果、梨、樱桃、葡萄、李、桃、杏及杨、柳等树木。

【分布】辽宁、河北、陕西、山西等省。

24. 苹果木蛾

【学名】*Odites leucostola*（Meyrick）

【危害作物】苹果。

【分布】东北、华北。

透翅蛾科 Sesiidae

25. 苹果小透翅蛾

【学名】*Conopia hector* Butler

【别名】小透羽。

【危害作物】除危害苹果外，还危害梨、桃、李、杏、樱桃和梅等果树。

【分布】河北、北京、辽宁、甘肃、云南、陕西、山东、河南、山西。

26. 海棠透翅蛾

【学名】*Synanthedon haitangvora* Yang

【危害作物】苹果、梨、桃、杏、樱桃、梅、李、海棠。

【分布】东北、河北、山西、山东、江苏。

木蠹蛾科 Cossidae

27. 榆线角木蠹蛾

【学名】*Holcocerus vicarius*（Walker）

【别名】东方蠹蛾、柳乌蠹蛾。

【危害作物】柳、苹果、梨、杏、樱桃、核桃、栗、山楂。

【分布】河北、陕西、黑龙江、辽宁、山东、江苏、台湾、湖北、陕西、四川、云南。

28. 咖啡豹蠹蛾

【学名】*Zeuzera coffeae* Nietner

【别名】棉茎木蠹蛾、小豹纹木蠹蛾、豹纹木蠹蛾。

【危害作物】苹果、梨、咖啡、荔枝、龙眼、番石榴、茶树、桑、蓖麻、黄麻、棉花等。

【分布】安徽、江苏、浙江、福建、台湾、江西、河南、湖北、湖南、广东、四川、贵州、云南、海南。

29. 六星黑点豹蠹蛾

【学名】*Zeuzera leuconotum* Butler

【危害作物】苹果、梨、樱桃、柿、枇杷、石榴、茶、栎、枫、榆、桦。

【分布】江西、台湾。

30. 梨豹蠹蛾

【学名】*Zeuzera pyrina*（Linnaeus）

【危害作物】梨、苹果、桃、樱桃、柿、杏、茶、桦、榆、白杨。

【分布】福建、广东、广西、云南、四川、湖南、江西、浙江、陕西。

卷蛾科 Tortricidae

31. 黄斑长翅卷蛾

【学名】*Acleris fimbriana*（Thunberg）

【别名】黄斑卷蛾、桃黄斑卷叶蛾。

【危害作物】桃、李、杏、海棠、苹果、山楂。

【分布】吉林、辽宁、内蒙古、河北、河南、山西。

32. 棉褐带卷蛾

【学名】*Adoxophyes orana*（Fischer von Röslerstamm）

【别名】苹果小卷叶蛾、茶小卷蛾、苹小卷叶蛾、黄小卷叶蛾、溜皮虫。

【危害作物】苹果。

【分布】河北、天津、北京、辽宁、甘肃、青海、云南、黑龙江、陕西、山东、河南、山西、新疆。

33. 苹镰翅小卷蛾

【学名】*Ancylis selenana*（Guenée）

【危害作物】苹果、梨、山楂、核果类果树。

【分布】东北。

34. 后黄卷蛾

【学名】*Archips asiaticus*（Walsingham）

【危害作物】柑橘、苹果、梨、梅、柿、樱桃、荔枝、茶、桑。

【分布】浙江、江西、福建、台湾、湖南、广东、四川。

35. 梨黄卷蛾

【学名】*Archips breviplicana*（Walsingham）

【危害作物】梨、苹果。

【分布】黑龙江及华北地区。

36. 苹黄卷蛾

【学名】*Archips ingentana*（Christoph）

【危害作物】苹果、梨、柑橘、樱桃、款冬、茶。

【分布】黑龙江、辽宁、浙江、福建、台湾、广东。

37. 梣黄卷蛾

【学名】*Archips xylosteana*（Linnaeus）

【危害作物】苹果、梨、樱桃、柑橘、梣、栎、槭、杨、柳、忍冬。

【分布】河北、黑龙江、辽宁、江苏。

38. 黄色卷蛾

【学名】*Choristoneura longicellana*（Walsingham）

【别名】苹果大卷叶蛾、黄色卷叶蛾。

【危害作物】苹果、梨、山楂、樱桃、杏等果树。

【分布】河北、天津、北京、甘肃、云南、黑龙江、山西、陕西、山东、河南。

39. 樱桃双斜卷蛾

【学名】*Clepsis imitator*（Walsingham）

【危害作物】樱桃、苹果。

【分布】东北。

40. 苹果蠹蛾

【学名】*Cydia pomonella* L.

【危害作物】苹果、花红、海棠、香梨等。

【分布】新疆。

41. 栎圆点小卷蛾

【学名】*Eudemis porphyrana* Hübner

【危害作物】苹果、稠李、山楂、栎。

【分布】东北。

42. 褐带长卷蛾

【学名】*Homona coffearia* Nietner

【别名】茶卷叶蛾、后黄卷叶蛾、茶淡黄卷叶蛾、柑橘长卷蛾。

【危害作物】柑橘、茶、荔枝、龙眼、杨桃、梨、苹果、桃、李、石榴、梅、樱桃、核桃、枇杷、柿、栗等。

【分布】海南、上海、四川、福建、湖北、浙江、广西、湖南、贵州、云南、广东等。

43. 苹小食心虫

【学名】*Grapholitha inopinata* Heinrich

【危害作物】苹果、梨、海棠、沙果、桃、山楂等。

【分布】河北、天津、北京、辽宁、四川、甘肃、青海、黑龙江、陕西、山东、河南、江苏、山西、新疆。

44. 梨小食心虫

【学名】*Grapholitha molesta*（Busck）

【别名】梨小蛀果蛾，简称梨小。

【危害作物】苹果、梨、桃等蔷薇科作物。

【分布】山东、甘肃、河北、北京、四川、宁夏、云南、陕西、河南、山西、新疆、江苏、黑龙江。

45. 桃褐卷蛾

【学名】*Pandemis dumetana*（Treitschke）

【危害作物】苹果、桃、李、梅、胡桃、楸。

【分布】东北地区及山西、陕西。

46. 苹褐卷蛾

【学名】*Pandemis heparana*（Schiffermüller）

【别名】苹褐卷叶蛾。

【危害作物】寄主果树有苹果、桃、李、杏、樱桃、梨等。

【分布】河北、天津、北京、甘肃、黑龙江、陕西、山东、河南、山西。

47. 醋栗褐卷蛾

【学名】*Pandemis ribeana*（Hübner）

【危害作物】醋栗、苹果、梨、桃、樱桃、杏、柑橘、榆、桦、栎、枫、桑。

【分布】山西、黑龙江、江苏、浙江、台湾。

48. 苹黑痣小卷蛾

【学名】*Rhopobota naevana*（Hübner）

【危害作物】苹果、橘、海棠、杏、山楂。

【分布】东北、华北地区及台湾。

49. 桃白小卷蛾

【学名】*Spilonota albicana*（Motschulsky）

【危害作物】苹果、梨、桃、杏、李、樱桃、山楂。

【分布】河北、山西、吉林、辽宁、山东、江苏、浙江、江西、河南、四川。

50. 芽白小卷蛾

【学名】*Spilonota lechriaspis* Meyrick

【别名】顶芽卷叶蛾、顶梢卷叶蛾。

【危害作物】主要危害苹果、梨、桃等。

【分布】河北、北京、甘肃、陕西、山东、河南、山西。

51. 苹白小卷蛾

【学名】*Spilonota ocellana*（Denis *et* Schiffermüller）

【危害作物】苹果、梨、桃、杏、山楂、樱桃、海棠、阔叶树。

【分布】河北、吉林、辽宁、山东、江苏、浙江、江西、福建、河南、湖北、广西、四川。

52. 灰纹卷蛾

【学名】*Syndemis musculana*（Hübner）

【危害作物】栎、柳、桦、花楸、苹果、玄参。

【分布】东北。

斑蛾科 Zygaenidae

53. 梨星毛虫

【学名】*Illiberis pruni* Dyar

【别名】梨狗子、饺子虫、梨叶斑蛾。

【危害作物】梨、苹果、杏、桃、李、梅、枇杷、栗、山楂。

【分布】河北、东北、陕西、山东、江苏、安徽、浙江、江西、河南、湖南、甘肃、宁夏、青海、四川、云南。

刺蛾科 Limacodidae

54. 黄刺蛾

【学名】*Cnidocampa flavescens*（Walker）

【别名】洋刺子。

【危害作物】柑橘、梨、苹果、杏、桃、樱桃、枣、柿、核桃、栗、茶、桑、榆、桐、杨、柳。

【分布】辽宁、黑龙江、吉林、河北、河南、山西、山东、江苏、浙江、安徽、江西、福建、台湾、湖北、湖南、广西、广东、陕西、四川、云南。

55. 枣刺蛾

【学名】*Iragoides conjuncta*（Walker）

【危害作物】苹果、梨、杏、桃、樱桃、枣、柿、核桃、海棠、茶。

【分布】河北、辽宁、山东、江苏、安徽、浙江、江西、福建、台湾、湖北、广西、广东、四川、云南。

56. 迹银纹刺蛾

【学名】*Miresa inornata* Walker

【别名】大豆刺蛾。

【危害作物】大豆、梨、苹果、槭、柿、茶。

【分布】河北、辽宁、福建、台湾、广西、四川等。

57. 梨娜刺蛾

【学名】*Narosoideus flavidorsalis*（Staudinger）

【别名】梨刺蛾。

【危害作物】梨、苹果、桃、李、杏、樱桃等。

【分布】黑龙江、吉林、辽宁、山西、河北、山东、天津、北京、河南、湖北、湖南、江西、上海、江苏、浙江、安徽、广东、广西、福建、新疆、甘肃、陕西、内蒙古、四川、重庆、云南、贵州、台湾。

58. 黄缘绿刺蛾

【学名】*Parasa consocia*（Walker），异名：*Latoia consocia* Walker

【别名】绿刺蛾、青刺蛾、褐边绿刺蛾、四点刺蛾、曲纹绿刺蛾、洋刺子。

【危害作物】苹果、梨、柑橘、杏、桃、樱桃、枣、核桃、白杨、冬青、桑、枫杨、梧桐、油桐、刺槐、玉米、高粱。

【分布】东北、河北、山东、江苏、安徽、浙江、江西、福建、台湾、湖北、湖南、广西、广东、陕西、四川、云南。

59. 双齿绿刺蛾

【学名】*Parasa hilarata*（Staudinger）

【别名】棕边青刺蛾。

【危害作物】苹果、梨、杏、桃、樱桃、枣、柿、核桃、海棠、榆、枫、茶。

【分布】河北、黑龙江、辽宁、山东、浙江、台湾、河南、四川。

60. 中华绿刺蛾

【学名】*Parasa sinica*（Moore）

【别名】中国绿刺蛾。

【危害作物】苹果、梨、柑橘、杏、桃、樱桃、栗、乌桕、油桐、柿、枫杨、白杨、榆、柳、蓖麻、丝瓜、辣椒、茶、稻。

【分布】东北、河北、山东、江苏、浙江、江西、福建、台湾、湖北、四川、贵州、云南。

61. 扁刺蛾

【学名】*Thosea sinensis*（Walker）

【别名】黑点刺蛾，幼虫俗称洋剌子。

【危害作物】苹果、梨、柑橘、樱桃、枣、柿、核桃、胡麻、茶、油茶、桑、蓖麻、油桐、枫杨、苦楝、乌桕、柳。

【分布】河北、吉林、辽宁、山东、江苏、安徽、浙江、江西、福建、台湾、湖北、湖南、广西、广东、陕西、四川、贵州。

螟蛾科 Pyralidae

62. 果叶蜂斑螟

【学名】*Acrobasis tokiella*（Ragonot）

【危害作物】苹果、梨、桃、梅、樱桃。

【分布】辽宁、江西、河南、湖北。

63. 桃蛀螟

【学名】*Conogethes punctiferalis*（Guenée）

【别名】桃斑螟，俗称桃蛀心虫、桃蛀野螟。

【危害作物】高粱、玉米、粟、向日葵、蓖麻、姜、棉花、桃、柿、核桃、板栗、无花果、苹果、松树等。

【分布】华北、东北和西北等地。

64. 皮暗斑螟

【学名】*Euzophera batangensis* Caradja

【别名】甲口虫、巴塘暗斑螟。

【危害作物】枣树、木麻黄、枇杷、苹果、梨等多种林果树木。

【分布】北京、河北、山东、江苏、浙江、安徽、福建、广东、陕西、四川、云南、西藏。

65. 香梨暗斑螟

【学名】*Euzophera pyriella* Yang

【危害作物】梨、苹果、枣、无花果、杏、巴旦杏、桃和杨树等果木。

【分布】新疆。

66. 梨大食心虫

【学名】*Nephopteryx pirivorella*（Matsumura）

【别名】梨大、梨斑螟、梨云翅斑螟，俗名吊死鬼。

【危害作物】梨、苹果、沙果、桃。

【分布】东北地区及河北、山西、山东、江苏、安徽、浙江、江西、福建、河南、广西、陕西、宁夏、青海、四川、云南。

67. 亚洲玉米螟

【学名】*Ostrinia furnacalis*（Guenée）

【别名】钻心虫。

【危害作物】玉米、高粱、谷子、小麦、水稻、棉、麻、豆类、向日葵、甘蔗、甜菜、辣椒、茄子、苹果、茶。

【分布】除西藏、新疆、宁夏外，全国都有分布。

枯叶蛾科 Lasiocampidae

68. 杨枯叶蛾

【学名】*Gastropacha populifolia* Esper

【危害作物】苹果、梨、李、杏、杨柳、栎。

【分布】东北、华北、华东地区及青海和部分西北省（区）。

69. 李枯叶蛾

【学名】*Gastropacha quercifolia*（Linnaeus）

【危害作物】栎、苹果、梅、杏、樱桃、李、柳、柠檬。

【分布】东北地区及河北、山东、安徽、浙江、江西、台湾、湖南、河南、广西、陕西。

70. 褐纹黄枯叶蛾

【学名】*Gastropacha quercifelia cerridifolia* Faldermann

【危害作物】梨、苹果、梅、杏、樱桃、栗。

【分布】华北地区及辽宁、山东、江西。

71. 樱桃枯叶蛾

【学名】*Gastropacha tremulifolia* Hübner

【危害作物】梨、樱桃、苹果。

【分布】东北。

72. 黄褐天幕毛虫

【学名】*Malacosoma neustria testacea* Motschulsky

【别名】天幕枯叶蛾、俗称为顶针虫。

【危害作物】苹果、杏、榛、柳、杨等。

【分布】东北地区及河北、内蒙古、陕西、山东、江苏、安徽、江西、福建、湖北、湖南、陕西、宁夏、青海、新疆、云南。

73. 苹果枯叶蛾

【学名】*Odonestis pruni* Linnaeus

【别名】杏枯叶蛾、苹毛虫。

【危害作物】苹果、蔷薇、桃等。

【分布】黑龙江、吉林、辽宁、内蒙古、山西、河北、河南、山东、江苏、安徽、浙江、江西、福建、湖北、湖南、广西、广东等地。

74. 栗黄枯叶蛾

【学名】*Trabala vishnou* Lefebure

【危害作物】栗、苹果、石榴、柑橘、咖啡、番石榴、木麻黄、蔷薇、松、枫、蓖麻。

【分布】江苏、浙江、江西、福建、台湾、陕西、四川、云南。

天蚕蛾科 Saturniidae

75. 短尾大蚕蛾

【学名】*Actias artemis* Bremer *et* Grey

【危害作物】苹果、梨、樱桃、葡萄、核桃、杨。

【分布】湖北、陕西、山东、辽宁、江苏、湖南。

76. 绿尾大蚕蛾

【学名】*Actias selene ningpoana* Felder

【别名】燕尾水青蛾、大水青蛾。

【危害作物】苹果、梨、沙果、海棠、樱桃等。

【分布】河北、河南、江苏、江西、浙江、湖南、湖北、安徽、广西、四川等省。

77. 山蚕蛾

【学名】*Antheraea yamamai* Guerin-Meneville

【危害作物】栎、栗、苹果、槠。

【分布】黑龙江。

78. 乌桕大蚕蛾

【学名】*Attacus atlas*（L.）

【危害作物】乌桕、樟、柳、大叶合欢、小蘖、苹果、甘薯、冬青、茶。

【分布】江西、福建、台湾、湖南、广西、广东。

79. 琼氏合目大蚕蛾

【学名】*Caligula baisduvalii jonasii* Butler

【危害作物】苹果。

【分布】河北。

80. 银杏大蚕蛾

【学名】*Dictyoploca japonica* Moore

【危害作物】苹果、梨、杏、桃、李、梅、樱桃、柿、核桃、栗、银杏、柳、樟、胡桃、桑、蒙古栎、白杨。

【分布】东北、华北、浙江、台湾、广西、四川。

81. 孤目大蚕蛾

【学名】*Neoris haraldi* Schawerda

【危害作物】梨、苹果、桃、黄连木。

【分布】新疆。

天蛾科 Sphingidae

82. 枣桃六点天蛾

【学名】*Marumba gaschkewitschii*（Bremer *et* Grey）

【危害作物】桃、苹果、梨、葡萄、杏、李、樱桃、枣、枇杷。

【分布】河北、山西、内蒙古、黑龙江、山东、江苏、浙江、江西、河南、湖北、湖南、广东、陕西、甘肃、宁夏、四川、西藏。

83. 蓝目天蛾

【学名】*Smerinthus planus* Walker

【危害作物】杨柳、苹果、樱桃、梅、油橄榄。

【分布】东北、内蒙古、河北、山西、山东、安徽、浙江、江西、福建、河南、湖北、陕西、甘肃、宁夏、青海、四川。

夜蛾科 Noctuidae

84. 桃剑纹夜蛾

【学名】*Acronicta increta* Butler

【别名】苹果剑纹夜蛾。

【危害作物】苹果、樱桃、杏、梅、桃、梨、山楂等。

【分布】河北、北京、辽宁、宁夏、陕西、山东、河南、山西。

85. 梨剑纹夜蛾

【学名】*Acronicta rumicis*（Linnaeus）

【别名】梨剑蛾、酸模剑纹夜蛾。

【危害作物】大豆、玉米、棉花、向日葵、白菜（青菜）、苹果、桃、梨。

【分布】北起黑龙江、内蒙古、新疆，南抵台湾、广东、广西、云南。

86. 枯叶夜蛾

【学名】*Adris tyrannus*（Guenée）

【危害作物】柑橘、苹果、梨、葡萄、枇杷。

【分布】河北、辽宁、山东、江苏、浙江、福建、河南、湖北。

87. 小地老虎

【学名】*Agrotis ipsilon*（Rottemberg）

【别名】土蚕，地蚕、黑土蚕、切根虫、黑地蚕。

【危害作物】棉花、麻、玉米、高粱、麦类、花生、大豆、马铃薯、辣椒、茄子、瓜类、甜菜、烟草、苹果、柑橘、桑、槐等。

【分布】湖北、湖南、河南、江西、山东、江苏、安徽、浙江、福建、上海、北京、天津、河北、山西、内蒙古、辽宁、吉林、黑龙江、新疆、陕西、甘肃、四川、云南、贵州、重庆、广东、广西、海南。

88. 果红裙扁身夜蛾

【学名】*Amphipyra pyramidea*（Linnaeus）

【别名】果杂夜蛾。

【危害作物】梨、棉、樱桃、葡萄、苹果、栗、枫、榆、杨柳、桦。

【分布】东北、华北地区及四川、华中、华西、华南。

89. 果兜夜蛾

【学名】*Calymnia pyralina* Schiffermüller

【危害作物】苹果、梨。

【分布】黑龙江。

90. 毛翅夜蛾

【学名】*Dermaleipa juno*（Dalman）

【危害作物】桦、李、木槿、柑橘、桃、梨、苹果、葡萄。

【分布】辽宁、黑龙江、河北、山东、安徽、浙江、江西、河南、湖北、四川、贵州。

91. 落叶夜蛾

【学名】*Eudocima fullonica*（Clerck）

【危害作物】葡萄、木通、柑橘、苹果、梨。

【分布】黑龙江、江苏、浙江、台湾、广东、陕西、云南及华北、华中地区。

92. 艳落叶夜蛾

【学名】*Eudocima salaminia*（Cramer）

【危害作物】柑橘、桃、苹果、梨、蝙蝠葛。

【分布】浙江、江西、台湾、广东、云南。

93. 白光裳夜蛾

【学名】*Ephesia nivea*（Butler）

【危害作物】苹果、樱桃。

【分布】华中、西南。

94. 棉铃虫

【学名】*Helicoverpa armigera*（Hübner）

【别名】棉铃实夜蛾、棉桃虫、钻心虫、青虫。

【危害作物】棉花、玉米、高粱、小麦、番茄、辣椒、胡麻、亚麻、苘麻、向日葵、豌豆、马铃薯、芝麻、花生、甘蓝、油菜、苹果、梨、柑橘等。

【分布】湖北、湖南、河南、江西、山东、江苏、安徽、浙江、福建、上海、北京、天津、河北、山西、内蒙古、辽宁、吉林、黑龙江、新疆、陕西、甘肃、四川、云南、贵州、重庆、广东、广西、海南。

95. 苜蓿夜蛾

【学名】*Heliothis viriplaca*（Hüfnagel），异名：*Heliothis dipsacea*（Linnaeus）

【别名】亚麻夜蛾。

【危害作物】亚麻、大麻、苜蓿、豆类、甜菜、棉花、玉米、甘薯、花生、向日葵、苹果、梨、李、桃、橘、葡萄等。

【分布】江苏、湖北、云南、黑龙江、四川、西藏、新疆、内蒙古等。

96. 苹梢鹰夜蛾

【学名】*Hypocala subsatura* Guenée

【别名】苹果梢夜蛾。

【危害作物】寄主有苹果、梨等。以幼虫危害叶片，也可蛀食幼果。

【分布】河北、辽宁、江苏、台湾、河南、广东、四川、云南、陕西。

97. 苹美皮夜蛾

【学名】*Lamprothripa lactaria*（Graeser）

【危害作物】苹果、枇杷。

【分布】河北、山西、四川。

98. 桃惯夜蛾

【学名】*Mesogona devergona* Butler

【危害作物】桃、苹果、梨、

【分布】华北、东北。

99. 苹刺裳夜蛾

【学名】*Mormonia bella*（Butler）

【危害作物】苹果。

【分布】黑龙江。

100. 嘴壶夜蛾

【学名】*Oraesia emarginata*（Fabricius）

【别名】桃黄褐夜蛾。

【危害作物】柑橘、苹果、葡萄、枇杷、杨梅、番茄、梨、桃、杏、柿、栗等。

【分布】海南、江西、四川、福建、湖北、浙江、广西、贵州、云南、广东。

101. 乌嘴壶夜蛾

【学名】*Oraesia excavata*（Butler）

【别名】葡萄紫褐夜蛾、葡萄夜蛾。

【危害作物】柑橘、苹果、梨、荔枝、龙眼、黄皮、枇杷、葡萄、桃、李、柿、番茄等。

【分布】浙江、福建、台湾、广东、云南、四川、河南、陕西、华北、华东。

102. 苹眉夜蛾

【学名】*Pangrapta obscurata* Butler

【危害作物】苹果、梨、樱桃。

【分布】河北、辽宁、山东、江苏、安徽、河南、陕西、云南。

毒蛾科 Lymantriidae

103. 白毒蛾

【学名】*Arctornis l-nigrum*（Müller）

【别名】弯纹白毒蛾。

【危害作物】苹果、山楂、榆、杨柳、栎、桦、山毛榉。

【分布】东北地区及浙江、四川。

104. 苔肾毒蛾

【学名】*Cifuna eurydice*（Butler）

【危害作物】葡萄、山楂、苹果。

【分布】福建、广东、四川。

105. 白线肾毒蛾

【学名】*Cifuna jankowskii*（Oberthür）

【别名】葡萄毒蛾。

【危害作物】葡萄、苹果、醋栗。

【分布】黑龙江、江苏、浙江、湖南、陕西。

106. 霜茸毒蛾

【学名】*Dasychira fascelina*（Linnaeus）

【危害作物】栎、山毛榉、枸杞、苹果、梨、桃、桦、杨柳、松、豆类等。

【分布】内蒙古、黑龙江。

107. 茸毒蛾

【学名】*Dasychira pudibunda*（Linnaeus）

【危害作物】桦、山毛榉、栎、栗、槭、椴、杨柳、苹果、梨、山楂、樱桃。

【分布】东北地区及河北、陕西、山东、台湾、河南、陕西。

108. 乌桕黄毒蛾

【学名】*Euproctis bipunctapex*（Hampson）

【危害作物】乌桕、油桐、桑、茶、栎、大豆、甘薯、棉花、南瓜、苹果、梨、桃等。

【分布】江苏、浙江、江西、台湾、湖北、湖南、四川、西藏。

109. 折带黄毒蛾

【学名】*Euproctis flava*（Bremer）

【别名】黄毒蛾、柿黄毒蛾、杉皮毒蛾。

【危害作物】樱桃、梨、苹果、石榴、枇杷、茶、棉花、松、杉、柏等。

【分布】湖北、湖南、河南、江西、山东、江苏、安徽、浙江、福建、上海、北京、天津、河北、山西、内蒙古、辽宁、吉林、黑龙江、陕西、四川、云南、贵州、重庆、广东、广西、海南。

110. 星黄毒蛾

【学名】*Euproctis flavinata*（Walker）

【别名】黄带毒蛾。

【危害作物】苹果、梨、柑橘。

【分布】江苏、台湾、广西、广东、四川。

111. 榆毒蛾

【学名】*Ivela ochropoda*（Eversmann）

【别名】榆黄足毒蛾、榆白蛾。

【危害作物】以榆树为主，也可危害苹果。

【分布】江西、四川、山东、河南、河北、陕西、湖北、甘肃等省（区）。

112. 舞毒蛾

【学名】*Lymantria dispar*（Linnaeus）

【别名】秋千毛虫、苹果毒蛾、柿毛虫。

【危害作物】苹果、柿、梨、桃、杏、樱桃等500多种植物。

【分布】北京、辽宁、甘肃、宁夏、山东、河南、山西。

113. 栎毒蛾

【学名】*Lymantria mathura* Moore

【危害作物】栎、苹果、梨、楢、槠、青冈。

【分布】东北地区及河北、陕西、山东、江苏、台湾、河南、湖南、陕西、四川、云南。

114. 古毒蛾

【学名】*Orgyia antiqua*（Linnaeus）

【别名】褐纹毒蛾、桦纹毒蛾、落叶松毒蛾、缨尾毛虫。

【危害作物】月季、蔷薇、杨、槭、柳、山

楂、苹果、梨、李、栎、桦、桤木、榛、鹅耳枥、石杉、松、落叶松等。

【分布】河北、北京、辽宁、黑龙江、陕西、山东、河南、山西。

115. 旋古毒蛾

【学名】*Orgyia thyellina* Butler

【危害作物】桑、苹果、梨、李、梅、樱桃、栎、柿、桐、柳。

【分布】浙江、广东。

116. 盗毒蛾

【学名】*Porthesia similis*（Fueszly）

【别名】金毛虫、桑毒娥、黄尾毒蛾。

【危害作物】桑、桃、李、苹果、梨、棉花等。

【分布】河北、河南、山东、安徽、江苏、上海、浙江、江西、福建、广东、广西、湖南、湖北、贵州、四川、云南等。

117. 角斑台毒蛾

【学名】*Teia gonostigma*（Linnaeus）

【别名】赤纹毒蛾。

【危害作物】杨、柳、桤、榛、山毛榉、梨、苹果、茶树、山楂、落叶松。

【分布】东北地区及河北。

灯蛾科 Arctiidae

118. 褐点粉灯蛾

【学名】*Alphaea phasma*（Leech）

【危害作物】玉米、大豆、高粱、蓖麻、桑、梨、苹果、核桃、南瓜、扁豆、菜豆、辣椒等。

【分布】华西、贵州、云南。

119. 红缘灯蛾

【学名】*Amsacta lactinea*（Cramer）

【别名】红袖灯蛾、红边灯蛾。

【危害作物】玉米、桑、豆类、亚麻、胡麻、大麻、洋麻、棉花、柑橘、苹果、杨柳、瓜类、白菜、茄子、茶树。

【分布】湖北、湖南、河南、江西、山东、江苏、安徽、浙江、福建、上海、北京、天津、河北、山西、内蒙古、辽宁、吉林、黑龙江、新疆、陕西、甘肃、四川、云南、贵州、重庆、广东、广西、海南。

120. 美国白蛾

【学名】*Hyphantria cunea*（Drury）

【别名】美国灯蛾、秋幕毛虫、秋幕蛾。

【危害作物】其幼虫食性很杂，被害植物主要有白蜡、臭椿、法桐、山檀、桑树、苹果、海棠、金银木、紫叶李、桃树、榆树、柳树等。

【分布】辽宁、山东、陕西、河北、上海、北京、天津。

121. 奇特望灯蛾

【学名】*Lemyra imparilis*（Butler）

【危害作物】梨、桃、苹果、梅、杏、柿、海棠、石榴、核桃、栗、楸、榆、刺槐、柏、柳。

【分布】云南。

122. 漆黑望灯蛾

【学名】*Lemyra inferens*（Butler）

【危害作物】苹果。

【分布】辽宁。

123. 连星污灯蛾

【学名】*Spilarctia seriatopunctata*（Motschulsky）

【危害作物】苹果、桑。

【分布】东北地区及江西。

苔蛾科 Lithosiidae

124. 明雪苔蛾

【学名】*Cyana phaedra*（Leech）

【危害作物】桃、梨、苹果、玉米。

【分布】四川。

125. 四点苔蛾

【学名】*Lithosia quadra*（Linnaaeus）

【危害作物】苹果、松。

【分布】黑龙江、吉林、辽宁。

舟蛾科 Notodontidae

126. 苹掌舟蛾

【学名】*Phalera flavescens*（Bremer *et* Grey）

【别名】苹果天社蛾、苹果舟蛾，俗称舟形毛虫。

【危害作物】苹果、梨、桃、海棠、杏、樱桃、山楂、枇杷、核桃、板栗等果树。

【分布】河北、内蒙古、东北、山西、山东、江苏、安徽、浙江、江西、福建、台湾、湖南、湖北、河南、广西、广东、陕西、四川、云南。

127. 蚁舟蛾

【学名】*Stauropus fagi persimilis* Butler

【危害作物】梨、桃、樱桃、苹果、梨、栎、槭、杨。

【分布】河北、东北、山东、浙江、广西、四川。

瘤蛾科 Nolidae

128. 苹米瘤蛾

【学名】*Mimerastria mandschuriana*（Oberthür）

【危害作物】苹果。

【分布】河北、辽宁。

尺蛾科 Geometridae

129. 樱桃尺蠖

【学名】*Anisopteryx membranaria* Christ

【危害作物】苹果、梨、桃、樱桃、李、梅。

【分布】东北。

130. 春尺蠖

【学名】*Apocheima cinerarius* Ershoff

【别名】杨尺蠖、沙枣尺蠖。

【危害作物】沙枣、杨、柳、榆、槐、苹果、梨、沙柳等多种林果。

【分布】内蒙古、甘肃、宁夏、河北、新疆。

131. 梨尺蠖

【学名】*Apocheima cinerarius pyri* Yang

【别名】梨步曲、沙枣尺蠖亚种、弓腰虫。

【危害作物】梨、杜梨、苹果、山楂、海棠、杏等果树。

【分布】黑龙江、吉林、河北、河南、山东、山西。

132. 桦尺蠖

【学名】*Biston betularia*（L.）

【危害作物】茶树、桦、杨、椴、法国梧桐、榆、栎、椤、槐、柳、黄柏、落叶松。

【分布】云南、湖南、江西、河南、陕西、山东、西藏。

133. 细点霜尺蠖

【学名】*Boarmia consotaria* Fabricius

【危害作物】苹果。

【分布】东北。

134. 榆霜尺蠖

【学名】*Boarmia crepuscularia* Hübner

【危害作物】苹果。

【分布】东北。

135. 三栉条尺蠖

【学名】*Boarmia roboraria* Schiffermüller

【危害作物】苹果。

【分布】东北、陕西。

136. 梨花尺蠖

【学名】*Chloroclystis rectangulata*（Linnaeus）

【危害作物】苹果、梨。

【分布】东北、华南地区及山东。

137. 木橑尺蠖

【学名】*Culcula panterinaria*（Bremer *et* Grey）

【危害作物】花椒、苹果、梨、泡桐、桑、榆、大豆、棉花、苘麻、向日葵、甘蓝、萝卜等。

【分布】河北、河南、山东、山西、内蒙古、陕西、四川、广西、云南。

138. 小蜻蜓尺蠖

【学名】*Cystidia couaggaria*（Guenée）

【危害作物】苹果、梨、樱桃、杏、桃、茶。

【分布】东北、华北地区及浙江、福建、台湾、湖北、湖南。

139. 蜻蜓尺蠖

【学名】*Cystidia stratonice*（Stoll）

【危害作物】苹果、梨、李、樱桃、杏、梅、杨柳、桦。

【分布】东北、华北、华中地区及台湾。

140. 刺槐眉尺蠖

【学名】*Meichihuo cihuai* Yang

【别名】刺槐尺蠖。

【危害作物】林木、果树、农作物，以苹果、梨和刺槐受害最重。

【分布】陕西、山西、河北、河南和新疆等地。

141. 四星尺蛾

【学名】*Ophthalmodes irrorataria*（Bremer *et* Grey）

【别名】苹果四星尺蠖、蓖麻四星尺蛾。

【危害作物】蓖麻、苹果、梨、枣、柑橘、海棠、鼠李等多种植物。

【分布】河北、北京、辽宁、甘肃、青海、山东、河南、陕西。

142. 柿星尺蠖

【学名】*Percnia giraffata*（Guenée）

【危害作物】苹果、梨、海棠、柿、核桃、木橑。

【分布】河北、山西、安徽、台湾、河南、湖北、陕西、四川。

143. 苹烟尺蛾

【学名】*Phthonosema tendiosaria*（Bremer）

【危害作物】苹果、梨、栗、桑、青冈。

【分布】黑龙江、陕西、四川。

144. 四月尺蛾

【学名】*Selenia tetralunaria* Hufnagel

【危害作物】苹果、梨、李、柳、栎、楞、桦、山楂、樱桃。

【分布】东北地区及台湾。

145. 桑褶翅尺蛾

【学名】*Zamacra excavata* Dyar

【别名】桑刺尺蛾、桑褶翅尺蠖。

【危害作物】苹果、梨、核桃、山楂、桑、榆、毛白杨、刺槐、雪柳、太平花等。

【分布】辽宁、内蒙古、北京、河北、河南、山西、陕西和宁夏。

粉蝶科 Pieridae

146. 绢粉蝶

【学名】*Aporia crataegi*（Linnaeus）

【别名】苹果粉蝶、梅白粉蝶。

【危害作物】苹果、山楂、梨、桃、杏、李等果树。

【分布】河北、河南、山西、陕西、甘肃、宁夏、山东、四川、辽宁、云南等省。

灰蝶科 Lycaenidae

147. 琉璃灰蝶

【学名】*Celastrina argiola*（Linnaeus）

【危害作物】蚕豆、苹果、李、冬青。

【分布】陕西。

148. 苹绿灰蝶

【学名】*Neozephyrus taxila* Bremer

【危害作物】苹果。

【分布】东北。

149. 苹果灰蝶

【学名】*Strymonidia v-album* Oberthür

【危害作物】苹果。

【分布】华北、陕西。

150. 裳曲纹灰蝶

【学名】*Strymonidia w-album* Knoch

【危害作物】苹果、榆、槭、山毛榉。

【分布】华北、东北地区及陕西。

（七）双翅目 Diptera

实蝇科 Tephritidae = Trypetidae

1. 橘小实蝇

【学名】*Bactrocera dorsalis*（Hendel）

【别名】柑橘小实蝇、东方果实蝇、黄苍蝇、果蛆。

【危害作物】除柑橘外，尚能为害芒果、番石榴、番荔枝、阳桃、苹果、枇杷等200余种果实。

【分布】海南、上海、江西、福建、浙江、广西、湖南、贵州、云南、广东等地都有分布。重庆近年来监测到了柑橘小实蝇，但尚未在田间造成危害。

2. 梨实蝇

【学名】*Bactrocera pedestris*（Bezzi）

【危害作物】桃、梨、柑橘、香蕉、苹果、番茄。

【分布】台湾、广西、云南。

果蝇科 Drosophilidae

3. 樱桃果蝇

【学名】*Drosophila suzukii*（Matsumura）

【危害作物】苹果、樱桃。

【分布】东北。

花蝇科 Anthomyiidae

4. 灰地种蝇

【学名】*Delia platura*（Meigen）

【危害作物】棉花、麦类、玉米、豆类、马铃薯、甘薯、大麻、洋麻、葱、蒜、白菜、油菜等十字花科作物、百合科、葫芦科作物、苹果、梨等。

【分布】湖北、湖南、河南、江西、山东、江苏、安徽、浙江、福建、上海、北京、天津、河北、山西、内蒙古、辽宁、吉林、黑龙江、新疆、陕西、甘肃、四川、云南、贵州、重庆、广东、广西、海南。

（八）膜翅目 Hymenoptera

三节叶蜂科 Argidae

1. 苹果三节叶蜂

【学名】*Arge mali*（Takahashi）

【危害作物】苹果、梨。

【分布】华北。

茎蜂科 Cephidae

2. 梨茎蜂

【学名】*Janus piri* Okamoto *et* Matsumura

【危害作物】梨、苹果、海棠。

【分布】河北、辽宁、山东、江苏、安徽、浙江、江西、福建、河南、湖北、湖南、陕西、青海、四川。

胡蜂科 Vespidae

3. 中华马蜂

【学名】*Polistes chinensis*（Fabricius）

【危害作物】葡萄、梨、苹果。

【分布】江苏、浙江、湖南、河北、甘肃、广东、贵州。

4. 澳门马蜂

【学名】*Polistes macaensis*（Fabricius）

【别名】葡萄长脚胡蜂。

【危害作物】葡萄、梨、苹果、柑橘。

【分布】河北、山东。

5. 梨红黄边胡蜂

【学名】*Vespa crabro niformis* Smith

【危害作物】葡萄、桃、梨、核桃、柑橘、苹果。

【分布】东北、华北地区及江苏、浙江、江西、安徽、四川。

异腹胡蜂科 Polybiidae

6. 东方异腹胡蜂

【学名】*Parapolybia orientalis* Smith

【危害作物】苹果、梨、葡萄、石榴。

【分布】华北地区及山东、江苏、浙江、广东。

7. 变侧异腹胡蜂

【学名】*Parapolybia varia*（Fabricius）

【危害作物】葡萄、梨、苹果。

【分布】河北、江苏、浙江、广东。

蛛形纲 Arachnida

蜱螨目 Acarina

叶螨科 Tetranychidae

1. 苜蓿苔螨

【学名】*Bryobia praetiosa* Koch

【危害作物】苹果、梨、桃、梅、李、樱桃、山楂、杏、苜蓿、小麦。

【分布】河北、山西、辽宁、山东、江苏、陕西、宁夏、四川。

2. 苹果全爪螨

【学名】*Panonychus ulmi*（Koch）

【别名】苹果红蜘蛛。

【危害作物】梨、苹果、沙果、桃、樱桃、杏、海棠、李、山楂、栗、葡萄、核桃等。

【分布】黑龙江、吉林、辽宁、内蒙古、山东、安徽、新疆、甘肃、陕西、河北、河南、山西。

3. 朱砂叶螨

【学名】*Tetranychus cinnabarinus*（Boisduval）

【别名】棉红蜘蛛、棉叶螨、红叶螨。

【危害作物】棉花、玉米、花生、豆类、芝麻、辣椒、茄子、番茄、洋麻、苘麻、甘薯、向日葵、瓜类、桑、苹果、梨、蔷薇、月季、金银花、国槐等。

【分布】湖北、湖南、河南、江西、山东、江苏、安徽、浙江、福建、上海、北京、天津、河北、山西、内蒙古、辽宁、吉林、黑龙江、新疆、陕西、甘肃、四川、云南、贵州、重庆、广东、广西、海南。

4. 二斑叶螨

【学名】*Tetranychus urticae* Koch

【别名】二点叶螨、普通叶螨、白蜘蛛。

【危害作物】棉花、豆类、花生、玉米、高

粱、麻类、苹果、梨、桃、杏、李、樱桃、葡萄、蔬菜、花卉作物等。

【分布】遍布于华北、华东、华南、西南、西北。

5. 山楂叶螨

【学名】*Tetranychus viennensis* Zacher

【别名】山楂红蜘蛛。

【危害作物】苹果、梨、桃、樱桃、杏、李、山楂、梅、榛子、核桃等。

【分布】山东、河南、宁夏、河北、江苏、湖北、辽宁、山西、陕西、云南、青海、四川。

瘿螨科 Eriophyidae

6. 梨瘿螨

【学名】*Eriophyes pyri*（Pagenstecher）

【危害作物】梨、苹果、海棠。

【分布】东北地区及河北、山西、山东、江苏、陕西、宁夏、四川、青海、新疆。

二、软体动物门 Mollusca

腹足纲 Gastropoda

柄眼目 Stylommatophora

钻头螺科 Subulinidae

细钻螺

【学名】*Opeas gracile*（Hutton）

【别名】长锥螺、细长钻螺。

【危害作物】白菜、甘蓝、萝卜等蔬菜和各种花卉，也可为害苹果根茎部。

【分布】湖南、福建、广西、广东、海南岛、河北。

第十四章　梨树有害生物名录

第一节　梨树病害

一、真菌病害

1. 梨疫腐病

【病原】恶疫霉 *Phytophthora cactorum*（Leb. *et* cohn）Schrot.，属卵菌。

【别名】梨黑胫病、梨疫病、干基湿腐病。

【为害部位】树干基部、果实。

【分布】甘肃、内蒙古、青海、宁夏、云南、河北、陕西、吉林、北京、黑龙江。

2. 梨褐色膏药病

【病原】卷担菌 *Helicobasidium tanakae* Miyabe，属担子菌。

【别名】膏药病。

【为害部位】枝干。

【分布】浙江。

3. 梨灰色膏药病

【病原】茂物隔担耳 *Septobasidium bogoriense* Pat.，属担子菌。

【别名】膏药病。

【为害部位】枝干。

【分布】浙江、广西、台湾。

4. 梨紫纹羽病

【病原】桑卷担菌 *Helicobasidium mompa* Tanaka Jacz，属担子菌。

【别名】梨紫色根腐病。

【为害部位】根系。

【分布】河北、山东、河南、安徽、台湾。

5. 梨根朽病

【病原】发光假蜜环菌 *Armillariella tabescens*（Scop. *et* Fr.）Singer，属担子菌。

【为害部位】根部。

【分布】河北、山东、台湾。

6. 梨锈病

【病原】梨胶锈菌 *Gymnosporangium haraeanum* syd，属担子菌。

【别名】赤星病、羊胡子。

【为害部位】叶片、新梢、幼果。

【分布】黑龙江、吉林、辽宁、山西、河北、山东、天津、北京、河南、湖北、湖南、江西、上海、江苏、浙江、安徽、广东、广西、福建、新疆、甘肃、陕西、内蒙古、四川、重庆、云南、贵州、台湾。

7. 梨干枯病

【病原】福士拟茎点霉 *Phomopsis fuknshii* Tanaka *et* Endo，属无性型真菌。

【别名】胴枯病。

【为害部位】枝干。

【分布】黑龙江、吉林、辽宁、山西、河北、山东、天津、北京、河南、浙江、新疆、甘肃、陕西、内蒙古、四川、重庆、云南、贵州。

8. 梨煤污病

【病原】仁果黏壳孢 *Gloeodes pomzgeena* Colby，属无性型真菌。

【为害部位】果实、枝条、叶片。

【分布】上海、江苏、浙江、安徽、湖北、湖南、江西、四川、重庆、云南、贵州。

9. 梨青霉病

【病原】扩展青霉 *Penicillium expansum*（Link.）Thom.，意大利青霉 *Penicillium italicum* Wehmer，属无性型真菌。

【为害部位】果实。

【分布】黑龙江、吉林、辽宁、山西、河北、山东、天津、北京、河南、湖北、湖南、江西、上海、江苏、浙江、安徽、广东、广西、福建、新疆、甘肃、陕西、内蒙古、四川、重庆、云南、贵州、台湾。

10. 梨黑斑病

【病原】链格孢 *Alternaria alternata*（Fr.）

Keissl.，属无性型真菌。

【为害部位】叶片、果实、新梢。

【分布】辽宁、湖北、湖南、江西、上海、江苏、浙江、安徽、广东、广西、福建、四川、重庆、云南、贵州、河北、山东、天津、北京、河南。

11. 梨叶枯病

【病原】梨生菌绒孢 *Mycovellosiella pyricola* Guo, Chen & Zhang，属无性型真菌。

【为害部位】叶片。

【分布】甘肃。

12. 梨圆斑根腐病

【病原】茄镰孢 *Fusarium solani*（Mart.）Sacc.、尖孢镰孢 *Fusarium oxysporum*、弯角镰孢 *Fusarium camptoceras*，均属无性型真菌。

【别名】根腐病。

【为害部位】根部。

【分布】河北、山东、四川、山西、陕西。

13. 梨红粉病

【病原】粉红单端孢 *Trichothecium roseum* Link *et* Fr.，属无性型真菌。

【为害部位】果实。

【分布】吉林、辽宁、河北、山东、山西、河南、陕西、江苏、安徽、黑龙江。

14. 梨黑星病

【病原】梨黑星孢 *Fusicladium pyrium*（Lib.）Fuck，属无性型真菌；有性型为梨黑星病菌 *Venturia pirinum* Aderh，属子囊菌。

【别名】疮痂病、雾病、黑霉病。

【为害部位】梨树的各种绿色幼嫩组织。从落花后到果实成熟前，均可造成为害。

【分布】山西、河北、山东、天津、北京、河南、黑龙江、吉林、辽宁、新疆、甘肃、陕西、内蒙古、贵州、湖北。

15. 洋梨干枯病

【病原】拟茎点霉 *Phomopsis* sp.，属无性型真菌；有性型为含糊坚座壳菌 *Diaporthe ambigua* Nisch，属子囊菌。

【别名】黑病。

【为害部位】枝条。

【分布】吉林、辽宁、河北、山东、河南、山西、陕西、甘肃、江苏、黑龙江。

16. 梨褐斑病

【病原】梨生壳针孢 *Septoria piricola* Desm.，属无性型真菌；有性型为梨球腔菌 *Mycosphrella sentina*（Fr.）Schrot.，属子囊菌。

【别名】斑枯病、白星病。

【为害部位】叶片。

【分布】黑龙江、吉林、辽宁、山西、河北、山东、天津、北京、河南、湖北、江苏、浙江、安徽、福建、新疆、甘肃、陕西、内蒙古、四川、重庆、云南、贵州、台湾。

17. 梨褐腐病

【病原】仁果丛梗孢 *Monilia fructigena* Pers.，属无性型真菌。有性型为果生链核盘菌 *Monilinia fructigena*（Aderh. *et* Ruhl）Honey，属子囊菌。

【别名】梨菌核病。

【为害部位】果实。

【分布】黑龙江、吉林、辽宁、山西、河北、山东、天津、北京、河南、新疆、甘肃、陕西、内蒙古、四川、重庆、云南、贵州。

18. 梨叶灰霉病

【病原】灰葡萄孢 *Botrytis cinerea* Pers. ex Fr.，属无性型真菌；有性型为富氏葡萄孢盘菌 *Botryotinia fuckeliana*（de Bary）Whetz.，属子囊菌。

【为害部位】叶片。

【分布】浙江。

19. 梨轮纹病

【病原】轮纹大茎点菌 *Macrophoma kawatsukai* Haru，属无性型真菌；有性型为贝伦格葡萄座腔菌梨生专化型 *Botryosphaeria berengeriana* de Not. f. sp. *piricola*（Nose）Koganezawa *et* Sakuma，属子囊菌。

【别名】粗皮病、瘤皮病。

【为害部位】枝干、果实、叶片。

【分布】黑龙江、吉林、辽宁、山西、河北、山东、天津、北京、河南、湖北、湖南、江西、上海、江苏、浙江、安徽、广东、广西、福建、新疆、甘肃、陕西、内蒙古、四川、重庆、云南、贵州、台湾。

20. 梨炭疽病

【病原】胶孢炭疽菌 *Colletotrichum gloeosporioides*（Penz.）Sacc.，属无性型真菌；有性型为围小丛壳菌 *Glomerella cigulata*（Stonem.）Spauld. *et* Schrenk，属子囊菌。

【别名】苦腐病。

【为害部位】果实、枝条、叶片。

【分布】吉林、辽宁、河北、河南、山东、陕西、四川、云南、江西、安徽、江苏、浙江、湖北。

21. 梨白粉病

【病原】拟小卵孢属 *Ovulariopsis*，属无性型真菌；有性型为梨球针壳菌 *Phyllactinia pyri*（Cast）Homma.，属子囊菌。

【为害部位】叶片、嫩梢。

【分布】黑龙江、吉林、辽宁、山西、河北、山东、天津、北京、河南、湖北、湖南、江西、上海、江苏、浙江、安徽、广东、广西、福建、新疆、甘肃、陕西、内蒙古、四川、重庆、云南、贵州、台湾。

22. 梨白纹羽病

【病原】白纹羽束丝菌 *Dematophora necatrix*，属无性型真菌；有性型为褐座坚壳 *Rosellinia necatrix*（Hart.）Berl.，属子囊菌。

【为害部位】根部。

【分布】山东、湖北、江西、四川、台湾。

23. 梨树腐烂病

【病原】梨壳囊孢菌 *Cytospora carphosperma* Fr，属无性型真菌；有性型为苹果树腐烂病菌 *Valsa ceratosperma*（Tode：Fr.）Maire，属子囊菌。

【别名】烂皮病。

【为害部位】为害梨树主干、主枝、侧枝及小枝的树皮。梨树腐烂病除为害梨树外，还为害苹果、桃、核桃、杨树、柳、桑、国槐等多种植物。

【分布】黑龙江、吉林、辽宁、山西、河北、山东、天津、北京、河南、湖北、江苏、浙江、安徽、福建、新疆、甘肃、陕西、内蒙古、四川、重庆、云南、贵州、台湾。

24. 梨干腐病

【病原】大茎点菌 *Macrophorna* sp.，属无性型真菌；有性型为贝伦格葡萄座腔菌 *Botryosphaeria berengeriana* de Not，属子囊菌。

【为害部位】枝干、果实。

【分布】黑龙江、吉林、辽宁、山西、河北、山东、天津、北京、河南、湖北、江苏、浙江、安徽、福建、新疆、甘肃、陕西、内蒙古、四川、重庆、云南、贵州、台湾。

25. 梨白绢病

【病原】齐整小核菌 *Sclerotium rolfsii* Sacc.，属无性型真菌；有性型为白绢阿太菌 *Athelia rolfsii*（Curzi）Tu. & Kimbrough，属担子菌。

【别名】茎基腐病、烂葫芦。

【为害部位】根部。

【分布】河北、山东、台湾。

26. 梨立枯病

【病原】茄丝核菌 *Rhizoctonia solani* Kühn，属无性型真菌；有性型为瓜亡革菌 *Thanatephorus cucumeris*（Frank）Donk.，属担子菌。

【别名】梨苗猝倒病。

【为害部位】实生苗茎基部、幼根。

【分布】吉林、辽宁、河北、山西、陕西、江苏、福建、黑龙江。

二、细菌病害

1. 梨根癌病

【病原】根癌土壤杆菌 *Agrobacterium tumefaciens*（Smith *et* Townsend）Conn.，属革兰氏阴性细菌。

【为害部位】根茎部。

【分布】河北、山东、山西、陕西、辽宁、江苏、安徽、浙江、四川、北京、黑龙江。

2. 梨锈水病

【病原】欧文氏细菌，*Erwinia* sp.。

【为害部位】骨干枝。

【分布】江苏、浙江。

3. 梨毛根病

【病原】发根土壤杆菌 *Agrobacterium rhizogens*（Riker *et al.*）Conn.，属革兰氏阴性细菌。

【别名】发根病。

【为害部位】根部。

【分布】辽宁、河北、山东。

4. 梨花枯病

【病原】丁香假单胞菌丁香致病变种 *Pseudomonas syringae* pv. *syringae*，属假单胞杆菌属细菌。

【别名】芽枯病。

【为害部位】花、芽。

【分布】湖北、湖南、江西、上海、江苏、浙江、安徽。

三、病毒病害

1. 梨环纹花叶病

【病原】苹果褪绿叶斑病毒 *Apple chlorotic leaf spot virus*（ACLSV），属线形病毒科 Flexiviridae，纤毛病毒属 *Trichovirus*。

【为害部位】叶片、果实。

【分布】黑龙江、吉林、辽宁、山西、河北、山东、天津、北京、河南、湖北、湖南、江西、上海、江苏、浙江、安徽、广东、广西、福建、新疆、甘肃、陕西、内蒙古、四川、重庆、云南、贵州、台湾。

2. 梨脉黄病

【病原】苹果茎痘病毒 *Apple stem pitting virus*（ASPV），属线形病毒科 Flexiviridae，凹陷病毒属 *Foveavirus*。

【别名】红色斑驳病。

【为害部位】叶片。

【分布】黑龙江、吉林、辽宁、山西、河北、山东、天津、北京、河南、湖北、湖南、江西、上海、江苏、浙江、安徽、广东、广西、福建、新疆、甘肃、陕西、内蒙古、四川、重庆、云南、贵州、台湾。

3. 梨石痘病

【病原】苹果茎痘病毒 *Apple stem pitting virus*（ASPV），属线形病毒科 Flexiviridae，凹陷病毒属 *Foveavirus*。

【为害部位】果实。

【分布】新疆、贵州。

四、植原体病害

梨衰退病

【病原】梨植原体 *Candidatus Phytoplasma* pyri，属于苹果丛生植原体组（16SrX 组）C 亚组。

【为害部位】叶片、果实。

【分布】台湾。

五、寄生性植物病害

1. 槲寄生

【病原】槲寄生 *Viscum coloratum*（Komar.）Nakai

【别名】北寄生、冬青、桑寄生、柳寄生、黄寄生、寄生子。

【为害部位】枝干。

【分布】西南苹果产区曾有报道。

2. 菟丝子

【病原】菟丝子 *Cuscuta japonica* Choisy，属寄生种子植物。

【为害部位】枝干、枝条。

【分布】广西、新疆、四川、吉林。

3. 松寄生

【病原】*Loranthus chinensis* Dc，属寄生种子植物。

【别名】桑寄生。

【为害部位】枝干、枝条。

【分布】广西、四川。

第二节 梨树害虫

节肢动物门 Arthropoda

昆虫纲 Insecta

（一）直翅目 Orthoptera

螽蟖科 Tettigoniidae

1. 黑斑草螽

【学名】*Conocephalus maculatus*（Le Guillou）

【别名】斑翅草螽。

【危害作物】水稻、玉米、高粱、谷子、甘蔗、大豆、花生、竹、棉、梨树、柿。

【分布】江苏、江西、福建、湖北、广东、四川、云南。

2. 日本宽翅螽蟖

【学名】*Holochlora japonica*（Brunner von Wattenwyl）

【危害作物】核桃、苹果、梨树、柑橘、葡萄、樱桃、杏、桃、李、梅、桑、咖啡、胡桃。

【分布】山东、江苏、浙江、江西、福建、台湾、湖北、广西、广东、四川。

蟋蟀科 Gryllidae

3. 绿树蟋

【学名】*Calyptotrypus hibinocis* Matsumura

【别名】绿蛣蛉。

【危害作物】稻、粟、小麦、大麦、玉米、豆类、花生、苹果、梨树、枣、山楂、洋槐。

【分布】山东、华北、华中、西南。

4. 双斑蟋

【学名】*Gryllus bimaculatus*（De Geer）

【危害作物】水稻、甘薯、棉、亚麻、茶、甘蔗、绿肥作物、菠菜、柑橘、梨树、桃。

【分布】江西、福建、台湾、广东。

5. 家蟋蟀

【学名】*Gryllus domesticus* Linnaeus

【危害作物】豌豆、棉、苹果、梨树。

【分布】江苏、湖北、广东、陕西。

6. 花生大蟋

【学名】*Tarbinskiellus portentosus*（Lichtenstein）

【危害作物】花生、大豆、芝麻、瓜类、甘薯、玉米、棉花、烟草、黄麻、茄子、柑橘、梨树、桑等作物和苗木。

【分布】湖北、广东、广西、福建、云南、贵州、江西等。

7. 北京油葫芦

【学名】*Teleogryllus emma*（Ohmachi *et* Matsumura）

【别名】结缕黄、油壶鲁。

【危害作物】粟、黍、稻、高粱、荞麦、甘薯、大豆、绿豆、棉花、芝麻、花生、甘蔗、烟草、白菜、葱、番茄、苹果、梨树。

【分布】辽宁、河北、河南、陕西、山西、山东、江苏、安徽、浙江、江西、福建、台湾、湖南、湖北、广东。

蝼蛄科 Gryllotalpidae

8. 东方蝼蛄

【学名】*Gryllotalpa orientalis* Burmeister

【危害作物】麦、稻、粟、玉米、甘蔗、棉花、豆类、马铃薯、花生、大麻、黄麻、甜菜、烟草、蔬菜、苹果、梨树、柑橘等。

【分布】北京、天津、河北、内蒙古、黑龙江、江苏、浙江、安徽、山东、河南、湖北、重庆、四川、贵州、云南、陕西、甘肃、青海、宁夏、新疆。

9. 华北蝼蛄

【学名】*Gryllotalpa unispina* Saussure

【别名】单刺蝼蛄、大蝼蛄、土狗、蝼蝈、啦啦蛄。

【危害作物】麦类、玉米、高粱、谷子、水稻、薯类、棉花、花生、甜菜、烟草、大麻、黄麻、蔬菜、苹果、梨树等。

【分布】新疆、甘肃、西藏、陕西、河北、山东、河南、内蒙古、辽宁、吉林、黑龙江、江苏、安徽、湖北。

锥头蝗科 Pyrgomorphidae

10. 拟短额负蝗

【学名】*Atractomorpha ambigua* Bolivar

【危害作物】水稻、谷子、高粱、玉米、大麦、豆类、马铃薯、甘薯、亚麻、麻类、甘蔗、桑、茶树、甜菜、烟草、蔬菜、苹果、梨树、柑橘等。

【分布】辽宁、华北、华东、台湾、湖北、湖南、陕西、甘肃。

剑角蝗科 Acrididae

11. 中华剑角蝗

【学名】*Acrida cinerea*（Thunberg）

【别名】中华蚱蜢。

【危害作物】高粱、小麦、水稻、棉花、玉米、甘蔗、大豆、花生、柑橘、梨树、亚麻、烟草、茶。

【分布】全国各地均有分布。

（二）等翅目 Isoptera

白蚁科 Termitidae

黑翅土白蚁

【学名】*Odontotermes formosanus*（Shiraki）

【别名】黑翅大白蚁、台湾黑翅螱。

【危害作物】甘蔗、小麦、茶、柑橘、梨树、桃、蓖麻、松、刺槐、柳等。

【分布】河南、江苏、海南、西藏、安徽、浙江、江西、湖北、湖南、四川、重庆、贵州、台湾、福建、广东、广西、云南、山西、山东、陕西、河北。

（三）缨翅目 Thysanoptera

蓟马科 Thripidae

1. 豆带巢蓟马

【学名】*Caliothrips fasciatus*（Pergande）

【别名】豆蓟马。

【危害作物】玉米、甘薯、马铃薯、豆类、棉、甘蓝、萝卜、柑橘、苹果、梨、葡萄。

【分布】福建、湖北、四川。

2. 烟蓟马

【学名】*Thrips tabaci* Lindeman

【危害作物】水稻、小麦、玉米、大豆、苜蓿、苹果、梨、瓜类、甘蓝、葱、棉花、茄科作物、蓖麻、麻类、茶、柑橘等。

【分布】全国都有分布。

（四）半翅目 Hemiptera

盲蝽科 Miridae

1. 三点苜蓿盲蝽

【学名】*Adelphocoris fasciaticollis* Reuter

【别名】小臭虫、破头疯。

【危害作物】大豆、棉花、芝麻、玉米、高粱、小麦、番茄、苜蓿、洋麻、大麻、马铃薯、苹果、梨等。

【分布】北起黑龙江、内蒙古、新疆，南稍过长江，江苏、安徽、江西、湖北、四川也有发生。

2. 牧草盲蝽

【学名】*Lygus pratensis*（Linnaeus）

【危害作物】棉花、洋麻、稻、麦、玉米、马铃薯、苜蓿、油菜、苹果、梨、柑橘。

【分布】湖北、湖南、河南、江西、山东、江苏、安徽、浙江、福建、上海、北京、天津、河北、山西、内蒙古、辽宁、吉林、黑龙江、新疆、陕西、甘肃、四川、云南、贵州、重庆、广东、广西、海南。

网蝽科 Tingidae

3. 梨黄角冠网蝽

【学名】*Stephanitis ambigus* Horváth

【危害作物】梨、苹果、海棠、桃、李、梅、樱桃、杏。

【分布】河北、陕西、辽宁、山东、江苏、安徽、浙江、江西、湖北、湖南、广西、四川、云南。

4. 梨冠网蝽

【学名】*Stephanitis nashi* Esaki *et* Takeya

【别名】梨花网蝽、梨网蝽、梨军配虫、梨斑网蝽。

【危害作物】苹果、梨、桃、山楂、枣等。

【分布】北京、黑龙江、吉林、辽宁、河北、山东、江苏、浙江、福建、广东、广西、台湾、河南、陕西、山西、甘肃、四川、湖南、湖北等南方各省（区）。

缘蝽科 Coreidae

5. 异稻缘蝽

【学名】*Leptocorisa varicornis*（Fabricius）

【别名】稻蛛缘蝽。

【危害作物】稻、麦、谷子、甘蔗、桑、柑橘、梨等。

【分布】广西、广东、台湾、福建、浙江、贵州等省（区）。

荔蝽科 Tessaratomidae

6. 荔蝽

【学名】*Tessaratoma papillosa*（Drury）

【危害作物】甘蔗、烟草、荔枝、龙眼、柑橘、梨、桃、香蕉、蓖麻、茄、刀豆、咖啡、松、榕等。

【分布】江西、台湾、广东、福建、广西、贵州、云南。

7. 花壮异蝽

【学名】*Urochela luteovaria* Distant

【别名】梨椿象、梨蝽。

【危害作物】梨、苹果、樱桃、杏、李、桃等。

【分布】辽宁、河北、河南、山东、山西、陕西、甘肃、安徽、江苏、江西、云南。

蝽科 Pentatomidae

8. 异色蝽

【学名】*Carpocoris pudicus* Poda

【别名】紫翅果蝽。

【危害作物】小麦、大麦、青稞、马铃薯、萝卜、胡萝卜、苹果、梨。

【分布】河北、内蒙古、陕西、山西、辽宁、吉林、黑龙江、山东、广东、甘肃、宁夏、新疆。

9. 斑须蝽

【学名】*Dolycoris baccarum*（Linnaeus）

【别名】细毛蝽、臭大姐。

【危害作物】小麦、大麦、粟（谷子）、玉米、大豆、小豆、白菜、油菜、甘蓝、萝卜、豌豆、胡萝卜、葱、亚麻、胡麻、洋麻、梨、苹果、栗及其他农作物。

【分布】北京、河北、山西、内蒙古、黑龙江、江苏、浙江、安徽、山东、河南、湖北、重庆、四川、贵州、云南、陕西、甘肃、新疆。

10. 麻皮蝽

【学名】*Erthesina fullo*（Thunberg）

【别名】麻纹蝽、麻椿象、臭虫母子、黄霜蝽、黄斑蝽。

【危害作物】大豆、菜豆、棉、桑、蓖麻、甘蔗、咖啡、柑橘、苹果、梨、乌桕、榆等。

【分布】河北、辽宁、内蒙古、陕西、河南、山东、江苏、安徽、浙江、江西、福建、台湾、湖南、湖北、广东、广西、四川、云南、贵州。

11. 硕蝽

【学名】*Eurostus validus* Dallas

【危害作物】桑、茶、梨、栗、油桐、梧桐、青杠、黄荆、乌桕。

【分布】河北、山东、江苏、安徽、浙江、江西、福建、台湾、湖北、湖南、广东、广西、陕西、四川、贵州、云南。

12. 茶翅蝽

【学名】*Halyomorpha halys*（Stål）

【别名】角肩蝽、橘大绿蝽、梭蝽。

【危害作物】大豆、菜豆、桑、油菜、甜菜、梨、苹果、柑橘、梧桐、榆等。

【分布】东北地区及河北、内蒙古、山东、江苏、安徽、浙江、江西、台湾、河南、湖南、湖北、广西、广东、陕西、四川、贵州。

13. 紫蓝曼蝽

【学名】*Menida violacea* Motschulsky

【危害作物】高粱、水稻、玉米、小麦、梨、榆。

【分布】河北、辽宁、内蒙古、陕西、四川、山东、江苏、浙江、江西、福建、广东。

14. 稻绿蝽

【学名】*Nezara viridula*（Linnaeus）

【别名】稻青蝽。

【危害作物】水稻、玉米、小麦、大豆、马铃薯、棉花、苎麻、芝麻、花生、甘蔗、烟草、苹果、梨、柑橘等，寄主种类多达70多种。

【分布】我国东部吉林以南地区。

15. 褐真蝽

【学名】*Pentatoma armandi* Fallou

【危害作物】梨、桦。

【分布】东北地区及河北、浙江、陕西、四川。

16. 日本真蝽

【学名】*Pentatoma japonica* Distant

【危害作物】梨、榆。

【分布】吉林、黑龙江、甘肃。

17. 珀蝽

【学名】*Plautia fimbriata*（Fabricius）

【别名】朱绿蝽、克罗蝽。

【危害作物】水稻、大豆、菜豆、玉米、芝麻、苎麻、茶、柑橘、梨、桃、柿、李、泡桐、马尾松、枫杨、盐肤木等。

【分布】山东、江苏、浙江、江西、福建、台湾、广西、广东、陕西、云南、四川、西藏。

18. 棱蝽

【学名】*Rhynchocoris humeralis*（Thunberg）

【危害作物】柑橘、橙、苹果、梨、柠檬。

【分布】湖南、上海、江西、四川、福建、湖北、浙江、广西、湖南、贵州、云南、广东。

（五）同翅目 Homoptera

木虱科 Psyllidae

1. 中国梨木虱

【学名】*Psylla chinensis* Yang *et* Li

【别名】梨木虱。

【危害作物】梨树。

【分布】黑龙江、吉林、辽宁、山西、河北、山东、天津、北京、河南、湖北、湖南、江西、上海、江苏、浙江、安徽、广东、广西、福建、新疆、甘肃、陕西、内蒙古、四川、重庆、云南、贵州、台湾。

2. 辽梨木虱

【学名】*Psylla liaoli* Yang *et* Li

【别名】梨梢木虱。

【危害作物】梨属植物，以山梨、洋梨、白梨受害较重。

【分布】辽宁、山西。

3. 梨黄木虱

【学名】*Psylla pyrisuga* Förster

【危害作物】梨、沙果。

【分布】新疆、四川。

粉虱科 Aleyrodidae

4. 黑刺粉虱

【学名】*Aleurocanthus spiniferus*（Quaintance）

【别名】柑橘刺粉虱。

【危害作物】柑橘、茶、油茶、梨、柿、葡萄等。

【分布】浙江、福建、广西、广东、湖南、湖北、重庆、四川、江西、云南、贵州、海南、陕西、上海、台湾等地。

5. 黄刺粉虱

【学名】*Aleurocanthus spinosus*（Kuwana）

【危害作物】柑橘、梨。

【分布】浙江、福建、台湾、广东、四川。

6. 吴氏刺粉虱

【学名】*Aleurocanthus woglumi* Ashby

【危害作物】柑橘、柠檬、荔枝、芒果、石榴、柿、梨。

【分布】广东。

7. 马氏穴粉虱

【学名】*Aleurolobus marlatti*（Quaintance）

【别名】橘黑粉虱、马氏粉虱、四川粉虱。

【危害作物】柑橘、无花果、梨、桑、桃、茶、油茶、葡萄、柿、樟等。

【分布】江苏、浙江、江西、福建、台湾、广西、广东、四川。

8. 樟瘤粉虱

【学名】*Aleurotuberculatus gordoniae* Takahashi

【危害作物】梨、樟。

【分布】江西。

根瘤蚜科 Phylloxeridae

9. 梨黄粉蚜

【学名】*Aphanostigma jakusuiensis*（Kishida）

【别名】梨黄粉虫，俗名"膏药顶"。

【危害作物】梨属植物。

【分布】北京、辽宁、河北、山东、山西、安徽、江苏、河南、陕西、四川、贵州。

瘿绵蚜科 Pemphigidae

10. 苹果绵蚜

【学名】*Eriosoma lanigerum*（Hausmann）

【危害作物】苹果、海棠、山楂、梨。

【分布】辽宁、山东、安徽、云南。

11. 梨卷叶绵蚜

【学名】*Prociphilus kuwanai* Monzen

【危害作物】梨。

【分布】辽宁、山东。

蚜科 Aphididae

12. 绣线菊蚜

【学名】*Aphis citricola* van der Goot

【别名】苹果黄蚜。俗称腻虫、蜜虫。

【危害作物】梨、苹果、李、樱桃、山荆子、海棠、枇杷、桃、杏、李、沙果、山楂等。

【分布】黑龙江、吉林、辽宁、河北、河南、山东、山西、内蒙古、陕西、四川、云南、江苏、浙江、福建、湖北、北京、甘肃、新疆。

13. 苹果蚜

【学名】*Aphis pomi* de Geer

【危害作物】苹果、梨、柑橘、杏、樱桃、山楂、枇杷、海棠、木瓜。

【分布】河北、黑龙江、辽宁、山东、江苏、浙江、福建、台湾、河南、湖北、山西、甘肃、宁夏、新疆、四川、云南。

14. 李短尾蚜

【学名】*Brachycaudus helichrysi*（Kaltenbach）

【危害作物】李、梨、桃。

【分布】河北、江苏、台湾、宁夏。

15. 桃粉大尾蚜

【学名】*Hyalopterus pruni*（Geoffroy）

【危害作物】杏、桃、李、梅、樱桃、梨。

【分布】河北、陕西、辽宁、山东、江苏、安徽、浙江、江西、福建、台湾、湖北、广西、宁夏、青海、四川、云南。

16. 桃蚜

【学名】*Myzus persicae*（Sulzer）

【别名】烟蚜、桃赤蚜、菜蚜。

【危害作物】油菜、其他十字花科蔬菜、棉花、马铃薯、豆类、甜菜、烟草、胡麻、甘薯、芝麻、茄科植物及柑橘、梨等果树。

【分布】湖北、湖南、河南、江西、山东、江苏、安徽、浙江、福建、上海、北京、天津、河北、山西、内蒙古、辽宁、吉林、黑龙江、新疆、陕西、甘肃、四川、云南、贵州、重庆、广东、广西、海南。

17. 苹果瘤蚜

【学名】*Ovatus malisuctus*（Matsumura）

【别名】卷叶蚜虫。

【危害作物】除危害苹果外，还危害海棠、沙果、梨等。

【分布】河北、天津、北京、辽宁、甘肃、宁夏、云南、黑龙江、陕西、山东、河南、江苏、山西。

18. 大麻疣蚜

【学名】*Phorodon cannabis*（Passerini）

【危害作物】大麻、麻类、忽布、苹果、梨、杏、桃、李、梅。

【分布】东北地区及河北、内蒙古、山东、台湾、青海、四川。

19. 莲缢管蚜

【学名】*Rhopalosiphum nymphaeae*（Linnaeus）

【危害作物】梨、杏、桃、李、梅、樱桃、莲、睡莲。

【分布】河北、山东、江苏、浙江、福建、台湾、湖北、广东、四川。

20. 禾谷缢管蚜

【学名】*Rhopalosiphum padi*（Linnaeus）

【危害作物】小麦、玉米、高粱、水稻、洋葱、山楂、苹果、梨、樱桃等。

【分布】上海、江苏、浙江、山东、福建、四川、贵州、云南、辽宁、吉林、黑龙江、陕西、山西、河北、河南、广东、广西、新疆、内蒙古。

21. 梨中华圆尾蚜

【学名】*Sappaphis sinipiricola* Zhang

【危害作物】梨属植物。

【分布】吉林、辽宁、内蒙古、北京、河北、河南、山东、山西。

22. 梨二叉蚜

【学名】*Schizaphis piricola*（Matsumura）

【别名】梨蚜、梨腻虫、卷叶蚜。

【危害作物】梨、狗尾草、茅草。

【分布】黑龙江、吉林、辽宁、山西、河北、山东、天津、北京、河南、湖北、湖南、江西、上海、江苏、浙江、安徽、广东、广西、福建、新疆、甘肃、陕西、内蒙古、四川、重庆、云南、贵州、台湾。

23. 褐橘声蚜

【学名】*Toxoptera citricidus*（Kirkaldy）

【别名】褐色橘蚜、腻虫、橘蚰。

【危害作物】柑橘、桃、梨、柿等。

【分布】浙江、福建、广西、广东、湖南、湖北、重庆、四川、江西、云南、贵州、海南、陕西、上海、台湾等地。

24. 芒果声蚜

【学名】*Toxoptera odinae*（van der Goot）

【危害作物】梨、柑橘、芒果、乌柏、海桐。

【分布】东北地区及河北、江苏、浙江、福建、台湾、陕西。

绵蚧科 Monophlebidae

25. 桑树履绵蚧

【学名】*Drosicha contrahens* Walker

【别名】桑硕蚧。

【危害作物】蚕豆、柑橘、苹果、梨、柠檬、桑、乌桕、柳、榆、冬青、白杨等。

【分布】东北、河北、江苏、浙江、福建、台湾、湖南、广东、陕西、四川、云南。

26. 草履蚧

【学名】*Drosicha corpulenta*（Kuwana）

【别名】草履硕蚧、草鞋介壳虫、柿草履蚧。

【危害作物】梨、苹果、桃、柑橘等果树，桑、柳等林木。

【分布】河南、河北、山东、山西、陕西、江苏、江西、福建、辽宁。

27. 吹绵蚧

【学名】*Icerya purchasi* Maskell

【别名】澳洲吹绵介壳虫、白蚰、黑毛吹绵蚧。

【危害作物】柑橘，苹果、梨、桃、樱桃、柿、枇杷、茄、蔷薇、豆科、葡萄、茶、棉花、马铃薯、胡萝卜、松柏、槐等。

【分布】浙江、福建、广西、广东、湖南、湖北、重庆、四川、江西、云南、贵州、海南、陕西、上海、台湾等地。

28. 黄毛吹绵蚧

【学名】*Icerya seychellarum*（Westwood）。

【危害作物】柑橘、梨、桃、橄榄柿、甘蔗、桑、棕榈、椿、乌柏等。

【分布】河北、浙江、江西、台湾、广西、广东、云南。

粉蚧科 Pseudococcidae

29. 橘臀纹粉蚧

【学名】*Planococcus citri*（Risso）

【别名】柑橘粉蚧。

【危害作物】柑橘、梨、苹果、石榴、柿、葡萄、龙眼、烟草、桑、棉花、豆、稻、茶、松、梧桐等。

【分布】辽宁、山西、山东、江苏、上海、浙江、福建、湖北、陕西、四川等地。北方主要发生于温室。

30. 柑橘小粉蚧

【学名】*Pseudococcus citriculus* Green

【别名】紫苏粉蚧、柑橘棘粉虱。

【危害作物】柑橘、梨、苹果、葡萄、石榴、柿等。

【分布】海南、上海、福建、湖北、浙江、广西、陕西、湖南、云南等地。

31. 康氏粉蚧

【学名】*Pseudococcus comstocki*（Kuwana）

【别名】桑粉蚧、梨粉蚧、李粉蚧。

【危害作物】梨、金橘、刺槐、樟树、佛手瓜、苹果、桃、李、杏、樱桃、石榴、核桃、枣、葡萄、栗等。

【分布】黑龙江、吉林、辽宁、内蒙古、甘肃、山西、河北、山东、安徽、浙江、江苏、江西、福建、云南、四川、北京。

32. 橘棘粉蚧

【学名】*Pseudococcus cryptus* Hempel

【别名】柑橘粉蜡虫。

【危害作物】柑橘、茶、梨、葡萄、香蕉、烟草、甘薯等。

【分布】湖北、浙江、湖南、贵州、云南等地。

33. 葡萄粉蚧

【学名】*Pseudococcus maritimus*（Ehrhorn）

【危害作物】葡萄、柑橘、苹果、梨、菠萝、核桃、草莓。

【分布】江苏、广西、广东。

蚧科 Coccidae

34. 台湾蚌蜡蚧

【学名】*Cardiococcus formosanus*（Takahashi）

【危害作物】梨。

【分布】台湾。

35. 角蜡蚧

【学名】*Ceroplastes ceriferus*（Anderson）

【危害作物】柑橘、苹果、梨、桑、茶等。

【分布】上海、四川、福建、湖北、湖南、云南、广东等地。

36. 日本龟蜡蚧

【学名】*Ceroplastes japonicus* Green

【别名】日本蜡蚧、枣龟蜡蚧。

【危害作物】苹果、柿、枣、梨、桃、杏、柑橘、芒果、枇杷、茶等。

【分布】上海、四川、福建、浙江、湖北、广西、陕西、湖南、贵州、云南。

37. 红龟蜡蚧

【学名】*Ceroplastes rubens* Maskell

【别名】红蜡介壳虫、红蚰、脐状红蜡蚧、橘红蜡介壳虫、红蜡蚧。

【危害作物】柑橘、茶、柿、枇杷、苹果、梨、樱桃、石榴、杨梅等。

【分布】浙江、福建、广西、广东、湖南、湖北、重庆、四川、江西、云南、贵州、海南、陕西、上海、台湾等地。

38. 褐软蚧

【学名】*Coccus hesperidum* Linnaeus

【别名】张氏软蚧。

【危害作物】棉、茶、柑橘、苹果、梨、葡萄、枣、枇杷、柠檬、龙眼、黄杨。

【分布】山西、山东、江苏、浙江、江西、福建、台湾、湖北、湖南、广东、四川、云南。

39. 朝鲜毛球蚧

【学名】*Didesmococcus koreanus* Borchsenius

【别名】杏球（坚）蚧、桃球（坚）蚧。

【危害作物】梨、苹果、桃、李、杏、樱桃等。

【分布】黑龙江、吉林、辽宁、山西、河北、山东、天津、北京、河南、湖北、湖南、江西、上海、江苏、浙江、安徽、广东、广西、福建、新疆、甘肃、陕西、内蒙古、四川、重庆、云南、贵州、台湾。

40. 桤木球坚蚧

【学名】*Eulecanium alconi* Chen

【危害作物】梨、李。

【分布】四川。

41. 椴树球坚蚧

【学名】*Eulecanium tiliae*（Linnaeus）

【危害作物】苹果、海棠、沙果、梨。

【分布】陕西。

42. 水木坚蚧

【学名】*Parthenolecanium corni*（Bouche）

【别名】东方盔蚧、褐盔蜡蚧。

【危害作物】杏、桃、李、樱桃、苹果、梨、葡萄、洋槐、醋栗。

【分布】河北、河南、山东、山西、江苏、江西、青海。

43. 橄榄黑盔蚧

【学名】*Saissetia oleae*（Bernard）

【别名】砂皮球蚧。

【危害作物】柑橘、梨、葡萄、杏、桃、石榴、荔枝、龙眼、苹果、香蕉、咖啡、茶。

【分布】江苏、福建、台湾。

44. 圆球蜡蚧

【学名】*Sphaerolecanium prunastri* Fonscolombe

【危害作物】杏、桃、樱桃、苹果、梨、葡萄、李、梅、枣、柿。

【分布】河北、山西、河南、宁夏、青海、新疆。

45. 橘纽绵蚧

【学名】*Takahashia citricola* Kuwana

【危害作物】柑橘、梨。

【分布】浙江、湖南、广东、四川。

盾蚧科 Diaspididae

46. 红肾圆盾蚧

【学名】*Aonidiella aurantii*（Maskell）

【别名】肾圆盾蚧、红圆蚧、红圆蹄盾蚧、红奥盾蚧。

【危害作物】柑橘、芒果、香蕉、椰子、无花果、柿、核桃、橄榄、苹果、梨、桃、李、梅、山楂、葡萄、桑、茶、松等370余种作物。

【分布】主要分布于广东、广西、福建、台湾、浙江、江苏、上海、贵州、湖北、四川、云南等地，在新疆、内蒙古、辽宁、山东、陕西等北方地区的温室中也有发现。

47. 黄肾圆盾蚧

【学名】*Aonidiella citrina*（Coquillett）

【别名】黄园蚧、橙黄圆蚧。

【危害作物】柑橘、苹果、梨、无花果、椰子、葡萄、橄榄等。

【分布】浙江、江西、湖南、湖北、四川、云南、贵州、广东、福建、陕西、山西等地。

48. 桂花栉圆盾蚧

【学名】*Hemiberlesia rapax*（Comstock）

【别名】椰子枝蚧、宾栉盾蚧。

【危害作物】椰子树、胡桃、柑橘、梨、苹果、桃、茶、柠檬、柳。

【分布】福建、台湾。

49. 梅蛎盾蚧

【学名】*Mytilaspis conchiformis*（Gmelin）

【危害作物】苹果、梨、梅、樱桃。

【分布】河北、辽宁、山东、湖北、四川。

50. 日本白片盾蚧

【学名】*Lopholeucaspis japonica*（Cockerell）

【别名】长白盾蚧、梨长白蚧、日本长白蚧、日本白片盾蚧、茶虱子。

【危害作物】柑橘、茶树、苹果、梨、李、梅等。

【分布】四川、福建、浙江、湖南、贵州、云南等地。

51. 乌桕癞蛎盾蚧

【学名】*Paralepidosaphes tubulorum*（Ferris）

【危害作物】梨、葡萄、杏、李、樱桃、柿枣、栗、醋栗。

【分布】河北、江苏、江西、福建、台湾、广东、云南。

52. 中国星片盾蚧

【学名】*Parlatoreopsis chinensis*（Marlatt）

【别名】中国星片蚧。

【危害作物】苹果、梨。

【分布】河北、山西、山东。

53. 梨星片盾蚧

【学名】*Parlatoreopsis pyri*（Marlatt）

【别名】梨星蚧。

【危害作物】苹果、梨、沙果。

【分布】河北、辽宁、山东、江苏、福建。

54. 糠片盾蚧

【学名】*Parlatoria pergandei* Comstock

【别名】灰点蚧。

【危害作物】柑橘、苹果、梨、梅、樱桃、椰子、柿、无花果、茶等。

【分布】浙江、福建、广西、广东、湖南、湖北、重庆、四川、江西、云南、贵州、海南、陕西、上海、台湾等地。

55. 黄片盾蚧

【学名】*Parlatoria proteus*（Curtis）

【危害作物】柑橘、苹果、梨、桃、梅、茶、芒果、杏、香蕉。

【分布】浙江、江西、台湾、福建、湖南。

56. 茶片盾蚧

【学名】*Parlatoria theae* Cockerell

【危害作物】茶、苹果、梨、柑橘、葡萄、樱桃、柿、杨梅。

【分布】山东、江苏、浙江、江西、福建、河南、广东、云南。

57. 樟网盾蚧

【学名】*Pseudaonidia duplex*（Cockerell）

【危害作物】茶、柑橘、牡丹、梨、柿、栗、杨梅。

【分布】河北、浙江、江西、福建、台湾、湖北、湖南、四川。

58. 桑白盾蚧

【学名】*Pseudaulacaspis pentagona*（Targioni-Tozzetti）

【别名】桑白蚧、桑盾蚧、桃介壳虫。

【危害作物】桑、梨、梅、樱桃、杏、桃、核桃、枇杷、葡萄、柿、李、茶。

【分布】北京、河北、辽宁、山东、江苏、浙江、福建、广东、陕西、甘肃、宁夏、四川、云南。

59. 杨笠圆盾蚧

【学名】*Quadraspidiotus gigas*（Thiem *et* Gerneck）

【危害作物】梨、李、桃、樱桃、苹果、枫白杨、栗、棕榈、槭、桦。

【分布】东北。

60. 梨笠圆盾蚧

【学名】*Quadraspidiotus perniciosus*（Comstock）

【别名】梨圆蚧、梨丸介壳虫、梨枝圆盾蚧、轮心介壳虫。

【危害作物】梨、苹果、桃、山楂、枣、杨、柳、葡萄、樱桃、柿、杏、核桃。

【分布】黑龙江、吉林、辽宁、山西、河北、山东、天津、北京、河南、湖北、湖南、江西、上海、江苏、浙江、安徽、广东、广西、福建、新疆、甘肃、陕西、内蒙古、四川、重庆、云南、贵州、台湾。

蝉科 Cicadidae

61. 蚱蝉

【学名】*Cryptotympana atrata*（Fabricius）

【别名】黑蚱蝉。

【危害作物】梨树、苹果、桃、樱桃、葡萄、柑橘、棉花、桑、槐、杨等。

【分布】黑龙江、吉林、辽宁、山西、河北、山东、天津、北京、河南、湖北、湖南、江西、上海、江苏、浙江、安徽、广东、广西、福建、新疆、甘肃、陕西、内蒙古、四川、重庆、云南、贵州、台湾。

62. 黑胡蝉

【学名】*Graptopsaltria nigrofuscata*（Motschulsky）

【危害作物】梨树、苹果、柑橘、桃。

【分布】辽宁。

63. 昼鸣蝉

【学名】*Oncotympana maculaticollis*（Motschulsky）

【危害作物】桃、柑橘、苹果、梨树、栎。

【分布】山东、四川、甘肃。

64. 蟪蛄

【学名】*Platypleura kaempferi*（Fabricius）

【危害作物】桑、柑橘、苹果、梨树、柿、桃、核桃、茶。

【分布】河北、山东、安徽、江苏、浙江、江西、福建、台湾、河南、广东、四川、湖南。

沫蝉科 Cercopidae

65. 白带沫蝉

【学名】*Obiphora intermedia*（Uhler）

【危害作物】苹果、梨树、柑橘、葡萄、桃、李、樱桃、桑、柳、榆等。

【分布】浙江、四川。

叶蝉科 Cicadellidae

66. 葡萄斑叶蝉

【学名】*Arboridia apicalis* Nawa

【危害作物】桑、葡萄、苹果、梨树、樱桃、山楂、槭。

【分布】河北、辽宁、山东、江苏、安徽、浙江、台湾、河南、湖北、湖南、陕西。

67. 黑尾大叶蝉

【学名】*Bothrogonia ferruginea*（Fabricius）

【危害作物】桑、甘蔗、大豆、向日葵、茶、柑橘、苹果、梨树、桃等。

【分布】东北、山东、安徽、浙江、江西、福建、台湾、河南、湖南、湖北、广东。

68. 桃大叶蝉

【学名】*Bothrogonia ferruginea* apicalis（Walker）

【危害作物】桃、柑橘、苹果、梨树。

【分布】江西、台湾、浙江、新疆。

69. 大青叶蝉

【学名】*Cicadella viridis*（Linnaeus）

【别名】青叶跳蝉、青叶蝉、大绿浮尘子等。

【危害作物】棉花、豆类、花生、玉米、高粱、谷子、稻、麦、麻、甘蔗、甜菜、蔬菜、苹果、梨树、柑橘、桑、榆等。

【分布】湖北、湖南、河南、江西、山东、江

苏、安徽、浙江、福建、台湾、上海、北京、天津、河北、山西、内蒙古、辽宁、吉林、黑龙江、新疆、陕西、甘肃、四川、云南、贵州、重庆、广东、广西、海南。

70. 小绿叶蝉

【学名】*Empoasca flavescens*（Fabricius）

【别名】茶叶蝉、桃小浮尘子、桃小叶蝉、桃小绿叶蝉。

【危害作物】稻、麦、高粱、玉米、大豆、蚕豆、紫云英、马铃薯、甘蔗、向日葵、花生、棉花、蓖麻、茶、桑、苹果、柑橘、梨树等。

【分布】湖北、湖南、河南、江西、山东、江苏、安徽、浙江、福建、上海、北京、天津、河北、山西、内蒙古、辽宁、吉林、黑龙江、新疆、陕西、甘肃、四川、云南、贵州、重庆、广东、广西、海南。

71. 桃一点斑叶蝉

【学名】*Erythroneura sudra*（Distant）

【危害作物】桃、杏、李、梅、苹果、梨树、山楂、杨梅、柑橘、葡萄。

【分布】江苏、安徽、浙江、福建。

72. 窗耳叶蝉

【学名】*Ledra auditura* Walker

【危害作物】苹果、梨树、芒果、葡萄、栎及其他阔叶树。

【分布】辽宁、安徽、广东。

73. 小肖耳叶蝉

【学名】*Ledropsis discolor*（Uhier）

【危害作物】梨树、柑橘、栎、槲。

【分布】浙江。

74. 黑带小叶蝉

【学名】*Naratettix zonata*（Matsumura）

【危害作物】苹果、梨树、桃、李、樱桃。

【分布】东北地区及浙江、台湾。

75. 黑乌叶蝉

【学名】*Penthimia nitida* Lethierry

【危害作物】苹果、梨树、茶树。

【分布】台湾及东北地区。

广翅蜡蝉科 Ricaniidae

76. 琥珀广翅蜡蝉

【学名】*Ricania japonica* Melichar

【危害作物】桑、苎麻、茶、苹果、梨树、柑橘、月季花。

【分布】浙江、福建、江西、台湾、东北、华南。

77. 钩纹广翅蜡蝉

【学名】*Ricania simulans* Walker

【危害作物】桑、苎麻、茶、梨树、苹果、柑橘。

【分布】黑龙江、山东、浙江、江西、福建、台湾、湖北、湖南、四川。

78. 八点广翅蜡蝉

【学名】*Ricania speculum*（Walker）

【危害作物】桑、柑橘、苹果、桃、梨树、枣、杏、油茶、柳、蔷薇等。

【分布】江苏、安徽、浙江、江西、福建、台湾、湖北、湖南、四川。

79. 柿广翅蜡蝉

【学名】*Ricania sublimbata* Jacobi

【危害作物】柑橘、柿、梨树、石榴等。

【分布】黑龙江、山东、湖北、福建、台湾、重庆、广东、四川等地。

蛾蜡蝉科 Flatidae

80. 碧蛾蜡蝉

【学名】*Geisha distinctissima*（Walker）

【别名】碧蜡蝉、黄翅羽衣、青雨衣、青蛾蜡蝉、茶蛾蜡蝉。

【危害作物】甘蔗、花生、玉米、向日葵、茶、桑、柑橘、苹果、梨、栗、龙眼等。

【分布】吉林、辽宁、山东、江苏、上海、浙江、江西、湖南、福建、广东、广西、海南、四川、贵州、云南等地。

（六）鞘翅目 Coleoptera

鳃金龟科 Melolonthidae

1. 筛阿鳃金龟

【学名】*Apogonia cribricollis* Burmeister

【别名】黑棕金龟。

【危害作物】梨、甘蔗、梅、无花果、乌桕、油桐、蓖麻。

【分布】福建、台湾、广西、广东。

2. 毛阿鳃金龟

【学名】*Apogonia pilifera* Moser

【危害作物】梨、乌桕、油桐、梅、佛手、无花果。

【分布】广西。

3. 东北大黑鳃金龟

【学名】*Holotrichia diomphalia* Bates

【危害作物】玉米、高粱、小麦、谷子、大豆、棉花、亚麻、大麻、马铃薯、花生、甜菜、苹果、梨、核桃、草莓、桃、苗木等。

【分布】湖北、湖南、河南、江西、山东、江苏、安徽、浙江、福建、河北、山西、内蒙古、辽宁、吉林、黑龙江、新疆、陕西、甘肃、四川、云南、贵州、重庆、广东、广西、海南。

4. 华北大黑鳃金龟

【学名】*Holotrichia oblita*（Faldermann）

【危害作物】玉米、谷子、马铃薯、豆类、棉花、甜菜、苹果、梨、苗木等。

【分布】山东、江苏、北京、天津、河北、山西、内蒙古、辽宁、吉林、黑龙江、新疆、陕西、甘肃。

5. 暗黑鳃金龟

【学名】*Holotrichia parallela* Motschulsky

【危害作物】玉米、高粱、谷子、花生、棉花、大麻、亚麻、大豆、甜菜、马铃薯、蓖麻、苹果、梨、柑橘苗木等。

【分布】湖北、湖南、河南、江西、山东、江苏、安徽、浙江、福建、河北、山西、内蒙古、辽宁、吉林、黑龙江、新疆、陕西、甘肃、四川、云南、贵州、重庆、广东、广西、海南。

丽金龟科 Rutelidae

6. 斑喙丽金龟

【学名】*Adoretus tenuimaculatus* Waterhouse

【别名】茶色金龟子、葡萄丽金龟。

【危害作物】玉米、棉花、高粱、黄麻、芝麻、大豆、水稻、菜豆、芝麻、向日葵、苹果、梨等以及其他蔬菜果木。

【分布】陕西、河北、山东、安徽、江苏、上海、浙江、江西、福建、广东、广西、湖南、湖北、贵州、四川等地。

7. 多色异丽金龟

【学名】*Anomala chaemeleon* Fairmaire

【别名】绿腿金龟。

【危害作物】麦、大豆、梨、桃、葡萄、桑、橡胶草。

【分布】河北、辽宁、内蒙古、山东、四川、云南。

8. 铜绿异丽金龟

【学名】*Anomala corpulenta* Motschulsky

【别名】铜绿丽金龟

【危害作物】玉米、高粱、麦、花生、大豆、大麻、青麻、甜菜、薯类、棉花、苹果、梨、林木等。

【分布】湖北、湖南、河南、江西、山东、江苏、安徽、浙江、上海、北京、天津、河北、山西、内蒙古、辽宁、吉林、黑龙江、新疆、陕西、甘肃、四川、云南、贵州、重庆。

9. 古铜异丽金龟

【学名】*Anomala cuprea* Hope

【危害作物】苹果、梨、桃、柿、栗、柑橘、樱桃、葡萄。

【分布】河北、山东、华南。

10. 紫绿彩丽金龟

【学名】*Mimela testaceipes*（Motschulsky）

【危害作物】苹果、梨、葡萄。

【分布】辽宁、吉林。

11. 琉璃弧丽金龟

【学名】*Popillia flavosellata* Fabricius

【别名】拟日本金龟。

【危害作物】棉花、玉米、麦、洋麻、豆类、锦葵、苜蓿、茄、苹果、梨、葡萄、桑、榆、白杨。

【分布】华北、东北地区及江苏、浙江、河南、河北。

12. 四纹弧丽金龟

【学名】*Popillia quadriguttata* Fabricius

【别名】中华弧丽金龟、四纹丽金龟、四斑丽金龟。

【危害作物】苹果、梨、棉花。食性杂，可危害19科、30种以上的植物。

【分布】安徽、江苏、浙江、湖北、福建、广东、广西和贵州等省（区）。

13. 苹毛丽金龟

【学名】*Proagopertha lucidula*（Faldermann）

【别名】苹毛金龟甲。

【危害作物】苹果、梨、桃、杏、李、海棠、樱桃、葡萄等11科30多种植物。

【分布】黑龙江、吉林、辽宁、山西、河北、山东、天津、北京、河南、湖北、湖南、江西、上海、江苏、浙江、安徽。

花金龟科 Cetoniidae

14. 金花金龟

【学名】*Cetonia aurata*（Linnaeus）

【危害作物】苹果、梨、杏、桃、樱桃、葡萄。

【分布】新疆。

15. 白星滑花金龟

【学名】*Liocola brevitarsis*（Lewis）

【别名】白星花潜。

【危害作物】苹果、梨、桃、杏、李、葡萄、樱桃、柑橘等果树果实、嫩叶和芽。

【分布】河北、北京、辽宁、甘肃、黑龙江、陕西、山西、山东、河南、新疆。

16. 小青花金龟

【学名】*Oxycetonia jucunda*（Faldermann）

【危害作物】棉花、苹果、梨、柑橘、粟、葱、甜菜、锦葵、桃、杏、葡萄等。

【分布】东北地区及河北、山东、江苏、浙江、江西、福建、台湾、河南、广西、广东、陕西、四川、贵州、云南。

17. 橘星花金龟

【学名】*Potosia speculifera* Swartz

【危害作物】柑橘、苹果、梨、玉米、甘蔗、水稻。

【分布】河北、辽宁、江苏、福建、湖北、湖南、广东、四川。

绢金龟科 Sericidae

18. 阔胫玛绒金龟

【学名】*Maladera verticalis*（Fairmaire）

【危害作物】苹果、梨、葡萄、甘薯、西瓜、油菜、刺槐、泡桐、油桐、白杨。

【分布】东北地区及山西、陕西、河北、山东、江苏、江西、浙江、河南、台湾。

19. 东方绢金龟

【学名】*Serica orientalis*（Motschulsky）

【别名】天鹅绒金龟子、东方金龟子、东玛绢金龟。

【危害作物】水稻、玉米、麦类、苜蓿、棉花、苎麻、胡麻、大豆、花生、甜菜、马铃薯、芝麻、甘薯等农作物、苹果、梨、柿、葡萄、桑、杨、柳、榆及十字花科植物。

【分布】东北、华北、内蒙古、甘肃、青海、陕西、四川及华东部分地区。

吉丁甲科 Buprestidae

20. 东北吉丁

【学名】*Chrysobothris manchurica* Arakawa

【危害作物】梨。

【分布】东北。

21. 柑橘星吉丁

【学名】*Chrysobothris succedanea* Saundrs

【别名】六星吉丁。

【危害作物】苹果、梨、杏、樱桃、桃。

【分布】河北、辽宁、山东、江苏。

22. 梨纹吉丁

【学名】*Coroebus rusticanus* Lewis

【危害作物】梨。

【分布】湖北。

23. 红缘绿吉丁

【学名】*Lampra bellula* Lewis

【危害作物】梨、苹果、杏、桃。

【分布】河北、辽宁、山东、青海。

24. 梨金缘吉丁

【学名】*Lampra limbata* Gebler

【别名】梨吉丁虫、串皮虫。

【危害作物】梨、杏、苹果、山楂、沙果、桃、槟沙果等。

【分布】黑龙江、吉林、辽宁、山西、河北、山东、天津、北京、河南、湖北、湖南、江西、上海、江苏、浙江、安徽、广东、广西、福建、新疆、甘肃、陕西、内蒙古、四川、重庆、云南、贵州、台湾。

叩甲科 Elateridae

25. 沟叩头甲

【学名】*Pleonomus canaliculatus*（Faldermann）

【别名】铁丝虫、姜虫、金齿耙。

【危害作物】小麦、水稻、大麦、玉米、高粱、大豆、菜豆、花生、油菜、大麻、苘麻、洋麻、马铃薯、甜菜、棉花、向日葵、瓜类，苹果、梨，以及各种蔬菜和林木。

【分布】辽宁、河北、内蒙古、山西、河南、山东、江苏、安徽、湖北、陕西、甘肃、青海等地。

拟步甲科 Tenebrionidae

26. 蒙古沙潜

【学名】*Gonocephalum reticulatum* Motschulsky

【危害作物】高粱、玉米、大豆、小豆、洋麻、亚麻、棉、胡麻、甜菜、甜瓜、花生、梨、苹果、橡胶草。

【分布】河北、山西、内蒙古、辽宁、黑龙江、山东、江苏、宁夏、甘肃、青海。

27. 沙潜

【学名】*Opatrum subaratum* Faldermann

【别名】拟步甲、类沙土甲。

【危害作物】小麦、大麦、高粱、玉米、粟、苜蓿、大豆、花生、甜菜、瓜类、麻类、苹果、梨。

【分布】东北、华北地区及内蒙古、山东、安徽、江西、台湾、甘肃、宁夏、青海、新疆。

天牛科 Cerambycidae

28. 皱胸闪光天牛

【学名】*Aeolesthes holosericea* (Fabricius)

【危害作物】梨、李、芒果、番石榴、木棉、桤木、桑、松。

【分布】广东、四川、云南。

29. 星天牛

【学名】*Anoplophora chinensis* (Förster)

【危害作物】柑橘、苹果、梨、杏、桃、樱桃、桑、茶、柳、杨、榆、核桃、洋槐等。

【分布】东北地区及河北、河南、山西、山东、江苏、浙江、江西、安徽、福建、台湾、湖南、湖北、陕西、四川、甘肃、广西、广东、云南、贵州。

30. 光肩星天牛

【学名】*Anoplophora glabripennis* (Motschulsky)

【危害作物】柑橘、苹果、梨、樱桃、柳、杨。

【分布】东北地区及内蒙古、山西、山东、江苏、安徽、浙江、江西、河南、湖北、广西、四川。

31. 白斑星天牛

【学名】*Anoplophora malasiaca* (Thomson)

【别名】花角虫、牛角虫、水牛娘、水牛仔、钻木虫。

【危害作物】柑橘、苹果、无花果、梨、桑树、木豆、荔枝等。

【分布】除东北地区及内蒙古和新疆外，我国各地均有分布。

32. 桑天牛

【学名】*Apriona germari* (Hope)

【危害作物】苹果、梨、杏、桃、樱桃、桑、柑橘、柳、杨、榆、橡胶等。

【分布】辽宁、河北、河南、山西、山东、江苏、安徽、浙江、江西、福建、台湾、湖北、湖南、广西、广东、陕西、四川。

33. 红缘亚天牛

【学名】*Asias halodendri* (Pallas)

【危害作物】苹果、梨、枣、葡萄、榆、刺槐。

【分布】河北、山西、内蒙古、辽宁、江苏、浙江、江西、河南、甘肃、宁夏、黑龙江、吉林。

34. 梨眼天牛

【学名】*Bacchisa fortunei* (Thomson)

【危害作物】苹果、梨、杏、桃、李、山楂、海棠。

【分布】河北、山西、辽宁、黑龙江、吉林、山东、江苏、安徽、浙江、江西、福建、台湾、湖南、陕西、贵州、四川。

35. 云斑天牛

【学名】*Batocera lineolata* Chevrolat

【危害作物】栗、核桃、枇杷、无花果、苹果、梨、杨柳、泡桐、山毛榉。

【分布】河北、山东、江苏、安徽、浙江、江西、福建、台湾、湖北、湖南、广西、广东、云南、四川、贵州。

36. 苹眼天牛

【学名】*Bacchisa dioica* (Fairmaire)

【危害作物】苹果、梨、花红。

【分布】四川。

37. 黑角瘤筒天牛

【学名】*Linda atricornis* Pic

【危害作物】苹果、梨、桃、李、梅、核桃。

【分布】河北、江苏、浙江、福建、广东、四川。

38. 瘤筒天牛

【学名】*Linda femorata* (Chevrolat)

【危害作物】苹果、梨。

【分布】四川。

39. 顶斑瘤筒天牛

【学名】*Linda fraterna* (Chevrolat)

【危害作物】苹果、梨、桃、杏、梅、海棠。

【分布】辽宁、山东、江苏、浙江、福建、台湾、河南、广西、广东、四川、云南。

40. 密齿天牛

【学名】*Macrotoma fisheri* Waterhouse

【危害作物】苹果、梨、柿、杏、桃、栗。

【分布】四川、云南、西藏。

41. 栗山天牛

【学名】*Massicus reddei*（Blessig）

【危害作物】栗、苹果、梨、梅、桑、栎。

【分布】东北、河北、山东、江苏、浙江、江西、福建、台湾、四川。

42. 桃褐天牛

【学名】*Nadezhdiella aureus* Gressitt

【危害作物】桃、梨。

【分布】浙江、广西、四川。

43. 日本筒天牛

【学名】*Oberea japonica*（Thunberg）

【危害作物】苹果、梨、杏、桃、李、樱桃、梅、山楂。

【分布】北京、河北、山西、台湾、辽宁、湖北、云南。

44. 黑腹筒天牛

【学名】*Oberea nigriventris* Bates

【危害作物】梨。

【分布】东北、河北、内蒙古、山东、江苏、浙江、台湾、广东、四川。

45. 二点紫天牛

【学名】*Purpuricenus spectabilis* Motschulsky

【危害作物】梨。

【分布】江苏、浙江、台湾、四川。

46. 刺角天牛

【学名】*Trirachys orientalis* Hope

【危害作物】柑橘、梨、柳。

【分布】河北、山东、江苏、浙江、福建、台湾、河南、广东、四川。

47. 桑脊虎天牛

【学名】*Xylotrechus chinensis*（Chevrolat）

【危害作物】苹果、梨、柑橘、葡萄、桑。

【分布】河北、辽宁、山东、江苏、安徽、浙江、台湾、湖北、广东、四川。

负泥虫科 Crioceridae

48. 稻负泥虫

【学名】*Oulema oryzae*（Kuwayama）

【别名】背屎虫。

【危害作物】水稻、粟、黍、小麦、大麦、玉米、柑橘、梨、苹果、茭白。

【分布】黑龙江、辽宁、吉林、陕西、浙江、湖北、湖南、福建、台湾、广东、广西、四川、贵州、云南。山区或丘陵区稻田发生较多。

肖叶甲科 Eumolpidae

49. 褐足角胸肖叶甲

【学名】*Basilepta fulvipes*（Motschulsky）

【危害作物】苹果、梨、葡萄。

【分布】湖北、山东、江苏、浙江、江西。

50. 李肖叶甲

【学名】*Cleoporus variabilis*（Baly）

【危害作物】梨、杏、李、苹果、栗、梅。

【分布】辽宁、江苏、江西、四川、贵州。

叶甲科 Chrysomelidae

51. 黄足黄守瓜

【学名】*Aulacophora indica*（Gmelin），异名：*Aulacophora femoralis chinensis* Weise

【别名】黄守瓜（黄足亚种）。

【危害作物】瓜类、桃、梨、柑橘、苹果、白菜。

【分布】河北、陕西、山东、江苏、浙江、湖北、江西、湖南、福建、台湾、广东、广西、西藏、四川、贵州、云南。

52. 桑黄米萤叶甲

【学名】*Mimastra cyanura*（Hope）

【别名】桑叶甲。

【危害作物】桑、大麻、苎麻、柑橘、苹果、梨、桃、梧桐等。

【分布】江苏、浙江、福建、江西、湖南、广东、四川、贵州、云南。

53. 山楂斑叶甲

【学名】*Paropsides soriculata*（Swartz）

【危害作物】梨、杜梨、山楂。

【分布】辽宁、山西、内蒙古、湖北、江西、浙江、湖南、福建、广西、四川、贵州、云南。

铁甲科 Hispidae

54. 束腰扁趾铁甲

【学名】*Dactylispa excisa*（Kraatz）

【危害作物】玉米、大豆、梨、苹果、柑橘、柞树。

【分布】四川、广东、广西、云南、江西、福建、湖北、浙江、安徽、山东、陕西、黑龙江。

55. 苹果台龟甲

【学名】*Taiwania versicolor*（Boheman）

【危害作物】苹果、柑橘、樱桃、桃、梨。

【分布】华北地区及四川、贵州。

象甲科 Curculionidae

56. 苹花象甲

【学名】*Anthonomus pomorum*（Linnaeus）

【别名】梨花象鼻虫、梨花潜象虫、俗称花炮子。

【危害作物】梨、苹果、桃、山荆子、柠檬等。

【分布】辽宁、河北、河南、山东、陕西。

57. 苹绿卷象

【学名】*Byctiscus betulae*（Linnaeus）

【危害作物】梨、苹果、白杨、山楂。

【分布】辽宁、吉林、黑龙江、河北、甘肃、河南、江西。

58. 梨卷叶象

【学名】*Byctiscus princeps*（Solsky）

【危害作物】苹果、梨、小叶杨。

【分布】东北地区及河北、河南、四川。

59. 大绿象甲

【学名】*Hypomeces squamosus*（Fabricius）

【别名】大绿象鼻虫、绿绒象虫、棉叶象鼻虫、绿鳞象甲。

【危害作物】茶、油茶、柑橘、苹果、梨、棉花、水稻、甘蔗、桑树、大豆、花生、玉米、烟、麻等。

【分布】浙江、广西、湖南、云南等地。

60. 茶丽纹象

【学名】*Myllocerinus aurolineatus* Voss

【别名】茶叶象岬、黑绿象虫、长角青象虫、茶小黑象鼻虫。

【危害作物】茶树、油茶、柑橘、苹果、梨、桃、板栗等。

【分布】江西、福建、浙江、湖南、云南等地。

61. 兔形直角象

【学名】*Rhamphus pulicarius* Herbst

【别名】折梢小象甲。

【危害作物】苹果、梨。

【分布】辽宁。

62. 梨虎象

【学名】*Rhynchites foveipennis* Fairmaire

【别名】朝鲜梨象虫、梨果象鼻虫、犁实象甲、梨虎、梨果象甲。

【危害作物】梨、苹果、桃、李、山楂等。

【分布】黑龙江、吉林、辽宁、河北、山西、陕西、山东、浙江、福建、四川、云南、甘肃、广东、江西、湖北、河南。

63. 大灰象甲

【学名】*Sympiezomias velatus*（Chevrolat）

【别名】象鼻虫、土拉驴。

【危害作物】棉花、麻、烟草、玉米、高粱、粟、黍、花生、马铃薯、辣椒、甜菜、瓜类、豆类、苹果、梨、柑橘、核桃、板栗等。

【分布】全国各地均有分布。

64. 蒙古土象

【学名】*Xylinophorus mongolicus* Faust

【别名】象鼻虫、灰老道、放牛小。

【危害作物】棉、麻、谷子、玉米、花生、大豆、向日葵、高粱、烟草、苹果、梨、核桃、桑、槐以及各种蔬菜。

【分布】黑龙江、吉林、辽宁、河北、山西、山东、江苏、内蒙古、甘肃等地。

（七）鳞翅目 Lepidoptera

蓑蛾科 Psychidae

1. 白囊蓑蛾

【学名】*Chalioides kondonis* Matsumura

【别名】橘白蓑蛾。

【危害作物】柑橘、枣、枇杷、梨、柿、胡桃、茶、油茶、扁柏、冬青、枫杨。

【分布】江苏、安徽、浙江、江西、福建、台湾、湖北、湖南、广东、四川、贵州、云南。

2. 小窠蓑蛾

【学名】*Clania minuscula* Butler

【危害作物】柑橘、苹果、梨、桃、油桐、枣、栗、枇杷、茶、桑、枫、白杨、油桐。

【分布】江苏、安徽、浙江、江西、福建、台湾、湖南、湖北、广东、陕西、四川。

3. 大蓑蛾

【学名】*Cryptothelea variegata* Snellen

【危害作物】苹果、梨、柑橘、葡萄、枇杷、龙眼、茶、油茶、樟、桑、槐、棉、蔷薇。

【分布】山东、江苏、安徽、浙江、江西、福建、台湾、河南、湖南、湖北、广东、四川、云南。

4. 柿杆蓑蛾

【学名】*Canephora unicolor*（Hübner）

【危害作物】柿、苹果、梨、柑橘、桃、李、樱桃、茶。

【分布】河北、辽宁、福建、湖北、四川。

细蛾科 Gracilariidae

5. 梨潜皮细蛾

【学名】*Acrocercops astaurala* Meyrick

【别名】串皮虫、梨皮潜蛾、潜皮蛾。

【危害作物】苹果、梨、李、沙果、温桲、海棠、山荆子。

【分布】河北、辽宁、山东、江苏、安徽、河南、陕西。

6. 桃细蛾

【学名】*Lithocolletis malivorella* Matsumura

【危害作物】梨、桃、樱桃、苹果。

【分布】河北、辽宁、山东、江苏、河南、陕西。

7. 金纹细蛾

【学名】*Lithocolletis ringoniella* Matsumura

【别名】苹果细蛾。

【危害作物】寄主有苹果、海棠、梨、李等果树。

【分布】山东、甘肃、河南、宁夏、河北、陕西、黑龙江、辽宁、云南、山西。

潜蛾科 Lyonetiidae

8. 旋纹潜蛾

【学名】*Leucoptera scitella* Zeller

【别名】苹果潜叶蛾。

【危害作物】主要危害苹果、沙果、梨、海棠等。

【分布】河北、北京、辽宁、甘肃、山西、陕西、山东、河南。

9. 桃潜蛾

【学名】*Lyonetia clerkella* Linnaeus

【危害作物】桃、苹果、梨、杏、樱桃、李。

【分布】河北、辽宁、山西、山东、江苏、浙江、湖北、陕西、青海、四川、云南。

麦蛾科 Gelechiidae

10. 星黑麦蛾

【学名】*Telphusa chloroderces* Meyrick

【别名】苹果卷叶麦蛾、黑星卷叶芽蛾。

【危害作物】桃、苹果、梨、李、杏、樱桃等。

【分布】黑龙江、吉林、辽宁、山西、河北、山东、天津、北京、河南、陕西、江苏、四川。

鞘蛾科 Coleophoridae

11. 苹黑鞘蛾

【学名】*Coleophora nigricella* Stephens

【危害作物】苹果、梨、桃、樱桃、山楂。

【分布】河北、辽宁、山东、江苏、陕西。

蛀果蛾科 Carposinidae

12. 桃小食心虫

【学名】*Carposina sasakii* Matsumura

【别名】桃蛀果蛾。

【危害作物】苹果、桃、梨、花红、杏、梅、海棠、山楂、枣和酸枣等。

【分布】黑龙江、吉林、辽宁、河北、河南、陕西、山西、山东、安徽、江苏、浙江、湖北、湖南、宁夏。

巢蛾科 Yponomeutidae

13. 淡褐巢蛾

【学名】*Swammerdamia pyrella* de Villers

【危害作物】苹果、梨、李、海棠、温桲。

【分布】河北、辽宁、山东、江苏、河南、陕西。

14. 苹果巢蛾

【学名】*Yponomeuta padella* Linnaeus

【危害作物】苹果、梨、杏、山楂、樱桃、李、海棠、沙果。

【分布】东北、河北、山西、山东、江苏、陕西、宁夏、甘肃、新疆、四川。

15. 多斑巢蛾

【学名】*Yponomeula polystictus* Butler

【危害作物】苹果、梨、李、山楂、温桲。

【分布】河北、陕西、内蒙古、黑龙江、山东、安徽、湖南、湖北、甘肃、宁夏、青海。

木蛾科 Xyloryctidae

16. 桑木蛾

【学名】*Athrypsiastis salva* Meyrick

【别名】桑堆沙蛀。

【危害作物】柑橘、苹果、梨、桑。

【分布】江苏、浙江、四川。

17. 黑斑木蛾

【学名】*Odites ricinella* Stainton

【危害作物】苹果、梨、葡萄、桃。

【分布】河北、辽宁。

透翅蛾科 Sesiidae

18. 苹果小透翅蛾

【学名】*Conopia hector* Butler

【别名】苹果小透羽、苹果旋皮虫，俗称串皮干。

【危害作物】苹果、梨、桃、李、杏、樱桃和梅等果树。

【分布】黑龙江、吉林、辽宁、山西、河北、山东、天津、北京、河南、湖北、湖南、江西、上海、江苏、浙江、安徽、广东、广西、福建、新疆、甘肃、陕西、内蒙古、四川、重庆、云南、贵州、台湾。

19. 海棠透翅蛾

【学名】*Synanthedon haitangvora* Yang

【危害作物】苹果、梨、桃、杏、樱桃、梅、李、海棠。

【分布】东北地区及河北、山西、山东、江苏。

华蛾科 Sinitineidae

20. 梨瘿华蛾

【学名】*Sinitinea pyrigolla* Yang

【别名】梨瘤蛾、梨枝瘿蛾，俗称糖葫芦、梨疙瘩、梨狗子。

【危害作物】梨。

【分布】黑龙江、吉林、辽宁、山西、河北、山东、天津、北京、河南、湖北、湖南、江西、上海、江苏、浙江、安徽、广东、广西、福建、新疆、甘肃、陕西、内蒙古、四川、重庆、云南、贵州、台湾。

拟蠹蛾科 Metarbelidae

21. 荔枝拟蠹蛾

【学名】*Lepidarbela dea* (Swinhoe)

【危害作物】荔枝、龙眼、梨、石榴、柑橘、无患子、木麻黄、柳、茶。

【分布】江西、福建、台湾、湖北、广西、广东、云南。

木蠹蛾科 Cossidae

22. 芳香木蠹蛾东方亚种

【学名】*Cossus cossus orientalis* Gaede

【危害作物】苹果、梨、桃、杏、李、核桃、榛、杨等。

【分布】黑龙江、吉林、辽宁、山西、河北、山东、天津、北京、河南、陕西、青海、湖北。

23. 榆线角木蠹蛾

【学名】*Holcocerus vicarius* (Walker)

【别名】东方蠹蛾、柳乌蠹蛾。

【危害作物】柳、苹果、梨、杏、樱桃、核桃、栗、山楂。

【分布】河北、陕西、黑龙江、辽宁、山东、江苏、台湾、湖北、四川、云南。

24. 咖啡豹蠹蛾

【学名】*Zeuzera coffeae* Nietner

【别名】棉茎木蠹蛾、小豹纹木蠹蛾、豹纹木蠹蛾、茶枝木蠹蛾。

【危害作物】苹果、梨、咖啡、荔枝、龙眼、番石榴、茶树、桑、蓖麻、黄麻、棉花等。

【分布】安徽、江苏、浙江、福建、台湾、江西、河南、湖北、湖南、广东、四川、贵州、云南、海南。

25. 六星黑点豹蠹蛾

【学名】*Zeuzera leuconotum* Butler

【危害作物】苹果、梨、樱桃、柿、枇杷、石榴、茶、栎、枫、榆、桦。

【分布】江西、台湾。

26. 梨豹蠹蛾

【学名】*Zeuzera pyrina* (Linnaeus)

【危害作物】梨、苹果、桃、樱桃、柿、杏、茶、桦、榆、白杨。

【分布】福建、广东、广西、云南、四川、湖南、江西、浙江、陕西。

卷蛾科 Tortricidae

27. 黄斑长翅卷蛾

【学名】*Acleris fimbriana*（Thunberg）

【别名】黄斑卷叶蛾、桃黄斑卷叶蛾。

【危害作物】梨、苹果、桃、李、杏等。

【分布】吉林、辽宁、内蒙古、河北、河南、山西。

28. 棉褐带卷蛾

【学名】*Adoxophyes orana*（Fischer von Röslerstamm）

【别名】棉褐带卷叶蛾、茶小卷蛾、苹小卷叶蛾、苹果卷叶蛾、溜皮虫。

【危害作物】棉、茶、苹果、梨、杏、桃、樱桃、柑橘、荔枝、龙眼、咖啡、杨、桦。

【分布】河北、辽宁、吉林、甘肃、青海、云南、黑龙江、陕西、山东、河南、山西、新疆。

29. 苹镰翅小卷蛾

【学名】*Ancylis selenana*（Guenée）

【危害作物】苹果、梨、山楂和核果类果树。

【分布】东北。

30. 后黄卷蛾

【学名】*Archips asiaticus*（Walsingham）

【危害作物】柑橘、苹果、梨、梅、柿、樱桃、荔枝、茶、桑。

【分布】浙江、江西、福建、台湾、湖南、广东、四川。

31. 梨黄卷蛾

【学名】*Archips breviplicana*（Walsingham）

【危害作物】梨、苹果。

【分布】黑龙江及华北地区。

32. 山楂黄卷蛾

【学名】*Archips crataegana*（Hübner）

【危害作物】梨、山楂、樱桃、柑橘、栎、杨、榆、柳、桦、椴、楸。

【分布】华北、华东、黑龙江。

33. 苹黄卷蛾

【学名】*Archips ingentana*（Christoph）

【危害作物】苹果、梨、柑橘、樱桃、款冬、茶。

【分布】黑龙江、辽宁、浙江、福建、台湾、广东。

34. 梣黄卷蛾

【学名】*Archips xylosteana*（Linnaeus）

【危害作物】苹果、梨、樱桃、柑橘、梣、栎、槭、杨、柳、忍冬。

【分布】河北、黑龙江、辽宁、江苏。

35. 黄色卷蛾

【学名】*Choristoneura longicellana*（Walsingham）

【别名】苹果大卷叶蛾。

【危害作物】苹果、梨、山楂、樱桃、栎、槐。

【分布】河北、东北、甘肃、云南、山西、陕西、山东、河南、江苏、安徽、湖北。

36. 苹果蠹蛾

【学名】*Cydia pomonella* L.

【别名】苹果小卷蛾。

【危害作物】主要有苹果、梨、花红、海棠、香梨、杏、桃等。

【分布】新疆。

37. 苹小食心虫

【学名】*Grapholitha inopinata* Heinrich

【危害作物】苹果、梨、桃、山楂、沙果、海棠。

【分布】东北、河北、山西、山东、江苏、河南、陕西、甘肃、青海、四川。

38. 梨小食心虫

【学名】*Grapholitha molesta*（Busck）

【别名】东方果蛀蛾、梨小蛀果蛾。

【危害作物】苹果、梨、桃、杏、李、梅、樱桃、柿、枇杷、山楂。

【分布】东北地区及山东、山西、江苏、安徽、浙江、江西、福建、台湾、四川、云南、陕西、甘肃、宁夏、青海。

39. 褐带长卷蛾

【学名】*Homona coffearia* Nietner

【别名】茶卷叶蛾、后黄卷叶蛾、茶淡黄卷叶蛾、柑橘长卷蛾。

【危害作物】柑橘、茶、荔枝、龙眼、杨桃、梨、苹果、桃、李、石榴、梅、樱桃、核桃、枇杷、柿、栗等。

【分布】海南、上海、四川、福建、湖北、浙江、广西、湖南、贵州、云南、广东等地。

40. 苹褐卷蛾

【学名】*Pandemis heparana*（Schiffermüller）

【别名】苹褐卷叶蛾。

【危害作物】苹果、梨、桃、李、杏、樱桃、杨柳、榆、大豆。

【分布】河北、辽宁、山东、江苏、安徽、浙江、甘肃、黑龙江、陕西、河南、山西。

41. 醋栗褐卷蛾

【学名】*Pandemis ribeana*（Hübner）

【危害作物】醋栗、苹果、梨、桃、樱桃、杏、柑橘、榆、桦、栎、枫、桑。

【分布】山西、黑龙江、江苏、浙江、台湾。

42. 桃白小卷蛾

【学名】*Spilonota albicana*（Motschulsky）

【危害作物】苹果、梨、桃、杏、李、樱桃、山楂。

【分布】河北、山西、吉林、辽宁、山东、江苏、浙江、江西、河南、四川。

43. 芽白小卷蛾

【学名】*Spilonota lechriaspis* Meyrick

【别名】顶芽卷叶蛾、顶梢卷叶蛾、芽白卷叶蛾。

【危害作物】苹果、梨、桃、枇杷、海棠等。

【分布】东北、华北、华东、西北。

44. 苹白小卷蛾

【学名】*Spilonota ocellana*（Denis *et* Schiffermüller）

【危害作物】苹果、梨、桃、杏、山楂、樱桃、海棠、阔叶树。

【分布】河北、吉林、辽宁、山东、江苏、浙江、江西、福建、河南、湖北、广西、四川。

45. 梨白小卷蛾

【学名】*Spilonota pyrusicola* Liu *et* Liu

【危害作物】梨、山楂等。

【分布】辽宁、河北、北京、河南、山东、山西、江苏、安徽等。

斑蛾科 Zygaenidae

46. 梨星毛虫

【学名】*Illiberis pruni* Dyar

【别名】梨狗子、饺子虫、梨叶斑蛾。

【危害作物】梨、苹果、杏、桃、李、梅、枇杷、栗、山楂。

【分布】河北、东北、陕西、山东、江苏、安徽、浙江、江西、河南、湖南、陕西、甘肃、宁夏、青海、四川、云南。

刺蛾科 Limacodidae

47. 黄刺蛾

【学名】*Cnidocampa flavescens*（Walker）

【别名】洋辣子、八角。

【危害作物】梨、苹果、柑橘、山楂、石榴、杨、榆、梧桐、枣、柿、核桃等。

【分布】黑龙江、吉林、辽宁、山西、河北、山东、天津、北京、河南、湖北、湖南、江西、上海、江苏、浙江、安徽、广东、广西、福建、甘肃、陕西、内蒙古、四川、重庆、云南、台湾。

48. 枣刺蛾

【学名】*Iragoides conjuncta*（Walker）

【危害作物】苹果、梨、杏、桃、樱桃、枣、柿、核桃、海棠、茶。

【分布】河北、辽宁、山东、江苏、安徽、浙江、江西、福建、台湾、湖北、广西、广东、四川、云南。

49. 翘须刺蛾

【学名】*Microleon longipalpis* Butler

【别名】杨梅刺蛾、小刺蛾。

【危害作物】梨、杏、柿、杨梅、茶、石榴。

【分布】河北、江西、台湾、湖南、广东。

50. 迹银纹刺蛾

【学名】*Miresa inornata* Walker

【危害作物】大豆、梨、苹果、槭、柿、茶。

【分布】河北、辽宁、福建、台湾、广西、四川。

51. 白眉刺蛾

【学名】*Narosa edoensis* Kawada

【危害作物】樱桃、李、梨、茶、枣、核桃、杏。

【分布】北京、河北、山东、福建。

52. 梨娜刺蛾

【学名】*Narosoideus flavidorsalis*（Staudinger）

【别名】梨刺蛾。

【危害作物】梨、苹果、桃、李、杏、樱桃等。

【分布】黑龙江、吉林、辽宁、山西、河北、山东、天津、北京、河南、湖北、湖南、江西、上海、江苏、浙江、安徽、广东、广西、福建、新疆、甘肃、陕西、内蒙古、四川、重庆、云南、贵州、台湾。

53. 黄缘绿刺蛾

【学名】*Parasa consocia*（Walker），异名：*Latoia consocia* Walker

【别名】绿刺蛾、青刺蛾、褐边绿刺蛾、四点刺蛾、曲纹绿刺蛾、洋辣子。

【危害作物】梨、苹果、山楂、李、核桃、石榴、杨、榆、梧桐、玉米、高粱。

【分布】辽宁、内蒙古、陕西、山西、北京、河北、河南、山东、安徽、江苏、浙江、江西、湖北、四川、云南。

54. 双齿绿刺蛾

【学名】*Parasa hilarata*（Staudinger）

【别名】棕边青刺蛾。

【危害作物】苹果、梨、杏、桃、樱桃、枣、柿、核桃、海棠、榆、枫、茶。

【分布】河北、黑龙江、辽宁、山东、浙江、台湾、河南、四川。

55. 中华绿刺蛾

【学名】*Parasa sinica*（Moore）

【危害作物】苹果、梨、柑橘、杏、桃、樱桃、栗、乌桕、油桐、柿、枫杨、白杨、榆、柳、蓖麻、丝瓜、辣椒、茶、稻。

【分布】东北地区及河北、山东、江苏、浙江、江西、福建、台湾、湖北、四川、贵州、云南。

56. 扁刺蛾

【学名】*Thosea sinensis*（Walker）

【别名】黑点刺蛾、洋辣子。

【危害作物】梨、苹果、山楂、李、核桃、石榴；杨、榆、乌桕、梧桐、桑、茶、油茶。

【分布】黑龙江、吉林、辽宁、山西、河北、山东、江苏、安徽、浙江、江西、福建、台湾、河南、四川、云南、贵州、陕西。

螟蛾科 Pyralidae

57. 果叶峰斑螟

【学名】*Acrobasis tokiella*（Ragonot）

【危害作物】苹果、梨、桃、梅、樱桃。

【分布】辽宁、江西、河南、湖北。

58. 桃蛀螟

【学名】*Conogethes punctiferalis*（Guenée）

【别名】桃蛀野螟、桃斑螟，俗称蛀心虫、食心虫。

【危害作物】梨、桃、向日葵、李、柿、葡萄、枇杷、龙眼、芒果、苹果、石榴、无花果、高粱、玉米等。

【分布】辽宁、山西、河北、山东、天津、北京、河南、湖北、湖南、江西、上海、江苏、浙江、安徽、广东、广西、福建、新疆、甘肃、陕西、内蒙古、四川、重庆、云南、贵州、台湾。

59. 皮暗斑螟

【学名】*Euzophera batangensis* Caradja

【别名】甲口虫、巴塘暗斑螟。

【危害作物】枣树、木麻黄、枇杷、苹果、梨等多种林果树木。

【分布】北京、河北、山东、江苏、浙江、安徽、福建、广东、陕西、四川、云南、西藏。

60. 香梨暗斑螟

【学名】*Euzophera pyriella* Yang

【危害作物】梨、苹果、枣、无花果、杏、巴旦杏、桃和杨树等果木。

【分布】新疆。

61. 梨大食心虫

【学名】*Nephopteryx pirivorella*（Matsumura）

【别名】梨大、梨斑螟、梨云翅斑螟，俗名吊死鬼。

【危害作物】梨、苹果、沙果、桃、杏。

【分布】东北地区及河北、山西、山东、江苏、安徽、浙江、江西、福建、河南、广西、陕西、宁夏、青海、四川、云南。

尺蛾科 Geometridae

62. 樱桃尺蠖

【学名】*Anisopteryx membranaria* Christ

【危害作物】苹果、梨、桃、樱桃、李、梅。

【分布】东北。

63. 春尺蠖

【学名】*Apocheima cinerarius* Ershoff

【别名】杨尺蠖、沙枣尺蠖。

【危害作物】沙枣、杨、柳、榆、槐、苹果、梨、杨柳、胡杨、榆等多种林果。

【分布】内蒙古、宁夏、甘肃、陕西、河北、新疆。

64. 梨尺蠖

【学名】*Apocheima cinerarius pyri* Yang

【别名】梨步曲、沙枣尺蠖亚种、弓腰虫。

【危害作物】梨、杜梨、苹果、山楂、海棠、杏等果树。

【分布】黑龙江、吉林、河北、河南、山东、山西。

65. 梨花尺蠖

【学名】*Chloroclystis rectangulata*（Linnaeus）

【危害作物】苹果、梨。

【分布】东北、华南地区及山东。

66. 木橑尺蠖

【学名】*Culcula panterinaria*（Bremer *et* Grey）

【危害作物】花椒、苹果、梨、泡桐、桑、榆、大豆、棉花、苘麻、向日葵、甘蓝、萝卜等。

【分布】河北、河南、山东、山西、内蒙古、陕西、四川、广西、云南。

67. 小蜻蜓尺蠖

【学名】*Cystidia couaggaria*（Guenée）

【危害作物】苹果、梨、樱桃、杏、桃、茶。

【分布】东北、华北地区及浙江、福建、台湾、湖北、湖南。

68. 蜻蜓尺蠖

【学名】*Cystidia stratonice*（Stoll）

【危害作物】苹果、梨、李、樱桃、杏、梅、杨柳、桦。

【分布】东北、华北、华中地区及台湾。

69. 刺槐眉尺蠖

【学名】*Meichihuo cihuai* Yang

【危害作物】刺槐、苹果、梨、玉米、小麦、高粱、豌豆、油菜、杏、桃、栗、枣、核桃、银杏、榆、杨。

【分布】陕西。

70. 四星尺蛾

【学名】*Ophthalmodes irrorataria*（Bremer *et* Grey）

【别名】苹果四星尺蠖、蓖麻四星尺蛾。

【危害作物】蓖麻、苹果、梨、枣、柑橘、海棠、鼠李等多种植物。

【分布】河北、北京、辽宁、甘肃、青海、山东、河南、陕西。

71. 柿星尺蠖

【学名】*Percnia giraffata*（Guenée）

【危害作物】苹果、梨、海棠、柿、核桃、木橑。

【分布】河北、山西、安徽、台湾、河南、湖北、陕西、四川。

72. 苹烟尺蛾

【学名】*Phthonosema tendiosaria*（Bremer）

【危害作物】苹果、梨、栗、桑、青冈。

【分布】黑龙江、陕西、四川。

73. 四月尺蛾

【学名】*Selenia tetralunaria* Hufnagel

【危害作物】苹果、梨、李、樱桃、柳、栎、楞、桦、山楂、樱桃。

【分布】东北地区及台湾。

74. 桑褶翅尺蛾

【学名】*Zamacra excavata* Dyar

【别名】桑刺尺蛾、桑褶翅尺蠖、核桃尺蠖。

【危害作物】苹果、梨、核桃、山楂、桑、榆、毛白杨、刺槐、雪柳、太平花等。

【分布】辽宁、内蒙古、北京、河北、河南、山西、陕西和宁夏。

枯叶蛾科 Lasiocampidae

75. 杨枯叶蛾

【学名】*Gastropacha populifolia* Esper

【危害作物】苹果、梨、李、杏、杨柳、栎。

【分布】东北、华北、华东地区及青海和部分西北省（区）。

76. 褐纹黄枯叶蛾

【学名】*Gastropacha quercifelia cerridifolia* Faldermann

【危害作物】梨、苹果、梅、杏、樱桃、栗。

【分布】华北地区及辽宁、山东、江西。

77. 樱桃枯叶蛾

【学名】*Gastropacha tremulifolia* Hübner

【危害作物】梨、樱桃、苹果。

【分布】东北。

78. 黄褐天幕毛虫

【学名】*Malacosoma neustria testacea* Motschulsky

【别名】天幕枯叶蛾、天幕毛虫、顶针虫。

【危害作物】主要有苹果、梨、杏、榛、柳、杨等。

【分布】东北地区及河北、内蒙古、陕西、山东、江苏、安徽、江西、福建、湖北、湖南、宁夏、青海、新疆、云南。

79. 苹果枯叶蛾

【学名】*Odonestis pruni* Linnaeus

【危害作物】苹果、梨、李、樱桃、梅、海棠、栎。

【分布】东北地区及河北、山东、江苏、浙江、福建、河南、湖北。

天蚕蛾科 Saturniidae

80. 短尾大蚕蛾

【学名】*Actias artemis* Bremer *et* Grey

【危害作物】苹果、梨、樱桃、葡萄、核桃、杨。

【分布】湖北、陕西、山东、辽宁、江苏、湖南。

81. 燕尾水青蛾

【学名】*Actias selene* Hübner

【危害作物】苹果、梨、樱桃、葡萄、杏、枇杷、樟、柳。

【分布】河北、辽宁、山东、江苏、安徽、浙江、江西、福建、台湾、湖北。

82. 银杏大蚕蛾

【学名】*Dictyoploca japonica* Moore

【危害作物】苹果、梨、杏、桃、李、梅、樱桃、柿、核桃、栗、银杏、柳、樟、胡桃、桑、蒙古栎、白杨。

【分布】东北、华北地区及浙江、台湾、广西、四川。

83. 孤目大蚕蛾

【学名】*Neoris haraldi* Schawerda

【危害作物】梨、苹果、桃、黄连木。

【分布】新疆。

天蛾科 Sphingidae

84. 枣桃六点天蛾

【学名】*Marumba gaschkewitschii* (Bremer *et* Grey)

【危害作物】桃、苹果、梨、葡萄、杏、李、樱桃、枣、枇杷。

【分布】河北、山西、内蒙古、黑龙江、山东、江苏、浙江、江西、河南、湖北、湖南、广东、陕西、甘肃、宁夏、四川、西藏。

毒蛾科 Lymantriidae

85. 霜茸毒蛾

【学名】*Dasychira fascelina* (Linnaeus)

【危害作物】栎、山毛榉、枸杞、苹果、梨、桃、桦、杨柳、松、豆类等。

【分布】内蒙古、黑龙江。

86. 茸毒蛾

【学名】*Dasychira pudibunda* (Linnaeus)

【危害作物】桦、山毛榉、栎、栗、槭、椴、杨柳、苹果、梨、山楂、樱桃。

【分布】东北地区及河北、陕西、山东、台湾、河南、陕西。

87. 乌桕黄毒蛾

【学名】*Euproctis bipunctapex* (Hampson)

【危害作物】乌桕、油桐、桑、茶、栎、大豆、甘薯、棉花、南瓜、苹果、梨、桃等。

【分布】江苏、浙江、江西、台湾、湖北、湖南、四川、西藏。

88. 折带黄毒蛾

【学名】*Euproctis flava* (Bremer)

【别名】黄毒蛾、柿黄毒蛾、杉皮毒蛾。

【危害作物】樱桃、梨、苹果、石榴、枇杷、茶、棉花、松、杉、柏等。

【分布】湖北、湖南、河南、江西、山东、江苏、安徽、浙江、福建、上海、北京、天津、河北、山西、内蒙古、辽宁、吉林、黑龙江、陕西、四川、云南、贵州、重庆、广东、广西、海南。

89. 星黄毒蛾

【学名】*Euproctis flavinata* (Walker)

【别名】黄带毒蛾。

【危害作物】苹果、梨、柑橘。

【分布】江苏、台湾、广西、广东、四川。

90. 舞毒蛾

【学名】*Lymantria dispar* (Linnaeus)

【别名】秋千毛虫、苹果毒蛾、柿毛虫。

【危害作物】梨、苹果、山楂、桃、李、杏、樱桃、板栗等。

【分布】吉林、辽宁、内蒙古、山东、山西、陕西、河南、河北、湖北、四川。

91. 栎毒蛾

【学名】*Lymantria mathura* Moore

【危害作物】栎、苹果、梨、楢、槠、青冈。

【分布】东北、河北、陕西、山东、江苏、台湾、河南、湖南、陕西、四川、云南。

92. 古毒蛾

【学名】*Orgyia antiqua* (Linnaeus)

【别名】赤纹毒蛾、褐纹毒蛾、桦纹毒蛾、落叶松毒蛾、缨尾毛虫。

【危害作物】大豆、月季、蔷薇、杨、槭、柳、山楂、苹果、梨、李、栎、桦、桤木、榛、鹅耳枥、石杉、松、落叶松等。

【分布】河南、山东、河北、山西、辽宁

等地。

93. 旋古毒蛾

【学名】*Orgyia thyellina* Butler

【危害作物】桑、苹果、梨、李、梅、樱桃、栎、柿、桐、柳。

【分布】浙江、广东。

94. 盗毒蛾

【学名】*Porthesia similis*（Fueszly）

【别名】金毛虫、桑斑褐毒蛾、纹白毒蛾、桑毛虫。

【危害作物】梨、苹果、桃、李、杏、樱桃、山楂、梅等。

【分布】黑龙江、内蒙古、陕西、山西、河北、辽宁、吉林、山东、江苏、安徽、浙江、四川。

95. 角斑台毒蛾

【学名】*Teia gonostigma*（Linnaeus）

【别名】赤纹毒蛾。

【危害作物】杨、柳、桤、榛、山毛榉、梨、苹果、茶树、山楂、落叶松。

【分布】贵州。

苔蛾科 Lithosiidae

96. 明雪苔蛾

【学名】*Cyana phaedra*（Leech）

【危害作物】桃、梨、苹果、玉米。

【分布】四川。

夜蛾科 Noctuidae

97. 桃剑纹夜蛾

【学名】*Acronicta increta* Butler

【危害作物】苹果、樱桃、杏、梅、桃、梨、山楂、柳等。

【分布】河北、东北、山西、山东、江苏、安徽、河南、广西、宁夏、陕西、云南。

98. 梨剑纹夜蛾

【学名】*Acronicta rumicis*（Linnaeus）

【别名】梨剑蛾、酸模剑纹夜蛾。

【危害作物】大豆、玉米、棉花、向日葵、白菜（青菜）、苹果、桃、梨、山楂。

【分布】北起黑龙江、内蒙古、新疆，南抵台湾、广东、广西、云南。

99. 枯叶夜蛾

【学名】*Adris tyrannus*（Guenée）

【危害作物】柑橘、苹果、梨、葡萄、枇杷。

【分布】河北、辽宁、山东、江苏、浙江、福建、河南、湖北。

100. 果红裙扁身夜蛾

【学名】*Amphipyra pyramidea*（Linnaeus）

【别名】果杂夜蛾。

【危害作物】梨、棉、樱桃、葡萄、苹果、栗、枫、榆、杨柳、桦。

【分布】东北、华北地区及四川和华中、华西、华南地区。

101. 果兜夜蛾

【学名】*Calymnia pyralina* Schiffermüller

【危害作物】苹果、梨。

【分布】黑龙江。

102. 毛翅夜蛾

【学名】*Dermaleipa juno*（Dalman）

【危害作物】桦、李、木槿、柑橘、桃、梨、苹果、葡萄。

【分布】辽宁、黑龙江、河北、山东、安徽、浙江、江西、河南、湖北、四川、贵州。

103. 落叶夜蛾

【学名】*Eudocima fullonica*（Clerck）

【危害作物】葡萄、木通、柑橘、苹果、梨。

【分布】黑龙江、江苏、浙江、台湾、广东、陕西、云南及华北、华中地区。

104. 艳落叶夜蛾

【学名】*Eudocima salaminia*（Cramer）

【危害作物】柑橘、桃、苹果、梨、蝙蝠葛。

【分布】浙江、江西、台湾、广东、云南。

105. 棉铃虫

【学名】*Helicoverpa armigera*（Hübner）

【别名】棉桃虫、钻心虫、青虫和棉铃实夜蛾。

【危害作物】棉花、玉米、高粱、小麦、番茄、辣椒、胡麻、亚麻、苘麻、向日葵、豌豆、马铃薯、芝麻、花生、甘蓝、油菜、苹果、梨、柑橘等。

【分布】湖北、湖南、河南、江西、山东、江苏、安徽、浙江、福建、上海、北京、天津、河北、山西、内蒙古、辽宁、吉林、黑龙江、新疆、陕西、甘肃、四川、云南、贵州、重庆、广东、广西、海南。

106. 苜蓿夜蛾

【学名】*Heliothis viriplaca*（Hüfnagel），异名：

Heliothis dipsacea（Linnaeus）

【别名】亚麻夜蛾。

【危害作物】亚麻、大麻、苜蓿、豆类、甜菜、棉花、玉米、甘薯、花生、向日葵、苹果、梨、李、桃、橘、葡萄等。

【分布】江苏、湖北、云南、黑龙江、四川、西藏、新疆、内蒙古等。

107. 苹梢鹰夜蛾

【学名】*Hypocala subsatura* Guenée

【别名】苹果梢夜蛾。

【危害作物】苹果、梨等。以幼虫危害叶片，也可蛀食幼果。

【分布】河北、辽宁、江苏、台湾、河南、广东、四川、云南、陕西。

108. 桃惯夜蛾

【学名】*Mesogona devergona* Butler

【危害作物】桃、苹果、梨、

【分布】华北、东北。

109. 嘴壶夜蛾

【学名】*Oraesia emarginata*（Fabricius）

【别名】桃黄褐夜蛾。

【危害作物】柑橘、苹果、葡萄、枇杷、杨梅、番茄、梨、桃、杏、柿、栗等。

【分布】海南、江西、四川、福建、湖北、浙江、广西、贵州、云南、广东。

110. 鸟嘴壶夜蛾

【学名】*Oraesia excavata*（Butler）

【别名】葡萄紫褐夜蛾、葡萄夜蛾。

【危害作物】柑橘、苹果、梨、荔枝、龙眼、黄皮、枇杷、葡萄、桃、李、柿、番茄等。

【分布】浙江、福建、台湾、广东、云南、四川、河南、陕西、华北、华东。

111. 苹眉夜蛾

【学名】*Pangrapta obscurata* Butler

【危害作物】苹果、梨、樱桃。

【分布】河北、辽宁、山东、江苏、安徽、河南、陕西、云南。

112. 斜纹夜蛾

【学名】*Spodoptera litura*（Fabricius）

【别名】莲纹夜蛾、莲纹夜盗蛾、夜盗虫、乌头虫。

【危害作物】梨、草莓、柑橘、葡萄、苹果等果树及棉、玉米、高粱、大豆等粮经作物、各类蔬菜。

【分布】河北、辽宁、山东、江苏、安徽、浙江、江西、福建、台湾、河南、湖北、湖南、广西、广东、陕西、四川、云南。

灯蛾科 Arctiidae

113. 褐点粉灯蛾

【学名】*Alphaea phasma*（Leech）

【危害作物】玉米、大豆、高粱、蓖麻、桑、梨、苹果、核桃、南瓜、扁豆、菜豆、辣椒等。

【分布】华西、贵州、云南。

114. 美国白蛾

【学名】*Hyphantria cunea*（Drury）

【别名】秋幕蛾、色狼虫、秋幕毛虫、美国白灯蛾。

【危害作物】梨、苹果、杏、李、樱桃、山楂等。

【分布】辽宁、河北、山东、北京、天津、陕西。

115. 奇特望灯蛾

【学名】*Lemyra imparilis*（Butler）

【危害作物】梨、桃、苹果、梅、杏、柿、海棠、石榴、核桃、栗、楸、榆、刺槐、柏、柳。

【分布】云南。

舟蛾科 Notodontidae

116. 苹掌舟蛾

【学名】*Phalera flavescens*（Bremer *et* Grey）

【别名】苹果天社蛾、苹果舟蛾，俗称舟形毛虫。

【危害作物】苹果、梨、桃、海棠、杏、樱桃、山楂、枇杷、核桃、板栗等果树。

【分布】河北、内蒙古、东北、山西、山东、江苏、安徽、浙江、江西、福建、台湾、湖南、湖北、河南、广西、广东、陕西、四川、云南。

117. 蚁舟蛾

【学名】*Stauropus fagi persimilis* Butler

【危害作物】梨、桃、樱桃、苹果、梨、栎、槭、杨。

【分布】东北地区及河北、山东、浙江、广西、四川。

（八）双翅目 Diptera

瘿蚊科 Cecidomyiidae

1. 梨叶瘿蚊

【学名】*Dasyneura pyri*（Bouché）

【别名】梨瘿蚊。
【危害作物】梨树。
【分布】河南、河北、湖北、安徽、浙江、福建、江西、四川、重庆、云南、贵州、上海、江苏、陕西。

实蝇科 Tephritidae = Trypetidae

2. 柑橘小实蝇
【学名】*Bactrocera dorsalis*（Hendel）
【别名】黄苍蝇、东方果实蝇、果蛆。
【危害作物】柑橘、甜橙、柚、金橘、柠檬、佛手、芒果、香蕉、枇杷、桃、梨、李、番茄、辣椒、茄子等。
【分布】广东、广西、湖北、湖南、四川、贵州、云南、浙江、福建。
3. 梨实蝇
【学名】*Bactrocera pedestris*（Bezzi）
【危害作物】梨、桃、李、葡萄、枇杷、苹果、柑橘、香蕉、桑、番茄等。
【分布】云南、广西、台湾。

果蝇科 Drosophilidae

4. 樱桃果蝇
【学名】*Drosophila suzukii*（Matsumura）
【危害作物】苹果、梨、樱桃、香蕉。
【分布】云南及东北地区。

花蝇科 Anthomyiidae

5. 灰地种蝇
【学名】*Delia platura*（Meigen）
【危害作物】棉花、麦类、玉米、豆类、马铃薯、甘薯、大麻、洋麻、葱、蒜、白菜、油菜等十字花科作物、百合科、葫芦科作物、苹果、梨等。
【分布】湖北、湖南、河南、江西、山东、江苏、安徽、浙江、福建、上海、北京、天津、河北、山西、内蒙古、辽宁、吉林、黑龙江、新疆、陕西、甘肃、四川、云南、贵州、重庆、广东、广西、海南。

（九）膜翅目 Hymenoptera

三节叶蜂科 Argidae

1. 苹果三节叶蜂
【学名】*Arge mali*（Takahashi）
【危害作物】苹果、梨。
【分布】华北。

锤角叶蜂科 Cimbicidae

2. 梨锤角叶蜂
【学名】*Cimbex carinulata* Konow
【危害作物】梨。
【分布】吉林。

叶蜂科 Tenthredinidae

3. 梨蛞蝓叶蜂
【学名】*Caliroa cerai* Linnaeus
【危害作物】李、梨、樱桃、山楂。
【分布】华北、新疆。
4. 蛞蝓叶蜂
【学名】*Caliroa matsumotonis* Harukawa
【危害作物】梨、桃、李、樱桃、柿、山楂。
【分布】江苏、山东、四川、云南、西北。
5. 朝鲜梨实叶蜂
【学名】*Hoplocampa coreana* Takeuchi
【危害作物】梨、桃。
【分布】河北、江苏、四川。
6. 梨实叶蜂
【学名】*Hoplocampa pyricola* Rohwer
【别名】花钻子、白钻虫、梨实锯蜂、钻蜂，俗称花钻子、白钻眼。
【危害作物】梨。
【分布】辽宁、河北、山西、河南、山东、陕西、北京、甘肃、安徽、四川、浙江、江苏、湖北。

茎蜂科 Cephidae

7. 古氏铗茎蜂
【学名】*Janus gussakovskii* Maa
【危害作物】梨、苹果、海棠、杜梨、沙果。
【分布】北京、河北、福建。
8. 梨茎蜂
【学名】*Janus piri* Okamoto *et* Matsumura
【危害作物】梨、苹果、海棠。
【分布】河北、黑龙江、吉林、辽宁、山西、山东、江苏、安徽、浙江、江西、福建、河南、湖北、湖南、陕西、青海、四川、云南、贵州、台湾。
9. 香梨铗茎蜂
【学名】*Janus piriodorus* Yang

【危害作物】梨、香梨。
【分布】新疆。

蚁科 Formicidae

10. 日本弓背蚁
【学名】*Camponotus japonica* Mayr
【危害作物】梨。
【分布】湖南。

11. 小家蚁
【学名】*Monomorium pharaonis*（Linnaeus）
【危害作物】梨。
【分布】云南。

胡蜂科 Vespidae

12. 中华马蜂
【学名】*Polistes chinensis*（Fabricius）
【危害作物】葡萄、梨、苹果。
【分布】江苏、浙江、湖南、河北、甘肃、广东、贵州。

13. 亚非马蜂
【学名】*Polistes hebraeus* Fabricius
【别名】梨长脚胡蜂。
【危害作物】梨、桃、葡萄。
【分布】山东。

14. 澳门马蜂
【学名】*Polistes macaensis*（Fabricius）
【别名】葡萄长脚胡蜂。
【危害作物】葡萄、梨、苹果、柑橘。
【分布】河北、山东。

15. 黄边胡蜂
【学名】*Vespa crabro crabro* Linnaeus
【危害作物】葡萄、桃、梨、柑橘、核桃。
【分布】东北、河北、江西。

16. 梨红黄边胡蜂
【学名】*Vespa crabro niformis* Smith
【危害作物】葡萄、桃、梨、核桃、柑橘、苹果。
【分布】东北、华北地区及江苏、浙江、江西、安徽、四川。

17. 黑胡蜂
【学名】*Vespa japonica* Sonan
【危害作物】梨、桃。
【分布】东北。

18. 金环胡蜂
【学名】*Vespa mandarinia* Smith
【别名】桃胡蜂。
【危害作物】葡萄、石榴、桃、梨、柑橘。
【分布】江西、江苏、浙江、台湾、山东、广东、四川。

19. 黑尾胡蜂
【学名】*Vespa tropica ducalis* Smith
【危害作物】葡萄、石榴、梨、桃。
【分布】河北、辽宁、江苏、浙江、安徽、台湾、甘肃、四川、云南。

20. 凹纹胡蜂
【学名】*Vespa velutina auraria* Smith
【危害作物】梨、柑橘、桃。
【分布】辽宁、山东、广东、云南。

异腹胡蜂科 Polybiidae

21. 东方异腹胡蜂
【学名】*Parapolybia orientalis* Smith
【危害作物】苹果、梨、葡萄、石榴。
【分布】华北、山东、江苏、浙江、广东。

22. 变侧异腹胡蜂
【学名】*Parapolybia varia*（Fabricius）
【危害作物】葡萄、梨、苹果。
【分布】河北、江苏、浙江、广东。

蛛形纲 Arachnida

蜱螨目 Acarina

叶螨科 Tetranychidae

1. 苜蓿苔螨
【学名】*Bryobia praetiosa* Koch
【危害作物】苹果、梨、桃、梅、李、樱桃、山楂、杏、苜蓿、小麦。
【分布】河北、山西、辽宁、山东、江苏、陕西、宁夏、四川。

2. 苹果全爪螨
【学名】*Panonychus ulmi*（Koch）
【别名】苹果红蜘蛛。
【危害作物】梨、苹果、沙果、桃、樱桃、杏、海棠、李、山楂、栗、葡萄、核桃等。
【分布】黑龙江、吉林、辽宁、内蒙古、山东、安徽、新疆、甘肃、陕西、河北、河南、山西。

3. 朱砂叶螨

【学名】*Tetranychus cinnabarinus*（Boisduval）

【别名】棉红蜘蛛、棉叶螨、红叶螨。

【危害作物】棉花、玉米、花生、大豆、豆类、芝麻、辣椒、茄子、番茄、洋麻、苘麻、甘薯、向日葵、瓜类、桑、苹果、梨、蔷薇、月季、金银花、国槐等。

【分布】湖北、湖南、河南、江西、山东、江苏、安徽、浙江、福建、上海、北京、天津、河北、山西、内蒙古、辽宁、吉林、黑龙江、新疆、陕西、甘肃、四川、云南、贵州、重庆、广东、广西、海南。

4. 土耳其斯坦叶螨

【学名】*Tetranychus turkestani*（Ugarov *et* Nikolski）

【危害作物】梨、棉花、高粱、草莓、豆类、玉米、马铃薯、荠菜、茄子、蕹菜、旋花、萝卜、白菜、黄瓜、苹果、葡萄、啤酒花等。

【分布】新疆。

5. 二斑叶螨

【学名】*Tetranychus urticae* Koch

【别名】白蜘蛛、二点叶螨、叶锈螨、棉红蜘蛛、普通叶螨。

【危害作物】梨、苹果、桃、杏、樱桃、草莓、蔬菜、花生、大豆等。

【分布】辽宁、山东、河南、陕西、山西、北京。

6. 山楂叶螨

【学名】*Tetranychus viennensis* Zacher

【别名】山楂红蜘蛛。

【危害作物】梨、苹果、桃、山楂等。

【分布】黑龙江、吉林、辽宁、内蒙古、甘肃、山西、河北、新疆、北京、山东、安徽、江苏、湖北、河南、江西。

瘿螨科 Eriophyidae

7. 梨上瘿螨

【学名】*Epitrimerus piri*（Nalepa）

【别名】梨缩叶壁虱、梨锈壁虱、梨叶锈螨。

【危害作物】梨。

【分布】辽宁、吉林、河北、山西。

8. 梨瘿螨

【学名】*Eriophyes pyri*（Pagenstecher）

【别名】梨叶肿壁虱、梨叶疹螨、梨潜叶壁虱、梨叶肿病、梨叶疹病、梨植羽瘿螨。

【危害作物】梨、苹果、山楂等。

【分布】河北、河南、山东、山西、陕西、甘肃、北京、天津。

第十五章　茶树有害生物名录

第一节　茶树病害

一、真菌病害

1. 茶苗绵腐性根腐病

【病原】腐霉 *Pythium* spp.，属卵菌。

【别名】茶苗猝倒病菌。

【为害部位】茶苗根部。

【分布】我国江南茶区、华南茶区、西南茶区、江北茶区均有分布。

2. 茶黏菌病

【病原】白头高杆菌 *Craterium leucocephalum* (Pers.) Ditm.，属黏菌。

【为害部位】茶树叶片。

【分布】浙江、江苏、广东、福建、贵州。

3. 茶煤病

【病原】茶新煤炱 *Neocapnodium theae* Hara，茶煤炱 *Capnodaria theae* Hara，富特煤炱 *Capnodium footii* Berk. & Desm.，头状胶壳炱 *Scorias captita* Sawada，山茶小煤炱 *Meliola camelliae* (Catt.) Sacc.，均属子囊菌。

【为害部位】茶苗叶部。

【分布】我国江南茶区、华南茶区、西南茶区、江北茶区均有分布。

4. 茶丽赤壳菌叶斑病

【病原】柯氏丽赤壳 *Calonectria colhounii* Peerally，*Calonectria quinqueseptatum* Fig. & Nam.，茶丽赤壳 *Calonectria theae* Loos，属子囊菌。

【为害部位】茶苗叶部。

【分布】我国江南茶区、华南茶区。

5. 茶枝癌肿病

【病原】波丛赤壳 *Nectria bolbophylli* Henn.，朱红丛赤壳 *Nectria cinnabarina* (Tod. & Fr.) Fr.，红粒丛赤壳 *Nectria haematococca* Berk. & Br.，属子囊菌。

【为害部位】茶枝。

【分布】我国江南茶区、华南茶区。

6. 茶黑痣病

【病原】球皮座囊菌 *Coccochorina hottai* Hara，属子囊菌。

【为害部位】茶树茎部。

【分布】浙江、安徽、云南。

7. 茶枝梢黑点病

【病原】薄盘菌属 *Cenangium* sp.，子囊菌。

【为害部位】茶树枝梢。

【分布】我国四大茶区均有发生。

8. 茶粗皮病

【病原】茶胶皿菌 *Patellaria theae* Hara，属子囊菌。

【别名】茶荒皮病。

【为害部位】茶树枝干。

【分布】浙江、安徽。

9. 茶立枯病

【病原】茶隐孢壳 *Cryptospora theae* Hara，属子囊菌。

【别名】茶褐色茎枯病。

【为害部位】茶树枝干、根部。

【分布】浙江。

10. 茶黑根腐病

【病原】弧曲座坚壳 *Rosellinia arcuala* Sacc.，属子囊菌。

【别名】茶褐色茎枯病。

【为害部位】茶树枝干、根部。

【分布】浙江，海南。

11. 茶白纹羽病

【病原】褐座坚壳 *Rosellinia necatrix* (Hart.) Berl.，属子囊菌。

【为害部位】茶苗根、茎基部。

【分布】我国四大茶区均有发生。

12. 茶炭根腐病

【病原】烧焦壳菌 *Ustulina deusta* (Hoffm.)

Lind，属子囊菌。

【为害部位】茶树根部。

【分布】海南。

13. 茶枝枯病

【病原】茶黑腐皮壳 *Valsa theae* Hara；茶散斑壳 *Lophodermium camelliae* Teng；朱红丛赤壳 *Nectria cinnabarina*（Tod. & Fr.）Fr.，属子囊菌。

【为害部位】茶苗根、茎基部。

【分布】浙江、海南。

14. 茶枝斑病

【病原】漂浮类座囊菌 *Systremma natans*（Tod.）Theis. *et* Syd.，属子囊菌。

【为害部位】茶树茎部。

【分布】海南。

15. 茶褐痣病

【病原】茶缝裂菌 *Hysteropsis theae* Hara.，属子囊菌。

【为害部位】茶树茎部。

【分布】海南。

16. 茶花菌核病

【病原】山茶核盘菌 *Sclerotinia camelliae* Hansen *et* Thom.，核盘菌 *Sclerotinia sclerotium* Mass. 均属子囊菌。

【为害部位】茶树茎部。

【分布】海南。

17. 茶根朽病

【病原】假蜜环菌 *Armillariella mellea*（Vahal *et* Fr.）Karst.，属担子菌。

【别名】茶根裂病。

【为害部位】茶树根、茎基部。

【分布】广西、云南、四川、浙江。

18. 茶毛发病

【病原】马毛小皮伞 *Marasmius crinisequi* Muell. ex Kahch.，属担子菌。

【别名】茶马鬃病。

【为害部位】茶树枝条。

【分布】我国四大茶区均有发生。

19. 茶线腐病

【病原】美丽小皮伞 *Marasmius pulcher*（Berk. *et* Br.）Petch，属担子菌。

【为害部位】茶树叶片。

【分布】海南。

20. 茶饼病

【病原】坏损外担菌 *Exobasidium vexans* Massee，属担子菌。

【别名】疱状叶枯病、叶肿病。

【为害部位】嫩叶、茎、果实。

【分布】我国四大茶区均有发生。以西南和华南茶区发生较重，常发生在高海拔茶区。

21. 茶网饼病

【病原】网状外担菌 *Exobasidium reticulatum* Ito *et* Sawl.，属担子菌。

【为害部位】嫩叶。

【分布】我国四大茶区均有发生。

22. 茶枝膏药病

【病原】金合欢隔担耳 *Septobasidium acasiae* Saw.，属担子菌。

【为害部位】茶树茎干。

【分布】我国四大茶区均有发生。

23. 茶灰色膏药病

【病原】柄隔担耳 *Septobasidium pedicellatum*（Schw.）Pat. 属担子菌。

【为害部位】茶树枝干。

【分布】我国四大茶区均有发生。

24. 茶褐色膏药病

【病原】田中隔担耳 *Septobasidium tanakae*（Miyabe）Boed. *et* Stein，*Septobasidium prunnophilum* Couch，属担子菌。

【为害部位】茶树枝干。

【分布】我国四大茶区均有发生。

25. 茶赤衣病

【病原】鲑色伏革菌 *Corticium salmonicolor* Berk. *et* Br，属担子菌。

【别名】茶绯腐病。

【为害部位】茶树茎部。

【分布】我国四大茶区均有发生。

26. 茶茎基腐烂病

【病原】茄伏革菌 *Corticium solani*（Prill *et* Del.）Bourd *et* Galz.，属担子菌。

【为害部位】茶树幼苗茎基部、根部。

【分布】我国江南茶区、华南茶区。

27. 茶菌索黑叶腐病

【病原】茶伏革菌 *Corticium theae* Bern.，属担子菌。

【为害部位】嫩叶、成叶。

【分布】我国华南茶区、西南茶区。

28. 茶菌核黑叶腐病

【病原】可恶伏革菌 *Corticium invisum* Petch.，

属担子菌。

【为害部位】嫩叶、成叶。

【分布】我国华南茶区、西南茶区。

29. 茶苗白绢病

【病原】白绢伏革菌 *Corticium rolfsii*（Sacc.）Curzi.，白绢薄膜革菌 *Pellicularia rolfsii*（Sacc.）West.，*Botryobasidium rolfsii*（Sacc.）Venk.，均属担子菌。

【为害部位】茶树茎基部。

【分布】我国四大茶区均有发生。

30. 茶褐根腐病

【病原】有害木层孔菌 *Phellinus noxius*（Corn.）Cunn. = *Fomes noxius* Corner，*Fomes lameoensis* Murr.，属担子菌。

【为害部位】茶树根部。

【分布】我国华南茶区。

31. 茶红根腐病

【病原】砖红卧孔菌 *Poria hypolateritia*（Berk.）Cooke = *Poria hypobrunnea* Petch，平盖灵芝 *Ganoderma applanatum*（Pers. & Gray）Pat. = *Polyporus applanatun*（Pers. & Gray）Waltr.，灵芝 *Ganoderma lucidum*（Curt）Karst.，假铁色灵芝 *Ganoderma pseudoferreum*（Wak.）Stein.，*Ganoderma leucophaeum*（Mont.）Pat.，*Ganoderma megoloma*（Lev.）Bres.，均属担子菌。

【为害部位】茶树根部。

【分布】我国华南茶区、西南茶区。

32. 茶白根腐病

【病原】小孔硬孔菌 *Rigidoporus microporus*（Fr.）Overeen = *Fomes lignosus*（Klot.）Bres.，属担子菌。

【为害部位】茶树根部。

【分布】我国华南茶区、西南茶区。

33. 茶紫纹羽病

【病原】紫卷担菌 *Helicobasidium purpureum*（Tul.）Pat. = *Helicobasidium compactum* Boed.，*Helicobasidium mompa* Tanaka，属担子菌。

【为害部位】茶树根部。

【分布】我国四大茶区均有发生。

34. 茶云纹叶枯病

【病原】山茶炭疽菌 *Colletotrichum camelliae* Massee，属无性型真菌。山茶球座菌 *Guignardia camelliae*（Cooke）Butl.，属子囊菌。

【为害部位】茶树叶片、枝条、果实，以叶片为主。

【分布】我国四大茶区均有发生。

35. 茶树木腐病

【病原】匍匐炭团菌（麻饼炭团菌）*Hypoxylon serpens*（Pers.）Fr.，属子囊菌。无性型学名为 *Geniculosporiurn serpens* Chest. et Green。

【为害部位】茶树茎部、根部。

【分布】我国四大茶区均有发生，一般发生在高海拔茶园。

36. 茶白星病

【病原】杧果痂囊腔菌 *Elsinoe leucophila* Bit . & Tenk.，有性型为茶痂圆孢 *Sphaceloma theae* Kuw.，均属子囊菌。

【为害部位】茶苗根、茎基部。

【分布】我国四大茶区均有发生。

37. 茶叶灰霉病

【病原】灰葡萄孢 *Botrytis cinerea* Pers. ex Fr.，属无性型真菌。

【为害部位】茶树叶片。

【分布】广东、海南。

38. 茶褐色圆星病

【病原】茶尾孢 *Cercospora theae*（Cav.）Brede de Haan = *Cercospora theicola* Hara，茶盘尾孢 *Cercoseptoria theae*（Cav.）Curzi，茶壳针孢 *Septoria theae* Carv.，均属无性型真菌。

【别名】茶褐色叶斑病。

【为害部位】茶树成叶、老叶。

【分布】我国四大茶区均有发生。

39. 茶圆赤星病

【病原】茶尾孢 *Cercospora theae*（Cav.）Brede de Haan，属无性型真菌。

【别名】茶雀眼斑病。

【为害部位】茶树嫩芽叶部。

【分布】浙江、安徽、福建、江西、湖南、湖北、广东、广西、海南、台湾、四川、贵州、云南、河南。

40. 茶双毛孢叶斑病

【病原】茶双毛壳孢 *Discosia theae* Cavara. 属无性型真菌。

【为害部位】茶树成叶。

【分布】浙江、湖南。

41. 茶炭疽病

【病原】中国茶座盘孢 *Discula theae-sinensis*（I. Miyake）MKoriwaki & Toy. Sato = 茶盘长孢

Gloeosporium theae-sinensis Miyake，属无性型真菌。

【为害部位】茶树叶片。

【分布】我国四大茶区均有发生。

42. 茶胴枯病

【病原】茶生大茎点霉 *Macrophoma theicola* Petch，属无性型真菌。

【别名】茶枝腐病。

【为害部位】茶树茎部。

【分布】湖南、浙江、安徽、山东。

43. 茶壳球孢根腐病

【病原】菜豆生壳球孢 *Macrophomina phaseolina* (Tassi) Goid，属无性型真菌。

【为害部位】茶树根部。

【分布】浙江、广东、广西、台湾。

44. 茶轮斑病

【病原】茶拟盘多毛孢 *Pestalotiopsis theae* (Sawada) Steyaert（中国优势种），*Pestalotiopsis longiseta* Speg.（日本优势种），属无性型真菌。

【为害部位】茶树叶片、新梢。

【分布】我国四大茶区均有发生。

45. 茶梢回枯病

【病原】茶轮斑病菌拟盘多毛孢 *Pestalotiopsis* spp.，属无性型真菌。茶云纹叶枯病菌山茶球座菌 *Guignardia camelliae* (Cooke) Butl.，属子囊菌。

【为害部位】茶树枝梢。

【分布】我国四大茶区均有发生。

46. 茶茎溃疡病

【病原】茶拟茎点霉 *Phomopsis theae* Petch，属无性型真菌。

【为害部位】茶树茎部。

【分布】浙江、台湾。

47. 茶芽枯病

【病原】叶点霉 *Phyllosticta gemmiphliae* Chen *et* Hu，属无性型真菌。

【为害部位】嫩芽、嫩叶。

【分布】浙江、江苏、安徽、湖南。

48. 茶白星病

【病原】茶叶点霉 *Phyllosticta theaefolia* Hara，属无性型真菌。

【别名】白斑病、点星病。

【为害部位】主要为害嫩叶、嫩芽、嫩茎及叶柄，以嫩叶为主。

【分布】我国四大茶区均有发生，多分布在高山茶园。

49. 茶赤叶斑病

【病原】茶生叶点霉 *Phyllosticta theicola* Petch，属无性型真菌。

【为害部位】茶树成叶、老叶。

【分布】我国四大茶区均有发生。

50. 茶白斑病

【病原】茶细盾霉 *Leptothyrium theae* Petch，属无性型真菌。

【为害部位】茶树叶片。

【分布】浙江、湖南。

51. 茶叶斑病

【病原】茶壳二孢 *Ascochyta theae* Hara，属无性型真菌。

【为害部位】茶树叶片。

【分布】浙江、湖南。

52. 茶三毛孢叶病

【病原】三毛孢菌属 *Robillarda* sp.，属无性型真菌。

【为害部位】茶树叶片。

【分布】浙江、湖南。

53. 茶树黑心根腐病

【病原】可可球色单隔孢 *Botryodiplodia theobromae* Pat.，属无性型真菌。

【为害部位】茶树根部。

【分布】浙江、湖南。

二、细菌病害

1. 茶嫩梢丛枝病

【病原】*Pseudomonas tashirensis* Uehara *et* Nonake，属假单胞杆菌属。

【别名】茶天狗巢病。

【为害部位】茶树枝梢。

【分布】广东。

2. 茶苗根头癌肿病

【病原】*Agrobacterium tumefaciens* (Smith *et* Townsend) Conn.，属细菌门，真杆菌目，根瘤菌科，根癌农杆菌属。

【为害部位】茶树枝梢。

【分布】浙江、广东。

3. 茶皱叶病

【病原】类细菌体 *Bacteria-like organism*，(BLO)，属薄壁菌门的原核生物。

【为害部位】茶树叶片。

【分布】广东。

三、线虫病害

1. 茶苗根结线虫病

【病原】南方根结线虫 *Meloidogyne incognita* (Kofoid *et* White) Chitwood,

花生根结线虫 *Meloidogyne arenaria* (Neal) Chitwood,

爪哇根结线虫 *Meloidogyne javanica* (Treud) Chitwood,

泰晤士根结线虫 *Meloidogyne thamesi* Chitwood, 属线虫动物门，线虫纲，根结线虫属。

【为害部位】为害茶苗根部。

【分布】我国四大茶区均有发生。

2. 茶短体线虫病

【病原】*Pratylenchus loosi* Loof，属线形动物门、线虫纲、垫刃目、短体线虫属。

【别名】茶根腐线虫病

【为害部位】茶树根部。

【分布】浙江、台湾。

3. 茶弯曲针线虫病

【病原】*Pratylenchus curritatus*，属线形动物门，线虫纲，垫刃目，短体线虫属。

【为害部位】茶树根部。

【分布】福建。

4. 茶螺旋线虫病

【病原】*Helicotylenchus erythrinae* (Zimmermann) Golden，属线形动物门，垫刃目，螺旋线虫属。

【为害部位】茶树根部。

【分布】台湾。

5. 茶半轮线虫病

【病原】*Hemicriconemoides kanayensis* Nakasono *et* Ichinohe，属线形动物门，垫刃目，半轮线虫属。

【为害部位】茶树根部。

【分布】台湾。

四、寄生性植物病害

1. 茶菟丝子病

【病原】*Cuscuta japonica* Choisy，属旋花科，菟丝子亚科，菟丝子属。

【为害部位】茶树茎干。

【分布】我国四大茶区均有发生。

2. 茶槲寄生病

【病原】*Viscum albrum* Mistel，属桑寄生科，槲寄生亚科。

【为害部位】茶树枝干。

【分布】我国四大茶区均有发生。

3. 茶桑寄生病

【病原】*Scurrula parasitica* var. *graciliflora* (Wall. *et* Dc.) H. C. Kiu，属桑寄生科。

【为害部位】茶树枝干。

【分布】云南、广东。

4. 茶红锈藻病

【病原】*Cephaleuros parasiticus* Karst，属绿藻门，橘色藻科，头孢藻属。

【为害部位】茶树茎、叶、果实。

【分布】我国华南、西南茶区及湖南、浙江、安徽。

5. 茶藻斑病

【病原】*Cephaleuros virescens* Kunze，属绿藻门，橘色藻科，头孢藻属。

【别名】茶白藻病

【为害部位】茶树叶片。

【分布】我国四大茶区均有发生。

五、其他病害

1. 茶树地衣

【病原】睫毛梅花衣 *Parmelia cetrata* Ach, *Physcia caesia* (Hoff.) Hanp.，树发地衣 *Alectoria* sp.，属藻类和真菌的共生体。

【为害部位】茶树茎干。

【分布】我国四大茶区均有发生。

2. 茶树苔藓

【病原】悬藓 *Barbella pendula* Fleis，中华木衣藓 *Drummondia sinensis* Mill，隐蒴藓 *Acrocryphaea concavifolia* Griff.，大悬藓 *Barbella asperifolia* Card.，原瓣耳叶苔 *Frullania riparia* Hampe.，属苔藓植物门。

【为害部位】茶树茎干。

【分布】我国四大茶区均有发生。

第二节　茶树害虫

一、节肢动物门 Arthropoda

弹尾纲 Collembola

弹尾目 Collembola

棘跳虫科 Onychiuridae

白棘跳虫

【学名】*Onychiurus* sp.

【危害作物】土中茶籽胚芽。

【分布】江西、安徽、河南。

昆虫纲 Insecta

（一）纺足目 Embioptera

等尾丝蚁科 Oligotomidae

1. 桑氏等尾丝蚁

【学名】*Oligotoma saunders*（Westwood）

【危害作物】茶树。

【分布】福建、广东、海南。

（二）直翅目 Orthoptera

螽蟖科 Tettigoniidae

1. 黑斑草螽

【学名】*Conocephalus maculatus*（Le Guillou）

【别名】斑翅草螽。

【危害作物】水稻、玉米、瓜、高粱、谷子、甘蔗、大豆、花生、竹、棉、梨、柿、茶树等。

【分布】台湾、福建、广东、广西、海南、四川、湖南、江西、浙江、江苏、安徽、河南、陕西、山东。

2. 中国管树螽

【学名】*Ducetia chinensis*（Brunnervon Wattenwyl）

【别名】中华条螽、中国黑条螽斯。

【危害作物】瓜、豆、蔬菜、茶树等。

【分布】四川、江西、浙江、江苏、陕西。

3. 圆锥头螽

【学名】*Euconcephalus varius*（Walker）

【别名】锥头螽蟖、变角真草螽。

【危害作物】小麦、水稻、甘蔗、茶树等。

【分布】台湾、福建、广东、广西、四川、湖南、江西、浙江、江苏、安徽、湖北。

4. 日本宽翅螽蟖

【学名】*Holochlora japonica*（Brunner von Wattenwyl）

【别名】日本树螽。

【危害作物】核桃、苹果、梨、柑橘、葡萄、杏、桑、咖啡、茶树等。

【分布】台湾、福建、湖南、江西、浙江、江苏、河南、山东、广东、广西、四川。

5. 船形宽翅螽

【学名】*Holochlora nawae* Matsumura *et* Shiraki

【危害作物】柑橘、桑、茶树等。

【分布】福建、广东、四川、湖南、江苏、湖北。

6. 纺织娘

【学名】*Mecopoda elongata*（L.）

【别名】蔗点翅螽。

【危害作物】桑、木槿、茶树、豆、瓜、玉米、棉花等。

【分布】台湾、福建、广东、广西、海南、云南、贵州、四川、湖南、江西、浙江、江苏、安徽、陕西、山东。

7. 绿丛螽蟖

【学名】*Tettigonia viridissima*（L.）

【别名】绿冠木螽、绿盾螽。

【危害作物】瓜、豆、茶树等。

【分布】台湾、福建、广东、广西、海南、云南、贵州、四川、湖南、江西、浙江、江苏、安徽、湖北、河南、陕西、甘肃。

蟋蟀科 Gryllidae

8. 双斑蟋

【学名】*Gryllus bimaculatus*（De Geer）

【别名】大黑蟀。

【危害作物】水稻、甘薯、棉、亚麻、茶树、甘蔗、绿肥作物、菠菜、柑橘、梨、桃。

【分布】江西、福建、台湾、广东、广西、海南、云南、湖南、湖北。

9. 台湾树蟋

【学名】*Oecanthus indicus* de Saussure

【危害作物】麦、棉、甘蔗、茶树。

【分布】台湾、福建、广东、广西、海南、云南、江西、江苏、安徽、湖北、陕西、西藏。

10. 黄树蟀

【学名】*Oecanthus rufescens* Serville

【危害作物】茶树。

【分布】台湾、福建、广东、广西、海南、云南、贵州、江西、浙江、江苏、安徽、湖北。

11. 花生大蟋

【学名】*Tarbinskiellus portentosus* (Lichtenstein)

【别名】大蟋蟀、巨蟋、蟋蟀之王。

【危害作物】水稻、木薯、甘薯、棉桑、苎麻、花生、芝麻、豆类、茶、咖啡、甘蔗、甘蓝、瓜类、辣椒、番茄、茄子、烟草、果树、松、橡胶、樟等。

【分布】浙江、江西、福建、台湾、广东、广西、海南、湖南、湖北、贵州、西藏、四川。

12. 北京油葫芦

【学名】*Teleogryllus emma* (Ohmachi *et* Matsumura)

【别名】结缕黄、油壶鲁。

【危害作物】粟、黍、稻、高粱、荞麦、甘薯、大豆、绿豆、棉花、芝麻、花生、甘蔗、烟草、白菜、葱、高粱、番茄、苹果、梨。

【分布】辽宁、河北、河南、陕西、山西、山东、江苏、安徽、浙江、江西、福建、台湾、湖南、湖北、广东、云南、四川、贵州、西藏。

13. 瘤突片蟋

【学名】*Truljalia tylacantha* Wang *et* Woo

【危害作物】茶树。

【分布】台湾、广东、云南、贵州、四川、江西、江苏、安徽、湖北。

蝼蛄科 Gryllotalpidae

14. 台湾蝼蛄

【学名】*Gryllotalpa formosana* Shiraki

【危害作物】甘薯、甘蔗、茶树等。

【分布】台湾、广东、广西、四川、江西。

15. 东方蝼蛄

【学名】*Gryllotalpa orientalis* Burmeister

【别名】南方蝼蛄。

【危害作物】茶树、麦、稻、粟、玉米、甘蔗、棉花、豆类、马铃薯、花生、大麻、黄麻、甜菜、烟草、蔬菜、苹果、梨、柑橘等。

【分布】北京、天津、河北、内蒙古、黑龙江、江苏、浙江、安徽、山东、河南、广东、广西、海南、湖南、湖北、重庆、四川、贵州、云南、陕西、甘肃、青海、宁夏、西藏、新疆。

16. 华北蝼蛄

【学名】*Gryllotalpa unispina* Saussure

【别名】单刺蝼蛄。

【危害作物】麦类、玉米、高粱、谷子、水稻、薯类、棉花、花生、甜菜、烟草、大麻、黄麻、蔬菜、茶树、苹果、梨等

【分布】江苏、安徽、湖北、河南、陕西、甘肃、山东、西藏。

癞蝗科 Pamphagidae

17. 笨蝗

【学名】*Haplotropis brunneriana* Saussure

【危害作物】甘薯、马铃薯、芋头、豆类、麦类、玉米、高粱、谷子、棉花、油菜、茶树、果树幼苗和蔬菜等。

【分布】鲁中南低山丘陵区，太行山和伏牛山的部分低山区、湖南。

锥头蝗科 Pyrgomorphidae

18. 长额负蝗

【学名】*Atractomorpha lata* (Motschulsky)

【危害作物】水稻、小麦、玉米、高粱、大豆、棉、甘蔗、茶树、烟草、桑、甜菜、白菜、甘蓝、茄、草莓、柑橘、樟、杨。

【分布】台湾、福建、广东、四川、湖南、江西、浙江、江苏、安徽、陕西、山东。

19. 短额负蝗

【学名】*Atractomorpha sinensis* Bolivar

【危害作物】水稻、玉米、高粱、谷子、小麦、棉、大豆、芝麻、花生、黄麻、蓖麻、甘蔗、甘薯、马铃薯、烟草、油菜、蔬菜、茶树。

【分布】台湾、福建、广东、广西、海南、云南、贵州、四川、湖南、浙江、江苏、安徽、湖北、河南、陕西、山东、西藏。

斑腿蝗科 Catantopidae

20. 褐斑腿蝗

【学名】*Catantops humilis* (Serville)

【别名】大斑异斑腿蝗、绿棕斑腿蝗。

【危害作物】茶树等。

【分布】贵州。

21. 红褐斑腿蝗

【学名】*Catantops pinguis*（Stål）

【危害作物】水稻、禾本科作物、甘薯、棉、桑树、茶树、油棕、甘蔗、小麦。

【分布】河南、江苏、浙江、江西、福建、台湾、湖北、广东、广西、四川、海南、云南、贵州、湖南、山东、西藏、安徽。

22. 长翅十字蝗

【学名】*Epistaurus aberrans* Brunner-Wattenwyl

【危害作物】茶树等。

【分布】台湾、福建、广东、广西、海南、四川、江西、浙江、江苏、安徽、河南、陕西、山东、西藏。

23. 斜翅蝗

【学名】*Eucoptacra praemorsa*（Stål）

【危害作物】茶树、甘蔗。

【分布】福建、西藏。

24. 绿腿腹露蝗

【学名】*Fruhstorferiola viridifemorata*（Caudell）

【危害作物】茶树等。

【分布】福建、广东、广西、四川、湖南、江西、浙江、江苏、安徽，河南、陕西。

25. 山稻蝗

【学名】*Oxya agavisa* Tsai

【危害作物】水稻、茶树等。

【分布】福建、广东、广西、云南、贵州、四川、湖南、江西、浙江、湖北。

26. 中华稻蝗

【学名】*Oxya chinensis*（Thunberg）

【危害部位】水稻、茶树等。

【分布】台湾、福建、广东、广西、海南、云南、贵州、四川、湖南、江西、浙江、江苏、安徽、湖北、河南、陕西、甘肃、山东。

27. 小稻蝗

【学名】*Oxya intricata*（Stål）

【危害部位】水稻、甘薯、茶树等。

【分布】台湾、福建、广东、广西、海南、四川、湖南、江西、浙江、江苏、安徽、湖北，陕西、西藏。

28. 日本黄脊蝗

【学名】*Patanga japonica*（I. Bolivar）

【危害部位】水稻、甘蔗、茶树等。

【分布】台湾、福建、广东、广西、云南、四川、湖南、江西、浙江、江苏、安徽、湖北、河南、陕西、甘肃、山东、西藏。

29. 卡氏蹦蝗

【学名】*Sinopodisma kelloggii*（Chang）

【危害部位】茶树等。

【分布】福建。

30. 短角直斑腿蝗

【学名】*Stenocatantops mistshenkoi* Willemse F.

【危害部位】茶树等。

【分布】福建。

31. 长角直斑腿蝗

【学名】*Stenocatantops splendens*（Thunberg）

【危害作物】水稻、小麦、玉米、谷子、高粱、大豆、棉、茶、甘蔗、油棕。

【分布】江苏、浙江、江西、福建、台湾、广西、广东、河南、湖南、陕西、四川、云南、海南、湖北、贵州、安徽、西藏。

32. 饰凸额蝗

【学名】*Traulia ornata* Shiraki

【危害部位】茶树等。

【分布】台湾、福建、广东、广西、江西。

33. 短角外斑腿蝗

【学名】*Xenocatantops brachycerus*（C. Willemse）

【危害作物】水稻、麦类、玉米、棉、花生、茶树。

【分布】台湾、福建、广东、广西、海南、云南、贵州。

斑翅蝗科 Oedipodidae

34. 花胫绿纹蝗

【学名】*Aiolopus tamulus*（Fabricius）

【别名】花尖翅蝗。

【危害作物】柑橘、小麦、玉米、甘蔗、高粱、稻、棉、甘蔗、大豆、茶树。

【分布】北京、河北、内蒙古、辽宁、山东、安徽、江苏、浙江、江西、湖北、福建、台湾、广西、广东、陕西、宁夏、四川。

35. 方异距蝗

【学名】*Heteropternis respondens*（Walker）

【危害作物】麦类、水稻、茶树。

【分布】台湾、福建、广东、广西、海南、云南、四川、江西、浙江、江苏、安徽、湖北、西藏。

36. 赤胫异距蝗

【学名】*Heteropternis rufipes*（Shiraki）

【危害作物】水稻、茶树。

【分布】江苏、台湾。

37. 东亚飞蝗

【学名】*Locusta migratoria manilensis*（Meyen）

【危害作物】水稻、小麦、玉米、高粱等禾本科作物及豆类、烟草、棉花、麻、甘蔗、甘薯、茶树等。

【分布】主要分布在黄淮海地区及海南岛。

38. 疣蝗

【学名】*Trilophidia annulata*（Thunberg）

【危害作物】玉米、水稻、甘蔗、甘薯、茶树。

【分布】台湾、福建、广东、广西、海南、云南、四川、湖南、江西、浙江、江苏、安徽、湖北、陕西、山东、西藏。

剑角蝗科 Acrididae

39. 中华剑角蝗

【学名】*Acrida cinerea*（Thunberg）

【别名】中华蚱蜢。

【危害作物】高粱、小麦、水稻、棉花、玉米、甘蔗、大豆、花生、柑橘、梨、亚麻、烟草、茶树。

【分布】台湾、福建、广东、广西、海南、云南、贵州、四川、湖南、江西、浙江、江苏、安徽、湖北、河南、陕西、甘肃、山东。

40. 中华佛蝗

【学名】*Phlaeoba sinensis* I. Bol

【危害作物】茶树。

【分布】台湾、福建、四川、江西、江苏。

（三）蜚蠊目 Blattaria

蜚蠊科 Blattidae

1. 东方蜚蠊

【学名】*Blatta orientalis* L.

【危害作物】向日葵、甘蔗、茶树、柑橘等根部皮层。

【分布】台湾、福建、广东、云南、贵州、湖南、江西、浙江、安徽、江苏、河南、陕西、甘肃。

姬蠊科 Blattellidae

2. 德国小蠊

【学名】*Blattella germanica*（L.）

【危害作物】玉米、向日葵、茶树、柑橘等根部皮层。

【分布】台湾、福建、广东、广西、海南、云南、贵州、四川、湖南、江西、浙江、江苏、安徽、湖北、河南、陕西、山东、西藏。

3. 拟德国小蠊

【学名】*Blattella lituricollis*（Walker）

【危害作物】甘蔗、茶树（根部皮层）。

【分布】广东、福建、西藏。

（四）等翅目 Isoptera

鼻白蚁科 Rhinotermitidae

1. 家白蚁

【学名】*Coptotermes formosanus* Shiraki

【别名】台湾乳白蚁。

【危害作物】橡胶、柑橘、甘蔗、茶树等植物及建筑木材、家具、古树等。

【分布】台湾、福建、广东、广西、海南、云南、贵州、四川、湖南、江西、浙江、江苏、安徽、湖北。

2. 黄胸散白蚁

【学名】*Reticulitermes flaviceps*（Oshima）

【危害作物】茶树等。

【分布】福建、广东、广西、海南，云南、贵州、四川、湖南、江西、浙江、江苏、安徽、湖北。

3. 栖北散白蚁

【学名】*Reticulitermes speratus*（Kolbe）

【危害作物】甘蔗、茶树、椰子、蔬菜、樟树、木材、竹材。

【分布】台湾、福建、广东、广西、海南、云南、贵州、四川、湖南、江西、浙江、江苏、安徽、湖北、河南、陕西、甘肃、山东、西藏。

白蚁科 Termitidae

4. 歪白蚁

【学名】*Capritermes nitobei*（Shiraki）

【危害作物】茶树、甘蔗。

【分布】台湾、福建、广东、广西、江西、

江苏。

5. 土垅大白蚁

【学名】*Macrotermes annandalei*（Silvestri）

【危害作物】甘蔗、木薯、红薯、花生、茶树、柑橘、荔枝、龙眼、杉、松、桉树。

【分布】广东、广西、海南、云南。

6. 黄翅大白蚁

【学名】*Macrotermes barneyi* Light

【别名】黄翅大螱。

【危害作物】甘蔗、桉树、杉木、水杉、橡胶、刺槐、樟树、檫木、泡桐、茶树、油茶、板栗、核桃、二球悬铃木、枫香树、高粱、玉米、花生、大豆、红薯、木薯等。

【分布】江西、安徽、江苏、浙江、福建、台湾、湖南、湖北、广东、广西、海南、四川、贵州、云南、香港。

7. 中华新白蚁

【学名】*Neotermes sinensis* Light

【危害作物】茶树、甘蔗根、茎。

【分布】广东、广西、云南。

8. 黑翅土白蚁

【学名】*Odontotermes formosanus*（Shiraki）

【别名】黑翅大白蚁、台湾黑翅螱。

【危害作物】甘蔗、小麦、茶树、柑橘、梨、桃、蓖麻、松、刺槐、柳等。

【分布】河南、江苏、海南、西藏、安徽、浙江、江西、湖北、湖南、四川、重庆、贵州、台湾、福建、广东、广西、云南、山西、山东、陕西、河北。

9. 海南土白蚁

【学名】*Odontotermes hainanensis*（Light）

【危害作物】甘蔗、花生、芋头、茶树、果树、橡胶树、杉、松、桉树等。

【分布】河南、江苏、安徽、浙江、湖南、湖北、四川、贵州、福建、广东、广西、云南、台湾。

（五）啮目 Psocoptera

啮虫科 Psocidae

1. 茶啮虫

【学名】*Psocus taprobanes* Hagen

【危害部位】茶树茎皮。

【分布】贵州。

2. 纹啮虫

【学名】*Psocus tokyoensis* Enderlein

【危害部位】茶树茎皮。

【分布】台湾、福建、广东、海南、云南、湖南、安徽、湖北。

（六）缨翅目 Thysanoptera

管蓟马科 Phlaeothripidae

1. 中华简管蓟马

【学名】*Haplothrips chinensis* Priesner

【别名】华简管蓟马。

【危害作物】水稻、小麦、玉米、棉花、茶树、枸杞、马铃薯、梅、桃、月季、柑橘。

【分布】台湾、福建、广东、广西、云南、贵州、湖南、江西、浙江、江苏、安徽、湖北、河南、陕西。

2. 狭翅简管蓟马

【学名】*Haplothrips tenuipensis* Bagnall

【别名】黑蓟马。

【危害作物】茶树。

【分布】贵州。

蓟马科 Thripidae

3. 茶呆蓟马

【学名】*Anaphothrips theiperdus* Karny

【危害作物】茶树。

【分布】贵州。

4. 茶棍蓟马

【学名】*Dendrothrips minowai* Priesner

【别名】茶棘皮蓟马、米氏棍蓟马。

【危害作物】茶、山茶、油茶、小叶胭脂。

【分布】福建、广东、广西、海南、贵州、湖南。

5. 丽花蓟马

【学名】*Frankliniella intonsa* Trybom

【别名】台湾蓟马。

【危害作物】茶树、苜蓿、紫云英、棉花、玉米、水稻、小麦、豆类、柑橘、瓜类、番茄、辣椒、甘蓝、白菜等蔬菜及花卉。

【分布】台湾、福建、广东、云南、贵州、湖南、江西、浙江、江苏、安徽、湖北、河南、西藏。

6. 温室阳蓟马

【学名】*Heliothrips haemorrhoidalis*（Bouche）

【危害作物】核桃、棉花、茶树、桑、槟榔、桃、柑橘、柿、咖啡、葡萄。

【分布】台湾、福建、广东、广西、云南、贵州、四川。

7. 茶褐蓟马

【学名】*Lefroyothrips lefroyi*（Bagnall）

【别名】褐三鬃蓟马、茶带蓟马、茶蓟马。

【危害作物】茶树、山茶、车轮梅、鹤顶兰、柑橘。

【分布】台湾、福建、广东、广西、贵州、湖南。

8. 端大蓟马

【学名】*Megalurothrips distalis*（Karny）

【别名】端带蓟马、花生蓟马、豆蓟马、紫云英蓟马。

【危害作物】茶树、月季、向日葵、油菜、柑橘、大麻、花生、豆类、麦类等作物。

【分布】台湾、福建、广东、海南、湖南、江西、浙江、江苏、安徽、湖北、河南、西藏。

9. 丝大蓟马

【学名】*Megalurothrips sjostedti*（Trybom）

【别名】丝带蓟马。

【危害作物】茶树。

【分布】福建、广东、广西、湖南、江西。

10. 茶黄硬蓟马

【学名】*Scirtothrips dorsalis* Hood

【别名】茶黄硬蓟马、脊丝蓟马。

【危害作物】茶树、葡萄、芒果、咖啡、番荔枝、花生、棉花、芦苇。

【分布】台湾、福建、广东、广西、海南、云南、贵州、四川、湖南、江西、江苏、安徽、浙江。

11. 黑角蓟马

【学名】*Thrips andrewsi*（Bagnall）

【别名】杜鹃蓟马。

【危害作物】茶树、柑橘、咖啡、菊科、柳。

【分布】福建、广东、广西、海南、云南、湖南、江西。

12. 色蓟马

【学名】*Thrips coloratus* Schmutz

【危害作物】茶树、油茶、油桐、柑橘、咖啡、柚、水稻、竹。

【分布】台湾、福建、广东、广西、海南、云南、贵州、四川、湖南、江西、浙江、江苏、安徽、湖北、河南、陕西、西藏。

13. 八节黄蓟马

【学名】*Thrips flavidulus*（Bagnall）

【危害作物】茶树、苹果、桃、月季、油菜、小麦、青稞、向日葵、棉花、马铃薯。

【分布】广西、云南、贵州、四川、湖南、江西、浙江、江苏、湖北。

14. 亮蓟马

【学名】*Thrips florum* Schmutz

【危害作物】茶树。

【分布】广东、海南、云南、四川、西藏。

15. 黄胸蓟马

【学名】*Thrips hawaiiensis*（Morgan）

【危害作物】茶树、油桐、国槐、桑、咖啡、大豆、油菜、烟草、南瓜、茄科作物。

【分布】台湾、福建、广东、广西、云南、贵州、四川、江西、浙江、江苏、安徽、西藏。

16. 烟蓟马

【学名】*Thrips tabaci* Lindeman

【别名】棉蓟马、葱蓟马、瓜蓟马。

【危害作物】水稻、小麦、玉米、棉花、豆类、甘蓝、葱、马铃薯、番茄、茶树及花卉、果树等作物。

【分布】台湾、福建、广东、广西、海南、云南、贵州、湖南、江西、浙江、江苏、安徽、湖北、河南、陕西、山东、西藏。

（七）半翅目 Hemiptera

盲蝽科 Miridae

1. 三点苜蓿盲蝽

【学名】*Adelphocoris fasciaticollis* Reuter

【危害作物】玉米、高粱、小麦、马铃薯、大豆、棉花、大麻、洋麻、蓖麻、向日葵、芝麻、胡萝卜、番茄、茶树、苹果、梨、葡萄、枣。

【分布】四川、湖南、江西、浙江、江苏、安徽、湖北、河南、陕西、甘肃、山东。

2. 苜蓿盲蝽

【学名】*Adelphocoris lineolatus*（Goeze）

【危害作物】谷子、玉米、小麦、大豆、棉花、大麻、洋麻、蓖麻、芝麻、马铃薯、向日葵、苜蓿、胡萝卜、油菜、芹菜、南瓜、茶树。

【分布】四川、湖南、江西、浙江、江苏、安徽、湖北、河南、陕西、甘肃、山东。

3. 中黑苜蓿盲蝽

【学名】*Adelphocoris suturalis* (Jakovlev)

【危害作物】苜蓿、大豆、棉花、茶树、甘薯。

【分布】四川、湖南、江西、江苏、安徽、湖北、河南、陕西、甘肃。

4. 绿盲蝽

【学名】*Apolygus lucorum* (Meyer-Dür)

【危害作物】小麦、玉米、水稻、大豆、马铃薯、棉花、大麻、苘麻、麻类、向日葵、苜蓿、白菜、油菜、番茄、苹果、梨、桃、茶树。

【分布】台湾、福建、广东、广西、海南、云南、贵州、四川、湖南、江西、浙江、江苏、安徽、湖北、河南、陕西、甘肃、山东、西藏。

5. 安氏刺盲蝽

【学名】*Helopeltis antonii* Signeret

【别名】腰果刺盲蝽。

【危害作物】茶树。

【分布】广东、海南。

6. 台湾刺盲蝽

【学名】*Helopeltis fasciaticollis* Poppius

【别名】茶叶盲蝽。

【危害作物】茶树、苎麻、栌、扶桑、甘薯。

【分布】台湾、广东、广西、海南。

7. 红纹透翅盲蝽

【学名】*Hyalopeplus lineifer* (Walker)

【危害作物】茶树。

【分布】台湾、云南、贵州。

8. 条赤须盲蝽

【学名】*Trigonotylus coelestialium* (Kirkaldy)

【危害作物】水稻、小麦、玉米、亚麻、茶树、甜菜。

【分布】四川、湖南、江西、浙江、安徽、湖北、河北、河南、陕西、山东。

网蝽科 Tingidae

9. 茶脊冠网蝽

【学名】*Stephanitis chinensis* Drake

【别名】茶网蝽、茶军配虫。

【危害作物】茶树。

【分布】福建、广东、云南、贵州、四川、湖南、江西。

10. 杜鹃冠网蝽

【学名】*Stephanitis pyrioides* (Scott)

【危害作物】茶树。

【分布】台湾、广东、贵州、浙江。

长蝽科 Lygaeidae

11. 红脊长蝽

【学名】*Tropidothorax elegans* (Distant)

【危害作物】茶树。

【分布】台湾、广东、广西、海南、云南、四川、湖南、江西、浙江、江苏、河南。

红蝽科 Pyrrhocoridae

12. 棉红蝽

【学名】*Dysdercus cingulatus* (Fabricius)

【别名】离斑棉红蝽、棉二点红蝽。

【危害作物】棉、木槿、玉米、甘蔗、烟草、梧桐、柑橘、茶树、甘薯。

【分布】台湾、福建、广东、广西、海南、云南、贵州、四川、湖南、江西。

13. 联斑棉红蝽

【学名】*Dysdercus poecillus* (Herrich-Schäffer)

【别名】小棉红蝽。

【危害作物】棉、甘蔗、茶树。

【分布】台湾、福建、广东、广西、海南、云南、湖南、江西。

14. 直红蝽

【学名】*Pyrrhopeplus carduelis* (Stål)

【危害作物】茶树、苎麻。

【分布】福建、广东、海南、湖南、江西、浙江、江苏、安徽、湖北、河南、陕西、西藏。

缘蝽科 Coreidae

15. 平肩棘缘蝽

【学名】*Cletus tenuis* Kiritshenko

【危害作物】水稻、茶树。

【分布】福建、云南、四川、江西、陕西、山东。

16. 长肩棘缘蝽

【学名】*Cletus trigonus* (Thunberg)

【危害作物】茶树。

【分布】广东、广西、海南、云南、贵州、四川、湖南、江西、浙江、江苏、安徽、湖北、河南、陕西、甘肃、山东、西藏。

17. 颗缘蝽

【学名】*Coriomeris scabricornis*（Panzer）

【危害作物】茶树。

【分布】四川、江苏、河南、陕西、山东、西藏。

18. 褐奇缘蝽

【学名】*Derepteryx fuliginosa*（Uhler）

【危害作物】水稻、茶树。

【分布】福建、四川、湖南、江西、浙江、江苏、湖北、河南、甘肃。

19. 哈奇缘蝽

【学名】*Derepteryx hardwickii* White

【危害作物】茶树。

【分布】云南。

20. 纹须同缘蝽

【学名】*Homoeocerus striicornis* Scott

【危害作物】柑橘、合欢、茄科及豆科作物、茶树。

【分布】台湾、广东、海南、云南、四川、江西、浙江、湖北、甘肃。

21. 一点同缘蝽

【学名】*Homoeocerus unipunctatus*（Thunberg）

【危害作物】水稻、玉米、高粱、豆科作物、茶树、梧桐。

【分布】台湾、广东，广西、云南、贵州、四川、湖南、江西、浙江、江苏、安徽、湖北、山东、西藏。

22. 瓦同缘蝽

【学名】*Homoeocerus walkerianus* Lethierry. *et* Severin

【危害作物】桑、松、合欢、茶树。

【分布】福建、广东、贵州、四川、湖南、江西、江苏、安徽、湖北、河南、甘肃、山东。

23. 大稻缘蝽

【学名】*Leptocorisa acuta*（Thunberg）

【危害作物】水稻、小麦、禾本科作物、甘蔗、柑橘、茶树。

【分布】台湾、福建、广东、广西、海南、云南、贵州、四川、湖南、江西、浙江、江苏、安徽、湖北、西藏。

24. 异稻缘蝽

【学名】*Leptocorisa varicornis*（Fabricius）

【危害作物】水稻、麦、玉米、谷子、甘薯、大豆、甘蔗、柑橘、枣、梨、桑、合欢、茶树。

【分布】台湾、福建、广东、广西、海南、云南、贵州、四川、湖南、江西、浙江、江苏、安徽、湖北、山东、西藏。

25. 黄姬缘蝽

【学名】*Rhopalus maculatus*（Fieber）

【危害作物】谷子、棉花、花生、茶树、松树、菊花等。

【分布】广东、广西、海南、云南、贵州、四川、湖南、江西、浙江、江苏、安徽、湖北、河南。

26. 条蜂缘蝽

【学名】*Riptortus linearis*（Fabricius）

【危害作物】水稻、大豆、棉花、甘蔗、桑、柑橘、茶。

【分布】台湾、福建、广东、广西、海南、云南、贵州、四川、湖南、江西、浙江、江苏、安徽、湖北。

27. 点蜂缘蝽

【学名】*Riptortus pedestris*（Fabricius）

【别名】白条蜂缘蝽、豆缘椿象、豆椿象。

【危害作物】水稻、高粱、谷子、豆类、棉花、甘蔗、甘薯、麻、南瓜、柑橘、苹果、茶树。

【分布】台湾、福建、广东、广西、海南、云南、贵州、四川、湖南、江西、浙江、江苏、安徽、湖北、河南、陕西、甘肃、山东、西藏。

28. 叶足特缘蝽

【学名】*Trematocoris tragus*（Fabricius）

【危害作物】茶树。

【分布】福建、广东、广西、云南、湖南。

同蝽科 Acanthosomatidae

29. 伸展同蝽

【学名】*Acanthosoma expansum* Horváth

【危害作物】茶树。

【分布】四川、湖南、西藏。

土蝽科 Cydnidae

30. 青革土蝽

【学名】*Macroscytus subaeneus*（Dallas）

【危害作物】甘蔗、茶树。

【分布】福建、广东、广西、海南、云南、四川、湖南、江西、浙江、江苏、安徽、湖北、山东。

龟蝽科 Plataspidae

31. 筛豆龟蝽

【学名】*Megacopta cribraria*（Fabricius）

【危害作物】水稻、马铃薯、甘薯、大豆、豆类、桑、甘蔗、茶树。

【分布】台湾、福建、广东、广西、海南、云南、四川、江西、浙江、江苏、陕西、西藏。

盾蝽科 Scutelleridae

32. 角盾蝽

【学名】*Cantao ocellatus*（Thunberg）

【危害作物】油桐、油茶、血桐、茶树。为害梢、果。

【分布】福建、湖南、江西、西藏。

33. 丽盾蝽

【学名】*Chrysocoris grandis*（Thunberg）

【危害作物】柑橘、梨、苦楝、油桐、茶树。为害梢、果。

【分布】台湾、福建、广东、广西、云南、贵州、四川、湖南、江西。

34. 紫蓝丽盾蝽

【学名】*Chrysocoris stollii*（Wolff）

【危害作物】算盘子属和九节木属植物、茶树。

【分布】台湾、福建、广东、广西、海南、云南、贵州、四川、江西、甘肃、西藏。

35. 扁盾蝽

【学名】*Eurygaster testudinarius*（Geoffroy）

【别名】茶色盾蝽。

【危害作物】麦、稻、茶树。

【分布】福建、广东、四川、湖南、江西、浙江、江苏、安徽、湖北、甘肃、河南、西藏。

36. 红缘亮盾蝽

【学名】*Lamprocoris lateralis*（Guèrin）

【危害作物】茶树。

【分布】台湾、福建、广东、云南、贵州、四川、西藏。

37. 桑宽盾蝽

【学名】*Poecilocoris druraei*（L.）

【危害作物】桑、油茶、茶树、柑橘。

【分布】台湾、福建、广东、广西、云南、贵州、四川、江西、浙江。

38. 油茶宽盾蝽

【学名】*Poecilocoris latus* Dallas

【危害作物】茶树、油茶。

【分布】福建、广东、广西、海南、云南、贵州、湖南、江西、浙江。

39. 尼泊尔宽盾蝽

【学名】*Poecilocoris nepalensis*（Herrich-Schäffer）

【危害作物】茶树。

【分布】福建、广东、广西、海南、云南、贵州、湖南、西藏。

40. 大斑宽盾蝽

【学名】*Poecilocoris splendidulus* Esaki

【危害作物】茶树。

【分布】贵州。

蝽科 Pentatomidae

41. 云蝽

【学名】*Agonoscelis nubilis*（Fabricius）

【危害作物】麦、玉米、豆、柑橘、茶树。

【分布】台湾、福建、广东、广西、海南、贵州、湖南、浙江、江苏、西藏。

42. 绿岱蝽

【学名】*Dalpada smaragdina*（Walker）

【危害作物】茶树、桑、大麻、油桐、柑橘。

【分布】台湾、福建、广东、广西、海南、云南、贵州、四川、湖南、江西、浙江、江苏、安徽、湖北。

43. 斑须蝽

【学名】*Dolycoris baccarum*（Linnaeus）

【别名】细毛蝽、臭大姐。

【危害作物】小麦、大麦、粟（谷子）、玉米、水稻、大豆、豆类、芝麻、棉花、白菜、油菜、甘蓝、萝卜、胡萝卜、葱、茶树、苹果、梨、及其他农作物。

【分布】北京、河北、山西、内蒙古、黑龙江、江苏、浙江、安徽、山东、河南、湖北、重庆、四川、贵州、云南、陕西、甘肃、新疆。

44. 麻皮蝽

【学名】*Erthesina fullo*（Thunberg）

【危害作物】大豆、菜豆、棉、桑、蓖麻、甘蔗、茶树、咖啡、柑橘、苹果、梨、乌桕、榆等。

【分布】河北、辽宁、河南、山东、江苏、安徽、浙江、江西、福建、台湾、湖南、湖北、广东、广西、四川、云南、贵州。

45. 怪蝽

【学名】*Eumenotes obscurtus* Westwood

【危害作物】茶树。

【分布】台湾、广东、海南、云南、贵州。

46. 硕蝽

【学名】*Eurostus validus* Dallas

【危害作物】桑、茶树、梨、栗、油桐、梧桐、青杠、乌桕。

【分布】台湾、福建、广东、广西、海南、云南、贵州、四川、湖南、江西、浙江、江苏、安徽、湖北、河南、陕西、山东。

47. 黄肩青蝽

【学名】*Glaucias crassa*（Westwood）

【危害作物】茶树、果树、风景树。

【分布】台湾、福建、广东、海南、四川、湖南、江西。

48. 谷蝽

【学名】*Gonopsis affinis*（Uhler）

【危害作物】水稻、茶树。

【分布】台湾、福建、广东、广西、海南、云南、贵州、四川、湖南、江西、浙江、江苏、安徽、湖北、陕西、山东。

49. 赤条蝽

【学名】*Graphosoma rubrolineata*（Westwood）

【危害作物】胡萝卜、白菜、萝卜、小茴香、葱、洋葱、茶树、榆、栎。

【分布】广东、广西、云南、贵州、四川、江西、浙江、江苏、安徽、湖北、河南、陕西、甘肃、山东。

50. 茶翅蝽

【学名】*Halyomorpha halys*（Stål）

【危害作物】大豆、菜豆、桑、油菜、甜菜、茶树、梨、苹果、柑橘、梧桐、榆等。

【分布】河北、内蒙古、山东、江苏、安徽、浙江、江西、台湾、河南、湖南、湖北、广西、广东、陕西、四川、贵州、西藏、甘肃。

51. 绿玉蝽

【学名】*Hoplistodera virescens* Dallas

【危害作物】茶树。

【分布】云南、贵州、西藏。

52. 宽曼蝽

【学名】*Menida lata* Yang

【危害作物】水稻、菜豆、茶树。

【分布】福建、广东、广西、海南、贵州、四川、湖南、江西、浙江、江苏、安徽、河南。

53. 点绿蝽

【学名】*Nezara aurantiaca* Costa

【危害作物】水稻、大豆、甘蓝、芝麻、茶树。

【分布】福建、广西、云南、四川、湖南、江西、湖北、陕西。

54. 黄肩绿蝽

【学名】*Nezara torquata*（Fabrcius）

【危害作物】水稻、芝麻、菜豆、绿豆、茶树。

【分布】福建、广西、云南、贵州、四川、湖南、江西、安徽、湖北。

55. 稻绿蝽

【学名】*Nezara viridula*（Linnaeus）

【别名】稻青蝽。

【危害作物】稻、麦、高粱、玉米、大豆、绿豆、蚕豆、马铃薯、棉、苎麻、芝麻、花生、烟草、甘蔗、甜菜、甘蓝、苹果、梨、柑橘。

【分布】台湾、福建、广东、广西、海南、云南、贵州、四川、湖南、江西、浙江、江苏、安徽、湖北、河南、陕西，山东、西藏。

56. 碧蝽

【学名】*Palomena angulosa* Motschulsky

【危害作物】茶树、臭椿、山毛榉。

【分布】云南、贵州、四川、江西、浙江、湖北、陕西、西藏。

57. 珀蝽

【学名】*Plautia fimbriata*（Fabricius）

【别名】朱绿蝽。

【危害作物】水稻、柑橘、梨、桃、核桃、葡萄、茶树。

【分布】福建、广东、广西、海南、云南、贵州、四川、江西、浙江、江苏、安徽、湖北、河南、陕西、山东、西藏。

58. 二星蝽

【学名】*Stollia guttiger*（Thunberg）

【危害作物】麦类、水稻、棉花、大豆、胡麻、高粱、玉米、甘薯、茄子、桑、茶树、无花果及榕树等。

【分布】河北、山西、山东、江苏、浙江、河南、广东、广西、台湾、云南、陕西、甘肃、西藏。

59. 锚纹二星蝽

【学名】*Stollia montivagus*（Distant）

【危害作物】水稻、小麦、高粱、玉米、大豆、甘薯、茄子、茶树、桑、榕树。

【分布】台湾、湖南、四川。

60. 广二星蝽

【学名】*Stollia ventralis*（Westwood）

【别名】黑腹蝽。

【危害作物】小麦、谷子、高粱、稻、大豆、甘薯、棉、甘蔗、苹果、茶树。

【分布】云南、贵州、四川、湖南、江西、浙江、江苏、安徽、湖北、河南、陕西。

（八）同翅目 Homoptera

粉虱科 Aleyrodidae

1. 黑刺粉虱

【学名】*Aleurocanthus spiniferus*（Quaintance）

【别名】柑橘刺粉虱。

【危害作物】柑橘、茶树、油茶、梨、柿、葡萄等。

【分布】浙江、福建、广西、广东、湖南、湖北、重庆、四川、江西、云南、贵州、海南、陕西、甘肃、山东、河南、台湾等地。

2. 杜鹃穴粉虱

【学名】*Aleurolobus rhododendri* Takahashi

【危害作物】茶树。

【分布】台湾、浙江、江苏。

3. 山茶褶粉虱

【学名】*Aleurotrachelus camelliae* Kuwana

【别名】油茶黑胶粉虱、油茶绵粉。

【危害作物】茶树、枣、乌桕、柞树。

【分布】福建、云南、贵州、湖南、江西、浙江、河南。

4. 珊瑚瘤粉虱

【学名】*Aleurotuberculatus aucubae* Kuwana

【危害作物】柑橘、李、梅、葡萄、樟、桑、茶树、油茶。

【分布】福建、广东、广西、海南、四川、江西、浙江、江苏。

5. 樟瘤粉虱

【学名】*Aleurotuberculatus gordoniae* Takahashi

【危害作物】梨、樟、茶树。

【分布】福建、江西、台湾。

6. 归亚瘤粉虱

【学名】*Aleurotuberculatus guajavae* Takahashi

【危害作物】茶树。

【分布】台湾、浙江、江苏。

7. 小菱粉虱

【学名】*Aleurotuberculatus murrayae*（Singh）

【危害作物】茶树、月橘。

【分布】台湾、福建。

8. 番石榴瘤粉虱

【学名】*Aleurotuberculatus psidii*（Singh）

【危害作物】桑、石榴、樟、龙眼、番石榴、蒲桃、茶树、柳。

【分布】福建、江西、浙江、江苏。

9. 流苏子瘤粉虱

【学名】*Aleurotuberculatus thysanospermi* Takahashi

【危害作物】茶树。

【分布】台湾、福建、江西、浙江。

10. 杨梅粉虱

【学名】*Bemisia myricae* Kuwana

【别名】杨梅缘粉虱。

【危害作物】柑橘、桃、梅、柿、桑、番石榴、茶树等。

【分布】江苏、浙江、安徽、台湾、广东、四川。

11. 柑橘粉虱

【学名】*Dialeurodes citri*（Ashmead）

【别名】橘黄粉虱、橘绿粉虱、通草粉虱。

【危害作物】柑橘、柿、板栗、咖啡、茶树、女贞、桃等。

【分布】台湾、福建、广东、广西、海南、云南、贵州、四川、湖南、江西、浙江、江苏、安徽、湖北、河南、陕西。

12. 茶白粉虱

【学名】*Pealius akebiae* Kuwana

【危害作物】茶树。

【分布】台湾、福建、广东、广西、海南、贵州、四川、浙江、江苏、陕西。

蚜科 Aphididae

13. 桃蚜

【学名】*Myzus persicae*（Sulzer）

【别名】烟蚜、桃赤蚜。

【危害作物】油菜及其他十字花科蔬菜、棉

花、马铃薯、豆类、甜菜、烟草、胡麻、甘薯、芝麻、茄科植物、茶树及柑橘、梨等果树。

【分布】湖北、湖南、河南、江西、山东、江苏、安徽、浙江、福建、上海、北京、天津、河北、山西、内蒙古、辽宁、吉林、黑龙江、新疆、陕西、甘肃、四川、云南、贵州、重庆、广东、广西、海南。

14. 橘二叉蚜

【学名】*Toxoptera aurantii*（Boyer de Fonscolombe），异名：*Ceylonia theaecola*（Buckton）

【别名】茶蚜

【危害作物】茶树、无花果、可可、咖啡、柑橘。

【分布】台湾、福建、广东、广西、海南、云南、贵州、四川、湖南、江西、浙江、江苏、安徽、湖北、河南、陕西、山东。

15. 褐橘声蚜

【学名】*Toxoptera citricidus*（Kirkaldy）

【危害作物】柑橘、梨、桃、柿、花红、茶树。

【分布】台湾、福建、广东、云南、贵州、四川、湖南、江西、浙江、江苏。

旌蚧科 Ortheziidae

16. 明旌蚧

【学名】*Orthezia insignis* Douglass

【危害作物】茶树、甘蔗、草莓、番茄、柑橘。

【分布】台湾、浙江、江西、华南。

绵蚧科 Monophlebidae

17. 桑树履绵蚧

【学名】*Drosicha contrahens* Walker

【别名】桑硕蚧。

【危害作物】蚕豆、柑橘、苹果、梨、茶树、柠檬、桑、乌桕、柳、榆、冬青、白杨。

【分布】台湾、福建、云南、四川、湖南、江西、江苏、安徽、湖北、河南、陕西、甘肃、西藏。

18. 草履蚧

【学名】*Drosicha corpulenta*（Kuwana）

【别名】日本履绵蚧。

【危害作物】苹果、梨、柑橘、桃、枣、核桃、茶树、油茶、栎、柳、香椿等。

【分布】台湾、福建、广东、云南、四川、湖南、江西、浙江、江苏、安徽、河南、陕西、山东、西藏。

19. 埃及吹绵蚧

【学名】*Icerya aegyptiaca*（Douglas）

【危害作物】荔枝、柑橘、茶树、番石榴、波萝、棕榈、樟等。

【分布】台湾、福建、广东、云南、湖南、江西、浙江、江苏、陕西。

20. 黄毛吹绵蚧

【学名】*Icerya seychellarum*（Westwood）

【危害作物】柑橘、梨、桃、橄榄、茶树、柿、甘蔗、桑、棕榈、椿、乌柏、银毛属等。

【分布】台湾、福建、广东、广西、云南、贵州、四川、湖南、江西、安徽、湖北、河南、陕西、山东、西藏。

21. 棉根新珠蚧

【学名】*Neomargarodes gossipii* Yang

【别名】棉根新珠硕蚧、乌黑新珠蚧、钢子虫、新珠蚧、珠绵蚧。

【危害作物】棉花、豆类、玉米、谷子、甘薯、蓖麻、茶、苘麻、甜瓜。

【分布】湖南、河南、山东、河北。

粉蚧科 Pseudococcidae

22. 西藏兰粉蚧

【学名】*Amonostherium prionodes* Wang

【危害作物】茶树。

【分布】云南、四川、西藏。

23. 菠萝灰粉蚧

【学名】*Dysmicoccus brevipes*（Cockerell）

【别名】菠萝洁白粉蚧。

【危害作物】茶树、桑、柑橘、香蕉、蜀葵。

【分布】福建、台湾、广东、广西、云南、四川、江西、西藏。

24. 双条拂粉蚧

【学名】*Ferrisia virgata*（Cockerell）

【别名】桔腺刺粉蚧。

【危害作物】茶树。

【分布】台湾、福建、广东、广西、海南、云南、四川、湖南、江西、浙江、江苏、安徽、湖北、河南、陕西、山东、西藏。

25. 柑橘地粉蚧

【学名】*Geococcus citrinus* Kuwana

【危害作物】柑橘、茶树。

【分布】福建、西藏。

26. 长尾堆粉蚧

【学名】*Nipaecoccus filamentosus*（Cockerell）

【别名】丝鳞粉蚧。

【危害作物】茶树、柑橘、荔枝、桑、葡萄、咖啡、梧桐等。

【分布】台湾、西藏。

27. 柑橘堆粉蚧

【学名】*Nipaecoccus vastator*（Maskell）

【别名】桔鳞粉蚧。

【危害作物】柑橘、茶树。

【分布】台湾、福建、广东、广西、云南、贵州、四川、湖南、江西、浙江、湖北。

28. 橘臀纹粉蚧

【学名】*Planococcus citri*（Risso）

【别名】柑橘刺粉蚧。

【危害作物】柑橘、梨、苹果、葡萄、石榴、柿、葡萄、龙眼、烟草、桑、棉花、豆、稻、茶树、松、梧桐等。

【分布】辽宁、山西、山东、江苏、上海、浙江、福建、湖北、陕西、四川等地。北方主要发生于温室。

29. 柑橘小粉蚧

【学名】*Pseudococcus citriculus* Green

【别名】紫苏粉蚧、柑橘棘粉蚧、柑橘棘粉虱。

【危害作物】柑橘、梨、苹果、葡萄、石榴、柿、茶树等。

【分布】台湾、福建、广东、贵州、四川、江西、江苏、安徽、河南、湖北、浙江、广西、陕西、湖南、云南等地。

30. 康氏粉蚧

【学名】*Pseudococcus comstocki*（Kuwana）

【别名】桑粉蚧、梨粉蚧、李粉蚧。

【危害作物】玉米、棉、桑、胡萝卜、瓜类、甜菜、茶树、苹果、梨、桃、柳、枫、洋槐等果树林木。

【分布】台湾、福建、广东、广西、云南、四川、湖南、江西、浙江、安徽、湖北、河南、山东、西藏。

31. 长尾粉蚧

【学名】*Pseudococcus longispinus*（Targ）

【危害作物】茶树、柑橘、葡萄、无花果、香蕉、柿、常春藤。

【分布】台湾、福建、广东、云南。

32. 印度茶粉蚧

【学名】*Pseudococcus indicus* Sign.

【危害作物】茶树。

【分布】福建。

33. 葡萄粉蚧

【学名】*Pseudococcus maritimus*（Ehrhorn）

【别名】海粉蚧。

【危害作物】葡萄、柑橘、苹果、梨、菠萝、核桃、草莓、茶。

【分布】广东、广西、贵州、浙江、江苏。

34. 蛛丝平刺粉蚧

【学名】*Rastrococcus spinosus*（Robinson）

【别名】蛛网粉蚧。

【危害作物】荔枝、柑橘、茶树、番石榴、榕。

【分布】福建、广东、广西、云南、四川。

链蚧科 Asterolecaniidae

35. 北仑茶链蚧

【学名】*Asterolecanium beilunensis* Hu

【危害作物】茶树。

【分布】浙江。

36. 樟链蚧

【学名】*Asterolecanium cinnamomi* Borchsenius

【危害作物】茶树、香樟。

【分布】福建、广东、四川、云南、浙江。

37. 柯雪链蚧

【学名】*Cerococcus schimae*（Borchsenius）

【危害作物】茶树。

【分布】福建、广东、四川、浙江。

38. 夹竹桃链蚧

【学名】*Russellaspis pustulans*（Cockerell）

【危害作物】茶树、夹竹桃。

【分布】浙江、台湾。

壶蚧科 Cerococcidae

39. 黑瘤壶链蚧

【学名】*Asterococcus atratus* Wang

【危害作物】茶树。

【分布】广东、四川。

40. 藤壶链蚧

【学名】*Asterococcus muratae*（Kuwana）

【危害作物】梨、葡萄、枇杷、茶树。

【分布】福建、贵州、四川、湖南、江西、浙江、江苏、安徽。

胶蚧科 Kerriidae

41. 茶硬胶蚧

【学名】*Kerria fici*（Green）

【危害作物】茶树。

【分布】台湾、福建、广东、广西、云南、贵州、四川、湖南、江西、浙江、安徽、湖北、西藏。

蚧科 Coccidae

42. 角蜡蚧

【学名】*Ceroplastes ceriferus*（Anderson）

【危害作物】桑、茶树、油茶、柑橘、樱桃、柿、荔枝、杨梅、苹果、梨。

【分布】台湾、福建、广东、广西、海南、云南、贵州、四川、湖南、江西、浙江、江苏、安徽、湖北、河南、陕西、山东。

43. 佛州龟蜡蚧

【学名】*Paracerostegia floridensis*（Comstock）

【危害作物】茶树、油茶、柑橘、柿、梨、苹果、桃、芒果、椿、杉、榅桲。

【分布】台湾、福建、广东、广西、海南、云南、贵州、四川、湖南、江西、浙江、江苏、安徽、湖北、河南、山东。

44. 日本龟蜡蚧

【学名】*Ceroplastes japonicus* Green

【危害作物】茶树、柑橘、枣、柿、苹果、梨、杏、桃、榅桲、柠檬、无花果、芒果。

【分布】台湾、福建、广东、广西、海南、云南、贵州、四川、湖南、江西、浙江、江苏、安徽、湖北、河南、陕西、甘肃、山东。

45. 伪角蜡蚧

【学名】*Ceroplastes pseudoceriferus* Green

【危害作物】茶树。

【分布】台湾、福建、广东、广西、海南、云南、贵州、四川、湖南、江西、浙江、江苏、安徽、湖北、西藏。

46. 红龟蜡蚧

【学名】*Ceroplastes rubens* Maskell

【危害作物】茶树、油茶、柑橘、苹果、梨、樱桃、枇杷、龙眼、芒果、冬青、椿、柳、竹、柏、榕、棕榈。

【分布】台湾、福建、广东、广西、海南、云南、贵州、四川、湖南、江西、浙江、江苏、安徽、湖北、陕西、西藏。

47. 中华蜡蚧

【学名】*Ceroplastes sinensis* De Guercio

【危害作物】茶树。

【分布】云南、贵州。

48. 橘绿绵蜡蚧

【学名】*Chloropulvinaria aurantii*（Cockerell）

【危害作物】茶树、柑橘、柚、桧。

【分布】台湾、福建、广东、广西、云南、贵州、四川、湖南、江西、浙江、安徽、湖北。

49. 油茶绿绵蚧

【学名】*Chloropulvinaria floccifera*（Westwood）

【别名】茶长绵蚧。

【危害作物】茶树。

【分布】福建、广东、广西、海南、云南、贵州、四川、湖南、江西、浙江、江苏、安徽、湖北、河南、陕西、山东。

50. 多角绿绵蚧

【学名】*Chloropulvinaria polygonata*（Cockerell）

【别名】网纹绵蚧。

【危害作物】茶树、柑橘、柠檬、枇杷、柚子。

【分布】台湾、福建、广东、广西、海南、云南、贵州、四川、湖南、江西、浙江。

51. 垫囊绿绵蚧

【学名】*Chloropulvinaria psidii*（Maskhall）

【危害作物】茶树、柑橘、番石榴、苹果、李。

【分布】台湾、福建、广东、广西、海南、云南、四川、湖南、江西、浙江、江苏、安徽、湖北、河南、陕西、甘肃、山东。

52. 褐软蚧

【学名】*Coccus hesperidum* Linnaeus

【危害作物】棉、茶树、油茶、柑橘、苹果、梨、葡萄、桃、枣、枇杷、柠檬、龙眼、黄杨。

【分布】台湾、福建、广东、广西、海南、云南、贵州、四川、湖南、江西、浙江、江苏、安徽、湖北、河南、山东、西藏。

53. 柑橘树软蚧

【学名】*Coccus pseudomagnoliarum*（Kuwana）

【危害作物】茶树、柑橘。

【分布】贵州、江苏、浙江、广东。

54. 咖啡绿软蚧

【学名】*Coccus viridis*（Green）

【危害作物】茶树、咖啡、柑橘、番石榴、石榴。

【分布】台湾、福建、广东、广西、海南、云南、贵州、四川、湖南、江西、浙江、江苏、安徽。

55. 网蜡蚧

【学名】*Eucalymnatus tessellateus*（Signoret）

【别名】龟背网纹蚧、世界网蚧。

【危害作物】茶树。

【分布】台湾、福建、广东、广西、云南、贵州、四川、陕西、西藏。

56. 日本卷毛蜡蚧

【学名】*Metaceronema japonica*（Maskell）

【别名】白毛蚧、油茶刺绵蚧。

【危害作物】茶树、油茶。

【分布】台湾、福建、广东、广西、云南，贵州、四川、湖南、江西、浙江、安徽。

57. 红帽龟蜡蚧

【学名】*Paracerostegia centroroseus*（Chen）

【危害作物】茶树。

【分布】云南、贵州、四川。

58. 橡副珠蜡蚧

【学名】*Parasaissetia nigra*（Nietner）

【危害作物】桑、竹、柑橘、荔枝、无花果、葡萄、香蕉、咖啡、棕榈、棉、茶树、苘麻。

【分布】台湾、福建、广东、云南、山东。

59. 水木坚蚧

【学名】*Parthenolecanium corni*（Bouche）

【别名】糖槭蚧、东方盔蚧、褐盔蜡蚧。

【危害作物】糖槭、水曲柳、楸、榆、刺槐、茶树、苹果、梨、山楂。

【分布】海南、四川、湖南、江西、浙江、江苏、安徽、湖北、河南、陕西、甘肃、山东。

60. 蚁珠蜡蚧

【学名】*Saissetia formicarii*（Green）

【危害作物】茶树、咖啡、芒果、石榴、柿、荔枝、乌桕、肉桂树。

【分布】台湾、广东。

61. 网珠蜡蚧

【学名】*Saissetia hemisphaerica*（Tragioni-Tozzetti）

【别名】桃丘形蚧。

【危害作物】茶树、咖啡、芒果、柑橘、桃、杏、枇杷、荔枝、番石榴。

【分布】台湾、福建、广东、广西、云南、贵州、四川、湖南、江西、浙江。

62. 橄榄黑盔蚧

【学名】*Saissetia oleae*（Bernard）

【别名】砂皮球蚧。

【危害作物】柑橘、梨、葡萄、杏、李、桃、橄榄、荔枝、龙眼、咖啡、香蕉、茶树。

【分布】台湾、福建、广东、广西、海南、云南、四川、江苏、西藏。

盾蚧科 Diaspididae

63. 茶棕圆盾蚧

【学名】*Abgrallaspis degenerates*（Leonardi）

【危害作物】茶树。

【分布】云南、浙江。

64. 红肾圆盾蚧

【学名】*Aonidiella aurantii*（Maskell）

【别名】肾圆盾蚧、红圆蹄盾蚧、红奥盾蚧。

【危害作物】柑橘、芒果、香蕉、椰子、无花果、柿、核桃、橄榄、苹果、梨、桃、李、梅、山楂、葡萄、桑树、茶树、松等370余种作物。

【分布】主要分布于广东、广西、福建、台湾、浙江、江苏、上海、贵州、湖北、四川、云南等地，在新疆、内蒙古、辽宁、山东、陕西等北方地区的温室中也有发现。

65. 黄肾圆盾蚧

【学名】*Aonidiella citrina*（Coquillett）

【别名】黄园蚧、橙黄圆蚧、黄圆蹄盾蚧。

【危害作物】柑橘、苹果、梨、无花果、椰子、葡萄、橄榄等。

【分布】浙江、江西、湖南、湖北、四川、云南、贵州、广东、福建、陕西、山西等地。

66. 椰圆盾蚧

【学名】*Aspidiotus destructor* Signoret

【危害作物】茶树。

【分布】台湾、广东、四川、浙江。

67. 常春藤圆盾蚧

【学名】*Aspidiotus nerii Bouche*

【危害作物】茶树。

【分布】福建、广东、广西、云南、贵州、四川、湖南、江西、浙江、江苏、安徽、湖北、河南、陕西、山东。

68. 茶圆盾蚧

【学名】*Aspidiotus theae* Tang

【危害作物】茶树。

【分布】贵州。

69. 柑橘白轮盾蚧

【学名】*Aulacaspis citri* Chen

【别名】白轮蚧。

【危害作物】柑橘、柠檬、橙、柚子、茶树。

【分布】广西、四川、云南等地。

70. 珠兰盾蚧

【学名】*Aulacaspis crawii*（Cokerell）

【别名】珠兰白轮蚧。

【危害作物】茶树、柑橘。

【分布】台湾、福建、广东、云南、四川、江西、西藏。

71. 酱褐圆盾蚧

【学名】*Chrysomphalus bifasciculatus* Ferris

【危害作物】茶树、柑橘、柚子、夹竹桃。

【分布】台湾、福建、广东、海南、贵州、湖南、江西、浙江、江苏、湖北。

72. 橙褐圆盾蚧

【学名】*Chrysomphalus dictyospermi*（Morgan）

【别名】橙圆蚧。

【危害作物】柑橘、芒果、柚、茶树、黄杨、刺桐、苏铁、棕榈、杨梅。

【分布】台湾、福建、广东、广西、云南、贵州、四川、湖南、江西、浙江、陕西、山东。

73. 黑褐圆盾蚧

【学名】*Chrysomphalus aonidum*（Linnaeus）

【别名】茶褐园蚧。

【危害作物】柑橘、茶树、椰子、棕榈、香蕉、葡萄、黄麻、栎、樟等。

【分布】浙江、福建、广西、广东、湖南、湖北、重庆、四川、江西、云南、贵州、海南、陕西、上海、台湾等地。

74. 仙人掌白背盾蚧

【学名】*Diaspis echinocacti*（Bouche）

【危害作物】仙人掌、茶树。

【分布】福建、广东、广西、四川、湖南、江西、浙江、江苏、西藏。

75. 冬青狭腹盾蚧

【学名】*Dynaspidiotus britannicus*（Newstead）

【危害作物】冬青、黄杨、女贞、月桂、茶树。

【分布】广东、广西、四川、湖南、江西、浙江、江苏、安徽、湖北、河南、陕西、山东。

76. 少腺单蜕盾蚧

【学名】*Fiorinia fioriniae*（Targioni-Tozzetti）

【危害作物】茶树、无花果、椿、柳、榆、栋、松、棕榈。

【分布】福建、广东、广西、云南、四川、湖南、江西、浙江、湖北。

77. 日本单蜕盾蚧

【学名】*Fiorinia japonica* Kuwana

【危害作物】茶树、松。

【分布】台湾、福建、广东、四川、江西、江苏、河南、山东。

78. 朴单蜕盾蚧

【学名】*Fiorinia minor* Maskell

【危害作物】茶树、无花果、棕榈、薜荔。

【分布】台湾、福建、广东。

79. 象鼻单蜕盾蚧

【学名】*Fiorinia proboscidaria* Green

【别名】象鼻围盾蚧。

【危害作物】柑橘、茶树。

【分布】台湾、福建、广东、江西。

80. 茶单蜕盾蚧

【学名】*Fiorinia theae* Green

【别名】茶褐围盾蚧。

【危害作物】柑橘、茶树。

【分布】台湾、福建、广东、广西、云南、贵州、四川、湖南、江西、浙江、江苏、安徽。

81. 黄炎栉圆盾蚧

【学名】*Hemiberlesia cyanophylli*（Signoret）

【别名】黄轮心蚧。

【危害作物】茶树、椰子、芒果、无花果、棕榈。

【分布】台湾、福建、广东、广西、云南、贵州、四川、湖南、江西、浙江、江苏、安徽、湖北、陕西。

82. 棕榈栉圆盾蚧

【学名】*Hemiberlesia lataniae* Signoret

【危害作物】茶树、柑橘、石榴、椰子、葡萄、芒果。

【分布】台湾、福建、广东、贵州、江西、浙江、江苏、湖北。

83. 长棘栉圆盾蚧

【学名】*Hemiberlesia palmae* (Cockerell)

【危害作物】香蕉、茶树、可可。

【分布】福建、广东、广西、云南、四川、湖南、江西、浙江、山东、西藏。

84. 桂花栉圆盾蚧

【学名】*Hemiberlesia rapax* (Comstock)

【别名】椰子枝蚧。

【危害作物】椰子、核桃、柳、柑橘、梨、苹果、茶树。

【分布】台湾、福建、广东、云南、四川、浙江、安徽。

85. 双球霍盾蚧

【学名】*Howardia biclavis* (Comstock)

【别名】双球霍盾蚧。

【危害作物】茶树、柑橘、胡椒、柿、石榴、龙眼、齐墩果。

【分布】广西、云南、贵州、四川。

86. 日本白片盾蚧

【学名】*Lopholeucaspis japonica* (Cockerell)

【别名】长白蚧、日本白片盾蚧、梨长白介、日本长白介、茶虱子。

【危害作物】茶树、苹果、梨、柑橘、榆、枫、月季、玫瑰、葡萄、槭。

【分布】台湾、福建、广东、广西、海南、云南、贵州、四川、湖南、江西、浙江、江苏、安徽、陕西、山东、西藏。

87. 长刺黑盾蚧

【学名】*Morganella longispisna* (Morgan)

【别名】长鬃圆盾蚧。

【危害作物】茶树。

【分布】福建、广东、贵州。

88. 紫牡蛎盾蚧

【学名】*Mytilaspis beckii* (Newman)

【危害作物】茶树、柑橘、栎、葡萄、紫杉、巴豆。

【分布】江苏、浙江、广东、贵州。

89. 山茶牡蛎盾蚧

【学名】*Mytilaspis camelliae* (Hoke)

【危害作物】茶树、丁香、杨、椴。

【分布】福建、广东、广西、云南、四川、浙江。

90. 葛氏牡蛎盾蚧

【学名】*Mytilaspis gloverii* (Pack)

【危害作物】橙、柚、柠檬、柑橘、柳、棕榈、橄榄、茶树。

【分布】台湾、福建、广东、广西、云南、贵州、四川、湖南、江西、浙江、江苏、安徽、湖北、山东、西藏。

91. 侧骨癞蛎盾蚧

【学名】*Paralepidosaphes laterochitinosa* (Green)

【别名】硬缘癞蛎盾蚧。

【危害作物】茶树。

【分布】云南。

92. 乌桕癞蛎盾蚧

【学名】*Paralepidosaphes tubulorum* (Ferris), 异名：*Lepidosaphes tubulorum* Ferris

【别名】乌桕癞蛎盾蚧、东方盾蚧。

【危害作物】茶树、梨、葡萄、杏、李、樱桃、柿、枣、醋栗。

【分布】台湾、福建、广东、广西、海南、云南、贵州、四川、湖南、江西、浙江、江苏、安徽、陕西、山东、西藏。

93. 山茶片盾蚧

【学名】*Parlatoria camelliae* Comstock

【危害作物】茶树、山茶。

【分布】福建、广东、云南、湖南、江西、浙江、湖北。

94. 巴豆片盾蚧

【学名】*Parlatoria crotonis* Dougoas

【危害作物】茶树、柑橘。

【分布】福建、江西。

95. 糠片盾蚧

【学名】*Parlatoria pergandei* Comstock

【危害作物】茶树、柑橘、苹果、梨、樱桃、无花果、椰子、柚、黄杨。

【分布】台湾、福建、广东、广西、云南、贵州、四川、湖南、江西、浙江、江苏、安徽、湖北、山东、西藏。

96. 黄片盾蚧

【学名】*Parlatoria proteus* (Curtis)

【危害作物】柑橘、苹果、梨、桃、柿、茶树、杏、葡萄、芒果、香蕉。

【分布】台湾、福建、广东、广西、云南、贵州、四川、湖南、江西、浙江、江苏、安徽、湖北、山东、西藏。

97. 黑片盾蚧

【学名】*Parlatoria ziziphi*（Lucas）

【危害作物】柑橘、枣、柠檬、椰子、茶树。

【分布】台湾、福建、广东、广西、云南、贵州、四川、湖南、江西、浙江、江苏、安徽。

98. 桑长盾蚧

【学名】*Parlatoria dilatata* Green

【危害作物】茶树、含笑、棕榈。

【分布】贵州。

99. 白囊盾蚧

【学名】*Parlatoria kentiae* Kuwana

【危害作物】茶树。

【分布】台湾、福建、广东、广西、云南、贵州、四川、湖南、江西、浙江、江苏、安徽、湖北、陕西。

100. 百合并盾蚧

【学名】*Pinnaspis aspidistrae*（Signoret）

【别名】橘叶长蚧。

【危害作物】茶树、柑橘、无花果、芒果。

【分布】台湾、福逮、广东、广西、云南、贵州、四川、湖南、江西、浙江、江苏、安徽、湖北、河南、陕西、山东、西藏。

101. 黄杨并盾蚧

【学名】*Pinnaspis buxi*（Bouché）

【别名】黄杨长盾蚧、黄杨并盾蚧。

【危害作物】可可、槟榔、黄杨、茶树。

【分布】福建、山东。

102. 茉莉并盾蚧

【学名】*Pinnaspis exercitata*（Green）

【别名】茉莉并盾蚧。

【危害作物】茶树。

【分布】福建。

103. 茶并盾蚧

【学名】*Pinnaspis theae*（Maskell）

【危害作物】茶树。

【分布】台湾、福建、广东、广西、海南、云南、贵州、四川、湖南、江西、浙江、江苏、安徽、湖北。

104. 单叶并盾蚧

【学名】*Pinnaspis uniloba*（Kuwana）

【别名】单叶并盾蚧。

【危害作物】茶树。

【分布】台湾、福建、广东、广西、云南、四川、湖南、江西、浙江、江苏、湖北、陕西。

105. 樟网盾蚧

【学名】*Pseudaonidia duplex*（Cockerell）

【别名】蛇眼蚧、樟圆蚧、樟盾蚧。

【危害作物】茶树、柑橘、牡丹、梨、柿、杨梅。

【分布】台湾、福建、广东、广西、海南、云南、四川、湖南、江西、浙江、江苏、安徽、陕西、山东、西藏。

106. 牡丹网盾蚧

【学名】*Pseudaonidia paeoniae*（Cokerell）

【危害作物】茶树、山楂、牡丹、芍药、椿。

【分布】台湾、福建、广东、广西、云南、贵州、四川、湖南、江西、浙江、江苏、安徽、湖北、陕西。

107. 蛇目网盾蚧

【学名】*Pseudaonidia trilobitiformis*（Green）

【别名】蚌臀网盾蚧、蚌形盾蚧。

【危害作物】柑橘、李、茶树。

【分布】台湾、福建、广东、广西、海南、云南、贵州、四川、湖南、江西、浙江、江苏、安徽、湖北、陕西。

108. 茶白盾蚧

【学名】*Pseudaulacaspis manni*（Green）

【危害作物】茶树、茄子、樫。

【分布】台湾、广东、广西、湖南。

109. 桑白盾蚧

【学名】*Pseudaulacaspis pentagona*（Targioni-Tozzetti）

【别名】桑白蚧、桑盾蚧、桃介壳虫。

【危害作物】桑、梨、樱桃、梅、杏、桃、核桃、枇杷、葡萄、茶。

【分布】台湾、福建、广东、广西、贵州、四川、江西、浙江。

110. 梨笠圆盾蚧

【学名】*Quadraspidiotus perniciosus*（Comstock）

【别名】梨圆蚧。

【危害作物】梨、苹果、枣、桃、核桃、栗、葡萄、柿、山楂、柑橘等150余种作物。

【分布】福建、广东、广西、云南、贵州、四川、湖南、江西、浙江、江苏、安徽、湖北、河南、陕西、甘肃、山东、西藏。

111. 突笠圆盾蚧

【学名】*Quadraspidiotus slavonicus*（Green）

【别名】杨齿盾蚧。

【危害作物】茶树、杨、柳。

【分布】浙江、江苏、安徽、湖北、河南、陕西、西藏。

112. 台湾角圆盾蚧

【学名】*Selenomphalus euryae*（Takahashi）

【别名】柃模盾蚧。

【危害作物】茶树。

【分布】台湾、广西、贵州、浙江。

蝉科 Cicadidae

113. 安蝉

【学名】*Chremistica ochracea*（Walker）

【别名】赭蝉、薄翅蝉。

【危害作物】茶树。

【分布】台湾、广西、贵州。

114. 蚱蝉

【学名】*Cryptotympana atrata*（Fabricius）

【别名】黑蚱蝉。

【危害作物】棉花、桑、柑橘、梨、苹果、茶树、槐、杨、柳、榆。

【分布】福建、广东、广西、云南、贵州、湖南、江西、浙江、江苏、安徽、湖北、河南、陕西。

115. 红蝉

【学名】*Huechys sanguinea*（De Geer）

【别名】红娘子。

【危害作物】桑、石榴、茶树、油茶。

【分布】台湾、福建、广东、广西、云南、贵州、湖南、江西、浙江、江苏、安徽、湖北、河南、陕西。

116. 绿草蝉

【学名】*Mogannia hebes*（Walker）

【别名】草蟟。

【危害作物】水稻、桑、茶树、甘蔗、柑橘、柿。

【分布】台湾、福建、广东、广西、四川、湖南、江西、浙江、江苏、安徽、湖北、陕西。

117. 蟪蛄

【学名】*Platypleura kaempferi*（Fabricius）

【危害作物】桑、柑橘、苹果、梨、茶树。

【分布】台湾、福建、广东、四川、湖南、江西、江苏、安徽、河南。

沫蝉科 Cercopidae

118. 桑赤隆背沫蝉

【学名】*Cosmoscarta bispecularis* White

【别名】桃沫蝉。

【危害作物】桑、茶树、桃、咖啡、三叶橡胶。

【分布】台湾、福建、广东、广西、海南、云南、贵州、四川、湖南、江西、浙江、江苏、安徽、湖北、河南。

119. 黑腹曙沫蝉

【学名】*Eoscarta assimilis* Uhler

【别名】小头沫蝉。

【危害作物】茶树。

【分布】贵州。

120. 白带沫蝉

【学名】*Obiphora intermedia*（Uhler）

【危害作物】苹果、梨、柑橘、茶树、桑、柳、榆、枣。

【分布】福建、云南、贵州、四川、湖南、江西、浙江、湖北。

121. 长沫蝉

【学名】*Philaenus* sp.

【危害作物】茶树。

【分布】贵州、湖南。

122. 土黄斑沫蝉

【学名】*Phymatostetha dorsivitta*（Walker）

【危害作物】茶树。

【分布】江西。

123. 沫蝉

【学名】*Tokiphora rugosa* Mats.

【危害作物】茶树。

【分布】四川。

尖胸沫蝉科 Aphrophoridae

124. 红腹尖胸沫蝉

【学名】*Aphrophora* sp.

【危害作物】茶树。

【分布】贵州、湖南。

角蝉科 Membracidae

125. 黑圆角蝉

【学名】*Gargara genistae*（Fabricius）

【别名】圆肩角蝉、黑肩角蝉。

【危害作物】柑橘、柿、桑、槐、苜蓿、大豆、茶树。

【分布】贵州、四川、江西、浙江、江苏、陕西、山东。

126. 圆角蝉

【学名】*Gargara* sp.

【危害作物】茶树。

【分布】福建、广东、湖南、安徽。

127. 矛角蝉

【学名】*Leptobelus decurvatus* Funk

【别名】矛角蝉。

【危害作物】茶树。

【分布】贵州、江西。

128. 牛角蝉

【学名】*Stictocephala bubalus*（Fabricius）

【别名】双角蝉。

【危害作物】苹果、茶树。

【分布】贵州、广东。

129. 油桐三刺角蝉

【学名】*Tricentrus aleuritis* Chou

【危害作物】茶树。

【分布】福建、广西、云南、四川、湖南、江西、陕西、甘肃。

叶蝉科 Cicadellidae

130. 锥顶叶蝉

【学名】*Aconura prodcta* Matsumura

【危害作物】茶树、甘蔗。

【分布】台湾、广东、江西。

131. 棉叶蝉

【学名】*Amrasca biguttula*（Ishida）

【危害作物】马铃薯、甘薯、豆科、棉、桑、蓖麻、南瓜、茄、萝卜、芝麻、烟草、苜蓿、茶树、苘麻、柑橘、梧桐等。

【分布】东北、河北、河南、陕西、山东、江苏、安徽、浙江、江西、福建、台湾、湖南、湖北、广东、广西、四川、云南、海南、贵州。

132. 隐纹条大叶蝉

【学名】*Atkinsoniella thalia* Distant

【危害作物】茶树。

【分布】云南、四川、江西。

133. 三点条大叶蝉

【学名】*Atkinsoniella triguttata* Zhang *et* Kouh

【危害作物】茶树。

【分布】福建。

134. 绿脉二室叶蝉

【学名】*Balclutha graminea* Merino

【危害作物】茶树、木芙蓉。

【分布】广东、江西、浙江。

135. 绿沟顶叶蝉

【学名】*Bhatia olivacea*（Melichar）

【危害作物】茶树。

【分布】广东、海南。

136. 滇凹大叶蝉

【学名】*Bothrogonia diana* Kuoh

【危害作物】茶树。

【分布】云南。

137. 闽凹大叶蝉

【学名】*Bothrogonia minana* Yang *et* Li

【危害作物】茶树。

【分布】福建。

138. 华凹大叶蝉

【学名】*Bothrogonia sinica* Yang *et* Li

【危害作物】茶树。

【分布】福建、云南、湖南、江西、湖北、陕西。

139. 斜脊叶蝉

【学名】*Bundera venata* Distant

【危害作物】茶树。

【分布】云南、四川。

140. 黄绿短头叶蝉

【学名】*Bythoscopus chlorophana* Melichar

【危害作物】茶树。

【分布】台湾、福建、贵州、湖南、江西、江苏、湖北。

141. 中带丽叶蝉

【学名】*Calodia yayeyamae*（Matsumura.）

【危害作物】茶树。

【分布】台湾、福建、云南。

142. 烟翅小绿叶蝉

【学名】*Chlorita limbifera* Matsumura

【危害作物】茶树。

【分布】福建、云南、贵州、江西、浙江、河南。

143. 中华消室叶蝉

【学名】*Chudania sinica* Zheng *et* Yang

【危害作物】茶树。

【分布】福建、贵州、江西。

144. 大青叶蝉

【学名】*Cicadella viridis*（Linnaeus）

【别名】青叶跳蝉、青叶蝉、大绿浮尘子等。

【危害作物】高粱、玉米、粟、小麦、水稻、甘薯、棉花、麻、花生、油菜、豆类、甘蔗、甜菜、蔬菜、桑树、茶树、苹果、梨、柑橘、杨、柳、洋槐。

【分布】台湾、广东、广西、海南、云南、贵州、四川、湖南、江西、浙江、江苏、安徽、湖北、河南、陕西、甘肃、山东、西藏。

145. 黄冠丽叶蝉

【学名】*Coelidia atkinsoni*（Distant）

【危害作物】茶树。

【分布】四川、江西。

146. 大白叶蝉

【学名】*Cofana spectra*（Distant）

【危害作物】水稻、高粱、玉米、小麦、甘蔗、桑、茶。

【分布】台湾、广东、海南，云南、湖南、江西。

147. 黄褐角顶叶蝉

【学名】*Deltocephalus brunnescens* Distant

【危害作物】小麦、茶树。

【分布】福建、贵州、湖南、江西、安徽、河南。

148. 小绿叶蝉

【学名】*Empoasca flavescens*（Fabricius）

【别名】茶叶蝉、桃小浮尘子、桃小叶蝉、桃小绿叶蝉。

【危害作物】稻、麦、高粱、玉米、大豆、蚕豆、紫云英、马铃薯、甘蔗、向日葵、花生、棉花、蓖麻、茶树、桑树、桃树和果树等。

【分布】湖北、湖南、河南、江西、山东、江苏、安徽、浙江、福建、上海、北京、天津、河北、山西、内蒙古、辽宁、吉林、黑龙江、新疆、陕西、甘肃、四川、云南、贵州、西藏、广东、广西、海南。

149. 假眼小绿叶蝉

【学名】*Empoasca vitis*（Gothe）

【危害作物】茶树、豆类、蔬菜等。

【分布】台湾、福建、广东、广西、海南、云南、贵州、四川、湖南、江西、浙江、江苏、安徽、陕西、山东。

150. 中黑斑叶蝉

【学名】*Erythroneura atrifrons*（Distant），异名：*Zygina atrifrons*（Distant）

【危害作物】花生、茶树。

【分布】江西、安徽。

151. 黑胸斑叶蝉

【学名】*Erythroneura hirayamella*（Matsumura），异名：*Zygina hirayamella*（Matsumura）

【危害作物】桑、花生、萝卜、茶树、葡萄。

【分布】江西、安徽。

152. 颜点斑叶蝉

【学名】*Erythroneura shinshana*（Matsumura）

【危害作物】茶树。

【分布】台湾、云南、贵州、湖南、安徽。

153. 光绿菱纹叶蝉

【学名】*Eutettix apricus*（Melichar）

【危害作物】茶树。

【分布】贵州、安徽、河南。

154. 菱纹姬叶蝉

【学名】*Eutettix disciguttus*（Walker）

【危害作物】桑、茶树、柑橘、蔷薇、榅桲。

【分布】台湾、福建、广东、云南、四川、湖南、浙江、安徽、山东。

155. 黑角顶带叶蝉

【学名】*Exitianus atkinsoni*（Distant）

【危害作物】木芙蓉、茶树。

【分布】福建、广东、云南、贵州、江西、河南、西藏。

156. 橙带铲头叶蝉

【学名】*Hecalus porrectus*（Walker）

【危害作物】茶树。

【分布】福建、广东、云南、贵州。

157. 拟菱纹叶蝉

【学名】*Hishimonoides sellatiformsi* Ishihara

【危害作物】桑、茶树。

【分布】江西。

158. 凹缘菱纹叶蝉

【学名】*Hishimonus sellatus*（Uhler）

【危害作物】茶树、桑、蔷薇、大麻、马铃薯、芝麻、豆类、紫云英。

【分布】山东、江苏、安徽、浙江、江西、福建、湖北、贵州。

159. 红条短头叶蝉

【学名】*Iassus conspersus*（Stål）

【危害作物】茶树。

【分布】台湾、广东、贵州、四川。

160. 箭纹小绿叶蝉

【学名】*Jacobiasca boninesis* (Matsumura)

【危害作物】苎麻、茶树。

【分布】四川、浙江。

161. 黑点网脉叶蝉

【学名】*Krisna strigicollis* (Spinola)

【危害作物】茶树。

【分布】福建、云南。

162. 黑颜单突叶蝉

【学名】*Lodiana brevis* (Walker)

【危害作物】茶树。

【分布】云南、贵州、湖南、江西。

163. 印度单突叶蝉

【学名】*Lodiana indica* (Walker)

【危害作物】茶树。

【分布】台湾、云南、贵州、四川、湖北。

164. 横带单突叶蝉

【学名】*Lodiana percultus* (Distant)

【危害作物】茶树。

【分布】云南、贵州。

165. 横带额二叉叶蝉

【学名】*Macrosteles fascifrons* (Stål)，异名：*Cicadulina bipunctella* (Mots)

【危害作物】水稻、小麦、玉米、高粱、棉花、甘蔗、茶、葡萄。

【分布】台湾、福建、广东、广西、海南、云南、贵州、四川、湖南、江西、浙江、江苏、安徽、湖北、河南、陕西、山东。

166. 四点叶蝉

【学名】*Macrosteles quadrimaculatus* (Matsumura)

【危害作物】水稻、麦类、茶树。

【分布】浙江、江西、广东、福建、四川、湖南、湖北。

167. 黑尾叶蝉

【学名】*Nephotettix bipunctatus* (Fabricius)

【别名】二小点叶蝉。

【危害作物】水稻、茭白、小麦、大麦、豆类、茶树、甜菜、甘蔗、白菜等。

【分布】台湾、福建、广东、广西、海南、云南、贵州、四川、湖南、江西、浙江、江苏、安徽、湖北、河南、陕西、山东。

168. 二条黑尾叶蝉

【学名】*Nephotettix nigropictus* (Stål)

【别名】二大点叶蝉。

【危害作物】水稻、麦、谷子、棉、甘蔗、茶树。

【分布】四川。

169. 二点黑尾叶蝉

【学名】*Nephotettix virescens* (Distant)

【危害作物】水稻、甘蔗、麦类、柑橘、茶树。

【分布】台湾、福建、广东、广西、海南、云南、贵州、四川、湖南、江西、浙江、江苏、安徽、河南、山东。

170. 褐脊匙头叶蝉

【学名】*Parabolocratus prasinus* Matsumura

【危害作物】棉花、柑橘、茶树。

【分布】福建、广东、贵州、江西、西藏。

171. 莫干山冠带叶蝉

【学名】*Paramesodes mokanshanae* Wilson

【危害作物】茶树。

【分布】浙江。

172. 一字显脉叶蝉

【学名】*Paramesus lineaticollis* Distant

【危害作物】茶树。

【分布】福建、广东、海南、云南、贵州、湖南。

173. 黄背乌叶蝉

【学名】*Penthimia flavinotum* Matsumura.

【危害作物】茶树。

【分布】贵州。

174. 乌叶蝉

【学名】*Penthimia guttula* Matsumura

【危害作物】茶树。

【分布】台湾、福建。

175. 黑乌叶蝉

【学名】*Penthimia nitida* Lethierry

【危害作物】苹果、梨、茶树。

【分布】台湾、福建。

176. 茶乌叶蝉

【学名】*Penthimia theae* Matsumura

【危害作物】茶树。

【分布】浙江、安徽。

177. 红边片头叶蝉

【学名】*Petalocephala manchurica* Kato

【危害作物】茶树。

【分布】贵州、江西、山东。

178. 电光叶蝉

【学名】*Recilia dorsalis*（Motschulsky）

【危害作物】水稻、玉米、高粱、麦类、粟、甘蔗、柑橘、茶树等。

【分布】台湾、福建、广东、海南、贵州、四川、湖南、江西、浙江、江苏、安徽、湖北、河南。

179. 横带叶蝉

【学名】*Scaphoideus festivus* Matsumura

【危害作物】水稻、茶树。

【分布】台湾、福建、云南、贵州、浙江。

180. 双线拟隐脉叶蝉

【学名】*Sophonia longitudinalis*（Distant）

【危害作物】茶树。

【分布】贵州、江西、江苏。

181. 纯色拟隐脉叶蝉

【学名】*Sophonia unicolor*（Kuoh *et* Kuoh）

【危害作物】茶树。

【分布】福建。

182. 白边大叶蝉

【学名】*Tettigoniella albomarginata*（Signoret）

【危害作物】水稻、棉花、甘蔗、桑、柑橘、茶树。

【分布】台湾、福建、广东、海南、四川、浙江、江苏。

183. 黑尾大叶蝉

【学名】*Bothrogonia ferruginea*（Fabricius）

【危害作物】桑、甘蔗、大豆、向日葵、茶树、油茶、柑橘、苹果、梨、桃。

【分布】台湾、福建、广东、广西、海南、云南、贵州、四川、湖南、江西、浙江、江苏、安徽、湖北、河南、陕西、山东。

184. 长斑黑尾大叶蝉

【学名】*Tettigoniella indiatincta* Walker

【危害作物】茶树。

【分布】福建。

185. 角胸叶蝉

【学名】*Tituria angulata*（Matsumura）

【危害作物】茶树。

【分布】台湾、广东、海南、江西。

186. 蔷薇小叶蝉

【学名】*Typhlocyba rosae*（L.）

【危害作物】蔷薇、茶树、田麻、槲。

【分布】贵州、四川、江西。

广翅蜡蝉科 Ricaniidae

187. 带纹疏广蜡蝉

【学名】*Euricania fascialis*（Walker）

【别名】带纹广翅蜡蝉。

【危害作物】水稻、向日葵、核桃、柑橘、茶树、桑、洋槐。

【分布】福建、广东、云南、贵州、四川、湖南、江西、浙江、江苏、安徽。

188. 眼纹疏广蜡蝉

【学名】*Euricania ocellus*（Walker）

【危害作物】桑、茶树、柑橘。

【分布】台湾、广东、广西、海南、贵州、四川、湖南、江西、浙江、江苏、安徽、湖北、陕西。

189. 白斑宽广蜡蝉

【学名】*Pochazia albomaculata* Uhler

【危害作物】茶树。

【分布】福建、贵州、湖南、江西、山东。

190. 眼斑宽广蜡蝉

【学名】*Pochazia discreta* Melichar

【危害作物】茶树、钩藤。

【分布】广东、湖南、江西、浙江。

191. 圆纹宽广蜡蝉

【学名】*Pochazia guttifera* Walker

【危害作物】茶树。

【分布】福建、湖南、湖北。

192. 胡椒宽广蜡蝉

【学名】*Pochazia pipera* Distant

【危害作物】胡椒、茶树。

【分布】台湾、广东、广西。

193. 可可广翅蜡蝉

【学名】*Ricania cacaonis* Chou *et* Lu

【危害作物】茶树、可可。

【分布】广东、海南、湖南。

194. 琥珀广翅蜡蝉

【学名】*Ricania japonica* Melichar

【危害作物】桑、苎麻、茶树、苹果、梨、柑橘。

【分布】台湾、福建、广东、海南、江西、浙江、安徽。

195. 缘纹广翅蜡蝉

【学名】*Ricania marginalis*（Walker）

【危害作物】茶树、油茶、咖啡、桃。

【分布】广东、广西、湖南、浙江、安徽、湖北。

196. 粉黛广翅蜡蝉

【学名】*Ricania pulverosa* Stål

【危害作物】柑橘、可可、咖啡、茶树。

【分布】台湾、福建、广东、广西、海南、四川、江西、浙江。

197. 钩纹广翅蜡蝉

【学名】*Ricania simulans* Walker

【危害作物】桑、苎麻、茶树、苹果、梨、柑橘。

【分布】台湾、福建、广东、广西、海南、四川、湖南、江西、山东。

198. 八点广翅蜡蝉

【学名】*Ricania speculum*（Walker）

【危害作物】桑、柑橘、苹果、梨、桃、茶树、油茶、杨柳、蔷薇、紫胶。

【分布】台湾、福建、广东、广西、海南、云南、贵州、四川、湖南、江西、浙江、江苏、安徽、湖北、河南、陕西。

199. 柿广翅蜡蝉

【学名】*Ricania sublimbata* Jacobi

【危害作物】柿、山楂、茶树。

【分布】台湾、福建、广东、广西、湖南、江西、安徽、山东。

200. 褐带广翅蜡蝉

【学名】*Ricania taeniata* Stål

【危害作物】水稻、玉米、甘蔗、柑橘、茶树。

【分布】台湾、广东、广西、贵州、江西、浙江、江苏、湖北、陕西。

蛾蜡蝉科 Flatidae

201. 碧蛾蜡蝉

【学名】*Geisha distinctissima*（Walker）

【别名】碧蜡蝉、黄翅羽衣。

【危害作物】栗、甘蔗、花生、玉米、向日葵、茶树、桑树、柑橘、苹果、梨、栗、龙眼等。

【分布】山东、台湾、江苏、安徽、湖北、河南、陕西、浙江、江西、湖南、福建、广东、广西、海南、四川、贵州、云南等地。

202. 紫络蛾蜡蝉

【学名】*Lawana imitata* Melichar

【危害作物】茶树。

【分布】福建、广东、广西、海南、云南。

203. 褐缘蛾蜡蝉

【学名】*Salurnis marginella*（Guèrin）

【别名】青蛾蜡蝉。

【危害作物】玉米、水稻、茶树、柑橘、柚子、咖啡。

【分布】台湾、福建、广东、广西、海南、云南、贵州、四川、湖南、江西、浙江、江苏、安徽、湖北。

菱蜡蝉科 Cixiidae

204. 斑帛菱蜡蝉

【学名】*Borysthenes maculatus*（Matsumura.）

【危害作物】茶树。

【分布】台湾、福建、广西、湖南、江西。

象蜡蝉科 Dictyopharidae

205. 伯瑞象蜡蝉

【学名】*Dictyophara patruelis*（Stål）

【别名】长头象蜡蝉、苹果象蜡蝉。

【危害作物】水稻、甘薯、桑、甘蔗、苹果、茶树。

【分布】台湾、福建、广东、广西、海南、云南、贵州、四川、湖南、江西、浙江、江苏、安徽、湖北、陕西、山东。

扁蜡蝉科 Tropiduchidae

206. 娇弱鳎扁蜡蝉

【学名】*Tambinia debilis* Stål

【危害作物】棉花、桑、茶树、蓖麻、茄子、柑橘、咖啡、樟。

【分布】台湾、广东、江西、浙江、安徽。

瓢蜡蝉科 Issidae

207. 恶性席瓢蜡蝉

【学名】*Sivaloka damnosus* Chou *et* Lu

【危害作物】茶树。

【分布】湖南、陕西。

（九）鞘翅目 Coleoptera

鳃金龟科 Melolonthidae

1. 岛歪鳃金龟

【学名】*Cyphochilus insulanus* Moser

【别名】粉白金龟。

【危害作物】油茶、茶树。

【分布】湖南、江西、江苏。

2. 台齿爪鳃金龟

【学名】*Holotrichia formosana* Moser

【别名】拟毛黄鳃金龟。

【危害部位】甜高粱、茶树、甘蔗。

【分布】台湾、福建、广西、贵州、江西、浙江、江苏、安徽、陕西、山东。

3. 暗黑鳃金龟

【学名】*Holotrichia parallela* Motschulsky

【危害作物】棉、大麻、亚麻、蓖麻、花生、大豆、豆类、小麦、玉米、桑、苹果、梨、柑橘、杨、榆等。

【分布】黑龙江、吉林、辽宁、河北、北京、天津、河南、山西、山东、江苏、安徽、浙江、湖北、四川、贵州、云南、陕西、青海、甘肃。

4. 华北大黑鳃金龟

【学名】*Holotrichia oblita*（Faldermann）

【危害作物】苹果、梨、核桃、茶树、桑、榆、小麦、玉米、棉花、大豆、甜菜、花生、马铃薯。

【分布】四川、湖南、江西、浙江、江苏、安徽、湖北、河南、陕西、甘肃、山东。

5. 毛黄鳃金龟

【学名】*Holotrichia trichophora*（Fairmaire）

【危害作物】玉米、高粱、谷子、大豆、花生、芝麻、茶树、果树幼苗。

【分布】福建、江西、陕西、河南、山东。

6. 小阔胫鳃金龟

【学名】*Maladera ovatula*（Faimaire）

【危害作物】茶树。

【分布】福建、广东、广西、江西、浙江、江苏、安徽、河南、陕西、山东。

丽金龟科 Rutelidae

7. 毛喙丽金龟

【学名】*Adoretus hirsutus* Ohaus

【危害作物】大豆、苜蓿、茶树。

【分布】福建、广东、湖南、浙江、河南、陕西、山东。

8. 中华喙丽金龟

【学名】*Adoretus sinicus* Burmeister

【危害作物】玉米、花生、大豆、甘蔗、苎麻、蓖麻、黄麻、棉、柑橘、苹果、桃、橄榄、可可、油桐、茶树等各种林木。

【分布】山东、江苏、浙江、安徽、江西、湖北、湖南、广东、广西、福建、台湾、海南、云南、四川、河南。

9. 斑喙丽金龟

【学名】*Adoretus tenuimaculatus* Waterhouse

【别名】茶色金龟子，葡萄丽金龟。

【危害作物】玉米、棉花、高粱、黄麻、芝麻、大豆、水稻、菜豆、芝麻、向日葵、苹果、梨、茶树等以及其他蔬菜果木。

【分布】陕西、河北、山东、安徽、江苏、上海、浙江、江西、福建、广东、广西、湖南、湖北、贵州、四川、台湾、海南、云南等地。

10. 铜绿异丽金龟

【学名】*Anomala corpulenta* Motschulsky

【别名】铜绿金龟子、青金龟子、淡绿金龟子。

【危害作物】玉米、高粱、麻类、豆类、麦类、甜菜、花生、棉、茶树、及苹果、沙果、榆、柏、槐、核桃、山楂等果木。

【分布】福建、广东、广西、海南、云南、贵州、四川、湖南、湖北、江西、浙江、江苏、安徽、河南、陕西、山东。

11. 膨翅异丽金龟

【学名】*Anomala expansa* Bates

【别名】甘蔗金龟子。

【危害作物】黄麻、柑橘、甘蔗、油桐、葡萄、茶树、芒果。

【分布】台湾、福建、广东、广西、四川、江西。

12. 缘边异丽金龟

【学名】*Anomala limbifera* Ohaus

【危害作物】甘蔗、茶树。

【分布】台湾、江西。

13. 土黄异丽金龟

【学名】*Anomala siniopyga* Ohaus

【危害作物】柑橘、茶树。

【分布】台湾、江西。

14. 红足异丽金龟

【学名】*Anomala cupripes* Hope

【别名】红脚绿金龟、红脚丽金龟、大绿丽金龟。

【危害作物】甘蔗、柑橘、黄麻、油桐、豇豆、葡萄、茶树。

【分布】台湾、福建、广东、广西、海南、云南、四川、湖南、江西、浙江、安徽、湖北。

15. 墨绿彩丽金龟

【学名】*Mimela splendens* (Gyllenhal)

【别名】茶条金龟。

【危害作物】苹果、油桐、李、茶树。

【分布】江西。

16. 无斑弧丽金龟

【学名】*Popillia mutans Newman*

【危害作物】棉、葡萄、豆类、咖啡、茶树。

【分布】台湾、福建、四川、江西、浙江、江苏、甘肃。

17. 四纹弧丽金龟

【学名】*Popillia quadriguttata* Fabricius

【别名】中华弧丽金龟、四纹丽金龟、豆金龟子、四斑丽金龟。

【危害作物】茶、苹果、梨、棉花。食性杂，可为害19科、30种以上的植物。

【分布】福建、广东、广西、海南、云南、贵州、四川、湖南、江西、浙江、江苏、安徽、湖北、河南、陕西、山东。

花金龟科 Cetoniidae

18. 小青花金龟

【学名】*Oxycetonia jucunda* (Faldermann)

【危害作物】棉、苹果、梨、柑橘、甜菜、葡萄、茶树。

【分布】台湾、福建、广东、广西、海南、云南、贵州、四川、湖南、江西、浙江、江苏、安徽、湖北、河南、甘肃、山东。

19. 日本罗花金龟

【学名】*Rhomborrhina japonica* Hope

【危害作物】茶树、柑橘。

【分布】福建、云南、四川、江西、浙江、安徽、湖北、河南、陕西。

绢金龟科 Sericidae

20. 东方绢金龟

【学名】*Serica orientalis* (Motschulsky)

【别名】天鹅绒金龟子、东方金龟子。

【危害作物】水稻、玉米、麦类、苜蓿、棉花、苎麻、胡麻、大豆、芝麻、甘薯等农作物，蔷薇科果树、柿、葡萄、桑、茶树、杨、柳、榆及十字花科植物。

【分布】台湾、福建、广东、广西、海南、云南、贵州、四川、湖南、江西、浙江、江苏、安徽、湖北、河南、陕西、山东。

蜉金龟科 Aphodiidae

21. 两斑蜉金龟

【学名】*Aphodius elegans* Allibert

【别名】大黑斑金龟。

【危害作物】茶树。

【分布】四川、西藏。

犀金龟科 Dynastidae

22. 双叉犀金龟

【学名】*Allomyrina dichotoma* (L.)

【别名】独角仙。

【危害作物】桑、榆、无花果、茶树。

【分布】浙江。

吉丁甲科 Buprestidae

23. 茶窄吉丁

【学名】*Agrilus* sp.

【危害作物】茶树、油茶、野葡萄、大青。

【分布】福建、广东、广西、云南、贵州、四川、湖南、江西、浙江、安徽。

24. 林奈纹吉丁

【学名】*Coraebus linnei* Obenberger

【危害作物】茶树。

【分布】云南、四川、湖南、江西。

叩甲科 Elateridae

25. 丝锥尾叩甲

【学名】*Agriotes sericatus* Schwarz

【别名】茶叩头甲。

【危害作物】茶树、桃、胡桃、大麻、草莓、瓜类、萝卜。

【分布】福建、广东、湖南、浙江、江苏、安徽、河南、山东。

26. 细胸锥尾叩甲

【学名】*Agriotes subvittatus* Motschulsky

【危害作物】麦类、玉米、高粱、亚麻、向日葵、苜蓿、马铃薯、甜菜、豆类、棉花、洋麻、甘薯、茶树。

【分布】福建、广西、云南、贵州、湖南、江西、浙江、江苏、安徽、湖北、河南、陕西、山东。

27. 沟叩头甲

【学名】*Pleonomus canaliculatus*(Faldermann)

【危害作物】麦类、玉米、高粱、谷子、大麻、苘麻、洋麻、豆类、甘薯、马铃薯、甜菜、棉花、向日葵、苜蓿、高粱、茶树。

【分布】云南、贵州、湖南、江西、浙江、江苏、安徽、湖北、河南、陕西、山东。

露尾甲科 Nitidulidae

28. 棉露尾甲

【学名】*Haptoncus luteotus*(Erichson)

【别名】茶花露尾甲。

【危害作物】棉花、瓜类、茶树。

【分布】台湾、福建、广东、海南、四川、湖南、江西、浙江、安徽、湖北。

瓢甲科 Coccinellidae

29. 稻红瓢虫

【学名】*Micraspis discolor*(Fabricius)

【别名】亚麻红瓢虫。

【危害作物】水稻、玉米、油菜、茶树、亚麻等作物的花药。

【分布】福建、湖北、湖南、广西、广东、四川、云南。

拟步甲科 Tenebrionidae

30. 沙潜

【学名】*Opatrum subaratum* Faldermann

【别名】拟步甲、类沙土甲。

【危害作物】小麦、大麦、高粱、玉米、粟、苜蓿、大豆、花生、甜菜、瓜类、麻类、苹果、梨、茶树。

【分布】安徽、湖南、江西、甘肃、宁夏、河南、陕西。

芫菁科 Meloidae

31. 短翅豆芫菁

【学名】*Epicauta aptera* Kaszab

【危害作物】茶树。

【分布】福建、广西、四川、江西、浙江。

32. 中华豆芫菁

【学名】*Epicauta chinensis* Laporte

【危害作物】豆类、花生、甜菜、茶树。

【分布】台湾、四川、湖南、江西、浙江、江苏、安徽、湖北、河南、陕西、山东。

33. 毛角豆芫菁

【学名】*Epicauta hirticornis*(Haag-Rutenberg)

【危害作物】茶树、蔬菜。

【分布】台湾、福建、广东、广西、云南、四川、湖南、江西、浙江、西藏。

34. 毛胫豆芫菁

【学名】*Epicauta tibialis* Waterhouse

【危害作物】花生、茶树。

【分布】台湾、福建、广东、广西、云南、贵州、湖南、江西、浙江、江苏、安徽、陕西、山东。

35. 曲纹斑芫菁

【学名】*Mylabris schonherri* Billberg

【危害作物】茶树。

【分布】广东、广西、江西。

天牛科 Cerambycidae

36. 楝闪光天牛

【学名】*Aeolesthes induta*(Newman)

【别名】楝树天牛、株闪光天牛、贼老虫。

【危害作物】茶树、山茶、油茶、柑橘、柠檬、楝、乌桕、松。

【分布】台湾、福建、广东、广西、海南、云南、贵州、四川、湖南、江西、浙江、安徽、湖北、河南。

37. 山茶连突天牛

【学名】*Anastathes parva hainana* Gressitt

【危害作物】山茶、茶树。

【分布】福建、广东、广西、海南。

38. 星天牛

【学名】*Anoplophora chinensis*(Förster)

【危害作物】苹果、梨、柑橘、樱桃、枇杷、桑、杨柳、茶树、枣、榆洋槐、苦楝。

【分布】台湾、福建、广东、广西、海南、云南、贵州、四川、湖南、江西、浙江、江苏、安徽、湖北、河南、陕西、山东。

39. 楝星天牛

【学名】*Anoplophora horsfieldi*（Hope）

【危害作物】楝、茶树。

【分布】福建、广东、海南、云南、贵州、四川、湖南、江西、浙江、江苏、安徽、湖北、河南、陕西。

40. 黄斑星天牛

【学名】*Anoplophora nobilis*（Ganglbauer）

【危害作物】杨、柳、榆、茶树。

【分布】福建、四川、浙江、河南、陕西、宁夏、甘肃。

41. 三斑长毛天牛

【学名】*Arctolamia margaretae*（Gilmour）

【危害作物】茶树。

【分布】广西、云南、贵州、四川。

42. 黑跗眼天牛

【学名】*Bacchisa atritarsis*（Picard）

【别名】茶红颈天牛、蓝翅天牛、油茶蓝翅天牛。

【危害作物】茶树、油茶、梨、苹果等。

【分布】台湾、福建、广东、广西、海南、云南、贵州、四川、湖南、江西、浙江、安徽、湖北、河南、陕西。

43. 茶眼天牛

【学名】*Bacchisa comata*（Gahan）

【危害作物】茶树。

【分布】福建、广东、广西、云南。

44. 梅眼天牛

【学名】*Bacchisa fortunei japonica*（Gahan）

【危害作物】茶树。

【分布】贵州。

45. 云斑天牛

【学名】*Batocera lineolata* Chevrolat

【危害作物】栗、核桃、枇杷、无花果、喷壶、梨、茶树、杨、柳、泡桐。

【分布】台湾、福建、广东、广西、海南、云南、贵州、四川、湖南、江西、浙江、江苏、安徽、湖北、河南、陕西、山东、西藏。

46. 深斑灰天牛

【学名】*Blepephaeus succinctor*（Chevrolat）

【危害作物】海红豆、藤茶、茶树。

【分布】台湾、广东、广西、云南、四川、湖南、江西、浙江、江苏。

47. 油茶红天牛

【学名】*Erythrus blairi* Gressitt

【危害作物】茶树、油茶。

【分布】福建、广东、广西、云南、贵州、湖南、江西、浙江、江苏、安徽、湖北、陕西。

48. 红天牛

【学名】*Erythrus championi* White

【危害作物】茶树。

【分布】福建、广东、广西、云南、四川、湖南、江西、浙江。

49. 樟彤天牛

【学名】*Eupromus ruber*（Dalman）

【危害作物】樟、茶树、楠。

【分布】台湾、福建、广东、广西、海南、贵州、四川、湖南、江西、浙江、江苏、湖北。

50. 黑盾阔嘴天牛

【学名】*Euryphagus lundii* Fabricius

【危害作物】茶树。

【分布】福建。

51. 眼斑齿胫天牛

【学名】*Paraleprodera diophthalmus*（Pascoe）

【危害作物】茶树。

【分布】福建、云南、贵州、四川、湖南、江西、浙江、江苏、安徽、湖北、河南、陕西、山东。

52. 橘狭胸天牛

【学名】*Philus antennatus*（Gyllenhal）

【危害作物】柑橘、茶树。

【分布】福建、广东、广西、海南、湖南、江西、浙江、江苏、安徽、河南。

53. 圆眼天牛

【学名】*Phyodexia concinna* Pascoe

【危害作物】茶树。

【分布】广西、云南。

54. 茶丽天牛

【学名】*Rosalia lameerei* Brongniart

【危害作物】茶树。

【分布】台湾、云南、四川。

55. 拟蜡天牛

【学名】*Stenygrinum quadrinotatum* Bates

【危害作物】茶树、栗、栎、槲、桑。

【分布】台湾、广西、云南、贵州、四川、湖南、江西、浙江、江苏、安徽、河南、陕西、山东。

56. 粗脊天牛

【学名】*Trachylophus sinensis* Gahan

【危害作物】茶树。

【分布】台湾、福建、广东、广西、海南、云南、贵州、四川、湖南、江西、浙江、安徽、湖北。

57. 茶脊虎天牛

【学名】*Xylotrechus theae* Gressitt

【危害作物】茶树。

【分布】贵州。

58. 挂墩切缘天牛

【学名】*Zegriades gracilicornis* Gressitt

【危害作物】茶树。

【分布】福建、湖南。

负泥虫科 Crioceridae

59. 腹凸负泥虫

【学名】*Lilioceris neptis*（Weise）

【危害作物】茶树。

【分布】台湾、福建。

肖叶甲科 Eumolpidae

60. 桑皱鞘肖叶甲

【学名】*Abirus fortunei*（Baly）

【危害作物】茶树、桑、榆。

【分布】福建、广东、广西、海南、云南、贵州、四川、湖南、江西、浙江、江苏、湖北、山东。

61. 隆脊角胸肖叶甲

【学名】*Basilepta leechi*（Jacoby）

【危害作物】茶树。

【分布】福建、广东、广西、云南、贵州、四川、湖南、江西、浙江、江苏、湖北。

62. 黑足角胸肖叶甲

【学名】*Basilepta melanopus*（Lefèvre）

【危害作物】茶树。

【分布】福建、广东、广西、四川、湖南、江西、湖北。

63. 毛股沟臀肖叶甲

【学名】*Colaspoides femoralis* Lefèvre

【危害作物】茶树。

【分布】福建、广东、广西、云南、贵州、四川、湖南、江西、浙江、江苏、湖北、河南、山东。

64. 刺股沟臀肖叶甲

【学名】*Colaspoides opaca* Jacoby

【危害作物】茶树。

【分布】湖南、江西。

65. 索氏沟臀肖叶甲

【学名】*Colaspoides sauteri* Chûjô

【危害作物】茶树。

【分布】台湾、福建、广东、广西、贵州、四川、湖北、山东。

66. 粗刻茶肖叶甲

【学名】*Demotina bowringi* Baly

【危害作物】茶树。

【分布】福建、海南、江西。

67. 黑纹茶肖叶甲

【学名】*Demotina fasciata* Baly

【危害作物】茶树。

【分布】江西。

68. 茶肖叶甲

【学名】*Demotina fasciculata* Baly

【危害作物】茶树、栎树。

【分布】福建、广东、海南、贵州、江西、安徽。

69. 黄角茶肖叶甲

【学名】*Demotina flavicornis* Tan *et* Zhou

【危害作物】茶树。

【分布】福建。

70. 油茶肖叶甲

【学名】*Demotina thei* Chen

【危害作物】油茶、茶树。

【分布】广西、云南。

71. 瘤鞘茶肖叶甲

【学名】*Demotina tuberosa* Chen

【危害作物】茶树。

【分布】福建、江西。

72. 黄毛额肖叶甲

【学名】*Diapromorpha pallens*（Fabricius）

【危害作物】茶树。

【分布】海南、云南。

73. 双带方额肖叶甲

【学名】*Physauchenia bifasciata*（Jacoby）

【危害作物】茶树、算盘子、黑荆树、柑橘。

【分布】台湾、福建、广东、广西、海南、云南、四川、湖南、江西、浙江、江苏、安徽、湖北。

74. 红胸扁角肖叶甲

【学名】*Platycorynus igneicollis*（Hope）

【危害作物】茶树。

【分布】福建、广东、海南、江西、浙江、江苏、安徽。

75. 黑额光肖叶甲

【学名】*Smaragdina nigrifrons* Hope

【危害作物】酸枣、榆、茶树。

【分布】台湾、福建、广东、广西、海南、贵州、湖南、江西、浙江、江苏、安徽、湖北、河南、陕西、山东、辽宁、吉林、黑龙江。

叶甲科 Chrysomelidae

76. 钩殊角萤叶甲

【学名】*Agetocera deformicornis* Laboissiere

【危害作物】茶树。

【分布】云南、贵州、四川、浙江。

77. 茶殊角萤叶甲

【学名】*Agetocera mirabilis*（Hope）

【危害作物】茶树。

【分布】台湾、广东、广西、云南、江西、浙江、江苏。

78. 黄足黄守瓜

【学名】*Aulacophora indica*（Gmelin），异名：*Aulacophora femoralis chinensis* Weise

【别名】黄守瓜。

【危害作物】柑橘、苹果、李、桃、茶树、瓜类。

【分布】台湾、福建、广东、广西、海南、云南、贵州、四川、湖南、江西、浙江、江苏、安徽、湖北、河南、陕西、甘肃、山东、西藏。

79. 黑足黄守瓜

【学名】*Aulacopora nigripennis* Motschulsky

【危害作物】瓜类、茶树。

【分布】福建、广东、广西、海南、四川、江西、浙江、江苏、湖北、陕西、山东。

80. 黄斑隐头叶甲

【学名】*Cryptocephalus luteosignatus* Pic

【危害作物】茶树。

【分布】台湾、福建、广东、海南、江西、浙江、江苏。

81. 三带隐头叶甲

【学名】*Cryptocephalus trifasciatus* Fabricius

【危害作物】茶树。

【分布】福建、江西。

82. 菱小萤叶甲

【学名】*Galerucella nipponensis*（Laboissiere）

【危害作物】茶树。

【分布】四川、江西、江苏。

83. 桑黄米萤叶甲

【学名】*Mimastra cyanura*（Hope）

【危害作物】桑、大麻、苎麻、柑橘、苹果、梨、茶树、榉、梧桐、榆。

【分布】福建、广东、广西、云南、贵州、四川、江西、浙江、湖北。

84. 双斑长跗萤叶甲

【学名】*Monolepta hieroglyphica*（Motschulsky）

【别名】双斑萤叶甲、四目叶甲。

【危害作物】大豆、马铃薯、棉花、苘麻、洋麻、蓖麻、甘蔗、玉米、茶树、甘蓝。

【分布】台湾、福建、广东、广西、海南、云南、贵州、四川、湖南、江西、浙江、江苏、安徽、湖北、河南、陕西、山东。

85. 竹长跗萤叶甲

【学名】*Monolepta pallidula*（Baly）

【危害作物】茶树、竹。

【分布】台湾、福建、广东、广西、海南、云南、贵州、四川、湖南、江西、浙江、江苏、安徽、湖北、河南、西藏。

86. 四斑长跗萤叶甲

【学名】*Monolepta quadriguttata*（Motschulsky）

【危害作物】棉花、大豆、花生、玉米、马铃薯、大麻、红麻、苘麻、甘蓝、白菜、蓖麻、糜子、甘蔗、茶树、柳等。

【分布】东北、华北地区及江苏、浙江、湖北、广西、宁夏、甘肃、陕西、四川、云南、贵州、台湾。

87. 黄曲条跳甲

【学名】*Phyllotreta striolata*（Fabricius）

【别名】黄条跳蚤、亚麻跳甲。

【危害作物】油菜、白菜、萝卜、瓜类、茶树等。

【分布】台湾、福建、广东、广西、海南、云南、贵州、四川、湖南、江西、浙江、江苏、安徽、湖北、河南、陕西、山东、西藏。

88. 黄条跳甲

【学名】*Phyllotreta vittata*（Fabricius）

【危害作物】茶树、甘蓝。

【分布】台湾、福建、广东、广西、海南、云南、贵州、四川、湖南、江西、浙江、江苏、安徽、湖北、河南、陕西、山东。

89. 油菜蚤跳甲

【学名】*Psylliodes punctifrons* Baly

【危害作物】茶树。

【分布】福建、广东、云南、贵州、四川、湖南、江西、浙江、江苏、安徽、湖北、河南、陕西、山东、西藏。

铁甲科 Hispidae

90. 北锯龟甲

【学名】*Basiprionota bisignata*（Boheman）

【别名】黄盾叶甲。

【危害作物】柑橘、茶树、泡桐、楸、梓。

【分布】广东、广西、云南、浙江、河南。

91. 韵色龟甲

【学名】*Cassida versicolor*（Boheman）

【危害作物】苹果、茶树。

【分布】四川。

92. 黑缝狭龟甲

【学名】*Glyphocassis lepida*（Spaeth）

【危害作物】茶树。

【分布】四川。

93. 甘薯蜡龟甲

【学名】*Laccoptera quadrimaculata*（Thunberg）

【危害作物】甘薯、茶树。

【分布】台湾、福建、贵州、四川、湖南、江西、浙江、江苏、湖北。

象甲科 Curculionidae

94. 甘薯长足象

【学名】*Alcidodes waltoni*（Boheman）

【别名】甘薯大象甲。

【危害作物】茶树。

【分布】台湾、福建、广东、广西、海南、云南、四川、湖南、江西、浙江、湖北。

95. 豆细口梨象

【学名】*Apion collare* Schilsky

【别名】豆长喙小象。

【危害作物】茶树、梨、柑橘、樱桃、棉、甘薯、菜豆、绿豆。

【分布】云南、贵州、四川、江西、浙江、安徽、河南。

96. 枝卷象

【学名】*Apoderus brachialis* Voss

【危害作物】茶树。

【分布】台湾。

97. 红腹卷象

【学名】*Apoderus erythrogaster* Vollenhoven

【危害作物】茶树。

【分布】四川。

98. 尖尾卷象甲

【学名】*Apoderus nigroapicatus* Jekel

【别名】黑尾卷叶象。

【危害作物】茶树、乌桕、洋槐。

【分布】台湾、福建、广东、广西、海南、云南、四川、湖南、江西、浙江、江苏、山东。

99. 茶圆腹象

【学名】*Blosyrus* sp.

【危害作物】茶树。

【分布】广东。

100. 小卵象

【学名】*Calomycterus obconicus* Chao

【别名】棉小卵象。

【危害作物】棉、桑、油菜、大豆、苎麻、乌桕、枫杨、茶树。

【分布】福建、广东、四川、江西、浙江、江苏、陕西。

101. 中华山茶象

【学名】*Curculio chinensis* Chevrolat

【别名】山茶象甲。

【危害作物】茶树、油茶。

【分布】台湾、福建、广东、广西、海南、云南、贵州、四川、湖南、江西、浙江、江苏、安徽、湖北、河南、陕西。

102. 蒙栎象甲

【学名】*Curculio sikkimensis*（Roelofs）

【危害作物】茶树。

【分布】四川。

103. 浅灰瘤象

【学名】*Dermatoxenus caesicollis*（Gyllenhal）

【危害作物】茶树。

【分布】福建、台湾、广西、云南、四川、江西、浙江、江苏、安徽。

104. 短带长颚象

【学名】*Eugnathus distinctus* Roelofs

【危害作物】大豆、小豆、棉花、梨、茶树。

【分布】台湾、福建、湖南、江西、浙江、江苏、安徽。

105. 黄足坑沟象甲

【学名】*Hyperstylus pallipes* Roelofs

【危害作物】茶树。

【分布】福建、广西、湖南。

106. 大绿象甲

【学名】*Hypomeces squamosus*（Fabricius）

【别名】绿绒象甲、绿鳞象甲。

【危害作物】茶树、柑橘、柠檬、苹果、梨、棉花、桑、玉米、甘蔗、水稻、大豆、甘薯。

【分布】台湾、福建、广东、广西、云南、贵州、湖南、江西、浙江、江苏、安徽、湖北、河南。

107. 茶芽翠象

【学名】*Lepropus apicatus* Mshl

【危害作物】茶树。

【分布】贵州、湖南。

108. 黄条翠象

【学名】*Lepropus flavovittatus* Pascoe

【危害作物】茶树。

【分布】福建、江西。

109. 圆筒筒喙象

【学名】*Lixus mandaranus fukienensis* Voss

【危害作物】茶树。

【分布】福建、广西、四川、湖南、江西、浙江、陕西。

110. 褐斑圆筒象

【学名】*Macrocorynus plumbeus* Formanek

【危害作物】茶树。

【分布】云南、四川、江西。

111. 茶丽纹象

【学名】*Myllocerinus aurolineatus* Voss

【别名】茶叶象岬、黑绿象虫、长角青象虫、茶小黑象鼻虫、小绿象鼻虫。

【危害作物】油茶、茶树。

【分布】台湾、福建、广东、广西、海南、云南、贵州、四川、湖南、江西、浙江、江苏、安徽、湖北。

112. 赭丽纹象

【学名】*Myllocerinus ochrolineatus* Voss

【危害作物】茶树。

【分布】福建、广西、四川。

113. 四斑粗腿象

【学名】*Ochyromera quadrimaculata* Voss

【危害作物】茶树。

【分布】福建、贵州、江西、浙江、安徽。

114. 尖齿尖象

【学名】*Phytoscaphus dentirostris* Voss

【危害作物】茶树。

【分布】福建、广东、广西、云南、四川、江西。

115. 日本灰象

【学名】*Sympiezomias lewisi*（Roelfs）

【危害作物】柑橘、梨、桃、杏、茶树。

【分布】江西、浙江、福建、广东、湖南、湖北。

116. 木蠹象

【学名】*Pissodes* sp.

【危害作物】茶树。

【分布】云南。

117. 柑橘灰象

【学名】*Sympiezomias citri* Chao

【危害作物】柑橘、棉花、茶树。

【分布】福建、广东、广西、海南、云南、贵州、四川、湖南、江西、浙江、江苏、安徽、湖北、陕西。

118. 铜光纤毛象

【学名】*Tanymecus circumdatus* Wiedemann

【危害作物】茶树、甘蔗。

【分布】台湾、云南、湖南、安徽。

119. 长尾纤毛象

【学名】*Tanymecus hercules* Desbrochers

【危害作物】茶树。

【分布】云南。

小蠹科 Scolytidae

120. 茶枝小蠹

【学名】*Xyleborus fornicatus* Eichhoff

【危害作物】茶树、咖啡。

【分布】台湾、福建、广东、广西、海南、云南、贵州、四川、湖南、西藏。

（十）鳞翅目 Lepidoptera

蝙蝠蛾科 Hepialidae

1. 疣纹蝙蝠蛾

【学名】*Phassus excrescens* Butler

【危害作物】茶树、梨、葡萄、桃、核桃、枇杷、樱桃、柳、栎、桐。

【分布】云南、湖南、江西、安徽、湖北，河南。

2. 巨疖蝙蝠蛾

【学名】*Phassus giganodus* Chu *et* Wang

【危害作物】茶树。

【分布】广西。

3. 闽鸠蝙蝠蛾

【学名】*Phassus minanus* Yang

【危害作物】茶树。

【分布】福建。

4. 一点蝙蝠蛾

【学名】*Phassus signifer sinensis* Moore

【危害作物】茶树、桃、葡萄、柿。

【分布】台湾、福建、广东、广西、海南、云南。

蓑蛾科 Psychidae

5. 黑肩蓑蛾

【学名】*Acanthopsyche nigraplaga* Wileman

【别名】刺槐袋蛾。

【危害作物】刺槐、茶树。

【分布】云南、贵州、湖南、江苏、安徽、湖北、山东。

6. 桉蓑蛾

【学名】*Acanthopsyche subferalbata* Hampson

【危害作物】茶树、山茶、油茶、桃、李、柑橘、枇杷、侧柏、紫荆。

【分布】台湾、福建、广东、广西、海南、云南、贵州、四川、湖南、江西、浙江、江苏、安徽、湖北、河南、山东。

7. 茶黑蓑蛾

【学名】*Acanthopsyche taiwana* Sonan

【别名】白脚小袋蛾。

【危害作物】茶树。

【分布】台湾。

8. 丝脉蓑蛾

【学名】*Amatissa snelleni* Heylaerts

【危害作物】茶树。

【分布】福建、广东、广西、海南、云南、湖南、江西、浙江、安徽、湖北。

9. 桑杆蓑蛾

【学名】*Canephora asiatica* (Staudinger)

【危害作物】茶树。

【分布】福建。

10. 柿杆蓑蛾

【学名】*Canephora unicolor* (Hübner)

【危害作物】柿、苹果、梨、柑橘、桃、李、樱桃、茶树。

【分布】台湾、四川、湖北。

11. 蜡彩蓑蛾

【学名】*Chalia larminati* Heylaerts

【危害作物】茶树。

【分布】台湾、福建、广东、广西、海南、云南、贵州、四川、湖南、江西、浙江、安徽、湖北。

12. 白囊蓑蛾

【学名】*Chalioides kondonis* Matsumura

【危害作物】柑橘、桃、枇杷、梅、梨、柿、胡桃、茶树、油茶、冬青、扁柏、枫杨、法国梧桐。

【分布】台湾、福建、广东、广西、海南、云南、贵州、四川、湖南、江西、浙江、江苏、安徽、湖北、河南、山东。

13. 台窠蓑蛾

【学名】*Clania formosicola* Strand

【危害作物】茶树。

【分布】台湾、福建、海南、云南。

14. 小窠蓑蛾

【学名】*Clania minuscula* Butler

【危害作物】茶树、油茶、桑、麻栎、枫、樟、油桐、白杨、苹果、柑橘、梨、樱桃、枣。

【分布】台湾、福建、广东、广西、海南、云南、贵州、四川、湖南、江西、浙江、江苏、安徽、湖北、河南、陕西。

15. 儿茶大蓑蛾

【学名】*Cryptothelea crameri* Westwood

【别名】螺纹蓑蛾。

【危害作物】马尾松、茶树。

【分布】福建、广东、海南、贵州、湖南、江西、安徽、河南、山东。

16. 大蓑蛾

【学名】*Cryptothelea variegata* Snellen

【危害作物】蓖麻、油桐、柑橘、樟树、相思、茶树、棉花、梨、枇杷、葡萄。

【分布】台湾、福建、广东、广西、海南、云南、贵州、四川、湖南、江西、浙江、江苏、安徽、湖北、河南、陕西、甘肃、山东、西藏。

17. 小螺纹大蓑蛾

【学名】*Cryptothelea* sp.

为害部作物：茶树。

【分布】广东、海南、贵州、湖南、安徽、湖北、河南、山东。

18. 黛蓑蛾

【学名】*Dappula tertia* Tompleton

【危害作物】茶树。

【分布】福建、广东、广西、海南、云南、四川、湖南、江西、浙江、安徽、湖北、山东。

19. 亚鳞蓑蛾

【学名】*Lepidopsyche asiatica* Staudinger

【危害作物】茶树。

【分布】江西、安徽。

20. 褐蓑蛾

【学名】*Mahasena colona* Sonan

【危害作物】茶树、刺槐等。

【分布】台湾、福建、广东、广西、海南、云南、四川、湖南、江西、浙江、江苏、安徽、湖北、河南、山东。

21. 茶墨蓑蛾

【学名】*Mahasena theivora* Dudgion

【危害作物】茶树。

【分布】广西、云南。

22. 黑臀蓑蛾

【学名】*Psyche ferevitrea* Joannis

【危害作物】茶树。

【分布】福建、广东、广西。

细蛾科 Gracilariidae

23. 茶细蛾

【学名】*Caloptilia theivora* Walsingham

【危害作物】茶树。

【分布】台湾、福建、广东、广西、海南、云南、贵州、四川、湖南、江西、浙江、江苏、安徽、湖北、河南。

织蛾科 Oecophoridae

24. 油茶织蛾

【学名】*Casmara patrona* Meyrick

【别名】油茶枝蛾、茶蛀梗虫、茶枝蛀蛾。

【危害作物】茶树、油茶。

【分布】台湾、福建、广东、广西、海南、云南、贵州、四川、湖南、江西、浙江、江苏、安徽、湖北、河南。

木蛾科 Xyloryctidae

25. 茶黑木蛾

【学名】*Acolenthes* sp.

【危害作物】茶树。

【分布】福建。

26. 苹凹木蛾

【学名】*Acria ceramitis* Meyrick

【危害作物】茶树。

【分布】福建。

27. 茶灰木蛾

【学名】*Agriophara rhombata* Meyrick.

【危害作物】茶树。

【分布】台湾、福建、广东、广西、海南、云南、贵州、湖南、江西。

28. 柑橘木蛾

【学名】*Epimactis* sp.

【危害作物】茶树。

【分布】福建、广东、江西。

29. 棉黄木蛾

【学名】*Epimactis tolantias* Meyrick

【危害作物】茶树、柑橘、棉花。

【分布】台湾、福建、四川、湖南。

30. 茶木蛾

【学名】*Linoclostis gonatias* Meyrick

【别名】茶堆砂蛀蛾、茶枝木掘蛾、茶食皮虫。

【危害作物】茶树、相思树、荔枝。

【分布】台湾、福建、广东、广西、海南、云南、贵州、四川、湖南、江西、浙江、江苏、安徽、湖北、河南。

巢蛾科 Yponomeutidae

31. 紫巢蛾

【学名】*Rhadocosma* sp.

【危害作物】茶树。

【分布】福建、广东、贵州、湖南、安徽、河南。

透翅蛾科 Sesiidae

32. 栎小透翅蛾

【学名】*Conopia quercus* Matsumura

【危害作物】茶树、栎。

【分布】贵州、陕西。

拟蠹蛾科 Metarbelidae

33. 相思拟蠹蛾

【学名】*Lepidarbela baibarana*（Matsumura）

【危害作物】荔枝、柑橘、相思树、合欢、木麻黄、樟、茶树。

【分布】台湾、福建、广东、广西、云南、贵州。

34. 荔枝拟蠹蛾

【学名】*Lepidarbela dea*（Swinhoe）

【危害作物】荔枝、龙眼、石榴、梨、柑橘、枫杨、木麻黄、柳、茶树。

【分布】台湾、福建、广东、广西、海南、云南、四川、江西、湖北。

木蠹蛾科 Cossidae

35. 白背斑木蠹蛾

【学名】*Xyleutes persona*（Le Guillou）

【危害作物】苹果、梨、樱桃、柿、枇杷、石榴、茶树、枫、栎、榆、杨、桦。

【分布】台湾、福建、广东、广西、海南、云南、四川、湖南、江西、浙江、江苏、安徽、湖北、河南、西藏。

36. 咖啡豹蠹蛾

【学名】*Zeuzera coffeae* Nietner

【别名】棉茎木蠹蛾、小豹纹木蠹蛾、豹纹木蠹蛾、茶枝木蠹蛾。

【危害作物】苹果、梨、番石榴、荔枝、樱桃、龙眼、咖啡、相思柿、茶树、棉花、亚麻、蓖麻。

【分布】台湾、福建，广东、广西、海南、云南、贵州、四川、湖南、江西、浙江、江苏、安徽、湖北、河南、陕西、山东、西藏。

37. 梨豹蠹蛾

【学名】*Zeuzera pyrina*（Linnaeus）

【危害作物】梨、桃、樱桃、柿、苹果、茶树、桦、榆、白杨。

【分布】福建、广东、广西、云南、四川、湖南、江西、浙江、陕西。

卷蛾科 Tortricidae

38. 柑橘褐带卷蛾

【学名】*Adoxophyes cyrtosema* Meyrick

【危害作物】柑橘、荔枝、柠檬、龙眼、花生、茶树、桑、向日葵、蓖麻、玫瑰。

【分布】福建、广东、广西、海南、四川、湖南、浙江。

39. 棉褐带卷蛾

【学名】*Adoxophyes orana*（Fischer von Röslerstamm）

【别名】网纹卷叶蛾、茶角纹小卷叶蛾、茶小卷叶蛾。

【危害作物】茶树。

【分布】台湾、福建、广东、广西、海南、云南、贵州、四川、湖南、江西、浙江、江苏、安徽、湖北、河南、陕西、甘肃、山东。

40. 后黄卷蛾

【学名】*Archips asiaticus*（Walsingham）

【危害作物】茶树。

【分布】台湾、福建、云南、四川、湖南、江西、浙江、江苏、安徽。

41. 苹黄卷蛾

【学名】*Archips ingentana*（Christoph）

【别名】大后黄卷叶蛾。

【危害作物】苹果、梨、柑橘、樱桃、茶树。

【分布】台湾、福建、广东、贵州、湖南、江西、浙江、江苏。

42. 枯黄卷叶蛾

【学名】*Archips seminubilis*（Meyrick）

【危害作物】茶树。

【分布】广东、云南、四川、江西、浙江。

43. 栲黄卷叶蛾

【学名】*Archips xylosteana*（Linnaeus）

【危害作物】苹果、梨、樱桃、柑橘、杨梅、栲、槭、椴、栎、杨、柳、茶树。

【分布】台湾、福建、广东、贵州、江苏。

44. 龙眼裳卷蛾

【学名】*Cerace stipatana* Walker

【危害作物】龙眼、荔枝、樟树、茶树。

【分布】福建、云南、四川、江西。

45. 豹裳卷蛾

【学名】*Cerace xanthocosma* Diakonoff

【危害作物】茶树。

【分布】福建、云南、四川。

46. 褐带长卷蛾

【学名】*Homona coffearia* Nietner

【危害作物】柑橘、苹果、梨、桃、核桃、龙眼、茶树、樱桃、桑、樟、亚麻、蓖麻。

【分布】台湾、福建、广东、广西、海南、云南、贵州、四川、湖南、江西、浙江、江苏、安徽、湖北、西藏。

47. 茶长卷蛾

【学名】*Homona magnanima* Diakonoff

【危害作物】茶树。

【分布】台湾、福建、广东、广西、海南、云南、贵州、四川、湖南、江西、浙江、江苏、安徽、湖北。

48. 多齿卷蛾

【学名】*Ulodemis trigrapha* Meyrick

【危害作物】茶树。

【分布】海南、云南。

49. 茶皮小卷蛾

【学名】*Laspeyresia leucostoma* Meyrick

【别名】茶小卷蛾。

【危害作物】茶树。

【分布】台湾、广东、海南。

斑蛾科 Zygaenidae

50. 伞形花小斑蛾

【学名】*Artona gracilis* Walker

【危害作物】伞形花科植物、茶树、竹。

【分布】贵州、湖南、江西、浙江、江苏。

51. 华庆锦斑蛾

【学名】*Erasmia pulchella chinensis* Jordan

【危害作物】茶树。

【分布】广东、广西、云南、湖南、江西。

52. 茶斑蛾

【学名】*Eterusia aedea* Linnaeus

【危害作物】茶树、油茶。

【分布】台湾、福建、广东、广西、海南、云南、贵州、四川、湖南、江西、浙江、江苏、安徽、湖北、河南、陕西。

53. 黄柄脉锦斑蛾

【学名】*Eterusia aedea magnifica* Butler

【危害作物】茶树。

【分布】福建、广西、云南、湖南、江西、浙江。

54. 透翅硕斑蛾

【学名】*Piarosoma hyalina thibetana* Oberthüer

【危害作物】茶树。

【分布】贵州、四川、湖南、江西、浙江、安徽。

55. 野茶带锦斑蛾

【学名】*Pidorus glaucopis* Drurg

【别名】野茶斑蛾。

【危害作物】茶树、野茶。

【分布】台湾、福建、广东、广西、云南、四川、湖南、江西、浙江、安徽、湖北、西藏。

56. 茶六斑褐锦斑蛾

【学名】*Sorita pulchella sexpunctata* Walker

【危害作物】茶树。

【分布】云南、贵州、四川、湖南、江西、湖北、陕西、西藏。

刺蛾科 Limacodidae

57. 橘白丽刺蛾

【学名】*Altha lacteola melanopsis* Strand

【危害作物】茶树。

【分布】台湾、福建、广东、云南、江西。

58. 锯纹歧刺蛾

【学名】*Apoda dentatus* Oberthür

【危害作物】茶树。

【分布】云南、贵州、浙江。

59. 艳刺蛾

【学名】*Arbelarosa rufotesselata* (Moore)

【危害作物】茶树。

【分布】台湾、广东、云南、四川、湖南、江西、浙江、安徽、山东。

60. 背刺蛾

【学名】*Belippa horrida* Walker

【危害作物】茶树。

【分布】台湾、福建、云南、江西、浙江、山东。

61. 灰双线刺蛾

【学名】*Cania bilineata* (Walker)

【别名】两线刺蛾。

【危害作物】柑橘、香蕉、茶树。

【分布】台湾、福建、广东、广西、海南、云南、贵州、四川、湖南、江西、浙江、江苏、安徽、陕西、西藏。

62. 客刺蛾

【学名】*Ceratonema retractatum* Walker

【危害作物】茶树。

【分布】海南、云南、湖南、西藏。

63. 白痣姹刺蛾

【学名】*Chalcocelis albiguttata* (Snellen)

【危害作物】茶树。

【分布】福建、广东、广西、海南、云南、贵州、湖南、江西。

64. 黄刺蛾

【学名】*Cnidocampa flavescens* (Walker)

【别名】洋辣子、八角等。

【危害作物】苹果、梨、柑橘、柿、樱桃、枣、核桃、栗、山楂、榆、桐、杨、柳、茶树。

【分布】台湾、福建、广东、广西、海南、云南、贵州、四川、湖南、江西、浙江、江苏、安徽、湖北、河南、陕西、甘肃、山东。

65. 茶淡黄刺蛾

【学名】*Darna trina* (Moore)

【危害作物】茶树。

【分布】台湾、福建、广东、广西、海南、云南、贵州、湖南、江西、浙江、安徽。

66. 长须刺蛾

【学名】*Hyphorma minax* Walker

【危害作物】茶树。

【分布】福建、广东、广西、海南、云南、贵州、四川、湖南、江西、浙江、江苏、安徽。

67. 枣刺蛾

【学名】*Iragoides conjuncta* (Walker)

【危害作物】苹果、梨、樱桃、枣、柿、核桃、茶树。

【分布】台湾、福建、广东、广西、海南、云南、贵州、四川、湖南、江西、浙江、江苏、安徽、湖北、陕西、西藏。

68. 茶弈刺蛾

【学名】*Iragoides fasciata* (Moore)

【别名】茶奕刺蛾、茶角刺蛾。

【危害作物】茶树、油茶、柑橘、咖啡。

【分布】台湾、福建、广东、广西、海南、云南、贵州、四川、湖南、江西、浙江、江苏、安徽、湖北、陕西。

69. 奇奕刺蛾

【学名】*Iragoides thaumasta* Hering

【危害作物】茶树。

【分布】云南、贵州、江西、江苏、安徽。

70. 翘须刺蛾

【学名】*Microleon longipalpis* Butler

【别名】杨梅刺蛾。

【危害作物】杨梅、梨、杏、柿、石榴、茶树。

【分布】台湾、广东、海南、云南、贵州、湖南、江西、浙江、安徽。

71. 闪银纹刺蛾

【学名】*Miresa fulgida* Wileman

【危害作物】茶树。

【分布】台湾、福建、广东、云南、江西。

72. 迹银纹刺蛾

【学名】*Miresa inornata* Walker

【别名】大豆刺蛾。

【危害作物】大豆、槭、苹果、梨、茶树、柿。

【分布】台湾、福建、广东、广西、贵州、四川、湖南、江西、陕西。

73. 线银纹刺蛾

【学名】*Miresa urga* Hering

【危害作物】茶树。

【分布】贵州、江西。

74. 波眉刺蛾

【学名】*Narosa corusca* Wileman

【危害作物】茶树。

【分布】台湾、福建、广东、广西、海南、云南、贵州、四川、湖南、江西。

75. 白眉刺蛾

【学名】*Narosa edoensis* Kawada

【危害作物】樱桃、李、茶树、枣、核桃、杏、梨。

【分布】福建、广东、海南、贵州、江西、浙江、河南、山东。

76. 黑眉刺蛾

【学名】*Narosa nigrisigna* Wileman

【别名】黑眉刺蛾、黑纹白刺蛾、小白刺蛾。

【危害作物】茶树、石榴、樱桃、梨、梅、李、柿、枣、杨梅、板栗、茶、油茶、栎类、紫荆等。

【分布】台湾、福建、广东、广西、云南、四川、湖南、江西、浙江、江苏、安徽、湖北。

77. 橘眉刺蛾

【学名】*Narosa nitobei* Shiraki

【危害作物】茶树。

【分布】台湾、云南。

78. 梨娜刺蛾

【学名】*Narosoideus flavidorsalis*（Staudinger）

【危害作物】茶树。

【分布】台湾、广东、四川、江西、浙江、江苏、湖北、陕西。

79. 狡娜刺蛾

【学名】*Narosoideus vulpinus*（Wileman）

【危害作物】茶树。

【分布】台湾、福建、广东、云南、四川、湖南、山东。

80. 斜纹刺蛾

【学名】*Oxyplax ochracea*（Moore）

【危害作物】茶树。

【分布】台湾、广东、广西、云南、贵州、四川、湖南、江西、浙江、江苏、安徽、湖北、河南、陕西、山东。

81. 两色绿刺蛾

【学名】*Parasa bicolor*（Walker）

【危害作物】茶树。

【分布】台湾、福建、广东、广西、云南、贵州、四川、湖南、江西、浙江、江苏、安徽、湖北、陕西。

82. 褐边绿刺蛾

【学名】*Parasa. consocia*（Walker）

【危害作物】苹果、梨、柑橘、樱桃、枣、柿、核桃、白杨、乌桕、桑、冬青、刺槐、梧桐、枫杨、茶树、玉米、高粱。

【分布】台湾、福建、广东、广西、海南、云南、贵州、四川、湖南、江西、浙江、江苏、安徽、湖北、河南、陕西、甘肃、山东。

83. 双齿绿刺蛾

【学名】*Parasa hilarata*（Staudinger）

【危害作物】苹果、梨、樱桃、枣、柿、核桃、榆、枫、枇杷、茶树。

【分布】台湾、福建、云南、四川、湖南、江西、浙江、江苏、安徽、湖北、河南、陕西、甘肃、山东。

84. 丽绿刺蛾

【学名】*Parasa lepida*（Cramer）

【危害作物】茶树、桑、咖啡。

【分布】台湾、福建、广东、广西、海南、云南、贵州、四川、湖南、江西、浙江、江苏、安徽、湖北、河南、陕西、甘肃、西藏。

85. 漫绿刺蛾

【学名】*Parasa ostia*（Swinhoe）

【危害作物】茶树。

【分布】云南、四川。

86. 迹斑绿刺蛾

【学名】*Parasa pastoralis*（Butler）

【危害作物】茶树。

【分布】云南、四川、湖南、江西、浙江、陕西、甘肃。

87. 肖媚绿刺蛾

【学名】*Parasa pseudorepanda*（Hering）

【危害作物】茶树。

【分布】广东、云南、四川、湖南、江西。

88. 媚绿刺蛾

【学名】*Parasa repanda*（Walker）

【危害作物】茶树。

【分布】福建、广东、云南、四川、湖南、江西。

89. 中华绿刺蛾

【学名】*Parasa sinica*（Moore）

【危害作物】苹果、梨、柑橘、樱桃、油桐、乌桕、榆、白杨、枫杨、茶树、稻、丝瓜、辣椒。

【分布】台湾、福建、广东、广西、海南、云南、贵州、四川、湖南、江西、浙江、江苏、安徽、湖北、河南、甘肃、山东、东北。

90. 副纹刺蛾

【学名】*Paroxyplax menghaiensis* Cai

【危害作物】茶树。

【分布】云南。

91. 绒刺蛾

【学名】*Phocoderma velutina* Kollar

【危害作物】茶树。

【分布】广东、海南、云南、贵州、四川、湖南、江西、河南、陕西、西藏。

92. 茶锈刺蛾

【学名】*Phrixolepia sericea* Butler

【危害作物】柑橘、桃、李、梅、柿、栗、茶树。

【分布】贵州、湖南、江苏、安徽。

93. 显脉球须刺蛾

【学名】*Scopelodes venosa kwangtungensis* Hering

【别名】油桐黑刺蛾。

【危害作物】油桐、柿、枣、茶树。

【分布】福建、广东、云南、四川、江西。

94. 褐刺蛾

【学名】*Setora baibarana*（Matsumura）

【危害作物】茶树、梨。

【分布】云南、江苏、浙江。

95. 铜斑褐刺蛾

【学名】*Setora nitens*（Walker）

【危害作物】茶树、咖啡、香蕉。

【分布】广东、广西、云南、贵州、江西。

96. 桑褐刺蛾

【学名】*Setora postornata*（Hampson）

【危害作物】梨、柑橘、桃、栗、石榴、桑、枣、茶树。

【分布】台湾、福建、广东、广西、海南、云南、贵州、四川、湖南、江西、浙江、江苏、安徽、湖北、河南、陕西、山东。

97. 窄斑褐刺蛾

【学名】*Setora suberecta* Hering

【危害作物】茶树。

【分布】福建、广东、贵州、四川、湖南、湖北、陕西。

98. 片缘刺蛾

【学名】*Spatulifimbria castaneiceps* Hampson

【危害作物】茶树。

【分布】台湾、福建、广东、广西、海南、江西。

99. 眼鳞刺蛾

【学名】*Squamosa ocellata*（Moore）

【危害作物】茶树。

【分布】云南、四川。

100. 素刺蛾

【学名】*Susica pallida* Walker

【危害作物】茶树。

【分布】台湾、福建、广东、广西、云南、贵州、四川、江西、安徽、西藏。

101. 大扁刺蛾

【学名】*Thosea grandis* Hering

【危害作物】茶树。

【分布】云南、贵州。

102. 暗扁刺蛾

【学名】*Thosea loesa*（Moore）

【危害作物】茶树。

【分布】台湾、福建、广东、广西、云南、贵州、湖南、江西。

103. 锈扁刺蛾

【学名】*Thosea rufa* Wileman

【危害作物】茶树。

【分布】台湾、福建、广西、贵州、江西。

104. 扁刺蛾

【学名】*Thosea sinensis*（Walker）

【危害作物】苹果、梨、柑橘、樱桃、枣、柿、核桃、茶树、油茶、油桐。

【分布】台湾、福建、广东、广西、海南、云南、贵州、四川、湖南、江西、浙江、江苏、安徽、湖北、河南、陕西、甘肃、山东。

105. 黑点扁刺蛾

【学名】*Thosea unifascia* Walker

【危害作物】茶树。

【分布】湖南。

106. 黑缘小刺蛾

【学名】*Trichogyia nigrimargo* Hering

【危害作物】茶树。

【分布】云南、贵州、浙江。

螟蛾科 Pyralidae

107. 米缟螟

【学名】*Aglossa dimidiata* Haworth

【危害作物】茶树。

【分布】台湾、福建、广东、广西、海南、云南、贵州、四川、湖南、江西、浙江、江苏、安徽、湖北、河南、陕西、山东。

108. 一点织螟

【学名】*Aphomia gularis* Zell

【危害作物】茶树。

【分布】福建、广西、云南、贵州、四川、江西、浙江、江苏、安徽、河南、山东。

109. 瓜绢野螟

【学名】*Diaphania indica*（Saunders）

【危害作物】黄瓜、棉花、槿、田七、梧桐、茶树。

【分布】台湾、福建、广东、广西、海南、云南、四川、湖南、江西、浙江、江苏、安徽、湖北、河南、陕西。

110. 三条蛀野螟

【学名】*Dichocrocis chlorophanta* Butler

【危害作物】粟、水稻、小麦、玉米、甘薯、豆类、茶树。

【分布】台湾、福建、广东、四川、江西、浙江、江苏、安徽、河南。

111. 赤双纹螟

【学名】*Herculia pelasgalis*（Walker）

【危害作物】茶树。

【分布】台湾、福建、广东、四川、湖南、江西、浙江、江苏、安徽、湖北、河南。

112. 茶须野螟

【学名】*Nosophora semitritalis*（Lederer）

【危害作物】茶树。

【分布】台湾、福建、广东、海南、云南、四川、湖南、江西、浙江、陕西。

113. 亚洲玉米螟

【学名】*Ostrinia furnacalis*（Guenée）

【危害作物】玉米、高粱、谷子、小麦、水稻、棉花、麻、豆类、向日葵、甘蔗、茶、苹果、甜菜。

【分布】台湾、福建、广东、广西、海南、云南、贵州、四川、湖南、江西、浙江、江苏、安徽、湖北、河南、陕西、山东。

114. 紫斑谷螟

【学名】*Pyralis farinalis* L.

【别名】粉缟螟。

【危害作物】谷类、麦麸、面粉、茶树。

【分布】台湾、广东、广西、四川、湖南、江西、江苏、安徽、河南、陕西。

115. 金黄螟

【学名】*Pyralis regalis* Schiffermüller *et* Denis

【危害作物】茶树。

【分布】台湾、福建、广东、浙江。

116. 山茶叶螟

【学名】*Schoenobius bipunctiferus* Walker

【危害作物】水稻、粟、甘蔗、茶树。

【分布】台湾、福建、广东、湖南。

117. 甜菜青野螟

【学名】*Spoladea recurvalis*（Fabricius）

【别名】甜菜叶螟、甜菜青虫、白带螟、甜菜白带野螟。

【危害作物】甜菜、玉米、苋菜、向日葵、棉花、黄瓜、甘蔗、茶树、辣椒、大豆、甘薯。

【分布】台湾、福建、广东、广西、海南、云南、贵州、四川、湖南、江西、浙江、江苏、安徽、河南、陕西、山东、西藏。

118. 枇杷卷叶野螟

【学名】*Sylepta balteata*（Fabricius）

【危害作物】枇杷、柏、茶树。

【分布】台湾、福建、广东、广西、云南、四川、湖南、江西、浙江、陕西、西藏。

网蛾科 Thyrididae

119. 茶网蛾

【学名】*Striglina glareola* Faldermann

【危害作物】茶树。

【分布】台湾、福建、广东、海南、湖南、安徽。

120. 斜纹网蛾

【学名】*Striglina scitaria* Walker

【危害作物】茶树。

【分布】福建、海南、四川、江西、浙江、江苏、西藏。

尺蛾科 Geometridae

121. 醋栗尺蠖

【学名】*Abraxas grossulariata*（L.）

【危害作物】醋栗、乌荆子、榛、李、杏、桃、稠李、茶树。

【分布】贵州、江西、陕西。

122. 白带鹿尺蠖

【学名】*Alcis picata*（Butler）

【危害作物】茶树。

【分布】贵州、安徽、西藏。

123. 方斑鹿尺蠖

【学名】*Alcis venustaria* Leech

【危害作物】茶树。

【分布】贵州。

124. 大造桥虫

【学名】*Ascotis selenaria*（Denis *et* Schiffermüller）

【别名】茶艾枝尺蠖。

【危害作物】棉花、豆类、花生、柑橘、茶树。

【分布】台湾、福建、广东、广西、海南、云南、贵州、西藏。

125. 茶白尺蠖

【学名】*Bepta temerata* L.

【危害作物】茶树。

【分布】贵州。

126. 灰尺蠖

【学名】*Boarmia* sp.

【危害作物】茶树、油茶。

【分布】湖南、江西等。

127. 桦尺蠖

【学名】*Biston betularia*（L.）

【危害作物】茶树、桦、杨、椴、法国梧桐、榆、栎、椤、槐、柳、黄柏、落叶松。

【分布】云南、湖南、江西、河南、陕西、山东、西藏。

128. 油茶尺蠖

【学名】*Biston marginata* Shiraki

【危害作物】油茶、茶树、相思树、马尾松、油桐、杉树。

【分布】台湾、福建、广东、广西、贵州、四川、湖南、江西、浙江、安徽、湖北、河南。

129. 茶霜尺蠖

【学名】*Boarmia diorthogonia* Wehrli

【危害作物】茶树。

【分布】台湾、福建、广东、广西、云南、贵州、四川、湖南、江西。

130. 油桐尺蠖

【学名】*Buzura suppressaria*（Guenée）

【别名】大尺蠖。

【危害作物】油桐、柿、杨梅、漆树、乌桕、茶树、山核桃、扁柏、侧柏、松、杉。

【分布】台湾、福建、广东、广西、海南、云南、贵州、四川、湖南、江西、浙江、江苏、安徽、湖北、河南。

131. 云尺蠖

【学名】*Buzura thibetaria*（Oberthür）

【危害作物】茶树。

【分布】广东、云南、贵州、四川、湖南、浙江、湖北。

132. 榛金星尺蠖

【学名】*Calospilos sylvata* Scopoli

【危害作物】榛、榆、山毛榉、稠李、茶树。

【分布】贵州、四川、江西、浙江、江苏、安徽。

133. 褐纹绿尺蠖

【学名】*Comibaena amoenaria* Oberthur

【危害作物】茶树。

【分布】云南、湖南。

134. 肾纹绿尺蠖

【学名】*Comibaena procumbaria*（Pryer）

【危害作物】茶树。

【分布】台湾、福建、广西、云南、贵州、四川、湖南、江西、浙江、江苏、安徽、湖北、河南、甘肃。

135. 木橑尺蠖

【学名】*Culcula panterinaria*（Bremer *et* Grey）

【危害作物】核桃、柿、苹果、梨、木僚、泡桐、花椒、臭椿、茶树、榆、槐、豆类、棉花苘麻、玉米、高粱、荞麦、甘蓝。

【分布】台湾、广东、广西、海南、云南、贵州、四川、湖南、江西、浙江、江苏、安徽、湖北、河南、陕西、甘肃、山东。

136. 小蜻蜓尺蠖

【学名】*Cystidia couaggaria*（Guenée）

【危害作物】苹果、梨、杏、桃、李、油桐、茶树。

【分布】台湾、福建、广西、贵州、四川、湖南、江西、浙江、江苏、安徽、湖北、河南、陕西、甘肃、山东。

137. 枞灰尺蠖

【学名】*Deileptenia ribeata* Clerck

【危害作物】枞、杉、桦、栎、茶树。

【分布】江西、安徽。

138. 乌苏介青尺蠖

【学名】*Dipiodesma ussuria* Bremer

【危害作物】茶树。

【分布】四川、江西、浙江。

139. 大鸢尺蠖

【学名】*Ectropis excellens* Butler

【危害作物】茶树。

【分布】福建、广东、湖南、江西、河南。

140. 灰茶尺蠖

【学名】*Ectropis grisescens* Warren

【危害作物】茶树。

【分布】福建、云南、湖南、江西、浙江、湖北。

141. 茶尺蠖

【学名】*Ectropis obliqua* Prout（= *Boarmia*

obliqua hypulina Wehrli)

【危害作物】茶树、樱桃、石榴。

【分布】台湾、福建、广东、海南、云南、贵州、四川、湖南、江西、浙江、江苏、安徽、湖北、河南、陕西。

142. 兀尺蠖

【学名】*Elphos insueta* Butler

【危害作物】茶树。

【分布】江西。

143. 尖尾尺蠖

【学名】*Gelasma illiturata*（Walker）

【危害作物】茶树、冬青、桃。

【分布】福建、江西、江苏、安徽。

144. 茶贡尺蠖

【学名】*Gonodontis bilinearia*（Wehrli）

【危害作物】茶树。

【分布】福建、广西、云南、贵州、四川、湖南、江西、湖北、西藏 。

145. 线尖尾尺蠖

【学名】*Gonodontis protrusa* Warrea

【危害作物】茶树。

【分布】贵州、江苏、安徽。

146. 红颜锈腰青尺蠖

【学名】*Hemithea aestivaria*（Hübner）

【别名】红腰绿尺蠖。

【危害作物】茶树。

【分布】贵州、江西、江苏、安徽。

147. 茶胶锈腰尺蠖

【学名】*Hemithea* sp.

【危害作物】茶树。

【分布】福建。

148. 星缘锈腰尺蠖

【学名】*Hemithea tritonaria*（Walker）

【危害作物】茶树。

【分布】台湾、浙江。

149. 黑缘灰尺蠖

【学名】*Hicasa paupera* Butler

【危害作物】茶树。

【分布】贵州。

150. 大钩翅尺蠖

【学名】*Hypesidra talaca* Walker

【危害作物】柑橘、萝卜、茶树、苎麻、蓖麻、甘薯。

【分布】台湾、福建、广东、海南。

151. 茶用克尺蠖

【学名】*Junkowskia athleta* Oberthür

【别名】云纹枝尺蠖。

【危害作物】茶树、油茶、椿、槭、山樱桃。

【分布】台湾、福建、广东、海南、贵州、湖南、江西、浙江、江苏、安徽、湖北、甘肃、山东。

152. 茶槽尺蠖

【学名】*Megabiston plumosaria* Leech

【危害作物】茶树。

【分布】贵州。

153. 聚线皎尺蠖

【学名】*Myrteta sericea*（Butler）

【危害作物】茶树。

【分布】贵州。

154. 清波皎尺蠖

【学名】*Myrteta tinagmaria*（Guenee）

【危害作物】茶树。

【分布】福建。

155. 女贞尺蠖

【学名】*Naxa seriaria*（Motschulsky）

【别名】白星尺蠖。

【危害作物】女贞、丁香、水曲柳、茶树。

【分布】广西、云南、贵州、湖南、江西、浙江、江苏、安徽、湖北、陕西。

156. 平尾尺蠖

【学名】*Ourapteryx ebuleata* Guenée

【危害作物】茶树。

【分布】贵州、四川、西藏。

157. 雪尾尺蠖

【学名】*Ourapteryx nivea* Butler

【危害作物】茶树、朴、冬青、栓皮栎。

【分布】四川、湖南、江西、浙江、安徽、湖北、河南、陕西。

158. 星光拟毛腹尺蠖

【学名】*Paradarisa xemparataria* Oberthur

【危害作物】茶树。

【分布】贵州。

159. 柿星尺蠖

【学名】*Percnia giraffata*（Guenée）

【危害作物】苹果、梨、柿、槟子、核桃、木僚、茶树。

【分布】台湾、广西、四川、湖南、江西、安徽、湖北、河南、陕西。

160. 曲纹波尺蠖

【学名】*Peristygis charon* Butler

【危害作物】茶树。

【分布】江西。

161. 锯线烟尺蠖

【学名】*Phthonosema serratilinearia*（Leech）

【危害作物】茶树。

【分布】台湾、福建、广西、云南、四川、湖南、江西、浙江、陕西。

162. 茶银尺蠖

【学名】*Scopula subpunctaria*（Herrich-Schaeffer）

【别名】青尺蠖、小白尺蠖。

【危害作物】茶树、棉花、玉米。

【分布】福建、广东、广西、海南、云南、贵州、四川、湖南、江西、浙江、江苏、安徽、湖北、河南。

163. 樟翠尺蠖

【学名】*Thalassodes quadraria* Guenée

【危害作物】茶树、樟、芒果。

【分布】台湾、福建、广东、广西、海南、云南、贵州、四川、湖南、江西、浙江、甘肃、山东。

164. 弓纹紫线尺蠖

【学名】*Timandra amata* Linnaeus

【危害作物】茶树。

【分布】四川、河南。

枯叶蛾科 Lasiocampidae

165. 油茶枯叶蛾

【学名】*Lebeda nobilis* Walker

【危害作物】茶树、油茶、板栗、麻栎、山毛榉、杨梅、相思树、番石榴。

【分布】台湾、福建、广东、广西、海南、云南、贵州、四川、湖南、江西、浙江、江苏、安徽、湖北、河南、陕西、甘肃、西藏。

家蚕蛾科 Bombycidae

166. 三线茶蚕

【学名】*Andraca bipunctata* Walker

【危害作物】茶树、油茶。

【分布】台湾、福建、广东、广西、海南、云南、贵州、四川、湖南、江西、浙江、江苏、安徽、湖北、河南、陕西。

167. 宽黑腰茶蚕蛾

【学名】*Andraca gracilis* Butler

【危害作物】茶树。

【分布】福建、云南、江西。

168. 钩翅藏蚕蛾

【学名】*Mustilia falcipennis* Walker

【危害作物】茶树。

【分布】云南、湖北。

169. 多齿翅蚕蛾

【学名】*Oberthueria caeca* Oberth

【危害作物】茶树。

【分布】福建、云南、浙江。

170. 双点白蚕蛾

【学名】*Ocinara signifera* Walker

【危害作物】茶树。

【分布】云南。

天蚕蛾科 Saturniidae

171. 乌桕大蚕蛾

【学名】*Attacus atlas*（L.）

【别名】大乌桕蛾。

【危害作物】乌桕、樟、柳、大叶合欢、小蘖、茶树、甘薯、苹果、冬青、桦木。

【分布】台湾、福建、广东、广西、海南、云南、贵州、四川、湖南、江西、浙江、安徽。

尖翅蛾科 Cosmopterygidae

172. 茶尖蛾

【学名】*Parametriotes theae* Kuznetzov

【危害作物】茶树、油茶、山茶。

【分布】台湾、福建、广东、广西、海南、云南、贵州、四川、湖南、江西、浙江、江苏、安徽、湖北、河南。

173. 尖翅蛾

【学名】*Rhodinastis surpula* Meyrick

【危害作物】茶树。

【分布】台湾。

天蛾科 Sphingidae

174. 咖啡透翅天蛾

【学名】*Cephonodes hylas*（L.）

【别名】栀天蛾。

【危害作物】茶树、咖啡。

【分布】台湾、福建、云南、湖南、江西。

夜蛾科 Noctuidae

175. 茶叶夜蛾

【学名】*Antivaleria viridimacula* Graeser

【别名】灰地老虎。

【危害作物】茶树、多种作物。

【分布】湖南、江西、浙江、江苏、安徽。

176. 黄地老虎

【学名】*Agrotis segetum* (Denis & Schiffermüller)

【危害作物】棉花、玉米、瓜类、油菜、甜菜、麦类、麻类、马铃薯、向日葵、茶树。

【分布】台湾、广东、云南、四川、湖南、江西、浙江、江苏、安徽、湖北、河南、山东、西藏。

177. 大地老虎

【学名】*Agrotis tokionis* Butler

【危害作物】高粱、玉米、谷子、麦类、豆类、棉花、烟草、茄子、辣椒、蔬菜、苹果、梨、茶树等。

【分布】福建、广东、广西、海南、云南、贵州、四川、湖南、江西、浙江、江苏、安徽、湖北、河南、陕西、甘肃、山东、西藏。

178. 小地老虎

【学名】*Agrotis ipsilon* (Rottemberg)

【别名】土蚕、地蚕、黑土蚕、切根虫、黑地蚕。

【危害作物】小麦、玉米、高粱、棉花、烟草、马铃薯、甘薯、麻类、豆类、茶树、苹果、柑橘、葡萄、桑、槐。

【分布】台湾、福建、广东、广西、海南、云南、贵州、四川、湖南、江西、浙江、江苏、安徽、湖北、河南、陕西、甘肃、山东、西藏。

179. 银锭夜蛾

【学名】*Macdunnoughia crassisigna* (Warren)

【危害作物】菊、胡萝卜、牛蒡、茶树。

【分布】福建、广东、四川、湖南、江西、浙江、江苏、安徽、河南、陕西。

180. 细皮夜蛾

【学名】*Selepa celtis* Moore

【危害作物】芒果、李、枇杷、梨、石榴、茶树。

【分布】台湾、福建、广东、广西、四川、湖南、江西、浙江、江苏、湖北。

181. 锯线贫夜蛾

【学名】*Simplicia robustalis* (Guenée)

【别名】白条茶褐夜蛾。

【危害作物】茶树。

【分布】云南。

182. 旋目夜蛾

【学名】*Speiredonia retorta* (L.)

【危害作物】合欢、茶树、柑橘。

【分布】广东、广西、云南、四川、湖南、陕西、甘肃、西藏。

183. 甜菜夜蛾

【学名】*Spodoptera exigua* (Hübner)

【别名】贪夜蛾、白菜褐夜蛾、玉米叶夜蛾。

【危害作物】甜菜、棉、马铃薯、番茄、豆类、大葱、甘蓝、大白菜等蔬菜，也可危害玉米、茶树。

【分布】台湾、福建、广东、广西、海南、云南、贵州、四川、湖南、江西、浙江、江苏、安徽、湖北、河南、甘肃、山东。

184. 斜纹夜蛾

【学名】*Spodoptera litura* (Fabricius)

【别名】莲纹夜蛾、莲纹夜盗蛾。

【危害作物】甘蓝、棉花、荷、向日葵、芝麻、玉米、瓜类、豆类、柑橘、苹果、葡萄、梨、茶树。

【分布】台湾、福建、广东、广西、海南、云南、贵州、四川、湖南、江西、浙江、江苏、安徽、湖北、河南、陕西、甘肃、山东、西藏。

185. 掌夜蛾

【学名】*Tiracola plagiata* (Walker)

【危害作物】柑橘、茶树、萝卜、水茄。

【分布】台湾、福建、广西、云南、贵州、四川、湖南、江西、浙江、安徽、湖北、陕西、西藏。

186. 八字地老虎

【学名】*Xestia c-nigrum* (Linnaeus)，异名：*Agrotis c-nigrum* Linnaeus

【别名】八字切根虫。

【危害作物】茶树、多种作物。

【分布】福建、广东、广西、海南、云南、贵州、四川、湖南、江西、浙江、江苏、安徽、湖北、河南、陕西、甘肃、山东、西藏。

毒蛾科 Lymantriidae

187. 茶白毒蛾

【学名】*Arctornis alba*（Bremer）

【危害作物】茶树、油茶、柞、蒙古栎、榛。

【分布】台湾、福建、广东、广西、海南、云南、贵州、四川、湖南、江西、浙江、江苏、安徽、湖北、河南、陕西、甘肃、山东。

188. 肾毒蛾

【学名】*Cifuna locuples* Walker

【危害作物】大豆、豆类、苜蓿、芦苇、稻、小麦、玉米、茶树、樱桃、柿、柳、榉、榆。

【分布】福建、广东、广西、云南、贵州、四川、湖南、江西、浙江、江苏、安徽、湖北、河南、陕西、甘肃、山东、西藏。

189. 茶茸毒蛾

【学名】*Dasychira baibarana* Matsumura

【别名】茶黑毒蛾。

【危害作物】茶树。

【分布】浙江、安徽、福建、湖南、贵州、台湾、广东、广西、海南、江西、江苏、湖北、云南、台湾等地。

190. 蔚茸毒蛾

【学名】*Dasychira glaucinoptera* Collenette

【危害作物】茶树。

【分布】福建、云南、贵州、四川、湖南、江西、浙江、陕西、西藏。

191. 线茸毒蛾

【学名】*Dasychira grotei* Moore

【危害作物】可可、茶树。

【分布】台湾、福建、广东、广西、云南、四川、湖南、江西、湖北。

192. 茸毒蛾

【学名】*Dasychira pudibunda*（Linnaeus）.

【危害作物】茶树。

【分布】台湾。

193. 雀茸毒蛾

【学名】*Dasychira melli* Collenette

【危害作物】茶树。

【分布】福建、广东、广西、海南、四川、湖南、江西、浙江、江苏、湖北、陕西。

194. 沁茸毒蛾

【学名】*Dasychira mendosa*（Hübner）

【危害作物】桑、柑橘、榕、相思树、茶树、竹、无花果、菜豆、茄子、甘薯、麻、大豆。

【分布】台湾、福建、广东、广西、云南、四川、湖南、江西、浙江、江苏、湖北。

195. 白斑茸毒蛾

【学名】*Dasychira nox* Collentte

【危害作物】茶树。

【分布】广西。

196. 大茸毒蛾

【学名】*Dasychira thwaitesi* Moore

【危害作物】茶树。

【分布】广东、广西、云南、贵州、湖北。

197. 折带黄毒蛾

【学名】*Euproctis flava*（Bremer）

【危害作物】苹果、梨、樱桃、石榴、枇杷、茶、栎、山毛榉、槭、槐、松、杉、棉、赤麻。

【分布】福建、广东、广西、云南、贵州、四川、湖南、江西、浙江、江苏、安徽、湖北、河南、陕西、山东。

198. 星黄毒蛾

【学名】*Euproctis flavinata*（Walker）

【别名】星茨毒蛾、黄带毒蛾。

【危害作物】苹果、梨、柑橘、茶树。

【分布】台湾、广东、广西、四川、湖南、浙江、江苏。

199. 污黄毒蛾

【学名】*Euproctis hunanensis* Collentte

【危害作物】茶树。

【分布】福建、广东、广西、云南、贵州、四川、湖南、江西、湖北。

200. 褐纹黄毒蛾

【学名】*Euproctis magna*（Swinhoe）

【危害作物】茶树。

【分布】台湾、云南、四川、湖南、江西。

201. 梯带黄毒蛾

【学名】*Euproctis montis*（Leech）

【危害作物】梨、桃、葡萄、柑橘、桑、茶树、马铃薯、茄。

【分布】台湾、福建、广东、广西、云南、贵州、四川、湖南、江西、浙江、江苏、安徽、湖北、陕西、山东、西藏。

202. 叉带黄毒蛾

【学名】*Euproctis angulata* Matsumura.

【危害作物】茶树。

【分布】台湾、广东、贵州、湖南、江西、浙江、安徽、西藏。

203. 乌桕黄毒蛾

【学名】*Euproctis bipunctapex*（Hampson）

【危害作物】乌桕、油桐、杨、桑、茶树、栎、樟、栗、山毛榉、苹果、梨、石榴、枇杷、稻、棉大豆、甘薯、南瓜。

【分布】台湾、福建、广东、广西、海南、云南、贵州、四川、湖南、江西、浙江、江苏、安徽、湖北、河南、甘肃、山东、西藏。

204. 半带黄毒蛾

【学名】*Euproctis digrarmma*（Guerin）

【危害作物】梨、茶树、火炭母。

【分布】福建、广东、广西、贵州、江西、安徽。

205. 弥黄毒蛾

【学名】*Euproctis dispersa* Moore

【危害作物】茶树。

【分布】贵州、西藏。

206. 幻带黄毒蛾

【学名】*Euproctis varians*（Walker）

【危害作物】柑橘、茶树、油茶、各种树木。

【分布】台湾、福建、广东、广西、海南、云南、贵州、四川、湖南、江西、浙江、江苏、安徽、湖北、陕西、山东。

207. 云黄毒蛾

【学名】*Euproctis xuthonepha* Collentte

【危害作物】茶树。

【分布】贵州、江西、陕西。

208. 茶黄毒蛾

【学名】*Euproctis pseudoconspersa* Strand

【别名】茶毒蛾、茶毛虫。

【危害作物】茶树、油茶、柑橘、油桐、柿、枇杷、梨、油桐、乌桕、玉米。

【分布】陕西、江苏、安徽、浙江、福建、台湾、广东、广西、江西、湖北、湖南、四川、贵州。

209. 枫毒蛾

【学名】*Lymantria umbrifera* Wileman

【危害作物】枫树、茶树。

【分布】台湾、福建、四川、湖南、江西、浙江、江苏、安徽、湖北。

210. 珊毒蛾

【学名】*Lymantria xylina* Swinhoe

【危害作物】木麻黄、茶树、相思树、荔枝、龙眼、枇杷、梨、无花果、紫穗槐。

【分布】台湾、福建、广东、广西、湖南、江西、浙江、陕西。

211. 角斑古毒蛾

【学名】*Orgyia gonostigma*（Linnaeus）

【别名】赤纹毒蛾。

【危害作物】杨、柳、桤、榛、山毛榉、梨、苹果、茶树、山楂、落叶松。

【分布】贵州。

212. 棉古毒蛾

【学名】*Orgyia postica*（Walker）

【危害作物】茶树。

【分布】海南。

213. 旋古毒蛾

【学名】*Orgyia thyellina* Butler

【危害作物】茶树、桑、苹果、梨、樱桃、柿、桐、柳。

【分布】广东、贵州、浙江。

214. 黑褐盗毒蛾

【学名】*Porthesia atereta* Collenette

【危害作物】茶树。

【分布】台湾、福建、广东、广西、云南、贵州、湖南、江西、浙江、安徽、湖北、河南、西藏。

215. 戟盗毒蛾

【学名】*Porthesia kurosawai* Inoue

【危害作物】刺槐、茶树。

【分布】台湾、福建、广东、广西、云南、贵州、四川、湖南、江西、浙江、河南、陕西、甘肃。

216. 豆盗毒蛾

【学名】*Porthesia piperita*（Oberthür）

【危害作物】茶树、楸、豆类。

【分布】台湾、福建、广东、广西、海南、贵州、四川、湖南、江西、浙江、江苏、陕西、山东。

217. 双线盗毒蛾

【学名】*Porthesia scintillans*（Walker）

【危害作物】刺槐、枫、茶树、柑橘、梨、蓖麻、玉米、棉花、十字花科作物。

【分布】台湾、福建、广东、广西、云南、四川、湖南、江西、湖北、河南。

218. 盗毒蛾

【学名】*Porthesia similis*（Fueszly）

【危害作物】杨、柳、白桦、榛、桤木、山毛榉、栎、桑、苹果、梨、梧桐、茶树。

【分布】台湾、福建、广东、广西、云南、四川、湖南、江西、浙江、江苏、安徽、湖北、河南、山东。

219. 桃毒蛾

【学名】*Pseudodura dasychiroides* Strand

【别名】橘黑毒蛾。

【危害作物】茶树。

【分布】台湾、贵州。

220. 鹅点足毒蛾

【学名】*Redoa anser* Collenette

【危害作物】茶树。

【分布】四川、湖南、江西、浙江、湖北、陕西。

221. 直角点足毒蛾

【学名】*Redoa anserella* Collenette

【危害作物】茶树。

【分布】福建、广西、贵州、湖南、江西、浙江、江苏。

222. 簪黄点足毒蛾

【学名】*Redoa crocophala* Collenette

【危害作物】茶树。

【分布】福建、广东、云南、贵州、江西、浙江、江苏、安徽、山东。

223. 冠点足毒蛾

【学名】*Redoa crocoptera* Collenette

【危害作物】茶树。

【分布】广东、云南、江西。

224. 白点足毒蛾

【学名】*Redoa cygnopsis* Collenette

【危害作物】茶树。

【分布】福建、广东、贵州、湖南、江西、浙江、安徽、湖北。

225. 茶点足毒蛾

【学名】*Redoa phaeocraspeda* Collenette

【危害作物】茶树。

【分布】福建、广东、贵州、湖南、江西。

226. 杨雪毒蛾

【学名】*Stilpnotia candida* Staudinger

【危害作物】杨、柳、茶树。

【分布】福建、云南、四川、湖南、江西、江苏、安徽、湖北、河南、陕西、山东、西藏。

苔蛾科 Lithosiidae

227. 条纹艳苔蛾

【学名】*Asura strigipennis*（Herrich-Schäffer）

【危害作物】柑橘、茶树。

【分布】台湾、广东、广西、云南、四川、湖南、江西、浙江。

228. 朱美苔蛾

【学名】*Miltochrista pulchra* Butler

【危害作物】茶树。

【分布】福建、云南、四川、江西、浙江、山东。

鹿蛾科 Ctenuchidae

229. 滇鹿蛾

【学名】*Amata atkinsoni*（Moore）

【危害作物】茶树。

【分布】广东、云南。

230. 广鹿蛾

【学名】*Amata emma*（Butler）

【危害作物】茶树。

【分布】台湾、福建、广东、广西、云南、贵州、四川、湖南、江西、浙江、江苏、安徽、陕西、山东。

231. 蕾鹿蛾

【学名】*Amata germana*（Felder）

【危害作物】柑橘、桑、茶树、蓖麻。

【分布】台湾、福建、广东、广西、海南、云南、贵州、四川、湖南、江西、浙江、江苏、安徽、湖北、河南、陕西。

232. 中华鹿蛾

【学名】*Amata sinensis sinensis* Rothschild

【危害作物】茶树。

【分布】贵州、四川、湖南。

233. 清新鹿蛾

【学名】*Caeneressa diaphana*（Kollar）

【危害作物】茶树。

【分布】台湾、福建、广东、广西、云南、贵州、四川、湖南、江西、浙江、江苏、安徽、湖北。

234. 褛白鹿蛾

【学名】*Syntomis flava* Wilen

【危害作物】茶树。

【分布】福建。

235. 相似鹿蛾

【学名】*Syntomis persimilis* Leech

【危害作物】茶树、柑橘。

【分布】台湾、云南、贵州、西藏。

灯蛾科 Arctiidae

236. 红缘灯蛾

【学名】*Amsacta lactinea*（Cramer）

【别名】红袖灯蛾、红边灯蛾。

【危害作物】玉米、桑、豆类、亚麻、胡麻、大麻、洋麻、棉花、柑橘、苹果、杨柳、瓜类、白菜、茄子、茶树。

【分布】国内除新疆、青海未见报道外，其他地区均有发生。

237. 大丽灯蛾

【学名】*Aglaomorpha histrio*（Walker）

【危害作物】茶树。

【分布】台湾、福建、云南、四川、湖南、江西、浙江、江苏、湖北。

238. 黑条灰灯蛾

【学名】*Creatonotus gangis*（Linnaeus）

【危害作物】桑、茶树、甘蔗、柑橘、大豆、咖啡。

【分布】台湾、福建、广东、广西、海南、云南、贵州、四川、湖南、江西、浙江、江苏、安徽、湖北、河南、西藏。

239. 八点灰灯蛾

【学名】*Creatonotus transiens*（Walker）

【别名】黄腹灯蛾。

【危害作物】柑橘、桑、茶树、甘蔗、绿肥作物。

【分布】台湾、福建、广东、海南、云南、贵州、四川、湖南、江西、浙江、江苏、安徽、湖北、河南、陕西、西藏。

240. 毛胫蝶灯蛾

【学名】*Nyctemera coleta*（Cramer）

【危害作物】茶树。

【分布】广东、云南。

241. 尘污灯蛾

【学名】*Spilarctia obliqua*（Walker）

【别名】尘白灯蛾。

【危害作物】桑、花生、甜菜、甘薯、豆类、玉米、黄麻、豌豆、萝卜、柳、茶树。

【分布】福建、广东、广西、云南、贵州、四川、江西、浙江、江苏、陕西、山东。

242. 人纹污灯蛾

【学名】*Spilarctia subcarnea*（Walker）

【别名】红腹白灯蛾。

【危害作物】桑、十字花科作物、棉花、豆、花生、芝麻、玉米、茶树。

【分布】台湾、广东、广西、云南、贵州、四川、湖南、江西、浙江、江苏、安徽、河南、陕西、甘肃、西藏。

舟蛾科 Notodontidae

243. 梭舟蛾

【学名】*Netria viridescens* Walker

【危害作物】茶树。

【分布】台湾、福建、广东、广西、云南、贵州、四川、湖南、江西、浙江。

244. 龙眼蚁舟蛾

【学名】*Stauropus alternus* Walker

【危害作物】蔷薇、柑橘、芒果、龙眼、茶树、咖啡、荔枝。

【分布】台湾、福建、广东、海南。

蛱蝶科 Nymphalidae

245. 苎麻黄蛱蝶

【学名】*Acraea issoria*（Hübner）

【危害作物】茶树。

【分布】台湾、福建、广东、广西、海南、云南、贵州、四川、湖南、江西、浙江、江苏、安徽、湖北、西藏。

246. 白带螯蛱蝶

【学名】*Charaxes bernardus*（Fabricius）

【别名】茶褐樟蛱蝶。

【危害作物】茶树、樟。

【分布】福建、广东、广西、湖南、江西、浙江、江苏、安徽、湖北。

247. 灰珠珍蛱蝶

【学名】*Clossiana pales poliona* Fruhstorfer

【危害作物】茶树。

【分布】陕西。

灰蝶科 Lycaenidae

248. 尖翅银灰蝶

【学名】*Curetis acuta* Moore

【危害作物】茶树。

【分布】台湾、福建、广西、海南、云南、四川、江西、浙江、湖北、河南、陕西、西藏。

249. 银线灰蝶

【学名】*Spindasis lohita*（Horsfield）

【危害作物】梨、茶树、咖啡。

【分布】台湾、福建、广西、海南、云南、贵州、四川、江西、浙江、安徽、湖北、河南、陕西、山东、西藏。

弄蝶科 Hesperiidae

250. 茶斑花弄蝶

【学名】*Pyrgus maculatus*（Bromer *et* Grey）

【危害作物】茶树。

【分布】云南、贵州。

（十一）双翅目 Diptera

瘿蚊科 Cecidomyiidae

1. 茶芽康瘿蚊

【学名】*Contarinia* sp.

【危害作物】茶树。

【分布】广东、广西、海南、湖南。

2. 茶枝瘿蚊

【学名】*Karschomyia viburni* Comstock

【危害作物】茶树。

【分布】广东、云南、贵州、湖南。

秆蝇科 Chloropidae

3. 茶秆蝇

【学名】*Chlorops theae* Lefrog

【危害作物】茶树。

【分布】台湾、福建、广东、广西、海南、云南、贵州、四川、湖南、江西、浙江、安徽、湖北、河南。

实蝇科 Tephritidae =Trypetidae

4. 茶狭腹实蝇

【学名】*Adrama apicalis* Shiraki

【危害作物】茶树。

【分布】台湾、四川。

花蝇科 Anthomyiidae

5. 灰地种蝇

【学名】*Delia platura*（Meigen）

【危害作物】棉花、麦类、玉米、豆类、马铃薯、甘薯、大麻、洋麻、葱、蒜、白菜、油菜等十字花科作物、百合科、葫芦科作物、苹果、梨、茶树等。

【分布】湖北、湖南、河南、江西、山东、江苏、安徽、浙江、福建、上海、北京、天津、河北、山西、内蒙古、辽宁、吉林、黑龙江、新疆、陕西、甘肃、四川、云南、贵州、重庆、广东、广西、海南。

（十二）膜翅目 Hymenoptera

四节叶蜂科 Blasticotomidae

1. 四节叶蜂

【学名】*Runaria abrupta*（Maa）

【危害作物】茶树。

【分布】福建。

叶蜂科 Tenthredinidae

2. 油茶叶蜂

【学名】*Caliroa camellia* Zhou *et* Huang

【危害作物】油茶、茶树。

【分布】福建、广西、湖南、江西、陕西。

蚁科 Formicidae

3. 小家蚁

【学名】*Monomorium pharaonis*（Linnaeus）

【危害作物】梨、茶树。

【分布】云南。

切叶蜂科 Megachilidae

4. 切叶蜂

【学名】*Megachile* sp.

【危害作物】茶树。

【分布】福建。

蛛形纲 Arachnida

蜱螨目 Acarina

跗线螨科 Tarsonemidae

1. 侧多食跗线螨

【学名】*Polyphagotarsonemus latus*（Banks）

【别名】茶黄螨、茶跗线螨。

【危害作物】茶树、黄麻、蓖麻、棉花、橡胶、柑橘、大豆、花生、马铃薯、合欢、榆、椿。

【分布】台湾、福建、广东、广西、海南、云南、贵州、四川、湖南、江西、浙江、江苏、安徽、湖北。

叶螨科 Tetranychidae

2. 六点始叶螨

【学名】*Eotetranychus sexmaculatus*（Riley）

【危害作物】茶树、柑橘、橡胶。

【分布】台湾、福建、广东、广西、云南、四川、湖南、江西、浙江、湖北。

3. 东方真叶螨

【学名】*Eutetranychus orientalis*（Klein）

【危害作物】橡胶、扁豆、月季、夹竹桃、茶树。

【分布】台湾、广东、广西、云南、四川。

4. 咖啡小爪螨

【学名】*Oligonychus coffeae*（Nietner）

【危害作物】茶树、毛栗、咖啡。

【分布】台湾、福建、广东、广西、海南、云南、贵州、湖南、江西、浙江。

5. 悬钩子全爪螨

【学名】*Panonychus caglei* Mellott

【危害作物】茶树。

【分布】福建、广西、云南、四川、江西。

6. 柑橘全爪螨

【学名】*Panonychus citri*（McGregor）

【危害作物】柑橘、茶树。

【分布】台湾、福建、广东、广西、海南、云南、四川、湖南、江西、浙江、江苏、安徽、湖北、陕西、山东。

7. 神泽氏叶螨

【学名】*Tetranychus kanzawai* Kishida

【危害作物】茶树。

【分布】台湾、福建、湖南、江西、浙江、江苏、陕西、山东。

8. 皮氏叶螨

【学名】*Tetranychus piercei* McGregor

【危害作物】茶树。

【分布】台湾、福建、广东、广西、云南、江西、陕西。

9. 二斑叶螨

【学名】*Tetranychus urticae* Koch

【别名】二点叶螨、叶锈螨、棉红蜘蛛、普通叶螨。

【危害作物】棉花、玉米、花生、豆类、瓜类、麻、向日葵、蔬菜、苹果、梨、桃、桑、花卉、茶树。

【分布】广东、云南、四川、江西、浙江、安徽、陕西、山东。

细须螨科 Tenuipalpidae

10. 加州短须螨

【学名】*Brevipalpus californicus*（Banks）

【危害作物】茶树、红背桂花、山癸、毛鸡尿藤。

【分布】台湾、福建、广东、广西、海南、江苏。

11. 卵形短须螨

【学名】*Brevipalpus obovatus* Donnadieu

【危害作物】茶树、桃、柿、沙梨、山楂、檀树。

【分布】台湾、福建、广东、广西、海南、云南、贵州、湖南、江西、浙江、江苏、安徽、湖北、河南、陕西、山东。

12. 茶短须螨

【学名】*Brevipalpus theae* Ma *et* Yuan

【危害作物】茶树。

【分布】江西、浙江、江苏。

杜克螨科 Tuckerellidae

13. 孔雀杜克螨

【学名】*Tuckerella pavoniformis*（Ewing）

【危害作物】茶树。

【分布】台湾、福建、广东、江西、浙江、安徽。

瘿螨科 Eriophyidae

14. 茶尖叶瘿螨

【学名】*Acaphylla theae*（Watt），异名：*Acaphylla steinwedeni* Keifer

【别名】茶刺叶瘿螨、斯氏小叶瘿螨。

【危害作物】茶树、油茶、檀树、漆树。

【分布】台湾、福建、广东、广西、海南、云南、贵州、四川、湖南、江西、浙江、江苏、安徽、湖北、河南、陕西、山东。

15. 龙首丽瘿螨

【学名】*Calacarus carinatus*（Green）

【别名】茶叶瘿螨、茶紫瘿螨、茶紫锈螨。

【危害作物】茶树。

【分布】台湾、福建、广东、广西、海南、云南、贵州、四川、湖南、江西、浙江、江苏、安徽、湖北、河南、山东。

16. 茶小叶刺瘿螨

【学名】*Phyllocoptacus camelliae* Kuang *et* Lin

【危害作物】茶树。

【分布】浙江、江苏。

二、软体动物门 Mollusca

腹足纲 Gastropoda

柄眼目 Stylommatophora

巴蜗牛科 Bradybaenidae

1. 同型巴蜗牛

【学名】*Bradybaena similaris*（Férussac）

【危害作物】白菜、油菜、枸杞、麻类、茶树及其他作物。

【分布】湖南、安徽。

嗜黏液蛞蝓科 Philomycidae

2. 皱纹嗜黏液蛞蝓

【学名】*Philomycus rugulosus* Chen *et* Gao

【危害作物】茶树。

【分布】湖南、安徽。

第十六章 主要农田杂草名录

一、孢子植物杂草

（一）藻类植物杂草

轮藻科 Characeae

1. 布氏轮藻

【学名】*Chara braunii* Gmelin

【危害作物】水稻。

【分布】安徽、贵州、江苏、辽宁、四川、云南、浙江。

2. 普生轮藻

【学名】*Chara vulgaris* L.

【危害作物】水稻。

【分布】安徽、重庆、福建、广东、广西、贵州、海南、河北、河南、湖北、湖南、吉林、江苏、江西、辽宁、宁夏、山东、四川、云南、浙江、新疆。

水绵科 Zygnemataceae

3. 水绵

【学名】*Spirogyra intorta* Jao

【危害作物】水稻。

【分布】安徽、重庆、福建、广东、广西、贵州、河北、河南、黑龙江、湖北、湖南、吉林、江苏、江西、辽宁、内蒙古、宁夏、山东、山西、陕西、四川、天津、云南、浙江。

（二）苔藓植物杂草

钱苔科 Ricciaceae

钱苔

【学名】*Riccia glauca* L.

【危害作物】水稻。

【分布】江西、四川、重庆、云南。

（三）蕨类植物杂草

凤尾蕨科 Pteridaceae

1. 欧洲凤尾蕨

【学名】*Pteris cretica* L.

【别名】长齿凤尾蕨、粗糙凤尾蕨、大叶井口边草、凤尾蕨。

【危害作物】茶、油菜、小麦。

【分布】重庆、福建、甘肃、广东、广西、贵州、河南、湖北、湖南、江西、陕西、山西、四川、云南、浙江。

2. 井栏凤尾蕨

【学名】*Pteris multifida* Poir.

【别名】井栏边草、八字草、百脚鸡、背阴草、鸡脚草、金鸡尾、井边凤尾。

【危害作物】柑橘。

【分布】安徽、福建、广东、广西、贵州、河南、湖北、湖南、江苏、江西、陕西、四川、浙江。

骨碎补科 Davalliaceae

3. 阴石蕨

【学名】*Humata repens*（L. f.）Diels

【别名】红毛蛇、平卧阴石蕨、平卧阴石蒴。

【危害作物】茶。

【分布】安徽、福建、广东、广西、贵州、湖北、湖南、江苏、江西、四川、云南、浙江。

海金沙科 Lygodiaceae

4. 海金沙

【学名】*Lygodium japonicum*（Thunb.）Sw.

【别名】蛤蟆藤、罗网藤、铁线藤。

【危害作物】茶、油菜、小麦。

【分布】安徽、重庆、福建、甘肃、广东、广西、贵州、海南、河南、湖北、湖南、江苏、江西、陕西、上海、四川、西藏、云南、浙江。

槐叶苹科 Salviniaceae

5. 槐叶苹

【学名】*Salvinia natans*（L.）All.

【危害作物】水稻。

【分布】北京、重庆、福建、甘肃、广东、广西、贵州、海南、河北、河南、黑龙江、湖北、湖南、江苏、江西、吉林、辽宁、内蒙古、宁夏、山东、上海、山西、四川、天津、新疆、浙江。

里白科 Gleicheniaceae

6. 芒萁

【学名】*Dicranopteris pedata*（Houtt.）Nakaike

【别名】换础、狼萁、芦箕、铁蕨鸡、铁芒萁。

【危害作物】茶。

【分布】安徽、重庆、福建、甘肃、广东、广西、贵州、河南、湖北、湖南、江苏、江西、四川、云南、浙江。

鳞始蕨科 Lindsaeaceae

7. 乌蕨

【学名】*Stenoloma chusanum*（L.）Ching

【危害作物】茶。

【分布】安徽、重庆、福建、甘肃、广东、广西、贵州、海南、河南、湖北、湖南、江苏、江西、上海、四川、西藏、云南、浙江。

满江红科 Azollaceae

8. 满江红

【学名】*Azolla imbricata*（Roxb.）Nakai

【别名】紫藻、三角藻、红浮萍。

【危害作物】水稻。

【分布】安徽、福建、广西、湖北、湖南、江西、江苏、山东、陕西、上海、云南、浙江。

木贼科 Equisetaceae

9. 问荆

【学名】*Equisetum arvense* L.

【别名】马草、土麻黄、笔头草。

【危害作物】水稻、梨、苹果、甜菜、甘蔗、花生、麻类、棉花、大豆、玉米、马铃薯、油菜、小麦。

【分布】安徽、北京、重庆、福建、甘肃、贵州、河北、河南、黑龙江、湖北、湖南、江苏、江西、吉林、辽宁、内蒙古、宁夏、青海、陕西、山东、上海、山西、四川、天津、新疆、西藏、云南、浙江。

10. 草问荆

【学名】*Equisetum pratense* Ehrhart

【别名】节节草、闹古音－西伯里（蒙古族名）。

【危害作物】水稻。

【分布】北京、甘肃、河北、河南、黑龙江、吉林、辽宁、内蒙古、陕西、山东、山西、新疆。

11. 节节草

【学名】*Equisetum ramosissimum* Desf.

【别名】土麻黄、草麻黄、木贼草。

【危害作物】柑橘、玉米、梨、苹果、小麦、棉花、甜菜。

【分布】北京、重庆、福建、甘肃、广东、广西、贵州、海南、河北、河南、黑龙江、湖北、湖南、江苏、江西、吉林、辽宁、内蒙古、宁夏、青海、陕西、山东、上海、山西、四川、天津、新疆、西藏、云南、浙江。

苹科 Marsileaceae

12. 苹

【学名】*Marsilea quadrifolia* L.

【别名】田字草、破铜钱、四叶菜、夜合草。

【危害作物】水稻。

【分布】北京、重庆、福建、广东、广西、贵州、海南、河北、河南、黑龙江、湖北、湖南、吉林、江苏、江西、辽宁、山东、山西、陕西、上海、四川、天津、新疆、云南、浙江。

水蕨科 Parkeriaceae

13. 水蕨

【学名】*Ceratopteris thalictroides*（L.）Brongn.

【别名】龙须菜、水柏、水松草、萱。

【危害作物】水稻。

【分布】安徽、福建、广东、广西、江苏、江西、湖北、山东、四川、云南、浙江。

乌毛蕨科 Blechnaceae

14. 狗脊

【学名】*Woodwardia japonica*（L. f.）Sm.

【危害作物】茶。

【分布】安徽、重庆、福建、广东、广西、贵州、海南、河南、湖北、湖南、江苏、江西、上海、四川、云南、浙江。

15. 顶芽狗脊

【学名】*Woodwardia unigemmata*（Makino）Nakai

【别名】单牙狗脊蕨、单芽狗脊、单芽狗脊蕨、顶单狗脊蕨、顶芽狗脊蕨、狗脊贯众、管仲、贯仲、贯众、冷卷子疙瘩、生芽狗脊蕨。

【危害作物】茶。

【分布】广西、广东、云南、甘肃、陕西、西藏及长江中上游各省区。

二、被子植物杂草

（一）双子叶植物杂草

白花菜科 Capparidaceae

1. 臭矢菜

【学名】*Cleome viscosa* L.

【别名】黄花菜、野油菜、黄花草。

【危害作物】水稻、苹果、玉米。

【分布】河南、广东、广西、贵州、江苏、浙江、云南。

白花丹科 Plumbaginaceae

2. 二色补血草

【学名】*Limonium bicolor*（Bunge）Kuntze

【别名】苍蝇花、蝇子草。

【危害作物】玉米。

【分布】甘肃、广西。

败酱科 Valerianaceae

3. 异叶败酱

【学名】*Patrinia heterophylla* Bunge

【危害作物】油菜。

【分布】安徽、河南、湖北、湖南、江西、四川、云南、重庆、山东、浙江。

4. 窄叶败酱

【学名】*Patrinia heterophylla* Bunge subsp. *angustifolia*（Hemsl.）H. J. Wang

【别名】苦菜、盲菜。

【危害作物】茶。

【分布】安徽、河南、湖北、湖南、江西、山东、四川、浙江。

5. 败酱

【学名】*Patrinia scabiosaefolia* Fisch. *et* Trev.

【别名】黄花龙牙。

【危害作物】苹果、梨、茶。

【分布】安徽、北京、福建、甘肃、广东、广西、贵州、河北、河南、黑龙江、湖北、湖南、吉林、江苏、江西、辽宁、内蒙古、山东、山西、陕西、四川、云南、浙江。

6. 白花败酱

【学名】*Patrinia villosa*（Thunb.）Juss.

【危害作物】茶。

【分布】广西、江西、四川。

报春花科 Primulaceae

7. 琉璃繁缕

【学名】*Anagallis arvensis* L.

【别名】海绿、火金姑。

【危害作物】油菜、小麦。

【分布】福建、广东、浙江、贵州、陕西。

8. 点地梅

【学名】*Androsace umbellata*（Lour.）Merr.

【危害作物】油菜、小麦。

【分布】安徽、福建、广东、广西、贵州、海南、河北、黑龙江、湖北、湖南、江苏、江西、吉林、辽宁、内蒙古、陕西、山东、山西、四川、西藏、云南、浙江、宁夏。

9. 泽珍珠菜

【学名】*Lysimachia candida* Lindl.

【别名】泽星宿菜、白水花、单条草、水硼砂、香花、星宿菜。

【危害作物】柑橘、油菜。

【分布】安徽、福建、海南、河南、湖北、湖南、江苏、江西、陕西、山东、四川、西藏、云南、浙江、广东、广西、贵州。

10. 过路黄

【学名】*Lysimachia christinae* Hance

【别名】金钱草、真金草、走游草、铺地莲。

【危害作物】柑橘。

【分布】云南、四川、贵州、重庆、陕西、河南、湖北、湖南、广西、广东、江西、安徽、江苏、浙江、福建。

11. 聚花过路黄

【学名】*Lysimachia congestiflora* Hemsl.

【危害作物】柑橘。

【分布】安徽、福建、云南、重庆、广西、甘肃、河南、陕西、浙江。

12. 小茄

【学名】*Lysimachia japonica* Thunb.

【危害作物】茶。

【分布】海南、江苏、湖北、四川、贵州、浙江。

13. 小叶珍珠菜

【学名】*Lysimachia parvifolia* Franch. ex Hemsl.

【别名】小叶排草、小叶星宿、小叶星宿菜。

【危害作物】油菜。

【分布】安徽、福建、广东、贵州、湖北、湖南、江西、四川、云南、浙江。

14. 狭叶珍珠菜

【学名】*Lysimachia pentapetala* Bunge

【别名】窄叶珍珠菜、珍珠菜、珍珠叶。

【危害作物】苹果、柑橘。

【分布】安徽、甘肃、河北、黑龙江、河南、湖北、内蒙古、陕西、山东、山西。

15. 疏节过路黄

【学名】*Lysimachia remota* Petitm.

【别名】蓬莱珍珠菜。

【危害作物】茶。

【分布】福建、江苏、江西、四川、浙江。

车前科 Plantaginaceae

16. 车前

【学名】*Plantago asiatica* L.

【别名】车前子。

【危害作物】茶、甜菜、大豆、麻类、苹果、甘蔗、棉花、梨、柑橘、玉米、油菜、小麦。

【分布】安徽、福建、甘肃、广东、广西、贵州、海南、河北、河南、黑龙江、湖北、湖南、吉林、江苏、江西、辽宁、内蒙古、山东、山西、陕西、四川、西藏、新疆、云南、浙江。

17. 平车前

【学名】*Plantago depressa* Willd.

【别名】车轮菜、车轱辘菜、车串串。

【危害作物】苹果。

【分布】黑龙江、吉林、辽宁、内蒙古、河北、山西、陕西、宁夏、甘肃、青海、新疆、山东、江苏、河南、安徽、江西、湖北、四川、云南、西藏。

18. 大车前

【学名】*Plantago major* L.

【危害作物】甘蔗、玉米、油菜、小麦。

【分布】甘肃、广西、海南、黑龙江、河北、吉林、辽宁、内蒙古、陕西、山西、青海、新疆、山东、江苏、福建、四川、云南、西藏。

19. 小车前

【学名】*Plantago minuta* Pall.

【别名】条叶车前、打锣鼓锤、细叶车前。

【危害作物】苹果、玉米。

【分布】河北、辽宁、江苏、山东、广西、河南、黑龙江、天津、湖南、湖北、云南、甘肃、内蒙古、宁夏、山西、陕西、青海、新疆、西藏。

柽柳科 Tamaricaceae

20. 柽柳

【学名】*Tamarix chinensis* Lour.

【别名】西湖柳、山川柳。

【危害作物】苹果、梨。

【分布】安徽、河北、河南、江苏、辽宁、山东、青海、陕西。

唇形科 Labiatae

21. 筋骨草

【学名】*Ajuga ciliata* Bunge

【别名】毛缘筋骨草、缘毛筋骨草、泽兰。

【危害作物】梨、茶。

【分布】甘肃、河北、河南、湖北、陕西、山东、山西、四川、云南、浙江。

22. 水棘针

【学名】*Amethystea caerulea* L.

【别名】土荆芥、巴西戈、达达香、兰萼草、石荠草、细叶山紫苏、细叶紫苏。

【危害作物】花生、大豆、玉米。

【分布】安徽、甘肃、河北、河南、湖北、吉林、黑龙江、辽宁、内蒙古、陕西、山东、山西、四川、新疆、西藏、云南。

23. 风轮菜

【学名】*Clinopodium chinense* (Benth.) O. Ktze.

【别名】野凉粉草、苦刀草。

【危害作物】茶、柑橘、玉米、油菜、小麦。

【分布】安徽、福建、广东、广西、湖北、湖南、江苏、江西、山东、四川、云南、贵州、重庆、浙江。

24. 细风轮菜

【学名】*Clinopodium gracile* (Benth.) Matsum.

【别名】瘦风轮菜、剪刀草、玉如意、野仙人草、臭草、光风轮、红上方。

【危害作物】油菜、小麦、柑橘。

【分布】安徽、福建、广东、广西、贵州、湖北、湖南、江苏、江西、陕西、四川、重庆、云南、浙江。

25. 香青兰

【学名】*Dracocephalum moldavica* L.

【别名】野薄荷、枝子花、摩眼子、山薄荷、白赖洋、臭蒿、臭青兰。

【危害作物】大豆、棉花、玉米。

【分布】甘肃、河北、广西、黑龙江、河南、吉林、辽宁、内蒙古、青海、陕西、山西、湖北、新疆、四川、重庆、云南、浙江。

26. 香薷

【学名】*Elsholtzia ciliata* (Thunb.) Hyland.

【别名】野苏子、臭荆芥。

【危害作物】马铃薯、花生、大豆、苹果、梨、柑橘、玉米、油菜、小麦。

【分布】安徽、北京、福建、甘肃、广东、广西、贵州、海南、河北、黑龙江、河南、湖北、湖南、内蒙古、宁夏、江苏、江西、吉林、辽宁、陕西、青海、山东、上海、山西、四川、重庆、天津、西藏、云南、浙江。

27. 密花香薷

【学名】*Elsholtzia densa* Benth.

【别名】咳嗽草、野紫苏。

【危害作物】玉米、油菜、小麦。

【分布】甘肃、河北、辽宁、青海、陕西、山西、四川、重庆、新疆、西藏、云南。

28. 小野芝麻

【学名】*Galeobdolon chinense* (Benth.) C. Y. Wu

【别名】假野芝麻、中华野芝麻。

【危害作物】油菜、小麦。

【分布】安徽、福建、广东、广西、湖南、江苏、江西、浙江、四川、陕西、甘肃。

29. 鼬瓣花

【学名】*Galeopsis bifida* Boenn.

【别名】黑苏子、套日朝格、套心朝格、野苏子、野芝麻。

【危害作物】马铃薯、花生、大豆、玉米、油菜、小麦。

【分布】江苏、甘肃、贵州、黑龙江、湖北、吉林、内蒙古、青海、陕西、山西、四川、西藏、云南。

30. 白透骨消

【学名】*Glechoma biondiana* (Diels) C. Y. Wu *et* C. Chen

【别名】连钱草、见肿消、大铜钱草、苗东、透骨消、小毛铜钱草。

【危害作物】油菜、小麦。

【分布】陕西、浙江。

31. 活血丹

【学名】*Glechoma longituba* (Nakai) Kupr.

【别名】佛耳草、金钱草。

【危害作物】茶、柑橘。

【分布】安徽、福建、广东、广西、贵州、海南、河南、湖北、湖南、江苏、江西、陕西、山东、上海、四川、云南、浙江。

32. 大萼香茶菜

【学名】*Isodon macrocalyx* (Dunn) Kudo

【危害作物】茶。

【分布】安徽、福建、广东、广西、湖南、江苏、江西、浙江。

33. 夏至草

【学名】*Lagopsis supina* (Steph.) Ik. -Gal.

【别名】灯笼棵、白花夏枯草。

【危害作物】苹果、梨、甘蔗、柑橘、玉米、小麦。

【分布】北京、安徽、福建、广东、广西、甘肃、贵州、河北、黑龙江、河南、湖南、湖北、江西、江苏、上海、天津、吉林、辽宁、内蒙古、青海、宁夏、陕西、山东、山西、四川、重庆、新疆、云南、浙江。

34. 宝盖草

【学名】*Lamium amplexicaule* L.

【别名】佛座、珍珠莲、接骨草。

【危害作物】花生、苹果、大豆、马铃薯、梨、玉米、柑橘、油菜、小麦。

【分布】安徽、福建、甘肃、贵州、河北、湖北、湖南、广西、河南、江苏、青海、宁夏、陕西、山东、山西、四川、重庆、新疆、西藏、云南、浙江。

35. 野芝麻

【学名】*Lamium barbatum* Sieb. *et* Zucc.

【别名】山麦胡、龙脑薄荷、地蚤。

【危害作物】油菜、小麦。

【分布】安徽、甘肃、贵州、河北、黑龙江、河南、湖北、湖南、江苏、吉林、辽宁、内蒙古、陕西、山东、山西、四川、浙江。

36. 益母草

【学名】*Leonurus japonicus* Houttuyn

【别名】茺蔚、茺蔚子、茺玉子、灯笼草、地母草。

【危害作物】茶、苹果、棉花、柑橘、玉米、油菜、小麦。

【分布】安徽、北京、福建、甘肃、广东、广西、贵州、海南、河北、黑龙江、河南、湖北、湖南、江苏、江西、吉林、辽宁、内蒙古、宁夏、青海、陕西、四川、重庆、山东、山西、上海、天津、新疆、西藏、云南、浙江。

37. 地笋

【学名】*Lycopus lucidus* Turcz.

【别名】地瓜儿苗、提娄、地参。

【危害作物】水稻。

【分布】安徽、福建、甘肃、广东、广西、贵州、河北、黑龙江、湖北、湖南、江苏、江西、吉林、辽宁、四川、陕西、山西、山东、云南、浙江。

38. 薄荷

【学名】*Mentha haplocalyx Briq.*

【别名】水薄荷、鱼香草、苏薄荷。

【危害作物】玉米、油菜、小麦。

【分布】我国各省区均有分布。

39. 石荠宁

【学名】*Mosla scabra* (Thunb.) C. Y. Wu *et* H. W. Li

【别名】母鸡窝、痱子草、叶进根、紫花草。

【危害作物】茶、油菜。

【分布】安徽、福建、甘肃、广东、广西、河北、湖北、湖南、江苏、江西、辽宁、陕西、四川、浙江。

40. 紫苏

【学名】*Perilla frutescens* (L.) Britt.

【别名】白苏、白紫苏、般尖、黑苏、红苏。

【危害作物】茶、棉花、柑橘、油菜、小麦。

【分布】福建、广东、广西、贵州、河北、湖北、湖南、江苏、江西、山西、四川、重庆、西藏、甘肃、陕西、云南、浙江。

41. 夏枯草

【学名】*Prunella vulgaris* L.

【别名】铁线夏枯草、铁色草、乃东、燕面。

【危害作物】柑橘、油菜、小麦。

【分布】福建、甘肃、广东、广西、贵州、河北、湖北、湖南、江西、陕西、四川、新疆、西藏、云南、浙江。

42. 荔枝草

【学名】*Salvia plebeia* R. Br.

【别名】雪见草、蛤蟆皮、土荆芥、猴臂草。

【危害作物】大豆、柑橘、玉米、油菜、小麦。

【分布】北京、重庆、甘肃、广东、广西、贵州、海南、河北、河南、湖北、湖南、江苏、江西、辽宁、山东、山东、山西、陕西、陕西、上海、四川、云南、浙江。

43. 黄芩

【学名】*Scutellaria baicalensis* Georgi

【别名】地芩、香水水草。

【危害作物】苹果、梨、茶。

【分布】四川、江西、甘肃、河北、黑龙江、河南、湖北、江苏、辽宁、内蒙古、陕西、山东、山西。

44. 韩信草

【学名】*Scutellaria indica* L.

【别名】耳挖草、大力草。

【危害作物】茶。

【分布】安徽、福建、广东、广西、贵州、河南、湖北、湖南、江苏、江西、陕西、四川、云南、浙江。

45. 水苏

【学名】*Stachys japonica* Miq.

【别名】鸡苏、水鸡苏、望江青。

【危害作物】水稻。

【分布】安徽、福建、河北、河南、江苏、江西、辽宁、内蒙古、山东、浙江。

46. 甘露子

【学名】*Stachys sieboldi* Miq.

【危害作物】马铃薯。

【分布】甘肃、广东、广西、河北、河南、湖南、江苏、江西、辽宁、青海、山东、江苏、浙江、安徽、山西、陕西、四川、云南、贵州。

47. 庐山香科科

【学名】*Teucrium pernyi* Franch.

【别名】白花石蚕、凉粉草、庐山香科、香草。

【危害作物】茶。

【分布】安徽、福建、广东、广西、河南、湖北、湖南、江苏、江西、浙江、四川。

酢浆草科 Oxalidaceae

48. 酢浆草

【学名】*Oxalis corniculata* L.

【别名】老鸭嘴、满天星、黄花酢酱草、鸠酸、酸味草。

【危害作物】大豆、苹果、甘蔗、茶、梨、柑橘、玉米、油菜、小麦。

【分布】北京、上海、天津、安徽、重庆、福建、甘肃、广东、广西、贵州、海南、河北、河南、湖北、湖南、内蒙古、江苏、江西、辽宁、青海、陕西、山东、山西、四川、西藏、云南、浙江。

49. 红花酢浆草

【学名】*Oxalis corymbosa* DC.

【别名】铜锤草、百合还阳、大花酢酱草、大老鸦酸、大酸味草、大叶酢浆草。

【危害作物】甘蔗、油菜、小麦。

【分布】安徽、福建、甘肃、广东、广西、贵州、海南、河南、河北、湖北、湖南、江苏、江西、四川、重庆、山东、山西、陕西、云南、新疆、浙江。

大戟科 Euphorbiaceae

50. 铁苋菜

【学名】*Acalypha australis* L.

【别名】榎草、海蚌含珠。

【危害作物】水稻、茶、梨、苹果、柑橘、甜菜、甘蔗、花生、麻类、棉花、大豆、玉米、油菜、小麦。

【分布】我国各省区均有分布。

51. 乳浆大戟

【学名】*Euphorbia esula* L.

【别名】烂疤眼。

【危害作物】小麦、苹果、梨、柑橘。

【分布】除海南、贵州外，我国其他省区均有分布。

52. 泽漆

【学名】*Euphorbia helioscopia* L.

【别名】五朵云、五风草。

【危害作物】苹果、棉花、梨、柑橘、玉米、油菜、小麦。

【分布】安徽、福建、甘肃、广东、广西、贵州、海南、河北、河南、黑龙江、湖北、湖南、吉林、江苏、上海、江西、辽宁、内蒙古、宁夏、青海、山东、山西、陕西、四川、重庆、西藏、新疆、云南、浙江。

53. 飞扬草

【学名】*Euphorbia hirta* L.

【别名】大飞扬草、乳籽草。

【危害作物】甘蔗、柑橘、玉米。

【分布】福建、广东、广西、贵州、海南、湖南、江西、四川、重庆、河南、甘肃、云南、浙江。

54. 地锦

【学名】*Euphorbia humifusa* Willd.

【别名】地锦草、红丝草、奶疳草。

【危害作物】花生、马铃薯、大豆、茶、棉花、梨、苹果、柑橘、玉米、油菜、小麦。

【分布】北京、天津、福建、甘肃、广东、广西、海南、贵州、河北、河南、黑龙江、湖北、湖南、吉林、上海、安徽、江苏、江西、辽宁、内蒙古、宁夏、青海、山东、山西、陕西、四川、重庆、西藏、新疆、云南、浙江。

55. 斑地锦

【学名】*Euphorbia maculata* L.

【别名】班地锦、大地锦、宽斑地锦、痢疾草、美洲地锦、奶汁草、铺地锦。

【危害作物】大豆、棉花、玉米、油菜、小麦。

【分布】北京、河北、广东、广西、湖北、湖南、江西、江苏、辽宁、山东、陕西、上海、浙江、重庆、宁夏。

56. 千根草

【学名】*Euphorbia thymifolia* L.

【别名】小飞杨草、细叶飞扬草、小奶浆草、小乳汁草、苍蝇翅。

【危害作物】甘蔗。

【分布】福建、广东、广西、海南、湖南、江西、江苏、云南、浙江。

57. 叶下珠

【学名】*Phyllanthus urinaria* L.

【别名】阴阳草、假油树、珍珠草。

【危害作物】水稻、茶、花生、大豆、棉花、甘蔗、玉米、油菜、小麦。

【分布】江苏、广东、广西、海南、贵州、河北、湖北、湖南、陕西、山西、四川、重庆、云南、浙江、新疆、西藏。

58. 黄珠子草

【学名】*Phyllanthus virgatus* Forst. f.

【别名】细叶油柑、细叶油树。

【危害作物】油菜。

【分布】广东、广西、贵州、海南、河北、河南、湖北、湖南、陕西、山西、四川、重庆、云南、浙江。

大麻科 Cannabinaceae

59. 葎草

【学名】*Humulus scandens*（Lour.）Merr.

【别名】拉拉藤、拉拉秧。

【危害作物】茶、花生、大豆、苹果、棉花、梨、甘蔗、柑橘、玉米、油菜。

【分布】北京、天津、安徽、重庆、福建、广东、广西、贵州、海南、河北、黑龙江、河南、湖北、湖南、江苏、江西、吉林、辽宁、陕西、山东、山西、四川、西藏、云南、浙江、甘肃、上海。

豆科 Leguminosae

60. 合萌

【学名】*Aeschynomene indica* L.

【别名】田皂角、白梗通梳子树、菖麦、割镰草。

【危害作物】水稻、甘蔗。

【分布】广东、广西、贵州、河北、河南、湖北、湖南、吉林、江苏、江西、辽宁、山东、四川、云南、陕西、浙江。

61. 骆驼刺

【学名】*Alhagi camelorum* Fisch.

【别名】刺蜜、史塔克、疏叶骆驼刺、延塔克、疏花骆驼刺、羊塔克。

【危害作物】棉花。

【分布】甘肃、内蒙古、新疆、陕西。

62. 链荚豆

【学名】*Alysicarpus vaginalis*（L.）DC.

【别名】假花生。

【危害作物】甘蔗。

【分布】福建、广东、广西、海南、云南。

63. 紫云英

【学名】*Astragalus sinicus* L.

【别名】沙蒺藜、马苕子、米布袋。

【危害作物】柑橘、油菜、小麦。

【分布】上海、福建、广东、广西、贵州、河南、湖北、湖南、江苏、江西、河北、河南、陕西、四川、重庆、云南、甘肃、浙江。

64. 决明

【学名】*Cassia tora* L.

【别名】马蹄决明、假绿豆。

【危害作物】苹果、梨、玉米。

【分布】安徽、福建、广东、广西、贵州、海南、湖北、湖南、江苏、江西、辽宁、内蒙古、山东、陕西、四川、西藏、新疆、云南。

65. 小鸡藤

【学名】*Dumasia forrestii* Diels

【别名】雀舌豆、大苞山黑豆、光叶山黑豆。

【危害作物】油菜、小麦。

【分布】四川、西藏、云南。

66. 皂荚

【学名】*Gleditsia sinensis* Lam.

【别名】皂角、田皂荚。

【危害作物】花生、大豆、棉花。

【分布】安徽、福建、甘肃、广东、广西、贵州、河北、黑龙江、河南、湖北、湖南、内蒙古、江苏、江西、吉林、辽宁、陕西、山东、山西、四川、云南、浙江。

67. 野大豆

【学名】*Glycine soja* Sieb. *et* Zucc.

【别名】白豆、柴豆、大豆、河豆子、黑壳豆。

【危害作物】大豆、玉米、油菜、小麦。

【分布】安徽、北京、重庆、福建、甘肃、广东、广西、贵州、河北、河南、黑龙江、湖北、湖南、吉林、江苏、江西、辽宁、内蒙古、宁夏、山东、山西、陕西、上海、四川、天津、浙江、云南。

68. 甘草

【学名】*Glycyrrhiza uralensis* Fisch.

【别名】甜草。

【危害作物】甜菜、棉花、玉米。

【分布】甘肃、河北、河南、黑龙江、内蒙古、吉林、辽宁、宁夏、青海、陕西、山东、山西、新疆。

69. 长柄米口袋

【学名】*Gueldenstaedtia harmsii* Ulbr.

【别名】地丁、地槐、米布袋、米口袋。

【危害作物】玉米。

【分布】安徽、河南、湖北、江苏、陕西、宁夏、甘肃、云南、广西、北京、天津、河北。

70. 长萼鸡眼草

【学名】*Kummerowia stipulacea*（Maxim.）Makino

【别名】鸡眼草。

【危害作物】玉米、茶。

【分布】安徽、甘肃、河北、黑龙江、河南、湖北、江苏、江西、吉林、辽宁、陕西、山东、山西、云南、浙江。

71. 鸡眼草

【学名】*Kummerowia striata*（Thunb.）Schindl.

【别名】掐不齐、牛黄黄、公母草。

【危害作物】茶、甘蔗、柑橘、油菜、小麦。

【分布】安徽、福建、甘肃、广东、广西、贵州、河北、黑龙江、湖北、湖南、江苏、江西、吉林、辽宁、山东、四川、云南、浙江、重庆。

72. 中华胡枝子

【学名】*Lespedeza chinensis* G. Don

【别名】高脚硬梗太阳草、华胡枝子、清肠草、胡枝子。

【危害作物】茶。

【分布】安徽、福建、广东、贵州、湖北、湖南、江苏、江西、四川、浙江。

73. 截叶铁扫帚

【学名】*Lespedeza cuneata*（Dum. -Cours.）G. Don

【别名】老牛筋、绢毛胡枝子。

【危害作物】柑橘。

【分布】甘肃、广东、广西、河南、湖北、湖南、陕西、四川、重庆、云南。

74. 野苜蓿

【学名】*Medicago falcata* L.

【别名】连花生、豆豆苗、黄花苜蓿、黄苜蓿。

【危害作物】玉米、小麦。

【分布】甘肃、广西、河北、河南、黑龙江、辽宁、内蒙古、山西、四川、西藏、新疆。

75. 天蓝苜蓿

【学名】*Medicago lupulina* L.

【别名】黑荚苜蓿、杂花苜宿。

【危害作物】柑橘、玉米、油菜、小麦。

【分布】安徽、北京、福建、甘肃、广东、广西、贵州、河北、河南、黑龙江、湖北、湖南、吉林、江苏、江西、辽宁、内蒙古、宁夏、青海、山东、山西、陕西、四川、西藏、新疆、云南、浙江、重庆。

76. 小苜蓿

【学名】*Medicago minima*（L.）Grub.

【别名】破鞋底、野苜蓿。

【危害作物】柑橘、油菜、小麦。

【分布】安徽、北京、河北、甘肃、河南、湖北、湖南、广西、江苏、陕西、山西、四川、贵州、云南、重庆、浙江、新疆。

77. 紫苜蓿

【学名】*Medicago sativa* L.

【别名】紫花苜蓿、蓿草、苜蓿。

【危害作物】油菜、小麦。

【分布】安徽、北京、甘肃、广东、广西、河北、河南、黑龙江、湖北、湖南、吉林、江苏、辽宁、内蒙古、宁夏、青海、山东、山西、陕西、四川、西藏、新疆、云南。

78. 草木樨

【学名】*Melilotus suaveolens* Ledeb.

【别名】黄花草、黄花草木樨、香马料木樨、野木樨。

【危害作物】甘蔗、棉花、柑橘、油菜、小麦。

【分布】安徽、甘肃、河北、河南、黑龙江、吉林、江苏、江西、湖南、广西、辽宁、内蒙古、青海、山东、山西、陕西、宁夏、四川、贵州、西藏、云南、浙江、新疆。

79. 含羞草

【学名】*Mimosa pudica* L.

【别名】知羞草、怕丑草、刺含羞草、感应草、喝呼草。

【危害作物】甘蔗、柑橘、油菜、小麦。

【分布】江苏、浙江、福建、湖北、湖南、广东、广西、海南、河南、西藏、四川、云南、贵州、甘肃、陕西。

80. 野葛

【学名】*Pueraria lobate*（Willd.）Ohwi

【危害作物】茶、玉米。

【分布】除新疆、西藏外，我国其他地区均有分布。

81. 田菁

【学名】*Sesbania cannabina*（Retz.）Poir.

【别名】海松柏、碱菁、田菁麻、田青、咸青。

【危害作物】水稻。

【分布】上海、安徽、福建、湖南、广西、广东、海南、江苏、江西、云南、浙江。

82. 苦豆子

【学名】*Sophora alopecuroides* L.

【别名】西豆根、苦甘草。

【危害作物】棉花。

【分布】甘肃、河北、河南、内蒙古、宁夏、青海、陕西、山西、新疆、西藏。

83. 苦马豆

【学名】*Sphaerophysa salsula*（Pall.）DC.

【别名】爆竹花、红花苦豆子、红花土豆子、红苦豆。

【危害作物】甜菜、棉花。

【分布】甘肃、湖北、内蒙古、吉林、辽宁、宁夏、青海、陕西、山西、新疆、浙江。

84. 红车轴草

【学名】*Trifolium pratense* L.

【别名】红三叶、红荷兰翘摇、红菽草。

【危害作物】柑橘、小麦。

【分布】我国各省区均有分布。

85. 白车轴草

【学名】*Trifolium repens* L.

【别名】白花三叶草、白三叶、白花苜宿。

【危害作物】柑橘、小麦。

【分布】北京、广西、贵州、黑龙江、湖北、吉林、江苏、江西、辽宁、山东、山西、陕西、上海、四川、重庆、新疆、云南、浙江。

86. 毛果葫芦巴

【学名】*Trigonella pubescens* Edgew. ex Baker

【别名】吉布察交、毛荚胡、卢巴、毛苜蓿。

【危害作物】小麦。

【分布】青海、四川、西藏、云南、陕西。

87. 山野豌豆

【学名】*Vicia amoena* Fisch. ex DC.

【别名】豆豆苗、芦豆苗。

【危害作物】柑橘、小麦。

【分布】我国各省（区）均有分布。

88. 广布野豌豆

【学名】*Vicia cracca* L.

【别名】草藤、细叶落豆秧、肥田草。

【危害作物】大豆。

【分布】安徽、福建、甘肃、广东、广西、贵州、河南、湖北、江西、陕西、四川、新疆、浙江、中国东北部。

89. 小巢菜

【学名】*Vicia hirsuta*（L.）S. F. Gray

【别名】硬毛果野豌豆、雀野豆。

【危害作物】油菜、小麦。

【分布】安徽、福建、甘肃、广东、广西、贵州、河北、河南、湖北、湖南、江苏、江西、陕西、上海、四川、云南、浙江、重庆。

90. 大巢菜

【学名】*Vicia sativa* L.

【别名】野绿豆、野菜豆、救荒野豌豆。

【危害作物】麻类、马铃薯、棉花、油菜、小麦。

【分布】我国各省区均有分布。

91. 野豌豆

【学名】*Vicia sepium* L.

【别名】大巢菜、滇野豌豆、肥田菜、野劳豆。

【危害作物】苹果、梨、小麦。

【分布】河北、江苏、浙江、山东、湖南、甘肃、贵州、陕西、宁夏、四川、云南、新疆。

92. 四籽野豌豆

【学名】*Vicia tetrasperma*（L.）Schreber

【别名】乌喙豆。

【危害作物】油菜、小麦。

【分布】安徽、贵州、河南、湖南、湖北、江苏、四川、云南、浙江、重庆、陕西、甘肃。

番杏科 Aizoaceae

93. 粟米草

【学名】*Mollugo stricta* L.

【别名】飞蛇草、降龙草、万能解毒草、鸭脚瓜子草。

【危害作物】茶、苹果、棉花、梨、柑橘、玉米、油菜、小麦。

【分布】安徽、福建、广东、广西、贵州、海南、河南、湖北、湖南、江苏、江西、山东、陕西、四川、重庆、西藏、新疆、云南、浙江、甘肃。

沟繁缕科 Elatinaceae

94. 田繁缕

【学名】*Bergia ammannioides* Roxb.

【别名】伯格草、蜂刺草、火开荆、假水苋菜。

【危害作物】油菜、小麦。

【分布】河北、河南、陕西、四川、云南、广东、广西、湖南。

95. 三蕊沟繁缕

【学名】*Elatine triandra* Schkuhr

【别名】沟繁缕、三萼沟繁缕、伊拉塔干纳。

【危害作物】水稻、油菜、小麦。

【分布】云南、广东、黑龙江、吉林。

葫芦科 Cucurbitaceae

96. 马泡瓜

【学名】*Cucumis melo* L. var. *agrestis* Naud.

【别名】马交瓜、三棱瓜、野黄瓜。

【危害作物】玉米。

【分布】安徽、福建、广东、广西、河北、江苏、山东。

97. 马交儿

【学名】*Zehneria indica*（Lour.）Keraudren

【别名】耗子拉冬瓜、扣子草、老鼠拉冬瓜、土白敛、野苦瓜。

【危害作物】柑橘、玉米。

【分布】安徽、福建、广东、广西、贵州、湖北、湖南、江苏、江西、四川、云南、浙江。

蒺藜科 Zygophyllaceae

98. 骆驼蓬

【学名】*Peganum harmala* L.

【别名】臭古都、老哇爪、苦苦菜、臭草、阿地熟斯忙、乌姆希 - 乌布斯（蒙古族名）。

【危害作物】棉花。

【分布】甘肃、河北、内蒙古、宁夏、青海、山西、新疆、西藏。

99. 蒺藜

【学名】*Tribulus terrestris* L.

【别名】蒺藜狗子、野菱角、七里丹、刺蒺藜、章古、伊曼 - 章古（蒙古族名）。

【危害作物】梨、苹果、甘蔗、花生、棉花、大豆、玉米、油菜、小麦。

【分布】我国各省区均有分布。

夹竹桃科 Apocynaceae

100. 罗布麻

【学名】*Apocynum venetum* L.

【别名】茶叶花、野麻、红麻。

【危害作物】棉花、玉米。

【分布】甘肃、湖北、广西、河北、江苏、辽宁、内蒙古、青海、陕西、山东、山西、新疆、西藏。

101. 大叶白麻

【学名】*Poacynum hendersonii*（Hook. f.）Woodson

【别名】野麻、大花罗布麻、大花白麻、大花较布麻、罗布麻。

【危害作物】棉花。

【分布】甘肃、青海、新疆。

102. 紫花络石

【学名】*Trachelospermum axillare* Hook. f.

【别名】车藤、杜仲藤、番五加、络石藤、奶浆藤、爬山虎藤子、藤杜仲、乌木七、腋花络石。

【危害作物】茶。

【分布】福建、广东、广西、贵州、湖北、湖南、江西、四川、西藏、云南、浙江。

尖瓣花科 Sphenocleaceae

103. 尖瓣花

【学名】*Sphenoclea zeylanica* Gaertn.

【别名】密穗桔梗、木空菜、牛奶藤、楔瓣花。

【危害作物】水稻。

【分布】安徽、江苏、福建、海南、广东、广西、云南、湖南、湖北、重庆。

金鱼藻科 Ceratophyllaceae

104. 金鱼藻

【学名】*Ceratophyllum demersum* L.

【危害作物】水稻。

【分布】重庆、广东、云南、浙江。

堇菜科 Violaceae

105. 野生堇菜

【学名】*Viola arvensis* Murray

【别名】堇菜。

【危害作物】茶。

【分布】贵州、湖北、湖南、江西、浙江。

106. 蔓茎堇菜

【学名】*Viola diffusa* Ging.

【别名】蔓茎堇。

【危害作物】茶。

【分布】安徽、福建、甘肃、广东、广西、贵州、海南、河南、湖北、湖南、江苏、江西、陕西、四川、西藏、云南、浙江。

107. 犁头草

【学名】*Viola inconspicua* Bl.

【危害作物】茶、柑橘、玉米、油菜、小麦。

【分布】安徽、福建、广东、广西、贵州、海南、河南、湖北、湖南、江苏、江西、四川、重庆、陕西、云南、浙江。

108. 白花地丁

【学名】*Viola patrinii* DC. ex Ging.

【别名】白花堇菜、柴布日－尼勒－其其格(蒙古族名)、长头尖、地丁、丁毒草、窄叶白花犁头草、紫草地丁。

【危害作物】油菜。

【分布】黑龙江、河北、吉林、辽宁、内蒙古。

109. 紫花地丁

【学名】*Viola philippica* Cav.

【危害作物】茶、梨、苹果、柑橘、大豆、油菜、小麦。

【分布】北京、天津、安徽、重庆、福建、甘肃、广东、广西、贵州、海南、河北、黑龙江、河南、湖北、湖南、江苏、江西、吉林、辽宁、内蒙古、宁夏、陕西、山东、山西、四川、重庆、云南、浙江。

锦葵科 Malvaceae

110. 苘麻

【学名】*Abutilon theophrasti* Medicus

【别名】青麻、白麻。

【危害作物】梨、苹果、甜菜、甘蔗、花生、棉花、大豆、玉米、马铃薯、油菜、小麦。

【分布】安徽、北京、福建、甘肃、广东、广西、贵州、河北、河南、黑龙江、湖北、湖南、吉林、江苏、江西、辽宁、内蒙古、宁夏、山东、山西、陕西、上海、四川、重庆、天津、新疆、云南、浙江。

111. 长蒴黄麻

【学名】*Corchorus olitorius* L.

【别名】长果黄麻、长萌黄麻、黄麻、山麻、小麻。

【危害作物】柑橘。

【分布】安徽、福建、广东、广西、海南、湖南、江西、四川、云南。

112. 野西瓜苗

【学名】*Hibiscus trionum* L.

【别名】香铃草。

【危害作物】梨、苹果、甜菜、棉花、玉米、小麦。

【分布】安徽、北京、福建、甘肃、广东、广西、贵州、海南、河北、河南、黑龙江、湖北、湖南、吉林、江苏、江西、辽宁、内蒙古、宁夏、青海、山东、山西、陕西、上海、四川、重庆、天津、西藏、新疆、云南、浙江。

113. 冬葵

【学名】*Malva crispa* L.

【别名】冬苋菜、冬寒菜。

【危害作物】玉米、油菜、小麦。

【分布】广西、河北、吉林、山东、甘肃、青海、宁夏、贵州、湖南、江西、四川、重庆、云南、西藏、陕西。

114. 圆叶锦葵

【学名】*Malva rotundifolia* L.

【别名】野锦葵、金爬齿、托盘果、烧饼花。

【危害作物】玉米。

【分布】安徽、甘肃、贵州、河北、河南、江苏、广西、陕西、山东、山西、四川、新疆、西藏、云南。

115. 锦葵

【学名】*Malva sinensis* Cavan.

【危害作物】小麦。

【分布】北京、甘肃、广东、广西、贵州、河北、河南、湖北、湖南、江苏、江西、内蒙古、宁夏、青海、山东、山西、陕西、四川、西藏、新疆、云南。

116. 赛葵

【学名】*Malvastrum coromandelianum*（L.）Gurcke

【别名】黄花草、黄花棉、大叶黄花猛、山黄麻、山桃仔。

【危害作物】甘蔗。

【分布】福建、广东、广西、海南、云南。

117. 黄花稔

【学名】*Sida acuta* Burm. f.

【危害作物】柑橘、甘蔗、玉米。

【分布】福建、广东、广西、海南、云南、湖北、四川。

118. 地桃花

【学名】*Urena lobata* L.

【危害作物】甘蔗、玉米。

【分布】安徽、福建、广东、广西、贵州、海南、湖南、江苏、江西、四川、西藏、云南、浙江。

景天科 Crassulaceae

119. 半枝莲

【学名】*Scutellaria barbata* D. Don

【别名】并头草、牙刷草、四方马兰。

【危害作物】柑橘、油菜、小麦。

【分布】福建、广东、广西、贵州、河北、河南、湖北、湖南、江苏、江西、陕西、山东、四川、云南、浙江。

120. 珠芽景天

【学名】*Sedum bulbiferum* Makino

【别名】马尿花、珠芽佛甲草、零余子景天、马屎花、小箭草、小六儿令、珠芽半枝。

【危害作物】柑橘。

【分布】安徽、福建、广东、湖南、江苏、江西、四川、贵州、云南、浙江。

121. 凹叶景天

【学名】*Sedum emarginatum* Migo

【别名】石马苋、马牙半支莲。

【危害作物】柑橘、油菜、小麦。

【分布】安徽、甘肃、湖北、湖南、江苏、江西、陕西、四川、重庆、云南、浙江。

122. 垂盆草

【学名】*Sedum sarmentosum* Bunge

【别名】狗牙齿、鼠牙半枝莲。

【危害作物】油菜、小麦。

【分布】安徽、福建、甘肃、贵州、河北、河南、湖北、湖南、江苏、江西、吉林、辽宁、陕西、山东、山西、四川、重庆、浙江。

桔梗科 Campanulaceae

123. 半边莲

【学名】*Lobelia chinensis* Lour.

【别名】急解索、细米草、瓜仁草。

【危害作物】水稻、茶、油菜、小麦。

【分布】安徽、福建、广东、广西、贵州、海南、湖北、湖南、江苏、江西、四川、云南、浙江。

124. 蓝花参

【学名】*Wahlenbergia marginata*（Thunb.）A. DC.

【危害作物】油菜、小麦。

【分布】安徽、重庆、福建、广东、广西、贵州、湖北、湖南、江苏、江西、四川、云南、浙江、甘肃、河南。

菊科 Compositae

125. 顶羽菊

【学名】*Acroptilon repens*（L.）DC.

【别名】苦蒿。

【危害作物】棉花。

【分布】甘肃、河北、内蒙古、青海、山西、陕西、新疆、浙江。

126. 胜红蓟

【学名】*Ageratum conyzoides* L.

【别名】藿香蓟、臭垆草、咸虾花。

【危害作物】茶、梨、苹果、柑橘、甘蔗、花生、棉花、大豆、玉米、油菜、小麦。

【分布】江苏、安徽、福建、湖南、湖北、广东、广西、海南、贵州、江西、四川、云南、重庆、甘肃、河南、山西、浙江。

127. 豚草

【学名】*Ambrosia artemisiifolia* L.

【别名】艾叶破布草、豕草。

【危害作物】梨、苹果、玉米。

【分布】安徽、北京、广东、河北、黑龙江、湖北、江西、辽宁、山东、浙江、江西、青海、四川、云南、陕西。

128. 牛蒡

【学名】*Arctium lappa* L.

【别名】恶实、大力子。

【危害作物】油菜、小麦。

【分布】安徽、北京、福建、甘肃、广东、广西、贵州、海南、河北、黑龙江、河南、湖北、湖南、江苏、江西、吉林、辽宁、内蒙古、宁夏、青海、陕西、山东、上海、山西、四川、天津、新疆、西藏、云南、浙江。

129. 黄花蒿

【学名】*Artemisia annua* L.

【别名】臭蒿。

【危害作物】苹果、柑橘、甜菜、花生、棉花、大豆、油菜、小麦。

【分布】安徽、北京、福建、甘肃、广东、广西、贵州、海南、河北、黑龙江、河南、湖北、湖南、江苏、江西、吉林、辽宁、内蒙古、宁夏、青海、陕西、山东、上海、山西、四川、天津、新疆、西藏、云南、浙江。

130. 艾蒿

【学名】*Artemisia argyi* Levl. *et* Vant.

【别名】艾。

【危害作物】茶、梨、苹果、柑橘、花生、棉花、玉米、油菜、小麦。

【分布】北京、天津、安徽、福建、甘肃、广东、广西、贵州、河北、黑龙江、河南、湖北、湖南、江苏、江西、吉林、辽宁、内蒙古、宁夏、陕西、山西、山东、四川、云南、重庆、浙江、新疆、青海。

131. 茵陈蒿

【学名】*Artemisia capillaris* Thunb.

【别名】因尘、因陈、茵陈、茵藤蒿、绵茵陈、白茵陈、日本茵陈、家茵陈、绒蒿、臭蒿、安吕草。

【危害作物】苹果、小麦。

【分布】安徽、福建、广东、广西、河北、河南、湖北、湖南、江苏、江西、辽宁、山东、陕西、四川、浙江、甘肃、黑龙江、宁夏。

132. 青蒿

【学名】*Artemisia apiacea* Hance

【别名】香蒿、白染艮、草蒿、廪蒿、邪蒿。

【危害作物】玉米。

【分布】安徽、福建、广东、广西、贵州、河北、河南、湖北、湖南、江苏、江西、吉林、辽宁、陕西、山东、四川、云南、浙江。

133. 米蒿

【学名】*Artemisia dalai-lamae* Krasch.

【别名】达来－协日乐吉（蒙古族名）、达赖蒿、达赖喇嘛蒿、碱蒿、驴驴蒿、青藏蒿。

【危害作物】小麦。

【分布】甘肃、内蒙古、青海、西藏。

134. 狭叶青蒿

【学名】*Artemisia dracunculus* L.

【别名】龙蒿。

【危害作物】油菜、小麦。

【分布】四川、重庆、贵州、甘肃、湖北、辽宁、内蒙古、宁夏、青海、山西、陕西、新疆。

135. 牡蒿

【学名】*Artemisia japonica* Thunb.

【危害作物】茶、油菜、小麦。

【分布】安徽、福建、甘肃、广东、广西、贵州、河北、河南、湖北、湖南、江苏、江西、辽宁、山东、山西、陕西、四川、西藏、云南、浙江。

136. 野艾蒿

【学名】*Artemisia lavandulaefolia* DC.

【危害作物】梨、苹果、大豆、油菜、小麦。

【分布】安徽、甘肃、宁夏、青海、广东、广西、贵州、河北、河南、黑龙江、湖北、湖南、吉林、江苏、江西、辽宁、内蒙古、山东、山西、陕西、四川、重庆、云南。

137. 猪毛蒿

【学名】*Artemisia scoparia* Waldst. *et* Kit.

【别名】东北茵陈蒿、黄蒿、白蒿、白毛蒿、白绵蒿、白青蒿。

【危害作物】茶、大豆、玉米、小麦。

【分布】我国各省区均有分布。

138. 蒌蒿

【学名】*Artemisia selengensis* Turcz. ex Bess.

【危害作物】花生、大豆。

【分布】安徽、甘肃、广东、广西、贵州、河北、黑龙江、河南、湖北、湖南、江苏、江西、吉林、辽宁、内蒙古、陕西、山东、山西、四川、云南。

139. 大籽蒿

【学名】*Artemisia sieversiana* Willd.

【危害作物】玉米、小麦。

【分布】甘肃、贵州、河北、河南、黑龙江、江苏、广西、吉林、辽宁、内蒙古、宁夏、青海、山东、陕西、山西、四川、新疆、西藏、云南。

140. 窄叶紫菀

【学名】*Aster subulatus* Michx.

【别名】钻形紫菀、白菊花、九龙箭、瑞连草、土紫胡、野红梗菜。

【危害作物】柑橘、棉花、油菜、小麦。

【分布】重庆、广西、江西、四川、云南、浙江。

141. 小花鬼针草

【学名】*Bidens parviflora* Willd.

【别名】鬼针草、锅叉草、小鬼叉。

【危害作物】玉米。

【分布】安徽、北京、甘肃、广东、广西、河北、河南、黑龙江、湖北、湖南、吉林、江苏、内蒙古、宁夏、青海、山东、山西、陕西、四川、天津、西藏、云南。

142. 鬼针草

【学名】*Bidens pilosa* L.

【危害作物】茶、梨、苹果、甘蔗、棉花、大豆、玉米、油菜、小麦。

【分布】安徽、北京、甘肃、河北、河南、黑龙江、湖北、吉林、江西、辽宁、内蒙古、山东、山西、天津、福建、广东、广西、江苏、陕西、四川、重庆、云南、浙江。

143. 白花鬼针草

【学名】*Bidens pilosa* L. var. *radiata* Sch. -Bip.

【别名】叉叉菜、金盏银盘、三叶鬼针草。

【危害作物】茶、梨、苹果、柑橘、甘蔗、玉米、油菜、小麦。

【分布】北京、福建、广东、广西、江苏、陕西、四川、云南、浙江、甘肃、贵州、河北、辽宁、山东、重庆。

144. 狼把草

【学名】*Bidens tripartita* L.

【危害作物】水稻、梨、苹果、甘蔗、大豆、玉米、马铃薯。

【分布】湖北、湖南、吉林、江西、辽宁、内蒙古、宁夏、山西、甘肃、河北、江苏、陕西、四川、重庆、新疆、云南。

145. 翠菊

【学名】*Callistephus chinensis*（L.）Nees

【别名】江西腊、五月菊、八月菊、翠蓝菊、江西蜡、兰菊、蓝菊、六月菊、米日严－乌达巴拉（蒙古族名）、七月菊。

【危害作物】柑橘。

【分布】广西、四川、云南。

146. 飞廉

【学名】*Carduus nutans* L.

【危害作物】梨、苹果、甜菜、棉花、玉米、小麦。

【分布】甘肃、广西、河北、河南、吉林、江苏、宁夏、青海、山东、山西、陕西、四川、云南、新疆。

147. 天名精

【学名】*Carpesium abrotanoides* L.

【别名】天蔓青、地菘、鹤虱。

【危害作物】柑橘、玉米、油菜、小麦。

【分布】甘肃、贵州、湖南、江苏、四川、云南、浙江、重庆、湖北、陕西。

148. 烟管头草

【学名】*Carpesium cernuum* L.

【别名】烟袋草、构儿菜。

【危害作物】柑橘。

【分布】广西、贵州、海南、湖北、湖南、江苏、江西、四川、云南、浙江。

149. 矢车菊

【学名】*Centaurea cyanus* L.

【别名】蓝芙蓉、车轮花、翠兰、兰芙蓉、荔枝菊。

【危害作物】油菜、小麦。

【分布】甘肃、广东、河北、湖北、湖南、江苏、青海、山东、四川、云南、陕西、新疆、西藏。

150. 石胡荽

【学名】*Centipeda minima*（L.）A. Br. *et* Ascher.

【别名】球子草。

【危害作物】水稻、柑橘、玉米。

【分布】安徽、福建、甘肃、广东、广西、贵州、海南、河北、河南、黑龙江、湖北、湖南、吉林、江苏、江西、辽宁、内蒙古、宁夏、青海、山东、山西、陕西、四川、西藏、新疆、云南、浙江。

151. 野菊

【学名】*Chrysanthemum indicum* L.

【别名】东篱菊、甘菊花、汉野菊、黄花草、黄菊花、黄菊仔、黄菊子。

【危害作物】油菜、小麦。

【分布】广东、广西、贵州、海南、河北、河南、湖北、湖南、吉林、辽宁、内蒙古、山西、四川、重庆、西藏、云南、甘肃、陕西、浙江。

152. 刺儿菜

【学名】*Cephalanoplos segetum*（Bunge）Kitam.

【别名】小蓟。

【危害作物】茶、梨、苹果、柑橘、甜菜、甘蔗、花生、麻类、棉花、大豆、玉米、马铃薯、油菜、小麦。

【分布】安徽、北京、福建、甘肃、贵州、海南、河北、河南、黑龙江、湖北、湖南、吉林、江苏、江西、辽宁、内蒙古、宁夏、青海、山东、山西、陕西、上海、四川、重庆、云南、天津、新疆、浙江、广东、广西。

153. 大刺儿菜

【学名】*Cephalanoplos setosum*（Willd.）Kitam.

【别名】马刺蓟。

【危害作物】玉米、小麦。

【分布】安徽、北京、广西、贵州、河北、河南、黑龙江、湖北、吉林、江苏、辽宁、内蒙古、宁夏、山东、山西、陕西、天津、新疆、云南、浙江、甘肃、青海、四川、西藏。

154. 菊苣

【学名】*Cichorium intybus* L.

【别名】卡斯尼、苦荬、苦叶生菜、蓝菊、欧菊苣、欧洲菊苣。

【危害作物】玉米。

【分布】北京、广东、广西、甘肃、黑龙江、辽宁、江西、山西、陕西、四川、新疆。

155. 贡山蓟

【学名】*Cirsium eriophoroides*（Hook. f.）Petrak

【别名】大刺儿菜、大蓟、毛头蓟、绵头蓟。

【危害作物】梨、苹果、甜菜、玉米。

【分布】北京、甘肃、广西、河北、河南、吉林、江苏、辽宁、宁夏、山东、山西、陕西、四川、天津、新疆、西藏、云南。

156. 野塘蒿

【学名】*Conyza bonariensis*（L.）Cronq.

【别名】香丝草、灰绿白酒草、蓬草、蓬头、蓑衣草、小白菊、野地黄菊、野圹蒿。

【危害作物】茶、柑橘、玉米、油菜、小麦。

【分布】福建、甘肃、广东、广西、贵州、海南、河北、河南、湖北、湖南、江苏、江西、山东、陕西、四川、西藏、云南、浙江、重庆。

157. 小蓬草

【学名】*Conyza canadensis*（L.）Cronq.

【别名】加拿大蓬、飞蓬、小飞蓬。

【危害作物】茶、梨、苹果、柑橘、甘蔗、花生、棉花、大豆、玉米、油菜、小麦。

【分布】我国各省区均有分布。

158. 苏门白酒草

【学名】*Conyza sumatrensis*（Retz.）Walker，*Erigeron sumatrensis* Retz.

【危害作物】农作物、果树。

【分布】河南、山东、江苏、安徽、浙江、江西、湖北、湖南、广西、广东、海南、福建、台湾、云南、四川、贵州、西藏。

159. 芫荽菊

【学名】*Cotula anthemoides* L.

【别名】山芫荽、山莞荽、莞荽菊。

【危害作物】油菜、小麦。

【分布】陕西、重庆、湖南、甘肃、四川、江苏、福建、广东、云南。

160. 野茼蒿

【学名】*Gynura crepidioides* Benth.

【别名】革命菜、草命菜、灯笼草、关冬委妞、凉干药、啪哑裸、胖头芋、野蒿茼、野蒿筒属、野木耳菜、野青菜、一点红。

【危害作物】茶、柑橘、甘蔗。

【分布】福建、湖南、湖北、广东、广西、贵州、江西、四川、西藏、云南、江苏、浙江、重庆。

161. 小鱼眼草

【学名】*Dichrocephala benthamii* C. B. Clarke

【危害作物】柑橘。

【分布】贵州、广西、湖北、四川、云南。

162. 鳢肠

【学名】*Eclipta prostrata*（L.）L.

【别名】旱莲草、墨草。

【危害作物】水稻、茶、梨、苹果、柑橘、甘蔗、花生、棉花、大豆、玉米、马铃薯、油菜、小麦。

【分布】我国各省区均有分布。

163. 一点红

【学名】*Emilia sonchifolia*（L.）DC.

【危害作物】茶、柑橘、甘蔗。

【分布】安徽、福建、广东、广西、贵州、海南、湖北、湖南、江苏、江西、四川、云南、浙江。

164. 梁子菜

【学名】*Erechtites hieracifolia*（L.）Raffin

【别名】美洲菊芹。

【危害作物】甘蔗。

【分布】福建、广东、广西、贵州、四川、云南。

165. 一年蓬

【学名】*Erigeron annuus*（L.）Pers.

【别名】千层塔、治疟草、野蒿、贵州毛菊花、黑风草、姬女苑、蓬头草、神州蒿、向阳菊。

【危害作物】茶、柑橘、油菜、小麦。

【分布】安徽、福建、河北、河南、湖北、湖南、江苏、江西、吉林、山东、四川、西藏、甘肃、广西、贵州、上海、浙江、重庆。

166. 紫茎泽兰

【学名】*Eupatorium adenophorum* Spreng.

【别名】大黑草、花升麻、解放草、马鹿草、破坏草、细升麻。

【危害作物】茶、柑橘、甘蔗、花生、大豆。

【分布】重庆、广西、贵州、湖北、四川、云南。

167. 泽兰

【学名】*Eupatorium japonicum* Thunb.

【危害作物】茶、苹果、梨。

【分布】安徽、广东、贵州、河南、湖北、湖南、黑龙江、吉林、江苏、江西、辽宁、山东、山西、陕西、四川、云南、浙江。

168. 飞机草

【学名】*Eupatorium odoratum* L.

【别名】香泽兰。

【危害作物】梨、苹果、柑橘、甘蔗、花生、大豆、玉米。

【分布】广东、广西、海南、湖南、四川、重庆、贵州、云南。

169. 牛膝菊

【学名】*Galinsoga parviflora* Cav.

【别名】辣子草、向阳花、珍珠草、铜锤草、嘎力苏干－额布苏（蒙古族名）、旱田菊、兔儿草、小米菊。

【危害作物】茶、梨、苹果、柑橘、花生、大豆、玉米、马铃薯、油菜、小麦。

【分布】安徽、北京、重庆、福建、广东、广西、甘肃、贵州、海南、河南、湖北、湖南、黑龙江、吉林、江苏、江西、辽宁、内蒙古、宁夏、青海、山东、山西、上海、天津、陕西、四川、西藏、新疆、云南、浙江。

170. 鼠麴草

【学名】*Gnaphalium affine* D. Don

【危害作物】茶、梨、苹果、柑橘、甘蔗、玉米、油菜、小麦。

【分布】福建、甘肃、广东、广西、贵州、海南、湖北、湖南、江西、山东、陕西、四川、西藏、新疆、云南、浙江、江苏、重庆。

171. 秋鼠曲草

【学名】*Gnaphalium hypoleucum* DC.

【危害作物】油菜、小麦。

【分布】安徽、福建、甘肃、广东、广西、贵州、海南、湖北、湖南、江苏、江西、宁夏、青海、陕西、四川、新疆、西藏、云南、浙江。

172. 细叶鼠曲草

【学名】*Gnaphalium japonicum* Thunb.

【危害作物】茶、甘蔗、油菜。

【分布】广东、广西、贵州、河南、湖北、湖南、江西、青海、陕西、四川、云南、浙江。

173. 多茎鼠麴草

【学名】*Gnaphalium polycaulon* Pers.

【别名】多茎鼠曲草。

【危害作物】柑橘、油菜。

【分布】福建、广东、贵州、云南、浙江。

174. 田基黄

【学名】*Grangea maderaspatana*（L.）Poir.

【别名】荔枝草、黄花球、黄花珠、田黄菜。

【危害作物】甘蔗。

【分布】广东、广西、海南、云南。

175. 泥胡菜

【学名】*Hemistepta lyrata*（Bunge）Bunge

【别名】秃苍个儿。

【危害作物】茶、梨、苹果、柑橘、油菜、小麦。

【分布】除新疆、西藏外，我国其他地区均有分布。

176. 阿尔泰狗娃花

【学名】*Heteropappus altaicus*（Willd.）Novopokr.

【别名】阿尔泰紫菀、阿尔太狗娃花、阿尔泰狗哇花、阿尔泰紫苑、阿匊泰紫菀、阿拉泰音－布荣黑（蒙古族名）、狗娃花、蓝菊花、铁杆。

【危害作物】梨、苹果、小麦、茶。

【分布】北京、甘肃、河北、河南、黑龙江、湖北、吉林、内蒙古、宁夏、青海、山东、山西、陕西、四川、天津、西藏、新疆、云南。

177. 狗娃花

【学名】*Heteropappus hispidus*（Thunb.）Less.

【危害作物】梨、苹果、柑橘、茶。

【分布】安徽、北京、福建、甘肃、河北、河南、黑龙江、湖北、吉林、江西、辽宁、内蒙古、青海、山东、山西、陕西、四川。

178. 旋覆花

【学名】*Inula japonica* Thunb.

【别名】全佛草。

【危害作物】玉米、油菜、小麦。

【分布】我国各省（区）均有分布。

179. 蓼子朴

【学名】*Inula salsoloides*（Turcz.）Ostenf.

【别名】沙地旋覆花、黄喇嘛、秃女子草。

【危害作物】棉花。

【分布】甘肃、河北、辽宁、内蒙古、青海、新疆、陕西、山西。

180. 山苦荬

【学名】*Ixeris chinensis*（Thunb.）Nakai

【别名】苦菜、燕儿尾、陶来音－伊达日阿（蒙古族名）。

【危害作物】茶、梨、苹果、柑橘、花生、小麦。

【分布】福建、甘肃、广东、广西、贵州、河北、黑龙江、湖南、江苏、江西、辽宁、宁夏、山东、山西、陕西、四川、天津、云南、浙江、重庆。

181. 剪刀股

【学名】*Ixeris debilis* A. Gray.

【别名】低滩苦荬菜。

【危害作物】茶、棉花。

【分布】广东、广西、江西、浙江、安徽、福建、贵州、海南、河北、湖北、湖南、江苏、四川、云南。

182. 苦荬菜

【学名】*Ixeris denticulate*（Houtt.）Stebb.

【别名】还魂草、剪子股、老鹳菜。

【危害作物】梨、苹果、麻类、棉花、大豆、玉米、马铃薯。

【分布】安徽、福建、广东、广西、贵州、湖南、江苏、江西、陕西、四川、云南、浙江。

183. 多头苦荬菜

【学名】*Ixeris polycephala* Cass.

【别名】多头苦荬菜、多头苦菜、多头苦荬、多头苦荚莱、多头苦賈菜、多头莴苣。

【危害作物】麻类、油菜、小麦。

【分布】安徽、福建、广东、广西、贵州、湖南、江苏、江西、陕西、四川、云南、浙江、北京、甘肃、河北、河南、黑龙江、吉林、辽宁、内蒙古、青海、山东、山西、天津、新疆、重庆。

184. 抱茎苦荬菜

【学名】*Lxeris sonchifolia* Hance

【危害作物】柑橘、油菜、小麦。

【分布】浙江、云南、贵州、四川、广西及东北、华北、华东地区。

185. 马兰

【学名】*Kalimeris indica*（L.）Sch. -Bip.

【别名】马兰头、鸡儿肠、红管药、北鸡儿肠、北马兰、红梗菜。

【危害作物】茶、柑橘、玉米、油菜、小麦。

【分布】安徽、福建、广东、广西、贵州、海南、河南、黑龙江、湖北、湖南、江西、江苏、吉林、四川、重庆、云南、浙江、宁夏、陕西、西藏。

186. 花花柴

【学名】*Karelinia caspica*（Pall.）Less.

【别名】胖姑娘娘、洪古日朝高那、胖姑娘。

【危害作物】棉花、小麦。

【分布】甘肃、陕西、内蒙古、青海、新疆。

187. 蒙山莴苣

【学名】*Lactuca tatarica*（L.）C. A. Mey.

【别名】鞑靼山莴苣、紫花山莴苣、苦苦菜。

【危害作物】棉花。

【分布】甘肃、河北、河南、江西、辽宁、内蒙古、宁夏、青海、山西、陕西、西藏、新疆。

188. 山莴苣

【学名】*Lagedium sibiricum*（L.）Sojak，Lactuca indica L.

【别名】北山莴苣、山苦菜、西伯利亚山莴苣、西伯日－伊达日阿（蒙古族名）。

【危害作物】茶、梨、柑橘。

【分布】甘肃、河北、黑龙江、内蒙古、吉林、江苏、辽宁、青海、陕西、山西、新疆、浙江、福建、山东、广东、广西、四川、贵州、湖南、江西、云南、重庆。

189. 稻槎菜

【学名】*Lapsana apogonoides* Maxim.

【危害作物】水稻、油菜、小麦。

【分布】安徽、福建、广东、广西、江西、湖南、江苏、陕西、云南、浙江、贵州、河南、湖北、山西、上海、四川、重庆。

190. 银胶菊

【学名】*Parthenium hysterophorus* L.

【别名】西南银胶菊、野益母艾、野益母岩。

【危害作物】甘蔗。

【分布】广东、广西、贵州、海南、云南。

191. 毛连菜

【学名】*Picris hieracioides* L.

【别名】毛柴胡、毛莲菜、毛牛耳大黄、枪刀菜。

【危害作物】柑橘、玉米。

【分布】广西、四川、云南、甘肃、贵州、河北、河南、湖北、吉林、青海、山东、陕西、山西、四川、西藏、云南。

192. 草地风毛菊

【学名】*Saussurea amara*（L.）DC.

【别名】驴耳风毛菊、羊耳朵、草地风毛菊、风毛菊、驴耳朵草。

【危害作物】玉米。

【分布】北京、甘肃、河北、黑龙江、吉林、辽宁、内蒙古、陕西、山西、青海、新疆。

193. 欧洲千里光

【学名】*Senecio vulgaris* L.

【别名】白顶草、北千里光、恩格音－给其根那（蒙古族名）、欧洲狗舌草、普通千里光。

【危害作物】柑橘、玉米。

【分布】贵州、吉林、辽宁、内蒙古、四川、西藏、云南。

194. 虾须草

【学名】*Sheareria nana* S. Moore

【别名】沙小菊、草麻黄、绿心草。

【危害作物】水稻。

【分布】安徽、广东、贵州、湖北、湖南、江苏、江西、云南、浙江。

195. 豨莶

【学名】*Siegesbeckia orientalis* L.

【别名】虾柑草、黏糊菜。

【危害作物】茶、柑橘、甘蔗、玉米、油菜、小麦。

【分布】安徽、福建、广东、广西、贵州、甘肃、湖南、江苏、江西、陕西、四川、云南、浙江、河南、山东、河北、吉林、重庆。

196. 腺梗豨莶

【学名】*Siegesbeckia pubescens* Makino

【别名】毛豨莶、棉苍狼、珠草。

【危害作物】玉米。

【分布】安徽、甘肃、贵州、河北、河南、湖北、吉林、辽宁、江苏、江西、山西、陕西、四川、西藏、云南、浙江、广东、广西。

197. 加拿大一枝黄花

【学名】*Solidago canadensis* L.

【别名】一枝黄花。

【危害作物】茶。

【分布】安徽、湖北、湖南、江苏、江西、上海、浙江。

198. 一枝黄花

【学名】*Solidago decurrens* Lour.

【别名】金柴胡、黄花草、金边菊。

【危害作物】茶。

【分布】安徽、广东、广西、贵州、江苏、江西、湖北、湖南、陕西、四川、云南、浙江。

199. 裸柱菊

【学名】*Soliva anthemifolia* R. Br.

【别名】座地菊。

【危害作物】大豆、油菜、小麦。

【分布】福建、广东、湖南、江西、云南。

200. 续断菊

【学名】*Sonchus asper*（L.）Hill.

【危害作物】苹果、梨、茶、柑橘。

【分布】甘肃、广西、湖北、湖南、江苏、宁夏、山东、山西、陕西、四川、重庆、贵州、新疆、云南。

201. 苣荬菜

【学名】*Sonchus brachyotus* DC.

【别名】苦菜。

【危害作物】梨、苹果、柑橘、甜菜、甘蔗、花生、麻类、棉花、大豆、玉米、马铃薯、油菜、小麦。

【分布】安徽、福建、北京、江苏、山东、天津、新疆、浙江、重庆、甘肃、广东、广西、贵州、海南、河北、河南、黑龙江、湖北、湖南、吉林、江西、辽宁、内蒙古、宁夏、青海、山西、陕西、上海、四川。

202. 苦苣菜

【学名】*Sonchus oleraceus* L.

【别名】苦菜、滇苦菜、田苦卖菜、尖叶苦菜。

【危害作物】柑橘、甘蔗、花生、油菜、小麦。

【分布】北京、天津、安徽、福建、甘肃、广东、广西、黑龙江、内蒙古、贵州、河北、河南、湖北、湖南、江苏、江西、辽宁、青海、宁夏、山东、山西、陕西、四川、重庆、西藏、新疆、云南、浙江。

203. 金腰箭

【学名】*Synedrella nodiflora*（L.）Gaertn.

【别名】苞壳菊、黑点旧、苦草、水慈姑、猪毛草。

【危害作物】甘蔗。

【分布】福建、广东、广西、海南、云南。

204. 蒲公英

【学名】*Taraxacum mongolicum* Hand. -Mazz.

【危害作物】茶、梨、苹果、柑橘、甜菜、花生、棉花、玉米、油菜、小麦。

【分布】北京、天津、安徽、福建、甘肃、广东、广西、贵州、河北、河南、黑龙江、湖北、湖南、吉林、上海、江苏、江西、辽宁、内蒙古、宁夏、青海、山东、山西、陕西、四川、重庆、云南、浙江、西藏、新疆。

205. 碱菀

【学名】*Tripolium vulgare* Nees

【别名】竹叶菊、铁杆蒿、金盏菜。

【危害作物】水稻、玉米。

【分布】甘肃、辽宁、吉林、江苏、内蒙古、山东、陕西、山西、新疆、浙江、云南。

206. 夜香牛

【学名】*Vernonia cinerea*（L.）Less.

【别名】斑鸠菊、寄色草、假咸虾。

【危害作物】甘蔗、玉米。

【分布】福建、广东、广西、湖北、湖南、江西、四川、云南、浙江。

207. 苍耳

【学名】*Xanthium sibiricum* Patrin

【别名】虱麻头、老苍子、青棘子。

【危害作物】茶、梨、苹果、柑橘、甜菜、甘蔗、花生、麻类、棉花、大豆、玉米、马铃薯、油菜、小麦。

【分布】安徽、北京、天津、福建、甘肃、广东、广西、贵州、海南、河北、河南、湖北、湖南、吉林、江苏、江西、内蒙古、宁夏、青海、山东、山西、陕西、四川、西藏、新疆、云南、浙江、重庆、黑龙江、辽宁。

208. 异叶黄鹌菜

【学名】*Youngia heterophylla*（Hemsl.）Babc. *et* Stebbins

【别名】花叶猴子屁股、黄狗头。

【危害作物】柑橘、油菜。

【分布】贵州、湖北、湖南、江西、广西、陕西、四川、云南。

209. 黄鹌菜

【学名】*Youngia japonica*（L.）DC.

【危害作物】柑橘、甘蔗、玉米、油菜、小麦。

【分布】安徽、福建、北京、甘肃、广东、广西、河北、河南、湖北、湖南、江苏、江西、山东、陕西、四川、贵州、重庆、西藏、云南、浙江。

爵床科 Acanthaceae

210. 水蓑衣

【学名】*Hygrophila salicifolia*（Vahl）Nees

【危害作物】油菜。

【分布】安徽、重庆、福建、广东、广西、贵州、海南、湖北、湖南、江苏、江西、四川、云南、浙江。

211. 爵床

【学名】*Rostellularia procumbens*（L.）Nees

【危害作物】茶、柑橘、玉米、油菜、小麦。

【分布】安徽、北京、福建、甘肃、广东、广西、贵州、海南、湖北、湖南、江苏、江西、山西、陕西、四川、西藏、云南、重庆、浙江。

藜科 Chenopodiaceae

212. 中亚滨藜

【学名】*Atriplex centralasiatica* Iljin

【别名】道木达－阿贼音－绍日乃（蒙古族名）、麻落粒、马灰条、软蒺藜、演藜、中亚粉藜。

【危害作物】油菜、小麦。

【分布】贵州、陕西、甘肃、河北、吉林、辽宁、内蒙古、宁夏、青海、山西、新疆、西藏。

213. 野滨藜

【学名】*Atriplex fera*（L.）Bunge

【别名】碱钵子菜、三齿滨藜、三齿粉藜、希日古恩－绍日乃（蒙古族名）。

【危害作物】油菜、小麦。

【分布】甘肃、河北、黑龙江、吉林、内蒙古、陕西、山西、青海、新疆。

214. 西伯利亚滨藜

【学名】*Atriplex sibirica* L.

【别名】刺果粉藜、大灰藜、灰菜、麻落粒、软蒺藜、西伯日－绍日乃（蒙古族名）。

【危害作物】油菜、小麦。

【分布】甘肃、河北、黑龙江、吉林、辽宁、内蒙古、宁夏、陕西、青海、新疆。

215. 尖头叶藜

【学名】*Chenopodium acuminatum* Willd.

【别名】红眼圈灰菜、渐尖藜、金边儿灰菜、绿珠藜、砂灰菜、油杓杓、圆叶菜。

【危害作物】玉米。

【分布】广西、贵州、天津、甘肃、河北、黑龙江、吉林、辽宁、内蒙古、宁夏、山东、河南、陕西、山西、青海、新疆、浙江。

216. 藜

【学名】*Chenopodium album* L.

【别名】灰菜、白藜、灰条菜、地肤子。

【危害作物】水稻、茶、梨、苹果、柑橘、甜菜、甘蔗、花生、麻类、棉花、大豆、玉米、马铃薯、油菜、小麦。

【分布】我国各省（区）均有分布。

217. 土荆芥

【学名】*Chenopodium ambrosioides* L.

【别名】醒头香、香草、省头香、罗勒、胡椒菜、九层塔。

【危害作物】柑橘、甘蔗、玉米、油菜、小麦。

【分布】福建、甘肃、贵州、河北、河南、广东、广西、湖北、湖南、江苏、江西、四川、重庆、云南、浙江、陕西。

218. 刺藜

【学名】*Chenopodium aristatum* L.

【危害作物】玉米、小麦。

【分布】甘肃、广东、广西、贵州、湖北、河北、河南、黑龙江、吉林、辽宁、内蒙古、宁夏、青海、山东、山西、陕西、四川、云南、新疆。

219. 杖藜

【学名】*Chenopodium giganteum* D. Don

【别名】大灰灰菜、大灰翟菜、红灰翟菜、红心灰菜、红盐菜、灰苋菜、盐巴米。

【危害作物】苹果、梨、茶、柑橘。

【分布】甘肃、广东、广西、贵州、河南、辽宁、陕西、四川、云南、浙江。

220. 灰绿藜

【学名】*Chenopodium glaucum* L.

【别名】碱灰菜、小灰菜、白灰菜。

【危害作物】梨、苹果、麻类、棉花、玉米、油菜、小麦。

【分布】安徽、北京、广东、广西、贵州、江西、山东、上海、四川、天津、西藏、云南、甘肃、海南、河北、河南、黑龙江、湖北、湖南、吉林、辽宁、内蒙古、宁夏、陕西、山西、青海、新疆、江苏、浙江。

221. 小藜

【学名】*Chenopodium serotinum* L.

【危害作物】柑橘、甘蔗、花生、麻类、棉花、玉米、马铃薯、油菜、小麦。

【分布】我国除西藏外，其他各省（区）均有分布。

222. 盐生草

【学名】*Halogeton glomeratus*（Bieb.）C. A. Mey.

【别名】好希－哈麻哈格（蒙古族名）。

【危害作物】棉花。

【分布】甘肃、青海、新疆、西藏。

223. 地肤

【学名】*Kochia scoparia*（L.）Schrad.

【别名】扫帚菜。

【危害作物】棉花、大豆、玉米、油菜、小麦。

【分布】北京、天津、安徽、福建、甘肃、广东、广西、贵州、河北、河南、黑龙江、湖北、湖南、吉林、江苏、江西、辽宁、内蒙古、宁夏、青海、山东、山西、陕西、四川、重庆、西藏、新疆、云南、浙江。

224. 猪毛菜

【学名】*Salsola collina* Pall.

【别名】扎蓬棵、山叉明棵。

【危害作物】甜菜、大豆、玉米、马铃薯、油菜、小麦。

【分布】北京、安徽、广西、甘肃、贵州、河北、河南、黑龙江、湖北、湖南、吉林、江苏、浙江、辽宁、内蒙古、宁夏、青海、山东、山西、陕西、四川、西藏、新疆、云南。

225. 刺沙蓬

【学名】*Salsola ruthenica* Iljin

【别名】刺蓬、大翅猪毛菜、风滚草、狗脑沙蓬、沙蓬、苏联猪毛菜、乌日格斯图－哈木呼乐、扎蓬棵、猪毛菜。

【危害作物】棉花。

【分布】东北、华北、西北、西藏、山东、江苏。

226. 灰绿碱蓬

【学名】*Suaeda glauca* Bunge

【别名】碱蓬。

【危害作物】苹果、花生、棉花、油菜、小麦。

【分布】甘肃、黑龙江、江苏、河北、河南、内蒙古、宁夏、青海、山东、山西、新疆、浙江、陕西。

227. 盐地碱蓬

【学名】*Suaeda salsa*（L.）Pall.

【别名】翅碱蓬、黄须菜、哈日－和日斯（蒙古族名）、碱葱、碱蓬棵、盐篙子、盐蒿子、盐蓬。

【危害作物】甜菜、玉米。

【分布】甘肃、河北、黑龙江、辽宁、吉林、江苏、内蒙古、宁夏、青海、山东、陕西、山西、新疆、浙江。

蓼科 Polygonaceae

228. 金荞麦

【学名】*Fagopyrum dibotrys*（D. Don）Hara

【别名】野荞麦、苦荞头、荞麦三七、荞麦当归、开金锁、铁拳头、铁甲将军草、野南荞。

【危害作物】柑橘、油菜、小麦。

【分布】安徽、福建、甘肃、广东、广西、贵州、河南、湖北、江苏、江西、陕西、四川、西藏、云南、浙江。

229. 苦荞麦

【学名】*Fagopyrum tataricum*（L.）Gaertn.

【别名】野荞麦、鞑靼荞麦、虎日－萨嘎得（蒙古族名）。

【危害作物】甜菜、大豆、小麦。

【分布】甘肃、广西、贵州、河北、河南、黑龙江、湖北、湖南、吉林、辽宁、内蒙古、宁夏、青海、陕西、山西、四川、新疆、西藏、云南。

230. 卷茎蓼

【学名】*Fallopia convolvula*（L.）A. Love，*Polygonum convolvulus* L.

【危害作物】梨、苹果、甜菜、花生、大豆、玉米、马铃薯、油菜、小麦。

【分布】安徽、北京、福建、甘肃、广东、广西、贵州、黑龙江、湖北、江苏、江西、内蒙古、宁夏、青海、山东、陕西、四川、新疆、云南、河北、河南、吉林、辽宁、山西。

231. 何首乌

【学名】*Fallopia multiflora*（Thunb.）Harald.，*Polygonum multflorum* Thunb.

【别名】夜交藤。

【危害作物】油菜、小麦。

【分布】安徽、福建、甘肃、广东、广西、贵州、海南、河北、黑龙江、湖北、湖南、江苏、江西、山东、陕西、四川、重庆、云南、浙江。

232. 灰绿蓼

【学名】*Polygonum acetosum* Bieb.

【别名】酸蓼。

【危害作物】大豆。

【分布】北京、甘肃、河北、河南、湖北、云南。

233. 两栖蓼

【学名】*Polygonum amphibium* L.

【危害作物】水稻、棉花、玉米。

【分布】安徽、甘肃、贵州、海南、河北、黑龙江、湖北、湖南、广西、吉林、江苏、辽宁、内蒙古、宁夏、青海、山东、山西、陕西、四川、西藏、新疆、云南。

234. 萹蓄

【学名】*Polygonum aviculare* L.

【别名】鸟蓼、扁竹。

【危害作物】茶、梨、苹果、甜菜、花生、麻类、棉花、玉米、马铃薯、油菜、小麦。

【分布】安徽、福建、甘肃、广东、广西、贵州、海南、河北、河南、黑龙江、湖北、湖南、吉林、江苏、江西、辽宁、内蒙古、宁夏、青海、山东、山西、陕西、四川、重庆、西藏、新疆、云南、浙江。

235. 毛蓼

【学名】*Polygonum barbatum* L.

【别名】毛脉两栖蓼、冉毛蓼、水辣蓼、香草、哑放兰姆。

【危害作物】油菜、小麦。

【分布】福建、广东、广西、贵州、海南、湖北、湖南、江西、四川、云南、甘肃、山西、陕西、浙江。

236. 柳叶刺蓼

【学名】*Polygonum bungeanum* Turcz.

【别名】本氏蓼、刺蓼、刺毛马蓼、蓼吊子、蚂蚱腿、蚂蚱子腿、胖孩子腿、青蛙子腿、乌日格斯图－塔日纳（蒙古族名）。

【危害作物】花生、大豆、玉米、马铃薯、油菜、小麦。

【分布】安徽、福建、广东、广西、贵州、甘肃、河北、河南、湖北、湖南、陕西、四川、新疆、云南、黑龙江、吉林、江苏、辽宁、内蒙古、宁夏、山西、山东。

237. 蓼子草

【学名】*Polygonum criopolitanum* Hance

【别名】半年粮、细叶一枝蓼、小莲蓬、猪蓼子草。

【危害作物】油菜、小麦。

【分布】安徽、福建、广东、广西、河南、湖北、湖南、江苏、江西、陕西、浙江。

238. 叉分蓼

【学名】*Polygonum divaricatum* L.

【别名】大骨节蓼吊、分叉蓼、尼牙罗、酸不溜、酸梗儿、酸姜、酸浆、酸溜子草、酸模、乌亥尔塔尔纳、希没乐得格。

【危害作物】玉米。

【分布】河北、河南、黑龙江、湖北、吉林、辽宁、内蒙古、山东、山西、青海。

239. 水蓼

【学名】*Polygonum hydropiper* L.

【别名】辣蓼。

【危害作物】水稻、茶、梨、甘蔗、油菜、小麦。

【分布】天津、安徽、福建、广东、海南、甘肃、贵州、海南、湖北、河北、黑龙江、河南、湖南、吉林、江苏、江西、辽宁、内蒙古、宁夏、青海、四川、重庆、山东、陕西、山西、新疆、西藏、云南、浙江。

240. 蚕茧草

【学名】*Polygonum japonicum* Meisn.

【别名】蚕茧蓼、长花蓼、大花蓼、旱蓼、红蓼子、蓼子草、日本蓼、香烛干子、小红蓼、小蓼子、小蓼子草。

【危害作物】玉米、油菜、小麦。

【分布】安徽、福建、广东、广西、贵州、江西、河南、湖北、湖南、江苏、山东、陕西、四川、西藏、云南、浙江。

241. 愉悦蓼

【学名】*Polygonum jucundum* Meisn.

【别名】欢喜蓼、路边曲草、山蓼、水蓼、小红蓼、小蓼子、紫苞蓼。

【危害作物】水稻。

【分布】安徽、福建、甘肃、广东、广西、贵州、河南、湖北、湖南、江苏、江西、陕西、四川、云南、浙江。

242. 酸模叶蓼

【学名】*Polygonum lapathifolium* L.

【别名】旱苗蓼。

【危害作物】水稻、茶、梨、苹果、柑橘、甜菜、甘蔗、花生、麻类、棉花、大豆、玉米、马铃薯、油菜、小麦。

【分布】北京、安徽、福建、广东、广西、贵州、甘肃、海南、湖北、河北、黑龙江、河南、湖南、吉林、江苏、江西、辽宁、内蒙古、宁夏、青海、四川、山东、陕西、山西、西藏、云南、浙江、陕西、上海、新疆、重庆。

243. 绵毛酸模叶蓼

【学名】*Polygonum lapathifolium* L. var. *salicifolium* Sibth.

【别名】白毛蓼、白胖子、白绒蓼、柳叶大马蓼、柳叶蓼、绵毛大马蓼、绵毛旱苗蓼、棉毛酸模叶蓼。

【危害作物】柑橘、花生、大豆、玉米、油菜、小麦。

【分布】我国各省（区）均有分布。

244. 大戟叶蓼

【学名】*Polygonum maackianum* Regel

【别名】吉丹－希没乐得格（蒙古族名）、马氏蓼。

【危害作物】玉米、油菜、小麦。

【分布】安徽、广东、广西、河北、河南、黑龙江、湖南、吉林、江苏、江西、辽宁、内蒙古、山东、陕西、四川、云南、浙江、甘肃。

245. 尼泊尔蓼

【学名】*Polygonum nepalense* Meisn.

【危害作物】玉米、马铃薯。

【分布】安徽、福建、广东、广西、贵州、甘肃、海南、湖北、河北、黑龙江、河南、湖南、吉林、江苏、江西、辽宁、内蒙古、宁夏、青海、四川、山东、陕西、山西、西藏、云南、浙江。

246. 红蓼

【学名】*Polygonum orientale* L.

【别名】东方蓼。

【危害作物】柑橘、玉米、油菜、小麦。

【分布】天津、安徽、福建、甘肃、广东、广西、贵州、海南、河北、黑龙江、河南、湖北、湖南、江苏、江西、吉林、辽宁、内蒙古、宁夏、青海、陕西、山东、山西、四川、新疆、云南、浙江。

247. 杠板归

【学名】*Polygonum perfoliatum* L.

【别名】犁头刺、蛇倒退。

【危害作物】茶、梨、苹果、柑橘、甘蔗、大豆、油菜、小麦。

【分布】安徽、福建、甘肃、广东、广西、贵州、海南、河北、河南、黑龙江、湖北、湖南、吉林、江苏、江西、辽宁、内蒙古、山东、山西、陕西、四川、西藏、云南、浙江。

248. 春蓼

【学名】*Polygonum persicaria* L.

【别名】桃叶蓼。

【危害作物】棉花。

【分布】安徽、福建、甘肃、广西、贵州、河北、河南、黑龙江、湖北、湖南、吉林、江苏、江西、辽宁、内蒙古、宁夏、青海、山东、山西、陕西、四川、新疆、云南、浙江。

249. 腋花蓼

【学名】*Polygonum plebeium* R. Br.

【危害作物】柑橘、甘蔗、油菜。

【分布】安徽、福建、广东、广西、重庆、四川、贵州、湖南、江西、江苏、西藏、云南。

250. 丛枝蓼

【学名】*Polygonum posumbu* Buch. -Ham. ex D. Don

【危害作物】水稻、甘蔗。

【分布】安徽、福建、甘肃、广东、广西、贵州、海南、河北、河南、黑龙江、湖北、湖南、吉林、江苏、江西、辽宁、山东、陕西、四川、重庆、西藏、云南、浙江。

251. 伏毛蓼

【学名】*Polygonum pubescens* Blume

【别名】辣蓼、无辣蓼

【危害作物】玉米、甘蔗。

【分布】安徽、福建、甘肃、广东、广西、贵州、海南、河南、湖北、湖南、江苏、江西、辽宁、陕西、陕西、上海、四川、云南、浙江。

252. 刺蓼

【学名】*Polygonum senticosum* (Meisn.) Franch. *et* Sav.

【别名】廊茵、红梗豺狗舌头草、红花蛇不过、红火老鸦酸草、急解索、廊菌、蚂蚱腿、猫舌草、貓儿刺、蛇不钻、蛇倒退。

【危害作物】梨、苹果、玉米。

【分布】安徽、福建、广东、广西、贵州、河北、河南、黑龙江、湖北、湖南、吉林、江苏、江西、辽宁、山东、云南、浙江、甘肃、内蒙古、山西、陕西、上海、四川。

253. 西伯利亚蓼

【学名】*Polygonum sibiricum* Laxm.

【别名】剪刀股、醋柳、哈拉布达、面留留、面条条、曲玛子、酸姜、酸溜溜、西伯日－希没乐得格（蒙古族名）、子子沙曾。

【危害作物】玉米、油菜、小麦。

【分布】天津、安徽、甘肃、贵州、河北、河南、黑龙江、湖北、吉林、江苏、辽宁、内蒙古、宁夏、青海、山东、山西、陕西、四川、西藏、云南。

254. 箭叶蓼

【学名】*Polygonum sieboldii* Meisn.

【别名】长野芥麦草、刺蓼、大二郎箭、大蛇舌草、倒刺林、更生、河水红花、尖叶蓼、箭蓼、猫爪刺。

【危害作物】水稻、茶、油菜、小麦。

【分布】福建、甘肃、贵州、河北、河南、黑龙江、湖北、吉林、江苏、江西、辽宁、内蒙古、山东、山西、陕西、四川、云南、浙江。

255. 细叶蓼

【学名】*Polygonum taquetii* Lévl.

【别名】穗下蓼。

【危害作物】茶。

【分布】安徽、福建、广东、湖北、湖南、江苏、江西、浙江。

256. 戟叶蓼

【学名】*Polygonum thunbergii* Sieb. *et* Zucc.

【危害作物】油菜、小麦。

【分布】安徽、福建、甘肃、广东、广西、贵州、河北、河南、黑龙江、湖北、湖南、吉林、江苏、江西、辽宁、内蒙古、山东、山西、陕西、四川、云南、浙江、重庆。

257. 翼蓼

【学名】*Pteroxygonum giraldii* Damm. *et* Diels

【别名】白药子、红药子、红要子、金荞仁、老驴蛋、荞麦蔓、荞麦七、荞麦头、山首乌、石天荞。

【危害作物】玉米。

【分布】河北、甘肃、河南、湖北、陕西、山西、四川。

258. 虎杖

【学名】*Reynoufria japonica* Houtt.，*Polygonum cuspidatum* Sieb. *et* Zucc.

【别名】川筋龙、酸汤杆、花斑竹根、斑庄根、大接骨、大叶蛇总管、酸桶芦、酸筒杆、酸筒梗。

【危害作物】油菜。

【分布】安徽、福建、甘肃、广东、广西、贵州、河南、海南、湖北、湖南、江苏、江西、山东、陕西、四川、云南、浙江。

259. 酸模

【学名】*Rumex acetosa* L.

【别名】土大黄。

【危害作物】茶、麻类、油菜、小麦。

【分布】北京、甘肃、湖北、安徽、福建、广西、贵州、湖北、黑龙江、河南、湖南、吉林、江苏、辽宁、内蒙古、青海、四川、山东、陕西、山西、新疆、西藏、云南、浙江、重庆。

260. 黑龙江酸模

【学名】*Rumex amurensis* F. Schm. ex Maxim.

【别名】阿穆尔酸模、东北酸模、黑水酸模、小半蹄叶、羊蹄叶、野菠菜。

【危害作物】大豆。

【分布】安徽、河北、河南、黑龙江、湖北、吉林、江苏、辽宁、山东。

261. 皱叶酸模

【学名】*Rumex crispus* L.

【别名】羊蹄叶。

【危害作物】梨、苹果、柑橘、玉米。

【分布】福建、甘肃、贵州、天津、江苏、广西、河北、河南、黑龙江、湖北、湖南、吉林、辽宁、内蒙古、宁夏、青海、山东、山西、陕西、四川、新疆、云南。

262. 齿果酸模

【学名】*Rumex dentatus* L.

【危害作物】柑橘、玉米、油菜、小麦。

【分布】安徽、福建、甘肃、贵州、河北、河南、湖北、湖南、江苏、江西、内蒙古、宁夏、青海、山东、山西、陕西、四川、重庆、新疆、云南、浙江。

263. 羊蹄

【学名】*Rumex japonicus* Houtt.

【危害作物】油菜、小麦。

【分布】安徽、北京、福建、甘肃、广东、广西、贵州、海南、河北、河南、黑龙江、湖北、湖南、吉林、江苏、江西、辽宁、青海、山东、陕西、上海、四川、重庆、云南、浙江。

264. 巴天酸模

【学名】*Rumex patientia* L.

【别名】洋铁叶、洋铁酸模、牛舌头棵。

【危害作物】玉米。

【分布】北京、甘肃、河北、江苏、河南、黑龙江、湖北、湖南、吉林、辽宁、内蒙古、宁夏、青海、山东、陕西、四川、山西、新疆、西藏。

柳叶菜科 Onagraceae

265. 水龙

【学名】*Ludwigia adscendens*（L.）Hara

【别名】过江藤、白花水龙、草里银钗、过塘蛇、鱼鳔草、鱼鳞草、鱼泡菜、玉钗草、猪肥草。

【危害作物】水稻。

【分布】安徽、福建、广东、广西、贵州、海南、湖南、湖北、江苏、江西、陕西、四川、重庆、云南、浙江。

266. 草龙

【学名】*Ludwigia hyssopifolia*（G. Don）Exell.

【别名】红叶丁香蓼、细叶水丁香、线叶丁香蓼。

【危害作物】水稻、甘蔗、玉米。

【分布】安徽、福建、海南、广东、广西、湖北、江苏、江西、辽宁、陕西、四川、重庆、云南。

267. 丁香蓼

【学名】*Ludwigia prostrata* Roxb.

【危害作物】水稻、梨、柑橘、花生、大豆。

【分布】安徽、福建、贵州、广东、广西、河北、河南、黑龙江、吉林、辽宁、山东、上海、浙江、江苏、湖北、湖南、江西、陕西、四川、重庆、云南。

龙胆科 Gentianaceae

268. 鳞叶龙胆

【学名】*Gentiana squarrosa* Ledeb.

【别名】小龙胆、石龙胆。

【危害作物】苹果、梨、茶。

【分布】安徽、北京、甘肃、河北、河南、黑龙江、湖北、湖南、江西、内蒙古、宁夏、青海、山西、陕西、四川、西藏、新疆、云南、浙江。

269. 荇菜

【学名】*Nymphoides peltatum*（Gmel.）O. Kuntze

【别名】金莲子、莲叶荇菜、莲叶杏菜。

【危害作物】水稻。

【分布】除海南、青海、西藏外，我国其他省（区）均有分布。

萝藦科 Asclepiadaceae

270. 羊角子草

【学名】*Cynanchum cathayense* Tsiang *et* Zhang

【别名】勤克立克、地梢瓜、少布给日－特木根－呼呼（蒙古族名）。

【危害作物】棉花。

【分布】河北、陕西、甘肃、宁夏、新疆。

271. 鹅绒藤

【学名】*Cynanchum chinense* R. Br.

【危害作物】玉米。

【分布】甘肃、河北、河南、江苏、广西、吉林、辽宁、宁夏、青海、陕西、山东、山西。

272. 萝藦

【学名】*Metaplexis japonica*（Thunb.）Makino

【别名】天将壳、飞来鹤、赖瓜瓢。

【危害作物】水稻、柑橘、花生、棉花、玉米、小麦。

【分布】安徽、北京、福建、甘肃、广东、广西、贵州、河北、黑龙江、河南、湖北、湖南、江苏、江西、吉林、辽宁、内蒙古、宁夏、青海、陕西、山东、上海、山西、四川、天津、西藏、云南、浙江。

落葵科 Basellaceae

273. 落葵薯

【学名】*Anredera cordifolia*（Tenore）Steenis

【别名】金钱珠、九头三七、马德拉藤、软浆七、藤七、藤三七、土三七、细枝落葵薯、小年药、心叶落葵薯、洋落葵、中枝莲。

【危害作物】茶、柑橘。

【分布】福建、广东、湖北、湖南、江苏、四川、云南、浙江。

马鞭草科 Verbenaceae

274. 腺茉莉

【学名】*Clerodendrum colebrookianum* Walp.

【别名】臭牡丹。

【危害作物】柑橘。

【分布】广东、广西、云南、四川、重庆。

275. 马缨丹

【学名】*Lantana camara* L.

【别名】五色梅、臭草、七变花。

【危害作物】柑橘、甘蔗。

【分布】福建、广东、广西、海南、四川、云南。

276. 马鞭草

【学名】*Verbena officinalis* L.

【别名】龙牙草、铁马鞭、风颈草。

【危害作物】茶、柑橘、甘蔗、油菜、小麦。

【分布】安徽、福建、广东、广西、贵州、海南、河南、湖北、湖南、江苏、江西、青海、陕西、四川、西藏、云南、浙江。

277. 黄荆

【学名】*Vitex negundo* L.

【别名】五指柑、五指风、布荆。

【危害作物】柑橘、玉米。

【分布】安徽、福建、甘肃、山东、广东、广西、贵州、海南、河南、湖北、湖南、江苏、江西、青海、陕西、四川、重庆、西藏、云南、浙江。

马齿苋科 Portulacaceae

278. 马齿苋

【学名】*Portulaca oleracea* L.

【别名】马蛇子菜、马齿菜。

【危害作物】茶、梨、苹果、柑橘、甜菜、甘蔗、花生、麻类、棉花、大豆、玉米、马铃薯、油菜、小麦。

【分布】安徽、北京、福建、甘肃、广东、广西、贵州、海南、河北、黑龙江、河南、湖北、湖南、江苏、江西、吉林、辽宁、内蒙古、宁夏、青海、陕西、山东、上海、山西、四川、重庆、天津、新疆、西藏、云南、浙江。

279. 土人参

【学名】*Talinum paniculatum*（Jacq.）Gaertn.

【别名】栌兰。

【危害作物】柑橘。

【分布】广西、湖南、四川、浙江。

马兜铃科 Aristolochiaceae

280. 马兜铃

【学名】*Aristolochia debilis* Sieb. *et* Zucc.

【别名】青木香、土青木香。

【危害作物】油菜、小麦。

【分布】安徽、福建、广东、广西、贵州、河南、湖北、湖南、江苏、江西、山东、四川、云南、浙江、陕西、甘肃。

牻牛儿苗科 Geraniaceae

281. 牻牛儿苗

【学名】*Erodium stephanianum* Willd.

【危害作物】玉米、油菜、小麦。

【分布】安徽、甘肃、贵州、河北、黑龙江、河南、湖北、湖南、江苏、江西、吉林、辽宁、内蒙古、宁夏、青海、陕西、山西、四川、重庆、新疆、西藏。

282. 野老鹳草

【学名】*Geranium carolinianum* L.

【别名】野老芒草。

【危害作物】棉花、小麦。

【分布】安徽、重庆、福建、广西、湖北、湖南、江西、江苏、上海、四川、云南、浙江、河北、河南。

283. 老鹳草

【学名】*Geranium wilfordii* Maxim.

【别名】鸭脚草、短嘴老鹳草、见血愁、老观草、老鹤草、老鸦咀、老鸦嘴、藤五爪、西木德格来、鸭脚老鹳草、一颗针、越西老鹳草。

【危害作物】茶、油菜、小麦。

【分布】安徽、福建、甘肃、贵州、河北、河南、黑龙江、湖北、湖南、吉林、江苏、江西、辽宁、内蒙古、山东、陕西、四川、云南、浙江、广西、青海、上海、重庆。

毛茛科 Ranunculaceae

284. 无距耧斗菜

【学名】*Aquilegia ecalcarata* Maxim.

【别名】大铁糙、倒地草、黄花草、亮壳草、瘰疬草、千里光、铁糙、野前胡、紫花地榆。

【危害作物】梨、茶、柑橘。

【分布】甘肃、广西、贵州、河南、黑龙江、湖北、江苏、青海、山西、陕西、西藏、云南。

285. 辣蓼铁线莲

【学名】*Clematis terniflora* DC. var. *mandshurica*（Rupr.）Ohwi

【别名】东北铁线莲。

【危害作物】玉米。

【分布】黑龙江、吉林、辽宁、内蒙古。

286. 茴茴蒜

【学名】*Ranunculus chinensis* Bunge

【别名】小虎掌草、野桑椹、鸭脚板、山辣椒。

【危害作物】水稻、茶、梨、苹果、小麦。

【分布】安徽、甘肃、贵州、河北、黑龙江、河南、湖北、湖南、江苏、吉林、辽宁、内蒙古、宁夏、青海、陕西、山东、山西、四川、新疆、西藏、云南、浙江。

287. 毛茛

【学名】*Ranunculus japonicus* Thunb.

【别名】老虎脚迹、五虎草。

【危害作物】茶、梨、苹果、柑橘、小麦。

【分布】北京、安徽、福建、甘肃、广东、广西、贵州、河北、黑龙江、河南、湖北、湖南、江苏、江西、吉林、辽宁、内蒙古、宁夏、青海、陕西、山东、山西、四川、新疆、云南、浙江。

288. 石龙芮

【学名】*Ranunculus sceleratus* L.

【别名】野芹菜。

【危害作物】油菜、小麦。

【分布】北京、上海、安徽、福建、甘肃、广东、广西、贵州、河北、黑龙江、河南、湖南、江苏、江西、吉林、辽宁、内蒙古、宁夏、陕西、山东、山西、四川、新疆、云南、重庆、浙江。

289. 扬子毛茛

【学名】*Ranunculus sieboldii* Miq.

【别名】辣子草、地胡椒。

【危害作物】油菜、小麦。

【分布】安徽、福建、甘肃、广西、贵州、河南、湖北、湖南、江苏、江西、陕西、山东、四川、云南、浙江。

290. 猫爪草

【学名】*Ranunculus ternatus* Thunb.

【别名】小毛茛、三散草、黄花草。

【危害作物】茶、油菜、小麦。

【分布】安徽、福建、广西、河南、湖北、湖南、江苏、江西、浙江。

291. 天葵

【学名】*Semiaquilegia adoxoides*（DC.）Makino

【别名】千年老鼠屎、老鼠屎。

【危害作物】水稻。

【分布】安徽、福建、广西、贵州、河北、湖北、湖南、江苏、江西、陕西、四川、云南、浙江。

葡萄科 Vitaceae

292. 掌裂草葡萄

【学名】*Ampelopsis aconitifolia* Bge. var. *palmiloba*（Carr.）Rehd.

【危害作物】苹果、梨、柑橘。

【分布】湖南、广西、宁夏、甘肃、河北、黑龙江、吉林、辽宁、内蒙古、山东、山西、陕西、四川。

293. 乌蔹莓

【学名】*Cayratia japonica*（Thunb.）Gagnep.

【别名】五爪龙、五叶薄、地五加。

【危害作物】茶、柑橘、玉米、油菜、小麦。

【分布】安徽、重庆、福建、甘肃、广东、广西、贵州、海南、河北、河南、湖北、上海、湖南、江苏、山东、陕西、四川、重庆、云南、浙江。

千屈菜科 Lythraceae

294. 耳基水苋

【学名】*Ammannia arenaria* H. B. K.

【危害作物】水稻。

【分布】安徽、福建、甘肃、广东、广西、河北、河南、湖北、江苏、陕西、云南、浙江。

295. 水苋菜

【学名】*Ammannia baccifera* L.

【别名】还魂草、浆果水苋、结筋草、绿水苋、水苋、细叶水苋、细叶苋菜、仙桃。

【危害作物】水稻。

【分布】安徽、福建、贵州、海南、广东、广西、河北、河南、黑龙江、湖北、湖南、江苏、江西、辽宁、山西、上海、四川、重庆、陕西、云南、浙江。

296. 节节菜

【学名】*Rotala indica*（Willd.）Koehne

【危害作物】水稻、梨、大豆、玉米。

【分布】安徽、福建、广东、广西、贵州、湖北、湖南、江苏、江西、陕西、四川、云南、浙江、北京、甘肃、河南、河北、黑龙江、吉林、辽宁、内蒙古、山西、新疆、重庆。

297. 圆叶节节菜

【学名】*Rotala rotundifolia*（Buch. -Ham. ex Roxb.）Koehne

【危害作物】水稻。

【分布】福建、广东、广西、贵州、海南、湖北、湖南、江西、山东、四川、云南、重庆、浙江。

荨麻科 Urticaceae

298. 野线麻

【学名】*Boehmeria japonica*（Linn. f.）Miquel

【危害作物】玉米。

【分布】安徽、福建、广东、广西、贵州、河南、湖北、湖南、江苏、江西、陕西、山东、四川、云南、浙江、甘肃、黑龙江。

299. 蝎子草

【学名】*Girardinia suborbiculata* C. J. Chen

【危害作物】柑橘。

【分布】安徽、广西、四川、云南、重庆。

300. 糯米团

【学名】*Gonostegia hirta*（Bl.）Miq.，*Memoria-*

lis hirta（Bl.）Wedd.

【危害作物】茶、柑橘。

【分布】安徽、福建、广东、广西、海南、河南、江西、江苏、陕西、四川、西藏、云南、浙江。

301. 花点草

【学名】*Nanocnide japonica* Bl.

【别名】倒剥麻、高墩草、日本花点草、幼油草。

【危害作物】柑橘。

【分布】安徽、福建、甘肃、贵州、湖北、湖南、江苏、江西、陕西、四川、云南、浙江。

302. 冷水花

【学名】*Pilea mongolica* Wedd.

【危害作物】茶、柑橘。

【分布】湖北、四川。

303. 雾水葛

【学名】*Pouzolzia zeylanica*（L.）Benn.

【别名】白石薯、啜脓羔、啜脓膏、啜脓膏、水麻秧、多枝雾水葛、石薯、水麻秧、粘榔根、粘榔果。

【危害作物】茶、梨、柑橘、甘蔗、棉花、大豆、玉米。

【分布】安徽、福建、广东、广西、甘肃、湖北、湖南、江西、四川、贵州、云南、浙江。

茜草科 Rubiaceae

304. 猪殃殃

【学名】*Galium aparine* L. var. *tenerum*（Gren. *et* Godr.）Rcbb.

【别名】拉拉秧、拉拉藤、粘粘草。

【危害作物】茶、梨、苹果、柑橘、甜菜、甘蔗、花生、麻类、大豆、玉米、马铃薯、油菜、小麦。

【分布】我国各省区均有分布。

305. 六叶葎

【学名】*Galium asperuloides* Edgew. var. *hoffmeisteri*（Klotzsch）Hand. -Mazz.

【危害作物】小麦。

【分布】安徽、甘肃、贵州、河北、黑龙江、湖北、湖南、江苏、江西、河南、陕西、山西、四川、西藏、云南、浙江。

306. 四叶葎

【学名】*Galium bungei* Steud.

【危害作物】油菜、小麦。

【分布】我国各省（区）均有分布。

307. 麦仁珠

【学名】*Galium tricorne* Stokes

【别名】锯齿草、拉拉蔓、破丹粘娃娃、三角猪殃殃、弯梗拉拉藤、粘粘子、猪殃殃。

【危害作物】茶、油菜、小麦。

【分布】安徽、甘肃、贵州、河南、湖北、江苏、江西、山东、山西、陕西、四川、西藏、新疆、浙江。

308. 蓬子菜

【学名】*Galium verum* L.

【别名】松叶草。

【危害作物】油菜、小麦。

【分布】甘肃、河北、河南、黑龙江、吉林、辽宁、内蒙古、青海、山西、四川、贵州、新疆、西藏、陕西、山东、浙江。

309. 金毛耳草

【学名】*Hedyotis chrysotricha*（Palib.）Merr.

【别名】黄毛耳草。

【危害作物】柑橘、茶、油菜、小麦。

【分布】安徽、福建、广东、广西、贵州、湖北、湖南、江西、江苏、云南、浙江。

310. 白花蛇舌草

【学名】*Hedyotis diffusa* Willd.

【危害作物】茶、甘蔗、油菜、小麦。

【分布】安徽、广东、广西、海南、四川、云南、贵州、浙江、湖南、江西。

311. 粗叶耳草

【学名】*Hedyotis verticillata*（L.）Lam., *Hedyotis hispida* Retz., *Oldenlandia hispida* Poir.

【别名】糙叶耳草。

【危害作物】甘蔗。

【分布】广东、广西、贵州、海南、云南、浙江。

312. 鸡矢藤

【学名】*Paederia scandens*（Lour.）Merr.

【危害作物】油菜、小麦。

【分布】安徽、福建、甘肃、广东、广西、贵州、海南、河南、湖南、江苏、江西、山东、陕西、四川、云南、浙江。

313. 茜草

【学名】*Rubia cordifolia* L.

【别名】红丝线。

【危害作物】梨、苹果。

【分布】北京、江西、甘肃、河北、河南、黑龙江、吉林、辽宁、内蒙古、宁夏、青海、山东、山西、陕西、四川、西藏。

蔷薇科 Rosaceae

314. 龙芽草

【学名】*Agrimonia pilosa* Ledeb.

【别名】散寒珠。

【危害作物】茶、玉米。

【分布】安徽、北京、福建、甘肃、广东、广西、贵州、海南、河北、河南、黑龙江、湖北、湖南、吉林、江苏、江西、辽宁、青海、山东、山西、陕西、上海、四川、西藏、新疆、云南、浙江。

315. 蛇莓

【学名】*Duchesnea indica*（Andr.）Focke

【别名】蛇泡草、龙吐珠、三爪风。

【危害作物】茶、梨、苹果、柑橘、玉米、油菜、小麦。

【分布】安徽、北京、福建、甘肃、广东、广西、贵州、海南、河北、河南、湖北、湖南、吉林、江苏、江西、辽宁、宁夏、山东、山西、陕西、青海、上海、四川、西藏、新疆、云南、重庆、浙江。

316. 鹅绒萎陵菜

【学名】*Potentilla anserina* L.

【别名】蕨麻。

【危害作物】小麦、油菜、大豆。

【分布】甘肃、湖北、河南、河北、黑龙江、吉林、辽宁、内蒙古、宁夏、青海、陕西、山西、四川、新疆、西藏、云南。

317. 二裂委陵菜

【学名】*Potentilla bifurca* L.

【别名】痔疮草、叉叶委陵菜。

【危害作物】油菜、小麦。

【分布】甘肃、河北、黑龙江、吉林、内蒙古、宁夏、青海、陕西、山东、山西、四川、新疆。

318. 委陵菜

【学名】*Potentilla chinensis* Ser.

【别名】白草、生血丹、扑地虎、五虎噙血、天青地白、萎陵菜。

【危害作物】玉米。

【分布】天津、安徽、甘肃、广东、广西、贵州、河南、河北、黑龙江、河南、湖北、湖南、江苏、江西、吉林、辽宁、内蒙古、陕西、宁夏、山东、山西、四川、西藏、云南。

319. 三叶萎陵菜

【学名】*Potentilla freyniana* Bornm.

【危害作物】油菜、小麦。

【分布】安徽、福建、甘肃、贵州、河北、黑龙江、湖北、湖南、江苏、江西、吉林、辽宁、陕西、山东、山西、四川、云南、浙江。

320. 多茎委陵菜

【学名】*Potentilla multicaulis* Bge.

【别名】多茎萎陵菜、多枝委陵菜、翻白草、猫爪子、毛鸡腿、委陵菜、细叶翻白草。

【危害作物】油菜。

【分布】甘肃、河北、河南、辽宁、内蒙古、宁夏、青海、陕西、山西、四川、贵州、新疆。

321. 绢毛匍匐委陵菜

【学名】*Potentilla reptans* L. var. *sericophylla* Franch.

【别名】鸡爪棵、金棒锤、金金棒、绢毛细蔓委陵菜、绢毛细蔓萎陵菜、五爪龙、小五爪龙、哲乐图－陶来音－汤乃（蒙古族名）、爪金龙。

【危害作物】柑橘、小麦。

【分布】广西、甘肃、河北、河南、江苏、内蒙古、陕西、山东、山西、四川、云南、浙江、青海。

322. 朝天委陵菜

【学名】*Potentilla supina* L.

【别名】伏委陵菜、仰卧委陵菜、铺地委陵菜、鸡毛菜。

【危害作物】梨、苹果、柑橘、甘蔗、油菜、小麦。

【分布】安徽、甘肃、广东、广西、贵州、河北、黑龙江、河南、湖北、湖南、江苏、江西、吉林、辽宁、内蒙古、宁夏、陕西、青海、山东、山西、四川、新疆、西藏、云南、浙江。

323. 蓬蘽

【学名】*Rubus hirsutus* Thunb.

【危害作物】茶。

【分布】安徽、福建、广东、河南、湖北、江苏、江西、云南、浙江。

324. 地榆

【学名】*Sanguisorba officinalis* L.

【别名】黄瓜香。

【危害作物】茶、油菜、小麦。

【分布】安徽、北京、甘肃、广东、广西、贵州、海南、河北、河南、黑龙江、湖北、湖南、吉林、江苏、江西、辽宁、内蒙古、宁夏、青海、山东、山西、陕西、四川、西藏、新疆、云南、浙江。

茄科 Solanaceae

325. 曼陀罗

【学名】*Datura stramonium* L.

【别名】醉心花、狗核桃。

【危害作物】甜菜、甘蔗、花生、棉花、油菜、小麦。

【分布】安徽、北京、甘肃、广东、广西、贵州、河北、河南、湖北、湖南、江苏、辽宁、内蒙古、宁夏、青海、山东、陕西、四川、新疆、云南、浙江。

326. 宁夏枸杞

【学名】*Lycium barbarum* L.

【别名】中宁枸杞、茨、枸杞。

【危害作物】棉花。

【分布】甘肃、河北、河南、内蒙古、宁夏、青海、陕西、四川、新疆。

327. 假酸浆

【学名】*Nicandra physalodes*（L.）Gaertner

【别名】冰粉、鞭打绣球、冰粉子、大千生、果铃、蓝花天仙子、水晶凉粉、天泡果、田珠。

【危害作物】柑橘。

【分布】广东、广西、湖南、贵州、江苏、江西、四川、云南。

328. 苦蘵

【学名】*Physalis angulata* L.

【危害作物】玉米。

【分布】安徽、福建、广东、广西、甘肃、海南、河南、湖北、湖南、江苏、江西、浙江、陕西、重庆。

329. 毛苦蘵

【学名】*Physalis angulata* L. var. *villosa* Bonati

【别名】灯笼草、毛酸浆。

【危害作物】柑橘。

【分布】福建、广西、四川、云南。

330. 小酸浆

【学名】*Physalis minima* L.

【危害作物】柑橘、大豆、玉米、油菜、小麦。

【分布】安徽、甘肃、广东、广西、江西、四川、云南、贵州、河南、河北、黑龙江、湖北、湖南、吉林、江苏、陕西、浙江、重庆。

331. 白英

【学名】*Solanum lyratum* Thunberg

【别名】山甜菜、蔓茄、北风藤。

【危害作物】玉米、大豆。

【分布】安徽、福建、甘肃、广东、广西、贵州、河南、湖北、湖南、江苏、江西、山东、陕西、山西、四川、西藏、云南。

332. 龙葵

【学名】*Solanum nigrum* L.

【别名】野海椒、苦葵、野辣虎、黑星星。

【危害作物】茶、梨、苹果、柑橘、甜菜、甘蔗、花生、麻类、棉花、大豆、玉米、马铃薯、油菜、小麦。

【分布】安徽、北京、甘肃、广东、河南、河北、黑龙江、湖北、吉林、江西、辽宁、内蒙古、青海、山东、山西、陕西、上海、天津、新疆、浙江、重庆、福建、广西、贵州、湖南、江苏、四川、西藏、云南。

333. 少花龙葵

【学名】*Solanum photeinocarpum* Nakam. *et* Odash.

【危害作物】甘蔗。

【分布】福建、广东、广西、海南、湖南、江西、四川、云南。

334. 青杞

【学名】*Solanum septemlobum* Bunge

【别名】蜀羊泉、野枸杞、野茄子、草枸杞、单叶青杞、烘－日烟－尼都（蒙古族名）、红葵、裂叶龙葵。

【危害作物】苹果、梨、柑橘。

【分布】安徽、甘肃、河北、广西、河南、江苏、辽宁、内蒙古、陕西、山东、山西、四川、云南、新疆、西藏、浙江。

335. 水茄

【学名】*Solanum torvum* Swartz

【别名】山颠茄、刺茄、刺番茄、大苦子、黄天茄、金钮扣、金衫扣、木哈蒿、青茄、天茄子、西好、鸭卡、洋毛辣、野茄子。

【危害作物】甘蔗。

【分布】福建、广东、广西、贵州、海南、云南。

336. 黄果茄

【学名】*Solanum virginianum* L.，*Xanthocarpum* Schrad *et* Wendl.

【别名】大苦茄、野茄果、刺天果。

【危害作物】柑橘。

【分布】海南、湖北、广西、四川、云南。

忍冬科 Caprifoliaceae

337. 接骨草

【学名】*Sambucus chinensis* Lindl.

【危害作物】柑橘。

【分布】安徽、福建、甘肃、广东、广西、贵州、河南、湖北、湖南、江苏、江西、陕西、四川、云南、浙江。

三白草科 Saururaceae

338. 鱼腥草

【学名】*Houttuynia cordata* Thunb.

【危害作物】水稻、茶、柑橘、油菜、小麦。

【分布】安徽、福建、甘肃、广东、广西、贵州、海南、河南、湖北、湖南、江西、陕西、四川、重庆、西藏、云南、浙江。

339. 三白草

【学名】*Saururus chinensis*（Lour.）Baill.

【别名】过山龙、白舌骨、白面姑。

【危害作物】茶。

【分布】安徽、福建、广东、广西、贵州、海南、河南、湖北、湖南、江苏、江西、陕西、山东、四川、云南、浙江。

伞形科 Umbelliferae

340. 葛缕子

【学名】*Carum carvi* L.

【危害作物】小麦。

【分布】西藏、四川、陕西。

341. 积雪草

【学名】*Centella asiatica*（L.）Urban

【别名】崩大碗、落得打。

【危害作物】茶、梨、柑橘、甘蔗、油菜、小麦。

【分布】安徽、福建、广东、广西、湖北、湖南、江苏、江西、陕西、四川、重庆、云南、浙江。

342. 细叶芹

【学名】*Chaerophyllum villosum* Wall. ex DC.

【危害作物】水稻、油菜、小麦。

【分布】湖南、四川、重庆、西藏、云南、陕西、浙江。

343. 毒芹

【学名】*Cicuta virosa* L.

【别名】杈子芹、钩吻叶芹、好日图－朝古日（蒙古族名）、河毒、芹叶钩吻、细叶毒芹、野芹、野芹菜花、叶钩吻、走马芹。

【危害作物】玉米。

【分布】甘肃、河北、黑龙江、吉林、辽宁、内蒙古、陕西、山西、四川、新疆、云南。

344. 蛇床

【学名】*Cnidium monnieri*（L.）Cuss.

【危害作物】甘蔗、玉米、油菜、小麦。

【分布】我国各省（区）均有分布。

345. 野胡萝卜

【学名】*Daucus carota* L.

【危害作物】油菜、小麦。

【分布】安徽、贵州、湖北、江苏、江西、四川、浙江、甘肃、河北、河南、宁夏、青海、陕西、重庆。

346. 天胡荽

【学名】*Hydrocotyle sibthorpioides* Lam.

【别名】落得打、满天星。

【危害作物】水稻、茶、柑橘。

【分布】安徽、福建、广东、广西、贵州、海南、湖北、湖南、江苏、江西、陕西、四川、云南、浙江。

347. 水芹

【学名】*Oenanthe javanica*（Bl.）DC.

【别名】水芹菜。

【危害作物】水稻、梨、苹果。

【分布】我国各省（区）均有分布。

348. 窃衣

【学名】*Torilis scabra*（Thunb.）DC.

【别名】鹤虱、水防风、蚁菜、紫花窃衣。

【危害作物】茶、柑橘、油菜、小麦。

【分布】安徽、福建、甘肃、广东、广西、贵州、湖北、湖南、江苏、江西、陕西、四川、重庆。

桑科 Moraceae

349. 构树

【学名】*Broussonetia papyrifera*（L.）Vent.

【别名】楮椿树、谷桨树、楮皮、楮实子、楮树、楮桃树。

【危害作物】柑橘。

【分布】广西、湖北、浙江。

350. 水蛇麻

【学名】*Fatoua villosa*（Thunb.）Nakai

【别名】桑草、桑麻、水麻、小蛇麻。

【危害作物】油菜。

【分布】甘肃、河北、江苏、浙江、江西、福建、湖北、广东、海南、广西、云南、贵州。

商陆科 Phytolaccaceae

351. 商陆

【学名】*Phytolacca acinosa* Roxb.

【别名】当陆、山萝卜、牛萝卜。

【危害作物】油菜、小麦。

【分布】安徽、福建、广东、广西、贵州、河北、河南、湖北、江苏、辽宁、陕西、山东、四川、重庆、甘肃、西藏、云南、浙江。

352. 美洲商陆

【学名】*Phytolacca americana* L.

【危害作物】苹果、柑橘。

【分布】安徽、北京、福建、广东、广西、贵州、海南、河北、河南、湖北、湖南、江苏、江西、山东、山西、陕西、上海、四川、天津、云南、浙江、重庆。

十字花科 Cruciferae

353. 鼠耳芥

【学名】*Arabidopsis thaliana*（L.）Heynh.

【别名】拟南芥、拟南芥菜。

【危害作物】油菜、小麦。

【分布】安徽、甘肃、贵州、河南、湖北、湖南、江苏、江西、陕西、山东、四川、新疆、西藏、云南、浙江、宁夏。

354. 白菜型油菜自生苗

【学名】*Brassica campestris* L.

【别名】油菜。

【危害作物】花生、棉花、大豆、玉米。

【分布】广东、广西、河北、河南、湖北、湖南、江苏、陕西、四川、浙江、重庆、甘肃、贵州、内蒙古、宁夏、西藏、青海、新疆、云南。

355. 野芥菜

【学名】*Brassica juncea*（L.） Czern *et* Coss. var. *gracilis* Tsen *et* Lee

【危害作物】甘蔗、玉米、小麦。

【别名】野油菜、野辣菜。

【分布】甘肃、广西、湖北、宁夏、青岛、四川、新疆、云南、重庆。

356. 甘蓝型油菜自生苗

【学名】*Brassica napus* L.

【别名】油菜。

【危害作物】花生、棉花、大豆、玉米。

【分布】广东、广西、重庆、河北、河南、湖北、江苏、江西、陕西、四川、浙江。

357. 荠菜

【学名】*Capsella bursa-pastoris*（L.）Medic.

【别名】荠、荠荠菜。

【危害作物】茶、梨、苹果、甜菜、甘蔗、花生、麻类、棉花、大豆、玉米、马铃薯、油菜、小麦。

【分布】安徽、北京、福建、甘肃、广东、广西、贵州、海南、河北、河南、黑龙江、湖北、湖南、吉林、江苏、江西、辽宁、内蒙古、宁夏、青海、山东、山西、陕西、上海、四川、重庆、天津、西藏、新疆、云南、浙江。

358. 弯曲碎米荠

【学名】*Cardamine flexuosa* With.

【别名】碎米荠。

【危害作物】油菜、小麦。

【分布】安徽、北京、福建、甘肃、广东、广西、贵州、海南、河北、黑龙江、河南、湖北、湖南、江苏、江西、吉林、辽宁、内蒙古、宁夏、青海、陕西、山东、上海、山西、四川、重庆、天津、新疆、西藏、云南、浙江。

359. 碎米荠

【学名】*Cardamine hirsuta* L.

【别名】白带草、宝岛碎米荠、见肿消、毛碎米荠、雀儿菜、碎米芥、小地米菜、小花菜、小岩板菜、硬毛碎米荠。

【危害作物】水稻、甘蔗、马铃薯、油菜、小麦。

【分布】我国各省（区）均有分布。

360. 弹裂碎米荠

【学名】*Cardamine impatiens* L.

【别名】水花菜、大碎米荠、水菜花、弹裂碎米芥、弹射碎米荠、弹叶碎米荠。

【危害作物】油菜。

【分布】安徽、福建、甘肃、广西、贵州、河南、湖北、湖南、江苏、江西、吉林、辽宁、青海、陕西、四川、重庆、山西、新疆、西藏、云南、浙江。

361. 水田碎米荠

【学名】*Cardamine lyrata* Bunge

【别名】阿英久、奥存-照古其（蒙古族名）、黄骨头、琴叶碎米荠、水荠菜、水田芥、水田荠、水田碎米芥、小水田荠。

【危害作物】油菜、小麦。

【分布】安徽、福建、广西、贵州、河北、黑龙江、河南、湖北、湖南、江苏、江西、吉林、辽宁、内蒙古、山东、四川、重庆、浙江。

362. 离子芥

【学名】*Chorispora tenella*（Pall.）DC.

【别名】离子草、红花荠菜、荠儿菜、水萝卜棵。

【危害作物】油菜、小麦。

【分布】安徽、甘肃、河北、河南、辽宁、内蒙古、青海、陕西、山东、山西、新疆、四川、浙江。

363. 臭荠

【学名】*Coronopus didymus*（L.）J. E. Smith

【别名】臭滨芥、臭菜、臭蒿子、臭芥、肾果荠。

【危害作物】油菜、小麦。

【分布】安徽、福建、广东、湖北、江苏、江西、山东、四川、新疆、云南、浙江、贵州、内蒙古、陕西。

364. 播娘蒿

【学名】*Descurainia sophia*（L.）Webb ex Prantl

【危害作物】梨、苹果、甜菜、麻类、玉米、马铃薯、油菜、小麦。

【分布】安徽、北京、福建、甘肃、广东、广西、贵州、海南、河北、河南、黑龙江、湖北、湖南、吉林、江苏、江西、辽宁、内蒙古、宁夏、青海、山东、山西、陕西、上海、四川、重庆、天津、西藏、新疆、云南、浙江。

365. 小花糖芥

【学名】*Erysimum cheiranthoides* L.

【别名】桂行糖芥、野菜子。

【危害作物】油菜、小麦。

【分布】北京、河北、河南、宁夏、山东、陕西、黑龙江、吉林、内蒙古、新疆。

366. 独行菜

【学名】*Lepidium apetalum* Willd.

【别名】辣辣。

【危害作物】梨、苹果、甜菜、甘蔗、玉米、油菜、小麦。

【分布】北京、广西、贵州、安徽、甘肃、贵州、河北、黑龙江、河南、湖北、湖南、江西、江苏、吉林、辽宁、内蒙古、宁夏、青海、陕西、山东、山西、四川、新疆、西藏、云南、浙江。

367. 宽叶独行菜

【学名】*Lepidium latifolium* L.

【别名】北独行菜、大辣辣、光果宽叶独行菜、乌日根-昌古（蒙古族名）、羊辣辣、止痢草。

【危害作物】棉花、小麦。

【分布】甘肃、河北、河南、黑龙江、辽宁、内蒙古、宁夏、青海、陕西、山东、山西、四川、西藏、新疆、浙江。

368. 北美独行菜

【学名】*Lepidium virginicum* L.

【别名】大叶香荠、大叶香荠菜、独行菜、拉拉根、辣菜、辣辣根、琴叶独行菜、十字花、小白浆、星星菜、野独行菜。

【危害作物】茶、油菜、小麦。

【分布】安徽、福建、广东、广西、贵州、河北、河南、湖北、湖南、江苏、江西、辽宁、山东、四川、重庆、云南、浙江、青海、甘肃、陕西。

369. 涩荠

【学名】*Malcolmia africana*（L.）R. Br.

【别名】辣辣菜、离蕊芥。

【危害作物】马铃薯、油菜、小麦。

【分布】安徽、甘肃、河北、河南、江苏、宁夏、青海、陕西、山西、四川、西藏、新疆。

370. 野萝卜

【学名】*Raphanus raphanistrum* L.

【别名】野芥菜。

【危害作物】甘蔗、玉米、小麦。

【分布】广西、宁夏、甘肃、云南、青海、

四川。

371. 广州蔊菜

【学名】*Rorippa cantoniensis*（Lour.）Ohwi

【危害作物】油菜、小麦。

【分布】安徽、福建、广东、广西、贵州、河北、河南、湖北、湖南、江苏、江西、辽宁、陕西、山东、四川、云南、浙江。

372. 无瓣蔊菜

【学名】*Rorippa dubia*（Pers.）Hara

【危害作物】柑橘、油菜、小麦。

【分布】安徽、福建、甘肃、广东、广西、贵州、河北、河南、湖北、湖南、江苏、江西、辽宁、陕西、山东、四川、西藏、云南、浙江。

373. 蔊菜

【学名】*Rorippa indica*（L.）Hiern

【危害作物】茶、柑橘、棉花、油菜、小麦。

【分布】安徽、福建、甘肃、广东、广西、贵州、海南、河北、河南、湖北、湖南、江苏、江西、辽宁、青海、陕西、山东、山西、四川、西藏、云南、浙江、新疆。

374. 沼生蔊菜

【学名】*Rorippa islandica*（Oed.）Borb.

【别名】风花菜、风花菜蔊、岗地菜、蔊菜、黄花荠菜、那木根－萨日布（蒙古族名）、水萝卜、香荠菜、沼泽蔊菜。

【危害作物】梨、苹果、大豆、玉米、小麦。

【分布】北京、甘肃、黑龙江、吉林、辽宁、河北、河南、内蒙古、山西、山东、江苏、广西、广东、云南。

375. 遏蓝菜

【学名】*Thlaspi arvense* L.

【危害作物】梨、苹果、甜菜、马铃薯、油菜、小麦。

【分布】我国各省（区）均有分布。

石竹科 Caryophyllaceae

376. 蚤缀

【学名】*Arenaria serpyllifolia* L.

【别名】鹅不食草。

【危害作物】梨、苹果、油菜、小麦。

【分布】安徽、北京、重庆、福建、广东、甘肃、贵州、海南、湖北、河北、黑龙江、河南、湖南、吉林、江苏、江西、辽宁、内蒙古、宁夏、青海、四川、重庆、山东、上海、陕西、山西、天津、新疆、西藏、云南、浙江。

377. 卷耳

【学名】*Cerastium arvense* L.

【危害作物】小麦。

【分布】湖北、河北、甘肃、内蒙古、宁夏、青海、陕西、山西、四川、新疆。

378. 簇生卷耳

【学名】*Cerastium fontanum* Baumg. subsp. *triviale*（Link）Jalas

【别名】狭叶泉卷耳。

【危害作物】柑橘、油菜、小麦。

【分布】安徽、福建、甘肃、河北、河南、湖北、湖南、广西、贵州、重庆、江苏、宁夏、青海、山西、陕西、四川、新疆、云南、浙江。

379. 缘毛卷耳

【学名】*Cerastium furcatum* Cham. *et* Schlecht.

【危害作物】油菜、小麦。

【分布】贵州、浙江、湖南、甘肃、河南、吉林、宁夏、陕西、山西、四川、西藏、云南。

380. 球序卷耳

【学名】*Cerastium glomeratum* Thuill.（*Cerastium viscosum* L.）

【别名】粘毛卷耳、婆婆指甲、锦花草、猫耳朵草、黏毛卷耳、山马齿苋、圆序卷耳、卷耳。

【危害作物】茶、油菜。

【分布】福建、广西、贵州、河南、湖北、湖南、江苏、江西、辽宁、西藏、云南、浙江、山东。

381. 薄蒴草

【学名】*Lepyrodiclis holosteoides*（C. A. Meyer）Fenzl. ex Fisher *et* C. A. Meyer

【别名】高如存－额布苏（蒙古族名）、蓝布衫、娘娘菜。

【危害作物】油菜、小麦。

【分布】湖南、江西、甘肃、河南、内蒙古、宁夏、青海、陕西、四川、西藏、新疆。

382. 牛繁缕

【学名】*Malachium aquaticum*（L.）Fries

【别名】鹅肠菜、鹅儿肠、抽筋草、大鹅儿肠、鹅肠草、石灰菜、额叠申细苦、伸筋草。

【危害作物】茶、柑橘、麻类、棉花、玉米、马铃薯、油菜、小麦。

【分布】安徽、北京、福建、甘肃、广东、广西、贵州、海南、河北、黑龙江、河南、湖北、湖南、江苏、江西、吉林、辽宁、内蒙古、宁夏、青海、陕西、山东、上海、山西、四川、重庆、天津、新疆、西藏、云南、浙江。

383. 漆姑草

【学名】*Sagina japonica*（Sw.）Ohwi

【别名】虎牙草。

【危害作物】茶、玉米、油菜、小麦。

【分布】天津、安徽、福建、甘肃、广东、广西、贵州、河北、黑龙江、河南、湖北、湖南、江苏、江西、辽宁、内蒙古、青海、陕西、山东、山西、四川、重庆、西藏、云南、浙江。

384. 麦瓶草

【学名】*Silene conoidea* L.

【危害作物】梨、苹果、玉米、油菜、小麦。

【分布】安徽、北京、甘肃、贵州、河北、河南、湖北、湖南、江西、江苏、青海、山东、陕西、山西、上海、四川、天津、西藏、新疆、浙江、宁夏。

385. 拟漆姑草

【学名】*Spergularia salina* J. *et* C. Presl

【别名】牛漆姑草。

【危害作物】棉花、油菜、小麦。

【分布】甘肃、河北、河南、黑龙江、吉林、江苏、湖南、内蒙古、宁夏、青海、山东、陕西、四川、新疆、云南。

386. 雀舌草

【学名】*Stellaria alsine* Grimm

【别名】天蓬草、滨繁缕、米鹅儿肠、蛇牙草、泥泽繁缕、雀舌繁缕、雀舌苹、雀石草、石灰草。

【危害作物】茶、棉花、油菜、小麦。

【分布】安徽、福建、甘肃、广东、广西、贵州、河北、河南、湖北、湖南、江苏、江西、内蒙古、四川、重庆、西藏、云南、浙江、陕西。

387. 繁缕

【学名】*Stellaria media*（L.）Cyr.

【别名】鹅肠草。

【危害作物】茶、苹果、柑橘、甘蔗、麻类、大豆、玉米、马铃薯、油菜、小麦。

【分布】安徽、福建、甘肃、广东、广西、贵州、河北、河南、湖北、湖南、江苏、江西、吉林、辽宁、内蒙古、宁夏、青海、陕西、山东、山西、四川、西藏、云南、浙江、上海、青海、重庆。

388. 鸡肠繁缕

【学名】*Stellaria neglecta* Weihe

【别名】鹅肠繁缕、繁缕、萨查格－阿吉干纳（蒙古族名）、赛繁缕、细叶辣椒草、小鸡草、易忽繁缕、鱼肚肠草。

【危害作物】柑橘、茶。

【分布】河南、湖北、湖南、江苏、山东、陕西、四川、西藏、云南、浙江。

389. 繸瓣繁缕

【学名】*Stellaria radians* L.

【别名】垂梗繁缕、查察日根－阿吉干纳（蒙古族名）、垂梀繁缕、遂瓣繁缕。

【危害作物】大豆。

【分布】河北、黑龙江、吉林、辽宁、内蒙古、云南。

390. 麦蓝菜

【学名】*Vaccaria segetalis*（Neck.）Garcke

【别名】王不留行、麦蓝子。

【危害作物】梨、苹果、油菜、小麦。

【分布】安徽、北京、福建、甘肃、贵州、河北、黑龙江、河南、湖北、湖南、江苏、江西、吉林、辽宁、内蒙古、宁夏、青海、陕西、山东、上海、山西、四川、重庆、天津、新疆、西藏、云南、浙江。

水马齿科 Callitrichaceae

391. 水马齿

【学名】*Callitriche stagnalis* Scop.

【别名】水马齿苋。

【危害作物】水稻。

【分布】广东、贵州、江西、陕西、浙江、西藏、云南、福建。

藤黄科 Guttiferae

392. 黄海棠

【学名】*Hypericum ascyron* L.

【危害作物】油菜。

【分布】安徽、北京、福建、甘肃、广东、广西、海南、河北、黑龙江、河南、湖北、湖南、江苏、江西、吉林、辽宁、内蒙古、宁夏、青海、陕西、山东、上海、山西、四川、重庆、贵州、天津、新疆、云南、浙江。

393. 地耳草

【学名】*Hypericum japonicum* Thunb. ex Murray

【别名】田基黄。

【危害作物】茶、柑橘、油菜、小麦。

【分布】安徽、福建、广东、广西、贵州、海南、湖北、湖南、江苏、江西、辽宁、山东、四川、重庆、云南、浙江、甘肃、陕西。

394. 元宝草

【学名】*Hypericum sampsonii* Hance

【别名】对月莲、合掌草。

【危害作物】油菜。

【分布】安徽、福建、广东、广西、贵州、河南、湖北、湖南、江苏、江西、陕西、四川、云南、浙江。

梧桐科 Sterculiaceae

395. 马松子

【学名】*Melochia corchorifolia* L.

【别名】野路葵、野棉花秸、白洋蒜、路葵子、野棉花、野棉花稭。

【危害作物】柑橘、甘蔗、棉花。

【分布】安徽、福建、广东、广西、贵州、江苏、江西、湖北、湖南、海南、四川、重庆、云南、浙江。

苋科 Amaranthaceae

396. 土牛膝

【学名】*Achyranthes aspera* L.

【危害作物】甘蔗。

【分布】福建、广东、广西、贵州、海南、湖北、湖南、江西、四川、云南、浙江。

397. 牛膝

【学名】*Achyranthes bidentata* Blume

【别名】土牛膝。

【危害作物】茶、柑橘、油菜、小麦。

【分布】安徽、福建、广东、广西、贵州、海南、河北、黑龙江、河南、湖北、湖南、江苏、江西、吉林、辽宁、内蒙古、宁夏、青海、陕西、山东、山西、四川、西藏、浙江、甘肃、云南、重庆。

398. 空心莲子草

【学名】*Alternanthera philoxeroides* (Mart.) Griseb.

【别名】水花生、水苋菜。

【危害作物】水稻、茶、梨、苹果、柑橘、甘蔗、花生、棉花、大豆、玉米、油菜、小麦。

【分布】安徽、北京、重庆、福建、广东、广西、湖北、湖南、江苏、江西、青海、山东、陕西、上海、四川、云南、浙江、甘肃、贵州、河北、河南、新疆、重庆。

399. 莲子草

【学名】*Alternanthera sessilis* (L.) DC.

【别名】虾钳菜。

【危害作物】水稻、甘蔗、玉米、油菜、小麦。

【分布】安徽、福建、广东、广西、贵州、湖北、湖南、江苏、江西、四川、云南、浙江、甘肃、河南、山东、上海、重庆。

400. 尾穗苋

【学名】*Amaranthus caudatus* L.

【危害作物】油菜。

【分布】安徽、北京、福建、甘肃、广东、广西、贵州、海南、河北、河南、黑龙江、湖北、湖南、吉林、江苏、江西、辽宁、内蒙古、宁夏、青海、山东、山西、陕西、四川、西藏、新疆、云南、浙江。

401. 凹头苋

【学名】*Amaranthus lividus* L.

【别名】野苋、人情菜、野苋菜。

【危害作物】茶、梨、苹果、柑橘、甜菜、甘蔗、花生、麻类、棉花、大豆、玉米、马铃薯、油菜、小麦。

【分布】北京、安徽、福建、甘肃、广东、广西、贵州、海南、河北、河南、黑龙江、湖北、湖南、吉林、江苏、江西、辽宁、山东、山西、陕西、四川、新疆、云南、浙江、内蒙古、上海、重庆。

402. 反枝苋

【学名】*Amaranthus retroflexus* L.

【别名】西风谷、阿日白－诺高（蒙古族名）、反齿苋、家鲜谷、人苋菜、忍建菜、西风古、苋菜、野风古、野米谷、野千穗谷、野苋菜。

【危害作物】水稻、茶、梨、苹果、柑橘、甜菜、甘蔗、花生、麻类、棉花、大豆、玉米、马铃薯、油菜、小麦。

【分布】北京、甘肃、海南、河北、河南、黑龙江、湖北、吉林、江苏、江西、辽宁、内蒙古、宁夏、青海、山东、山西、陕西、四川、天津、新疆、安徽、福建、广东、广西、贵州、湖南、上海、云南、重庆、浙江。

403. 刺苋

【学名】*Amaranthus spinosus* L.

【别名】刺苋菜、野苋菜。

【危害作物】梨、苹果、甘蔗、大豆、玉米、油菜、小麦。

【分布】安徽、福建、广东、广西、贵州、河南、湖北、湖南、江苏、江西、山东、陕西、山西、四川、云南、浙江。

404. 苋

【学名】*Amaranthus tricolor* L.

【危害作物】花生、大豆、油菜、小麦。

【分布】安徽、北京、福建、甘肃、广东、广西、贵州、海南、河北、黑龙江、河南、湖北、湖南、江苏、江西、吉林、辽宁、内蒙古、宁夏、青海、陕西、山东、上海、山西、四川、重庆、天津、新疆、西藏、云南、浙江。

405. 皱果苋

【学名】*Amaranthus viridis* L.

【别名】绿苋、白苋、红苋菜、假苋菜、糠苋、里苋、绿苋菜、乌苋、人青菜、细苋、苋菜、野见、野米苋、野苋、野苋菜、猪苋、紫苋菜。

【危害作物】水稻、甘蔗、玉米、油菜、小麦。

【分布】甘肃、广东、广西、贵州、上海、河北、新疆、山东、四川、浙江。

406. 青葙

【学名】*Celosia argentea* L.

【别名】野鸡冠花、狗尾巴、狗尾苋、牛尾花。

【危害作物】梨、苹果、甘蔗、花生、棉花、大豆、玉米、油菜、小麦。

【分布】安徽、北京、福建、甘肃、广东、广西、贵州、海南、河北、河南、黑龙江、湖北、湖南、吉林、江苏、江西、辽宁、内蒙古、宁夏、青海、山东、山西、陕西、四川、重庆、西藏、新疆、云南、浙江。

玄参科 Scrophulariaceae

407. 野胡麻

【学名】*Dodartia orientalis* L.

【别名】刺儿草、倒打草、倒爪草、道爪草、多得草、多德草、呼热立格 - 其其格（蒙古族名）、牛哈水、牛含水、牛汗水、紫花草、紫花秧。

【危害作物】棉花。

【分布】浙江、陕西、甘肃、内蒙古、四川、新疆。

408. 虻眼

【学名】*Dopatricum junceum*（Roxb.）Buch. -Ham.

【别名】虻眼草。

【危害作物】水稻。

【分布】广西、广东、河南、江西、江苏、陕西、云南。

409. 石龙尾

【学名】*Limnophila sessiliflora*（Vahl）Blume

【别名】菊藻、假水八角、菊蒿、千层塔、虱婆草。

【危害作物】水稻。

【分布】安徽、福建、广东、广西、贵州、河北、湖南、江苏、江西、辽宁、四川、重庆、云南、浙江。

410. 长果母草

【学名】*Lindernia anagallis*（Burm. f.）Pennell

【别名】长果草、长叶母草、定经草、鸡舌癀、双须公、双须蜈蚣、四方草、田边草、小接骨、鸭嘴癀。

【危害作物】水稻。

【分布】福建、广东、广西、贵州、湖南、江西、四川、重庆、云南。

411. 狭叶母草

【学名】*Lindernia angustifolia*（Benth.）Wettst.

【危害作物】水稻。

【分布】安徽、福建、广东、广西、贵州、江苏、江西、河南、湖北、湖南、云南、浙江、重庆。

412. 泥花草

【学名】*Lindernia antipoda*（L.）Alston

【别名】泥花母草。

【危害作物】水稻、柑橘、玉米、小麦。

【分布】安徽、福建、广东、广西、湖北、湖南、江苏、江西、四川、重庆、陕西、云南、浙江。

413. 母草

【学名】*Lindernia crustacea*（L.）F. Muell

【别名】公母草、旱田草、开怀草、牛耳花、四方草、四方拳草。

【危害作物】水稻、茶、柑橘、甘蔗、油菜、小麦。

【分布】安徽、福建、广东、广西、贵州、海南、河南、湖北、湖南、江苏、江西、四川、重庆、西藏、云南、浙江、江西、陕西。

414. 宽叶母草

【学名】*Lindernia nummularifolia* (D. Don) Wettst.

【危害作物】柑橘。

【分布】甘肃、陕西、湖北、湖南、广西、贵州、云南、四川、浙江。

415. 陌上菜

【学名】*Lindernia procumbens* (Krock.) Philcox

【别名】额和吉日根纳、母草、水白菜。

【危害作物】水稻、甘蔗、棉花、油菜、小麦。

【分布】福建、河南、陕西、安徽、广东、广西、贵州、黑龙江、湖北、湖南、江苏、江西、吉林、四川、重庆、云南、浙江。

416. 通泉草

【学名】*Mazus japonicus* (Thunb.) O. Kuntze

【危害作物】水稻、茶、甘蔗、花生、棉花、大豆、玉米、马铃薯、油菜、小麦。

【分布】安徽、福建、北京、重庆、甘肃、广东、广西、河北、河南、湖北、湖南、江苏、江西、山东、陕西、四川、云南、浙江、青海。

417. 匐茎通泉草

【学名】*Mazus miquelii* Makino

【别名】米格通泉草、葡茎通泉草。

【危害作物】水稻、玉米、油菜、小麦。

【分布】安徽、福建、广西、湖北、湖南、江苏、江西、浙江、四川、重庆、贵州。

418. 马先蒿

【学名】*Pedicularis resupinanta* L.

【危害作物】小麦。

【分布】黑龙江、吉林、辽宁、内蒙古、河北、山西、陕西、甘肃、四川、贵州、山东、安徽。

419. 地黄

【学名】*Rehmannia glutinosa* (Gaert.) Libosch. ex Fisch. *et* Mey.

【别名】婆婆丁、米罐棵、蜜糖管。

【危害作物】茶、梨、苹果、玉米、油菜、小麦。

【分布】北京、广东、贵州、陕西、四川、天津、云南、甘肃、辽宁、河北、河南、湖北、内蒙古、江苏、山东、陕西、山西。

420. 紫萼蝴蝶草

【学名】*Torenia violacea* (Azaola) Pennell

【别名】紫色翼萼、长梗花蜈蚣、萼蝴蝶草、方形草、光叶翼萼、通肺草、紫萼、蓝猪耳、紫萼翼萼、紫花蝴蝶草、总梗蓝猪耳。

【危害作物】柑橘。

【分布】广东、广西、贵州、湖北、江西、四川、云南、浙江。

421. 北水苦荬

【学名】*Veronica anagallis-aquatica* L.

【危害作物】水稻、柑橘。

【分布】安徽、福建、广西、贵州、湖北、湖南、江苏、江西、新疆、西藏、四川、重庆、云南、浙江。

422. 直立婆婆纳

【学名】*Veronica arvensis* L.

【别名】脾寒草、玄桃。

【危害作物】茶、油菜、小麦。

【分布】安徽、广西、贵州、福建、河南、湖北、湖南、江苏、江西、山东、陕西、四川、云南。

423. 大婆婆纳

【学名】*Veronica didyma* Tenore

【危害作物】小麦、油菜、蔬菜。

【分布】华东、华中、西北、西南地区及河北。

424. 疏花婆婆纳

【学名】*Veronica laxa* Benth.

【别名】灯笼草、对叶兰、猫猫草、小生扯拢、一扫光。

【危害作物】柑橘。

【分布】甘肃、广西、贵州、湖北、湖南、陕西、四川、云南。

425. 蚊母草

【学名】*Veronica peregrina* L.

【别名】奥思朝盖－侵达干（蒙古族名）、病疳草、接骨草、接骨仙桃草、水蓑衣、水簑衣、蚊母婆婆纳、无风自动草、仙桃草、小伤力草、小头红。

【危害作物】柑橘、油菜、小麦。

【分布】安徽、福建、广西、贵州、黑龙江、河南、湖北、湖南、江苏、江西、吉林、辽宁、内蒙古、山东、四川、西藏、云南、浙江、陕西、上海。

426. 阿拉伯婆婆纳

【学名】*Veronica persica* Poir.

【别名】波斯婆婆纳、大婆婆纳、灯笼草、肚肠草、花被草、卵子草、肾子草、小将军。

【危害作物】柑橘、油菜、小麦、棉花。

【分布】安徽、福建、广西、贵州、湖北、湖南、江苏、江西、新疆、西藏、四川、重庆、云南、浙江、甘肃、江苏。

427. 婆婆纳

【学名】*Veronica polita* Fries

【危害作物】柑橘、棉花、玉米、小麦。

【分布】安徽、北京、福建、甘肃、贵州、河南、湖北、湖南、江苏、江西、青海、陕西、四川、重庆、新疆、云南、浙江、广西、河北、河南、辽宁、山东、山西、上海。

428. 水苦荬

【学名】*Veronica undulata* Wall.

【别名】水莴苣、水菠菜。

【危害作物】水稻、棉花、油菜、小麦。

【分布】安徽、北京、福建、甘肃、广东、广西、贵州、海南、河北、河南、黑龙江、湖北、湖南、吉林、江苏、江西、辽宁、山东、山西、陕西、上海、四川、天津、新疆、云南、浙江。

旋花科 Convolvulaceae

429. 打碗花

【学名】*Calystegia hederacea* Wall.

【别名】小旋花、兔耳草。

【危害作物】梨、苹果、甜菜、甘蔗、花生、棉花、大豆、玉米、油菜、小麦。

【分布】北京、天津、上海、重庆、安徽、福建、甘肃、广东、广西、贵州、海南、河北、黑龙江、河南、湖北、湖南、江苏、江西、吉林、辽宁、内蒙古、宁夏、青海、陕西、山东、山西、四川、新疆、云南、浙江。

430. 田旋花

【学名】*Convolvulus arvensis* L.

【别名】中国旋花、箭叶旋花。

【危害作物】茶、梨、苹果、柑橘、甜菜、花生、麻类、棉花、大豆、玉米、马铃薯、油菜、小麦。

【分布】北京、上海、西藏、安徽、福建、甘肃、广东、广西、贵州、海南、河北、黑龙江、河南、湖北、湖南、江苏、江西、吉林、辽宁、内蒙古、宁夏、青海、陕西、山东、山西、四川、新疆、云南、浙江。

431. 菟丝子

【学名】*Cuscuta chinensis* Lam.

别名：中国菟丝子、金丝藤、豆寄生、无根草。

【危害作物】梨、柑橘、甜菜、甘蔗、花生、大豆、马铃薯、油菜、小麦。

【分布】安徽、北京、福建、甘肃、广东、广西、贵州、海南、河北、河南、黑龙江、湖北、湖南、吉林、江苏、江西、辽宁、内蒙古、宁夏、青海、山东、山西、陕西、上海、四川、重庆、天津、西藏、新疆、云南、浙江。

432. 欧洲菟丝子

【学名】*Cuscuta europaea* L.

【别名】菟丝子、欧菟丝子、套木－希日－奥日义羊古（蒙古族名）、菟丝子、无娘藤。

【危害作物】大豆。

【分布】甘肃、黑龙江、内蒙古、青海、陕西、山西、四川、西藏、新疆、云南、湖北。

433. 金灯藤

【学名】*Cuscuta japonica* Choisy

【别名】日本菟丝子、大粒菟丝子、大菟丝子、大无娘子、飞来花、飞来藤。

【危害作物】茶、梨、苹果、柑橘。

【分布】安徽、福建、甘肃、广东、广西、贵州、海南、河北、黑龙江、河南、湖北、湖南、江苏、江西、吉林、辽宁、内蒙古、宁夏、青海、陕西、山东、山西、四川、重庆、新疆、云南、浙江。

434. 马蹄金

【学名】*Dichondra repens* Forst.

【别名】黄胆草、金钱草。

【危害作物】柑橘、油菜、小麦。

【分布】四川、云南、广西、浙江、贵州、甘肃、陕西、重庆及长江以南各省区均有分布。

435. 小旋花

【学名】*Jacquemontia paniculata*（N. L. Burman f.）H. Hallier f.

【别名】小牵牛、假牵牛、娥房藤。

【危害作物】马铃薯、小麦。

【分布】安徽、甘肃、贵州、河北、湖北、辽宁、内蒙古、宁夏、山东、四川、重庆、广东、广西、海南、云南。

436. 鱼黄草

【学名】*Merremia hederacea*（Burm. f.）Hall. f.

【别名】篱栏网、三裂叶鸡矢藤、百仔、蛤仔藤、广西百仔、过天网、金花茉栾藤、犁头网、篱栏、篱网藤。

【危害作物】甘蔗。

【分布】福建、广东、广西、海南、江西、云南。

437. 裂叶牵牛

【学名】*Pharbitis nil*（L.）Choisy，*Ipomoea hederacea*（L.）Jacq，*Pharbitis hederacea*（L.）Choisy。

【别名】牵牛、白丑、常春藤叶牵牛、二丑、黑丑、喇叭花、喇叭花子、牵牛花、牵牛子。

【危害作物】梨、苹果、柑橘、甘蔗、花生、玉米、油菜、小麦。

【分布】北京、天津、福建、甘肃、广东、广西、贵州、海南、河北、河南、湖北、湖南、江苏、江西、宁夏、山东、山西、陕西、上海、四川、重庆、西藏、新疆、云南、浙江。

438. 圆叶牵牛

【学名】*Pharbitis purpurea*（L.）Voigt.

【别名】紫花牵牛、喇叭花、毛牵牛、牵牛花、园叶牵牛、紫牵牛。

【危害作物】梨、苹果、柑橘、甘蔗、花生、玉米、小麦。

【分布】北京、福建、甘肃、广东、广西、海南、河北、河南、湖北、江西、内蒙古、宁夏、青海、山东、山西、陕西、四川、新疆、云南、吉林、江苏、辽宁、上海、浙江、重庆。

罂粟科 Papaveraceae

439. 伏生紫堇

【学名】*Corydalis decumbens*（Thunb.）Pers.

【危害作物】油菜。

【分布】安徽、福建、湖北、湖南、江苏、江西、山西、浙江、四川。

440. 紫堇

【学名】*Corydalis edulis* Maxim.

【别名】断肠草、麦黄草、闷头草、闷头花、牛尿草、炮仗花、蜀堇、虾子菜、蝎子草、蝎子花、野花生、野芹菜。

【危害作物】柑橘、油菜、小麦。

【分布】安徽、福建、北京、甘肃、贵州、河北、河南、湖北、江西、江苏、辽宁、山西、陕西、四川、云南、重庆、浙江。

441. 刻叶紫堇

【学名】*Corydalis incisa*（Thunb.）Pers.

【别名】紫花鱼灯草。

【危害作物】油菜。

【分布】安徽、福建、甘肃、广西、河北、河南、湖北、湖南、江苏、陕西、山西、四川、浙江。

远志科 Polygalaceae

442. 瓜子金

【学名】*Polygala japonica* Houtt.

【别名】金牛草、紫背金牛。

【危害作物】茶、油菜、小麦。

【分布】福建、广东、甘肃、广西、湖北、湖南、江苏、江西、四川、山东、云南、浙江、陕西、贵州。

紫草科 Boraginaceae

443. 斑种草

【学名】*Bothriospermum chinense* Bge.

【别名】斑种、斑种细累子草、蛤蟆草、细叠子草。

【危害作物】柑橘、甘蔗、油菜、小麦。

【分布】北京、甘肃、广东、河北、湖北、湖南、江苏、辽宁、山东、山西、四川、重庆、云南、贵州、陕西。

444. 柔弱斑种草

【学名】*Bothriospermum tenellum*（Hornem.）Fisch. *et* Mey.

【危害作物】玉米、油菜、小麦。

【分布】甘肃、重庆、广西、陕西、河南、宁夏。

445. 琉璃草

【学名】*Cynoglossum furcatum* Wall.，*Cynoglossum zeylanicum*（Vahl.）Thunb.

【别名】大琉璃草、枇杷、七贴骨散、粘娘娘、猪尾巴。

【危害作物】油菜、小麦。

【分布】福建、甘肃、广东、广西、贵州、河南、湖南、江苏、江西、陕西、四川、云南、浙江、陕西。

446. 大尾摇

【学名】*Heliotropium indicum* L.

【别名】象鼻草、金虫草、狗尾菜、狗尾草、狗尾虫、全虫草、天芥菜、鱿鱼草。

【危害作物】甘蔗、玉米。

【分布】福建、广西、海南、云南。

447. 麦家公

【学名】*Lithospermum arvense* L.

【别名】大紫草、花荠荠、狼紫草、毛妮菜、涩涩荠。

【危害作物】梨、苹果、油菜、小麦。

【分布】北京、贵州、河北、河南、湖南、江西、宁夏、四川、安徽、甘肃、河北、黑龙江、湖北、江苏、吉林、辽宁、陕西、山东、山西、新疆、浙江。

448. 狼紫草

【学名】*Lycopsis orientalis* L.

【危害作物】玉米。

【分布】广东、广西、河北、河南、甘肃、内蒙古、宁夏、青海、陕西、山西、新疆、西藏。

449. 微孔草

【学名】*Microula sikkimensis*（Clarke）Hemsl.

【别名】西顺、锡金微孔草、野菠菜。

【危害作物】小麦。

【分布】甘肃、青海、陕西、四川、西藏、云南。

450. 弯齿盾果草

【学名】*Thyrocarpus glochidiatus* Maxim.

【别名】盾荚果、盾形草。

【危害作物】柑橘。

【分布】安徽、广东、广西、江苏、江西、四川、云南、浙江。

451. 盾果草

【学名】*Thyrocarpus sampsonii* Hance

【别名】盾形草、毛和尚、铺地根、森氏盾果草。

【危害作物】小麦。

【分布】安徽、广东、广西、贵州、河北、湖北、湖南、江苏、江西、陕西、四川、云南、浙江。

452. 附地菜

【学名】*Trigonotis peduncularis*（Trev.）Benth. ex Baker *et* Moore

【别名】地胡椒。

【危害作物】茶、梨、苹果、柑橘、花生、棉花、油菜、小麦。

【分布】北京、福建、甘肃、广西、河北、黑龙江、吉林、江西、辽宁、内蒙古、宁夏、山东、山西、陕西、西藏、新疆、云南、贵州、湖北、湖南、江苏、四川、天津、浙江、重庆。

紫茉莉科 Nyctaginaceae

453. 紫茉莉

【学名】*Mirabilis jalapa* L.

【别名】胭脂花。

【危害作物】柑橘、苹果、梨。

【分布】安徽、北京、福建、甘肃、广东、广西、贵州、海南、河北、河南、湖北、湖南、江苏、江西、山西、陕西、上海、四川、西藏、新疆、云南、浙江。

（二）单子叶植物杂草

百合科 Liliaceae

1. 野葱

【学名】*Allium chrysanthum* Regel

【别名】黄花韭、黄花葱、黄花菲。

【危害作物】油菜、小麦。

【分布】贵州、甘肃、湖北、湖南、江苏、青海、陕西、四川、西藏、云南、浙江、重庆。

2. 薤白

【学名】*Allium macrostemon* Bunge

【别名】小根蒜、大蕊葱、胡葱、胡葱子、胡蒜、苦蒜、密花小根蒜、山韭菜。

【危害作物】马铃薯、大豆、玉米、油菜、小麦、棉花。

【分布】安徽、北京、福建、甘肃、广东、广西、贵州、河北、黑龙江、河南、天津、西藏、云南、湖北、湖南、江苏、江西、吉林、辽宁、内蒙古、宁夏、陕西、山东、上海、山西、四川。

3. 黄花菜

【学名】*Hemerocallis citrina* Baroni

【别名】金针菜、黄花、黄花苗、黄金萱、金针。

【危害作物】油菜、小麦。

【分布】甘肃、贵州、江苏、内蒙古、陕西、云南、浙江。

4. 野百合

【学名】*Lilium brownii* F. E. Brown ex Miellez

【别名】白花百合、百合、淡紫百合。

【危害作物】油菜、小麦。

【分布】安徽、福建、甘肃、广东、广西、贵州、河北、河南、湖北、湖南、江苏、江西、陕西、山西、四川、云南、浙江、内蒙古、青海。

5. 菝葜

【学名】*Smilax china* L.

【别名】金刚兜。

【危害作物】油菜。

【分布】四川。

茨藻科 Najadaceae

6. 大茨藻

【学名】*Najas marina* L.

【别名】玻璃草、玻璃藻、茨藻、刺藻、刺菹草。

【危害作物】水稻。

【分布】河北、河南、湖北、湖南、江苏、江西、辽宁、吉林、内蒙古、山西、新疆、云南、浙江。

7. 小茨藻

【学名】*Najas minor* All.

【别名】鸡羽藻。

【危害作物】水稻。

【分布】福建、广东、广西、海南、河北、黑龙江、河南、湖北、湖南、江苏、江西、吉林、辽宁、内蒙古、山东、新疆、四川、重庆、云南、浙江。

灯芯草科 Juncaceae

8. 翅茎灯心草

【学名】*Juncus alatus* Franch. *et* Sav.

【别名】翅茎灯芯草、翅灯心草、翅茎笄石菖、眼胆草。

【危害作物】水稻。

【分布】安徽、福建、甘肃、广东、广西、贵州、河北、河南、湖北、湖南、江苏、江西、山东、山西、四川、重庆、云南、浙江。

9. 小花灯心草

【学名】*Juncus articulatus* L., *Juncus lampocarpus* Ehrh. ex Hoffm.

【别名】小花灯芯草、节状灯心草、棱叶灯心草。

【危害作物】水稻。

【分布】甘肃、河北、河南、湖北、宁夏、陕西、山东、山西、四川、新疆、西藏、云南。

10. 星花灯心草

【学名】*Juncus diastrophanthus* Buchenau

【别名】星花灯芯草、扁杆灯心草、螃蟹脚、水三棱。

【危害作物】水稻。

【分布】安徽、甘肃、广东、广西、贵州、河南、湖北、湖南、江苏、江西、山东、山西、四川、浙江。

11. 灯心草

【学名】*Juncus effusus* L.

【别名】灯草、水灯花、水灯心。

【危害作物】水稻、油菜、小麦。

【分布】安徽、福建、甘肃、广东、广西、贵州、河北、黑龙江、河南、湖北、湖南、江苏、江西、吉林、辽宁、山东、四川、西藏、云南、浙江、陕西、上海、重庆。

浮萍科 Lemnaceae

12. 稀脉浮萍

【学名】*Lemna perpusilla* Torr.

【别名】青萍。

【危害作物】水稻。

【分布】安徽、福建、广东、贵州、河北、河南、湖北、湖南、江苏、江西、辽宁、宁夏、青海、陕西、山东、山西、云南、浙江、广西、海南、黑龙江、吉林、上海、四川、天津、重庆。

13. 紫背浮萍

【学名】*Spirodela polyrrhiza*（L.）Schleid.

【别名】紫萍、浮萍草、红浮萍、红浮萍草。

【危害作物】水稻。

【分布】安徽、福建、广东、广西、贵州、河北、黑龙江、河南、湖北、湖南、江苏、江西、吉林、辽宁、陕西、山东、山西、四川、重庆、天津、云南、浙江。

谷精草科 Eriocaulaceae

14. 谷精草

【学名】*Eriocaulon buergerianum* Koern.

【别名】波氏谷精草、戴星草、耳朵刷子、佛顶珠、谷精珠。

【危害作物】水稻。

【分布】安徽、福建、广东、广西、贵州、湖北、湖南、江苏、江西、四川、云南、浙江。

15. 白药谷精草

【学名】*Eriocaulon cinereum* R. Br.

【别名】谷精草、华南谷精草、绒球草、赛谷精草、小谷精草。

【危害作物】水稻。

【分布】安徽、福建、甘肃、广东、广西、贵州、河南、湖北、湖南、江苏、江西、陕西、四川、云南、浙江。

禾本科 Gramineae

16. 京芒草

【学名】*Achnatherum pekinense*（Hance）Ohwi

【别名】京羽茅。

【危害作物】苹果、梨、茶。

【分布】安徽、北京、河北、河南、黑龙江、吉林、辽宁、山东、山西、陕西、四川、西藏、新疆。

17. 节节麦

【学名】*Aegilops tauschii* Coss.（*Aegilops squarrosa* L.）

【别名】山羊草。

【危害作物】油菜、小麦。

【分布】安徽、北京、甘肃、贵州、河北、河南、湖北、湖南、江苏、内蒙古、宁夏、青海、山东、山西、陕西、四川、云南、西藏、新疆、浙江。

18. 冰草

【学名】*Agropyron cristatum*（L.）Gaertn.

【别名】野麦子、扁穗冰草、羽状小麦草。

【危害作物】小麦。

【分布】甘肃、河北、黑龙江、内蒙古、宁夏、青海、新疆。

19. 匍匐冰草

【学名】*Agropyron repens*（L.）Beauv.

【危害作物】小麦。

【分布】甘肃、青海、陕西。

20. 匍茎剪股颖

【学名】*Agrostis stolonifera* L.

【危害作物】水稻、玉米。

【分布】安徽、甘肃、贵州、黑龙江、内蒙古、宁夏、陕西、山东、山西、西藏、新疆、云南。

21. 看麦娘

【学名】*Alopecurus aequalis* Sobol.

【别名】褐蕊看麦娘、棒槌草。

【危害作物】茶、柑橘、甘蔗、麻类、大豆、马铃薯、油菜、小麦。

【分布】北京、甘肃、安徽、福建、广东、广西、贵州、河北、黑龙江、吉林、辽宁、宁夏、青海、上海、天津、河南、湖北、江苏、江西、内蒙古、陕西、山东、四川、重庆、新疆、西藏、云南、浙江。

22. 日本看麦娘

【学名】*Alopecurus japonicus* Steud.

【别名】麦娘娘、麦陀陀草、稍草。

【危害作物】茶、柑橘、甘蔗、马铃薯、油菜、小麦。

【分布】安徽、福建、甘肃、广东、广西、贵州、江苏、江西、山东、陕西、新疆、云南、浙江、河南、河北、湖北、湖南、山西、上海、四川、天津、重庆。

23. 茅香

【学名】*Anthoxanthum nitens*（Weber）Y. Schouten *et* Veldkamp

【危害作物】油菜、小麦。

【分布】甘肃、贵州、河北、黑龙江、河南、内蒙古、宁夏、青海、陕西、山东、山西、四川、新疆、西藏、云南。

24. 荩草

【学名】*Arthraxon hispidus*（Thunb.）Makino

【别名】绿竹。

【危害作物】水稻、茶、苹果、玉米、油菜、小麦。

【分布】北京、安徽、福建、广东、广西、贵州、海南、湖北、湖南、河北、黑龙江、吉林、河南、江苏、江西、内蒙古、宁夏、四川、重庆、山东、陕西、新疆、云南、浙江。

25. 匿芒荩草

【学名】*Arthraxon hispidus*（Thunb.）Makino var. *cryptatherus*（Hack.）Honda

【别名】乱鸡窝。

【危害作物】油菜。

【分布】安徽、福建、广东、贵州、海南、湖北、河北、黑龙江、河南、江苏、江西、内蒙古、宁夏、四川、山东、陕西、新疆、云南、浙江。

26. 野古草

【学名】*Arundinella anomala* Steud.

【别名】白牛公、拟野古草、瘦瘠野古草、乌骨草、硬骨草。

【危害作物】油菜、小麦。

【分布】除新疆、西藏、青海外，我国其他地区均有分布。

27. 野燕麦

【学名】*Avena fatua* L.

【别名】乌麦、燕麦草。

【危害作物】茶、甜菜、花生、麻类、大豆、玉米、马铃薯、油菜、小麦。

【分布】北京、甘肃、安徽、福建、广东、广西、贵州、河北、黑龙江、河南、湖北、湖南、江苏、江西、内蒙古、山东、山西、上海、天津、宁夏、青海、陕西、四川、重庆、新疆、西藏、云南、浙江。

28. 地毯草

【学名】*Axonopus compressus*（Sw.）Beauv.

【危害作物】茶、柑橘。

【分布】福建、湖南、广东、广西、贵州、海南、四川、云南。

29. 菵草

【学名】*Beckmannia syzigachne*（Steud.）Fern.

【别名】水稗子、大头稗草、老头稗、菵米、鱼子草。

【危害作物】水稻、柑橘、玉米、油菜、小麦。

【分布】安徽、北京、甘肃、河北、河南、广西、贵州、上海、天津、黑龙江、湖北、湖南、吉林、江苏、江西、辽东、辽宁、内蒙古、宁夏、青海、山东、山西、陕西、四川、重庆、西藏、新疆、云南、浙江。

30. 白羊草

【学名】*Bothriochloa ischaemum*（L.）Keng

【别名】白半草、白草、大王马针草、黄草、蓝茎草、苏伯格乐吉、鸭嘴草蜀黍、鸭嘴孔颖草。

【危害作物】茶、油菜、小麦。

【分布】安徽、湖北、江苏、云南、福建、陕西、四川、河北。

31. 毛臂形草

【学名】*Brachiaria villosa*（Lam.）A. Camus

【别名】臂形草。

【危害作物】玉米。

【分布】安徽、福建、广东、广西、甘肃、贵州、湖北、河南、湖南、江西、四川、陕西、云南、浙江、上海。

32. 雀麦

【学名】*Bromus japonicus* Thunb. ex Murr.

【别名】瞌睡草、扫高布日、山大麦、山稷子、野燕麦。

【危害作物】梨、苹果、油菜、小麦。

【分布】北京、贵州、安徽、甘肃、湖北、河北、河南、湖南、江苏、江西、辽宁、内蒙古、四川、重庆、山东、陕西、青海、陕西、上海、天津、浙江、山西、新疆、西藏、云南。

33. 疏花雀麦

【学名】*Bromus remotiflorus*（Steud.）Ohwi

【别名】扁穗雀麦、浮麦草、狐茅、猪毛一支箭。

【危害作物】茶。

【分布】安徽、福建、贵州、河南、湖北、湖南、江苏、江西、陕西、四川、西藏、云南、浙江。

34. 虎尾草

【学名】*Chloris virgata* Sw.

【别名】棒锤草、刷子头、盘草。

【危害作物】茶、花生、玉米、油菜、小麦。

【分布】安徽、北京、广东、广西、贵州、湖北、湖南、浙江、重庆、甘肃、河北、黑龙江、河南、吉林、江苏、辽宁、内蒙古、宁夏、青海、山东、陕西、山西、四川、新疆、西藏、云南。

35. 竹节草

【学名】*Chrysopogon aciculatus*（Retz.）Trin.

【别名】草子花、地路蜈蚣、鸡谷草、鸡谷子、鸡骨根、黏人草、蜈蚣草、黏身草、紫穗茅香。

【危害作物】甘蔗。

【分布】福建、广东、广西、贵州、海南、云南。

36. 薏苡

【学名】*Coix lacryma-jobi* L.

【别名】川谷。

【危害作物】柑橘。

【分布】安徽、福建、广东、广西、贵州、海南、湖北、湖南、江苏、江西、四川、重庆、云南、浙江。

37. 橘草

【学名】*Cymbopogon goeringii*（Steud.）A. Camus

【别名】臭草、朵儿茅、桔草、茅草、香茅、香茅草、野香茅。

【危害作物】茶、油菜、小麦。

【分布】安徽、湖北。

38. 狗牙根

【学名】*Cynodon dactylon*（L.）Pers.

【别名】绊根草、爬地草、感沙草、铁线草。

【危害作物】水稻、茶、梨、苹果、柑橘、甜菜、甘蔗、花生、麻类、棉花、大豆、玉米、马铃薯、油菜、小麦。

【分布】安徽、福建、广东、广西、贵州、河南、河北、黑龙江、吉林、江西、辽宁、宁夏、青海、山东、陕西、上海、天津、新疆、重庆、甘肃、海南、湖北、江苏、四川、陕西、山西、云南、浙江。

39. 龙爪茅

【学名】*Dactyloctenium aegyptium*（L.）Beauv.

【别名】风车草、油草。

【危害作物】柑橘、甘蔗。

【分布】福建、广东、广西、贵州、海南、四川、云南、浙江。

40. 升马唐

【学名】*Digitaria ciliaris*（Retz.）Koel.

【别名】拌根草、白草、俭草、乱草子、马唐、毛马唐、爬毛抓秧草、乌斯图－西巴棍－塔布格（蒙古族名）、蟋蟀草、抓地龙。

【危害作物】水稻、茶、梨、苹果、柑橘、甘蔗、花生、玉米、油菜、小麦。

【分布】安徽、福建、广东、广西、贵州、海南、河北、黑龙江、河南、江苏、吉林、辽宁、陕西、山西、湖北、江西、内蒙古、宁夏、青海、天津、重庆、山东、上海、四川、新疆、西藏、云南、浙江。

41. 止血马唐

【学名】*Digitaria ischaemum*（Schreb.）Schreb. ex Muhl.

【别名】叉子草、哈日－西巴棍－塔布格、红茎马唐、鸡爪子草、马唐、熟地草、鸭茅马唐、鸭嘴马唐、抓秧草。

【危害作物】棉花、油菜、小麦。

【分布】贵州、湖南、安徽、福建、甘肃、河北、黑龙江、河南、江苏、吉林、辽宁、内蒙古、宁夏、陕西、山东、山西、四川、云南、浙江、新疆、西藏。

42. 马唐

【学名】*Digitaria sanguinalis*（L.）Scop.

【别名】大抓根草、红水草、鸡爪子草、假马唐、俭草、面条筋、盘鸡头草、秫秸秧子、哑用、抓地龙、抓地草、须草。

【危害作物】茶、梨、苹果、柑橘、甜菜、甘蔗、花生、麻类、棉花、大豆、玉米、马铃薯、油菜、小麦。

【分布】北京、福建、广东、广西、海南、湖南、吉林、江西、辽宁、内蒙古、青海、上海、天津、云南、浙江、重庆、安徽、甘肃、贵州、湖北、河北、黑龙江、河南、江苏、宁夏、四川、山东、陕西、山西、新疆、西藏。

43. 紫马唐

【学名】*Digitaria violascens* Link

【别名】莩草、五指草。

【危害作物】油菜、小麦。

【分布】安徽、福建、甘肃、广东、广西、贵州、海南、湖北、河北、河南、湖南、江苏、江西、青海、四川、山东、山西、新疆、西藏、云南、浙江。

44. 长芒稗

【学名】*Echinochloa caudata* Roshev.

【别名】稗草、长芒野稗、长尾稗、凤稗、红毛稗、搔日特－奥存－好努格（蒙古族名）、水稗草。

【危害作物】水稻。

【分布】安徽、广西、贵州、河北、黑龙江、河南、湖南、吉林、江苏、江西、内蒙古、四川、山东、陕西、山西、新疆、云南、浙江。

45. 光头稗

【学名】*Echinochloa colonum*（L.）Link

【别名】光头稗子、芒稷。

【危害作物】水稻、茶、柑橘、甘蔗、花生、马铃薯、油菜、小麦。

【分布】北京、海南、湖南、吉林、辽宁、内蒙古、宁夏、山东、新疆、重庆、安徽、福建、广东、广西、贵州、河北、河南、湖北、江苏、江西、四川、西藏、云南、浙江。

46. 稗

【学名】*Echinochloa crusgalli*（L.）Beauv.

【别名】野稗、稗草、稗子、稗子草、水稗、水稗子、水䅎子、野䅎子、䅎子草。

【危害作物】水稻、大豆、甜菜、麻类、马铃薯、甘蔗、玉米、梨、油菜、小麦。

【分布】我国各省（区）均有分布。

47. 小旱稗

【学名】*Echinochloa crusgalli*（L.）Beauv. var. *austro-japonensis* Ohwi

【别名】稗草、芒旱稗、水田草、水稗草等。

【危害作物】玉米、棉花、大豆等。

【分布】广布中国各地。

48. 无芒稗

【学名】*Echinochloa crusgali*（L.）Beauv. var. *mitis*（Pursh）Peterm. Fl.

【别名】落地稗、搔日归－奥存－好努格（蒙古族名）。

【危害作物】油菜、玉米。

【分布】天津、安徽、北京、甘肃、广东、广西、贵州、海南、河北、河南、黑龙江、湖北、湖南、吉林、江苏、江西、辽宁、青海、山东、山西、陕西、四川、重庆、西藏、新疆、云南、浙江。

49. 西来稗

【学名】*Echinochloa crusgalli*（L.）Beauv. var. *zelayensis*（H. B. K.）Hitchc.

【别名】锡兰稗。

【危害作物】水稻、玉米、油菜、小麦。

【分布】陕西、浙江、甘肃、宁夏、四川、湖北、新疆、江苏、江西、云南、海南、广东、广西、山东、河北。

50. 旱稗

【学名】*Echinochloa crusgalli*（L.）Beauv. var. *hispidula*（RetZ.）Honda.

【别名】水田稗、乌日特－奥存－好努格（蒙古族名）。

【危害作物】水稻、棉花、玉米、油菜、小麦。

【分布】北京、海南、河南、辽宁、内蒙古、宁夏、青海、陕西、天津、重庆、安徽、甘肃、广东、贵州、河北、黑龙江、湖北、湖南、吉林、江苏、江西、山东、山西、四川、新疆、云南、浙江。

51. 孔雀稗

【学名】*Echinochloa cruspavonis*（H. B. K.）Schult.

【危害作物】水稻。

【分布】安徽、福建、广东、贵州、海南、四川、陕西、云南。

52. 水稗

【学名】*Echinochloa phyllopogon*（Stapf）Koss.

【别名】稻稗。

【危害作物】水稻、玉米。

【分布】北京、重庆、广东、广西、河北、河南、湖南、吉林、江苏、江西、宁夏、上海、天津、云南、浙江。

53. 牛筋草

【学名】*Eleusine indica*（L.）Gaertn.

【别名】蟋蟀草。

【危害作物】水稻、茶、梨、苹果、柑橘、甜菜、甘蔗、花生、麻类、棉花、大豆、玉米、马铃薯、油菜、小麦。

【分布】安徽、甘肃、北京、福建、广东、贵州、海南、湖北、黑龙江、河北、河南、湖北、吉林、江苏、辽宁、内蒙古、宁夏、山西、新疆、重庆、湖南、江西、四川、山东、上海、陕西、天津、西藏、云南、浙江。

54. 披碱草

【学名】*Elymus dahuricus* Turcz.

【别名】硷草、碱草、披硷草、扎巴干－黑雅嘎、直穗大麦草。

【危害作物】玉米、小麦。

【分布】河北、黑龙江、河南、内蒙古、宁夏、青海、四川、山东、陕西、山西、新疆、西藏、云南。

55. 秋画眉草

【学名】*Eragrostis autumnalis* Keng

【危害作物】茶。

【分布】安徽、福建、广东、广西、贵州、湖北、河南、湖南、江苏、江西、四川、山东、陕西、云南、浙江。

56. 大画眉草

【学名】*Eragrostis cilianensis*（All.）Link ex Vignolo-Lutati

【别名】画连画眉草、画眉草、宽叶草、套木－呼日嘎拉吉（蒙古族名）、蚊子草、西连画眉草、星星草。

【危害作物】花生、玉米、油菜、小麦。

【分布】安徽、甘肃、广东、广西、贵州、河北、湖南、辽宁、四川、天津、重庆、北京、福建、贵州、海南、湖北、黑龙江、河南、内蒙古、宁夏、青海、山东、陕西、新疆、云南、浙江。

57. 知风草

【学名】*Eragrostis ferruginea*（Thunb.）Beauv.

【别名】程咬金、香草、知风画眉草。

【危害作物】油菜、小麦。

【分布】安徽、北京、福建、贵州、湖北、河南、山东、陕西、西藏、四川、甘肃、云南、浙江。

58. 乱草

【学名】*Eragrostis japonica*（Thunb.）Trin.

【别名】碎米知风草、旱田草、碎米、香榧草、须须草、知风草。

【危害作物】茶、玉米、油菜、小麦。

【分布】安徽、福建、广东、广西、贵州、湖北、河南、江苏、江西、四川、重庆、云南、陕西、浙江。

59. 小画眉草

【学名】*Eragrostis minor* Host

【别名】蚊蚊草、吉吉格－呼日嘎拉吉（蒙古族名）。

【危害作物】花生、油菜、小麦。

【分布】我国各省区均有分布。

60. 画眉草

【学名】*Eragrostis pilosa*（L.）Beauv.

【别名】星星草、蚊子草、榧子草、狗尾巴草、呼日嘎拉吉、蚊蚊草、绣花草。

【危害作物】茶、梨、苹果、柑橘、甜菜、甘蔗、花生、棉花、玉米、油菜、小麦。

【分布】安徽、甘肃、广东、广西、河北、河南、湖南、江苏、江西、辽宁、内蒙古、青海、山西、四川、新疆、重庆、北京、福建、贵州、海南、湖北、黑龙江、河南、内蒙古、宁夏、山东、陕西、西藏、云南、浙江。

61. 无毛画眉草

【学名】*Eragrostis pilosa*（L.）Beauv. var. *imberbis* Franch.

【别名】给鲁给日－呼日嘎拉吉（蒙古族名）。

【危害作物】油菜、小麦。

【分布】黑龙江、吉林、辽宁、内蒙古、河北、山西、山东、安徽、江苏、浙江、江西赣、湖南、湖北、四川、贵州、陕西。

62. 鲫鱼草

【学名】*Eragrostis tenella*（L.）Beauv. ex Roem. *et* Schult.

【别名】乱草、南部知风草、碎米知风草、小画眉。

【危害作物】茶、油菜、花生。

【分布】安徽、福建、贵州、西藏、云南、广东、广西、海南、湖北、江苏、山东、浙江、四川、重庆、陕西。

63. 野黍

【学名】*Eriochloa villosa*（Thunb.）Kunth

【别名】大籽稗、大子草、额力也格乐吉、哈拉木、秏子食、唤猪草、拉拉草、山铲子、嗅猪草、野糜子、猪儿草。

【危害作物】大豆、玉米。

【分布】北京、甘肃、安徽、福建、广东、广西、贵州、湖北、黑龙江、河北、河南、吉林、江苏、江西、内蒙古、四川、山东、陕西、天津、云南、浙江。

64. 远东羊茅

【学名】*Festuca extremiorientalis* Ohwi

【别名】道日那音－宝体乌乐、森林狐茅。

【危害作物】梨。

【分布】江西、甘肃、河北、黑龙江、吉林、内蒙古、青海、陕西、山西、四川、云南。

65. 甜茅

【学名】*Glyceria acutiflora*（Torr.）Kuntze subsp. *japonica*（Steud.）T. Koyana *et* Kawano

【危害作物】水稻。

【分布】安徽、福建、广东、广西、贵州、河南、湖北、湖南、江苏、江西、四川、云南、浙江。

66. 牛鞭草

【学名】*Hemarthria sibirica*（Gand.）Ohwi

【别名】西伯利亚牛鞭草。

【危害作物】油菜、小麦。

【分布】甘肃、贵州、安徽、广东、广西、贵州、湖北、河北、湖南、江苏、江西、辽宁、山东、浙江、陕西、四川、云南、重庆。

67. 紫大麦草

【学名】*Hordeum violaceum* Boiss. *et* Huet.

【别名】紫野麦、宝日－阿日白（蒙古族名）。

【危害作物】棉花。

【分布】河北、内蒙古、宁夏、陕西、甘肃、青海、新疆。

68. 白茅

【学名】*Imperata cylindrica*（L.）Beauv.

【别名】茅草、红茅公、茅针、茅根、白茅根、黄茅、尖刀草、兰根、毛根、茅草、茅茅根、茅针花、丝毛草、丝茅草、丝茅根、甜根、甜根草、乌毛根。

【危害作物】茶、甜菜、麻类、马铃薯、甘蔗、花生、棉花、苹果、玉米、柑橘、梨、油菜、小麦。

【分布】北京、甘肃、广西、上海、天津、重庆、安徽、福建、广东、贵州、海南、湖北、河北、黑龙江、河南、湖南、江苏、江西、辽宁、内蒙古、四川、广西、山东、陕西、山西、新疆、西藏、四川、云南、浙江。

69. 柳叶箬

【学名】*Isachne globosa*（Thunb.）Kuntze

【别名】百珠蓧、细叶蓧、百株筷、百珠（筱）、百珠篠、柳叶箬、万珠筱、细叶（筱）、细叶条、细叶筱、细叶篠。

【危害作物】水稻、柑橘、油菜。

【分布】安徽、福建、河北、河南、广东、广西、贵州、湖北、湖南、江苏、江西、辽宁、山东、陕西、四川、重庆、贵州、云南、浙江。

70. 李氏禾

【学名】*Leersia hexandra* Swartz

【别名】假稻、六蕊稻草、六蕊假稻、蓉草、水游草、游草、游丝草。

【危害作物】水稻、甘蔗。

【分布】福建、广西、广东、贵州、海南、四川、云南、河南、湖南、浙江、重庆。

71. 假稻

【学名】*Leersia hexandra* Sw. var. *japonica*（Makino）Keng f.

【别名】秕壳草、关门草、李氏禾、蚂蝗秧子、鞘糠。

【危害作物】水稻、小麦、油菜。

【分布】安徽、江苏、广西、贵州、河北、河南、湖北、湖南、山东、陕西、四川、云南、浙江。

72. 秕壳草

【学名】*Leersia sayanuka* Ohwi

【别名】秕谷草、粃壳草、油草。

【危害作物】水稻、苹果、梨、油菜、小麦。

【分布】安徽、福建、广东、广西、贵州、湖北、湖南、江苏、山东、浙江。

73. 千金子

【学名】*Leptochloa chinensis*（L.）Nees

【别名】雀儿舌头、畔茅、绣花草、油草、油麻。

【危害作物】水稻、茶、梨、柑橘、甘蔗、花生、麻类、棉花、大豆、玉米、马铃薯、油菜、小麦。

【分布】甘肃、河北、黑龙江、吉林、辽宁、内蒙古、山西、上海、新疆、重庆、安徽、福建、广东、广西、贵州、海南、湖北、河南、湖南、江苏、江西、山东、陕西、四川、云南、浙江。

74. 虮子草

【学名】*Leptochloa panicea*（Retz.）Ohwi

【别名】细千金子。

【危害作物】水稻、柑橘、甘蔗、花生、棉花、大豆、玉米、马铃薯、小麦。

【分布】安徽、福建、广东、贵州、海南、河南、湖北、湖南、江苏、江西、四川、重庆、陕西、云南、广西、浙江。

75. 赖草

【学名】*Leymus secalinus*（Georgi）Tzvel.

【别名】老披碱、宾草。

【危害作物】小麦。

【分布】甘肃、河北、黑龙江、吉林、辽宁、内蒙古、宁夏、青海、陕西、山西、四川、新疆。

76. 多花黑麦草

【学名】*Lolium multiflorum* Lam.

【别名】多花黑燕麦、意大利黑麦草。

【危害作物】油菜、小麦。

【分布】安徽、福建、贵州、河北、河南、湖北、湖南、江苏、江西、内蒙古、宁夏、青海、山西、陕西、四川、新疆、云南、浙江。

77. 毒麦

【学名】*Lolium temulentum* L.

【别名】黑麦子、鬼麦、小尾巴草。

【危害作物】油菜、小麦。

【分布】安徽、贵州、甘肃、浙江、河北、河南、江苏、黑龙江、湖南、青海、上海、陕西、新疆、浙江。

78. 淡竹叶

【学名】*Lophatherum gracile* Brongn.

【别名】山鸡米。

【危害作物】茶、柑橘。

【分布】安徽、福建、广东、广西、贵州、海南、湖北、湖南、江苏、江西、四川、重庆、云南、浙江。

79. 广序臭草

【学名】*Melica onoei* Franch. *et* Sav.

【别名】肥马草、华北臭草、日本臭草、散穗臭草、小野臭草。

【危害作物】茶。

【分布】安徽、甘肃、贵州、河南、湖北、湖南、江苏、江西、山东、山西、陕西、四川、西藏、云南、浙江。

80. 膝曲莠竹

【学名】*Microstegium geniculatum*（Hayata）Honda

【危害作物】茶。

【分布】云南、四川、湖北、福建、广东。

81. 莠竹

【学名】*Microstegium nodosum*（Kom.）Tzvel.，*Microstegium vimineum* var. *imberbe*（Nees）Honda

【别名】竹叶茅、竹谱。

【危害作物】油菜。

【分布】广东、江苏、吉林、山东、陕西、四川、重庆、贵州、云南。

82. 柔枝莠竹

【学名】*Microstegium vimineum*（Trin.）A. Camus

【危害作物】油菜、茶。

【分布】安徽、福建、广东、广西、贵州、河北、河南、湖北、湖南、江苏、江西、吉林、山东、陕西、山西、四川、重庆、云南、浙江。

83. 荻

【学名】*Miscanthus sacchariflorus*（Maxim.）Benth. *et* Hook. f.

【别名】红毛公、苦房草、芒草。

【危害作物】茶。

【分布】湖北、江西、四川、浙江、重庆、甘肃、河南、山东、陕西。

84. 芒

【学名】*Miscanthus sinensis* Anderss.

【危害作物】茶。

【分布】广西、湖北、江西、四川、浙江。

85. 毛俭草

【学名】*Mnesithea mollicoma*（Hance）A. Camus

【别名】老鼠草。

【危害作物】茶。

【分布】广东、广西、海南。

86. 竹叶草

【学名】*Oplismenus compositus*（L.）Beauv.

【别名】多穗宿箬、多穗缩箬。

【危害作物】茶。

【分布】安徽、福建、广东、广西、贵州、湖南、湖北、海南、江西、四川、重庆、西藏、云南、浙江。

87. 杂草稻

【学名】*Oryza sativa* L.

【危害作物】水稻。

【分布】安徽、福建、广东、广西、贵州、海南、河北、河南、黑龙江、湖北、湖南、吉林、江苏、江西、辽宁、宁夏、山东、上海、云南、浙江。

88. 铺地黍

【学名】*Panicum repens* L.

【别名】枯骨草、舖地黍、硬骨草。

【危害作物】梨、苹果、柑橘、甘蔗、玉米。

【分布】江西、甘肃、贵州、山西、福建、广东、广西、海南、江西、四川、重庆、云南、浙江。

89. 两耳草

【学名】*Paspalum conjugatum* Berg.

【别名】叉仔草、双穗草。

【危害作物】甘蔗。

【分布】福建、广东、广西、海南、云南。

90. 双穗雀稗

【学名】*Paspalum distichum* L.

【别名】游草、游水筋、双耳草、红绊根草、过江龙、铜线草。

【危害作物】水稻、茶、柑橘、甘蔗、麻类、棉花、大豆、玉米、马铃薯、油菜、小麦。

【分布】安徽、福建、甘肃、广东、广西、贵州、海南、湖北、河北、河南、黑龙江、江西、辽宁、山西、陕西、上海、天津、新疆、重庆、湖南、江苏、四川、山东、云南、浙江。

91. 圆果雀稗

【学名】*Paspalum orbiculare* Forst.

【危害作物】甘蔗、玉米、油菜、小麦。

【分布】福建、广东、广西、贵州、湖北、江苏、江西、四川、云南、浙江、新疆、天津。

92. 雀稗

【学名】*Paspalum thunbergii* Kunth ex Steud.

【别名】龙背筋、鸭嘴草、鱼眼草、猪儿草。

【危害作物】茶、柑橘、甘蔗、油菜、小麦。

【分布】安徽、福建、广东、广西、贵州、海南、浙江、重庆、甘肃、湖北、河北、河南、湖南、江苏、江西、辽宁、内蒙古、四川、山东、陕西、山西、新疆、西藏、云南。

93. 狼尾草

【学名】*Pennisetum alopecuroides*（L.）Spreng.

【别名】狗尾巴草、芮草、老鼠狼、狗仔尾。

【危害作物】茶、油菜、小麦。

【分布】安徽、北京、甘肃、福建、广东、广西、贵州、海南、湖北、湖南、黑龙江、河南、江苏、江西、四川、重庆、山东、陕西、天津、西藏、云南、浙江。

94. 蜡烛草

【学名】*Phleum paniculatum* Huds.

【危害作物】油菜、小麦。

【分布】安徽、贵州、山西、陕西、甘肃、安徽、河南、湖北、江苏、四川、云南、新疆、浙江。

95. 芦苇

【学名】*Phragmites communis* Trin.

【别名】好鲁苏、呼勒斯、呼勒斯鹅、葭、蒹、芦、芦草、芦柴、芦头、芦芽、苇、苇葭、苇子。

【危害作物】水稻、梨、苹果、甜菜、甘蔗、花生、麻类、棉花、大豆、玉米、马铃薯、油菜、小麦。

【分布】我国各省区均有分布。

96. 白顶早熟禾

【学名】*Poa acroleuca* Steud.

【别名】细叶早熟禾。

【危害作物】油菜、小麦。

【分布】安徽、福建、广东、广西、贵州、河南、湖北、湖南、江苏、江西、陕西、甘肃、山东、四川、西藏、云南、浙江。

97. 早熟禾

【学名】*Poa annua* L.

【别名】发汗草、冷草、麦峰草、绒球草、稍草、踏不烂、小鸡草、小青草、羊毛胡子草。

【危害作物】茶、梨、苹果、柑橘、麻类、棉花、马铃薯、油菜、小麦。

【分布】北京、吉林、宁夏、上海、天津、浙江、重庆、安徽、福建、甘肃、广东、广西、贵州、海南、河北、河南、黑龙江、湖北、湖南、吉林、江苏、江西、辽宁、内蒙古、青海、山东、山西、陕西、四川、西藏、新疆、云南、浙江。

98. 棒头草

【学名】*Polypogon fugax* Nees ex Steud.

【别名】狗尾稍草、麦毛草、稍草。

【危害作物】水稻、茶、麻类、马铃薯、棉花、柑橘、油菜、小麦。

【分布】安徽、甘肃、福建、广东、广西、贵州、河南、湖北、湖南、江苏、江西、内蒙古、宁夏、青海、上海、陕西、山东、山西、四川、重庆、新疆、西藏、云南、浙江。

99. 长芒棒头草

【学名】*Polypogon monspeliensis*（L.）Desf.

【别名】棒头草、长棒芒头草、搔日特－萨木白。

【危害作物】苹果、梨、油菜、小麦。

【分布】安徽、福建、甘肃、广东、广西、河北、河南、江苏、江西、内蒙古、宁夏、青海、陕西、山东、山西、四川、重庆、新疆、西藏、云南、浙江。

100. 瘦脊伪针茅

【学名】*Pseudoraphis spinescens*（R. Br.）Vichery var. *depauperata*（Nees）Bor

【危害作物】茶。

【分布】江苏、湖北、湖南、山东、云南、浙江。

101. 短药碱茅

【学名】*Puccinellia hauptiana*（Trin.）Krecz.

【别名】大连硷茅、短药硷茅、青碱茅、色日特格日－乌龙（蒙古族名）、微药碱茅、小林硷茅、小林碱茅。

【危害作物】小麦。

【分布】安徽、甘肃、河北、黑龙江、江苏、吉林、辽宁、内蒙古、青海、陕西、山东、山西、新疆。

102. 碱茅

【学名】*Puccinellia tenuiflora*（Turcz.）Scribn. *et* Merr.

【危害作物】梨、苹果、棉花、小麦。

【分布】河北、河南、宁夏、青海、山东、陕西、四川、天津、新疆。

103. 鹅观草

【学名】*Roegneria kamoji* Ohwi

【别名】鹅冠草、黑雅嘎拉吉、麦麦草、茅草箭、茅灵芝、莓串草、弯鹅观草、弯穗鹅观草、野麦葶。

【危害作物】柑橘、油菜、小麦。

【分布】湖北、江苏、陕西、四川、云南、浙江、重庆。

104. 筒轴茅

【学名】*Rottboellia exaltata* Linn. f.

【别名】罗氏草。

【危害作物】柑橘、甘蔗。

【分布】福建、广东、广西、贵州、四川、云南。

105. 囊颖草

【学名】*Sacciolepis indica*（L.）A. Chase

【别名】长穗稗、长穗牌、滑草、鼠尾黍。

【危害作物】水稻。

【分布】安徽、福建、广东、广西、贵州、海南、湖北、黑龙江、河南、江西、四川、山东、云南、浙江。

106. 硬草

【学名】*Sclerochloa kengiana*（Ohwi）Tzvel.

【别名】耿氏碱茅、花管草。

【危害作物】梨、苹果、油菜、小麦。

【分布】安徽、贵州、湖北、湖南、江苏、江西、山东、陕西、四川。

107. 大狗尾草

【学名】*Setaria faberii* Herrm.

【别名】法氏狗尾草。

【危害作物】油菜、小麦。

【分布】北京、安徽、广西、贵州、黑龙江、宁夏、青海、山西、陕西、新疆、重庆、湖北、湖南、江苏、江西、四川、浙江。

108. 金色狗尾草

【学名】*Setaria glauca*（L.）Beauv.

【危害作物】水稻、茶、梨、苹果、柑橘、甜菜、甘蔗、花生、麻类、棉花、大豆、玉米、马铃薯、油菜、小麦。

【分布】我国各省区均有分布。

109. 狗尾草

【学名】*Setaria viridis*（L.）Beauv.

【别名】谷莠子、莠。

【危害作物】水稻、茶、梨、苹果、柑橘、甜菜、甘蔗、花生、麻类、棉花、大豆、玉米、马铃薯、油菜、小麦。

【分布】北京、安徽、福建、广东、广西、甘肃、贵州、湖北、河北、黑龙江、辽宁、上海、天津、河南、湖南、吉林、江苏、江西、内蒙古、宁夏、青海、四川、重庆、山东、陕西、山西、新疆、西藏、云南、浙江。

110. 巨大狗尾草

【学名】*Setaria viridis*（L.）Beauv. subsp. *pycnocoma*（Steud.）Tzvel.

【别名】长穗狗尾草、长序狗尾草、谷莠子。

【危害作物】小麦。

【分布】甘肃、贵州、湖北、河北、黑龙江、湖南、吉林、内蒙古、山东、陕西、四川、新疆。

111. 鹅毛竹

【学名】*Shibataea chinensis* Nakai

【别名】矮竹、鸡毛竹、倭竹、小竹。

【危害作物】茶。

【分布】安徽、江苏、江西、浙江。

112. 鼠尾粟

【学名】*Sporobolus fertilis*（Steud.）W. D. Glaft.

【别名】钩耜草、牛筋草。

【危害作物】茶、甘蔗。

【分布】安徽、福建、广东、甘肃、贵州、海南、湖北、河南、湖南、江苏、江西、四川、山东、陕西、西藏、云南、浙江。

113. 虱子草

【学名】*Tragus berteronianus* Schult.

【危害作物】玉米。

【分布】四川、广西、甘肃、陕西、宁夏、山西、河北、东北、内蒙古。

114. 小麦自生苗

【学名】*Triticum aestivum* L.

【危害作物】花生、棉花、大豆、玉米。

【分布】安徽、北京、甘肃、广西、贵州、河北、河南、湖北、江苏、内蒙古、宁夏、山东、陕西、四川、天津、云南、浙江。

115. 鼠茅

【学名】*Vulpia myuros*（L.）C. C. Gmel.

【危害作物】茶。

【分布】安徽、福建、江苏、江西、湖北、四川、西藏、浙江。

116. 结缕草

【学名】*Zoysia japonica* Steud.

【别名】老虎皮草、延地青、锥子草。

【危害作物】茶、花生。

【分布】广东、河北、江苏、湖北、四川、江西、辽宁、山东、浙江。

莎草科 Cyperaceae

117. 球柱草

【学名】*Bulbostylis barbata*（Rottb.）C. B. Clarke

【别名】宝日朝－哲格斯（蒙古族名）、龙爪草、旗茅、球花柱、畎莎、秧草、油麻草、油蔴草。

【危害作物】水稻。

【分布】安徽、福建、广东、广西、海南、河北、河南、湖北、江西、辽宁、山东、浙江。

118. 扁穗莎草

【学名】*Cyperus compressus* L.

【别名】硅子叶莎草、沙田草、莎田草、水虱草、砖子叶莎草。

【危害作物】水稻、茶、甘蔗、棉花。

【分布】安徽、福建、广东、广西、河北、河南、陕西、贵州、海南、湖北、湖南、江苏、江西、四川、重庆、云南、浙江、吉林。

119. 油莎草

【学名】*Cyperus esculentus* L.

【别名】铁荸荠、地下板栗、地下核桃、人参果、人参豆。

【危害作物】马铃薯。

【分布】甘肃、广东、广西、江西、湖北、山东、四川。

120. 异型莎草

【学名】*Cyperus difformis* L.

【别名】球穗莎草、球花碱草、咸草。

【危害作物】水稻、茶、梨、苹果、甘蔗、花生、棉花、玉米、油菜、小麦。

【分布】北京、贵州、河南、江西、内蒙古、宁夏、山东、上海、天津、新疆、重庆、安徽、福建、甘肃、广东、广西、海南、河北、黑龙江、湖北、湖南、吉林、江苏、辽宁、陕西、山西、四川、云南、浙江。

121. 聚穗莎草

【学名】*Cyperus glomeratus* L.

【别名】头状穗莎草。

【危害作物】水稻。

【分布】天津、云南、甘肃、黑龙江、河北、河南、湖北、吉林、辽宁、江苏、内蒙古、山东、陕西、山西、浙江。

122. 碎米莎草

【学名】*Cyperus iria* L.

【别名】三方草、三棱草。

【危害作物】水稻、茶、柑橘、甘蔗、花生、大豆、玉米、油菜、小麦。

【分布】北京、海南、上海、宁夏、重庆、安徽、福建、甘肃、广东、广西、贵州、河北、河南、黑龙江、湖北、湖南、吉林、江苏、江西、辽宁、山东、山西、陕西、四川、新疆、云南、浙江。

123. 旋鳞莎草

【学名】*Cyperus michelianus*（L.）Link

【别名】白莎草、护心草、旋颖莎草。

【危害作物】水稻。

【分布】安徽、福建、广东、广西、黑龙江、河北、河南、江苏、吉林、辽宁、山东、浙江。

124. 具芒碎米莎草

【学名】*Cyperus microiria* Steud.

【别名】黄鳞莎草、黄颖莎草、回头香、三棱草、西日－萨哈拉－额布苏、小碎米莎草。

【危害作物】玉米。

【分布】安徽、福建、贵州、广西、河北、河南、湖北、湖南、江苏、吉林、辽宁、山东、山西、陕西、四川、云南、浙江。

125. 白鳞莎草

【学名】*Cyperus nipponicus* Franch. *et* Savat.

【危害作物】小麦。

【分布】江苏、河北、山西、湖南、江西、浙江、陕西。

126. 毛轴莎草

【学名】*Cyperus pilosus* Vahl

【别名】大绘草、三合草、三棱官、三稔草。

【危害作物】水稻。

【分布】福建、广东、广西、贵州、海南、湖南、江苏、江西、四川、西藏、云南、浙江、山东。

127. 香附子

【学名】*Cyperus rotundus* L.

【别名】香头草、旱三棱、回头青。

【危害作物】水稻、茶、梨、苹果、柑橘、甘蔗、花生、麻类、棉花、大豆、玉米、马铃薯、油菜、小麦。

【分布】北京、海南、黑龙江、湖南、湖北、吉林、内蒙古、上海、新疆、重庆、安徽、福建、甘肃、广东、广西、贵州、河北、河南、江苏、江西、辽宁、宁夏、山东、陕西、山西、四川、云南、浙江。

128. 牛毛毡

【学名】*Eleocharis acicularis*（L.）Roem. *et* Schult., *Eleocharis yokoscensis*（Franch. *et* Savat.）Tang *et* Wang

【危害作物】水稻、梨、甘蔗、棉花、大豆、油菜。

【分布】安徽、福建、甘肃、广东、广西、贵州、海南、河北、河南、黑龙江、湖北、湖南、吉林、江苏、江西、辽宁、内蒙古、宁夏、山东、山西、陕西、上海、四川、天津、云南、浙江、重庆。

129. 针蔺

【学名】*Eleocharis congesta* D. Don var. *japonica*（Miq.）T. Koyama

【危害作物】水稻。

【分布】福建、广东、贵州、湖南、江西、四川、云南。

130. 夏飘拂草

【学名】*Fimbristylis aestivalis*（Retz.）Vahl

【别名】小畦畔飘拂草。

【危害作物】水稻、甘蔗。

【分布】福建、江西、广东、广西、海南、四川、云南、浙江。

131. 两歧飘拂草

【学名】*Fimbristylis dichotoma*（L.）Vahl

【别名】曹日木斯图－乌龙（蒙古族名）、二歧飘拂草、棱穗飘拂草、稜穗飘拂草、飘拂草。

【危害作物】水稻。

【分布】云南、四川、广东、广西、福建、台湾、贵州、江苏、江西、浙江、河北、山东、山西、辽宁、吉林、黑龙江。

132. 拟二叶飘拂草

【学名】*Fimbristylis diphylloides* Makino

【别名】大牛毛毡、疙蚤草、假二叶飘拂草、苦草、面条草、拟三叶飘拂草、水站葱。

【危害作物】水稻。

【分布】安徽、福建、广东、广西、贵州、湖北、湖南、江苏、江西、四川、重庆、浙江。

133. 长穗飘拂草

【学名】*Fimbristylis longispica* Steud.

【危害作物】水稻。

【分布】福建、广东、广西、黑龙江、江苏、吉林、辽宁、陕西、山东、浙江。

134. 水虱草

【学名】*Fimbristylis miliacea*（L.）Vahl

【别名】日照飘拂草、扁机草、扁排草、扁头草、木虱草、牛毛草、飘拂草、球花关。

【危害作物】水稻、梨、甘蔗、棉花。

【分布】安徽、福建、广东、广西、贵州、海南、河北、河南、湖北、湖南、江苏、江西、辽宁、陕西、四川、云南、浙江、重庆。

135. 木贼状荸荠

【学名】*Heleocharis equisetina* J. *et* C. Presl

【危害作物】水稻。

【分布】海南、广东、江苏、云南、广西。

136. 透明鳞荸荠

【学名】*Heleocharis pellucida* Presl

【危害作物】水稻。

【分布】除青海、西藏、新疆、甘肃外，我国其他省（区）均有分布。

137. 野荸荠

【学名】*Heleocharis plantagineiformis* Tang *et* Wang

【危害作物】水稻。

【分布】安徽、福建、广东、广西、贵州、河北、河南、湖北、湖南、江苏、江西、辽宁、内蒙古、山东、山西、陕西、上海、四川、云南、浙江、重庆。

138. 水莎草

【学名】*Juncellus serotinus*（Rottb.）C. B. Clarke

【别名】地筋草、三棱草、三棱环、少日乃、水三棱。

【危害作物】水稻、梨。

【分布】安徽、福建、甘肃、广东、广西、贵州、河北、河南、黑龙江、湖北、湖南、宁夏、上海、四川、天津、重庆、吉林、江苏、江西、辽宁、内蒙古、山东、山西、陕西、新疆、云南、浙江。

139. 水蜈蚣

【学名】*Kyllinga brevifolia* Rottb.

【危害作物】水稻、柑橘、甘蔗。

【分布】安徽、福建、广东、广西、江苏、江西、湖北、湖南、四川、贵州、云南、浙江。

140. 短穗多枝扁莎

【学名】*Pycreus polystachyus*（Rottb.）P. Beauv. var. *brevispiculatus* How

【危害作物】水稻。

【分布】福建、广东、广西、海南。

141. 萤蔺

【学名】*Scirpus juncoides* Roxb.

【危害作物】水稻、茶、梨、苹果、花生。

【分布】安徽、福建、广东、广西、贵州、河北、河南、黑龙江、湖北、湖南、吉林、江苏、江西、辽宁、内蒙古、宁夏、山东、山西、陕西、上海、四川、天津、云南、浙江、重庆。

142. 扁秆藨草

【学名】*Scirpus planiculmis* Fr. Schmidt

【别名】海三棱、三棱草、紧穗三棱草、野荆三棱。

【危害作物】水稻、梨、棉花、玉米、油菜、小麦。

【分布】安徽、福建、广东、广西、河南、河北、黑龙江、湖北、湖南、吉林、江苏、江西、辽宁、内蒙古、宁夏、山西、陕西、上海、四川、天津、新疆、云南、浙江、重庆。

143. 藨草

【学名】*Scirpus triqueter* L.

【危害作物】水稻、油菜、小麦。

【分布】福建、广西、河南、吉林、江西、四川、云南、浙江。

144. 水葱

【学名】*Scirpus validus* Vahl

【别名】管子草、冲天草、莞蒲、莞。

【危害作物】水稻。

【分布】广东、广西、吉林、江西、黑龙江、吉林、辽宁、河北、甘肃、贵州、内蒙古、江苏、陕西、山西、四川、新疆、云南。

145. 荆三棱

【学名】*Scirpus yagara* Ohwi

【别名】铁荸荠、野荸荠、三棱子、沙囊果。

【危害作物】水稻、茶、棉花、玉米。

【分布】四川、广东、广西、湖南、重庆、浙江、辽宁、吉林、黑龙江、贵州、江苏。

石蒜科 Amaryllidaceae

146. 石蒜

【学名】*Lycoris radiata*（L'Hér.）Herb.

【别名】老鸦蒜、龙爪花、山乌毒、叉八花、臭大蒜、毒大蒜、毒蒜、独脚、伞独蒜、鬼蒜、寒露花、红花石蒜。

【危害作物】油菜、小麦。

【分布】安徽、甘肃、福建、广东、广西、贵州、河南、湖北、湖南、江苏、江西、山东、陕西、四川、云南、浙江。

水鳖科 Hydrocharitaceae

147. 尾水筛

【学名】*Blyxa echinosperma*（C. B. Clarke）Hook. f.

【别名】刺种水筛、岛田水筛、角实簀藻、刺水筛。

【危害作物】水稻。

【分布】安徽、福建、广东、广西、贵州、湖南、江苏、江西、陕西、四川、重庆。

148. 黑藻

【学名】*Hydrilla verticillata*（Linn. f.）Royle

【别名】轮叶黑藻、轮叶水草。

【危害作物】水稻。

【分布】安徽、福建、广东、广西、贵州、海南、河北、黑龙江、河南、湖北、湖南、江苏、江西、陕西、山东、四川、云南、浙江。

149. 水鳖

【学名】*Hydrocharis dubia*（Bl.）Backer

【别名】芣菜、白萍、白蘋、芣菜、马尿花、青萍菜、水膏药、水荷、水旋复、小旋覆、油灼灼。

【危害作物】水稻。

【分布】安徽、福建、广东、广西、海南、黑龙江、河南、湖北、湖南、江苏、江西、吉林、辽宁、河北、陕西、山东、四川、云南、浙江。

150. 软骨草

【学名】*Lagarosiphon alternifolia*（Roxb.）Druce

【别名】鸭仔草。

【危害作物】水稻。

【分布】湖南、云南、广东。

151. 龙舌草

【学名】*Ottelia alismoides*（L.）Pers.

【别名】水车前、白车前草、海菜、龙爪菜、龙爪草、牛耳朵草、瓢羹菜、山窝鸡、水白菜、水白带、水带菜、水芥菜、水莴苣。

【危害作物】水稻、梨。

【分布】安徽、福建、广东、广西、贵州、海南、河北、黑龙江、河南、湖北、湖南、江苏、吉林、辽宁、四川、江西、云南、浙江。

152. 苦草

【学名】*Vallisneria natans*（Lour.）Hara

【别名】鞭子草、扁草、扁担草、韭菜草、面条草、水茜、亚洲苦草。

【危害作物】水稻。

【分布】天津、安徽、福建、广东、广西、贵州、河北、湖北、湖南、江苏、江西、吉林、陕西、山东、四川、云南、浙江。

天南星科 Araceae

153. 半夏

【学名】*Pinellia ternata*（Thunb.）Breit.

【别名】半月莲、三步跳、地八豆。

【危害作物】茶、柑橘、棉花、大豆、玉米。

【分布】安徽、福建、甘肃、广东、广西、贵州、海南、河北、黑龙江、河南、湖北、湖南、江苏、江西、吉林、辽宁、宁夏、陕西、山东、山西、四川、重庆、云南、浙江。

香蒲科 Typhaceae

154. 香蒲

【学名】*Typha orientalis* Presl

【别名】东方香蒲、菖蒲、道日那音－哲格斯（蒙古族名）、东香蒲、毛蜡、毛蜡烛、蒲棒、蒲草、蒲黄、水蜡烛、小香蒲。

【危害作物】水稻。

【分布】安徽、广东、广西、河北、黑龙江、河南、吉林、江苏、江西、辽宁、内蒙古、山西、陕西、宁夏、山东、云南、浙江。

鸭跖草科 Commelinaceae

155. 饭包草

【学名】*Commelina bengalensis* L.

【别名】火柴头、饭苞草、卵叶鸭跖草、马耳草、竹叶菜。

【危害作物】茶、柑橘、玉米。

【分布】安徽、福建、广东、广西、海南、河北、河南、湖北、湖南、江苏、江西、山东、陕西、四川、重庆、云南、浙江、甘肃。

156. 鸭跖草

【学名】*Commelina communis* L.

【别名】蓝花菜、竹叶菜、兰花竹叶。

【危害作物】茶、梨、苹果、柑橘、甜菜、甘蔗、花生、麻类、棉花、大豆、玉米、马铃薯、油菜、小麦。

【分布】安徽、北京、福建、甘肃、广东、广西、贵州、海南、河北、河南、黑龙江、湖北、湖南、吉林、江苏、江西、辽宁、内蒙古、宁夏、山东、山西、陕西、上海、四川、重庆、天津、云南、浙江。

157. 竹节菜

【学名】*Commelina diffusa* Burm. f.

【别名】节节菜、节节草、竹蒿草、竹节草、竹节花、竹叶草。

【危害作物】梨、苹果、甜菜、甘蔗、棉花、玉米、小麦。

【分布】湖南、湖北、江苏、山东、四川、广东、广西、甘肃、贵州、海南、西藏、云南、新疆。

158. 裸花水竹叶

【学名】*Murdannia nudiflora*（L.）Brenan

【危害作物】柑橘。

【分布】安徽、福建、广东、广西、河南、湖南、江苏、江西、四川、重庆、云南。

眼子菜科 Potamogetonaceae

159. 菹草

【学名】*Potamogeton crispus* L.

【别名】扎草、虾藻。

【危害作物】水稻。

【分布】安徽、北京、福建、甘肃、广东、广西、贵州、海南、河北、黑龙江、河南、湖北、湖南、江苏、江西、吉林、辽宁、内蒙古、宁夏、陕西、山东、上海、山西、四川、重庆、天津、新疆、西藏、云南、浙江。

160. 鸡冠眼子菜

【学名】*Potamogeton cristatus* Regel *et* Maack

【别名】小叶眼子菜、突果眼子菜、水竹叶、菜水竹叶、水菹草、小叶水案板、小叶眼子。

【危害作物】水稻。

【分布】广东、广西、山东、云南、福建、河北、黑龙江、湖北、河南、湖南、江苏、吉林、江西、辽宁、四川、重庆、浙江。

161. 眼子菜

【学名】*Potamogeton distinctus* A. Bennett

【别名】鸭子草、水案板、牙齿草、水上漂、竹叶草。

【危害作物】水稻。

【分布】安徽、福建、贵州、海南、天津、甘肃、广东、广西、贵州、河北、河南、黑龙江、湖南、吉林、江苏、江西、辽宁、内蒙古、宁夏、山东、陕西、上海、四川、重庆、西藏、新疆、云南、浙江。

162. 小眼子菜

【学名】*Potamogeton pusillus* L.

【别名】线叶眼子菜、丝藻。

【危害作物】水稻。

【分布】北京、甘肃、广西、河北、黑龙江、江苏、辽宁、吉林、内蒙古、宁夏、山西、陕西、四川、西藏、新疆、云南、浙江。

雨久花科 Pontederiaceae

163. 凤眼莲

【学名】*Eichhornia crassipes*（Mart.）Solms, *Pontederia crassipes* Mart.

【别名】凤眼篮、水葫芦。

【危害作物】水稻。

【分布】安徽、福建、广东、广西、贵州、海南、河北、河南、湖北、湖南、江苏、江西、陕西、山东、四川、重庆、云南、浙江。

164. 雨久花

【学名】*Monochoria korsakowii* Regel *et* Maack

【危害作物】水稻、梨、苹果。

【分布】安徽、福建、广东、广西、河北、河南、黑龙江、湖北、吉林、江苏、江西、辽宁、内蒙古、陕西、山西、四川、重庆、云南、浙江。

165. 鸭舌草

【学名】*Monochoria vaginalis*（Burm. f.）Presl ex Kunth

【别名】水锦葵。

【危害作物】水稻、甘蔗。

【分布】安徽、北京、福建、甘肃、广东、广西、贵州、海南、河北、黑龙江、河南、湖北、湖南、江苏、江西、吉林、辽宁、内蒙古、宁夏、青海、陕西、山东、上海、山西、四川、重庆、天津、新疆、西藏、云南、浙江。

泽泻科 Alismataceae

166. 泽泻

【学名】*Alisma plantago-aquatica* L.

【别名】东方泽泻、大花瓣泽泻、如意菜、水白菜、水慈菇、水哈蟆叶、水泽、天鹅蛋、天秃、一枝花、匙子草。

【危害作物】水稻。

【分布】福建、广东、广西、贵州、河南、湖南、江苏、江西、宁夏、上海、浙江、河北、黑龙江、吉林、辽宁、内蒙古、陕西、山西、新疆、云南。

167. 浮叶慈姑

【学名】*Sagittaria natans* Pall.

【别名】野慈姑、吉吉格－比地巴拉（蒙古族名）、驴耳朵、漂浮慈姑、小慈姑、小慈菇、野慈菇、鹰爪子。

【危害作物】水稻。

【分布】黑龙江、吉林、辽宁、内蒙古、新疆。

168. 矮慈姑

【学名】*Sagittaria pygmaea* Miq.

【别名】水蒜、线慈姑、瓜皮草。

【危害作物】水稻。

【分布】安徽、福建、广东、广西、贵州、海南、河南、湖北、湖南、江苏、江西、山东、陕西、四川、云南、浙江。

169. 野慈姑

【学名】*Sagittaria trifolia* L.

【别名】长瓣慈姑、矮慈姑、白地栗、比地巴拉、茨姑、慈菇、大耳夹子草、华夏慈姑、夹板子草、驴耳草、毛驴子耳朵。

【危害作物】水稻。

【分布】我国各省区均有分布。

170. 长瓣慈姑

【学名】*Sagittaria trifolia* L. var. *trifolia* f. *longiloba*（Turcz.）Makino

【别名】剪刀草、狭叶慈姑。

【危害作物】水稻。

【分布】北京、甘肃、广东、广西、贵州、海南、河北、河南、上海、湖北、江苏、江西、辽宁、内蒙古、宁夏、山西、陕西、四川、重庆、新疆、云南、浙江。

水蕹科 Aponogetonaceae

171. 水蕹

【学名】*Aponogeton lakhonensis* A. Camus, *Aponogeton natans* (L.) Engl. *et* Krause

【别名】田干菜、田干草、田旱草。

【危害作物】水稻。

【分布】福建、广东、广西、海南、江西、云南、浙江。

第十七章　主要农作物害鼠名录

脊索动物门

（一）啮齿目 Rodentia

松鼠科 Sciuridae

1. 灰旱獭

【学名】*Marmota baibacina* Brandt

【别名】土拨鼠、天山旱獭、旱獭。

【危害作物】牧草。

【分布】新疆。

2. 喜马拉雅旱獭

【学名】*Marmota himalayana* Hodgson

【别名】哈拉、雪猪、雪里猫。

【危害作物】牧草和匍匐状小灌木的嫩枝。

【分布】青海、西藏、云南、四川、甘肃、新疆。

3. 岩松鼠

【学名】*Sciurotamias davidianus* Milne-Edwards

【别名】扫毛子、石老屋。

【危害作物】核桃、玉米及其他种子和农作物。

【分布】辽宁、河北、北京、天津、河南、山西、陕西、宁夏、内蒙古、甘肃、四川、重庆、湖北、安徽、贵州。

4. 短尾黄鼠

【学名】*Spermophilus brevicauda* Brandt

【危害作物】喜食植物绿色部分、花果、块根，牧草、麦类、豆类、苜蓿的幼嫩茎和叶、作物种子。

【分布】新疆。

5. 达乌尔黄鼠

【学名】*Spermophilus dauricus* Brandt

【别名】黄鼠、蒙古黄鼠、豆鼠、禾鼠、达呼尔黄鼠、草原黄鼠、阿拉善黄鼠、大眼贼。

【危害作物】小麦、谷子、糜黍、莜麦、胡麻、玉米、高粱、黄豆、牧草。

【分布】内蒙古、黑龙江、吉林、辽宁、河北、北京、天津、山东、河南、山西、陕西、宁夏、甘肃、青海。

6. 淡尾黄鼠

【学名】*Spermophilus pallidicauda* Satunin

【危害作物】喜食植物绿色部分、花果、块根，牧草、麦类、豆类、苜蓿的幼嫩茎和叶、作物种子。

【分布】新疆、甘肃、内蒙古。

7. 长尾黄鼠

【学名】*Spermophilus undulates* Pallas

【危害作物】小麦等农作物。

【分布】黑龙江、新疆。

8. 花鼠

【学名】*Tamias sibiricus* Laxmann

【别名】五道眉、花黎棒。

【危害作物】核桃、板栗、玉米等各种农作物。

【分布】黑龙江、吉林、辽宁、河北、北京、天津、河南、内蒙古、山西、陕西、宁夏、甘肃、青海、四川、新疆。

仓鼠科 Cricetidae

9. 黑线仓鼠

【学名】*Cricetulus barabensis* Pallas

【别名】花背仓鼠、纹背仓鼠。

【危害作物】取食农作物子实及绿色部分，小麦、玉米、花生、豌豆等。

【分布】内蒙古、黑龙江、吉林、辽宁、河北、北京、天津、山西、河南、陕西、宁夏、甘肃、安徽、山东、江苏。

10. 短尾仓鼠

【学名】*Cricetulus eversmanni* Pallas

【别名】短耳仓鼠、埃氏仓鼠、斑短尾仓鼠。

【危害作物】牧草、作物种子及绿色部分。

【分布】新疆、内蒙古、山西、宁夏、甘肃。

11. 藏仓鼠

【学名】*Cricetulus kamensis* Satunin

【别名】西藏仓鼠、短尾仓鼠、拉达克仓鼠。

【危害作物】植物种子、青稞等。

【分布】西藏、青海、甘肃、新疆。

12. 长尾仓鼠

【学名】*Cricetulus longicaudatus* Milne-Edwards

【别名】搬仓。

【危害作物】谷物与草籽以及植物绿色部分，小麦、青稞、马铃薯等。

【分布】青海、西藏、四川、甘肃、新疆、内蒙古、宁夏、陕西、河南、山西、河北、北京、天津。

13. 灰仓鼠

【学名】*Cricetulus migratorius* Pallas

【别名】仓鼠。

【危害作物】作物种子、牧草。

【分布】新疆、内蒙古、甘肃、宁夏、青海。

14. 鼹形田鼠

【学名】*Ellobius talpinus* Pallas

【别名】鼹形鼠。

【危害作物】植物的地下部分，如根茎、鳞茎等。

【分布】新疆、甘肃、宁夏、内蒙古、陕西。

15. 黄兔尾鼠

【学名】*Eolagurus luteus* Eversmann

【别名】黄草原旅鼠。

【危害作物】各类草本植物。

【分布】新疆。

16. 黑腹绒鼠

【学名】*Eothenomys melanogaster* Milne-Edwards

【别名】猫儿脑壳耗子。

【危害作物】作物种子和绿色部分，小麦等。

【分布】四川、重庆、贵州、云南、西藏、陕西、宁夏、甘肃、安徽、浙江、福建、江西、广东、湖北、台湾。

17. 大绒鼠

【学名】*Eothenomys miletus* Thomas

【别名】小亚细亚绒鼠。

【危害作物】植物根茎、树苗。

【分布】云南、四川、贵州。

18. 昭通绒鼠

【学名】*Eothenomys olitor* Thomas

【别名】黑耳绒鼠。

【危害作物】各类农作物。

【分布】云南。

19. 布氏田鼠

【学名】*Lasiopodomys brandtii* Radde

【别名】沙黄田鼠、草原田鼠、白兰其田鼠、布兰德特田鼠、布兰其田鼠。

【危害作物】牧草、植物种子及地下根茎。

【分布】内蒙古、河北北部。

20. 棕色田鼠

【学名】*Lasiopodomys mandarinus* Milne-Edwards

【别名】北方田鼠。

【危害作物】几乎所有的农作物和大部分田间杂草。

【分布】内蒙古、吉林、辽宁、河北、北京、山西、河南、安徽、江苏。

21. 子午沙鼠

【学名】*Meriones meridianus* Pallas

【别名】黄尾巴鼠、黄耗子、中午沙鼠、午时沙土鼠、沙沙、黄姑、黄尾巴。

【危害作物】植物种子和绿色部分，谷子、莜麦、小麦、玉米、豆类、葡萄等。

【分布】新疆、甘肃、青海、内蒙古、宁夏、陕西、山西、河北、河南。

22. 柽柳沙鼠

【学名】*Meriones tamariscinus* Pallas

【别名】沙耗子。

【危害作物】当小麦和玉米成熟季节盗食粮食，迁入农作物集中地，在作物捆或堆下筑洞储粮。

【分布】甘肃、内蒙古、新疆。

23. 长爪沙鼠

【学名】*Meriones unguiculatus* Milne-Edwards

【别名】长爪沙土鼠、蒙古沙鼠、黄耗子、白条鼠、黄尾鼠、沙土鼠。

【危害作物】苜蓿、沙打旺、小麦、谷子、莜麦、胡麻、荞麦、糜子、豌豆、马铃薯等。

【分布】内蒙古、吉林、辽宁、河北、山西、陕西、宁夏、甘肃。

24. 东方田鼠

【学名】*Microtus fortis* Büchner

【别名】沼泽田鼠、远东田鼠、苇田鼠、大田鼠、水耗子。

【危害作物】水稻、甘薯、花生、西瓜、黄豆、甘蔗、苎麻、玉米、荸荠、豆角等。

【分布】内蒙古、宁夏、陕西、甘肃、贵州、广西、湖南、山东、安徽、江苏、浙江、江西、福建、辽宁、吉林、黑龙江。

25. 柴达木根田鼠

【学名】*Microtus limnophilus* Büchner

【别名】根田鼠。

【危害作物】林木、牧草、农作物，小麦、青稞、荞麦、马铃薯等。

【分布】青海、甘肃、四川、陕西、宁夏、内蒙古、新疆。

注：柴达木根田鼠 *Microtus limnophilus* 分布在中国青海、甘肃、四川、内蒙古西部等地的根田鼠原订名为根田鼠 *Microtus oeconomus* 的 *limnophilus* 亚种。除其牙齿特征与 *Microtus oeconomus* 相近外，在形态和生态上二者有较大区别，Malaygin *et al.*（1990）研究了蒙古西部的根田鼠，认为它应为独立物种 *Microtus limnophilus* Büchner，1889。以后，此观点又得到 Courant *et al.*（1999）染色体方面研究结果的支持。

26. 莫氏田鼠

【学名】*Microtus maximowiczii* Schrenck

【别名】翁古尔田鼠。

【危害作物】植物绿色部分、种子、块根。

【分布】黑龙江、吉林、内蒙古、河北、陕西。

27. 社田鼠

【学名】*Microtus socialis* Pallas

【别名】草原田鼠。

【危害作物】牧草、植物种子、幼树外皮。

【分布】新疆。

28. 棕背䶄

【学名】*Myodes rufocanus* Sundevall

【别名】红毛耗子、山鼠。

【危害作物】植物种子及绿色部分，林木，尤其是对油松、红松、冷杉等危害严重。

【分布】黑龙江、吉林、辽宁、内蒙古、新疆、北京、河北、山西。

29. 白尾松田鼠

【学名】*Phaiomys leucurus* Blyth

【别名】白尾田鼠、拟田鼠、布氏松田鼠、松田鼠。

【危害作物】青稞等谷物、植物的茎、叶和种子。

【分布】西藏、青海、新疆。

30. 蒙古毛足鼠

【学名】*Phodopus campbelli* Thomas

【别名】黑线毛蹠鼠、松江毛蹼鼠。

【危害作物】牧草、作物种子。

【分布】内蒙古、河北、辽宁、吉林。

31. 小毛足鼠

【学名】*Phodopus roborovskii* Satunin

【别名】荒漠毛蹠鼠、豆鼠、米鼠、沙漠侏儒仓鼠、罗伯罗夫斯基仓鼠、毛脚鼠。

【危害作物】糜子、小麦、青稞、谷、粟、荞麦、蓖麻、豆、瓜、柠条和沙蒿籽。

【分布】新疆、甘肃、陕西、宁夏、内蒙古、吉林、辽宁、河北、青海、山西。

32. 大沙鼠

【学名】*Rhombomys opimus* Lichtenstein

【别名】大沙土鼠。

【危害作物】梭梭林、锦鸡儿、骆驼刺等枝叶。

【分布】新疆、内蒙古、甘肃。

33. 大仓鼠

【学名】*Tscherskia triton* De Winton

【别名】搬仓鼠、灰仓鼠、大腮鼠。

【危害作物】小麦、玉米、蔬菜、花生、大豆、胡萝卜等。

【分布】内蒙古、黑龙江、吉林、辽宁、河北、北京、天津、山东、安徽、江苏、浙江、河南、山西、陕西、宁夏、甘肃。

鼹形鼠科 Spalacidae

34. 中华鼢鼠

【学名】*Eospalax fontanieri* Milne-Edwards

【别名】瞎狯、瞎老（鼠）、瞎瞎、拱老鼠、串地龙、赛隆等。

【危害作物】小麦、玉米、高粱、向日葵、豆类、谷子、马铃薯、花生、胡萝卜、苜蓿及作物的幼苗等。

【分布】甘肃、青海、宁夏、内蒙古、陕西、山西、河南、河北、北京。

35. 秦岭鼢鼠

【学名】*Eospalax rufescens* Allen

【别名】高原鼢鼠、贝氏鼢鼠。

【危害作物】牧草。

【分布】陕西、甘肃、四川、青海。

36. 草原鼢鼠

【学名】*Myospalax aspalax* Laxmann

【别名】达乌里鼢鼠、外贝加尔鼢鼠、瞎老鼠、地羊。

【危害作物】植物根茎。

【分布】内蒙古、黑龙江、吉林、辽宁、河北、山西。

37. 高原鼢鼠（为秦岭鼢鼠同物异名）

【学名】*Myospalax baileyi* Thomas

【危害作物】牧草。

【分布】青海、甘肃、四川。

38. 东北鼢鼠

【学名】*Myospalax psilurus* Milne-Edwards

【别名】地羊子、地排子、华北鼢鼠、瞎老鼠、盲鼠。

【危害作物】植物地下部分，如甘薯、胡萝卜、花生等，苜蓿、牧草。

【分布】黑龙江、吉林、辽宁、内蒙古、河北、北京、天津、河南、山东、安徽、陕西、宁夏、甘肃。

39. 罗氏鼢鼠

【学名】*Myospalax rothschildi* Thomas

【别名】小鼢鼠。

【危害作物】农作物、牧草、林木根系。

【分布】河南、陕西、甘肃、四川、重庆、湖北。

鼠科 Muridae

40. 黑线姬鼠

【学名】*Apodemus agrarius* Pallas

【别名】田姬鼠、黑线鼠、长尾黑线鼠、金耗儿、黑脊梁沟鼠。

【危害作物】水稻、小麦、玉米、薯类、果蔬类等。

【分布】新疆、黑龙江、吉林、辽宁、内蒙古、河北、河南、陕西、宁夏、甘肃、上海、江苏、安徽、浙江、江西、湖北、重庆、四川、湖南、贵州、云南、广西、广东、福建、台湾。

41. 高山姬鼠

【学名】*Apodemus chevrieri* Milne-Edwards

【别名】齐氏姬鼠、高原姬鼠、西南姬鼠。

【危害作物】水稻、小麦等谷物。

【分布】云南、西藏、四川、贵州、重庆、湖北、甘肃。

42. 中华姬鼠

【学名】*Apodemus draco* Barrett-Hamilton

【别名】森林姬鼠、龙姬鼠、中华龙姬鼠。

【危害作物】山区农作物种子、果实和林木。

【分布】河北、北京、天津、山东、河南、山西、陕西、宁夏、甘肃、重庆、四川、青海、西藏、云南、贵州、广西、湖南、湖北、安徽、浙江、江西、福建、台湾。

43. 朝鲜姬鼠

【学名】*Apodemus peninsulae* Thomas

【别名】林姬鼠。

【危害作物】农作物种子和果实。

【分布】黑龙江、吉林、辽宁、内蒙古、河北、天津、北京、山西、陕西、宁夏、河南、重庆、四川、青海、甘肃、西藏、广西、云南。

注：大林姬鼠 *Apodemus peninsulae*，此种曾长期被误定名为 *Apodemus speciosus*（Temminck，1844），研究证明大林姬鼠是日本特有的；中国与邻国的大林姬鼠均应更名为朝鲜姬鼠 *Apodemus peninsulae*（Thomas，1907）。

44. 板齿鼠

【学名】*Bandicota indica* Hodgson

【别名】大柜鼠、小拟袋鼠、乌毛柜鼠。

【危害作物】水稻、甘蔗、芒果、荔枝、柑橘、龙眼、香蕉、甘薯。

【分布】云南、四川、贵州、广西、广东、香港、福建、台湾。

45. 巢鼠

【学名】*Micromys minutus* Pallas

【别名】禾鼠、燕麦鼠、麦鼠、稻鼠、圃鼠、矮鼠。

【危害作物】农作物（水稻、小麦等）和蔬菜。

【分布】黑龙江、吉林、辽宁、陕西、内蒙古、甘肃、西藏、四川、重庆、湖北、江西、安徽、江苏、浙江、湖南、贵州、云南、广西、广东、福建、台湾。

46. 卡氏小鼠

【学名】*Mus caroli* Bonhote

【危害作物】农作物种子等。

【分布】云南、贵州、广西、广东、香港、海南、福建、台湾。

47. 小家鼠

【学名】*Mus musculus* Linnaeus

【别名】鼷鼠、小鼠、小耗子、米鼠仔、月鼠、车鼠、家小鼠。

【危害作物】所有农作物。

【分布】各省、区、市均有分布。

48. 印度地鼠

【学名】*Nesokia indica* Gray

【危害作物】植物的地下根茎，芦苇、苜蓿、小麦、棉花。

【分布】新疆。

49. 北社鼠

【学名】*Niviventer confucianus* Hodgson

【别名】孔氏鼠、硫磺腹鼠、刺毛灰鼠、白尾鼠、白尾星、白助理鼠、黄姑鼠。

【危害作物】各类坚果作物、水稻、花生、玉米、番薯。

【分布】吉林、辽宁、河北、北京、天津、山东、河南、山西、陕西、宁夏、内蒙古、甘肃、青海、西藏、四川、重庆、安徽、江苏、浙江、江西、湖南、贵州、云南、广西、福建、广东、海南、台湾。

50. 针毛鼠

【学名】*Niviventer fulvescens* Gray

【别名】山鼠、赤鼠、黄刺毛鼠、刺毛黄鼠、针毛黄鼠、榛鼠、黄毛跳。

【危害作物】稻、麦、花生、番薯、番茄、栗子、榛子、茶果、桐果。

【分布】河南、陕西、甘肃、四川、重庆、贵州、云南、西藏、安徽、浙江、江西、湖南、广西、广东、海南、香港、福建。

51. 黄毛鼠

【学名】*Rattus losea* Swinhoe

【别名】罗赛鼠、田鼠。

【危害作物】水稻、柑橘、香蕉、蔬菜、花生、甘薯。

【分布】贵州、广西、广东、香港、海南、台湾、福建、浙江、江苏、江西、湖南、安徽、湖北、重庆、陕西、四川。

52. 大足鼠

【学名】*Rattus nitidus* Hodgson

【别名】水耗子、水老鼠、灰胸鼠、光泽鼠、喜马拉雅鼠。

【危害作物】水稻、小麦、玉米、苕、马铃薯等。

【分布】陕西、甘肃、西藏、四川、重庆、湖北、安徽、江苏、上海、浙江、江西、湖南、贵州、云南、广西、广东、海南、福建。

53. 褐家鼠

【学名】*Rattus norvegicus* Berkenhout

【别名】大家鼠、沟鼠、挪威鼠、白尾吊、家耗子。

【危害作物】各类农作物，水稻、玉米、小麦、大豆等。

【分布】全国各省（区）市（西藏林芝以前有过，但近些年未发现）。

54. 黄胸鼠

【学名】*Rattus tanezumi* Milne-Edwards

【别名】黄腹鼠、长尾吊、长尾鼠。

【危害作物】水稻、香蕉、甘蔗、豌豆等。

【分布】西藏、云南、四川、贵州、湖南、广西、海南、广东、香港、澳门、福建、台湾、江西、江苏、安徽、河南、山西、湖北、陕西、甘肃、宁夏、青海、上海。

注：近年我们与在青海格尔木、湟源、贵德等地农舍中发现黄胸鼠。

跳鼠科 Dipodidae

55. 五趾跳鼠

【学名】*Allactaga sibirica* Forster

【别名】西伯利亚五趾跳鼠、跳免、蹶鼠、驴跳、硬跳儿。

【危害作物】农作物、固沙植物。

【分布】黑龙江、吉林、辽宁、河北、山西、陕西、宁夏、内蒙古、甘肃、青海、新疆。

56. 三趾跳鼠

【学名】*Dipus sagitta* Pallas

【别名】跳兔、沙跳、毛足跳鼠。

【危害作物】农作物、固沙植物。

【分布】新疆、甘肃、青海、内蒙古、宁夏、陕西、辽宁、吉林。

林睡鼠科 Zapodidae

57. 林睡鼠

【学名】*Dryomys nitedula* Pallas

【别名】睡鼠。

【危害作物】植物的茎叶、种子，浆果、水果、核果、树籽、嫩皮和芽等。

【分布】新疆。

林跳鼠科 Zapodidae

58. 中国蹶鼠

【学名】*Sicista concolor* Büchner

【别名】单色蹶鼠、长尾蹶鼠。

【危害作物】作物的茎、叶、嫩芽和浆果，小麦、青稞等。

【分布】甘肃、青海、陕西、四川、云南、吉林、黑龙江、新疆。

豪猪科 Hystricidae

59. 云南豪猪

【学名】*Hystrix brachyura* Linnaeus

【别名】马来豪猪、短尾豪猪。

【危害作物】甘薯、玉米、黄豆、木薯、芋头、花生、菠萝、萝卜、瓜类。

【分布】四川、重庆、贵州、湖南、湖北、广西、广东、香港、福建、江西、浙江、上海、江苏、安徽、河南、陕西、甘肃、西藏、云南、海南。

60. 中国豪猪

【学名】*Hystrix hodgsoni* Gray

【别名】箭猪、普通豪猪。

【危害作物】甘薯、玉米、黄豆、木薯、芋头、花生、菠萝、萝卜、瓜类。

【分布】陕西、西藏、四川、重庆、湖北、安徽、江苏、上海、浙江、福建、江西、湖南、贵州、云南、广西、广东、海南。

（二）食虫目 Lnsectivora

鼩鼱科 Soricidae

1. 四川短尾鼩

【学名】*Anourosorex squamipes* Milne-Edwards

【别名】微尾鼩、地滚子、臭耗子、鳞鼹鼩、山耗子、药老鼠。

【危害作物】农作物中绿色部分、谷物、玉米、花生等。

【分布】四川、重庆、云南、陕西、甘肃、贵州、湖北、台湾。

2. 灰麝鼩

【学名】*Crocidura attenuate* Milne-Edwards

【别名】地老鼠、尖嘴臭耗子。

【危害作物】农作物。

【分布】江西、云南、江苏、浙江、湖北、湖南、四川、福建、广西、广东、陕西、甘肃、西藏、安徽、河南、贵州、台湾。

3. 麝鼹

【学名】*Scaptochirus moschatus* Milne-Edwards

【别名】鼹鼠、地排子、地串子、瞎瞢鼠子。

【危害作物】农作物、杂草的根系、块根、块茎、地表茎、叶部和树根皮。

【分布】东北地区、河北、山东、安徽、山西、陕西、甘肃及内蒙古东南部。

4. 臭鼩

【学名】*Suncus murinus* Linnaeus

【别名】大臭鼩、粗尾鼩、尖嘴鼠、食虫鼠、臭鼩鼱。

【危害作物】谷物、玉米等。

【分布】上海、浙江、福建、江西、湖南、广东、贵州、青海、新疆、广西、海南、湖北、香港、台湾、四川、甘肃。

注：主要分布华中以南至云南、两广、福建等地。吉林、青海、新疆可能无分布。

（三）兔形目 Lagomorpha

鼠兔科 Ochotonidae

1. 高原鼠兔

【学名】*Ochotona curzoniae* Hodgson

【别名】黑唇鼠兔、鸣声鼠、阿乌那。

【危害作物】禾本科、豆科及杂类草中的优良牧草。

【分布】青海、西藏、甘肃、新疆。

2. 达乌尔鼠兔

【学名】*Ochotona daurica* Pallas

【别名】达呼尔鼠兔、达乌里鼠兔、蒙古鼠兔、蒿兔子、耗兔子、啼兔、鸣鼠、达呼里鼠兔、鸣声鼠、兔鼠子。

【危害作物】牧草、固沙植物。

【分布】内蒙古、河北、山西、陕西、宁夏、甘肃、青海。

第十八章　主要农作物检疫性有害生物名录

昆虫：		
1	菜豆象	*Acanthoscelides obtectus* (Say)
2	蜜柑大实蝇	*Bactrocera tsuneonis* (Miyake)
3	四纹豆象	*Callosobruchus maculates* (Fabricius)
4	苹果蠹蛾	*Cydia pomonella* (Linnaeus)
5	葡萄根瘤蚜	*Daktulosphaira vitifoliae* Fitch
6	美国白蛾	*Hyphantria cunea* (Drury)
7	马铃薯甲虫	*Leptinotarsa decemlineata* (Say)
8	稻水象甲	*Lissorhoptrus oryzophilus* Kuschel
9	扶桑绵粉蚧	*Phenacoccus solenopsis* Tinsley
10	红火蚁	*Solenopsis invicta* Buren
线虫：		
11	腐烂茎线虫	*Ditylenchus destructor* Thorne
12	香蕉穿孔线虫	*Radopholus similes* (Cobb) Thorne
细菌：		
13	瓜类果斑病菌	*Acidovorax avenae* subsp. *citrulli* (Schaad *et al.*) Willems *et al.*
14	柑橘黄龙病菌	*Candidatus liberobacter asiaticum* Jagoueix *et al.*
15	番茄溃疡病菌	*Clavibacter michiganensis* subsp. *michiganensis* (Smith) Davis *et al.*
16	十字花科黑斑病菌	*Pseudomonas syringae* pv. *maculicola* (McCulloch) Young *et al.*
17	柑橘溃疡病菌	*Xanthomonas axonopodis* pv. *citri* (Hasse) Vauterin *et al.*
18	水稻细菌性条斑病菌	*Xanthomonas oryzae* pv. *oryzicola* (Fang *et al.*) Swings *et al.*
真菌：		
19	黄瓜黑星病菌	*Cladosporium cucumerinum* Ellis & Arthur
20	香蕉镰刀菌枯萎病菌4号小种	*Fusarium oxysporum*f. sp. *cubense* (Smith) Snyder & Hansen Race4
21	玉蜀黍霜指霉菌	*Peronosclerospora maydis* (Racib.) C. G. Shaw
22	大豆疫霉病菌	*Phytophthora sojae* Kaufmann & Gerdemann
23	内生集壶菌	*Synchytrium endobioticum* (Schilb.) Percival
24	苜蓿黄萎病菌	*Verticillium albo-atrum* Reinke & Berthold
病毒：		
25	李属坏死环斑病毒	*Prunus necrotic ringspot ilarvirus*
26	烟草环斑病毒	*Tobacco ringspot nepovirus*

（续表）

27	黄瓜绿斑驳花叶病毒	*Cucumber Green Mottle Mosaic Virus*
杂草：		
28	毒麦	*Lolium temulentum* L.
29	列当属	*Orobanche* spp.
30	假高粱	*Sorghum halepense*（L.）Pers.

中华人民共和国进境植物检疫性有害生物名录

昆虫：		
1	白带长角天牛	*Acanthocinus carinulatus*（Gebler）
2	菜豆象	*Acanthoscelides obtectus*（Say）
3	黑头长翅卷蛾	*Acleris variana*（Fernald）
4	窄吉丁（非中国种）	*Agrilus* spp.（non-Chinese）
5	螺旋粉虱	*Aleurodicus dispersus* Russell
6	按实蝇属	*Anastrepha* Schiner
7	墨西哥棉铃象	*Anthonomus grandis* Boheman
8	苹果花象	*Anthonomus quadrigibbus* Say
9	香蕉肾盾蚧	*Aonidiella comperei* McKenzie
10	咖啡黑长蠹	*Apate monachus* Fabricius
11	梨矮蚜	*Aphanostigma piri*（Cholodkovsky）
12	辐射松幽天牛	*Arhopalus syriacus* Reitter
13	果实蝇属	*Bactrocera* Macquart
14	西瓜船象	*Baris granulipennis*（Tournier）
15	白条天牛（非中国种）	*Batocera* spp.（non-Chinese）
16	椰心叶甲	*Brontispa longissima*（Gestro）
17	埃及豌豆象	*Bruchidius incarnates*（Boheman）
18	苜蓿籽蜂	*Bruchophagus roddi* Gussak
19	豆象（属）（非中国种）	*Bruchus* spp.（non-Chinese ）
20	荷兰石竹卷蛾	*Cacoecimorpha pronubana*（Hübner）
21	瘤背豆象（四纹豆象和非中国种）	*Callosobruchus* spp.（*maculatus*（F.）and non-Chinese）
22	欧非枣实蝇	*Carpomya incompleta*（Becker）
23	枣实蝇	*Carpomya vesuviana* Costa
24	松唐盾蚧	*Carulaspis juniperi*（Bouchè）
25	阔鼻谷象	*Caulophilus oryzae*（Gyllenhal）
26	小条实蝇属	*Ceratitis* Macleay
27	无花果蜡蚧	*Ceroplastes rusci*（L.）
28	松针盾蚧	*Chionaspis pinifoliae*（Fitch）
29	云杉色卷蛾	*Choristoneura fumiferana*（Clemens）

（续表）

30	鳄梨象属	*Conotrachelus* Schoenherr
31	高粱瘿蚊	*Contarinia sorghicola*（Coquillett）
32	乳白蚁（非中国种）	*Coptotermes* spp. （non-Chinese）
33	葡萄象	*Craponius inaequalis*（Say）
34	异胫长小蠹（非中国种）	*Crossotarsus* spp. （non-Chinese）
35	苹果异形小卷蛾	*Cryptophlebia leucotreta*（Meyrick）
36	杨干象	*Cryptorrhynchus lapathi* L.
37	麻头砂白蚁	*Cryptotermesbrevis*（Walker）
38	斜纹卷蛾	*Ctenopseustis obliquana*（Walker）
39	欧洲栗象	*Curculio elephas*（Gyllenhal）
40	山楂小卷蛾	*Cydia janthinana*（Duponchel）
41	樱小卷蛾	*Cydia packardi*（Zeller）
42	苹果蠹蛾	*Cydia pomonella*（L.）
43	杏小卷蛾	*Cydia prunivora*（Walsh）
44	梨小卷蛾	*Cydia pyrivora*（Danilevskii）
45	寡鬃实蝇（非中国种）	*Dacus* spp. （non-Chinese）
46	苹果瘿蚊	*Dasineura mali*（Kieffer）
47	大小蠹（红脂大小蠹和非中国种）	*Dendroctonus* spp. （*valens* LeConteand non-Chinese）
48	石榴小灰蝶	*Deudorix isocrates* Fabricius
49	根萤叶甲属	*Diabrotica* Chevrolat
50	黄瓜绢野螟	*Diaphania nitidalis*（Stoll）
51	蔗根象	*Diaprepes abbreviata*（L.）
52	小蔗螟	*Diatraea saccharalis*（Fabricius）
53	混点毛小蠹	*Dryocoetes confusus* Swaine
54	香蕉灰粉蚧	*Dysmicoccus grassi* Leonari
55	新菠萝灰粉蚧	*Dysmicoccus neobrevipes* Beardsley
56	石榴螟	*Ectomyelois ceratoniae*（Zeller）
57	桃白圆盾蚧	*Epidiaspis leperii*（Signoret）
58	苹果绵蚜	*Eriosoma lanigerum*（Hausmann）
59	枣大球蚧	*Eulecanium gigantea*（Shinji）
60	扁桃仁蜂	*Eurytoma amygdali* Enderlein
61	李仁蜂	*Eurytoma schreineri* Schreiner
62	桉象	*Gonipterus scutellatus* Gyllenhal
63	谷实夜蛾	*Helicoverpa zea*（Boddie）
64	合毒蛾	*Hemerocampa leucostigma*（Smith）
65	松突圆蚧	*Hemiberlesia pitysophila* Takagi
66	双钩异翅长蠹	*Heterobostrychus aequalis*（Waterhouse）

（续表）

67	李叶蜂	*Hoplocampa flava*（L.）
68	苹叶蜂	*Hoplocampa testudinea*（Klug）
69	刺角沟额天牛	*Hoplocerambyx spinicornis*（Newman）
70	苍白树皮象	*Hylobius pales*（Herbst）
71	家天牛	*Hylotrupes bajulus*（L.）
72	美洲榆小蠹	*Hylurgopinus rufipes*（Eichhoff）
73	长林小蠹	*Hylurgus ligniperda* Fabricius
74	美国白蛾	*Hyphantria cunea*（Drury）
75	咖啡果小蠹	*Hypothenemus hampei*（Ferrari）
76	小楹白蚁	*Incisitermes minor*（Hagen）
77	齿小蠹（非中国种）	*Ips* spp.（non-Chinese）
78	黑丝盾蚧	*Ischnaspis longirostris*（Signoret）
79	芒果蛎蚧	*Lepidosaphes tapleyi* Williams
80	东京蛎蚧	*Lepidosaphes tokionis*（Kuwana）
81	榆蛎蚧	*Lepidosaphes ulmi*（L.）
82	马铃薯甲虫	*Leptinotarsa decemlineata*（Say）
83	咖啡潜叶蛾	*Leucoptera coffeella*（Guérin-Méneville）
84	三叶斑潜蝇	*Liriomyza trifolii*（Burgess）
85	稻水象甲	*Lissorhoptrus oryzophilus* Kuschel
86	阿根廷茎象甲	*Listronotus bonariensis*（Kuschel）
87	葡萄花翅小卷蛾	*Lobesia botrana*（Denis *et* Schiffermuller）
88	黑森瘿蚊	*Mayetiola destructor*（Say）
89	霍氏长盾蚧	*Mercetaspis halli*（Green）
90	桔实锤腹实蝇	*Monacrostichus citricola* Bezzi
91	墨天牛（非中国种）	*Monochamus* spp.（non-Chinese）
92	甜瓜迷实蝇	*Myiopardalis pardalina*（Bigot）
93	白缘象甲	*Naupactus leucoloma*（Boheman）
94	黑腹尼虎天牛	*Neoclytus acuminatus*（Fabricius）
95	蔗扁蛾	*Opogona sacchari*（Bojer）
96	玫瑰短喙象	*Pantomorus cervinus*（Boheman）
97	灰白片盾蚧	*Parlatoria crypta* Mckenzie
98	谷拟叩甲	*Pharaxonotha kirschi* Reither
99	木薯绵粉蚧	*Phenacoccus manihoti* Matile-Ferrero
100	扶桑棉粉蚧	*Phenacoccus solenopsis* Tinsley
101	美柏肤小蠹	*Phloeosinus cupressi* Hopkins
102	桉天牛	*Phoracantha semipunctata*（Fabricius）
103	木蠹象属	*Pissodes* Germar

（续表）

104	南洋臀纹粉蚧	*Planococcus lilacius* Cockerell
105	大洋臀纹粉蚧	*Planococcus minor*（Maskell）
106	长小蠹（属）（非中国种）	*Platypus* spp. （non-Chinese）
107	日本金龟子	*Popillia japonica* Newman
108	桔花巢蛾	*Prays citri* Milliere
109	椰子缢胸叶甲	*Promecotheca cumingi* Baly
110	大谷蠹	*Prostephanus truncatus*（Horn）
111	澳洲蛛甲	*Ptinus tectus* Boieldieu
112	刺桐姬小蜂	*Quadrastichus erythrinae* Kim
113	欧洲散白蚁	*Reticulitermes lucifugus*（Rossi）
114	褐纹甘蔗象	*Rhabdoscelus lineaticollis*（Heller）
115	几内亚甘蔗象	*Rhabdoscelus obscurus*（Boisduval）
116	绕实蝇（非中国种）	*Rhagoletis* spp. （non-Chinese）
117	苹虎象	*Rhynchites aequatus*（L. ）
118	欧洲苹虎象	*Rhynchites bacchus* L.
119	李虎象	*Rhynchites cupreus* L.
120	日本苹虎象	*Rhynchites heros* Roelofs
121	红棕象甲	*Rhynchophorus ferrugineus*（Olivier）
122	棕榈象甲	*Rhynchophorus palmarum*（L. ）
123	紫棕象甲	*Rhynchophorus phoenicis*（Fabricius）
124	亚棕象甲	*Rhynchophorus vulneratus*（Panzer）
125	可可盲椿象	*Sahlbergella singularis* Haglund
126	楔天牛（非中国种）	*Saperda* spp. （non-Chinese）
127	欧洲榆小蠹	*Scolytus multistriatus*（Marsham）
128	欧洲大榆小蠹	*Scolytus scolytus*（Fabricius）
129	剑麻象甲	*Scyphophorus acupunctatus* Gyllenhal
130	刺盾蚧	*Selenaspidus articulatus* Morgan
131	双棘长蠹（非中国种）	*Sinoxylon* spp. （non-Chinese）
132	云杉树蜂	*Sirex noctilio* Fabricius
133	红火蚁	*Solenopsis invicta* Buren
134	海灰翅夜蛾	*Spodoptera littoralis*（Boisduval）
135	猕猴桃举肢蛾	*Stathmopoda skelloni* Butler
136	芒果象属	*Sternochetus* Pierce
137	梨蓟马	*Taeniothrips inconsequens*（Uzel）
138	断眼天牛（非中国种）	*Tetropium* spp. （non-Chinese）
139	松异带蛾	*Thaumetopoea pityocampa*（Denis *et* Schiffermuller）
140	番木瓜长尾实蝇	*Toxotrypana curvicauda* Gerstaecker

（续表）

141	褐拟谷盗	*Tribolium destructor* Uyttenboogaart
142	斑皮蠹（非中国种）	*Trogoderma* spp. （non-Chinese）
143	暗天牛属	*Vesperus* Latreile
144	七角星蜡蚧	*Vinsonia stellifera*（Westwood）
145	葡萄根瘤蚜	*Viteus vitifoliae*（Fitch）
146	材小蠹（非中国种）	*Xyleborus* spp. （non-Chinese）
147	青杨脊虎天牛	*Xylotrechus rusticus* L.
148	巴西豆象	*Zabrotes subfasciatus*（Boheman）
软体动物		
149	非洲大蜗牛	*Achatina fulica* Bowdich
150	硫球球壳蜗牛	*Acusta despecta* Gray
151	花园葱蜗牛	*Cepaea hortensis* Müller
152	散大蜗牛	*Helix aspersa* Müller
153	盖罩大蜗牛	*Helix pomatia* Linnaeus
154	比萨茶蜗牛	*Theba pisana* Müller
真菌		
155	向日葵白锈病菌	*Albugo tragopogi*（Persoon）Schröter var. *helianthi* Novotelnova
156	小麦叶疫病菌	*Alternaria triticina* Prasada *et* Prabhu
157	榛子东部枯萎病菌	*Anisogramma anomala*（Peck）E. Muller
158	李黑节病菌	*Apiosporina morbosa*（Schweinitz）von Arx
159	松生枝干溃疡病菌	*Atropellis pinicola* Zaller *et* Goodding
160	嗜松枝干溃疡病菌	*Atropellis piniphila*（Weir）Lohman *et* Cash
161	落叶松枯梢病菌	*Botryosphaeria laricina*（K. Sawada）Y. Zhong
162	苹果壳色单隔孢溃疡病菌	*Botryosphaeria stevensii* Shoemaker
163	麦类条斑病菌	*Cephalosporium gramineum* Nisikado *et* Ikata
164	玉米晚枯病菌	*Cephalosporium maydis* Samra，Sabet *et* Hingorani
165	甘蔗凋萎病菌	*Cephalosporium sacchari* E. J. Butler *et* Hafiz Khan
166	栎枯萎病菌	*Ceratocystis fagacearum*（Bretz）Hunt
167	云杉帚锈病菌	*Chrysomyxa arctostaphyli* Dietel
168	山茶花腐病菌	*Ciborinia camelliae* Kohn
169	黄瓜黑星病菌	*Cladosporium cucumerinum* Ellis *et* Arthur
170	咖啡浆果炭疽病菌	*Colletotrichum kahawae* J. M. Waller *et* Bridge
171	可可丛枝病菌	*Crinipellis perniciosa*（Stahel）Singer
172	油松疱锈病菌	*Cronartium coleosporioides* J. C. Arthur
173	北美松疱锈病菌	*Cronartium comandrae* Peck
174	松球果锈病菌	*Cronartium conigenum* Hedgcock *et* Hunt
175	松纺锤瘤锈病菌	*Cronartium fusiforme* Hedgcock *et* Hunt ex Cummins

（续表）

176	松疱锈病菌	*Cronartium ribicola* J. C. Fisch.
177	桉树溃疡病菌	*Cryphonectria cubensis*（Bruner）Hodges
178	花生黑腐病菌	*Cylindrocladium parasiticum* Crous，Wingfield *et* Alfenas
179	向日葵茎溃疡病菌	*Diaporthe helianthi* Muntanola-Cvetkovic Mihaljcevic *et* Petrov
180	苹果果腐病菌	*Diaporthe perniciosa* É. J. Marchal
181	大豆北方茎溃疡病菌	*Diaporthe phaseolorum*（Cooke *et* Ell.）Sacc. var. *caulivora* Athow *et* Caldwell
182	大豆南方茎溃疡病菌	*Diaporthe phaseolorum*（Cooke *et* Ell.）Sacc. var. *meridionalis* F. A. Fernandez
183	蓝莓果腐病菌	*Diaporthe vaccinii* Shear
184	菊花花枯病菌	*Didymella ligulicola*（K. F. Baker，Dimock *et* L. H. Davis）von Arx
185	番茄亚隔孢壳茎腐病菌	*Didymella lycopersici* Klebahn
186	松瘤锈病菌	*Endocronartium harknessii*（J. P. Moore）Y. Hiratsuka
187	葡萄藤猝倒病菌	*Eutypa lata*（Pers.）Tul. *et* C. Tul.
188	松树脂溃疡病菌	*Fusarium circinatum* Nirenberg *et* O'Donnell
189	芹菜枯萎病菌	*Fusarium oxysporum* Schlecht. f. sp. *apii* Snyd. *et* Hans
190	芦笋枯萎病菌	*Fusarium oxysporum* Schlecht. f. sp. *asparagi* Cohen *et* Heald
191	香蕉枯萎病菌（4号小种和非中国小种）	*Fusarium oxysporum* Schlecht. f. sp. *cubense*（E. F. Sm.）Snyd. *et* Hans（Race 4 non-Chinese races）
192	油棕枯萎病菌	*Fusarium oxysporum* Schlecht. f. sp. *elaeidis* Toovey
193	草莓枯萎病菌	*Fusarium oxysporum* Schlecht. f. sp. *fragariae* Winks *et* Williams
194	南美大豆猝死综合征病菌	*Fusarium tucumaniae* T. Aoki，O'Donnell，Yos. Homma *et* Lattanzi
195	北美大豆猝死综合征病菌	*Fusarium virguliforme* O'Donnell *et* T. Aoki
196	燕麦全蚀病菌	*Gaeumannomyces graminis*（Sacc.）Arx *et* D. Olivier var. *avenae*（E. M. Turner）Dennis
197	葡萄苦腐病菌	*Greeneria uvicola*（Berk. *et* M. A. Curtis）Punithalingam
198	冷杉枯梢病菌	*Gremmeniella abietina*（Lagerberg）Morelet
199	榅桲锈病菌	*Gymnosporangium clavipes*（Cooke *et* Peck）Cooke *et* Peck
200	欧洲梨锈病菌	*Gymnosporangium fuscum* R. Hedw.
201	美洲山楂锈病菌	*Gymnosporangium globosum*（Farlow）Farlow
202	美洲苹果锈病菌	*Gymnosporangium juniperi-virginianae* Schwein
203	马铃薯银屑病菌	*Helminthosporium solani* Durieu *et* Mont.
204	杨树炭团溃疡病菌	*Hypoxylon mammatum*（Wahlenberg）J. Miller
205	松干基褐腐病菌	*Inonotus weirii*（Murrill）Kotlaba *et* Pouzar
206	胡萝卜褐腐病菌	*Leptosphaeria libanotis*（Fuckel）Sacc.
207	向日葵黑茎病菌	*Leptosphaeria lindquistii* Frezzi
208	十字花科蔬菜黑胫病菌	*Leptosphaeria maculans*（Desm.）Ces. *et* De Not.
209	苹果溃疡病菌	*Leucostoma cincta*（Fr.：Fr.）Hohn.

（续表）

210	铁杉叶锈病菌	*Melampsora farlowii*（J. C. Arthur）J. J. Davis
211	杨树叶锈病菌	*Melampsora medusae* Thumen
212	橡胶南美叶疫病菌	*Microcyclus ulei*（P. Henn.）von Arx
213	美澳型核果褐腐病菌	*Monilinia fructicola*（Winter）Honey
214	可可链疫孢荚腐病菌	*Moniliophthora roreri*（Ciferri *et* Parodi）Evans
215	甜瓜黑点根腐病菌	*Monosporascus cannonballus* Pollack *et* Uecker
216	咖啡美洲叶斑病菌	*Mycena citricolor*（Berk. *et* Curt.）Sacc.
217	香菜腐烂病菌	*Mycocentrospora acerina*（Hartig）Deighton
218	松针褐斑病菌	*Mycosphaerella dearnessii* M. E. Barr
219	香蕉黑条叶斑病菌	*Mycosphaerella fijiensis* Morelet
220	松针褐枯病菌	*Mycosphaerella gibsonii* H. C. Evans
221	亚麻褐斑病菌	*Mycosphaerella linicola* Naumov
222	香蕉黄条叶斑病菌	*Mycosphaerella musicola* J. L. Mulder
223	松针红斑病菌	*Mycosphaerella pini* E. Rostrup
224	可可花瘿病菌	*Nectria rigidiuscula* Berk. *et* Broome
225	新榆枯萎病菌	*Ophiostoma novo-ulmi* Brasier
226	榆枯萎病菌	*Ophiostoma ulmi*（Buisman）Nannf.
227	针叶松黑根病菌	*Ophiostoma wageneri*（Goheen *et* Cobb）Harrington
228	杜鹃花枯萎病菌	*Ovulinia azaleae* Weiss
229	高粱根腐病菌	*Periconia circinata*（M. Mangin）Sacc.
230	玉米霜霉病菌（非中国种）	*Peronosclerospora* spp.（non-Chinese）
231	甜菜霜霉病菌	*Peronospora farinosa*（Fries：Fries）Fries f. sp. *betae* Byford
232	烟草霜霉病菌	*Peronospora hyoscyami* de Baryf. sp. *tabacina*（Adam）Skalicky
233	苹果树炭疽病菌	*Pezicula malicorticis*（Jacks.）Nannfeld
234	柑橘斑点病菌	*Phaeoramularia angolensis*（T. Carvalho *et* O. Mendes）P. M. Kirk
235	木层孔褐根腐病菌	*Phellinus noxius*（Corner）G. H. Cunn.
236	大豆茎褐腐病菌	*Phialophora gregata*（Allington *et* Chamberlain）W. Gams
237	苹果边腐病菌	*Phialophora malorum*（Kidd *et* Beaum.）McColloch
238	马铃薯坏疽病菌	*Phoma exigua* Desmazières f. sp. *foveata*（Foister）Boerema
239	葡萄茎枯病菌	*Phoma glomerata*（Corda）Wollenweber *et* Hochapfel
240	豌豆脚腐病菌	*Phoma pinodella*（L. K. Jones）Morgan-Jones *et* K. B. Burch
241	柠檬干枯病菌	*Phoma tracheiphila*（Petri）L. A. Kantsch. *et* Gikaschvili
242	黄瓜黑色根腐病菌	*Phomopsis sclerotioides* van Kesteren
243	棉根腐病菌	*Phymatotrichopsis omnivora*（Duggar）Hennebert
244	栗疫霉黑水病菌	*Phytophthora cambivora*（Petri）Buisman
245	马铃薯疫霉绯腐病菌	*Phytophthora erythroseptica* Pethybridge
246	草莓疫霉红心病菌	*Phytophthora fragariae* Hickman

（续表）

247	树莓疫霉根腐病菌	*Phytophthora fragariae* Hickman var. *rubi* W. F. Wilcox *et* J. M. Duncan
248	柑橘冬生疫霉褐腐病菌	*Phytophthora hibernalis* Carne
249	雪松疫霉根腐病菌	*Phytophthora lateralis* Tucker *et* Milbrath
250	苜蓿疫霉根腐病菌	*Phytophthora medicaginis* E. M. Hans. *et* D. P. Maxwell
251	菜豆疫霉病菌	*Phytophthora phaseoli* Thaxter
252	栎树猝死病菌	*Phytophthora ramorum* Werres，De Cock *et* Man in’ t Veld
253	大豆疫霉病菌	*Phytophthora sojae* Kaufmann *et* Gerdemann
254	丁香疫霉病菌	*Phytophthora syringae*（Klebahn）Klebahn
255	马铃薯皮斑病菌	*Polyscytalum pustulans*（M. N. Owen *et* Wakef.）M. B. Ellis
256	香菜茎瘿病菌	*Protomyces macrosporus* Unger
257	小麦基腐病菌	*Pseudocercosporella herpotrichoides*（Fron）Deighton
258	葡萄角斑叶焦病菌	*Pseudopezicula tracheiphila*（Müller-Thurgau）Korf *et* Zhuang
259	天竺葵锈病菌	*Puccinia pelargonii-zonalis* Doidge
260	杜鹃芽枯病菌	*Pycnostysanus azaleae*（Peck）Mason
261	洋葱粉色根腐病菌	*Pyrenochaeta terrestris*（Hansen）Gorenz，Walker *et* Larson
262	油棕猝倒病菌	*Pythium splendens* Braun
263	甜菜叶斑病菌	*Ramularia beticola* Fautr. *et* Lambotte
264	草莓花枯病菌	*Rhizoctonia fragariae* Husain *et* W. E. McKeen
265	橡胶白根病菌	*Rigidoporus lignosus*（Klotzsch）Imaz.
266	玉米褐条霜霉病菌	*Sclerophthora rayssiae* Kenneth，Kaltin *et* Wahlvar. *zeae* Payak *et* Renfro
267	欧芹壳针孢叶斑病菌	*Septoria petroselini*（Lib.）Desm.
268	苹果球壳孢腐烂病菌	*Sphaeropsis pyriputrescens* Xiao *et* J. D. Rogers
269	柑橘枝瘤病菌	*Sphaeropsis tumefaciens* Hedges
270	麦类壳多胞斑点病菌	*Stagonospora avenae* Bissett f. sp. *triticea* T. Johnson
271	甘蔗壳多胞叶枯病菌	*Stagonospora sacchari* Lo *et* Ling
272	马铃薯癌肿病菌	*Synchytrium endobioticum*（Schilberszky）Percival
273	马铃薯黑粉病菌	*Thecaphora solani*（Thirumalachar *et* M. J. O’ Brien）Mordue
274	小麦矮腥黑穗病菌	*Tilletia controversa* Kühn
275	小麦印度腥黑穗病菌	*Tilletia indica* Mitra
276	葱类黑粉病菌	*Urocystis cepulae* Frost
277	唐菖蒲横点锈病菌	*Uromyces transversalis*（Thümen）Winter
278	苹果黑星病菌	*Venturia inaequalis*（Cooke）Winter
279	苜蓿黄萎病菌	*Verticillium albo-atrum* Reinke *et* Berthold
280	棉花黄萎病菌	*Verticillium dahliae* Kleb.

（续表）

原核生物		
281	兰花褐斑病菌	*Acidovorax avenae* subsp. *cattleyae*（Pavarino）Willems *et al.*
282	瓜类果斑病菌	*Acidovorax avenae* subsp. *citrulli*（Schaad *et al.*）Willems *et al.*
283	魔芋细菌性叶斑病菌	*Acidovorax konjaci*（Goto）Willems *et al.*
284	桤树黄化植原体	Alder yellows phytoplasma
285	苹果丛生植原体	Apple proliferation phytoplasma
286	杏褪绿卷叶植原体	Apricot chlorotic leafroll phtoplasma
287	白蜡树黄化植原体	Ash yellows phytoplasma
288	蓝莓矮化植原体	Blueberry stunt phytoplasma
289	香石竹细菌性萎蔫病菌	*Burkholderia caryophylli*（Burkholder）Yabuuchi *et al.*
290	洋葱腐烂病菌	*Burkholderia gladioli* pv. *alliicola*（Burkholder）Urakami *et al.*
291	水稻细菌性谷枯病菌	*Burkholderia glumae*（Kurita *et* Tabei）Urakami *et al.*
292	非洲柑橘黄龙病菌	*Candidatus Liberobacter africanum* Jagoueix *et al.*
293	亚洲柑橘黄龙病菌	*Candidatus Liberobacter asiaticum* Jagoueix *et al.*
294	澳大利亚植原体候选种	*Candidatus* Phytoplasma australiense
295	苜蓿细菌性萎蔫病菌	*Clavibacter michiganensis* subsp. *insidiosus*（McCulloch）Davis *et al.*
296	番茄溃疡病菌	*Clavibacter michiganensis* subsp. *michiganensis*（Smith）Davis *et al.*
297	玉米内州萎蔫病菌	*Clavibacter michiganensis* subsp. *nebraskensis*（Vidaver *et al.*）Davis *et al.*
298	马铃薯环腐病菌	*Clavibacter michiganensis* subsp. *sepedonicus*（Spieckermann *et al.*）Davis *et al.*
299	椰子致死黄化植原体	Coconut lethal yellowing phytoplasma
300	菜豆细菌性萎蔫病菌	*Curtobacterium flaccumfaciens* pv. *flaccumfaciens*（Hedges）Collins *et* Jones
301	郁金香黄色疱斑病菌	*Curtobacterium flaccumfaciens* pv. *oortii*（Saaltink *et al.*）Collins *et* Jones
302	榆韧皮部坏死植原体	Elm phloem necrosis phytoplasma
303	杨树枯萎病菌	*Enterobacter cancerogenus*（Urosevi）Dickey *et* Zumoff
304	梨火疫病菌	*Erwinia amylovora*（Burrill）Winslow *et al.*
305	菊基腐病菌	*Erwinia chrysanthemi* Burkhodler *et al.*
306	亚洲梨火疫病菌	*Erwinia pyrifoliae* Kim，Gardan，Rhim *et* Geider
307	葡萄金黄化植原体	Grapevine flavescence dorée phytoplasma
308	来檬丛枝植原体	Lime witches’ broom phytoplasma
309	玉米细菌性枯萎病菌	*Pantoea stewartii* subsp. *stewartii*（Smith）Mergaert *et al.*
310	桃 X 病植原体	Peach X-disease phytoplasma
311	梨衰退植原体	Pear decline phytoplasma
312	马铃薯丛枝植原体	Potato witches’ broom phytoplasma

（续表）

313	菜豆晕疫病菌	*Pseudomonas savastanoi* pv. *phaseolicola* (Burkholder) Gardan *et al.*
314	核果树溃疡病菌	*Pseudomonas syringae* pv. *morsprunorum* (Wormald) Young *et al.*
315	桃树溃疡病菌	*Pseudomonas syringae* pv. *persicae* (Prunier *et al.*) Young *et al.*
316	豌豆细菌性疫病菌	*Pseudomonas syringae* pv. *pisi* (Sackett) Young *et al.*
317	十字花科黑斑病菌	*Pseudomonas syringae* pv. *maculicola* (McCulloch) Young *et al*
318	番茄细菌性叶斑病菌	*Pseudomonas syringae* pv. *tomato* (Okabe) Young *et al.*
319	香蕉细菌性枯萎病菌（2号小种）	*Ralstonia solanacearum* (Smith) Yabuuchi *et al.* (race 2)
320	鸭茅蜜穗病菌	*Rathayibacter rathayi* (Smith) Zgurskaya *et al.*
321	柑橘顽固病螺原体	*Spiroplasma citri* Saglio *et al.*
322	草莓簇生植原体	Strawberry multiplier phytoplasma
323	甘蔗白色条纹病菌	*Xanthomonas albilineans* (Ashby) Dowson
324	香蕉坏死条纹病菌	*Xanthomonas arboricola* pv. *celebensis* (Gaumann) Vauterin *et al.*
325	胡椒叶斑病菌	*Xanthomonas axonopodis* pv. *betlicola* (Patel *et al.*) Vauterin *et al.*
326	柑橘溃疡病菌	*Xanthomonas axonopodis* pv. *citri* (Hasse) Vauterin *et al.*
327	木薯细菌性萎蔫病菌	*Xanthomonas axonopodis* pv. *manihotis* (Bondar) Vauterin *et al.*
328	甘蔗流胶病菌	*Xanthomonas axonopodis* pv. *vasculorum* (Cobb) Vauterin *et al.*
329	芒果黑斑病菌	*Xanthomonas campestris* pv. *mangiferaeindicae* (Patel *et al.*) Robbs *et al.*
330	香蕉细菌性萎蔫病菌	*Xanthomonas campestris* pv. *musacearum* (Yirgou *et* Bradbury) Dye
331	木薯细菌性叶斑病菌	*Xanthomonas cassavae* (ex Wiehe *et* Dowson) Vauterin *et al.*
332	草莓角斑病菌	*Xanthomonas fragariae* Kennedy *et* King
333	风信子黄腐病菌	*Xanthomonas hyacinthi* (Wakker) Vauterin *et al.*
334	水稻白叶枯病菌	*Xanthomonas oryzae* pv. *oryzae* (Ishiyama) Swings *et al.*
335	水稻细菌性条斑病菌	*Xanthomonas oryzae* pv. *oryzicola* (Fang *et al.*) Swings *et al.*
336	杨树细菌性溃疡病菌	*Xanthomonas populi* (ex Ride) Ride *et* Ride
337	木质部难养细菌	*Xylella fastidiosa* Wells et *al.*
338	葡萄细菌性疫病菌	*Xylophilus ampelinus* (Panagopoulos) Willems *et al.*
线虫		
339	剪股颖粒线虫	*Anguina agrostis* (Steinbuch) Filipjev
340	草莓滑刃线虫	*Aphelenchoides fragariae* (Ritzema Bos) Christie
341	菊花滑刃线虫	*Aphelenchoides ritzemabosi* (Schwartz) Steiner *et* Bührer
342	椰子红环腐线虫	*Bursaphelenchus cocophilus* (Cobb) Baujard
343	松材线虫	*Bursaphelenchus xylophilus* (Steiner *et* Bührer) Nickle
344	水稻茎线虫	*Ditylenchus angustus* (Butler) Filipjev
345	腐烂茎线虫	*Ditylenchus destructor* Thorne
346	鳞球茎茎线虫	*Ditylenchus dipsaci* (Kühn) Filipjev

（续表）

347	马铃薯白线虫	*Globodera pallida*（Stone）Behrens
348	马铃薯金线虫	*Globodera rostochiensis*（Wollenweber）Behrens
349	甜菜胞囊线虫	*Heterodera schachtii* Schmidt
350	长针线虫属（传毒种类）	*Longidorus*（Filipjev）Micoletzky（The species transmit viruses）
351	根结线虫属（非中国种）	*Meloidogyne* Goeldi（non-Chinese species）
352	异常珍珠线虫	*Nacobbus abberans*（Thorne）Thorne *et* Allen
353	最大拟长针线虫	*Paralongidorus maximus*（Bütschli）Siddiqi
354	拟毛刺线虫属（传毒种类）	*Paratrichodorus* Siddiqi（The species transmit viruses）
355	短体线虫（非中国种）	*Pratylenchus* Filipjev（non-Chinese species）
356	香蕉穿孔线虫	*Radopholus similis*（Cobb）Thorne
357	毛刺线虫属（传毒种类）	*Trichodorus* Cobb（The species transmit viruses）
358	剑线虫属（传毒种类）	*Xiphinema* Cobb（The species transmit viruses）
病毒及类病毒		
359	非洲木薯花叶病毒（类）	*African cassava mosaic virus*，ACMV
360	苹果茎沟病毒	*Apple stem grooving virus*，ASPV
361	南芥菜花叶病毒	*Arabis mosaic virus*，ArMV
362	香蕉苞片花叶病毒	*Banana bract mosaic virus*，BBrMV
363	菜豆荚斑驳病毒	*Bean pod mottle virus*，BPMV
364	蚕豆染色病毒	*Broad bean stain virus*，BBSV
365	可可肿枝病毒	*Cacao swollen shoot virus*，CSSV
366	香石竹环斑病毒	*Carnation ringspot virus*，CRSV
367	棉花皱叶病毒	*Cotton leaf crumple virus*，CLCrV
368	棉花曲叶病毒	*Cotton leaf curl virus*，CLCuV
369	豇豆重花叶病毒	*Cowpea severe mosaic virus*，CPSMV
370	黄瓜绿斑驳花叶病毒	*Cucumber green mottle mosaic virus*，CGMMV
371	玉米褪绿矮缩病毒	*Maize chlorotic dwarfvirus*，MCDV
372	玉米褪绿斑驳病毒	*Maize chlorotic mottle virus*，MCMV
373	燕麦花叶病毒	*Oat mosaic virus*，OMV
374	桃丛簇花叶病毒	*Peach rosette mosaic virus*，PRMV
375	花生矮化病毒	*Peanut stunt virus*，PSV
376	李痘病毒	*Plum pox virus*，PPV
377	马铃薯帚顶病毒	*Potato mop-top virus*，PMTV
378	马铃薯 A 病毒	*Potato virus A*，PVA
379	马铃薯 V 病毒	*Potato virus V*，PVV
380	马铃薯黄矮病毒	*Potato yellow dwarf virus*，PYDV
381	李属坏死环斑病毒	*Prunus necrotic ringspot virus*，PNRSV
382	南方菜豆花叶病毒	*Southern bean mosaic virus*，SBMV

（续表）

383	藜草花叶病毒	*Sowbane mosaic virus*，SoMV
384	草莓潜隐环斑病毒	*Strawberry latent ringspot virus*，SLRSV
385	甘蔗线条病毒	*Sugarcane streakvirus*，SSV
386	烟草环斑病毒	*Tobacco ringspot virus*，TRSV
387	番茄黑环病毒	*Tomato black ring virus*，TBRV
388	番茄环斑病毒	*Tomato ringspot virus*，ToRSV
389	番茄斑萎病毒	*Tomato spotted wilt virus*，TSWV
390	小麦线条花叶病毒	*Wheat streak mosaic virus*，WSMV
391	苹果皱果类病毒	*Apple fruit crinkle viroid*，AFCVd
392	鳄梨日斑类病毒	*Avocado sunblotch viroid*，ASBVd
393	椰子死亡类病毒	*Coconut cadang-cadang viroid*，CCCVd
394	椰子败生类病毒	*Coconut tinangaja viroid*，CTiVd
395	啤酒花潜隐类病毒	*Hop latent viroid*，HLVd
396	梨疱症溃疡类病毒	*Pear blister canker viroid*，PBCVd
397	马铃薯纺锤块茎类病毒	*Potato spindle tuber viroid*，PSTVd
杂草		
398	具节山羊草	*Aegilops cylindrica* Horst
399	节节麦	*Aegilops squarrosa* L.
400	豚草（属）	*Ambrosia* spp.
401	大阿米芹	*Ammi majus* L.
402	细茎野燕麦	*Avena barbata* Brot.
403	法国野燕麦	*Avena ludoviciana* Durien
404	不实野燕麦	*Avena sterilis* L.
405	硬雀麦	*Bromus rigidus* Roth
406	疣果匙荠	*Bunias orientalis* L.
407	宽叶高加利	*Caucalis latifolia* L.
408	蒺藜草（属）（非中国种）	*Cenchrus* spp.（non-Chinese species）
409	铺散矢车菊	*Centaurea diffusa* Lamarck
410	匍匐矢车菊	*Centaurea repens* L.
411	美丽猪屎豆	*Crotalaria spectabilis* Roth
412	菟丝子（属）	*Cuscuta* spp.
413	南方三棘果	*Emex australis* Steinh.
414	刺亦模	*Emex spinosa*（L.）Campd.
415	紫茎泽兰	*Eupatorium adenophorum* Spreng.
416	飞机草	*Eupatorium odoratum* L.
417	齿裂大戟	*Euphorbia dentata* Michx.
418	黄顶菊	*Flaveria bidentis*（L.）Kuntze

（续表）

419	提琴叶牵牛花	*Ipomoea pandurata*（L.）G. F. W. Mey.
420	小花假苍耳	*Iva axillaris* Pursh
421	假苍耳	*Iva xanthifolia* Nutt.
422	欧洲山萝卜	*Knautia arvensis*（L.）Coulter
423	野莴苣	*Lactuca pulchella*（Pursh）DC.
424	毒莴苣	*Lactuca serriola* L.
425	毒麦	*Lolium temulentum* L.
426	薇甘菊	*Mikania micrantha* Kunth
427	列当（属）	*Orobanche* spp.
428	宽叶酢浆草	*Oxalis latifolia* Kubth
429	臭千里光	*Senecio jacobaea* L.
430	北美刺龙葵	*Solanum carolinense* L.
431	银毛龙葵	*Solanum elaeagnifolium* Cay.
432	刺萼龙葵	*Solanum rostratum* Dunal.
433	刺茄	*Solanum torvum* Swartz
434	黑高粱	*Sorghum almum* Parodi.
435	假高粱（及其杂交种）	*Sorghum halepense*（L.）Pers.（Johnsongrass and its cross breeds）
436	独脚金（属）（非中国种）	*Striga* spp.（non-Chinese species）
437	异株苋亚属	*Subgen* Acnida L.
438	翅蒺藜	*Tribulus alatus* Delile
439	苍耳（属）（非中国种）	*Xanthium* spp.（non-Chinese species）

备注 1：非中国种是指中国未有发生的种；

备注 2：非中国小种是指中国未有发生的小种；

备注 3：传毒种类是指可以作为植物病毒传播介体的线虫种类。

主要参考文献

[1] 白丽华，斯琴高娃. 花生蚜的发生与防治方法 [J]. 现代农业，2001，(7)：21.

[2] 柏立新，陈春泉. 棉花病虫草害综合防治 [M]. 南京：江苏科学技术出版社，1992.

[3] 鲍本颜. 大豆疫霉根腐病的识别与防治 [J]. 农技服务，2011，28 (6)：814 -837.

[4] 北京农业大学. 果树昆虫学 [M]. 北京：中国农业出版社，1990.

[5] 曹克强，王树桐，胡同乐. 苹果病虫害防控研究进展 (2011 年度)：第一卷 [M]. 北京：化学工业出版社，2012.

[6] 曹克强，王树桐，胡同乐. 苹果病虫害防控研究进展 (2012 年度)：第二卷 [M]. 北京：中国农业出版社，2013

[7] 曹克强. 主要农作物病虫害简明识别手册——苹果分册 [M]. 石家庄：河北科学技术出版社，2012.

[8] 曾永三，郑奕雄. 花生锈病的识别与防控关键技术 [J]. 广东农业科学，2010，(4)：52 -53.

[9] 曾永三，郑奕雄. 花生焦斑病的识别与防控关键技术 [J]. 广东农业科学，2010，(4)：54 -55.

[10] 柴晓娟，王改云，杨红丽，等. 花生新珠蚧生物学特性观察及防治技术研究 [J]. 陕西农业科学，2004，(5)：98 -99.

[11] 车晋滇. 中国外来杂草原色图鉴 [M]. 北京：化学工业出版社，2010.

[12] 陈道茂，陈卫民，陈椒生. 柑橘蚜虫类优势种群的演变和药剂防治研究 [J]. 浙江农业学报，1993，5 (1)：42 -45.

[13] 陈凤玉，杨绪纲. 中国柑橘害虫名录——半翅目蝽科 [J]. 耕作与栽培，1989，(4)：46 -49.

[14] 陈河龙，郭朝铭，刘巧莲，等. 龙舌兰麻种质资源抗斑马纹病鉴定研究 [J]. 植物遗传资源学报，2011，12 (4)：546 -550.

[15] 陈洪福，薛召东. 麻类病害名录 [J]. 中国麻作，1992，(2)：30 -35.

[16] 陈洪福，薛召东，皮德宝. 苎麻蝙蛾及其防治研究 [J]. 中国麻作，1994，16 (2)：36 -38.

[17] 陈绵才，吴家琴，薛召东. 红麻根结线虫在病田中的分布与消长动态 [J]. 植物病理学报，1992，22 (2)：163 -167.

[18] 陈其瑛. 棉花病害防治新技术 [M]. 北京：金盾出版社，1991.

[19] 陈庆恩，白金铠. 中国大豆病虫图志 [M]. 长春：吉林科学技术出版社，1987.

[20] 陈宗懋. 中国茶叶大词典 [M]. 北京：中国轻工业出版社，2000.

[21] 陈庭华，陈彩霞，蒋开杰，等. 斜纹夜蛾发生规律和预测预报新方法 [J]. 昆虫知识，2001，38 (1)：36 - 39.

[22] 陈英，刘伯忠. 红麻病虫防治试验初报 [J]. 中国麻作，2003，25 (1)：28 -30.

[23] 陈泽明. 剑麻茎腐病防治主要措施 [J]. 广西热带农业，2007，(1)：35.

[24] 陈志东. 临沧地区亚麻主要病虫草害发生特点及防治技术 [J]. 农村实用科技，2006，(1)：39 -40.

[25] 陈宗懋，陈雪芬. 茶树病害的诊断和防治 [M]. 上海：上海科学技术出版社，1990.

[26] 成飞雪，何明远，张战泓，等. 嗜酸柏拉红菌 PSB -01 菌株对苎麻根腐线虫病的防治效果 [J]. 中国生物防治，2008，24 (4)：359 -362.

[27] 程瑚瑞，高学彪，方中达，等. 植物根腐绒虫病的研究Ⅲ：麻根腐线虫病病原鉴定 [J]. 植物病理学报，1989，19 (3)：151 - 154.

[28] 崔友林，段灿星，丁俊杰，等. 一种新发生的大豆茎枯病病原菌鉴定 [J]. 中国油料作物学报，2010，32 (1)：99 - 103.

[29] 戴亨仁，罗会兵，刘毛生，等. 花生锈病对农业经济的影响及防治措施 [J]. 现代园艺，2011，(14)：37 - 38.

[30] 稻麦重要病毒病株系鉴定和防控技术体系研究课题组. 稻麦主要病毒病识别与控制 [M]. 北京：中国农业出版社，2011.

[31] 邓建民，刘国忠. 黄麻红麻品种与高效配套技术 [M]. 北京：台海出版社，2007.

[32] 丁献坤，朱旭，毛继伟，等. 南阳市夏花生冠腐病发生规律及综合防治技术 [J]. 经济作物，2010，(6)：191 - 192.

[33] 丁小霞. 中国产后花生黄曲霉毒素污染与风险评估方法研究 [D]. 北京：中国农业科学院，2011.

[34] 董金皋. 农业植物病理学. 第二版 [M]. 北京：中国农业出版社，2007.

[35] 董炜博，严敦余，郭兴启，等. 感染花生条纹病毒（PStV）后花生生理生化性状变化的研究 [J]. 植物病理学报，1997，27 (3)：281 - 285.

[36] 冯明祥，王国平，邸淑艳，等. 苹果梨山楂病虫害诊断与防治原色图谱 [M]. 北京：金盾出版社，2003.

[37] 傅强，黄世文，谢茂成. 水稻病虫害及防治原色图册 [M]. 北京：金盾出版社，2009.

[38] 傅强，黄世文. 水稻病虫害诊断与防治原色图谱 [M]. 北京：金盾出版社，2005.

[39] 龚国淑. 玉米弯孢叶斑病病原的群体结构及玉米资源的抗性研究 [D]. 成都：四川农业大学，2004.

[40] 郭晋太，韩建明，张焕丽. 温室白粉虱的发生规律及无公害综合防治对策 [J]. 河南职业技术师范学院学报，2003，31 (2)：20 - 23.

[41] 郭普. 植保大典 [M]. 北京：中国三陕出版社，2006.

[42] 郭铁群，周娜丽. 我国 3 种梨茎蜂的生物学特性及形态比较 [J]. 植物保护，2002，28 (2)，31 - 32.

[43] 郭依泉，赵志模，朱文炳. 桔园昆虫群落季节格局研究 [J]. 西南农业大学学报. 1987，9 (1)：27 - 32.

[44] 郭永旺，王华弟. 中国农区毒饵站灭鼠技术研究进展 [M]. 北京：中国科学技术出版社，2008.

[45] 何红，郑小波，曹以勤，等. 苎麻疫病病原菌的鉴定及病害诊断 [J]. 中国麻作，1993 (2)：38 - 40.

[46] 何建群，陈贵荟. 冬亚麻害虫种类及其综合防治技术 [J]. 中国麻业，2005，27 (6)：312 - 315.

[47] 贺立红，宾金华. 花生黄曲霉防治的研究进展 [J]. 种子，2004，23 (12)：39 - 45.

[48] 胡建辉，郭斌，严立军，等. 艾格里微生物肥在苎麻上的施用效果 [J]. 湖南农业科学，2005 (6)：44 - 47.

[49] 胡琼波. 我国地下害虫蛴螬的发生及防治研究进展 [J]. 湖北农业科学，2004，(6)：87 - 92.

[50] 胡学礼，杨明，陈裕，等. 西双版纳“云麻 1 号”高产栽培技术 [J]. 中国麻业科学，2008，30 (6)：330 - 332.

[51] 湖北省农业科学院植物保护研究所. 水稻害虫及其天敌图册 [M]. 武汉：湖北人民出版社，1978.

[52] 湖北省农业科学院植物保护研究所. 棉花害虫及其天敌图册 [M]. 武汉：湖北人民出版社，1980.

[53] 黄敬芳，竺万里，林伯荃，等. 吴忠大麻产区死苗死株原因的调查研究 [J]. 中国麻业，1980，(4)：29 – 34.

[54] 黄顺敏，陈慧珍，施章周，等. 小家蚁为害柑橘的初步调查 [J]. 中国柑橘，1988，17 (2)：30.

[55] 黄素芳，向本春，任敏忠，等. 新疆甘草斑点病病原分离鉴定 [J]. 新疆农业科学，2009，46 (3)：536 – 539.

[56] 姜海平. 大豆卷叶螟的发生与防治 [J]. 上海农业科技，2002 (2)：80 – 81.

[57] 姜卫东，杨学，关凤芝，等. 亚麻灰霉病发生规律及综合防治技术研究 [J]. 中国麻业科学，2008，30 (4)：207 – 209.

[58] 姜永涛. 豆天蛾的发生与防治 [J]. 河南农业，2010，(9)：64 – 64.

[59] 康文通. 相思拟木蠹蛾生物学特性及防治研究 [J]. 华东昆虫学报，1998，7 (2)：41 – 44.

[60] 赖传雅. 袁高庆. 农业植物病理学 [M]. 北京：科学出版社，2008.

[61] 赖平荣. 柑橘云翅粉虱的发生初报 [J]. 广西园艺，2000，(3)：12.

[62] 李建荣，朱文炳，李隆术，等. 重庆地区柑橘卷叶蛾种类及优势种的生物学研究 [J]. 西南农业大学学报，1991，13 (2)：131 – 136.

[63] 李军华，李绍生，李绍伟，等. 环境因子对花生蚜虫发生程度的影响 [J]. 浙江农业科学，2007，(6)：719 – 720.

[64] 李莲英. 五星农场更新剑麻园斑马纹病调查分析 [J]. 广西农业科学，2003，(5)：49 – 50.

[65] 李清西，赵莉，张军，等. 温室白粉虱 *Trialeurodes vaporariorium* Westwood 生物学及其防治 [J]. 新疆农业大学学报，1997，20 (2)：21 – 28.

[66] 李瑞明，马辉刚. 苎麻炭疽病发生及防治研究 [N]. 植物保护学报，1993，20 (1)：83 – 89.

[67] 李绍伟，李国恒，闫好钦，等. 花生蚜虫流行程度预测预报研究 [J]. 花生科技，1997，(1)：25 – 27.

[68] 李生才，周运宁，荆志刚，等. 棉田有害生物综合治理 [M]. 北京：中国农业科技出版社，1998.

[69] 李扬汉. 中国杂草志 [M]. 北京：中国农业出版社，1999.

[70] 李子忠，汪廉敏. 贵州柑橘叶蝉种类分布及防治 [J]. 贵州农业科学，1990，(4)：11 – 14.

[71] 梁爱萍. 西藏南部及其邻近地区沫蝉总科（半翅目）昆虫的动物地理学研究 [J]. 动物分类学报，2003，28 (4)：589 – 598.

[72] 廖伯寿，单志慧，雷永，等. 论青枯菌潜伏侵染与花生抗性遗传改良的关系 [J]. 花生科技（增刊)，1999：112 – 115.

[73] 林莉，胡学难，梁帆. 柑橘新害虫——光绿菱纹姬叶蝉的初步研究 [J]. 中国南方果树，2007，36 (6)：31 – 32.

[74] 刘爱芝，李素娟，陶岭梅. 花生蛴螬空间分布型研究及药效评价方法探讨 [J]. 昆虫知识，2003，40 (1)：45 – 47.

[75] 刘广瑞. 中国北方常见金龟子彩色图鉴 [M]. 北京：中国林业出版社，1997.

[76] 刘巧莲，郑金龙，张世清，等. 13 种药剂对剑麻斑马纹病病原菌的室内毒力测定 [J]. 热带作物学报，2010，31 (11)：141 – 145.

[77] 刘升基. 花生田二斑叶螨的发生与防治 [J]. 山东农业科学，1996，(3)：38.

[78] 刘斯军，黄邦侃. 柑橘蚜虫种类及其发生为害的考查（同翅目：蚜科）[J]. 福建农学院学报，1988，17 (4)：328 – 332.

[79] 刘协广，贾武玲. 花生紫纹羽病发生与防治 [J]. 研究初报，1996，7：19.

[80] 刘旭，刘虹伶，石万成，等. 四川不同生态区柑橘害虫种类和地理分布调查 [J]. 西南农业学报，2013，26 (2)：623 – 626.

［81］刘永超，张绪萍，阚海礼，等. 花生疮痂病的发生规律与药剂防治试验［J］. 山东农业科学，2012，44（8）：98－99，102.

［82］陆宴辉，齐放军，张永军. 棉花病虫害综合防治技术［M］. 北京：金盾出版社，2010.

［83］罗天相. 江西省柑橘害虫发生和消长动态的研究［J］. 宜春学院学报，2003，25（4）：57－58.

［84］罗志义，周婵敏. 中国柑橘粉虱记录（续）［J］. 中国南方果树，2001，30（1）：14－16.

［85］吕佩珂，庞震，刘文珍，等. 中国果树病虫原色图谱［M］. 北京：华夏出版社，1993.

［86］吕佩珂. 中国果树病虫原色图谱（第二版）［M］. 北京：华夏出版社，2005.

［87］吕佩珂，苏慧兰，吕超. 中国粮食作物、经济作物、药用植物病虫原色图鉴：下册. 第二版［M］. 呼和浩特：远方出版社，1999.

［88］吕佩珂，苏慧兰，吕超. 中国粮食作物、经济作物、药用植物病虫原色图鉴：下册. 第三版［M］. 呼和浩特：远方出版社，2007.

［89］马存，戴小枫. 棉花病虫害防治彩色图说［M］. 北京：中国农业出版社，1998.

［90］马凤梅，李敦松，张宝鑫. 中国柑橘病虫害及其综合治理研究概述［J］. 中国生物防治，2007，23（增刊）：87－92.

［91］门友军. 桂林为害柑橘的蝗虫种类及防治措施［J］. 广西柑橘，1992，（1）：33－34.

［92］农牧渔业部全国植物保护总站. 中国农田杂草图册. 第一、二集［M］. 北京：化学工业出版社，1987－1990.

［93］潘汝谦，关铭芳，徐大高，等. 花生黑腐病菌的生物学特性［J］. 华中农业大学学报，2011，30（6）：701－706.

［94］潘汝谦，徐大高，邓铭光，等. 外来入侵花生黑腐病菌在中国的风险性评估［J］. 中国农业科学，2012，45（15）：3068－3074.

［95］潘兹亮，乔利，王守宝，等. 豫南地区黄麻主要病害的发生及防治方法［J］. 中国麻业科学，2012，34（1）：15－18.

［96］彭赫，张云慧，李祥瑞，等. 5 种杀虫剂对白眉草螟的毒力测定和田间防效［J］. 植物保护，2013，39（6）：184－187.

［97］彭宏梅，刘洪明. 大理州柑橘害虫的种类、为害和防治现状［J］. 大理科技，2000，（1）：22－24.

［98］漆波，杨德敏，任本权，等. 重庆市林业有害生物种类调查［J］. 西南大学学报（自然科学版），2007，29（5）：81－89.

［99］钱庭玉. 柑橘五种天牛幼虫［J］. 热带作物学报，1986，7（2）：111－118.

［100］秦厚国，叶正襄，黄水金，等. 不同寄主植物与斜纹夜蛾喜食程度、生长发育及存活率的关系研究［J］. 中国生态农业学报，2004，12（2）：40－42.

［101］秦元霞，夏长秀，李春玲，等. 柑橘访花昆虫名录［J］. 湖北农业科学，2011，50（6）：1158－1160.

［102］秦元霞. 柑橘访花昆虫种类及橘园蓟马的种类、为害、发生规律与防治研究［M］. 武汉：华中农业大学，2010.

［103］邱柱石，黄美玲，李江. 广西柑橘新害虫——角蜡蚧［J］. 广西农业科学，1991，（4）：184－186.

［104］全国农业技术推广服务中心，四川省农业科学院植物保护研究所. 水稻主要病虫害简明识别手册［M］. 北京：中国农业出版社，2012.

［105］全国农业技术推广服务中心. 中国植保手册：棉花病虫害防治分册［M］. 北京：中国农业出版社，2007.

［106］任海红，任小俊，刘学义. 大豆蚜虫的为害特点与综合防治措施［J］. 现代农业科技，2012，（21）：163－163.

[107] 任伊森，蔡明段. 柑橘病虫草害防治彩色图谱 [M]. 北京：中国农业出版社，2004.

[108] 戎文治，徐珊. 我国红麻上的几种真菌病害 [J]. 浙江农业大学学报，1983，9 (1)：47 -53.

[109] 申效诚，孙浩，赵华东. 中国夜蛾科昆虫的物种多样性及分布格局 [J]. 昆虫学报，2007，50 (7)：709 -719.

[110] 沈言章，张飒. 中国梨黑星菌致病性分化类型的研究 [J]. 四川农业大学学报，1993，11 (2)：282 -286

[111] 沈兆敏. 中国柑橘技术大全 [M]. 成都：四川科学技术出版社，1992.

[112] 石洁，王振营. 玉米病虫害防治彩色图谱 [M]. 北京：中国农业出版社，2011.

[113] 石延茂，徐秀娟，董炜博，等. 花生叶斑病病叶率与病情指数相关性及防治经济阈值模型研究初报 [J]. 花生科技，1999 (增刊)：439 -440.

[114] 史桂荣，孟昭萍，张永华，等. 花生根腐病发病因素分析及防治技术探讨 [J]. 植保技术与推广，2002，22 (11)：12 -13.

[115] 寿永前. 花生新黑地珠蚧发生规律及综合防治技术 [J]. 河南省植物保护研究进展 (Ⅱ)，2007，399 -401.

[116] 司升云. 大造桥虫的识别与防治 [J]. 长江蔬菜，2007，(8)：30 -30.

[117] 宋喜霞，关凤芝，潘虹等. 亚麻炭疽病病原菌生物学特性的研究 [J]. 黑龙江农业科学，2010，(11)：57 -59.

[118] 宋协松，董炜博，闵平，等. 花生根结线虫病产量损失估计与防治指标的研究 [J]. 植物保护学报，1995，21 (2)：181 -186.

[119] 宋协松. 花生根结线虫 (*Meloidogyne hapla* Chitwood) 的生活史及温湿度影响 [J]. 植物病理学报. 1992，22 (4)：345 -348.

[120] 谈宇俊，廖伯寿. 国内外花生青枯病研究述评 [J]. 中国油料作物学报，1990，(4)：87 -90.

[121] 覃振强，吴建辉，任顺祥，等. 外来入侵害虫新菠萝灰粉蚧在中国的风险性分析 [J]. 中国农业科学，2010，43 (3)：626 -631.

[122] 汤丰收，李蝴蝶. 不可忽视的花生病害——茎腐病 [J]. 北京农业，1995，2 (6)：14.

[123] 汪廷魁，崔连珊，万昭进. 大麻叶蜂的研究 [J]. 昆虫学报，1987，30 (4)：407 -413.

[124] 汪廷魁. 大麻小象甲生物学特性研究 [J]. 中国麻作，1995，17 (1) ：37 -39.

[125] 王兵，周耀武. 柑橘地下越冬害虫的发生特点及控防措施初探 [J]. 浙江农业科学，2010，(1)：137.

[126] 王昌家，邵立佳，刘江滨，等. 大豆枯萎病的防治 [J]. 现代化农业，2005，(2)：7 -8.

[127] 王承森，陈曙晖. 苎麻横沟象及其防治研究 [J] 中国麻业，1989，(3)：41 -43.

[128] 王传堂，禹山林，于洪涛，等. 花生果腐病病原分子诊断 [J]. 花生学报，2010，39 (1)：1 -4.

[129] 王峰. 大豆霜霉病的识别与防治 [J]. 农技服务，2011，28 (5)：657 -657.

[130] 王福亮，关凤芝，杨学，等. 黑龙江省亚麻田间虫害种类及防治技术 [J]. 中国麻业科学，2009，31 (1)：33 -37.

[131] 王福亮. 黑龙江省主要大麻病害的综合防治 [J]. 吉林农业科学，2009，34 (3)：44 -45.

[132] 王国平，窦连登，王金友，等. 果树病虫害诊断与防治原色图谱 [M]. 北京：金盾出版社，2002.

[133] 王国平，洪霓，王江柱，等. 梨主要病虫害识别手册 [M]. 武汉：湖北科学技术出版社，2012.

[134] 王国平，洪霓，张尊平，等. 我国北方梨产区主栽品种病毒种类的鉴定研究 [J]. 中国果树，1994，(2)：1 -4.

[135] 王国平，王金友，冯明祥. 梨树病虫草害防治技术问答 [M]. 北京：金盾出版社，2011.

[136] 王海坤，李晓东. 大豆灰斑病灾变规律及防控技术 [J]. 农民致富之友，2013，(1)：26.

[137] 王宏，常有宏，陈志谊，等. 梨黑斑病病原菌生物学特性研究 [J]. 果树学报，2006，23 (2)：247-251.

[138] 王会芳，曾向萍，陈绵才，等. 不同杀菌剂对红麻炭疽病菌的室内毒力测定 [J]. 中国麻业科学，2010，32 (5)：258-260.

[139] 王会芳，曾向萍，陈绵才，等. 一株高致性病性红麻炭疽病菌的鉴定 [M]. // 吴孔明. 植保科技创新与病虫防控专业化. 北京：中国农业科学技术出版社，2011：454-458.

[140] 王金友，冯明祥，邸淑艳，等. 新编梨树病虫害防治技术 [M]. 北京：金盾出版社，2005.

[141] 王连泉，王运兵. 细胸金针虫生活史和习性的初步研究 [J]. 河南职技师院学报，1988，16 (1)：33-37.

[142] 王琦，刘媛，刘超. 水稻病虫害识别与防治 [M]. 银川：宁夏人民出版社，2009.

[143] 王思政，黄桔，李慧. 中国柑橘新害虫——柿广翅蜡蝉研究初报 [J]. 华北农学报，1996，(3)：135.

[144] 王新华. 中国稻田摇蚊名录增补及修订 [M]. 天津：天津自然博物馆论文集，1998，(15)：54-57.

[145] 王武刚，张慧英，郭予元. 棉花虫害防治新技术 [M]. 北京：金盾出版社，1991.

[146] 王元庆. 沟金针虫活动习性与防治研究简报 [J]. 山东农业科学，1981，(3)：38-40.

[147] 王源民，赵魁杰，徐筠，等. 中国落叶果树害虫 [M]. 北京：知识出版社，1999.

[148] 王枝荣. 中国农田杂草原色图谱 [M]. 北京：农业出版社，1990.

[149] 魏鸿钧，张治良，王荫长. 中国地下害虫. 第一版 [M]. 上海：上海科学技术出版社，1989.

[150] 魏忠民，武春生. 中国扁刺蛾属分类研究（鳞翅目，刺蛾科）[J]. 动物分类学报，2008，33 (2)：385-390.

[151] 吴广文. 亚麻病害简介及综合防治 [J]. 中国麻作，2001，23 (1)：11-12.

[152] 吴家琴，薛召东，陈绵才. 红麻根结线虫病综合防治研究 [J]. 中国麻作，1989，(2)：19-24.

[153] 吴家琴，薛召东. 红麻根结线虫病的初步研究 [J]. 植物病理学报，1986，16 (1)：53-56.

[154] 吴钜文，陈红印. 蔬菜害虫及其天敌昆虫名录 [M]. 北京：中国农业科学技术出版社，2013.

[155] 仵均祥. 农业昆虫学（北方本）. 第二版 [M]. 北京：中国农业出版社，2009.

[156] 西北农业大学. 农业昆虫学 [M]. 北京：中国农业出版社，2000.

[157] 夏声广，唐启义. 柑橘病虫害防治 [M]. 北京：中国农业出版社，2006.

[158] 夏声广，徐苏君，王洪平，等. 梨树病虫害防治原色生态图谱 [M]. 北京：中国农业出版社，2007.

[159] 夏荨民. 黑龙江省亚麻田主要害虫及防治措施 [J]. 中国麻业科学，2008，30 (4)：210-213.

[160] 向玉勇，杨茂发. 小地老虎在我国的发生为害及防治技术研究 [J]. 安徽农业科学，2008，36 (33)：14636-14639.

[161] 肖筠，刘旭，李建荣，等. 四川花生蛴螬种类调查及优势种群生物学特性研究 [J]. 西南农业学报，2006，19 (2)：235-238.

[162] 忻介六. 农业螨类学 [M]. 北京：农业出版社，1988.

[163] 谢宏峰，吴菊香，迟玉成，等. 双重 RT-PCR 方法检测花生条纹病毒和黄瓜花叶病毒 [J]. 花生学报，2012，41 (1)：16-20.

[164] 熊和平. 麻类作物育种学（第一版）[M]. 北京：中国农业科学技术出版社，2008.

[165] 熊和平. 2007~2009 国家麻类产业技术发展报告. 第一版 [M]. 北京：中国农业科学技术出版社，2010.

[166] 熊振民，蔡洪法，闵绍凯，等. 中国水稻 [M]. 北京：中国农业科技出版社，1990.

[167] 徐锋，刘海明，陆炳贵. 上海地区柑橘病虫害发生特点及防治对策 [J]. 中国南方果树，2011，40（4）：94－95.

[168] 徐冠军，钟仕田. 宜昌地区桔园蜡蝉种类调查初报 [J]. 华中农业大学学报，1988，7（2）：196－198.

[169] 徐丽珍. 黑龙江省亚麻病害草害综合防治技术 [J]. 中国麻业科学，2008，30（2）：99－101.

[170] 徐淑娟，张宏瑞，谢永辉，等. 柑橘蓟马种类和种群季节动态 [J]. 云南农业大学学报，2012，27（2）：170－175.

[171] 徐晓东，王华杰. 花生冠腐病的发生规律及其防治对策 [J]. 农药与植保，2013，（6）：24.

[172] 徐秀娟，崔凤高，石延茂，等. 中国花生网斑病研究 [J]. 植物保护学报，1995，22（1）：70－74.

[173] 徐秀娟. 中国花生病虫草鼠害 [M]. 北京：中国农业出版社，2009.

[174] 许敏，陆道训. 皖西大别山区大麻食心虫生活史及防治技术的研究 [J]. 安徽农学通报，2002，8（6）：42－44，47.

[175] 许欣然，张新友，黄冰艳，等. 河南省局部地区花生白绢病暴发原因分析及其防治对策 [J]. 河南农业科学，2011，40（10）：99－101.

[176] 许艳萍，杨明，郭鸿彦，等. 昆明地区工业大麻病虫害及其防治技术 [J]. 云南农业科技，2006，(4)：46.

[177] 许泽永，张宗义. 三种主要花生病毒侵染对花生生长和产量影响的研究 [J]. 中国农业科学，1986，(4)：51－56.

[178] 薛召东，陈洪福，陈绵才，等. 苎麻根腐线虫病化学防治研究 [J]. 中国麻作，1996，18（6）：41－44.

[179] 薛召东，吴家琴，陈绵才. 红麻根结线虫生活习性及防治研究 [J]. 植物保护学报，1992，19（2）：117－121.

[180] 薛召东，杨瑞林，曾粮斌，等. NY/T 2042—2011. 苎麻主要病虫害防治技术规范，2011.

[181] 闫香慧. 褐飞虱和白背飞虱落地后的发生规律及预测预报研究 [D]. 重庆：西南大学，2010.

[182] 杨定发，何月秋，赵明富，等. 云南省元江县大麻真菌性病害初步记述 [J]. 中国麻业，2004，26（6）：281－282.

[183] 杨广玲，刘伟，王金信. 花生白绢病的发生规律与综合防治 [J]. 花生学报，2003，32（增刊）：425－426.

[184] 杨明秋. 龙胜县柑橘害虫名录 [J]. 广西园艺，2004，15（3）：18－20.

[185] 杨学，关凤芝，李柱刚，等. 亚麻顶萎病发生特点及防治技术研究 [J]. 中国麻类科学，2007，19（5）：283－285.

[186] 杨学，王玉福，关凤芝，等. 亚麻枯萎病发生规律及其综合防治措施 [J]. 中国麻业，2002，24（1）：23－26.

[187] 杨学. 亚麻病害症状及检索表 [J]. 中国麻业，2002，24（5）：23－27.

[188] 杨学. 亚麻锈病发生特点及防治 [J]. 中国麻业，2002，24（6）：17－20.

[189] 杨学. 亚麻白粉病发生特点及防治技术研究 [J]. 中国麻业，2004，26（3），121－124.

[190] 杨永红，黄琼，白巍，等. 大麻病害研究的综述 [J]. 云南农业大学学报，1999，14（2）：223－228.

[191] 杨植乔. 柑橘害虫信息数据库与专家系统研究 [M]. 武汉：华中农业大学，2011.

[192] 姚廷山，冉春，胡军华，等. 山东广翅蜡蝉在柑橘园中的为害与防治 [J]. 中国南方果树，2011，40（5）：76－77.

[193] 叶兴详，叶琪明，李振，等. 浙江省柑橘害虫初步调查及害虫名录 [J]. 浙江农业学报，1996，8（5）：257－268.

[194] 尹志高，陈兰芳，何宝金. 苎麻天牛生活习性及防治方法的初步研究 [J]. 湖北农业科学，1963，(6)：25 -29，17.

[195] 余安安，潘正安，肖本权，等. 鄂南苎麻主要病虫发生为害与防治技术 [J]. 湖北植保，2008，(3)：25 -26.

[196] 余玉冰，黄红. 克线丹对红麻根结线虫病的防治试验 [J]. 广西植保，1990 (1)：20 -21.

[197] 袁锋，张雅林，冯纪年，等. 昆虫分类学. 第二版 [M]. 北京：中国农业出版社，2006.

[198] 张炳岭，秦光，张忠俊，等. 花生蓟马在花生田的空间分布型及调查方法的研究简报 [J]. 莱阳农学院院报，1992，9 (1)：61 -63.

[199] 张格成，李继祥，郑重禄. 中国柑橘害虫的种类、为害和防治现状 [J]. 四川果树，1997，(1)：19 -22.

[200] 张桂玲. 中国蓟马科分类研究 [D]. 杨凌：西北农林科技大学，2003.

[201] 张广学. 西北农林蚜虫志 [M]. 北京：中国环境科学出版社，1999.

[202] 张汉鹄，谭济才. 中国茶树害虫及其无公害治理 [M]. 合肥：安徽科学技术出版社，2004.

[203] 张宏宇，王永模，蔡万伦. 我国主要柑橘害虫发生为害现状 [J]. 湖北植保，2009，1 (增刊)：52 -53.

[204] 张怀芳，陈洪福，等. 克线丹防治苎麻根腐线虫病大田药效研究 [J]. 中国麻作，1990 (3)：21 -25.

[205] 张怀芳. 苎麻根腐线虫病的诊断与防治方法 [J]. 中国麻作，1993，(1)：31 -32.

[206] 张怀芳. 红麻黄麻主要病害及其防治 [J]. 中国麻作，1987，(3)：1 -3.

[207] 张继成，薛召东. 大理窃蠹发育起点温度和有效积温的研究 [J]. 中国麻作，2000，22 (2)：27 -30.

[208] 张继成，薛召东. 苎麻花叶病传播方式及防治研究 [J]. 中国麻作，1996，18 (4)：36 -40.

[209] 张建英. 12 种拟步甲科昆虫生物学特性研究（鞘翅目）[D]. 银川：宁夏大学，2005.

[210] 张锦泉，来元直. 杭州湾两岸麻区黄麻连作与根结线虫病关系的调查 [J]. 浙江农业科学，1963 (4)：160.

[211] 张连合. 大蓑蛾的鉴别及发生规律研究 [J]. 安徽农业科学，2010，38 (16)：8499 -8500.

[212] 张凌健. 棉蝗为害柑橘 [J]. 植物保护，1989，15 (3)：62.

[213] 张迁西，苏生春，肖平，等. 野生苎麻主要病虫害发生与防治技术 [J]. 江西植保，2006，29 (2)：67 -70.

[214] 张伟雄，文尚华，陈士伟，等. 剑麻粉蚧的为害与综合防治技术 [J]. 热带农业工程，2010，34 (4)：47 -49.

[215] 张益，杜元澄. 广西柑橘蚧类害虫及其寄生天敌名录 [J]. 广西农业科学，1988，(6)：39 -43.

[216] 张永祥，华静月，何礼远，等. 花生种子带青枯病菌对传播青枯病的影响 [J]. 中国油料，1993，(3)：59 -61.

[217] 张正湘，成海青，杜安，等. 克线丹防治苎麻根腐线虫病效果好 [J]. 中国麻作，1991，(1)：35 -36.

[218] 张宗义，陈坤荣，许泽永，等. 花生普通花叶病毒病发生和流行规律研究 [J]. 中国油料作物学报，1999，20 (1)：78 -82.

[219] 赵江涛，于有志. 中国金针虫研究概述 [J]. 农业科学研究，2010，31 (3)：49 -55.

[220] 赵庆林，吴微微. 兴城地区花生疮痂病的发生与防治 [J]. 现代农业科技，2011，(4)：163.

[221] 赵艳龙，何衍彪，詹儒林. 我国剑麻主要病虫害的发生与防治 [J]. 中国麻业科学，2007，29 (6)：32 -36.

[222] 赵艳龙，周文钊，何衍彪，等. 剑麻茎腐病菌突变株的生物学特性研究 [J]. 中国麻业科学，

2009，31（4）：39－44.

［223］赵志模.我国柑橘害虫的研究现状［J］.昆虫知识，2000，37（2）：110－113.

［224］郑金龙，高建明，张世清，等.杀菌剂对剑麻茎腐病病原菌的室内毒力测定［J］.中国麻业科学，2010，32（5）：28－32.

［225］郑智民，姜志宽，陈安国，等.啮齿动物学［M］.上海：上海交通大学出版社，2008.

［226］中国科学院动物研究所.中国农业昆虫：上册［M］.北京：农业出版社，1986.

［227］中国科学院动物研究所.中国农业昆虫：下册［M］.北京：农业出版社，1987.

［228］中国农业百科全书昆虫卷编辑委员会.中国农业百科全书昆虫卷［M］.北京：中国农业出版社，1990.

［229］中国农业百科全书总编辑委员会昆虫卷编辑委员会.中国农业百科全书.昆虫卷［M］.北京：农业出版社，1990.

［230］中国农业百科全书总编辑委员会植物病理卷编辑委员会.中国农业百科全书.植物病理卷［M］.北京：农业出版社，1990.

［231］中国农业科学院果树研究所.中国果树病虫志［M］.北京：中国农业出版社，1994.

［232］中国农业科学院植物保护研究所.中国农作物病虫害：上册（第二版）［M］.北京：中国农业出版社，1995.

［233］中国农业科学院植物保护研究所.中国农作物病虫害：下册（第二版）［M］.北京：中国农业出版社，1995.

［234］中华人民共和国农业部组编.麻类技术100问［M］.北京：中国农业出版社，2009.

［235］周常勇，周彦.柑橘主要病虫害简明识别手册［M］.北京：中国农业出版社，2012.

［236］周卫川.褐圆盾蚧的发生与防治.福建农业科技［J］.1995（2）：41.

［237］周玉霞，程栎菁，张美鑫，等.我国梨腐烂病病原菌的初步鉴定及序列分析［J］.果树学报，2013，30（1）：140－146.

［238］朱莉昵.大豆立枯病的识别与防治初探［J］.园艺与种苗，2011（4）：14－16.

［239］Ankur J，Shashi T，Sunil Z，*et al*. First report of anthracnose disease on groundnut caused by Colletotrichum dematium from Allahabad（Uttar Pradesh）in India［J］. International Journal of Agricultural Sciences，2012，8（2）：465－467.

［240］Barloy J，J Pelhate. Premieres observations phytopathological relatives aux cultures de chanvre en Anjou［J］. Ann. Epiphyties，1962（13）：117－149.

［241］Boykin，L. S. Campbell，W. V. Wind Dispersal of the Twospotted Spider Mite（Acari：Tetranychidae）in North Carolina Peanut Fields［J］. 1984，13（1）：221－227（7）.

［242］Cao M J，Liu Y Q，Wang X F，*et al*. First Report of Citrus bark cracking viroid and Citrus viroid V Infecting Citrus in China［J］. Plant Disease，2010，94（7）：922.

［243］Demski，J. W. and G. R. Love11. Peanut stripe virus and the distribution of peanut seed［J］. Plant Dis，1985，69：734－738.

［244］Diener U L，Cole R J，Sanders T H，*et al*. Epidemiology of aflatoxin formation by Aspergillus flavus［J］. Annu Rev Phytopathol，1987，25：249－270.

［245］Ferrarese U. Chironomids of Italian rice.［J］Netherl J Aquatic Ecol，1992，26（2－4）：341－346.

［246］Garcia，R. Mitchell，D. J. Interactions of Pythium myriotylum with Fusarium solani，Rhizoctonia solani，and Meloidogyne arenaria in pre-emergence damping-off of peanut［J］. Plant Disease Reporter，1975，59（8）：665－669.

［247］Hollowell J. E.，Shew B. B.，Cubeta M. A. Weed Species as Hosts of Sclerotinia minor in Peanut Fields［J］. Plant disease，2003，87（2）：197－199.

［248］ Hua L Z. List of Chinese Insects Vol. Ⅰ. ［M］. Guangzhou: Zhongshan （Sun Yat-sen） University Press, 2000.

［249］ Hua L Z. List of Chinese Insects Vol. Ⅱ. ［M］. Guangzhou: Zhongshan （Sun Yat-sen） University Press, 2002.

［250］ Hua L Z. List of Chinese Insects Vol. Ⅲ. ［M］. Guangzhou: Zhongshan （Sun Yat-sen） University Press, 2005.

［251］ Hua L Z. List of Chinese Insects Vol. Ⅳ. ［M］. Guangzhou: Zhongshan （Sun Yat-sen） University Press, 2006.

［252］ Kiknadze Ⅱ., Wang X, Istomina A G, *et al*. A new Chironomus sprcies of the plumosus sibling-group （Dipera, Chironomidae） from China: ［J］. Aquatic Insects, 2005, 37 （3）: 199 - 211.

［253］ Limin W. Studies on the population distribution pattern and sampling technique of Aphis medicaginis in the peanut field ［J］. zhongguo kunchong xuehui, 2001, 38 （6）: 449 - 452.

［254］ Subrahmanyam, P., Wongkaew, S., Reddy, D. V. R., *et al*. Field diagnosis of groundnut disuses ［M］. India: Information Bulletin, 1992.

［255］ Troutmam J. L, Pmley W. K., Thormas C. A. Seed transmission of peanut stunt virus ［J］. Phytopathology, 1967, 57: 1280 - 1281.

［256］ Wang X F, Li Z A, Tang K Z, *et al*. First Report of Alternaria Brown Spot of Citrus Caused by Alternaria alternata in Yunnan Province, China ［J］. Plant Disease, 2010, 94 （3）: 375.

［257］ Wang X H, Chen G Q, Huang F, *et al*. Phyllosticta species associated with citrus diseases in China ［J］. Fungal Diversity, 2012, 52 （1）: 209 - 224.

［258］ Zamir K, Punja. The biology ecology and control of sclerotium rolfsii ［J］. Ann. Rev. Phytopathol, 1985, 23: 97 - 127.

害虫（螨）学名索引

害虫（螨）中文名索引

病原学名索引

病害中文名索引

杂草学名索引

杂草中文名索引

害鼠学名索引

害鼠中文名索引

附录：主要农作物有害生物种类与发生为害特点研究项目

（主要参加人员名单）

一、主要参加人员

全国农业技术推广服务中心	陈生斗　夏敬源　刘万才　郭永旺　梁帝允　冯晓东　王玉玺
中国农业科学院植物保护研究所	郭予元　吴孔明　王振营　雷仲仁　李世访
中国农业科学院茶叶研究所	陈宗懋
中国农业大学	马占鸿　韩成贵
南京农业大学	王源超
华中农业大学	王国平
西南大学	周常勇　周　彦
河北农业大学	曹克强
内蒙古大学	张若芳
中国农业科学院油料作物研究所	廖伯寿　刘胜毅
湖南省农业科学院	张德咏
广西壮族自治区甘蔗研究所	黄诚华
河北省植保植检站	王贺军　安沫平
辽宁省植物保护站	王文航
江苏省植物保护站	刁春友
湖北省植物保护总站	王盛桥　肖长惜
广西壮族自治区植保总站	王凯学
四川省农业厅植保站	李　刚　廖华明
陕西省植保工作总站	冯小军
北京市植物保护站	张令军　金晓华
天津市植保植检站	高雨成
山西省植保植检总站	王新安　马苍江
内蒙古自治区植保植检站	刘家骧　杨宝胜
吉林省农技推广总站	梁志业　徐东哲
黑龙江省植检植保站	陈继光
上海市农技推广服务中心	郭玉人
浙江省植保植检局	徐　云　林伟坪
安徽省植保总站	王明勇

福建省植保植检站　　徐志平
江西省植保植检局　　舒　畅
山东省植保总站　　卢增全
河南省植保植检站　　程相国
湖南省植保植检站　　欧高财
广东省植保总站　　陈　森
海南省植保植检站　　李　鹏　蔡德江
重庆市种子管理和植保植检总站　　刘祥贵
贵州省植保植检站　　金　星
云南省植保植检站　　汪　铭　钟永荣　周金玉
西藏自治区农技中心　　吕克非
甘肃省植保植检站　　刘卫红
青海省农技推广总站　　张　剑　朱满正
宁夏回族自治区农技推广总站　　徐润邑　王　琦
新疆维吾尔自治区植保站　　艾尼瓦尔·木沙

二、项目执行专家组

组　长：陈生斗　夏敬源
成　员：刘万才　郭永旺　吴孔明　雷仲仁　马占鸿　韩成贵

三、咨询鉴定专家委员会

主　任：郭予元
副主任：雷仲仁　李世访
（1）真菌病害鉴定专家组　陈万权
（2）细菌病害鉴定专家组　赵廷昌
（3）病毒病害鉴定专家组　李世访
（4）线虫病害鉴定专家组　彭德良
（5）有害昆虫与害螨鉴定专家组　雷仲仁
（6）杂草鉴定专家组　强　胜
（7）害鼠鉴定专家组　施大钊

四、项目管理办公室

主　任：陈生斗　夏敬源
副主任：张跃进　刘万才
成　员：王玉玺　梁帝允　郭永旺　程景鸿　郭　荣　项　宇　龚一飞　陆宴辉　黄　冲